開発環境/PIO/USB/OS/人工知能/Wi-Fi
オーディオ/MicroPython/C/C++

ラズベリー・パイ Pico/Pico W 攻略本

Interface編集部 編

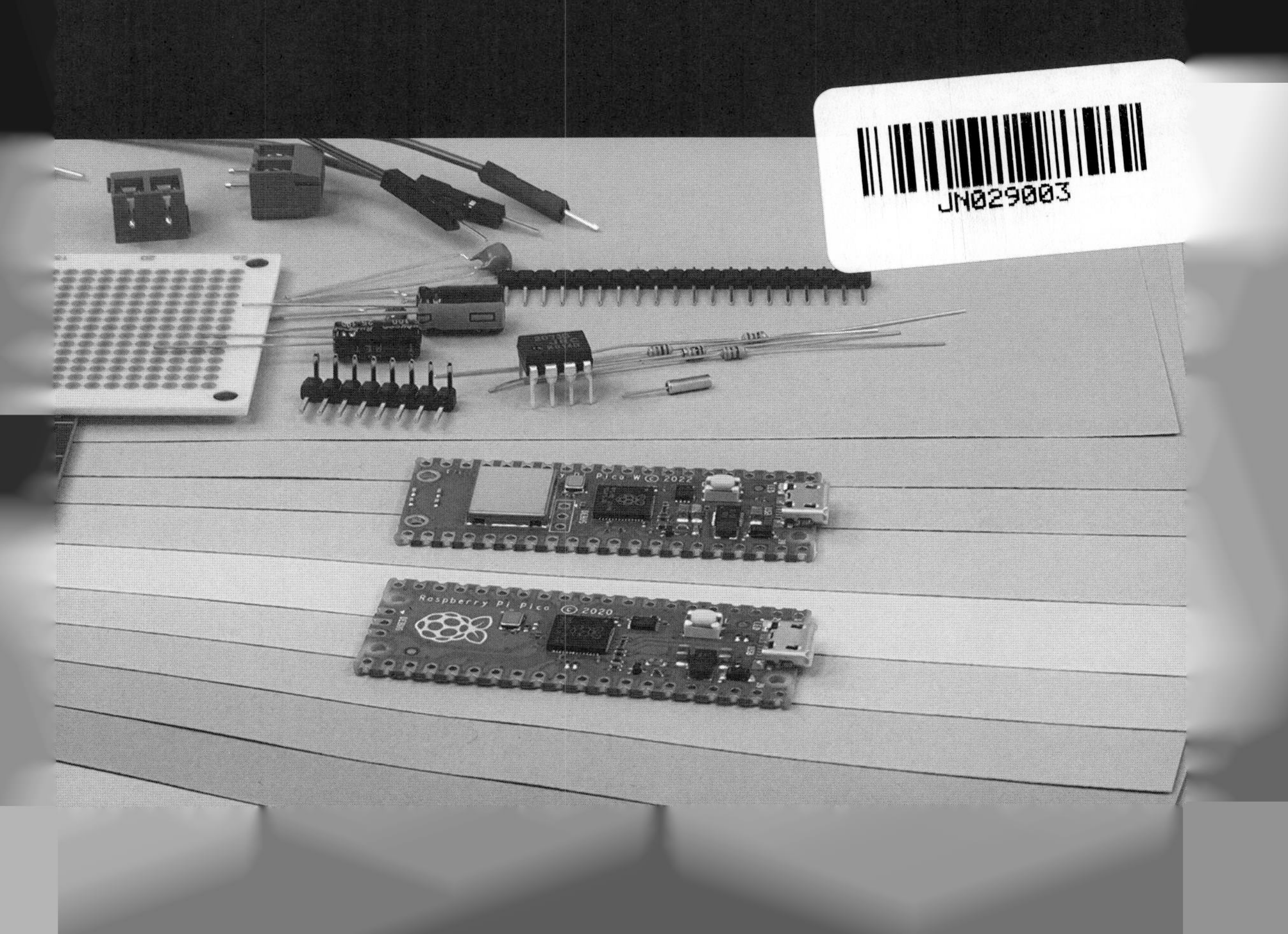

はじめに

安価なのに高機能なマイコン Pico …使いやすいしビギナ＆プロにお勧め

ラズベリー・パイPicoは，ネット通販や秋葉原で買ってきて，PCがあれば気軽に始められるマイコンです．これでも32ビット・マイコンで，動作速度は100MHz超，20年前なら高級マイコンです．単に動作速度が速いだけではなく，正確なタイミングで信号制御ができるI/Oコントローラやリアルタイムでの信号補間処理に特化したハードウェアも内蔵し，現代の最新マイコンに比べても一歩進んだ応用が可能なポテンシャルを秘めています．

せっかく凄い道具が手に入ったのですから，使わない手はありません．まずはPCにつないで動かしてみましょう．高価な専用の機材は必要ありません．最初は定番のＬチカから始めても良いですし，本書を見て興味が湧いたら製作例を真似てみることも，マイコン学習の早道です．

開発言語は公式でサポートしているC，C++，MicroPythonに加え，Arduinoにも対応しています．ビギナにはCircuitPythonという選択肢もあります．自分に合ったもので始めるとよいでしょう．また，CやC++であればVisual Studio Code，ArduinoであればArduino IDE，MicroPythonであればThonny，CircuitPythonであればMuエディタやメモ帳アプリなど，使いやすい開発環境が整っています．

Picoボードにはマイコンとして RP2040が搭載されています．このRP2040マイコンを搭載したボードの種類は豊富です．小型のもの，メモリ容量の多いもの，多彩なインターフェースを備えるもの，充電池に対応しているものなど，作りたいものに適したボードを選択できます．さらにPicoボードをマウントして使う拡張ボードもあります．この拡張ボードには，オーディオ出力用のD-Aコンバータ搭載品やLCDディスプレイ搭載品があります．これらとPicoとをブロック感覚で組み合わせれば，すぐにプログラミングを始められます．

最新の話題として外せないのが，PicoにWi-Fi機能を追加したラズベリー・パイPico Wがリリースされたことです．Pico Wがインターネットに繋がれば，便利なクラウド・サービスと連動した大規模なシステムへの応用も可能となります．本書では国内販売を先取りして，Pico Wの詳細な仕様から実際の製作例までを幅広く紹介しています．

マイコンのビギナからプロフェッショナルまで，使ってみると新たな発見があるのがPicoです．Picoを使ってマイコンの面白さをぜひ体験してみてください．本書にはそのためのコンテンツが一通り揃っています．皆さんの持つ面白いアイデアを実現するための道しるべになれば幸いです．

2023年春　著者を代表して
宮田 賢一

ラズベリー・パイ Pico/Pico W 攻略本

本書のプログラムはサポート・ページから入手できます．
誤記訂正や更新情報もこちらにあります．
https://interface.cqpub.co.jp/2023pico/

CONTENTS

本書のプログラムはサポート・ページから入手できます.
誤記訂正や更新情報もこちらにあります.
https://interface.cqpub.co.jp/2023pico/

第7部　Windowsでマイコン直たたき！RP2040の本質に迫る

第8部　Picoのプロトタイプに！MicroPython

本書のプログラムはサポート・ページから入手できます．
誤記訂正や更新情報もこちらにあります．
https://interface.cqpub.co.jp/2023pico/

CONTENTS

本書は「Interface」2021年8月号に掲載した記事を中心に加筆・再編集したものです.

本書のプログラムはサポート・ページから入手できます.
誤記訂正や更新情報もこちらにあります.
https://interface.cqpub.co.jp/2023pico/

51×21mmの小さなボディにデュアル・コアCPUと
高機能I/Oコントローラを凝縮

これが ラズベリー・パイPicoだ

中森 章

写真1　ラズパイ4とラズパイPicoの比較．クレジットカード・サイズのラズパイ4と比べて，ラズパイPicoは圧倒的に小さい

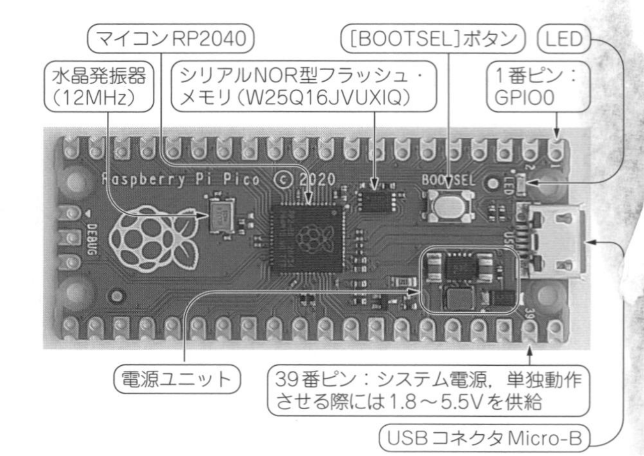

写真2　小さなボディにすごい機能が凝縮されている

● ファースト・インプレッション

ラズベリー・パイPico(以降，Pico)が発売されたという情報はTwitterで知りました．ラズベリーパイ財団がLinuxで動くSBC(シングル・ボード・コンピュータ)ではなく，ベアメタル(OSなし)を推奨しているようなマイコン・ボードを開発したことに多少の違和感を覚えました．恐らく，ラズベリー・パイのコプロセッサとして，I/O処理の負荷軽減(オフロード)をする位置付けだと思いました．搭載しているマイコン(RP2040)までもラズベリーパイ財団が開発したということに驚きです．

なぜ，わざわざ新規にマイコンを作る必要があったのでしょうか．しかも，Arm Cortex-M0+のデュアル・コアで，8個のステート・マシン(これらは，単純なCPUコアと言っても過言ではない)で動作する2系統のプログラマブルI/O(PIO)の搭載は豪華すぎます．

どのような経緯で，開発されたものか分かりませんが，試しに動かしてみる気持ちになるには十分すぎるリッチな仕様です．

そして，実際に実物を見たときの感想は「小さい…」でした(**写真1**)．あんなにすごい機能がこの小さなボディに凝縮されているのかと思うと，使いこなしてみたいと感じざるを得ません(**写真2**)．

● マイコンRP2040の良さをフルに引き出した

Picoは51×21mmの基板に，心臓部であるマイコンRP2040，2Mバイトのフラッシュ・メモリ，電源供給とデータ通信用のUSB Micro-Bポート，30本のGPIO端子(3基のA-Dコンバータを含む，4本は基板内で使用)注1，3ピンのSWD(デバッグ)ポートを搭載したものです．GPIOのヘッダ(というかスルー・ホールが空いているだけ)の端子ピッチは2.54mmで，標準的な間隔です．基本的に，Picoの機能はRP2040の機能そのものと言うことができるかもしれません．

ということは，PicoはRP2040を使いやすいように，DIP(Dual In-line Package)形式の配置にGPIOを並べ直した「部品」とみなすことができます．小型ですし，USBケーブルを挿入することで即起動できるので，非常に使いやすい部品となっています．

その使用目的は，明らかに，I/O処理の負荷軽減です．いわば，PICマイコンの高級版です．個人的には，2個のCPUコアやプログラマブルI/OはI/O制御の負荷軽減を行うために，どうしても必要な最小限の機能だったのではないかと推測します．

注1：RP2040には4基のA-Dコンバータを搭載していますが，Picoでは3基のA-Dコンバータのみ使用できます．

◆参考・引用＊文献◆

(1) Raspberry Pi Pico Datasheet. https://datasheets.raspberrypi.org/pico/pico-datasheet.pdf
(2) RP2040 Datasheet. https://datasheets.raspberrypi.org/

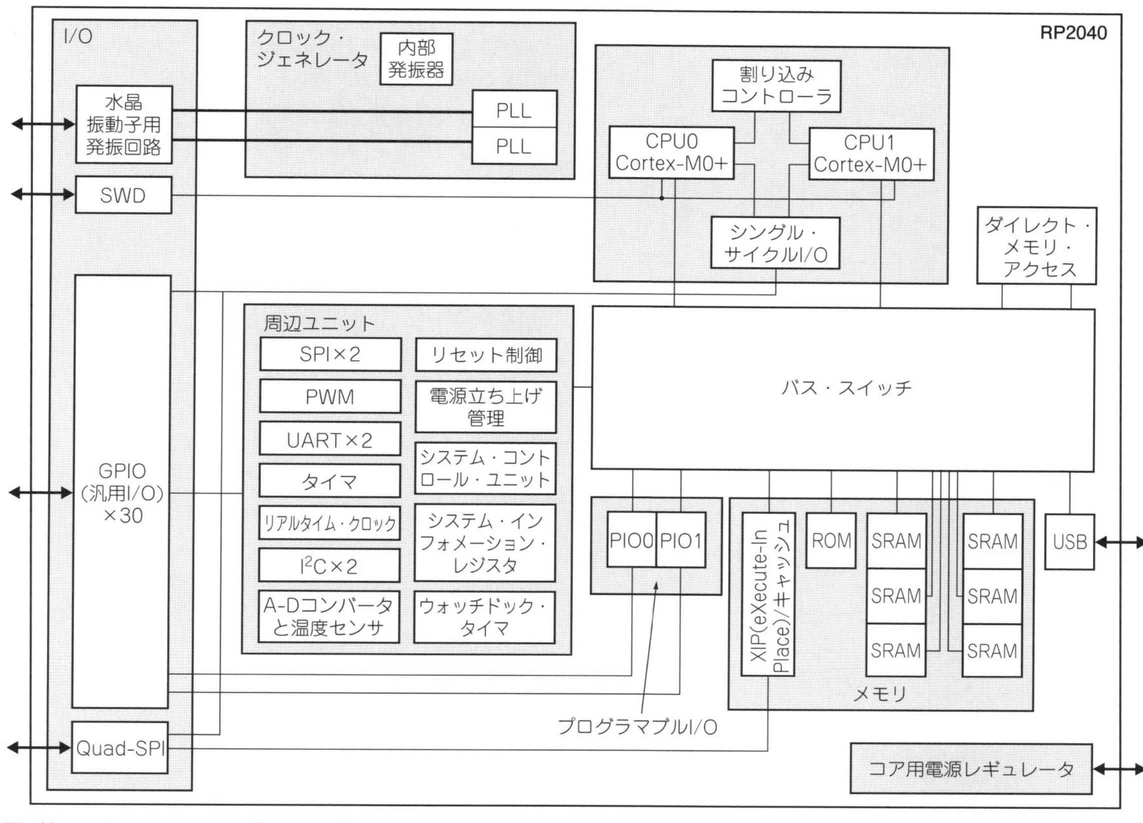

図1[2]　マイコン RP2040のブロック図（2個のCPUコア（Arm Cortex-M0+）と2基のPIOが際立っている）

● RP2040の中身

図1にRP2040のブロック図を示します[1]．ブロック図だけを見ると，普通のデュアル・コア・マイコンのブロック図です．

UART，I²C，SPIといった周辺ユニットも通常のマイコンでよく見かけるものです．これらについて簡単に説明します．

- **SPI**：クロック，入力（受信）信号，出力（送信）信号の3線を基本とし，クロック同期で，データをやり取りします．
- **PWM**：実体は1本の出力信号です．カウンタを内蔵していて，カウンタの1周期の間で，出力する信号の“H”と“L”の駆動時間の割合を自由に指定できます．これにより，ディジタル出力でありながら，あたかもアナログ出力のような挙動を実現します．
- **UART**：上述のSPIによく似ていますが，UARTにはクロック線は存在せず，送信信号と受信信号の2本の信号線で，マイコン外部のデバイスと通信を行います．
- **Timer**：文字通り時間（タイム）を計測するユニットです．指定した時間に割り込みを発生させる機能があります．RP2040では64ビットのカウンタが実体です．
- **RTC**：リアルタイム・クロック（実体はカウンタ）です．1秒という時間を計測し，「年」，「月」，「日」，「時」，「分」，「秒」の値を計算して内蔵レジスタに記憶します．
- **I²C**：クロックに同期させてデータの通信を行う同期式シリアル通信の1つです．
- **ADC**：端子から入力されたアナログ信号を数ビット（RP2040の場合は12ビット）のディジタル信号に変換します．
- **TS**（温度センサ）：端子が感知した温度を数ビット（RP2040の場合は12ビット）のディジタル信号に変換します．
- **Watchdog Timer**：「番犬タイマ」の意味を持つタイマです．システムのデッドロックを防止する役割を持ちます．
- **QSPI**：上述のSPIの動作を4並列で行います．RP2040では，外部のシリアル・フラッシュ・メモリからデータを読み出すために使われます．
- **SRAM**：内蔵メモリです．合計264Kバイトの記憶領域が6分割（6バンク）されています．4バンクは

rp2040/rp2040-datasheet.pdf
(3) ARMv6-M Architecture Reference Manual.
https://developer.arm.com/documentation/ddi0419/c/

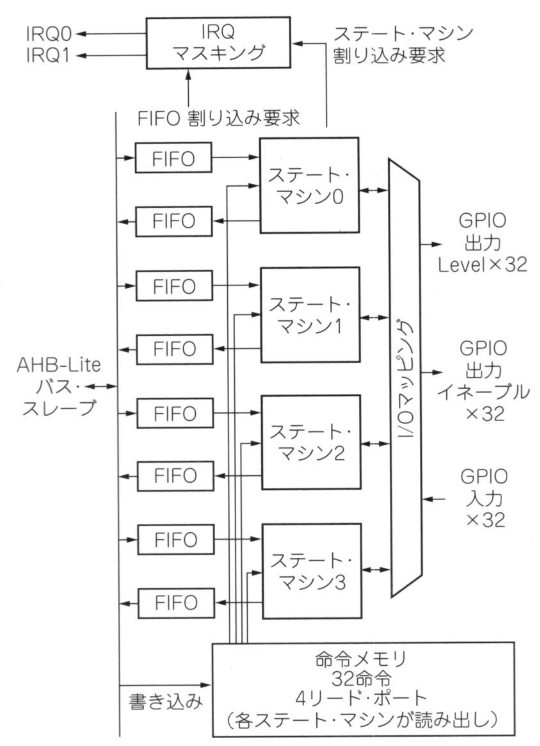

図2[2] **プログラマブルI/Oのブロック図**

64Kバイトで，2バンクは4Kバイトの容量を持っています．

- **ダイレクト・メモリ・アクセス(DMA)**：直接メモリを参照するユニットです．2つのCPUコア以外にバスの所有権を握ることができます．CPUコアの動作と並列に，メモリ間の転送を行います．
- **XIP/XIPキャッシュ**：XIPとはeXecution In Place(その場での実行)を意味します．これは，アドレス・マップのフラッシュ・メモリ領域(`0x10000000`～`0x1FFFFFFF`番地)をアクセスすると，QSPIユニットが自動的に起動され，外部のシリアル・フラッシュ・メモリからデータを読み込み，通常のRAMアクセスのように，そのアドレスに対応するデータを返します．XIPキャッシュは，この領域のキャッシュ・メモリです．外部のシリアル・フラッシュ・メモリに余分なアクセスが発生するのを防ぎます．
- **USB**：マイコンと外部ICとの間でシリアル通信を行うユニットです．RP2040はUSB1.1の規格に準拠し，データを駆動できるホスト機能と，データを受け取るデバイス(ターゲット)機能の両方に対応しています．USB1.1では，理論上は最大12Mbps(1.5Mバイト/s)で通信が可能です．
- **コア用電源レギュレータ**：レギュレータとは，電圧を一定に保つ電圧変換器のことです．RP2040は1.8V～5.5Vの電圧で動作するように設計されています．レギュレータはこの入力電圧を，チップ内部の回路が使用する3.3Vに変換して，その電圧を維持する機能があります．
- **クロック・ジェネレータ**：その名の通り，RP2040のチップ内で使用するクロックを生成する回路です．クロック源を逓倍したり分周したりして，各周辺ユニットで必要となる周波数のクロックを作り出します．RP2040には，USBのクロックを生成するためと，CPUコアを始めとする(USB以外の)システム・クロックを生成するための2種類のPLLが内蔵されています．

● プログラマブルI/Oは他のマイコンにない特徴

RP2040のブロック図の中でも際立っているのが，CPUコアであるArm Cortex-M0+に内蔵された機能であるシングル・サイクルI/O(SIO)を全GPIOに使ってI/Oの高速動作を実現しているところと，恐らくはRP2040の最大の特徴である2基のプログラマブルI/O(PIO)だと思われます．

図2にプログラマブルI/Oの1基のブロック図を示します．プログラマブルI/Oは文字通り，32ワードの命令メモリに格納された「命令」に従って，プログラムされた通りに動作するI/Oです．RP2040は，**図1**のように，PIO0とPIO1の2基のプログラマブルI/Oを備えます．それぞれのプログラマブルI/Oは，4基のステート・マシンによって制御されます．1つのステート・マシンは，端子の強制的なセット/リセット用にGPIOを5本(最大)，OUT命令でGPIOを32本(最大)，サイドセット(side-set)用にGPIOを5本(最大)制御できます．ということは，1度に42本のGPIOを制御できる計算です．しかし，セット/リセット命令とOUT命令は同時に使用できないので，同時に制御できるGPIOは最大37本になります(とはいえ，GPIOは最大30本しか存在しません)．このステート・マシンが8基(PIO0とPIO1を合わせて)備わっているのですから，まさに「何じゃ，これは!?」です．

プログラマブルI/Oは，ある程度は，自律して動作するのですが，通信時のデータのやり取りにはCPUコアの介入が不可欠です．8個のステート・マシンが並列に動くとしたら，例え最高133MHz動作でも，CPUコアの役割は非常に忙しくなります．そのために，CPUコアは2個存在しないといけなかったのではないでしょうか．単純な例で言うと，片方のCPUコアがプログラマブルI/Oの受信を制御し，もう一方のCPUコアがプログラマブルI/Oの送信を制御するという使い方が想像できます．こう妄想すると，Picoの存在意義が見えてきます．すなわち，これは高機能なI/Oコントローラなのだと．

なかもり・あきら

(4) Getting started with Raspberry Pi Pico. https://datasheets.raspberrypi.org/pico/getting-started-with-pico.pdf

カメラやLCDを搭載するAI向け高機能タイプも

RP2040搭載ボード＆Pico用拡張ボード図鑑

宮田 賢一

ラズベリー・パイPico（以降，Pico）を始め，ラズベリーパイ財団が開発した独自プロセッサRP2040を搭載するボードが各社から販売されています．

RP2040は，最大133MHzで動作するデュアル・コアCortex-M0+をベースに，リアルタイム信号処理を可能とするプログラマブルI/O，1クロック・サイクルで処理可能なSIO（GPIO），音声処理やグラフィックス・レンダリングへも応用可能な補間器など信号処理に向いた機能を備えています．さらに，ハードウェア整数除算器，ROMに内蔵された高速浮動小数演算ライブラリを持っており，高速な計算処理も実現できる可能性を持ったプロセッサです．

本稿では，RP2040を搭載するボード（**表1**）や，ボードと一緒に使える拡張ボード（**表2**）を紹介します．

みやた・けんいち

表1　個人で入手可能なRP2040搭載マイコン・ボード（2021年5月時点）

ボード名	メーカ	フラッシュ・メモリ	GPIO※1	LED	Qwiic※2	LiPo※3	SDカード・スロット	参考価格
Raspberry Pi Pico	ラズベリーパイ財団	2Mバイト	26 (23+3)	1（緑）	×	×	×	550円
Tiny 2040	Pimoroni	8Mバイト	12 (8+4)	1 (RGB)	×	×	×	9.8ドル
Feather RP2040	Adafruit	8Mバイト	21 (17+4)	2（赤，RGB※4）	○	○	×	11.95ドル
QT Py RP2040	Adafruit	8Mバイト	11 (7+4)	1 (RGB※4)	○	×	×	9.95ドル
ItsyBitsy RP2040	Adafruit	8Mバイト	23 (19+4)	2（赤，RGB※4）	×	×	×	9.95ドル
Thing Plus RP2040	SparkFun Electronics	16Mバイト	18 (14+4)	2（青，RGB※4）	○	○	○	17.95ドル
Pro Micro RP2040	SparkFun Electronics	16Mバイト	20 (16+4)	1 (RGB※4)	○	×	×	9.95ドル
MicroMod RP2040 Processor	SparkFun Electronics	16Mバイト	29 (25+4)	2（青，RGB※4）	×	×	×	11.95ドル
Arducam Pico4ML	Arducam	2Mバイト	26 (23+3)	1（緑）	×	×	×	49.99ドル

※1：ディジタル＋アナログの内訳
※2：SparkFunの4線式通信規格Qwiicシステムの接続端子
※3：リチウム・ポリマ・バッテリの接続端子
※4：NeoPixelまたはその互換品

表2　個人で入手可能なラズベリー・パイPico用拡張ボード（2021年5月時点）

ボード名	メーカ	主な機能	参考価格
Grove Shield for Pi Pico	Seeed	Groveポート×10	4.3ドル
Pico Explorer Base	Pimoroni	LCD（IPS），圧電スピーカ，モータ・ドライブ	26.08ドル
Pico Decker	Pimoroni	専用アドオン・ボード用ポート×4	14.1ドル
Pico Display Pack	Pimoroni	LCD（IPS），RGB LED	15.86ドル
Pico Unicorn Pack	Pimoroni	RGB LED 16×7マトリクス	23.26ドル
Pico Scroll Pack	Pimoroni	白色LED 17×7マトリクス	15.86ドル
Pico Audio Pack	Pimoroni	オーディオ出力	15.86ドル
Pico VGA Demo Base	Pimoroni	ビデオ出力	21.15ドル
Wireless Pack	Pimoroni	無線通信［IEEE 802.11b/g/n（2.4GHz）］	14.1ドル

RP2040搭載マイコン・ボード

1 770円で買える! リファレンスとして持っておきたい Raspberry Pi Pico

ラズベリーパイ財団自身が販売する開発ボードです．外観を**写真1**に，主な仕様を**表3**に示します．

770円と安価なところだけが注目されがちですが，RP2040自体が高機能なことや，

- 26個ものGPIOが引き出されている
- 英語ではあるものの公式ドキュメントが充実
- さまざま作例がネットで多数公開されている

ことなどから，RP2040のリファレンス・ボードとして持っておくと有用と言えます．

フラッシュ・メモリを必要最低限の2Mバイトに抑え，リセット・ボタンを省略するなど，コスト・パフォーマンスを重視した設計です．

写真1　ブレッドボードでも使いやすい21mm幅．デバッグ用のSWDピンも装備している

表3　Raspberry Pi Picoの主な仕様

項　目	内　容
フラッシュ・メモリ	2Mバイト
GPIO	26（ディジタルのみ23，アナログ対応3）
ボタン	ブート・セレクト用
USB	Micro-B
SWDピン	あり（3ピン）
外形寸法	52×21×4mm

2 22.9×18.2mmの切手サイズながらも12本のGPIOと8Mバイトのフラッシュ搭載 Tiny 2040

英国のPimoroniが設計・販売している小型ボードです．外観を**写真2**に，主な仕様を**表4**に示します．

切手サイズのボードの表面には，リセット・ボタンとブート・セレクト・ボタンを備え，ボード中央には3本のGPIOによる独立制御型のRGB LEDが配置されています．

RP2040と8Mバイトのフラッシュ・メモリは，ボード裏面に取り付けられています．

ブート・セレクト・ボタンはGPIOに接続されており，プログラマブルです．引き出されているGPIOは12本と少なめですが，そのうち8本が連続番号のGPIOが割り当てられており，ビット数の多い信号をPIOで制御しやすくなっています．

デバッグ用ポートもしっかり引き出されており，小型でありながらもさまざまなプロジェクトの開発に適しているボードです．

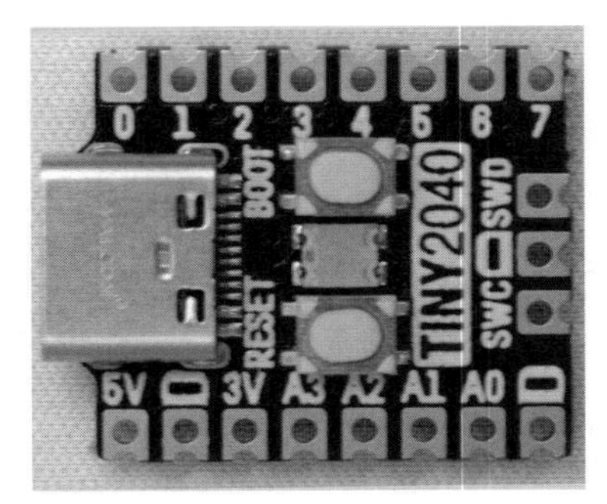

写真2　外形寸法は22.9×18.2×6mmの切手サイズ

表4　Tiny 2040の主な仕様

項　目	内　容
フラッシュ・メモリ	8Mバイト
GPIO	12（ディジタルのみ8，アナログ対応4）
ボタン	ブート・セレクト（プログラマブル），リセット
LED	1（3個のGPIOで独立制御するRGB）
USB	Type-C
SWDピン	あり（3ピン）
外形寸法	22.9×18.2×6mm

3　ピン配置が共通化されているマイコン・ボード・シリーズ Feather RP2040

マイコン・ボードのFeatherシリーズ(Adafruit)に準拠したRP2040搭載ボードです．外観を**写真3**に，主な仕様を**表5**に示します．

FeatherシリーズはFeatherWingという拡張ボードのシリーズと組み合わせて，機能を追加できることが特徴です．この拡張ボードのシリーズは同じフォームファクタで設計されています．

RP2040版も，他のプロセッサ版とピン配置が互換となっています．例えばWi-Fi機能を提供するESP32搭載のFeatherWingと組み合わせられます(一部非対応または未検証のFeatherWingもある)．

ボード上にはリチウム・ポリマ・バッテリ接続用の2ピンJSTコネクタと200mAのバッテリ・チャージャを搭載し，USBで給電時はバッテリを充電できます．

4ピンのSTEMMA QT/Qwiicポートもあるので，Qwiic互換のI^2Cデバイスを連結できます．

デバッグ用としては2×5のSWDコネクタ用のパッドが出ています．

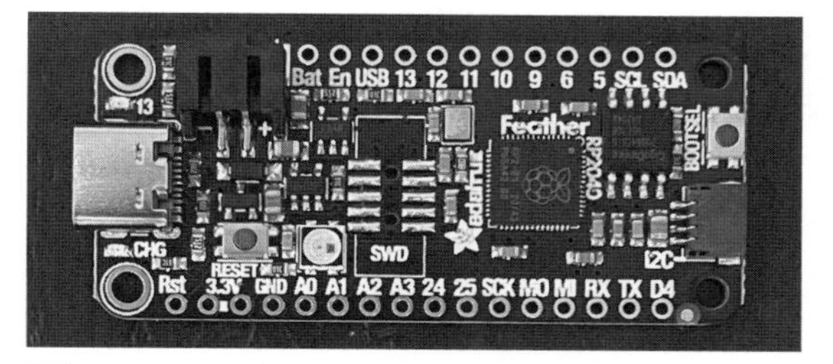

写真3　リチウム・ポリマ・バッテリ接続用の2ピンJSTコネクタ付き

表5　Feather RP2040の主な仕様

項　目	内　容
フラッシュ・メモリ	8Mバイト
GPIO	21(ディジタル17，アナログ兼用4)
ボタン	ブート・セレクト，リセット
USB	Type-C
SWDピン	あり(2×5コネクタ取り付け用パッド)
その他	リチウム・ポリマ・バッテリ端子，STEMMA QT/Qwiicポート
外形寸法	50.8×22.8×7mm

4　8Mバイトのフラッシュ・メモリ搭載．CircuitPythonとの親和性も高い QT Py RP2040

マイコン・ボードのQT Pyシリーズ(Adafruit)の互換ボードです．外観を**写真4**に，主な仕様を**表6**に示します．本稿執筆時点で市販されているRP2040搭載ボードとしては最小のボードです．引き出されているGPIOの数も11と最少です．

Picoにはない，

- リセット・ボタン
- プログラマブルなブート・セレクト・ボタン
- STEMMA QT/Qwiicポート
- NeoPixel互換LED

を備えており，GPIOピンを使わなくても基本的な入出力処理ができるよう工夫されています．

フラッシュ・メモリも8MバイトとPicoの4倍です．

QT Pyシリーズは，Seeeduino XIAOと同サイズでピン配置に互換性があります．またAdafruit製ボードの開発言語として推奨されているCircuitPythonは，QT Py 2040とXIAOも対応しているのでプログラムの相互利用を図れます．

写真4　Adafruitのマイコン・ボードの中でも小型のシリーズ(20.8×17.8mm)

表6　QT Py RP2040の主な仕様

項　目	内　容
フラッシュ・メモリ	8Mバイト
GPIO	11(ディジタル×7，アナログ対応×4)
ボタン	ブート(プログラマブル)，リセット
USB	Type-C
SWDピン	なし
その他	STEMMA QT/Qwiicポート
外形寸法	21.8×17.8×5.8mm

5 ItsyBitsy RP2040 Picoの7割程度の長さでもGPIOは23本

マイコン・ボードのシリーズItsyBitsy（SparkFun Electronics）の互換ボードです．外観を**写真5**に，主な仕様を**表7**に示します．

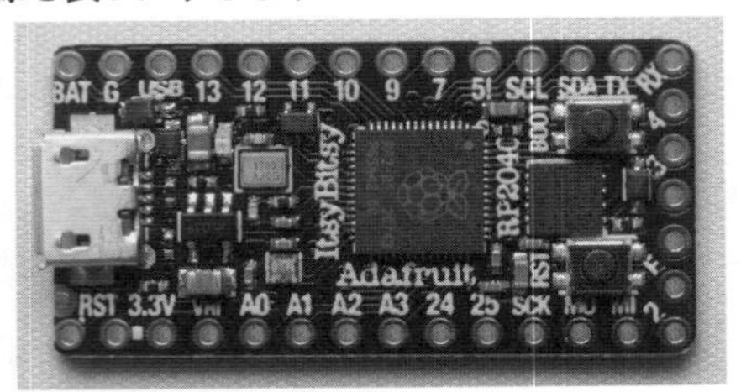

写真5 ItsyBitsyはAdafruitの中型マイコン・ボード・シリーズ

ItsyBitsyシリーズの位置付けは，Featherと同程度のGPIOを持ちながら，ボードを36×18mmと小型化したというものです．

表7 ItsyBitsy RP2040の主な仕様

項目	内容
フラッシュ・メモリ	8Mバイト
GPIO	23（ディジタル×19，アナログ対応4）
ボタン	ブート・セレクト（プログラマブル），リセット
USB	Micro-B
SWDピン	あり（1×2ピン＋共通GND）
外形寸法	36×18×4mm

6 Thing Plus RP2040 フラッシュ・メモリ16MバイトでLipoバッテリ充電機能付き

マイコン・ボードのシリーズThing Plus（SparkFun Electronics）の互換ボードです．外観を**写真6**に，主な仕様を**表8**に示します．

microSDカード・スロットをボード裏面に備え，大容量のデータを扱えます．さらに500mAのバッテリ充電器とリチウム・ポリマ・バッテリ・コネクタに加え，オンボードのI²C接続バッテリ残量センサによりユーザ・プログラムからバッテリ状態を監視できます．

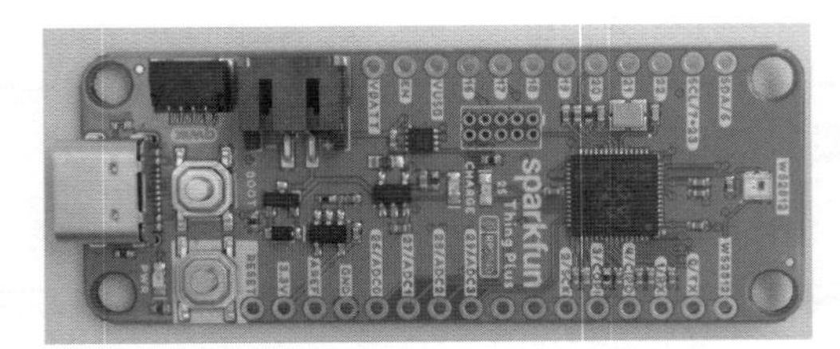

写真6 Thing Plus RP2040はデバイス接続用の拡張コネクタやリチウム・ポリマ・バッテリ用端子付き

表8 Thing Plus RP2040の主な仕様

項目	内容
フラッシュ・メモリ	16Mバイト
GPIO	18（ディジタル×14，アナログ対応×4）
ボタン	ブート・セレクト，リセット
USB	Type-C
SWDピン	あり（2×5コネクタ取り付けパッド）
その他	SDカード・スロット，リチウム・ポリマ・バッテリ端子，リチウム・ポリマ・バッテリ充電器（500mA），オンボード・バッテリ残量センサ（I²C），STEMMA QT/Qwiicポート
外形寸法	58.4×22.9mm

7 Pro Micro RP2040 10ドル以下だけど16Mバイトフラッシュ・メモリを搭載

マイコン・ボードのシリーズPro Micro互換ボードです．外観を**写真7**に，主な仕様を**表9**に示します．

Pro Micro RP2040（SparkFun Electronics）は，同じ価格帯のRP2040搭載ボードに対して，フラッシュ・メモリが16Mバイトと大容量なことが特徴です．GPIOは20本と標準的であり，オンボードLEDは，NeoPixel互換のフルカラー・タイプです．

写真7 SparkFunのPro MicroシリーズはArduino Mini互換．中型だが拡張性は高い

表9 Pro Micro RP2040の主な仕様

項目	内容
フラッシュ・メモリ	16Mバイト
GPIO	20（ディジタル×16，アナログ対応×4）
ボタン	ブート・セレクト，リセット
USB	Type-C
SWDピン	なし
その他	STEMMA QT/Qwiicポート
外形寸法	33×17.8mm

8　プロセッサ・ボードを差し替えるだけで他のマイコンに載せ替え可能 MicroMod RP2040 Processor

● プロセッサ・ボード

MicroMod RP2040 ProcessorはMicroModシステム（SparkFun Electronics）用のプロセッサ・ボードです．主な仕様を**表10**に示します．

MicroModシステムは，プロセッサを搭載するプロセッサ・ボードと，ペリフェラル機能を提供するキャリア・ボードから構成されます．それぞれに用意されているさまざまなラインアップから自由に選んで，用途に適したシステムを構築できることが特徴です．

表10　MicroMod RP2040 Processorの主な仕様

項　目	内　容
フラッシュ・メモリ	16Mバイト
GPIO	29（ディジタル×25，アナログ対応×4）
ボタン	なし（キャリア・ボードで対応）
LED	1（青）
USB	なし（キャリア・ボードで対応）
SWDピン	なし（キャリア・ボードで対応）

表11　MicroMod ATP Carrier Boardの主な仕様

項　目	内　容
ポート	USB Type-C×1，USB Type-A（ホスト）×1，Qwiic（I²C）ポート×2，CAN×1，I²S×1，SPI×2，UART×2，アナログ・ピン×2，PWM×2，ディジタル専用ピン×2，GPIO×12，SWD×1
その他	リアルタイム・クロックのバックアップ用1mAhバッテリ，リセット・ボタン，ブート・ボタン

● キャリア・ボード

MicroModプロセッサ・ボードから，プロセッサの持つ全ピンを引き出して利用する（access all the pins; ATP）ためのキャリア・ボードです．外観を**写真8**に，仕様を**表11**に示します．

このボード単体では動作せず，MicroMod対応のプロセッサ・ボードをATPボード中央のM.2コネクタに取り付けて使用します．

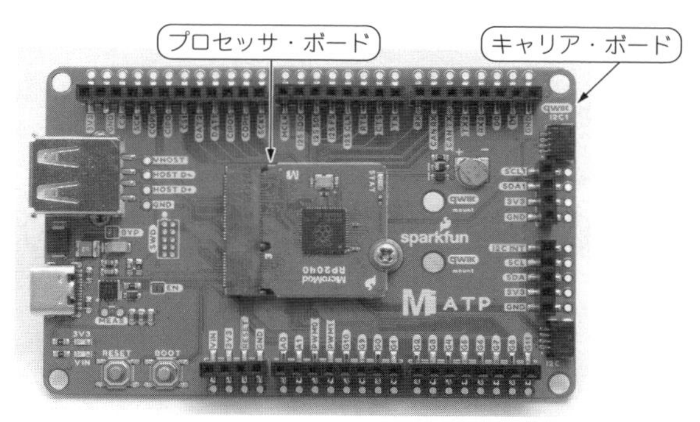

写真8　プロセッサ・ボードとセットで使うキャリア・ボード
中央のM.2コネクタにプロセッサ・ボードを取り付けた状態

9　マイクや加速度センサ搭載でマイコン向けTensorFlowをすぐに試せる Pico4ML

RP2040上でTensorFlow Lite for Microcontrollersを試すのに必要なハードウェアを備えたボードです．外観を**写真9**，主な仕様を**表12**に示します．表面には9軸センサやモノラル・マイク，QVGAのカメラ・モジュールを搭載し，裏面にはLCD（TFT）が取り付けられた形になっています．

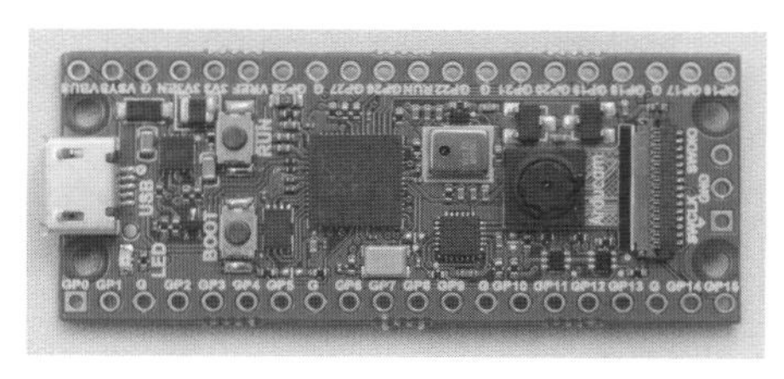

写真9　9軸センサ，マイク，カメラ，LCDを搭載

フラッシュ・メモリ容量（2Mバイト）やユーザが使えるGPIO数（26個）はPicoと同じです．

表12　Pico4MLの主な仕様

項　目	内　容
フラッシュ・メモリ	2Mバイト
GPIO	26（ディジタル×23，アナログ対応×3）※
ボタン	ブート・セレクト，リセット
USB	Micro-B
SWDピン	あり（3ピン）
その他	9軸センサ（ICM-20948），モノラル・マイク（PCM出力），QVGAカメラ・モジュール（HM01B0，320×240@60fps），0.96インチLCD（TFT，160×80）
外形寸法	51×21mm

※：オンボード・デバイスとピンを共用していることに注意

ラズベリー・パイ Pico対応拡張ボード

1 Picoで使えるステレオ出力オーディオDACボード Pico Audio Pack

I²S信号を受信してラインアウトとステレオ・ヘッドホン・ジャックに音声を出力するオーディオDACボードです．外観を**写真10**に，仕様を**表13**に示します．

RP2040にはハードウェアによるI²Sサポートはないので，プログラマブルI/Oを使ってPicoでI²S信号を生成し，Pico Audio Packに送信します．Pico上のプログラムで音声波形を合成して音楽を演奏するサンプル・プログラムが用意されており，少し複雑なプログラマブルI/O処理を行うサンプルとして有用です．

本稿執筆時点ではC/C++のライブラリだけが用意されており，MicroPythonからの制御は未サポート（計画中）です．

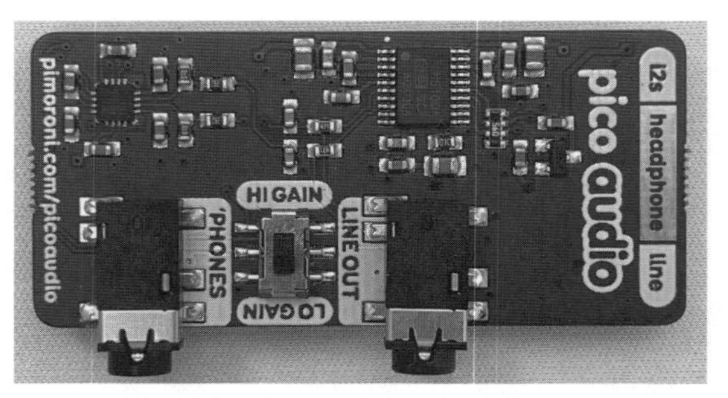

写真10　PicoのプログラマブルI/Oで生成したI²S信号を入力とするオーディオDACボード

表13　Pico Audio Packの主な仕様

項　目	内　容
オーディオ出力	最高32ビット，384kHz
D-Aコンバータ	PCM5100A（テキサス・インスツルメンツ）
インターフェース	I²S
ヘッドホン・アンプ	PAM8908JER（Diodes）
出力	3.5mmステレオ・ヘッドホン・ジャック
	3.5mmステレオ・ラインアウト・ジャック
その他	Picoと直結できるピン・ソケット

2 ビデオやオーディオ信号を出力できる高性能拡張ボード Pico VGA Demo Base

RP2040のC/C++ SDKリファレンス・ガイド（ラズベリーパイ財団）でも引用されているVGA出力拡張ボードです．ただしリファレンス・ガイドと製品版とは若干の違いがあります．外観を**写真11**に，仕様を**表14**に示します．

プログラマブルI/Oを使ったプログラミング例として，VGA信号を生成するサンプル・プログラムが用意されています．

microSDカードに入れた画像の表示や動画の再生，I²S D-Aコンバータによるオーディオ出力なども可能であり，Picoでマルチメディアを試せるボードです．

写真11　PicoでVGA信号を出力できる

表14　Pico VGA Demo Baseの主な仕様

項　目	内　容
映像出力	640×480（60fps），（D-Sub 15ピン・アナログVGA）
音声出力	I²S D-AコンバータまたはPWM（3.5mmステレオ・ミニプラグ×2）
オーディオDAC	PCM5100A（テキサス・インスツルメンツ）
その他	SDカード・スロット，リセット・ボタン，プログラマブル・ボタン×3

3 Grove Shield for Pi Pico　Grove対応の拡張デバイスを使いやすい

ラズベリー・パイPicoにGroveポートを追加する拡張ボードです．外観を**写真12**，仕様を**表15**に示します．

Groveとはマイコン・ボードにアドオンするベース・シールドと機能モジュールとをはんだ付けなしで結線して使えるシステムの総称です．このGroveシステムで，それぞれを接続するために規格化されたコネクタがGroveポートです．

Groveポートのタイプには，I²C，アナログ，UART，ディジタルがあり，汎用のGroveケーブルでつなぐだけでPicoからアクセスできるようになります．

表15　Grove Shield for Pi Picoの主な仕様

項　目	内　容
Groveポート	I²C×2，アナログ×3，UART×2，ディジタル×3
その他	SWDコネクタ，SPIピン，電源スイッチ

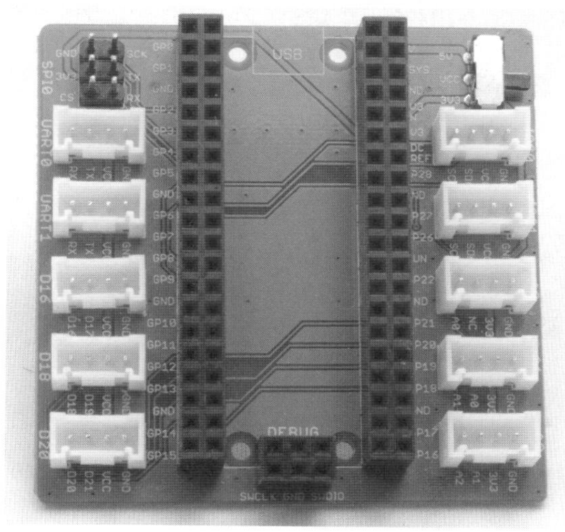

写真12　Picoで4ピンの拡張コネクタGroveが使えるようになる

4 Pico Explorer Base　ブレッドボード付きだから簡単な回路を組んだ実験もできる

ラズベリー・パイPicoを使った実験を手軽に始められるベース・ボード・キットです．外観を**写真13**に，仕様を**表16**に示します．

ベース・ボード上の小型ブレッドボードを使って，簡単な自作回路を使った実験もできます．

Pimoroni版MicroPythonを使うと，ベース・ボード上の圧電スピーカや，LCD用のライブラリを使ってすぐに実験が始められます．

表16　Pico Explorer Baseの主な仕様

項　目	内　容
I/Oポート	GPIO/A-Dコンバータ・アクセス用ピン・ヘッダ，I²CブレイクアウトGardenコネクタ×2
オンボード・デバイス	1.54インチLCD(IPS，240×240)，ボタン・スイッチ×4，圧電スピーカ，ハーフ・ブリッジ・モータ・ドライバ×2．
その他	ミニ・ブレッドボード

写真13　ブレッドボード付きなのでこれだけで簡単な回路を組める

5 Pico Decker (Quad Expander)　複数の拡張ボードを使ったプロトタイピング向き

Pimoroni製のPico用拡張ボードを最大4枚まで搭載し，ラズベリー・パイPicoからアクセスできるようにする拡張ボードです．外観を**写真14**に示します．

このボードの他にも，拡張ボードを2枚まで搭載できるコンパクトなPico Omnibusも販売されています．

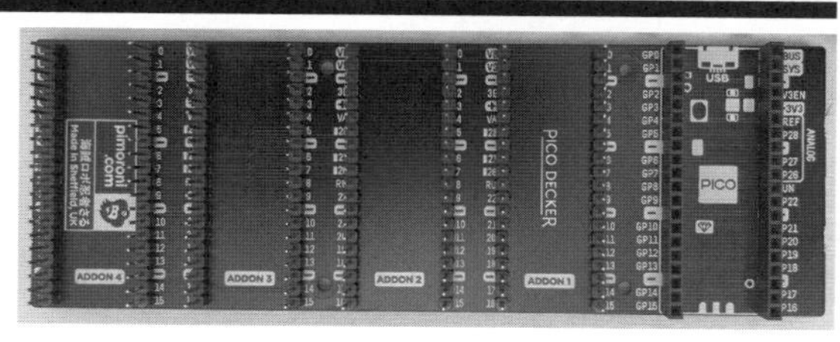

写真14　1つのPicoに拡張ボードを最大4つ接続

6 Pico Display Pack ディスプレイ付きのモバイル・デバイス製作に

Pico用の1.14インチ IPSカラーLCD拡張ボードです．外観を**写真15**に，仕様を**表17**に示します．

ボード上にはLCDの他に，4個のタクト・スイッチと3本のGPIOを使って制御するRGB LEDを搭載しています．

写真15　Picoに直接取り付けたり，エキスパンダ・ボードに取り付けたりできる

ボード裏面にはPicoと同じピン数のピン・ソケットがあり，ピン・ヘッダ付きのPicoと拡張ボードの裏面を貼り合わせるような形で組み合わせたり，Pico Deckerのような拡張ボードに取り付けたりできます．

ディスプレイとボタンを使ったユーザ・インターフェースを作るのに便利なボードです．

表17　Pico Display Packの主な仕様

項　目	内　容
LCD	1.14インチLCD (IPSカラー，240×135)
LCDドライバ	ST7789 (Sitronix Technology)
インターフェース	SPI
オンボード・デバイス	タクト・スイッチ×4
	RGB LED (GPIO×3で制御)
その他	Picoと直結できるピン・ソケット

7 Pico Unicorn Pack 超小型のディジタル・サイネージが作れる

Pico用の16×7のフルカラーLEDマトリクス・ボードです．外観を**写真16**に，仕様を**表18**に示します．

各LEDに対して独立に色と明るさを設定できます．

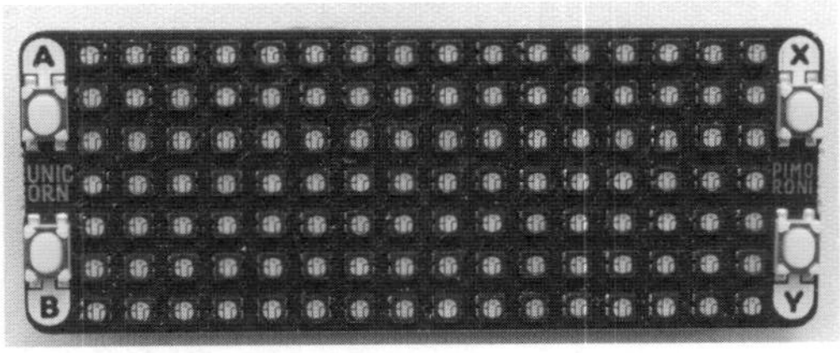

写真16　フルカラーLEDマトリクス・ボード

4個のタクト・スイッチも備えており，ボタンと連動した表示装置を作れます．各LEDは独自プロトコルによる制御が必要ですが，プログラマブルI/Oを使ったライブラリが提供されています．

表18　Pico Unicorn Packの主な仕様

項　目	内　容
LED	RGB LED16×7 (合計112個) LEDごとに色と明るさを設定可能
インターフェース	独自プロトコル
オンボード・デバイス	タクト・スイッチ×4
その他	Picoと直結できるピン・ソケット

8 Pico Scroll Pack 119個のLEDで文字のスクロール表示ができる

17×7の白色LEDマトリクス・ボードです．外観を**写真17**に，仕様を**表19**に示します．

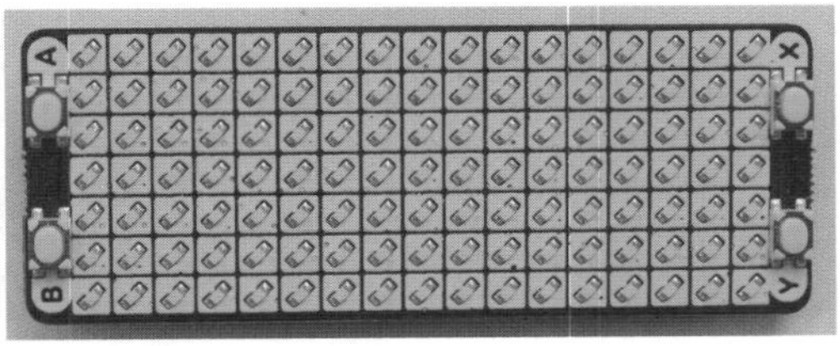

写真17　白色LEDマトリクス・ボード

各LEDに対して独立に明るさを設定できます．専用のライブラリでは5×7のビットマップ・フォントを使って文字をスクロールするデモを容易に作成できます．

表19　Pico Scroll Packの主な仕様

項　目	内　容
LED	白色LED17×7 (合計119個) LEDごとに明るさを設定可能
インターフェース	I^2C
オンボード・デバイス	タクト・スイッチ×4
その他	Picoと直結できるピン・ソケット

1200円で買える無線マイコン・ボード！
CとMicroPythonでLチカ＆HTTPクライアントを試す

第3章 PicoのWi-Fi版「Pico W」

宮田 賢一

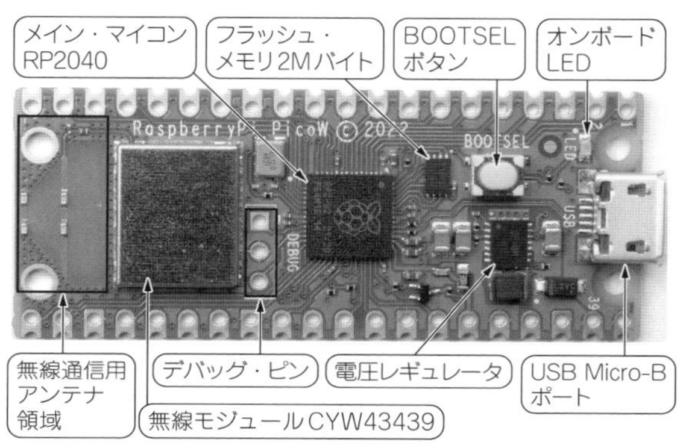

（a）表

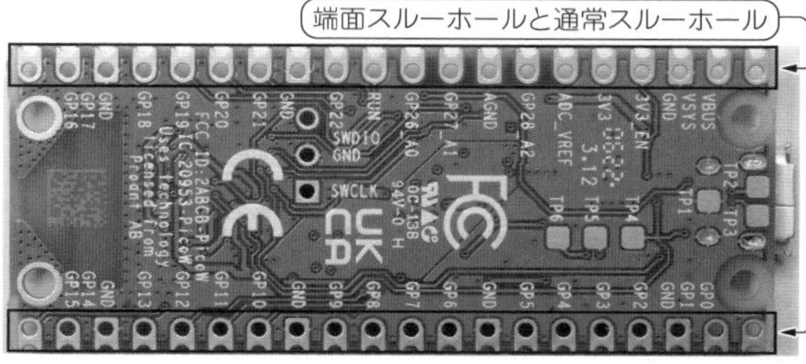

（b）裏

写真1　Pico Wの構成部品

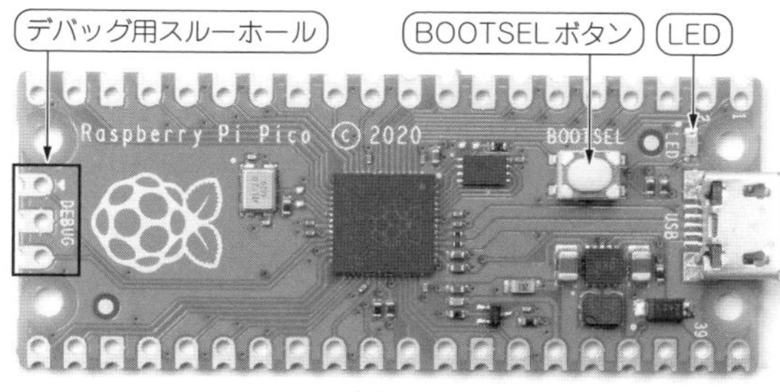

（a）Pico

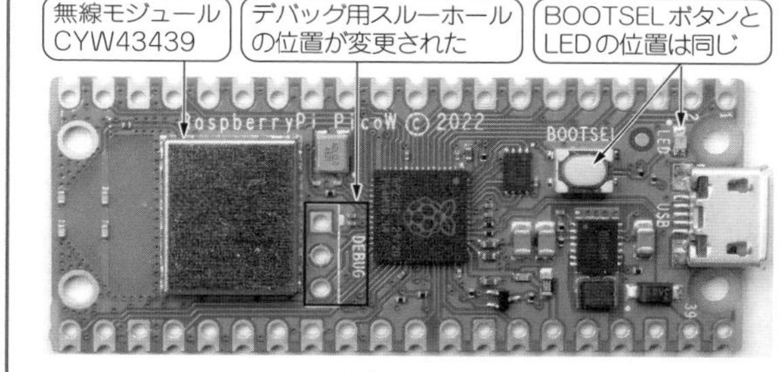

（b）Pico W

写真2　PicoとPico W搭載部品の位置関係

Wi-Fiに対応したラズベリー・パイPico W（以下，Pico W）が発売されました．技適の認証がなされていないため国内販売はまだですが，既に一部の通販サイトでは1200円程度で販売することが予告されています．本章では，先行して入手したPico Wで，何が新しくなったのかを紹介します．

なお，本章の一部にはPico Wの無線機能を実際に動作させて得られた実験結果が含まれています．この実験に先立ち，総務省の「技適未取得機器を用いた実験等の特例制度」注1に基づいて，筆者が所有しているPico Wを短期間の実験を目的とした無線設備として届け出を行った上で，関連する法令を順守して運用していることを記しておきます．読者の方には以下の枠内の注意を喚起するとともに，Pico Wを入手して日本国内で使用する場合には，現時点では読者自身による特例制度への届け出が必要となりますので十分に気を付けてください（関連記事：314ページ）．

> この無線設備は電波法に定める技術基準への適合が確認されておらず，法に定める特別な条件の下でのみ使用が認められています．この条件に違反して無線設備を使用することは，法に定める罰則その他の措置の対象となります．

ボード構成

● 部品配置

Pico Wの外観を**写真1**に，ラズベリー・パイPico（以下，Pico）とPico Wとの比較を**写真2**に示します．

表面にはこれまでのPicoと同じく，メイン・マイコンであるRP2040と2Mバイトのフラッシュ・メモ

注1：https://www.tele.soumu.go.jp/j/sys/others/exp-sp/

表1　ラズベリー・パイPico Wの主な仕様

項　目		仕　様
SoC		RP2040
CPU	コア	Cortex M0+，デュアル・コア
	動作周波数	最大133MHz
メモリ	SRAM	264Kバイト
	フラッシュ・メモリ	2Mバイト（外付けQSPI接続）
主要ペリフェラル	GPIO	ディジタル専用×26 ディジタル・アナログ兼用×4
	通信	I²C×2
		SPI×2
		UART×2
		USB 1.1（ホスト・デバイス）×1
	A-Dコンバータ	汎用×4（12ビット，500ksps） 内蔵温度センサ専用×1
	PWM	16チャネル
	プログラマブルI/O	2
	RTC	内蔵（バッテリ・バックアップなし）
無線通信	通信モジュール	CYW43439 （インフィニオン テクノロジーズ）
	Wi-Fi	802.11n（2.4GHz）
外部ポート		USB Micro-B
動作温度		－20～+70℃（Picoは最大85℃）
電源電圧		1.8～5.5 V
外形寸法		51×21×1mm

り，電源投入時の動作モードを切り替える［BOOTSEL］ボタン，オンボードLED，電圧レギュレータが搭載されています．またUSBポートもMicro-Bであり，Picoからの変更はありません．一方，Pico Wでは新たに無線モジュールとしてCYW43439（インフィニオンテクノロジーズ）が追加されました．また，基板上の配線パターンとして無線通信用のアンテナ領域が基板の長方向の側端に用意されています．

● 基板の形状

基板の形状はPicoと同じく51×21mmです．また，端面スルーホールと通常のスルーホールの2列構造であることも変わりません注2．端子数は2×20の40ピンです．

基板の取り付けネジ穴，［BOOTSEL］ボタン，オンボードLEDの位置も同じです．しかしPico Wのアンテナ領域が側端に追加された影響で，デバッグ用のSWD（Serial Wire Debug）ピンの位置が，Pico Wでは中央付近に変更されています．従ってSWDピンの位置が側端にあることを前提とした一部の拡張ボードでは，デバッグ・ピンが使えなくなります．

注2：端面スルーホールがなく，通常スルーホールのみのモデルRaspberry Pi Pico H（Wi-Fiなし）/WH（Wi-Fiあり）も今回新たに追加されました．

ハードウェア仕様

● 無線モジュールCYW43439が追加される

Pico Wの主な仕様を**表1**に示します．PicoとPico Wとの主な共通点を見てみると，SoC（System on a Chip）はRP2040で変わりません．CPUはデュアル・コアのCortex M0+で，最大133MHzで動作します．それに伴い，主要なペリフェラルは全てPicoと同じものを使用できます．RP2040はプログラム格納用のメモリを内蔵していないため，RP2040外部にPicoと同じ容量の2Mバイトのフラッシュ・メモリを外付けしています．

Pico Wで新たに搭載された無線モジュールCYW43439そのものは，Wi-Fi（IEEE 802.11b/g/n, 2.4GHz）とBluetooth 5.2/BLEに対応していますが，Pico WにおいてはWi-FiのIEEE 802.11nのみ有効化されています．Pico Wのデータシート(1)に記載されている回路図を見ると，CYW43439のBluetooth関連のピンはどこにも接続されておらず，ハードウェア的に使えないようです．将来，Pico Wの回路が改訂されて，Bluetoothも使えるようになることを期待したいと思います．

他にPicoと異なる点として，動作温度の最高が85℃から70℃に変わっているところがあります．これはCYW43439の動作温度が－30～＋70℃であることに伴うものと思われます．

● システム構成

図1はPico Wの回路図を元にシステム構成を示したものです．RP2040とフラッシュ・メモリは，QSPIを介して接続しています．このフラッシュ・メモリに接続される［BOOTSEL］ボタンを押しながら電源を投入することにより，RP2040がUSBのマス・ストレージ・クラスのデバイスとして起動し，PCなどからPico Wにプログラムを書き込めるようになります．これはPicoと同じです．

RP2040とCYW43439との間はSPIで通信しています．ただしRP2040側はハードウェアSPI用のピンではなく，汎用のGPIO23，GPIO24，GPIO25，GPIO29に接続されています．Pico/Pico W向けのC/C++ SDKのソースコードを見ると，RP2040でのSPIの処理はプログラマブルI/O（PIO）で実行されていました．つまりRP2040内に2つあるPIOの命令メモリを両方ともぎりぎりまで使っていたり，1つのPIO内に4つずつあるステート・マシンを全て使ったりしているようなユーザ・プログラムは，Picoでは動作してもPico Wでは動作しない恐れがあります．

オンボードLEDの接続先は，PicoではRP2040の

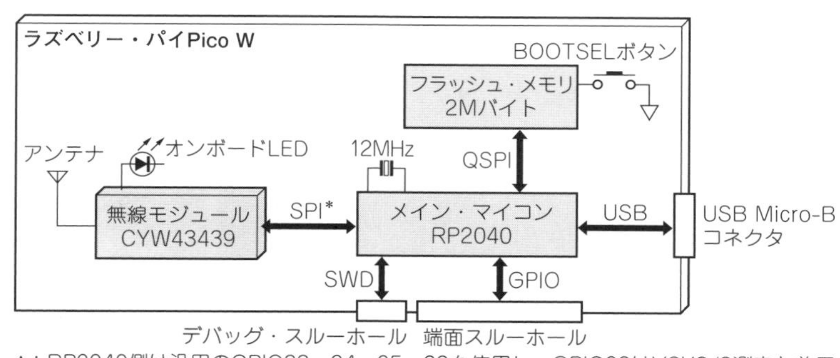

図1 Pico Wに搭載する主要部品の関係
＊：RP2040側は汎用のGPIO23，24，25，29を使用し，GPIO29はVSYS/3測定と兼用

GPIO25ですが，Pico WではCYW43439のGPIO0となっています．そのためオンボードLEDのプログラミングの仕方は，PicoとPico Wとで互換性がありません．

● GPIOの割り当て

PicoとPico WのGPIOの割り当てを**表2**に示します．基板の外に引き出されているGPIO0～GPIO22（ディジタル専用）と，GPIO26～GPIO28（ディジタル・アナログ兼用）は，PicoとPico Wで共通です．

Picoで　はGPIO23，GPIO24，GPIO25，GPIO29はボード内で電源電圧監視や電圧レギュレータの動作モード設定，オンボードLED制御のために使っています．一方，Pico Wではこれらのピンは CYW43439との通信用に使用することになり，もともとの機能はCYW43439上のGPIOに移動しました．ただし，USBまたは外部電源から供給されている電源電圧（VSYS）を3分の1に分圧した電圧（VSYS/3と呼ぶ）を計測できるGPIO29のみ，CYW43439と共用となっています．C/C++ SDKのソースコード上では，実際にSPI通信を行うタイミングでCYW43439のチップ・セレクト（RP2040のGPIO25）のON/OFF制御をしているため，Wi-Fi有効時でもWi-Fi通信をしていなければ，RP2040のGPIO29（ADC3）でVSYS/3を計測できるはずです．ただし，実際にMicroPythonでWi-Fiを有効にしてADC3へのアクセスを繰り返してみると，予測できないタイミングでMicroPythonがハングアップしてしまうことがありました．Wi-FiとVSYS/3の電圧測定が必要なアプリケーションを作る場合には何らかの工夫が必要と思います．

● 引き出されているピン割り当てはPicoと互換

Pico Wのピン割り当てを**図2**に示します．両サイドの20×2列部分については，引き出されているGPIOやI^2C，SPI，UART，A-Dコンバータの各種ペリフェラル，電源関係も含めPicoと同じピン割り当てとなっています．そのため，前述したSWDピンを使っていなければ，Picoの配線をそのままPico Wに置き換えられます．ただしWi-Fiのアンテナ部の周囲に金属部品を配置すると，通信速度に悪影響を及ぼす恐れがあるため，システム設計時に配慮が必要になります．

C/C++ SDK

Pico W用のC/C++ SDKに，新たにCYW43439用のデバイス・ドライバとWi-Fi通信用のTCP/IPスタックが追加されました．これらの構成を**図3**に示します．

● CYW43439用デバイス・ドライバが追加された

ハードウェアを制御する低レベル・ドライバとして，`cyw43_driver`と`cyw43_ll`がありますが，これらをユーザ・アプリケーションから直接アクセス

表2 GPIOの割り当て比較

プロセッサ	GPIO	Pico	Pico W
RP2040	0～22	ディジタル専用	
	23	電圧レギュレータの動作モード設定	CYW43439の電源ON/OFF制御
	24	VBUS電圧監視	Wi-Fi通信（SPIデータ，IRQ）
	25	オンボードLED	CYW43439のチップ・セレクト
	26～28	ディジタル・アナログ（ADC0～ADC2）兼用	
	29	VSYS/3電圧測定用（ADC3）	GPIO25の状態で以下を選択 • Wi-Fi通信（SPI CLK） • VSYS/3電圧測定（ADC3）
CYW43439	0	―	オンボードLED
	1	―	電圧レギュレータの動作モード設定
	2	―	VBUS電圧監視

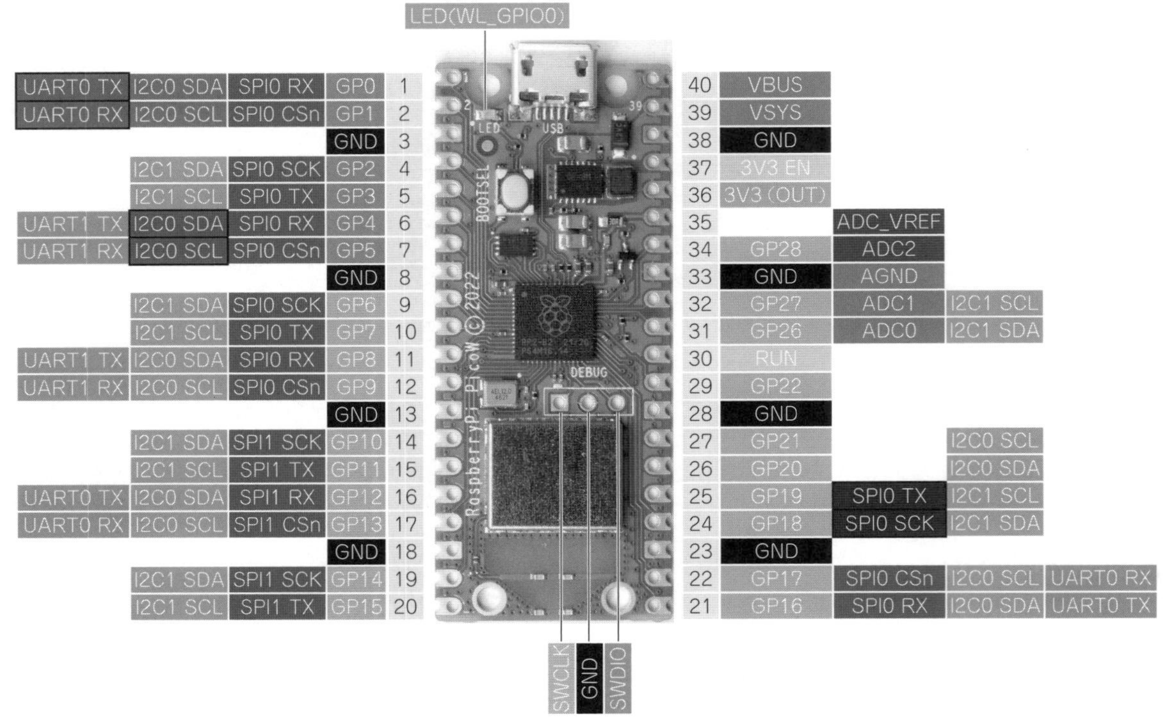

図2　ピン割り当て
枠の付いた信号はデフォルト設定

することは基本的にはせず，その上位にある基本ライブラリpico_cyw43_archとTCP/IPスタック(lwIP)を使用することになります．pico_cyw43_archは主に以下の機能を提供します．

- 通信モジュールCYW43439の初期化，使用終了
- Wi-Fiの動作モード(ステーション・モード，アクセス・ポイント・モード)の設定
- Wi-Fiへの接続
- CYW43439のGPIOの入力/出力(オンボードLEDのON/OFFを含む)

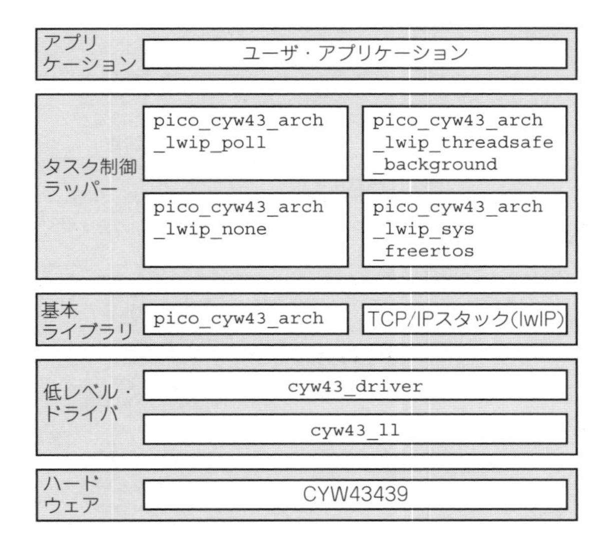

図3　Wi-Fiアクセス用デバイス・ドライバのスタック

● TCP/IPスタックとしてlwIPを採用

TCP/IPスタックとしては，マイコンでも使えるようにメモリ消費量を抑えた実装であるA Lightweight TCP/IP stack (lwIP)を採用しています．**表3**はPico W用のlwIPライブラリの一覧です．TCP/IPスタックのコア(pico_lwip)には，TCP/IPのプログラムを作成するのに必須のTCP，UDP，IPv4，IPv6，ソケット，ネットワーク・インターフェース操作などの基本機能の他，IoT用途向けのIPv6 over Low-Power Wireless Personal Area Networks (6LoWPAN) やPoint-to-Pointプロトコル (PPP) の実装が含まれます．それに加え，アプリケーション層のライブラリとしてネットワーク上の機器を監視するためのSNMPv2c，ウェブ通信用のHTTPサーバ・クライアントとSSL/TLSライブラリ，メール送信・転送のためのSMTPクライアント，時刻合わせのためのSimple NTP，Windowsのネットワーク上で自分自身のホスト名をネットワーク内に通知するNetBIOSネーム・サービスなど，よく使われるライブラリも組

表3　Picoで使えるlwIPライブラリ

種　別	ライブラリ名	用　途
TCP/IPスタック・コア(pico_lwip)	pico_lwip_core	TCP/IP, UDP/IPコア
	pico_lwip_core4	IPv4サポート
	pico_lwip_core6	IPv6サポート
	pico_lwip_api	ソケット操作など
	pico_lwip_netif	ネットワーク・インターフェース操作
	pico_lwip_sixlowpan	IPv6 over LoWPAN
	pico_lwip_ppp	Point-to-Pointプロトコル
アプリケーション	pico_lwip_snmp	SNMPv2cエージェント
	pico_lwip_http	HTTPサーバ，HTTPクライアント
	pico_lwip_makefsdata	HTTPサーバ用ディレクトリ構造変換
	pico_lwip_iperf	ネットワーク帯域測定
	pico_lwip_smtp	メール・クライアント
	pico_lwip_sntp	Simple NTPクライアント
	pico_lwip_mdns	マルチキャストDNS
	pico_lwip_netbios	NetBIOSネーム・サービス
	pico_lwip_tftp	TFTPサーバ
	pico_lwip_mbedtls	SSL/TLSライブラリ

み込み済みです．

ただしオリジナルlwIPのアプリケーション・ライブラリにはMQTTクライアントも含まれていますが，Pico W向けには実装されていません．MQTTを使いたい場合は，生のTCPソケットを使って自前で実装するか，MicroPythonのumqttモジュールを使うとよいでしょう．

● 通信の並行処理の仕方でライブラリを使い分ける

基本ライブラリの上位には，Wi-Fi通信の並行処理の方法ごとに4つのライブラリが用意されています．

▶ポーリング型(pico_cyw43_arch_lwip_poll)

ユーザ・アプリケーションの中から定期的にポーリング処理をすることで，ネットワーク処理を同期的に行う場合に使用します．このライブラリはスレッド・セーフではないので，シングル・タスクのプログラムとしてアプリケーションを作成しなければなりませんが，スレッド間の排他制御の考慮は不要です．

▶割り込み型(pico_cyw43_arch_lwip_thread safe_background)

通信モジュールCYW43439からRP2040に与えられる割り込みやRP2040のタイマ割り込みを使って非同期に通信処理を行いたい場合に使用します．こちらはマルチスレッド・プログラミング向けです．

リスト1　C版LED点滅プログラム

```
 1: #include "pico/stdlib.h"
 2: #include "pico/cyw43_arch.h"
 3:
 4: int main() {
 5:   /* CYW43439用のドライバを初期化する*/
 6:   if (cyw43_arch_init()) {
 7:     return -1;
 8:   }
 9:   while (1) {
10:     // CYW43439上のCYW43_WL_GPIO_LED_PIN(GPIO0)に
                                            1を出力する
11:     cyw43_arch_gpio_put(CYW43_WL_GPIO_LED_PIN, 1);
12:     sleep_ms(500);
13:     cyw43_arch_gpio_put(CYW43_WL_GPIO_LED_PIN, 0);
14:     sleep_ms(500);
15:   }
16: }
```

▶FreeRTOSのタスク型(pico_cyw43_arch_lwip_sys_freertos)

FreeRTOSのタスクを使って通信処理を並列に実行します．Pico WでFreeRTOSを使う場合に使用します．

▶通信処理をしない(pico_cyw43_arch_none)

通信処理をせず，オンボードLEDのみ使用したい場合に使用します．

● サンプル・プログラム

C/C++ SDKのサンプルとして，LED点滅プログラムとHTTPクライアントのプログラムを作成してみました．

▶LED点滅

リスト1は，Pico WでオンボードLEDを点滅させるプログラムです．Picoでは不要だったCYW43439の初期化処理が必要です(6行目)．またLED用のGPIOはRP2040用ではなくCYW43439のGPIOを制御するAPIを呼び出す必要があります(11行目，13行目)．

▶HTTPクライアント

リスト2はPico WをHTTPクライアントとして，外部のHTTPサーバに接続するプログラムです．lwIPのAPIの多くはコールバック型のアーキテクチャになっています．つまり，何らかの要求を発行するときにコールバック関数のポインタを登録しておき，要求に対する応答処理が必要となったときに，そのコールバック関数を呼び出すという非同期型のプログラミング・モデルです．これにより要求を非同期に処理できるようになる，つまり要求を待っている間に別の処理を行えるようになるため，処理がブロックされたままユーザからのアクセスに対して何もできなくなることを防いだり，実行時間を短縮できたりする効果が得られます．

リスト2の場合は，HTTP要求を出すlwIPのライ

リスト2　C版HTTPクライアントのプログラム

```
 1 #include "pico/stdlib.h"
 2 #include "pico/cyw43_arch.h"
 3 #include "lwip/apps/http_client.h"
 4
 5 #define WIFI_SSID "quasar3"
 6 #define WIFI_PASSWORD "risukichichan"
 7 #define HTTP_SERVER "192.168.1.4"
 8 #define HTTP_PORT 8080
 9
10 // HTTPサーバから応答を受信したときに呼び出されるコールバック関数
11 static err_t recv_cb(void *arg, struct altcp_pcb
12                 *conn, struct pbuf *p, err_t err)
13 {
14     if (p == NULL) {
15         printf("NULL data received\n");
16         return ERR_BUF;
17     }
18     else {
19         // 応答中のメッセージをダンプする
20         for (int i = 0; i < p->len; i++) {
21             printf("%c", pbuf_get_at(p, i));
22         }
23         pbuf_free(p);
24         return ERR_OK;
25     }
26 }
27
28 // ip_addr_tの内容からIPアドレスを表示するマクロ
29 #define PRINT_ADDR(kind, addr) {\
30     u32_t a = ip_addr_get_ip4_u32(addr);\
31     printf("%s %d.%d.%d.%d\n",\
32            (kind),\
33            ((a) & 0xff), (((a) >> 8) & 0xff),\
34            (((a) >> 16) & 0xff), ((a) >> 24));\
35 } while(0)
36
37 // HTTPクライアントのテスト
38 static void run_http_client_test()
39 {
40     extern struct netif *netif_default;
41     PRINT_ADDR("IP address", netif_ip_addr4(
                                          netif_default));
42     PRINT_ADDR("Gateway", netif_ip_gw4(
                                          netif_default));
43     PRINT_ADDR("Netmask", netif_ip_netmask4(
                                          netif_default));
44     httpc_connection_t conf = {
45         .use_proxy = 0
46     };
47     httpc_state_t *conn;
48     // 1秒ごとにHTTPサーバにアクセスする
49     while (true) {
50         // lwIPのAPI呼び出し前後で_begin()と_end()を
                              呼び出して排他処理を行う
51         cyw43_arch_lwip_begin();
52         if (httpc_get_file_dns(HTTP_SERVER,
                              HTTP_PORT, "/", &conf,
53                 recv_cb, NULL, &conn) != ERR_OK) {
54             printf("httpc_get_file_dns returned
                                              error\n");
55         }
56         cyw43_arch_lwip_end();
57         sleep_ms(1000);
58     }
59 }
60
61 int main() {
62     // 標準出力の初期化
63     stdio_init_all();
64     // CYW43439の初期化(Wi-Fiを日本モードに設定する)
65     if (cyw43_arch_init_with_country(
                              CYW43_COUNTRY_JAPAN)) {
66         printf("failed to initialize cyw43\n");
67         return 1;
68     }
69     // Wi-Fi接続
70     cyw43_arch_enable_sta_mode();
71     if (cyw43_arch_wifi_connect_timeout_ms(
                          WIFI_SSID, WIFI_PASSWORD,
72             CYW43_AUTH_WPA2_AES_PSK, 10000)) {
73         printf("failed to connect\n");
74         return 1;
75     }
76     // HTTPクライアントのテスト関数を呼び出す
77     run_http_client_test();
78     cyw43_arch_deinit();
79     return 0;
80 }
```

表4　追加されたMicroPythonのモジュール

モジュール名	用　途
lwip	lwIPへの低レベル・アクセス
network	Wi-Fiネットワークへの接続
upip	MicroPythonライブラリのダウンロードとインストール
upip_utarfile	tarファイルの読み込みと展開
urequests	HTTPリクエストの送受信
usocket	TCPソケット操作
ussl	SSL/TLSモジュール

ブラリ関数httpc_get_file_dnsの呼び出し時に，HTTPサーバからの応答受信時に呼び出すコールバック関数を登録しています(52行目)．このコールバック関数の中では，応答のメッセージをUSBシリアルに出力します(11～26行目)．その他，lwIPとしてはネットワーク・インターフェースを操作するライブラリ関数(netif_xxx)も使っています(40～43行目)．

MicroPython

● ネットワーク関連のライブラリが組み込まれた

MicroPythonでもWi-Fi通信ができるようになったことに伴って，**表4**に挙げるネットワーク関連のライブラリが追加されました．C/C++に比べると，CYW43439固有の初期化や設定はMicroPython処理系の内部に隠蔽(いんぺい)されるため，汎用のネットワーク制御ライブラリが組み込まれたという形です．言い換えるとESP32のような他のマイコンでのWi-Fiを使ったプログラムの流用が可能になったことになります．

Wi-Fiネットワークへの接続や切断，Wi-Fiネットワーク・インターフェースの情報(IPアドレス，サブネットマスク，ゲートウェイ，DNSサーバのIPアドレス)，Wi-Fiネットワークへの接続状態の取得には，networkモジュールを使います．

便利になったのはupipライブラリが使えるように

リスト3　MicroPython版LED点滅プログラム

```
1 import machine
2 import time
3 led = machine.Pin("LED", machine.Pin.OUT)
4 while True:
5     led.toggle()
6     time.sleep_ms(500)
```

なったことです．Wi-Fiネットワークに接続した後は，upipを使ってインターネットから直接Pico W内にMicroPythonのライブラリをダウンロードしてインストールできます．例えばMicroPython用のMQTTモジュールであるumqtt.simpleが必要な場合には，プログラム内またはREPL（Read-Evaluate-Print Loop：MicroPythonインタプリタの対話コンソール）のプロンプト>>>から，次のようにimport文とupip.install関数を実行します（以下はREPLからの実行例）．

```
>>> import upip↵
>>> upip.install('umqtt.simple')↵
Installing to: /lib/
Warning: micropython.org SSL
       certificate is not validated
Installing umqtt.simple 1.3.4 from
  https://micropython.org/pi/umqtt.
   simple/umqtt.simple-1.3.4.tar.gz
```

この3行目からの実行結果から分かるように，Pico Wのフラッシュ・メモリのルート・ディレクトリ直下にlibというフォルダが作られ，その下にダウンロードしたモジュールがコピーされます．このlibフォルダの下にあるモジュールは，MicroPythonのプログラム内からimportできるようになります．また，upip関連モジュールであるupip_utarfileを使うと，Pico Wにアップロードしたtarファイル[注3]から，tarファイル内の個々のファイルの内容を読み出したり，Pico Wのフラッシュ・メモリ上に展開できます．

さらにWebアクセスをしたいときによく使われるurequestsもサポートされました．urequestsは，HTTPのGET，PUT，POST，PATCH，DELETEの各メソッドを使うためのライブラリです．

注3：tarとはtape archiveの頭文字を取ったもので，複数のファイルを1つのファイルに連結したアーカイブ・ファイルのフォーマットです．tar形式のファイルをtarファイルと呼びます．LinuxなどのUNIX系OSでは標準的に使われています．そもそもは磁気テープに複数のファイルをまとめて格納するために使われていたことからtapeと言葉が使われていますが，現代でもテープに限らずハード・ディスクなどの記録媒体でも使えます．

リスト4　MicroPython版HTTPクライアントのプログラム

```
 1 import network
 2 import time
 3 import urequests
 4
 5 WIFI_SSID = const('XXXXXXXX')
 6 WIFI_PASSWORD = const('XXXXXXXXXXXXX')
 7 HTTP_SERVER = const('192.168.1.100')
 8 HTTP_PORT = 8080
 9
10 # Wi-Fiネットワークに接続する
11 wlan = network.WLAN(network.STA_IF)
12 wlan.active(True)
13 wlan.connect(WIFI_SSID, WIFI_PASSWORD)
14
15 while wlan.status() != 3:
16     time.sleep(1)
17
18 # 接続したネットワークの情報を表示する
19 status = wlan.ifconfig()
20 print(f'IP address {status[0]}')
21 print(f'Netmask {status[1]}')
22 print(f'Gateway {status[2]}')
23
24 # 1秒ごとにHTTP要求を送信し，結果を表示する
25 while True:
26     r = urequests.get(f'http://{HTTP_SERVER}:
                                   {HTTP_PORT}/')
27     print(r.content)
28     time.sleep(1)
```

● サンプル・プログラム

▶LED点滅

リスト3はMicroPython版のLED点滅プログラムです．プログラムの構造はPicoのときと変わりません．GPIO番号の指定方法がPicoと異なり，machine.Pinモジュールの第1引数に指定するGPIOピン番号として，PicoではGPIO番号の25を渡すのに対して，Pico WではLEDという文字列を渡すようになりました．

▶HTTPクライアント

リスト4はMicroPythonでのHTTPクライアントのプログラムです．**リスト2**とほぼ同じ内容を実装しています．まず，networkモジュールの関数を使ってWi-Fiネットワークに接続します（10～16行目）．接続したらネットワークの情報を表示します（19～22行目）．そしてurequestsモジュールのget関数を使って，HTTPサーバにGET要求を送信し，応答メッセージを表示します（26，27行目）．

＊　＊　＊

Picoの発表当時から，Picoにネットワーク・アクセス機能がないことを残念に思っていた方も多いと思います．Pico Wではついに Wi-Fiに対応し，活用の幅が広がりました．

◆参考文献◆

(1) ラズベリー・パイ Pico W データシート．
https://datasheets.raspberrypi.com/picow/pico-w-datasheet.pdf

みやた・けんいち

Appendix1

搭載マイコン・チップRP2040は単体でも販売されるから
製品開発にも使える

今マイコンを始めるならコレ！ Picoがお勧めな理由

足立 英治

図1　高価な専用ライタ/デバッガは不要！ Picoが2台あれば立派な開発環境が構築できる

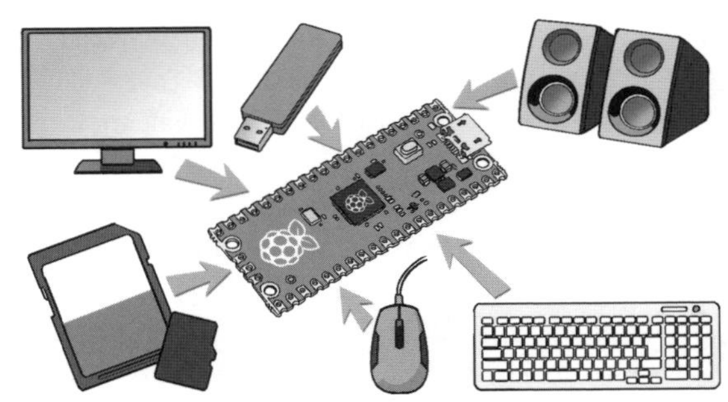

図2　簡単なUSBデバイスくらいであれば公式のサンプル・コードで簡単に作れてしまう

ラズベリー・パイPico（以降Picoと表記）は，発表されてまだそれほど時間が経ったわけではありませんが，既に多くのユーザやコミュニティで盛んに情報交換が行われています．

Picoと同じマイコンRP2040を搭載するボードは，サード・パーティからも販売されていて，エコシステムが急速に立ち上がっているように感じられます．Pico以前のラズベリー・パイがそうであったように，元々の教育目的から離れて産業用途にも使われるようになっていくと予想されます．

● 理由①…すぐに試せる充実の開発環境

ラズベリーパイ財団からドキュメントやサンプル・コードなど多くの情報が公開されており，試しやすい環境がそろっています．開発環境も，Linux，Windows，macOSのどれでも始めることができます．

高価なコンパイラは不要で，ファームウェアを書き込むライタもJTAGやSWD（Serial Wire Debug：ArmがCortex用に策定した独自のデバッグ・インターフェース規格）などのデバッガも要りません．Picoを買ってきてUSBケーブルでつないでドキュメントに書いてある通りに進めれば，すぐに始めることができます．

最近はそういうボードも増えてきていますが，ライタやデバッガが必要ないというのは，マイコンとしてとても便利です．実機デバッグしたいときも，ラズベリー・パイPicoが2個あれば，片方をライタやデバッガに利用できます（**図1**）．

● 理由②…公式のサンプル・コードが豊富！

ラズベリーパイ財団の公式GitHubには，pico-examples，pico-playground，pico-extrasの3つに分かれて，さまざまなサンプル・コードが公開されています．

オーディオやビデオの出力，USBメモリ，SDカードなどを利用するサンプルがあるので，**図2**のようなちょっとしたUSBデバイスであれば簡単に作れます．リモートNDIS（RNDIS）もしくは，CDC-ECM（Communications Device Class - Ethernet Control Module subclass）をサポートしているUSB/LANアダプタを利用することで，TCP/IP通信を行うこともできそうです．

その他，機械学習のTensorFlow Lite for Microcontrollersも公開されています．

● 理由③…拡張性，移植性が高い

ラズベリーパイ財団以外にも，多くの開発者やコミュニティがPico（正確にはRP2040）への移植を進めています．

移植と書きましたが，例えば，前述のTCP/IPはlwIP（lightweight IP）のコンフィグレーションのヘッダ・ファイルなどがあるだけです．実態はlwIPのままでRP2040用の改変は行っていません．RP2040の固有の機能を除けば，Arm Cortex-M0+に対応したクロ

図3　CPUコアはArm Cortex-M0+なのでソフトウェアの拡張や移植がしやすい

図4　RTOSのサポートが進んでいる
既にアマゾンのFreeRTOSとApache Software FoundationのNuttXはサポートが進んでいる

ス・プラットフォームのソースコードであれば，手間を掛けずに利用できる可能性が高いと思います(**図3**).

デュアル・コア対応に時間がかかることはあると思いますが，それ以外は普通のArm Cortex-M0+マイコンと思ってよいでしょう．今後，いろいろなオープンソース・ソフトウェアが対応してくることを期待しています．

● 理由④…サポートRTOSが増加中

Picoには，各方面でいろいろなOSの移植も行われています．

執筆時点(2021年5月)で確認しているのは，メジャーなリアルタイムOS(RTOS)では，アマゾンのFreeRTOSとApache Software FoundationのNuttXがサポートを進めているようです．どちらもまだ安定版とはいかないかもしれませんが，そう遠くない時期にフル・サポートされると思います(**図4**).

RTOSのサポートが進めば，ソースコードの再利用性も高まるので，さらにいろいろなソフトウェア・コンポーネントの移植が進むでしょう．

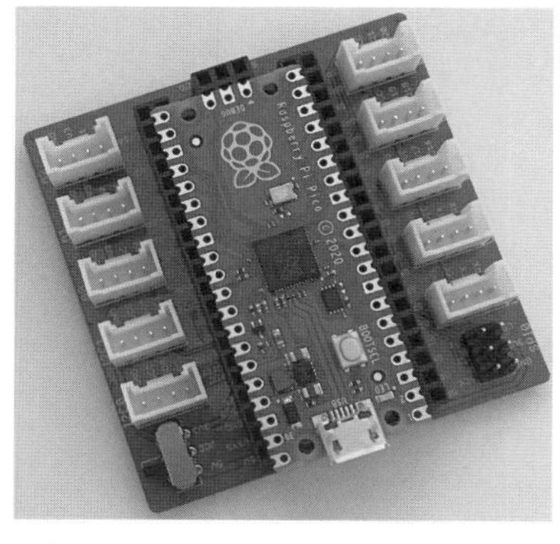

写真1　既にPicoでGroveコネクタが使えるようになる拡張ボードが発売されている
Grove Shield for Pi Pico(Seeed)

● 理由⑤…ありものを使える! 充実のエコシステム

Seeed社からは**写真1**に示す「Grove Shield for Pi Pico」が販売されていて，Groveのセンサなども使うことができます．はんだ付けや配線作業不要で手軽にいろいろつないで試行錯誤することもPicoでできるので，筆者はとても助かってます．他にもM.2コネクタを使うMicroMod版もあります．いろいろなコネクタを利用したエコシステムが今後も増えていくでしょう．

● 理由⑥…製品化しやすい

Picoに搭載されているRP2040は，単体で購入することも可能です．ラズベリーパイ財団からは，RP2040のボード設計ドキュメントも提供されています．

Picoでプロトタイプを製作し，いろいろ試した後に，製品化に向けて独自のボードを起こす，というような開発もできます(**図5**).

サードパーティからRP2040を利用したボードが出荷されているので，それらを利用することもできます．必要な機能に絞った個性的なボードは，今後増えるでしょう．

あだち・えいじ

図5　搭載マイコンのRP2040は単体で購入できるので独自のボードを開発することもできる

ラズベリー・パイやPCのI/Oボードとして活躍しそう！
そうなれば強力なIoT端末が作れそう

Appendix2 Picoマイコンの立ち位置

森岡 澄夫

● マイコン利用の敷居が下がり個人でも

マイコン・ボードは古くから多種多様なものが市販されていますが，大きな変化の流れとしては，3つあります．

- 高性能化，小型化，低価格化
- インターフェースの多様化，特にネットワークや無線，カメラの接続
- 開発のしやすさの改善，初学者への対応

最初の2つはとても分かりやすい変化で，昨今では100M ～ 200MHzのクロックで動作し，数百Kバイトのメモリを積むことは当たり前です．高画質動画撮影はまだ難しいものの，静止画や低解像度映像をウェブ配信するくらいの処理はこなせるようになってきています[1]．

20 ～ 30年前には電子情報技術者向けの道具でしかなかったマイコンですが，ここ10年ほどでIoTやCPS（Cyber Physical System，今はSociety 5.0とも言われる）などのコンセプトが定着してきたこともあり，センサなどをネットワークにつなぐデバイスとしての立ち位置が確立しています．

最後の1つは，ArduinoやMbedが登場したころから顕著になった流れで，マイコン・チップの細部まで知り尽くさなくても簡単に使えるよう，ライブラリや開発環境を整備し，利用の敷居を下げようとするものです（もっと以前，PICマイコンなどが主流の時代には，データシートを隅々まで読んでチップのレジスタを制御するのが当たり前だった）．

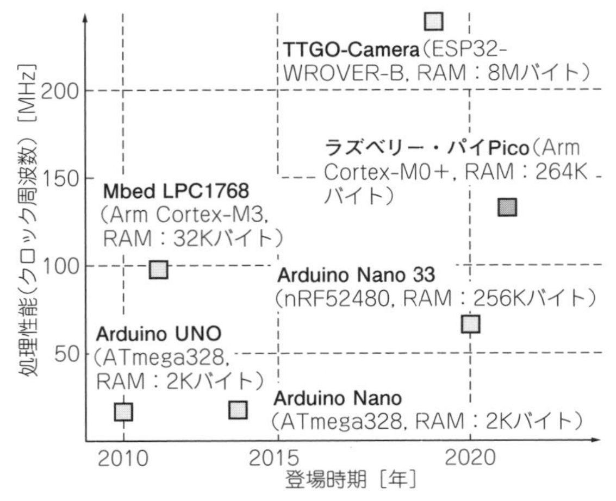

図1　Picoマイコンの位置づけ

● Picoは標準的なマイコン

こうした流れの中でラズベリー・パイPico（以降，Pico）のポジションを見ると（**図1**），性能・サイズ・価格は昨今のマイコンとしてごく標準的なものです．価格は最も安い部類ですが，性能に特段の優位性はありません．

基板サイズはもっと小さくできるところを，初学者の使いやすさも鑑み，意図的にこのサイズに（小さくし過ぎないように）しているように見えます．

インターフェースの観点では，USBホストにもペリフェラルにもなれる点や，プログラマブルI/O（PIO，第2部で紹介）を持つ点などが面白いです．

ですが，たくさんのセンサを基板に積んでいるわけでもなく，温度センサがあるくらいで，それも実用目的ではなく，デモ用でしょう．

つまり，Picoを何の改変もしないボード単独でIoTデバイスとして使うことは，商品の狙い所にあまり入っていないものと思われます．

● データ処理向けの傾向が強まり続ける本家ラズベリー・パイ

本家のラズベリー・パイは2013年の登場以降，マイコンとは別の路線で進歩を続けています（**図2**）．

公式には学習用という位置づけではあるものの，組み込みボード・サイズの廉価版PCとして実用に使うことがすっかり定着しています．

進歩は計算能力を引き上げる方向で進んでいて（使用電力も上昇するいっぽう），センシング・デバイスとしての性格は薄れ気味です．

映像のリアルタイム認識など，実用データ処理にはまずまず使える性能に達しつつあり[2]，エッジ・コンピューティング・デバイスとしての性格が強まってきています．もちろん無線・有線でネットワークに接

◆参考文献◆

(1) 映像ソーシャル時代 マイクロIoTカメラ，Interface，2020年4月号，CQ出版社．
(2) 緊急 新型ラズベリー・パイ4，Interface，2019年10月号，CQ出版社．

続できますので，ネットワーク・アダプタとしての機能もあります．

小型コンピュータ・ボードとしてのラズベリー・パイは，リアルタイム・センサ・インターフェースとしての利用には向きません．そこはラズベリー・パイの弱点です．PCと同じで，細かい高速I/O操作を行おうとするとプログラミングがとても厄介になります．

● ラズベリー・パイと組み合わせて価値を高めようとしているPico

以上の背景を踏まえると，本家ラズベリー・パイ(あるいはPC)に強力なセンサ・インターフェース機能を付加する目的でPicoを使うのは合理的ですし，実際にそれを狙った商品なのではないかとも思えます．言い換えると，ラズベリー・パイとPicoを組み合わせることで，初めて完成したIoTデバイスとしての機能(センシングとそのデータ処理の両方)を持たせることができます．ラズベリー・パイ・ファミリに強力な一員が加わったということでしょう．

ラズベリー・パイと(USBやGPIOで)接続することが前提であるのならば，Pico自身にネットワーク・インターフェースは要りません．多様なセンサが接続できるようポートをたくさん出しておいたり(Pico上にはセンサを載せない)，ラズベリー・パイ上で開発ができるように環境を用意したりするのも，妥当な商品設計であるように見えます．

今後，そのようなPicoの使い方がある程度定着し，開発環境もこなれてきたら，本家ラズベリー・パイのボード上にPicoが一緒に統合された新ボードなども，ぜひ登場してもらいたいものです．

● Picoは仕事でも使えそう

▶開発におけるプロトタイピング用途

筆者は業務で民間ロケットに搭載するコンピュータを開発しています．これは広い意味では製品搭載用の組み込み機器を作っているということです．自分達で回路やプリント基板，ソフトウェアを設計/製作するのですが，開発初期には市販のマイコン・ボードやFPGAボードを使って何度かプロトタイピング(試作)をします．こうした試作物を宇宙業界ではBBM(Bread Board Model)，EM(Engineering Model)，PM(Prototype Model)などと呼んでいます．名称や段階こそ業界や会社で違っているものの，試作自体はごく一般的な工程です．

筆者らは試作(BBMやEM相当)にArduino, mbedなどのマイコン・ボードやラズベリー・パイを多用しています．試作に使うボードは何でもよいわけではありませんが，Picoは次のような条件を十分に満たしているので，選択肢の1つに加わるのは確実と思っています．

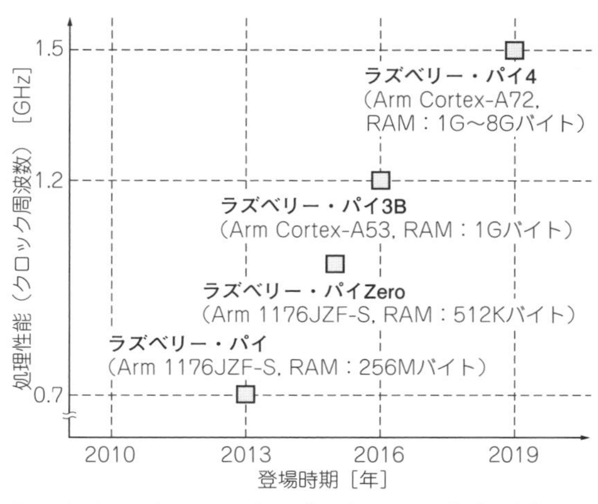

図2　小型コンピュータ・ボード「ラズベリー・パイ」の進化

- 最終的な設計と同じ主要チップ(マイコンやFPGA)が使われていること．Picoで使われているチップRP2040は，単体での販売が2021年6月から始まっています．
- 大量に出回っており(あるいはそれが見込まれ)，チップや開発ツールが多くのユーザに使われて安定していること．試作に使うチップやツールがバグだらけでは，トラブル・シュートに追われてしまって，肝心の開発が進まなくなるからです．
- プログラミングなどが簡単に行えること．これも同じく，プロトタイピングに多大な時間がかかっては本末転倒だからです．

▶ちょっとした実験治具やテスト環境の製作用途

試作と似ているようで異なる用途として，実験で用いる治具(測定器や信号発生器といったツール)や，開発物のテスト環境があります．例えば温度センサを評価したりバルブを動かしたりしたければ，そのためのインターフェースや制御コンピュータを作る必要があります．地味なのですが欠かせない作業です．

こうした用途に使うボードでは，搭載チップなどは比較的自由に選ぶことができます．簡単に開発を行えることやボード/ツールにバグがないこと，すぐに入手できること，壊れても被害の小さい価格であることなどが選定条件になります．治具やテスト環境を作るのに手間がかかってしまっては，開発がスムーズに進みません．もちろんPicoはこれらの条件も満たすと考えています．

もりおか すみお
Facebook：Sumio Morioka

教育/試作/業務まで幅広く使える

公式の開発言語はC/C++とマイコン用Python

宮田 賢一

ラズベリー・パイPico(以降，Pico)は，ラズベリー・パイ・シリーズとしては初のOSレスが前提のマイコン・ボードです.

安価でありながらリアルタイムで簡単な信号処理も可能とする高性能なマイコン・ボードと言えます.

価格の安さもあり，ホビー向けと捉えられがちです. しかしプロの現場視点でみたとしても，以下の特徴から業務用の部品としても活用できると考えます.

● サポート元が信頼できる

Picoの開発元であるラズベリー・パイ財団は，2012年2月に初代ラズベリー・パイをリリースして以来現在に至るまでラズベリー・パイを継続的に開発・販売しており，実績・知名度ともに十分です.

● サポート期限が明確である

PicoのCPUであるRP2040は少なくとも2028年1月までは利用可能であることを明言しています(1). RP2040は既に単体での販売も開始されており，部品としての活用も図れます.

● 他のマイコンにない機能を備えている

機能的には，Arm Cortex-M0+をコアとして，1サイクル単位での正確な信号処理も可能とするプログラマブルI/Oのような独自機能を備えており，低価格でありながら高性能を実現します.

● 十分な情報公開がなされている

マイコン・ボードとしてのPicoの他，CPUであるRP2040，C/C++，MicroPythonのそれぞれのデータシートが用意されており，情報公開のレベルは十分と言えます.

標準的な開発環境が公式から提供されている

開発環境が公式から提供されていることは業務で活用する際に重要な要素です. Picoではラズベリーパイ財団管理の下でリリースされるライブラリ群やSDK，また独自機能の活用の仕方を解説した多くのサンプルが提供されており，安心感があります.

開発言語としてはマイコン向けプログラミングでは必須のC/C++の他，IoT分野で標準的に使われるPython系の言語であるMicroPythonがサポートされており，Picoの利用が想定される場面向けの開発言語をカバーしています(**表1**).

表1　それぞれの言語をPicoで使う場合の特徴

使える言語	C/C++	MicroPython
主な目的	高性能/汎用アプリケーション	プロトタイピング，IoT
ツールチェーン	GNU Arm Embedded Toolchain	不要
コンパイラ	GCC (C/C++)，pioasm (PIO)	不要
デバッガ	SWD経由 GDB+OpenOCD	非サポート
実行形態	コンパイルによるネイティブ・コード実行	インタプリタによる逐次実行
特　徴	Pico/RP2040の全機能に対応. レジスタ操作によるきめ細かい制御が可能	レジスタ操作などのプリミティブな操作は処理系で隠蔽. ラピッド・プロトタイピングが可能

● Picoの性能を最大限に生かすならC/C++

C/C++はコンパイラにより生成したRP2040ネイティブ・コードを実行でき，Picoの持つ全機能のAPIが用意されているため，もっとも高性能を引き出せます.

ツールチェーンとしては，Armプロセッサ向けとして標準のGNU Arm Embedded Toolchainを使用し，コンパイラはGCC，デバッガはGDB/OpenOCDをサポートしています. デバッガはPico上のシリアル・ワイヤ・デバッグ(SWD)ポートを介して実行します.

RP2040のプログラマブルI/O命令のコンパイル用に，プログラマブルI/Oの命令をC言語のプログラムに変換するアセンブラ(pioasm)が用意されています.

● プロトタイピングとIoT向けにMicroPython

MicroPythonはマイコン用にカスタマイズされたPythonです．ツールチェインの事前準備なしですぐにMicroPythonプログラムの開発を始められます．

Pythonはプログラムを解釈して実行するインタープリタがプログラム実行を仲介する分，タイミングにシビアなアプリケーションやメモリ量が限られているマイコンでは，C/C++に比べて不利です．またRP2040のレジスタを直接操作するような処理は行えません．

● Pico×マイコン用Pythonは教育用途やプロの現場に向いている

Pico向けの開発言語として，ラズベリーパイ財団は，C/C++とMicroPythonを用意しています．サードベンダからも，MicroPythonの派生言語であるCircuitPythonのSDKが提供されています．

MicroPythonとCircuitPythonは，いずれもマイコン用にカスタマイズされたPythonです．前述したようにPythonはC/C++に比べて性能的に不利ですが，Pythonには以下のメリットがあります．

- シンプルな言語仕様のため学習しやすい
- インタープリタ型のためトライ・アンド・エラーによるプロトタイプ開発に向いている．
- 記号処理や行列処理のようなAI向きの処理も得意

低コストで導入できるPicoは，学習しやすいという点でMicroPythonとの相性が良く，教育用途に向いています．

さらにアイデアを迅速に現実化することが求められるプロの現場でも，素早くプロトタイピングできることは重要であり，エッジ・デバイスでのAI処理が求められる昨今では，Pythonの選択も理にかなっていると言えるでしょう．

● PicoならマイコンPythonでもリアルタイム信号処理ができる

Picoが搭載するマイコンRP2040には，GPIO上での信号処理に特化した一種のプロセッサ，プログラマブルI/O（PIO）を内蔵しています．

このプログラマブルI/OのプログラミングもPico用Pythonを使ってできます．つまりPythonでも1サイクル単位での信号処理を可能としてしまうのがPicoの優れているところです．ただしPythonからRP2040のレジスタを直接操作するインターフェースは用意されていないので，限界までチューニングをしたい場合は，やはりC/C++が必須です．Pythonで経験を積んだ後であれば，C/C++によるプログラミングの敷居が下がると思います．

● Pythonは環境構築が簡単

C/C++による開発の場合，プログラムをビルドするためのツールチェーンやSDKをセットアップするという事前準備が必要のため，慣れていないと戸惑うことも多いと思います．しかしPythonであればツールチェーンで行う処理は，Python処理系内部に組み込まれているので，事前準備としてはエディタを用意する程度で済みます．

MicroPython実行環境としてのラズベリー・パイPicoの特徴

冒頭で説明したMicroPythonとCircuitPythonという2つのPython処理系のうち，ラズベリーパイ財団でサポートしているMicroPythonの特徴を深掘りしてみます．

● それぞれのCPUコアに処理を割り振れる

Picoに搭載されるマイコンは，ラズベリーパイ財団が独自に設計したRP2040です．CPUとして，Cortex-M0+コアを2つ持ちます．

MicroPythonでは，_threadモジュールを使うことにより，それぞれのコアにスレッドを割り当てて並列実行できます．PicoのMicroPythonのスレッドではGIL（Global Interpreter Lock）を使っていないため，I/O待ちを伴わない処理であれば実効性能は2倍となります．

● フラッシュ・メモリをファイル・システムとして使える

オンボードのフラッシュ・メモリにはMicroPythonのファームウェアが格納される他，空き領域をファイル・システムとしてフォーマットし，ユーザが開発したプログラムやデータをファイルとして格納できます．

● ペリフェラルもMicroPythonで利用可能

マイコンで使うことに特化しているMicroPythonには，ペリフェラル用のライブラリが一通りそろっています．GPIO，UART，I²C，SPI，PWM，A-Dコンバータなどの機能をMicroPythonから利用可能です．

RP2040の大きな特徴であるプログラマブルI/O（PIO）を扱うためのモジュールも最初からMicroPythonに組み込まれています．

● USBデバイス・ホストは今後に期待

USBデバイスやUSBホストとして使うためのモジュールは，PicoのMicroPythonではまだ提供されていません．ただし頻繁にアップデートされているため，今後のサポートに期待できます．

● 現在のところデバッグは苦手

Picoにはデバッグ用のシリアル・ワイヤ・デバッグ(SWD)ピンが用意されていますが，MicroPythonのファームウェア自身をデバッグするのでない限り，MicroPythonでは有効ではありません．

フルセットのPython(いわゆるCPython)ではpdbモジュールを使って，Python処理系の上でデバッグしますが，MicroPythonは現在pdbに対応していません．

● Pico固有のMicroPythonドキュメントはサンプル・ベース

PicoとRP2040，C/C++SDKについては詳細なドキュメントが公開されていますが，MicroPythonのPico固有仕様についてはまだサンプル・プログラムを主体とした情報レベルにとどまっています．詳細仕様はこれから充実してくると想定されますので，それまでは本書を参考にしながら学習してほしいと思います．

初心者はCircuitPythonという選択肢もある

CircuitPythonは，MicroPythonから派生した言語であり，もともとAdafruit社のマイコン・ボードのために開発された言語です．

文法はMicroPythonと同じですが，以下のような初心者にはうれしい特徴があります．

● メリット1：マイコンを外付けドライブとして扱える

CircuitPythonの実行環境を書き込んだマイコンをPCに接続すると，マイコン内のファイル・システムは，PCの外付けドライブとして見えます．つまりPC上のテキスト・エディタで作成したプログラムをドラッグ・アンド・ドロップでPicoにコピーしたり，Picoから読み出したりできます．

統合開発環境のThonnyを使うと，ファイル操作はアップロード，ダウンロードといった操作感なので，MicroPythonに比べて操作が直感的と言えると思います．

● メリット2：各種デバイスのライブラリが充実

CircuitPythonは，Adafruitの下で開発されており，一貫性のある各種デバイス用ライブラリが充実しているのが大きな特徴です．

例えばセンサ系ならモーション，環境，光，距離があり，表示系ならTFT-LCD，OLED，E-Paper/E-Inkなどがあります．また個々のデバイスでも細分化されており，TFT-LCDな らHX8357(Himax Technologies)，ILI9341(ILI Technology)，ST7735(Sitronix Technology)，ST7789(Sitronix Technology)用といった具合に，使いたいデバイスをすぐに使えるようになっています．

さらにゲーム機のヌンチャク・コントローラといったものもありますし，MicroPythonでは未対応のUSBデバイス/ホスト操作ライブラリも用意されています．

一覧は以下のサイトにありますので一度確認してみるとよいでしょう．

```
https://circuitpython.readthedocs.io/projects/bundle/en/latest/drivers.html
```

● メリット3：対応マイコン・ボードが多い

2021年4月時点で204種類のボードに対応しています．国内で入手しやすいボードとしては，ラズベリー・パイPicoに加え，Spresense(ソニー)，Nucleo-F746ZG(STマイクロエレクトロニクス)，Seeeduino XIAO(Seeed)，Wio Terminal(Seeed)，Teensy 4.0/4.1(PJRC)などがあります．

逆にデメリットとしては，MicroPythonのスレッド機能やピン割り込みが使えなかったり，RP2040のPIOへの対応がMicroPythonよりも遅れていたりすることが挙げられます．少し凝った使い方をする場合はMicroPythonの方が適しています．

みやた・けんいち

開発環境の構築方法からPico C/C++ SDK付属サンプル・プログラムの試し方まで

第1章　開発環境1…ラズベリー・パイ4を使った公式推薦のプログラミング

小野寺 康幸

表1　Picoの情報入手先

文書名	内　容	URL
Raspberry Pi Pico Pinout	Picoの端子割り当て情報	https://datasheets.raspberrypi.com/pico/Pico-R3-A4-Pinout.pdf
RP2040 Datasheet	Picoに搭載するマイコン・チップ RP2040のデータシート	https://datasheets.raspberrypi.com/rp2040/rp2040-datasheet.pdf
Raspberry Pi Pico Datasheet	Picoのデータシート．基板外形や電気的特性などが記載されている．端子割り当て情報もある	https://datasheets.raspberrypi.com/pico/pico-datasheet.pdf
Getting started with Raspberry Pi Pico	Picoの開始ガイド．言語C/C++を使う開発環境の準備からデバッグ方法まで記載されている	https://datasheets.raspberrypi.com/pico/getting-started-with-pico.pdf

ラズベリー・パイPico（以降Pico）は単体で販売されるため，手がかりがないことには何も始められません．マニュアルや開発ソフトウェアは付属しませんので，まずはどこから手を付ければよいのか解説します．

言い換えればPicoを手に入れたら，手始めにやることを次の手順で解説を進めます．

(1) 情報を手に入れる
(2) 開発ソフトウェアをインストールする
(3) サンプル・プログラムを動かす

まずは基本に従ってPicoを動かしてみます．本稿の内容をPico開発の手始めにしていただければと思います．

公式ウェブ・サイトから情報入手

Picoの公式情報は以下のウェブ・ページにあります．

https://www.raspberrypi.com/documentation/microcontrollers/

ここから必要な情報を入手します．特に重要なファイル（PDF）をダウンロードして目を通しておきましょう．もちろん読破する必要はありませんが，どこにどんな情報が記述されているか把握しておき，必要になったときに参照できるようにしておきます．**表1**に主な情報を示します．いずれも上記URLから辿れます．

Pico開発のあらまし

● 本章では開発マシンにラズベリー・パイ4Bを使うことを前提とする

Picoは，ラズベリー・パイ4Bで開発することを基本にしています．PCでも開発できますが，まずは基本に従ってみましょう．さらに，C/C++を開発言語の基本にしています．Python（正確にはMicroPython）でも開発できますが，実装されていない機能は動作しません．C/C++なら細かいところまで手が届きます．機能を割り切って簡単に開発したいならPythonを使ってもよいでしょうが，ここでは基本に従ってC/C++で開発します．

Pico以外に使用する物は以下の通りですので，あらかじめ用意しておきます．

- ラズベリー・パイ4B：Picoの開発用
- ACアダプタ（USB Type-C）：ラズベリー・パイ4Bへの電源供給
- microSDカード（以降SDカード）：ラズベリー・パイ4BにOSを書き込む
- マウス：マウス操作をする
- キーボード：キーボード操作をする
- ディスプレイ：画面表示する
- Micro HDMIケーブル：モニタ出力する
- PC：ラズベリー・パイ4のOSをSDカードに書き込む
- Wi-Fi環境：インターネットに接続する

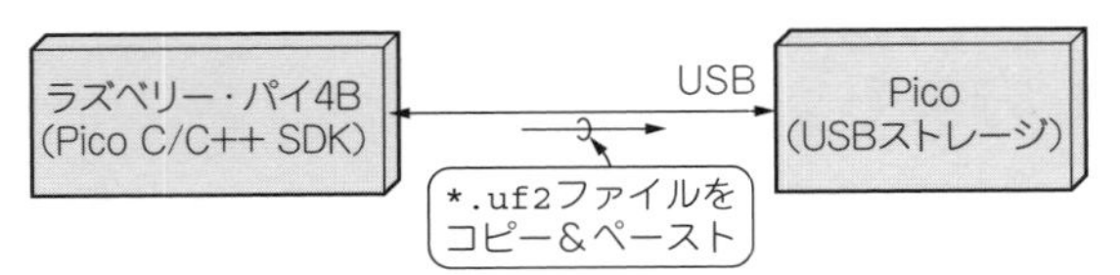

図1　ラズベリー・パイ4Bを使ってプログラム開発する

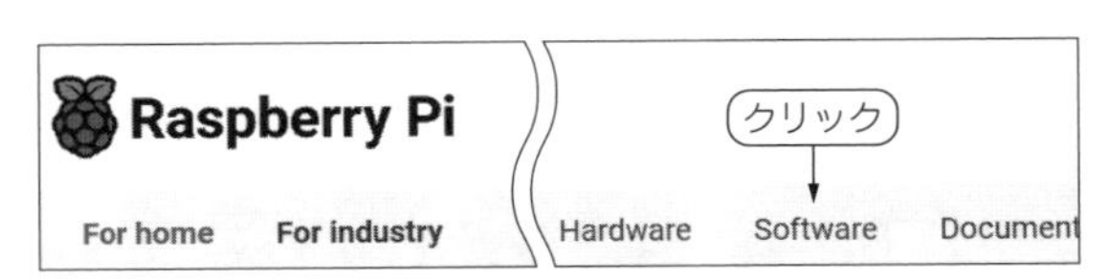

図2　ラズベリー・パイ公式サイトにある「Software」をクリック

写真1　モードに合わせて［BOOTSEL］ボタンを使い分ける

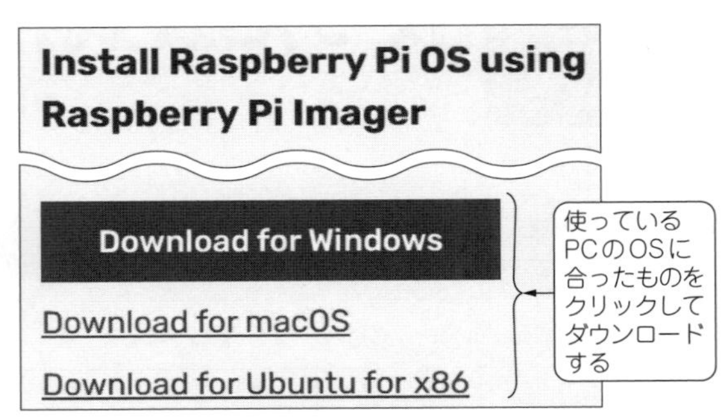

図3　まずはRaspberry Pi Imagerをダウンロードしてインストールする

● Picoに動作プログラムを書き込んだり実行させたりする方法

▶ステップ1…Pico C/C++SDKを使ってuf2ファイルを生成する

図1に開発環境を示します．ラズベリー・パイ4Bに開発ソフトウェアであるPico C/C++SDKをインストールし，クロス・コンパイルを行って`*.uf2`ファイルを生成します．これがPicoで動作するプログラムです．

ここでは，一昔前までのマイコン開発に必須であったプログラム専用書き込み装置を必要としません．PCやラズベリー・パイ4Bには，PicoをUSBストレージ(USB Mass Strage Device)として認識する仕組みがあり，生成した`*.uf2`ファイルをコピー＆ペーストするだけです．

▶ステップ2…Picoとラズパイ4BをUSB接続する

USB接続の際には，Pico上の［BOOTSEL］ボタン(**写真1**)を押しながら接続します．すると，自動的にラズベリー・パイ4Bの，

```
/media/pi/RPI-RP2/
```

にマウントされます．ここではユーザ名を`pi`と想定しています．以降，適宜読み替えてください．

USB接続については，

- 書き込みモード時は［BOOTSEL］ボタンを押しながらUSB接続
- 実行モードは［BOOTSEL］ボタンを押さずにUSB接続

となります．

▶ステップ3…Picoにuf2ファイルをコピー＆ペーストする

プログラム・ファイル(`*.uf2`)をPicoにコピー＆ペーストします．ファイルを受け取ったPicoは，ファイル内容を読み取りフラッシュ・メモリに書き込みます．そして，自動的にアンマウントして，プログラムを実行します．

以上が開発環境の全体像です．分かってしまえば簡単です．PCで開発しようとすると面倒で大変ですが，Picoをラズベリー・パイで開発すると簡単かつ最短で開始できます．

開発環境の構築

● ラズベリー・パイ4BにOSをインストール

ラズベリー・パイ4BにRaspberry Pi OS(bullseye)をインストールします．

▶Raspberry Pi Imagerのダウンロードとインストール

ラズベリー・パイ公式サイト(`https://www.raspberrypi.com/`)のバナーにあるSoftware(**図2**)をクリックしRaspberry Pi Imagerをダウンロードします(**図3**)．その後，実行ファイル(拡張子がexe)がダウンロードされたらPCにインストールします．

▶SDカードにOSを書き込む

Raspberry Pi Imagerを起動すると**図4**の画面が表示されるので，OSからRaspberry Pi OSを選択します(**図5**)．

PCにSDカードを挿入し，**図4**の真ん中にあるストレージをクリックします．すると，書き込み先のストレージ候補が出てくるので，挿入したSDカードを選択します(**図6**)．

ここで，**図7**のようなメッセージが表示されますが，

図4　Raspberry Pi Imagerを起動すると表示される画面

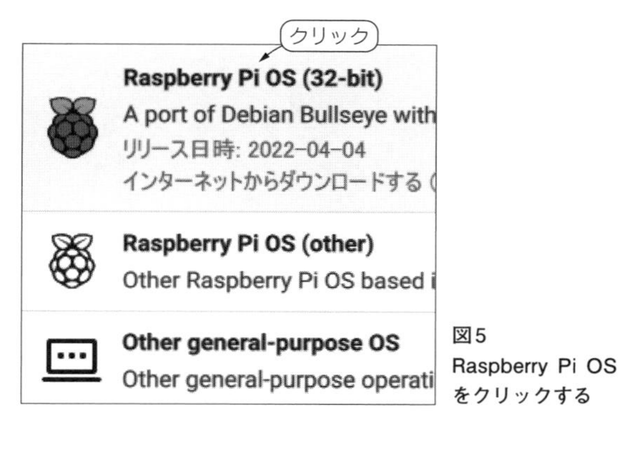

図5　Raspberry Pi OSをクリックする

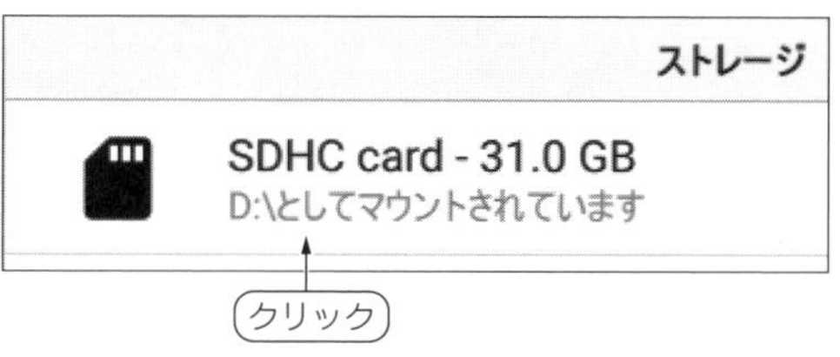

図6　候補からOSを書き込むSDカードをクリックする

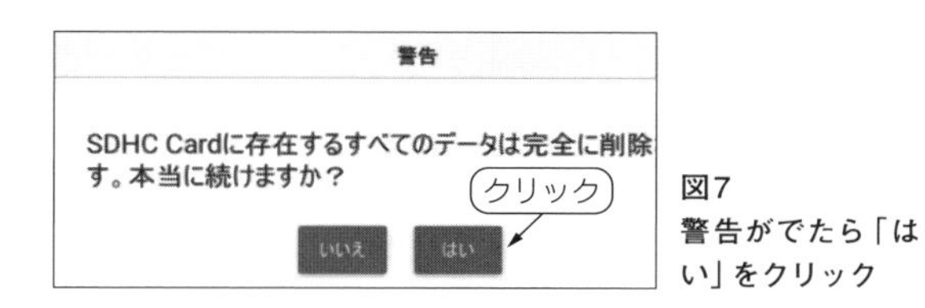

図7　警告がでたら「はい」をクリック

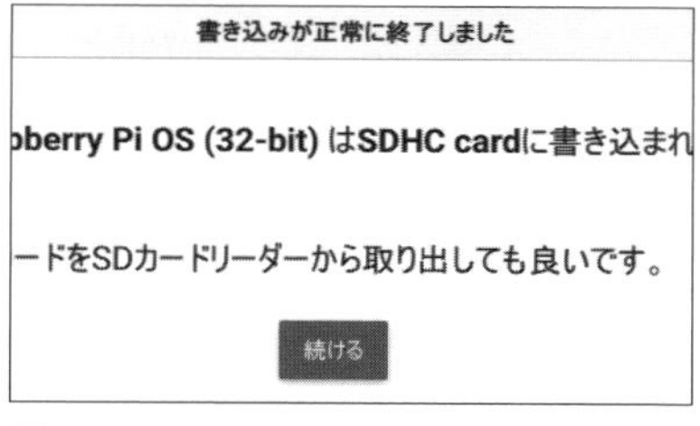

図8　この画面が出たらSDカードを抜き取る

図9　ラズベリー・パイ4Bの電源を入れてOSの書き込みを始める

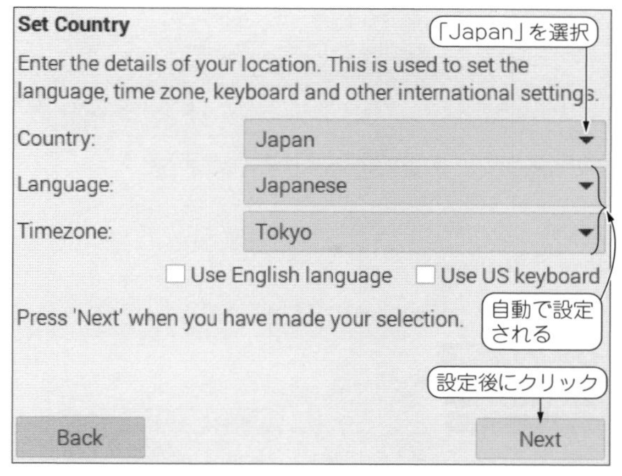

図10　国や言語を設定する

[はい]をクリックしてください．ここまでの手順が終わったら，**図4**の一番右にある[書き込む]をクリックします．書き込みが終わったら，**図8**の画面が表示されるのでSDカードを抜き取ってください．

▶SDカードを挿入し周辺機器を接続する

SDカードにOSを書き込んだので，ラズベリー・パイ4Bの基板の裏側にあるSDカード・スロットにSDカードを挿入します．その後，マウスやキーボード，Micro HDMIケーブルをラズベリー・パイ4Bに接続します．また，Micro HDMIケーブルはディスプレイと接続しておいてください．

▶電源を入れる

ラズベリー・パイ4Bは電源ケーブルを接続するだけで電源が入ります．電源が入ると，ディスプレイに**図9**が表示されるので[Next]をクリックします．

▶国と言語の設定

Countryを「Japan」に選択します(**図10**)．選択すると，LanguageとTimezoneは自動で切り替わります．その後[Next]をクリックします．

▶ユーザ・ネームとパスワードを入力

ユーザ・ネームとパスワードを入力し[Next]をクリックします(**図11**)．

Create User

You need to create a user account to log in to your Raspberry Pi.

The username can only contain lower-case letters, digits and hyphens, and must start with a letter.

Enter username:

Enter password:

Confirm password:

Hide characters

Press 'Next' to create your account.

Back　Next

入力

入力後にクリック

図11　ユーザ名とパスワードを入力する

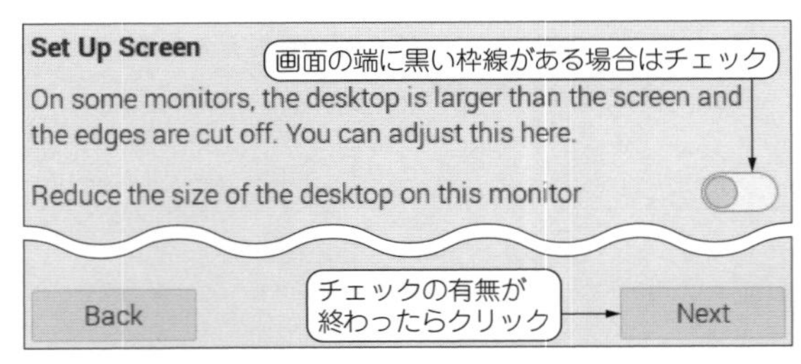
Set Up Screen
画面の端に黒い枠線がある場合はチェック
On some monitors, the desktop is larger than the screen and the edges are cut off. You can adjust this here.
Reduce the size of the desktop on this monitor
Back
チェックの有無が
終わったらクリック
Next

図12　スクリーンの端が黒い場合はチェックを入れる

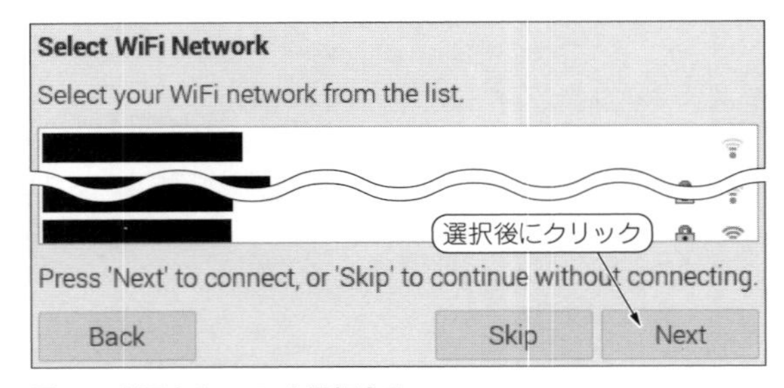
Select WiFi Network
Select your WiFi network from the list.
選択後にクリック
Press 'Next' to connect, or 'Skip' to continue without connecting.
Back
Skip
Next

図13　利用するWi-Fiを選択する

▶スクリーン調整

画面の端に黒い枠線がある場合はチェックを入れ，ない場合は[Next]をクリックします(**図12**)．

▶Wi-Fi設定

接続可能なWi-Fi一覧が表示されるので選択後に[Next]をクリックします(**図13**)．

▶アップデートを実行する

アップデートの画面が表示されたら[Next]をクリックしてアップデートを行います(**図14**)．

▶再起動

最後に**図15**の画面が表示されるので[Restart]をクリックし再起動後，**図16**のようなホーム画面が表示

Update Software

The operating system and applications will now be checked and updated if necessary. This may involve a large download.

Press 'Next' to check and update software, or 'Skip' to continue without checking.

クリックしてアップデートする

Back　Skip　Next

図14　ソフトウェアのアップデートをする

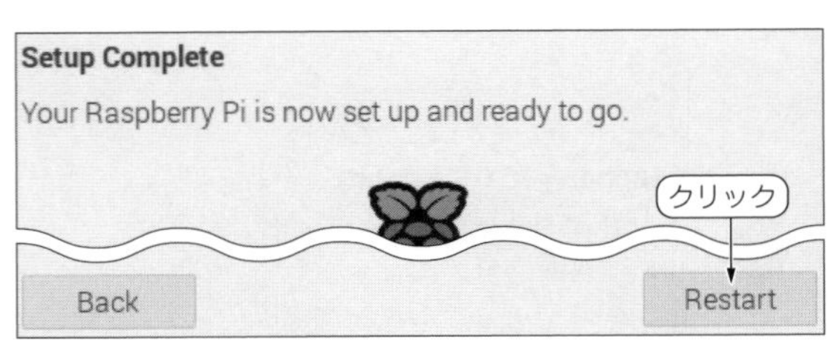
Setup Complete
Your Raspberry Pi is now set up and ready to go.
クリック
Back
Restart

図15　設定が終わったら再起動する

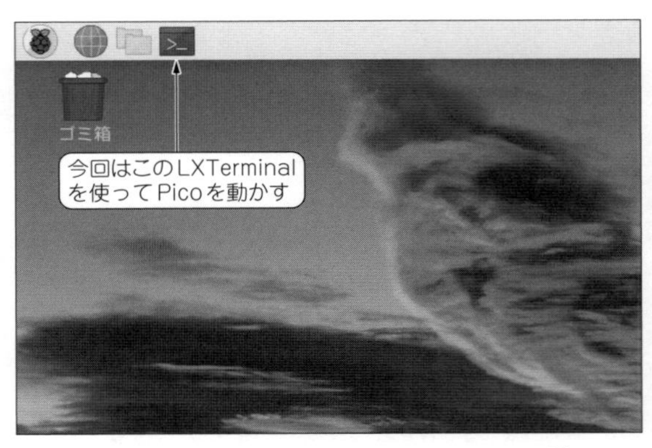
ゴミ箱
今回はこのLXTerminal
を使ってPicoを動かす

図16　再起動後ホーム画面が表示されたらセットアップ終了

されれば完了です．

● Pico C/C++SDKのインストール

筆者は64ビットOSを使っています．Pico C/C++SDKの必要容量は2Gバイトです．ラズベリー・パイ4BのSDカード容量は16Gバイト以上を推奨します．

Pico C/C++SDKのインストールは，Picoの開始ガイドに従って専用のスクリプトを実行するだけです．なお，普段必要としないデバッグ・ツールOpenOCDと，コード・エディタVisual Studio Codeのインストール方法は省略します．

▶手順

以降の手順はラズベリー・パイ4B上のLXTerminal

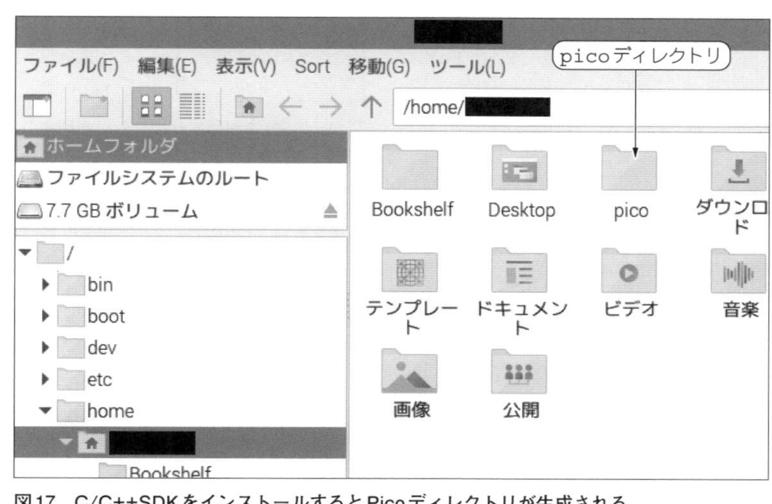

図17　C/C++SDKをインストールするとPicoディレクトリが生成される

(**図16**)で実行します．最初はシェル・スクリプトにバグがあるので事前に回避します．

```
$ sudo apt install -y libusb-1.0-0-dev
```

次にスクリプトをダウンロードします．

```
$ wget https://raw.githubusercontent.com/raspberrypi/pico-setup/master/pico_setup.sh
```

続いて実行権限を付与します．

```
$ chmod +x pico_setup.sh
```

スクリプトを実行します．

```
$ SKIP_OPENOCD=1 SKIP_VSCODE=1 ./pico_setup.sh
```

上記の操作によって自動的に開発ソフトウェアをダウンロードしてインストールします．インストール後は，ラズベリー・パイ4B上にpicoディレクトリが生成されます(**図17**)．

● サンプル・プログラムのコンパイル

２段階の手順を踏みます。

(1) コンパイル環境を整える(CMake)
(2) コンパイルの実行(make)

Cプログラムのコンパイルには CMakeを利用したクロス・コンパイラ環境が必要です．CMakeは，設定ファイルCMakeLists.txtに基づき，Makefileを生成してコンパイル環境を整えます．実行にはbuildディレクトリを必要とします．

▶手順

サンプル・プログラムのディレクトリに移動します．

```
$ cd ~/pico/pico-examples/build/
```

コンパイル環境を整えます．

```
$ cmake ..
```

後ろの“..”にCMakeLists.txtの場所を指定します．手順通り進めていれば，`~/pico/pico-examples/CMakeLists.txt`です．

CMakeLists.txtはツリー構造(ディレクトリ構造)を持ち，サブディレクトリにあるCMakeLists.txtと連携します．

makeコマンドでサンプル・プログラムをコンパイルします．

```
$ make -j4
```

make allの省略形であり，全てのサンプルをコンパイルするため少し時間がかかります．“-j4”は並列処理を指示します．

これでサンプル・プログラムのコンパイルが終わりました．

<参考>

個別にサンプル・プログラムをコンパイルするときはディレクトリ(プロジェクト名)を指定します．

```
$ make blink
```

<参考>

Linuxでは伝統的なソースコードからのインストール方法があります．

```
$ ./configure    # コンパイルの環境を整える
$ make           # コンパイルの実行
$ make install   # インストール
```

これと比較するとクロス・コンパイル開発環境が似ていることに気が付くでしょう．

```
$ cmake ..       # コンパイルの環境を整える
$ make           # コンパイルの実行
$ cp *.uf2 /media/pi/RPI-RP2/
                 #プログラム書き込み
```

図18 「Advanced options」を利用すれば最初のOS起動でもWi-FiとSSHを使用できる

図19　SSHを利用すればリモート環境でラズベリー・パイ4Bにアクセスできる

任意…PCから ラズベリー・パイ4Bの遠隔利用

● Raspberry Pi ImagerでSSH有効化とWi-Fi設定

この項目は任意です．筆者はマウス，キーボード，ディスプレイの接続なしにラズベリー・パイ4Bを利用しています．接続するのは電源だけで省スペースです．電源の接続だけではRaspberry Pi OSの設定ができないのではと考える方も居るかもしれません．あまり知られていませんがRaspberry Pi ImagerでSSHの有効化(Enable SSH)とWi-Fi(Configure wifi)を事前に設定できます．

[Ctrl]＋[Shift]＋[X]キーで「Advanced options」を開きます(**図18**)．こうすることで，初めてOSを起動した時点で，Wi-FiとSSHを利用できます．

● PC側の操作と設定

以上の設定より，**図19**のようにPCからリモート環境でラズベリー・パイに接続できます．Windows 10は標準でSSH機能を備えていますので，コマンド・プロンプトから`ssh`コマンドをたたくだけです．割り当てられたDHCPのIPアドレスは，Wi-Fiルータの管理画面で確認します．

ひとたびPCからラズベリー・パイ4BにSSH接続できれば，細かい設定は後からできます．X Window Systemを必要とする場合は，ラズベリー・パイ4B側にxrdpをインストールし，「Windows アクセサリ」にある「リモート・デスクトップ接続」を起動します．Windows 10側に何もインストールする必要はありません．

リスト1　Lチカのソース・ファイル`blink.c`(抜粋)

```
int main() {
    const uint LED_PIN = PICO_DEFAULT_LED_PIN;
    gpio_init(LED_PIN);
    gpio_set_dir(LED_PIN, GPIO_OUT);
    while (true) {
        gpio_put(LED_PIN, 1);
        sleep_ms(250);
        gpio_put(LED_PIN, 0);
        sleep_ms(250);
    }
}
```

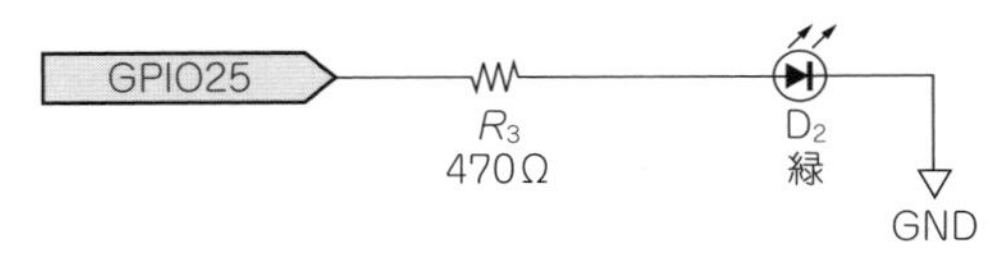

図20　GPIO25のピンの操作でLチカさせる

サンプル・プログラム1… 定番「Lチカ」

● 使用するファイル

▶ソース・ファイル

ソース・ファイルは`blink.c`です．

```
$ cd ~/pico/pico-examples/blink/
$ vi blink.c
```

▶プログラム・ファイル

プログラム・ファイルは`blink.uf2`です．

```
$ cd ~/pico/pico-examples/build/
                                blink/
```

プログラム・ファイルとソース・ファイルの場所は異なりますので気をつけてください．

● GPIOの25ピンを操作する

リスト1はソース・ファイルの抜粋です．GPIO25のピンを出力に設定し，1と0を交互に出力しLEDを点滅させます．PicoにはユーザのLEDが利用できるLEDが搭載されています．Picoのデータシートを確認し，LED部分の回路図を抜き出したものを**図20**に示します．

● プログラム実行と実行結果

`blink.uf2`をPicoに書き込みます．まずは，[BOOTSEL]ボタンを押しながらラズベリー・パイ4BにPicoをUSB接続します．接続すると**図21**のよ

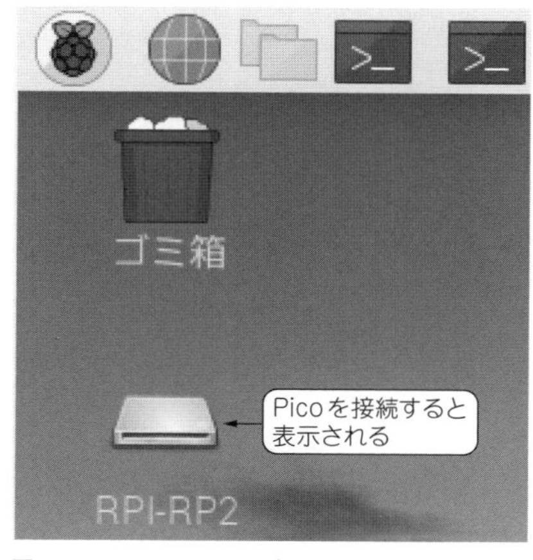

図21　Picoはストレージとして認識される

うに認識します．そして，ラズベリー・パイ4BのLXTerminalにおいて，以下のコマンドを実行しPicoへプログラム・ファイルをコピーします．

```
$ cd ~/pico/pico-examples/build/
                              blink/
$ cp blink.uf2 /media/pi/RPI-RP2/
```

Picoへのプログラム書き込みが終わると，Picoは自動的にアンマウントして，プログラムを実行します．

正常に実行されると**写真2**のようにLEDが点滅します．このLEDは，ある処理を通過したら点灯するような簡易的な動作確認として利用できます．つまり，LEDが点灯しなければプログラムに間違いがあると判断できます．

サンプル・プログラム2…UART通信

● USB CDCを利用する

Picoとの相互通信を行うサンプルです．表示器のないPicoでUSB CDC機能を使いラズベリー・パイと通信すると動作確認できます．Picoのprintf出力先(stdout)をUARTにします．サンプルは以下の2種類があります．

1. USB CDC
2. UART

昔はシリアル通信といえばUARTがほとんどでした．RS-232Cと呼んでいた機能です．UARTはUniversal Asynchronus Receiver Transmitterの頭文字です．PicoにあるTXピンとRXピンの2線を使ってラズパイと汎用非同期通信する機能です．

USB CDCはUniversal Serial Bus Communications Device Classの頭文字です．USBで通信を行うための規約(クラス)です．USBにはたくさんのクラスが用意されています．CDCはその1つです．これはRS-232Cの代わりにUSB上で通信をする機能です．つまりUARTをUSB上で実現するために設けられた機能です．これをUSB CDCと呼びます．PicoにあるTXピンとRXピンの代わりにUSBケーブルを経由して通信する機能がUSB CDCです．

写真2　Picoに搭載されているLEDが点滅する

図22　USB CDCでUART通信をする

Picoの通信用サンプル・プログラムにはUARTとUSB CDCの2種類が用意されており，ここではUSB CDCを使用します(**図22**)．

● ソース・ファイル

ソース・ファイルはhello_usb.cです．

```
$ cd ~/pico/pico-examples/
                     hello_world/usb/
```

hello_usb.cの中身は，次のコマンドで確認できます．

```
$ cat hello_usb.c
```

リスト2には，ソース・ファイルの抜粋を示します．

● プログラム実行と実行結果

プログラム・ファイルはhello_usb.uf2です．これをLEDの点滅のときと同じようにカレント・ディレクトを移動しプログラム・ファイルをPicoにコピーします．

```
$ cd ~/pico/pico-examples/build/
                     hello_world/usb/
$ cp hello_usb.uf2 /media/pi
                          /RPI-RP2/
```

リスト2　UART通信のソース・ファイル**hello_usb.c**(抜粋)

```
int main() {
    stdio_init_all();
    while (true) {
        printf("Hello, world!\n");
        sleep_ms(1000);
    }
    return 0;
}
```

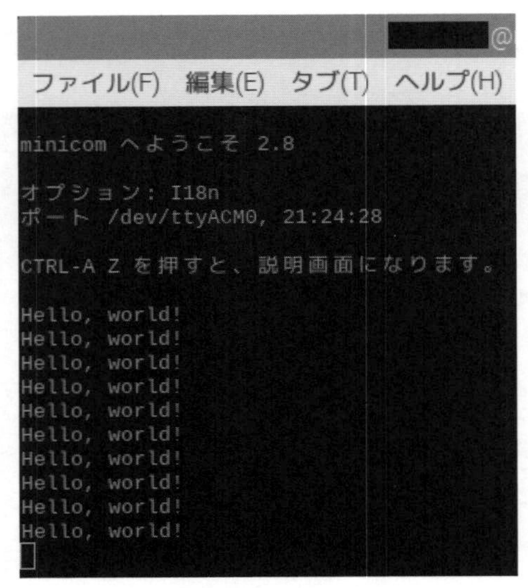

図23　"Hello, world!"が繰り返し表示されればUART通信できている

hello_usb.uf2をPicoに書き込むと，ラズベリー・パイ4BはUSB CDCとしてPicoを認識します．そして，/dev/ttyACM0を生成します．

次にラズベリー・パイ4BからPicoに対して，以下のコマンドでUSB CDC接続してみましょう．

```
$ minicom -b 115200 -o -D /dev/
                          ttyACM0
```

この意味は「通信速度 115200bpsでデバイス/dev/ttyACM0に接続しなさい」です．つまり，ラズベリー・パイからPicoにシリアル通信(RS-232C/UART/USB CDC)で接続しなさいという意味です．

minicomはtty(teletypewriter=制御端末)を制御するシリアル通信プログラムです．昔のコンピュータはRS-232Cを経由して制御端末(ディスプレイとキーボード)でコマンド操作していました．デバイス名が/dev/ttyXXXなのもその名残です．

これを実行すると**図23**のように"Hello, world!"の表示を繰り返します．minicomの終了は[Ctrl]＋[A]キーを押した後に[Z]キーを押すとコマンド一覧が開くので，[X]キーを押します．このサンプル・プログラムを利用すれば，Picoからの情報を得られます．

リスト3　A-D変換するソース・ファイルhello_adc.c(抜粋)

```
int main() {
    stdio_init_all();
    adc_init();

    adc_gpio_init(26);
    adc_select_input(0);

    while (1) {
        const float conversion_factor = 3.3f /
                                        (1 << 12);
        uint16_t result = adc_read();
        printf("Raw value: 0x%03x, voltage: %f
         V\n", result, result * conversion_factor);
        sleep_ms(500);
    }
}
```

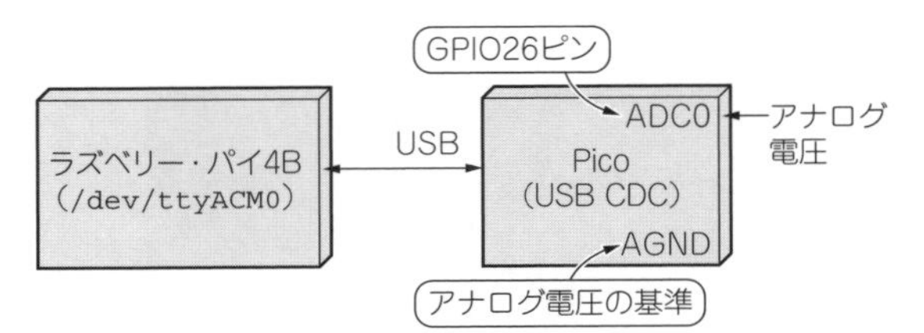

図24　GPIOの26ピンにアナログ電圧を加えA-D変換する

● USB CDCの有効化とUARTの無効化

このサンプル・プログラムのキー・ポイントはCMakeLists.txtにあります．以下の記述でUSB CDCを有効にし，UARTを無効にしています．

```
pico_enable_stdio_usb(hello_usb 1)
                                #有効
pico_enable_stdio_uart(hello_usb 0)
                                #無効
```

これにより，printfの出力先を切り替えます．

サンプル・プログラム3…A-D変換

● 入力電圧の測定

今回は，**図24**のようにA-D変換の入力ピンとしてGPIO26(ADC0)を使います．0～3.3Vの入力電圧を12ビットのディィジタル値に変換します．ADC0ピンの位置はピン情報で確認します．アナログ電圧はAGNDを基準にします．

▶ソース・ファイルの場所

ソース・ファイルはhello_adc.cです．

```
$ cd ~/pico/pico-examples/adc/
                          hello_adc/
```

リスト3はソース・ファイルの抜粋です．GPIO26(ADC0)ピンをA-D変換入力に設定し，A-D変換(adc_read)を繰り返します．

▶プログラム実行と実行結果

printfの出力先をUSB CDCに切り替えるため，CMakeLists.txtに以下を追記します．

```
pico_enable_stdio_usb(hello_adc 1)
pico_enable_stdio_uart(hello_adc 0)
```

USB CDCを有効にするためコンパイルし直します．

```
$ cd ~/pico/pico-examples/build/
                       adc/hello_adc/
```

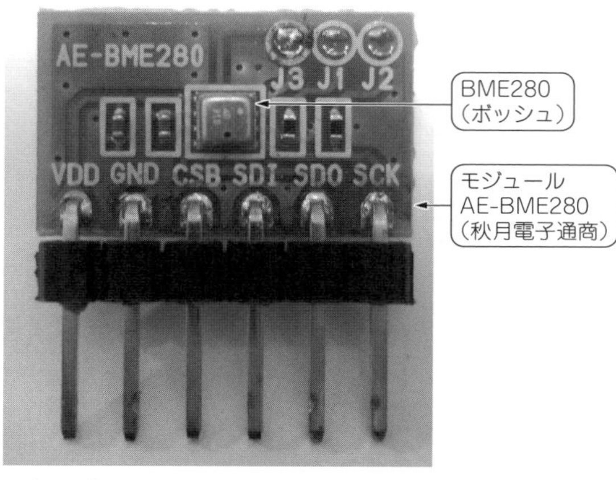

写真3　使用するセンサはBME280(ボッシュ)

```
$ make clean
$ make
```

プログラム・ファイルをPicoにコピーします．ファイル名はhello_adc.uf2です．

```
$ cp hello_adc.uf2 /media/pi/
                              RPI-RP2/
```

ラズベリー・パイ4BからUSB CDCでPicoに接続します．

```
$ minicom -b 115200 -o -D /dev/
                              ttyACM0
```

以上を実行すると，A-D変換した値を繰り返し表示します．

```
Raw value: 0x6fe, voltage: 1.442139 V
```

● CPU温度の測定

Picoに搭載されているマイコンRP2040は，温度センサを内蔵しており，A-D変換のチャネル4に接続されています．以下のように温度センサを有効にし，チャネル4を読み出せばCPUの温度が分かります．

```
adc_set_temp_sensor_enabled(true);
adc_select_input(4);
```

以下は電圧から温度への換算式です．

```
T = 27 - (ADC_voltage - 0.706)/0.001721
```

温度センサはADC_VREFピンに供給する電圧(通常は3.3V)の影響を大きく受けます．ADC_VREFピンの電圧が1%低いだけで4℃の差がでます．±4℃の誤差はあると考えましょう．このような情報はRP2040のデータシートのADC項目で確認できます．

サンプル・プログラム4…温度/湿度/気圧センサ

● 使用するセンサとPicoとの接続

センサには，**写真3**の温度/湿度/気圧センサBME280(ボッシュ)を利用します．今回はあらかじめ基板に実装されたAE-BME280(秋月電子通商)を使います．

PicoとAE-BME280はピン情報(**表2**)をもとにSPI接続します(**図25**)．接続にはブレッドボードなどを使ってもよいでしょう．

表2　PicoとAE-BME280のピン接続

Pico		AE-BME280	
ピン番号	機能	ピン番号	機能
21	GPIO16	5	SD0
22	GPIO17	3	CSB
24	GPIO18	6	SCK
25	GPIO19	4	SDI
36	3V3	1	V_{DD}
38	GND	2	GND

● ソース・ファイル

ソース・ファイルはbme280_spi.cです．

```
$ cd ~/pico/pico-examples/spi/
                              bme280_spi/
```

リスト4はソース・ファイルの抜粋です．BME280のデータを補償処理して温度/湿度/気圧を求めます．補償方法はBME280のデータシート[1]に記述されています．

リスト4　センサAE-BME280を使用するソース・ファイルbme280_spi.c(抜粋)

```
    while (1) {
        bme280_read_raw(&humidity, &pressure,
                                    &temperature);

        pressure = compensate_pressure(pressure);
        temperature = compensate_temp(temperature);
        humidity = compensate_humidity(humidity);

        printf("Humidity = %.2f%%\n", humidity /
                                          1024.0);
        printf("Pressure = %dPa\n", pressure);
        printf("Temp. = %.2fC\n", temperature /
                                           100.0);

        sleep_ms(1000);
    }
```

● プログラム実行と実行結果

printfの出力先をUSB CDCに切り替えるため，CMakeLists.txtに以下を追記します．

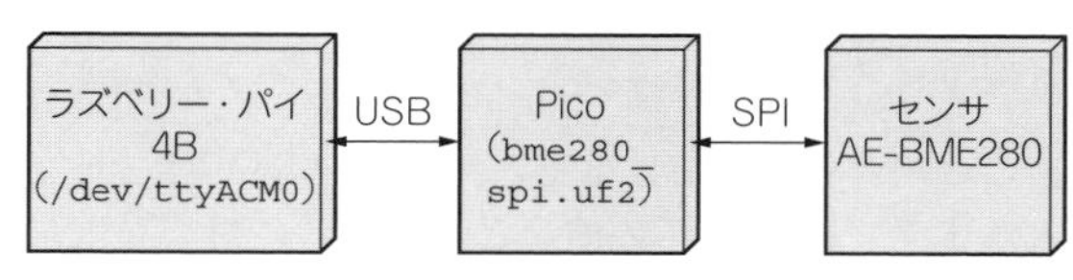

図25　PicoとAE-BME280はSPI接続する

図26　USB CDCでリアルタイム・クロック機能を試す

```
pico_enable_stdio_usb(bme280_spi 1)
pico_enable_stdio_uart(bme280_spi 0)
```

USB CDCを有効にするためコンパイルし直します．

```
$ cd ~/pico/pico-examples/build/
                        spi/bme280_spi/
$ make clean
$ make
```

プログラム・ファイルをPicoにコピーします．ファイル名はbme280_spi.uf2です．

```
$ cp bme280_spi.uf2 /media/pi/
                          RPI-RP2/
```

ラズベリー・パイ4BからUSB CDCでPicoに接続します．

```
$ minicom -b 115200 -o -D /dev/
                          ttyACM0
```

すると，温度/湿度/気圧を繰り返し表示します．

```
Humidity = 50.23%
Pressure = 101035Pa
Temp. = 24.24C
```

サンプル・プログラム5…時計機能RTC

リアルタイム・クロック（RTC：Real Time Clock）は，簡単に言えば時計機能です．Picoは標準でリアルタイム・クロック機能を装備しています．リアルタイム・クロック機能を有効にし時刻を設定すると，後は自動的に時を刻みはじめます．接続は図26のようにUSB接続です．

● ソース・ファイル

ソース・ファイルはhello_rtc.cです．

```
$ cd ~/pico/pico-examples/rtc/
                        hello_rtc/
```

リスト5はソース・ファイルの抜粋です．ここでは，rtc_set_datetimeで時刻を設定し，rtc_get_datetimeで時刻を取得します．曜日の設定は，以下のZellerの公式を利用するとよいでしょう．

$$h=\left(y+\left\lfloor\frac{y}{4}\right\rfloor-\left\lfloor\frac{y}{100}\right\rfloor+\left\lfloor\frac{y}{400}\right\rfloor+\left\lfloor\frac{13m+8}{5}\right\rfloor+d\right)\bmod 7$$

ここで，y，m，dにはそれぞれの西暦と月と日を入れます．hは0～6の値をとり，これに対応した曜日を示します．

リスト5　リアルタイム・クロック機能を使用するソース・ファイルhello_rtc.c（抜粋）

```
    datetime_t t = {
            .year  = 2020,
            .month = 06,
            .day   = 05,
            .dotw  = 5, // 0 is Sunday
            .hour  = 15,
            .min   = 45,
            .sec   = 00
    };

    rtc_init();
    rtc_set_datetime(&t);

    while (true) {
        rtc_get_datetime(&t);
        datetime_to_str(datetime_str,
                        sizeof(datetime_buf), &t);
        printf("\r%s      ", datetime_str);
        sleep_ms(100);
    }
```

● プログラム実行と実行結果

printfの出力先をUSB CDCに切り替えるためにCMakeLists.txtに以下を追記します．

```
pico_enable_stdio_usb(hello_rtc 1)
pico_enable_stdio_uart(hello_rtc 0)
```

USB CDCを有効にするためコンパイルし直します．

```
$ cd ~/pico/pico-examples/build/
                        rtc/hello_rtc/
$ make clean
$ make
```

プログラム・ファイルをPicoにコピーします．ファイル名はhello_rtc.uf2です．

```
$ cp hello_rtc.uf2 /media/pi/
                          RPI-RP2/
```

ラズベリー・パイ4BからUSB CDCでPicoに接続します．

```
$ minicom -b 115200 -o -D /dev/
                          ttyACM0
```

すると，時刻が表示されます．

```
Friday 5 June 15:45:21 2020
```

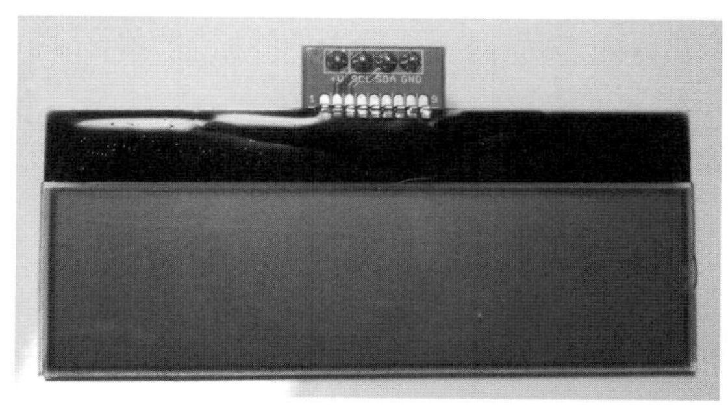

写真4　使用するLCDはAE-AQM1602（秋月電子通商）

写真5　情報が表示される

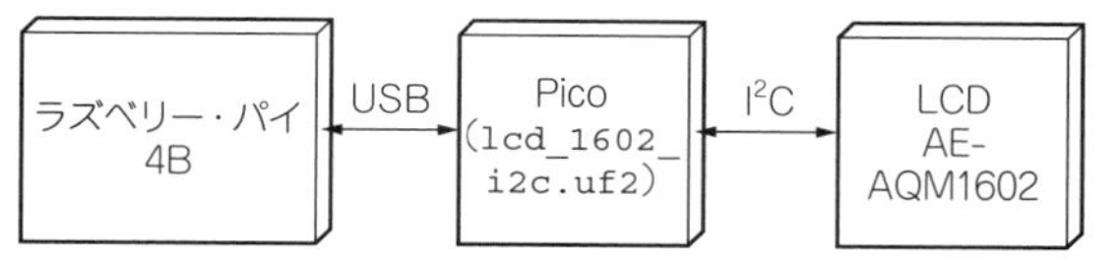

図27　PicoとAE-AQM1602はI²C接続する

表3　PicoとAE-AQM1602のピン接続

Pico		AE-AQM1602	
ピン番号	機能	ピン番号	機能
36	3V3	5	V_{DD}
7	GPIO5	2	SCL
6	GPIO4	3	SDA
38	GND	4	V_{SS}

サンプル・プログラム6…小型液晶ディスプレイ

● 使用するLCDとPicoとの接続

ここでは16桁2行のLCD（液晶ディスプレイ）を動かします．今回は，扱いやすいモジュールAE-AQM1602（**写真4**，秋月電子通商）を使用します．

PicoとLCDは**図27**のようにI²C接続し，I²Cをプル・アップしておきます．ピン接続は**表3**の通りです．

● プログラム実行と実行結果

使用するソース・ファイルはlcd_1602_i2c.cです．

```
$ cd ~/pico/pico-examples/i2c/
                         lcd_1602_i2c/
```

このサンプル・プログラムは，I/OエキスパンダPCF8574（テキサス・インスツルメンツ）の利用を前提にしているため，そのままでは使えません．そこで，ソース・ファイルの一部を修正します．

まずは，I²Cアドレスを0x3eに修正します．

```
static int addr = 0x3e;
```

次にI²C出力関数lcd_send_byteを**リスト6**のように修正します．ここでは送信間隔を500μs空けることがポイントです．続いて初期化関数lcd_initを**リスト7**のように修正します．

リスト6　I²C出力関数lcd_send_byteを修正する

```
void lcd_send_byte(uint8_t val, int mode) {
    uint8_t buf[2];

    if(mode==LCD_COMMAND){
       buf[0]=0x00;
    }else{
       buf[0]=0x40;
    }
    buf[1]=val;
    i2c_write_blocking(i2c_default, addr, buf, 2,
                                              false);
    sleep_us(500);
}
```

リスト7　初期化関数lcd_initを修正する

```
void lcd_init(){
    sleep_ms(100);
    lcd_send_byte(0x38, LCD_COMMAND);
    lcd_send_byte(0x39, LCD_COMMAND);
    lcd_send_byte(0x14, LCD_COMMAND);
    lcd_send_byte(0x70, LCD_COMMAND);
    lcd_send_byte(0x56, LCD_COMMAND);
    lcd_send_byte(0x6C, LCD_COMMAND);
    sleep_ms(300);
    lcd_send_byte(0x38, LCD_COMMAND);
    lcd_send_byte(0x01, LCD_COMMAND);
    lcd_send_byte(0x0C, LCD_COMMAND);
}
```

修正が終わったらコンパイルし直します．

```
$ cd ~/pico/pico-examples/build/
                  i2c/lcd_1602_i2c/
$ make clean
$ make
```

プログラム・ファイルはlcd_1602_i2c.uf2です．Picoにコピーします．

```
$ cp lcd_1602_i2c.uf2 /media/pi/
                         RPI-RP2/
```

すると，**写真5**のようにLCDに情報が表示されます．これを利用すれば，A-D変換した電圧，時刻，温度，湿度，気圧などを表示できます．

開発時には動作クロックも確認する

今回は紹介できませんでしたが，動作クロックを変更するサンプル・プログラム（hello_48MHz）もあります．

このサンプル・プログラムを改変するとデフォルト・クロック125MHzを確認できます．はじめから最高クロック133MHzで動作しているわけではありません．少しずつ確認しながら開発を進めていきましょう．クロックの決定方法は，RP2040のデータシートを確認する必要があります．

知っておきたいこと

picoディレクトリには幾つかのサブディレクトリがあります．簡単に紹介します．

pico-playgroundとpico-extraは「Hardware design with RP2040(2)」のChapter 3で紹介している内容のソフトウェアです．

● pico-examplesとpico-playground

pico-examplesはサンプル・プログラムです．pico-playgroundは追加のサンプル・プログラムです．

● pico-sdkとpico-extra

pico-sdkはC/C++環境のSDKです．pico-extraは追加のライブラリです．

● picoprobe

picoprobeとはPicoをPicoデバッガにするプログラムです．Picoにpicoprobe.uf2を書き込み，専用デバッグ・ツールOpenOCDで制御します（**図28**）．PicoデバッガにPicoをSWD接続して使います．

● picotool

ラズベリー・パイから操作するPico用のユーティリティです．Picoに書き込んだ情報などを取得します．Picoを書き込みモードで使用します（**図29**）．

```
$ sudo picotool info -a
```

リスト8のような結果が表示されます．使用方法はpicotool helpで表示します．

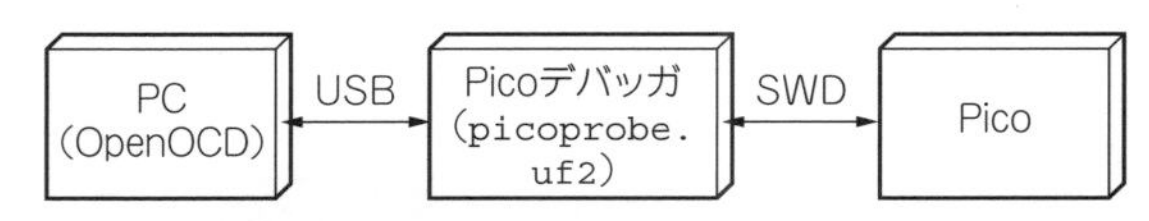

図28　PicoをPicoデバッガにするのがpicoprobe

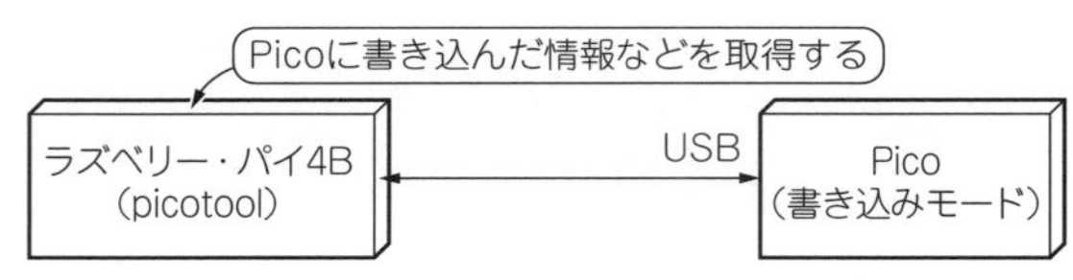

図29　picotoolはラズパイから操作するPico用のユーティリティ

リスト8　picotoolを利用すればPicoに書き込んだ情報を取得できる

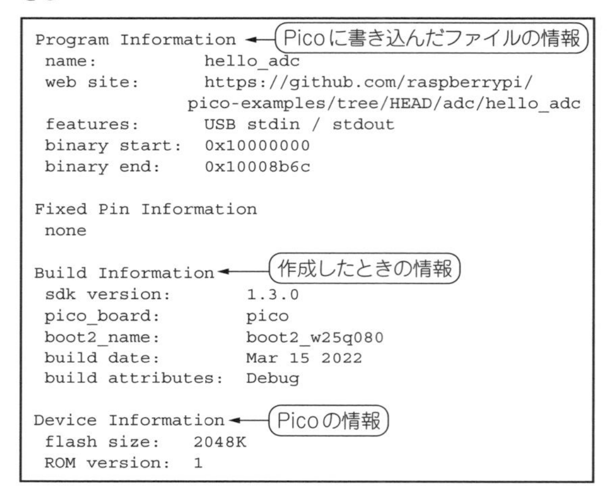

```
Program Information ◀─ Picoに書き込んだファイルの情報
 name:           hello_adc
 web site:       https://github.com/raspberrypi/
               pico-examples/tree/HEAD/adc/hello_adc
 features:       USB stdin / stdout
 binary start:   0x10000000
 binary end:     0x10008b6c

Fixed Pin Information
 none

Build Information ◀─ 作成したときの情報
 sdk version:        1.3.0
 pico_board:         pico
 boot2_name:         boot2_w25q080
 build date:         Mar 15 2022
 build attributes:   Debug

Device Information ◀─ Picoの情報
 flash size:    2048K
 ROM version:   1
```

＊　＊　＊

以上でPico開発の手始めを終わります．開発はここで紹介したサンプル・プログラムを別名でコピーし，拡張する形で進めてみてください．そのときは，CMakeを意識したディレクトリ構成に気をつけてください．

◆参考文献◆

(1) BME280データシート，ボッシュ．
https://www.bosch-sensortec.com/products/environmental-sensors/humidity-sensors-bme280/#documents
(2) Hardware design with RP2040，Raspberry Pi Ltd.
https://datasheets.raspberrypi.com/rp2040/hardware-design-with-rp2040.pdf

おのでら・やすゆき

ラズパイ4向けの公式C/C++ SDKを
WindowsやLinuxで使う

開発環境2…PCだけで Picoをプログラミング

井田 健太

PCだけでPicoの開発ができる

ラズベリー・パイPico(以降，Pico)に搭載されているマイコンはRP2040です．これを含むRP2シリーズのマイコン向けのC/C++開発環境がRaspberry Pi Pico C/C++ SDK(以降，公式SDKと呼ぶ)として提供されています．

基本的にはラズベリー・パイ4で動作しているRaspberry Pi OSで使用することを前提としていますが，Windows，macOS，LinuxなどのOSでも使用できます．

ここでは，Windows 10およびUbuntu上に開発環境を構築する手順を示します．

Picoに接続してブレーク・ポイントの設定やステップ実行ができるデバッガも使えるようにします(**写真1**)．

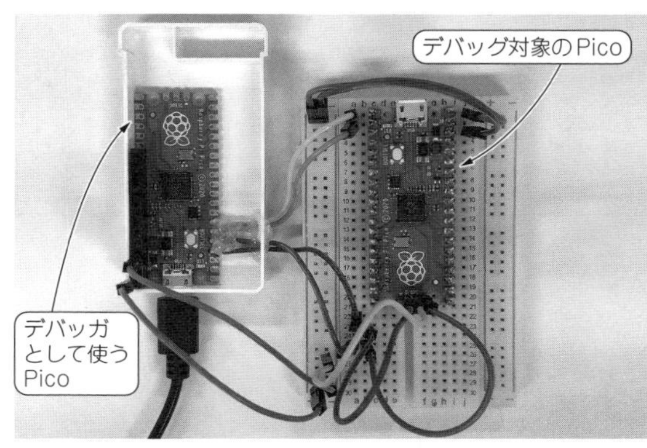

写真1　PC1台でPicoのクロス開発ができる．デバッガも使用可能

● Windows…WSL2のUbuntuで

公式SDKはLinux用となっているため，そのままではWindows上では使用できません．

公式ドキュメントでは，Visual Studio(マイクロソフト)付属のビルド・ツールや，Windows版の幾つかのソフトウェアをインストールする方法が紹介されています．しかし，この手順は環境構築の手間がかかる上，問題が発生しやすいです．

ここではWindows 10の1903以降で使用できる，Windows Subsystem for Linux 2(WSL2)を使って，Windows上にUbuntu環境を構築し，Ubuntu上で公式SDKを使用します．

WSL2上にUbuntu環境を構築する手順は，Interface誌2021年5月号，または次のページを参照してください．

```
https://interface.cqpub.co.jp/202108wsl/
```

Windows環境の場合，WSL2上にUbuntu 20.04 LTSをセットアップした後の手順の多くは，Ubuntu上で使う場合の手順と同じになります．

以降の手順で，WindowsとUbuntuでコマンドが異なる場合などは，それぞれを分けて解説します．

● Linux…Ubuntuで

執筆時点で最新のLTS版(長期サポート版)は，Ubuntu 20.04 LTSです．以降では，これを使った構築手順を示します．古いバージョンの場合，追加のパッケージのインストールなどが必要になる可能性があります．

環境構築

■ ツール類のインストール

以降の作業はUbuntu上のターミナルなどで行います．

● C/C++ビルドツールのインストール

以下のコマンドで，C/C++を使った開発に必要なパッケージをインストールします．

```
$ sudo apt update↵
$ sudo apt install -y build-essential cmake gcc-arm-none-eabi git curl unzip↵
```

● 書き込み用picotoolのインストール

RP2040の組み込みブートローダを操作するツールとして，picotoolが用意されています．

リスト1　幾つかのファイルをダウンロードし環境構築をする

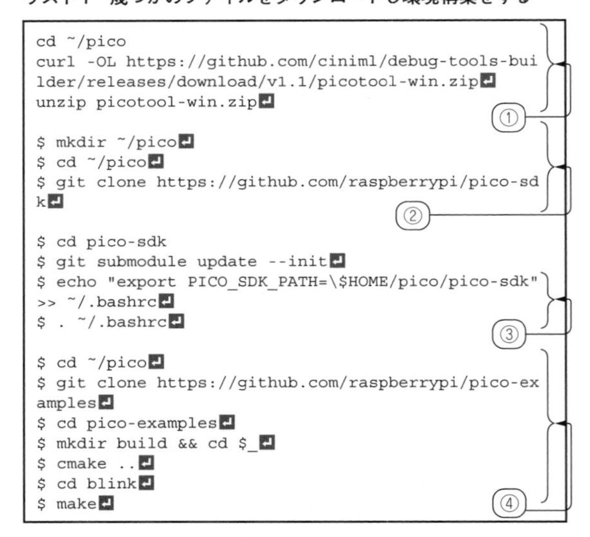

```
cd ~/pico
curl -OL https://github.com/ciniml/debug-tools-bui
lder/releases/download/v1.1/picotool-win.zip↵
unzip picotool-win.zip↵
                                              ①
$ mkdir ~/pico↵
$ cd ~/pico↵
$ git clone https://github.com/raspberrypi/pico-sd
k↵
                                        ②
$ cd pico-sdk
$ git submodule update --init↵
$ echo "export PICO_SDK_PATH=\$HOME/pico/pico-sdk"
>> ~/.bashrc↵
$ . ~/.bashrc↵
                                              ③
$ cd ~/pico↵
$ git clone https://github.com/raspberrypi/pico-ex
amples↵
$ cd pico-examples↵
$ mkdir build && cd $_↵
$ cmake ..↵
$ cd blink↵
$ make↵
                                              ④
```

このツールを使用しなくても，後述のストレージ機能を使って，プログラムをPicoに書き込むことができます．

開発に必須なわけではありませんが，現在書き込まれているプログラムの情報を取得するといった細かい操作にはpicotoolが必要となります．

picotoolは，GitHub上のリポジトリにてソースコードで提供されているため，使用するためにはビルドする必要があります．ビルド手順は，公式のドキュメントに記載されていますが，Windows向けのビルドはUSB周りのライブラリの用意に手間がかかります．

今回は，後述のコマンドにより筆者のGitHubリポジトリに用意したビルド済みのバイナリを使います．

▶ Windowsの場合

picotool-win.zipをダウンロードして展開します（**リスト1**の①）．

以下の作業は，WSL2ではなくWindows側で行います．

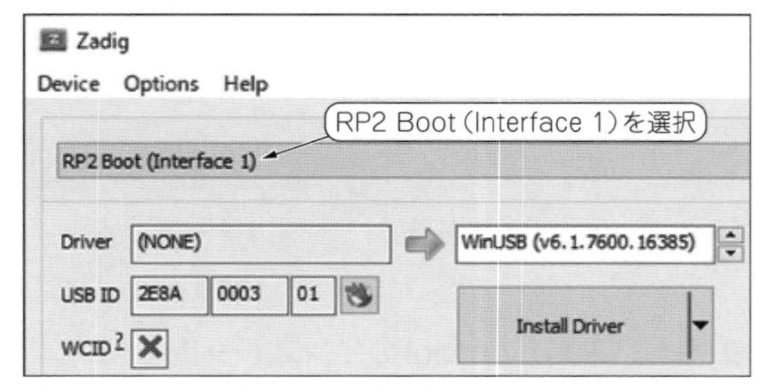

図1　Windowsの場合，ZadigというツールでUSBドライバを設定する

Windowsの場合は，ドライバとしてWinUSBをロードする必要がありますが，公式サイトからはドライバ・パッケージが提供されていません．

対策として，Zadigというツールを使ってWinUSBドライバをロードするように設定します．

1. Zadigをダウンロードする
   https://github.com/pbatard/libwdi/releases/download/b730/zadig-2.5.exe
2. Picoの［BOOTSEL］ボタンを押しながらUSBケーブルでPCに接続する
3. ダウンロードしたzadig-2.5.exeを実行する
4. 中央のリスト・ボックスで「RP2 Boot（Interface 1）」を選択し，［Install Driver］ボタンを押す（**図1**）

▶ Ubuntuの場合

picotool-linux.tar.gzをダウンロードして展開します（**リスト2**）．

リスト3の内容のファイルを，/etc/udev/rules.d/99-pico.rulesとして作成し，ブートローダ機能に一般ユーザからアクセスできるようにします．

● pico-sdkのインストール

リスト1の②を参考に，gitコマンドを使って，pico-sdkのソースコードを取得します．

SDKを使ったプロジェクトのビルドのためには，PICO_SDK_PATH環境変数にpico-sdkのパスを設定する必要があります．

毎回設定するのは手間がかかるので，必要に応じて~/.bashrcに変数を設定する記述を追加します（**リスト1**の③）．

サンプルを動かしてみる

● ビルド

環境が正しく設定できているか確認するため，サン

リスト2　開発用ツールのインストール用コマンド

```
$ cd ~/pico↵
$ curl -OL https://github.com/ciniml/debug-tools-
  builder/releases/download/v1.1/picotool-linux.tar.
                                                  gz↵
$ tar xf picotool-linux.tar.gz↵
```

リスト3　ブートローダへのアクセス権を設定する記述（99-pico.rules）

```
SUBSYSTEMS=="usb", ATTRS{idVendor}=="2e8a",
        ATTRS{idProduct}=="0003", GROUP="plugdev",
                                        MODE="0660"
SUBSYSTEMS=="usb", ATTRS{idVendor}=="2e8a",
        ATTRS{idProduct}=="0004", GROUP="plugdev",
                                        MODE="0660"
```

リスト4　Lチカのソースコード(main.cpp)

```
#include "pico/stdlib.h"

int main() {
    const uint LED_PIN = PICO_DEFAULT_LED_PIN;
    gpio_init(LED_PIN);
    gpio_set_dir(LED_PIN, GPIO_OUT);

    bool led_output = false;
    while (true) {
        gpio_put(LED_PIN, led_output ? 1 : 0);
        led_output = !led_output;
        sleep_ms(500);
    }
}
```

プル・コードの1つblinkをビルドしてみます(**リスト1の④**).

正しくビルドできると，blink.uf2という実行ファイルが出来上がります.

● ビルドしたプログラムの書き込み

次の2つの方法があります.

①ストレージとして認識されているPicoに対して生成された*.uf2ファイルをコピーする
②picotoolプログラムを使用する

いずれの方法でも，Picoをブートローダ・モードにする必要があります．PicoのBOOTSELボタン(ボード上にある白いタクト・スイッチ)を押しながら，USBケーブルでPCに接続します.

①ストレージ機能で書き込む手順

PicoをPCにつなぐと，ホストPCからはマス・ストレージ・デバイスとして認識されます．このデバイスへ，ビルドして出来上がっているblink.uf2ファイルをドラッグ＆ドロップします.

Windowsの場合は，WSL2上のターミナルで以下のコマンドを打つと現在のディレクトリをWindowsのエクスプローラで開くことができます.

```
$ explorer.exe .↵
```

②picotoolで書き込む手順

picotoolを使う場合，以下のコマンドで書き込みます.

・loadコマンド

指定したファイルをPicoに書き込みます．*.uf2以外に*.elfや*.binの形式にも対応しています.

・rebootコマンド

ターゲットをリセットし，書き込んだアプリケーション・プログラムを実行します.

▶ Windowsの場合

WSL2から直接USB接続のハードウェアを操作できないため，Windows側(ネイティブの)のプログラムをWSL2から呼び出します．WSL2の機能として，.exeの拡張子が付いている場合はWindows側のプログラムを呼び出す動作となるので，.exeを必ず付加してください.

```
$ ~/pico/picotool-win/picotool.exe load ./blink.uf2↵
$ ~/pico/picotool-win/picotool.exe reboot↵
```

▶ Ubuntuの場合

```
$ ~/pico/picotool-linux/picotool load ./blink.uf2↵
$ ~/pico/picotool-linux/picotool reboot↵
```

● 書き込むとLEDが点滅する

書き込みが成功した場合，USBコネクタ付近の緑色LEDが0.5秒周期で点滅します.

リスト5　ビルド用のプロジェクト定義ファイル(CMakeLists.txt)

```
cmake_minimum_required(VERSION 3.12)
# SDKの検索スクリプトをinclude (pico-sdk/externalからコピー)
include(pico_sdk_import.cmake)
# プロジェクトの基本設定
project(blink-scratch C CXX ASM)
set(CMAKE_C_STANDARD 11)     # C言語の規格=C11
set(CMAKE_CXX_STANDARD 17)   # C++言語の規格=C++17
# SDKの初期化
pico_sdk_init()
# ソースコードの追加
add_executable(blink-scratch
    src/main.cpp
    )
# SDKのライブラリをリンク
target_link_libraries(blink-scratch pico_stdlib)
# 追加出力ファイルを設定
pico_add_extra_outputs(blink-scratch)
```

新規プロジェクトの作成

サンプルのビルドができたので，新規でプロジェクトを作成してみます．プロジェクト用のディレクトリを作り，CMakeのプロジェクト定義を数行記述するだけで作成できます.

まずはプロジェクトのディレクトリを作成します.

```
$ mkdir -p ~/pico/blink-scratch && cd $_↵
$ mkdir src↵
```

~/pico/blink-scratch/src/main.cppとして**リスト4**のソースコードを追加します.

SDKのプロジェクトのビルドにはCMakeを使うので，CMakeのプロジェクト定義CMakeLists.txt(**リスト5**)を~/pico/blink-scratchに作成します.

SDKの検索スクリプトをコピーします.

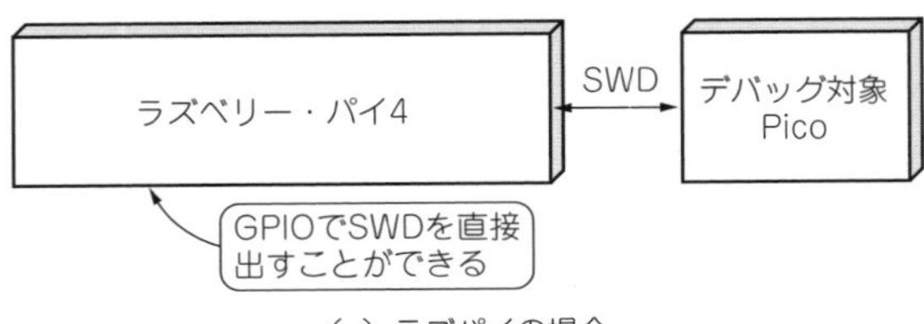

(a) ラズパイの場合

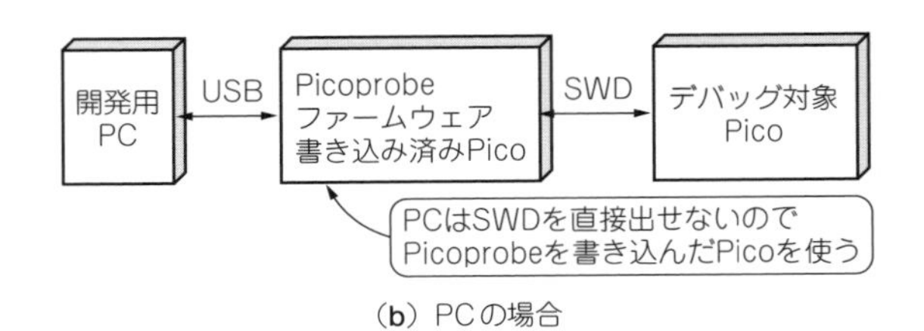

(b) PCの場合

図2　開発にラズパイを使えば直接デバッグ用プロトコルを扱える

```
$ cp ~/pico/pico-sdk/external/pico_
sdk_import.cmake .↵
```

以上でプロジェクトの準備ができたので，ビルドして実行します．

```
$ mkdir build && cd $_↵
$ cmake -DCMAKE_BUILD_TYPE=
RelWithDebInfo ..↵
$ make↵
```

blink-scratch.uf2を書き込んで実行すると，1秒間隔でLEDが点滅します．

PC同様にデバッガも使える

Picoにはデバッガを使ってデバッグするためのハードウェアおよびソフトウェアの機能があります．デバッガを使ったデバッグ環境を整えておくことによって，ソフトウェア開発時のデバッグをとても楽にできます．

● マイコン・デバッグの基礎知識

PC上のソフトウェアを開発したことがある方は，デバッガを使ってソフトウェアをデバッグすることが多いと思います．デバッガが提供する主な機能は次のようなものです．

- プログラムの実行/停止を制御
- プログラムの特定箇所を実行した場合に自動で実行を停止(ブレーク・ポイント)
- プログラムの現在の状態(変数名の一覧や値など)を表示/変更

PC上のソフトウェアの場合は，Visual Studioに付属しているGUI上のデバッガや，ウェブ・ブラウザに搭載されているスクリプト用のデバッガ，あるいはGDBなどのコマンドラインのデバッガを用いてソフトウェアをデバッグできます．

PC上の場合，デバッグ対象のソフトウェアとは別にデバッガを同時実行するだけの十分なリソースがあるため，この方法を実現できています．

一方，本書で扱うRP2040のようなマイコンは，デバッグ対象のソフトウェアを実行するのに精いっぱいで，デバッガを実行させるようなリソースはありません．

このため現代的には，あらかじめマイコン内部にデバッグ用のハードウェアを組み込んでおき，開発用PCと何かしらの方法で通信し，PCからデバッグ用ハードウェアを制御してデバッグを行う方法を採ります．このとき開発対象のマイコンと開発用PCとをつなぐハードウェアを，本章ではデバッグ・アダプタと呼びます．

RP2040にもデバッグ回路が内蔵されており，これを用いてデバッグを行えます．ここではその方法について説明します．

● Picoをもう1つ使ってデバッグ・アダプタを作る

前述の通り，マイコン内部のデバッグ用回路とPCとが通信するためにデバッガが必要です．

RP2040用のデバッガをPicoを使って作成する方法が公式サイトで紹介されています．

RP2040に内蔵されているデバッグ用ハードウェアは，デバッガとの通信にSWD(Serial Wire Debug)というプロトコルを用います．

ラズベリー・パイ4は拡張ピン・ヘッダを持っており，GPIOへの入出力を直接操作できるので，SWDプロトコルを扱えます(**図2**)．一方，通常のPCはSWDを直接扱うことができません．このため，SWDの通信を行うアダプタとしてPicoを使います．これはPCとはUSBで接続します．

PicoprobeファームウェアをPicoに書き込むことで，このようなUSB-SWD変換アダプタを作れます．

この方法では，デバッグ対象のPicoと，USB-SWD変換アダプタとして使用するPico(Picoprobeと呼ぶ)の，計2つのPicoが必要となります．

● デバッグ環境構築手順

必要な作業は次の2つです．

- Ubuntu上に，Picoprobeを使ったデバッグ環境を構築する
- Pico用のソフトウェアをデバッグ用にビルドして実際にデバッグする

これらは，Getting Started with Raspberry Pi Pico[(1)]の6章に記載されています．ただし，ラズベリー・パ

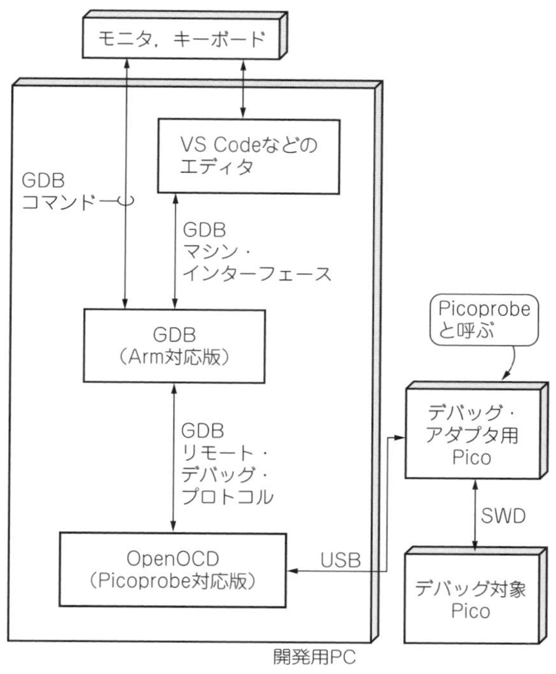

図3　デバッグもできる開発環境全体の構成

イ4上を使った開発環境を想定して書かれています．

ここでは，WindowsおよびUbuntuでの方法を説明します．

デバッグ環境全体の構成を**図3**に示します．

PC側のソフトウェアとして，GDBとOpenOCDを使用します．

▶Linux上で動く定番デバッグ用ソフトウェア：GDB

GDBはオープンソースのデバッガで，PC上のソフトウェアのデバッグから組み込み向けのソフトウェアのデバッグまで幅広く使われています．GDBは同一PC上で動作しているプログラムのデバッグだけでなく，シリアル通信やTCP/IPなどで接続された別のPC上のプログラムのデバッグを行うリモート・デバッグをサポートしています．このリモート・デバッグ・プロトコルを実装し，GDBからの接続を受け付けるプログラムや機能をGDBサーバと呼びます．

▶デバッグ用プロトコル変換ソフトウェア：OpenOCD

GDBサーバを実装し，リモート・デバッグ・プロトコルのコマンドを解釈して，マイコンなどの専用のデバッグ・プロトコルに変換して実行するソフトウェアがOpenOCDです．

OpenOCDはオープンソースの，オンチップ・デバッグ機能制御ソフトウェアです．OpenOCDそのものはさまざまなCPUのデバッグ・プロトコルをサポートしていますが，今回はラズベリーパイ財団が，RP2040およびPicoprobeに対応するように修正したものを使用します．

リスト6　デバッガPicoprobeのビルド・コマンド

```
$ cd ~/pico↵
$ git clone https://github.com/raspberrypi/picoprob
e.git↵
$ cd picoprobe↵
$ mkdir build && cd $_↵
$ cmake .. && make↵
```

表1　デバッグ・アダプタ用Picoとデバッグ対象Picoとの配線

Picoprobe側Pico		デバッグ対象側Pico	
ピン番号	名　称	ピン番号	名　称
3	GND	Debug2	GND
4	GP2	Debug1	SWCLK
5	GP3	Debug3	SWDIO
6	GP4/UART1 TX	2	GP1/UART0 RX
7	GP5/UART2 RX	1	GP0/UART0 TX

デバッグ環境の構築

RP2040のデバッグにはラズベリーパイ財団が修正したOpenOCDが必要ですが，実行可能なバイナリは提供されていません．

公式ドキュメントにはラズベリー・パイ4上でのビルド手順が記載されています．

WindowsやUbuntu向けのビルド手順は若干複雑になるため，ここでは説明しません．代わりに，picotoolと同じようにWindowsおよびUbuntu向けのビルド済みバイナリを筆者のGitHubリポジトリ上に用意しましたので，こちらを使って環境構築を行います．

● デバッグ・アダプタの準備

Picoprobe用ファームウェアのソースコードをGitHubから取得しビルドします(**リスト6**)．

`picoprobe.uf2`が生成されるので，Picoprobeとして扱うデバッグ・アダプタ用Picoに書き込みます．

● デバッグ対象のPicoと接続

デバッグ・アダプタ用Picoとデバッグ対象のPicoとをジャンパ・ワイヤで接続します(**表1**)．

▶Windowsでのデバッグ環境構築

picotoolのときと同様，WindowsでPicoprobeを使うためには，Zadigを使ってドライバをインストールする必要があります．`zadig-2.5.exe`のダウンロードについては，前述のpicotoolのインストール手順を参考にしてください．

`zadig-2.5.exe`を起動し，中央のリスト・ボックスで「Picoprobe (Interface 2)」を選択し，[Install

リスト7　OpenOCDのインストール・コマンド

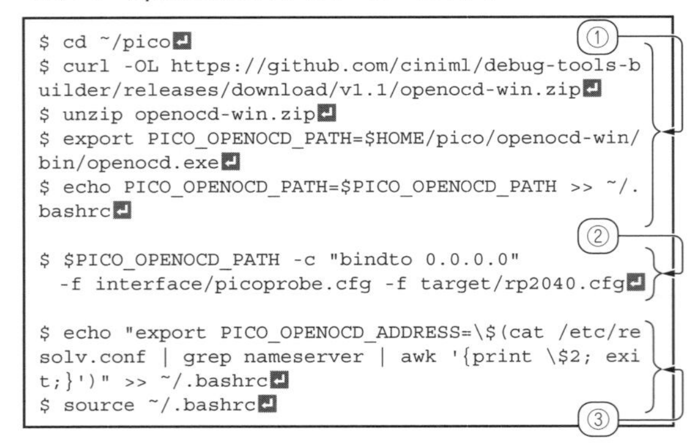

```
$ cd ~/pico↵                                                    ①
$ curl -OL https://github.com/ciniml/debug-tools-b
uilder/releases/download/v1.1/openocd-win.zip↵
$ unzip openocd-win.zip↵
$ export PICO_OPENOCD_PATH=$HOME/pico/openocd-win/
bin/openocd.exe↵
$ echo PICO_OPENOCD_PATH=$PICO_OPENOCD_PATH >> ~/.
bashrc↵
                                                                ②
$ $PICO_OPENOCD_PATH -c "bindto 0.0.0.0"
  -f interface/picoprobe.cfg -f target/rp2040.cfg↵

$ echo "export PICO_OPENOCD_ADDRESS=\$(cat /etc/re
solv.conf | grep nameserver | awk '{print \$2; exi
t;}')" >> ~/.bashrc↵
$ source ~/.bashrc↵
                                                                ③
```

Driver]ボタンを押します．

Windows用のPicoprobe対応OpenOCDをダウンロードして展開します(**リスト7の①**)．

OpenOCDを起動します(**リスト7の②**)．

Windowsの場合は，

`-c "bindto 0.0.0.0"`

の指定を忘れないようにします．OpenOCDはデフォルトではローカルからのみアクセスできる状態で接続を待ち受けます．上記の指定によりWindowsローカルだけでなく，WSL2からもアクセスできるようになります．

WSL2はPC上で動いている仮想マシンです．ファイアウォールでの扱いとしては，ネットワーク経由で別のPCからアクセスされるのと同じようになるため，Windows側で動いているOpenOCDへのアクセスを許可する必要があり，この設定が必要です．

OpenOCDを起動すると，Windows Defender Fire wallが警告を出してくるので，「パブリックネットワーク」のみにチェックを入れた状態で[アクセスを許可する]を押します(**図4**)．

最後に，WSL2から見えるWindows側のアドレスをPICO_OPENOCD_ADDRESSに設定しておきます(**リスト7の③**)．

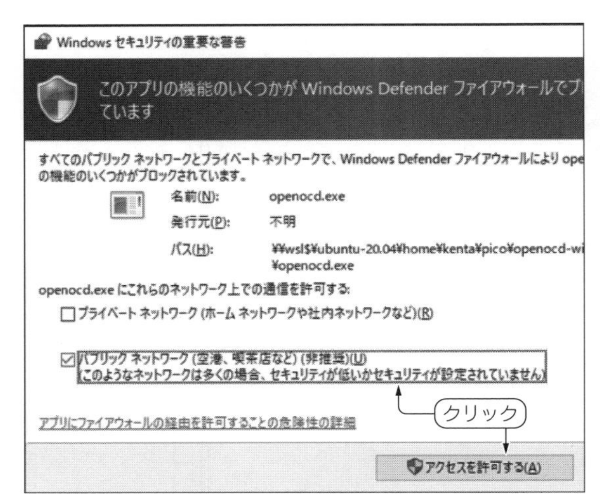

図4　セキュリティの警告ダイアログ

▶ **Ubuntuでのデバッグ環境構築**

picotoolのときと同様，USBデバイスを一般ユーザが扱えるようにするために，udevの設定を追加します．

picotoolの設定を行っていない場合は，**リスト3**の内容のファイルを，`/etc/udev/rules.d/99-pico.rules`として作成します．

設定後はデバッグ・アダプタ用PicoのUSBケーブルを一度抜いてから挿し直します．

Linux用のPicoprobe対応OpenOCDをダウンロードして展開します(**リスト8**)．

▶ **共通の手順**

OpenOCDを起動します．

```
$ $PICO_OPENOCD_PATH -f interface/
picoprobe.cfg -f target/rp2040.cfg↵
```

Windowsの場合は，`-c "bindto 0.0.0.0"`が必要(**リスト7の②と同じにする**)

● GDBのインストール

各プラットフォームでの手順で，OpenOCDが起動してPicoprobeで正常にデバッグ対象のPicoに接続できた場合，OpenOCDは起動したままとなります．

実際のデバッグ時には，この後，別のターミナルを開いてGDBのコマンドを使ってデバッグを行います．

環境構築の最後にGDBをセットアップします．以下のコマンドでArmなどのマイコンに対応したGDBをインストールします．

```
$ sudo apt install -y gdb-multiarch↵
```

リスト8　Picoprobe対応OpenOCDのインストール・コマンド

```
$ cd ~/pico↵
$ curl -OL https://github.com/ciniml/debug-tools-
builder/releases/download/v1.1/openocd-linux.tar.
gz↵
$ tar xf openocd-linux.tar.gz↵
$ export PICO_OPENOCD_PATH=$HOME/pico/openocd-linux
/bin/openocd↵
$ echo "export PICO_OPENOCD_PATH=$PICO_OPENOCD_PATH
" >> ~/.bashrc↵
$ export PICO_OPENOCD_ADDRESS=localhost↵
$ echo "export PICO_OPENOCD_ADDRESS=localhost" >>
~/.bashrc↵
```

Picoprobeでデバッグしてみる

▶ **Windowsの場合**

Windows側(ネイティブ側)で動いているOpenOCD

リスト9　デバッグを開始するためのOpenOCDのコマンド

```
(gdb) monitor reset halt↵
target halted due to debug-request, current mode:
                                             Thread
xPSR: 0xf1000000 pc: 0x000000ee msp: 0x20041f00
target halted due to debug-request, current mode:
                                             Thread
xPSR: 0xf1000000 pc: 0x000000ee msp: 0x20041f00
(gdb) load↵
Loading section .boot2, size 0x100 lma 0x10000000
Loading section .text, size 0x3f88 lma 0x10000100
Loading section .rodata, size 0xd60 lma 0x10004088
Loading section .binary_info, size 0x1c lma
                                         0x10004de8
Loading section .data, size 0x1cc lma 0x10004e04
Start address 0x100001e8, load size 20432
Transfer rate: 11 KB/sec, 3405 bytes/write.
```

へ接続するため，WSL2からみたWindowsのIPアドレスを以下のコマンドで調べておきます．

```
$ echo $PICO_OPENOCD_ADDRESS↵
172.22.64.1 # 筆者環境でのWSL2から見たWindowsのアドレス
```

● PCからデバッガに接続する

先ほど作成したLチカ・プログラムをデバッグしてみます．まずGDBを起動します．

```
$ cd ~/pico/blink-scratch/build↵
$ gdb-multiarch blink-scratch.elf↵
```

GDBが起動したら，以下のコマンドを入力してターゲット(OpenOCD)にリモート・デバッグ接続します．“(gdb)”は，GDBが表示するプロンプトなのでそれ以降を入力します．

▶ **Windowsの場合**

```
(gdb) target remote(接続先IPアドレス):3333
```

▶ **Ubuntuの場合**

```
(gdb) target remote localhost:3333
```

● GDBコマンドを使ってデバッグ開始

接続できたら，ターゲットをリセットして動作を停止し，プログラムを書き込みます．

monitorコマンドは，接続しているリモート・デバッガ(ここではOpenOCD)固有のコマンドを実行します．

```
(gdb)monitor reset halt
```

とすることでOpenOCDのreset haltコマンドを実行しています(**リスト9**)．

main.cppの16行目にbreakコマンドでブレーク・ポイントを設定した後，contコマンドで実行を再開します．実行再開後，即座に設定したブレーク・ポイントで実行停止します(**リスト10**)．

この状態では，CPUが動作を停止しているためLEDは消灯したままです．再度contコマンドを実行

リスト10　16行目にブレーク・ポイントを設定

```
(gdb) break main.cpp:16↵
Breakpoint 1 at 0x1000037c: file /home/kenta/pico/
blink-scratch/src/main.cpp, line 16.
(gdb) cont↵
Continuing.
Note: automatically using hardware breakpoints for
read-only addresses.
target halted due to debug-request, current mode:
Thread
xPSR: 0x01000000 pc: 0x0000012a msp: 0x20041f00

Thread 1 hit Breakpoint 1, main () at /home/kenta/
pico/blink-scratch/src/main.cpp:16
16              led_output = !led_output;
(gdb)
```

リスト11　実行を再開するcoutコマンド

```
(gdb) cont↵
Continuing.
target halted due to debug-request, current mode:
                                             Thread
xPSR: 0x01000000 pc: 0x0000012a msp: 0x20041f00

Thread 1 hit Breakpoint 1, main () at /home/kenta/
                pico/blink-scratch/src/main.cpp:16
16              led_output = !led_output;
```

して，LEDが点灯することを確認します(**リスト11**)．

以上でGDBによるデバッガの動作確認は完了です．以下のコマンドでGDBを終了します．

```
(gdb) detach↵
(gdb) quit↵
```

統合開発環境を使ってGUIでデバッグ操作する

公式ドキュメントの手順では，Visual Studio Code(以降VS Code)を使ったソースレベル・デバッグの方法が記載されています．今回構築した環境でもVS Codeを使えるようにしてみます．

● VS Codeのインストール

公式サイト(https://code.visualstudio.com/)からVS Codeをダウンロードしてインストールします．

Windowsの場合は，以下のコマンドをコマンド・プロンプトから実行して，Remote-WSL拡張を含む拡張パックをインストールしておきます．

```
> code --install-extension ms-vscode-remote.vscode-remote-extensionpack↵
```

● VS Codeの環境構築

公式SDKに含まれるpico-examplesからVS Code用の初期設定をコピーした後，VS Codeを起動

リスト12　VS Codeの設定ファイル(.vscode/launch.json)

```
{
    "version": "0.2.0",
    "configurations": [
        {
            "name": "Pico Debug (Extenal)",
            "type": "cortex-debug",
            "request": "launch",
            "servertype": "external",
            "cwd": "${workspaceRoot}",
            "runToMain": true,
            "executable": "${command:cmake.
                              launchTargetPath}",
            "device": "RP2040",
            "gdbPath": "gdb-multiarch",
            "gdbTarget": "${env:PICO_OPENOCD_
                                 ADDRESS}:3333",
            "svdFile": "${env:PICO_SDK_PATH}/src/
                    rp2040/hardware_regs/rp2040.svd",
            "runToEntryPoint": "main",
        }
    ]
}
```

します．

```
$ cd ~/pico/blink-scratch↵
$ mkdir .vscode↵
$ cp ~/pico/pico-examples/ide/vscode
/settings.json .vscode/↵
$ code .↵
```

VS Codeのターミナル(Ctrl＋Shift＋`で開く)で以下のコマンドを入力して拡張機能をインストールします．

```
$ code --install-extension ms-vscode.
cpptools↵
$ code --install-extension ms-vscode.
cmake-tools↵
$ code --install-extension marus25.
cortex-debug↵
```

さらに.vscode/launch.jsonを**リスト12**の内容で作成します．

● VS Codeでのビルドと実行

CMakeで使用するコンパイラを選択するために，Ctrl＋Shift＋Pを押してコマンド・パレットを表示し，cmake select kitと入力して[Enter]を押します．

図5の画面が表示されるので，「GCC(バージョン) arm-none-eabi」を選択して[Enter]を押します．

この状態でF5キーを押すとデバッグ対象の選択画面が表示されるので，blink-scratchを選択します(**図6**)．

しばらくすると，main.cppのタブが表示され，main関数の先頭がハイライトされた状態で停止します(**図7**)．F10キーを押すと現在表示されているレベルで1行ずつ実行します(ステップ・オーバ)．

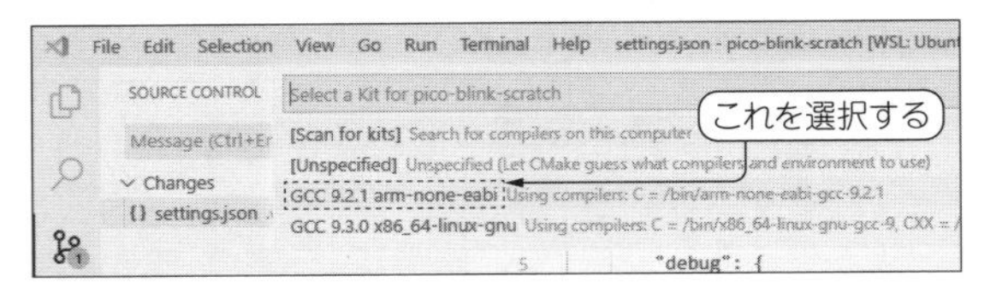

図5　コンパイラの選択

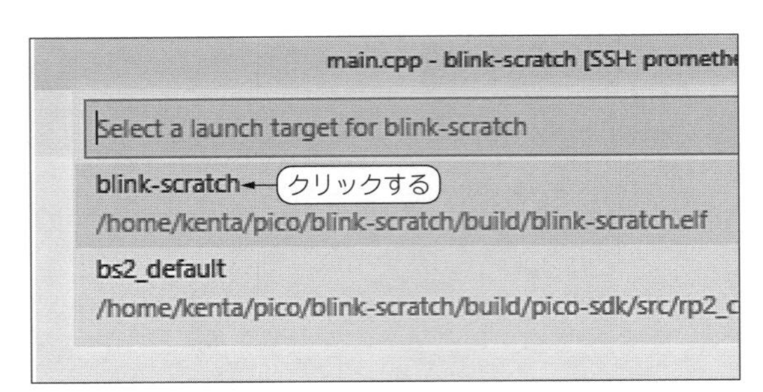

図6　デバッグ対象を選択する

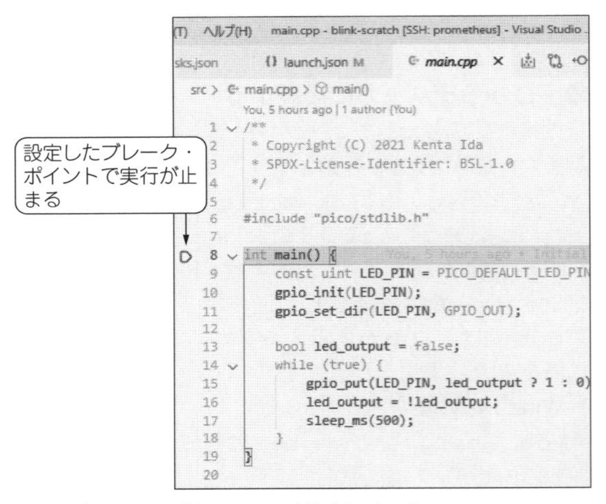

図7　ブレーク・ポイントで一時停止している

＊　＊　＊

以上でPicoの開発環境構築は一通り完了です．公式ドキュメントのpico-examplesには本章で試したLチカ以外にもさまざまなプログラムが含まれているので，実行して試してみるとよいでしょう．

◆参考文献◆

(1) Getting started with Raspberry Pi Pico.
https://datasheets.raspberrypi.org/pico/getting-started-with-pico.pdf
(2) Raspberry Pi Pico C/C++ SDK.
https://datasheets.raspberrypi.org/pico/raspberr-pi-pico-c-sdk.pdf

いだ・けんた

VS Codeからリモート接続!
メインPC環境に手を入れずに公式SDKが使える

第3章 開発環境3…PCからラズパイ経由でPicoをプログラミング

丸石 康

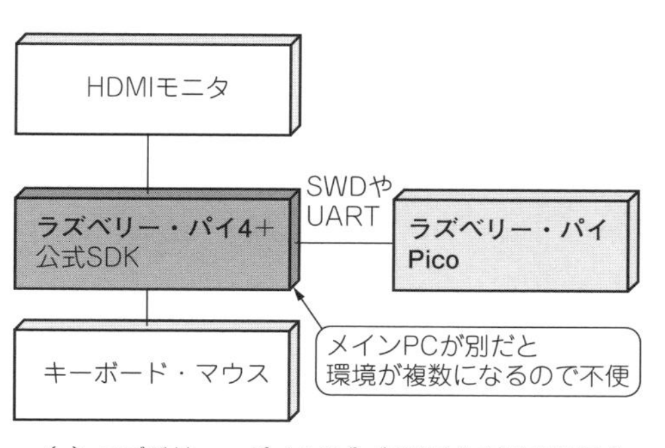

(a) ラズベリー・パイ4の公式SDKを直接使う場合

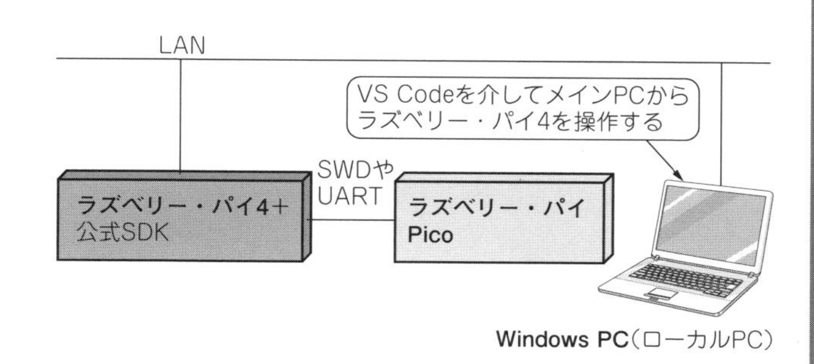

(b) VS CodeのRemote Development拡張機能を介した場合

図1　本章でやること…ラズベリー・パイ4に構築した公式SDKをWindows PCから便利に使えるようにする
VS Codeの拡張機能を介せば，あたかも直接ソースコードを編集したりデバッグしたりするような操作感が得られる

本章では，図1のようにラズベリー・パイ4に構築した公式SDKをWindows PCから快適に使う方法を紹介します．

第2章では，公式SDKをWindows PCにインストールする方法を紹介していますが，ここで紹介する方法は，あまりメインPCの環境に手を入れたくないという人にお勧めです．　**＜編集部＞**

きっかけ…ラズパイ上の公式SDKをPCから快適に操作したい

● ラズパイならコマンド3行だけで環境構築できる

ラズベリー・パイPico (以降，Pico) のC/C++用開発環境であるSDK (Software Development Kit) のインストール方法は，公式資料Getting started with Raspberry Pi Pico(1)で説明されています．資料の中には，ラズベリー・パイ4 (Raspberry Pi OS)，とmacOS, Windows上にインストールする方法がそれぞれ紹介されています．

その中でも，ラズベリー・パイ4へのインストール方法は，3つのコマンドを実行するだけなので，PCの手順よりもかなりシンプルです．

● メインPCと連携しにくいのがデメリットだった

ところが，ラズベリー・パイ4にSDKをインストールしてPico用ソフトウェアを開発するには，PCなどからSSHやVNCなどで接続するか，直接モニタやキーボード，マウスを接続するかのどちらかになります．

SSH接続では，Visual Studio Code (VS Code) のようなGUI環境を使った開発ができません．またVNCでは，操作方法の違うWindowsとRaspberry Pi OSを行ったり来たりするので，作業しづらいと感じるでしょう．

直接モニタやキーボード，マウスを接続する方法では，メインPCが別にある場合に複数の環境を操作する不便さを感じると思います．

● ラズパイ上の公式SDKをWindowsの作法で快適に操作する

本章では，Getting started with Raspberry Pi PicoのChapter 7で解説されているVS Codeを使った公式SDKの開発環境をWindows PCからリモートで操作できるようにします．

図1(b) に本章で紹介する環境の全体像を示します．この環境では，Windows PCであたかも直接ソースコードを編集したりデバッグしたりするような操作

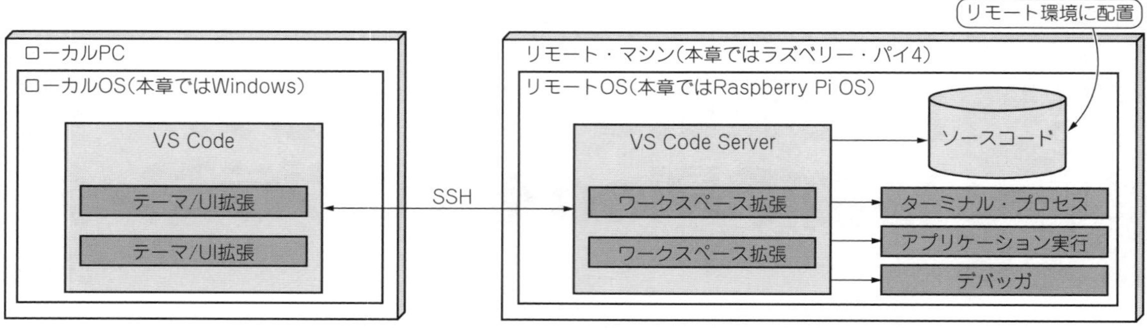

図2[2] **VS Codeからリモート環境を直接操作できるようになる拡張機能「Remote Development」の仕組み**
リモート環境をあたかもローカルPCで直接操作するようにリモート接続できる

感で，ラズベリー・パイ4の公式SDKが使えるようになります．

● Windowsからラズパイを快適に操作できる「VS Code Remote Development」

VS Code Remote Developmentは，ローカル環境で動作しているVS Codeから，ネットワーク経由で他のマシンなどに対して接続して操作できる仕組みです．これにより，ローカルPCのVS Codeからリモート環境のファイル編集やデバッグ環境の操作ができるようになります．

リモート側は，**図2**に示すようにVS Code Serverのソフトウェアが動作する環境である必要があります．Raspberry Pi OSはVS Code Serverに対応しているので，**図3**のようにローカルPCからラズベリー・パイ4にインストールした公式SDKを操作して，コンパイルやデバッグを行うことができます．

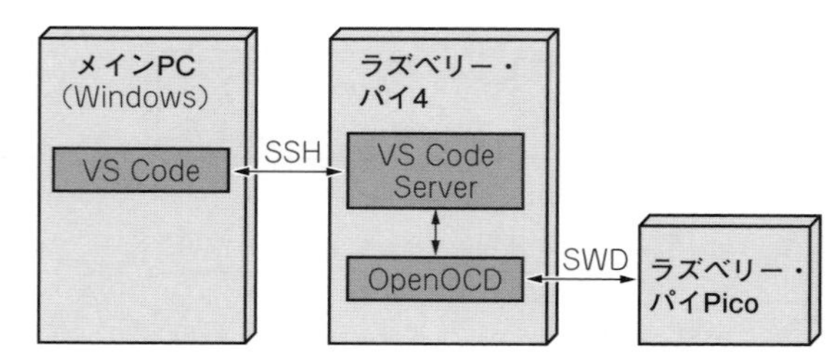

図3 本章で構築するVS Code Remote Developmentを使った環境の構成
ラズベリー・パイ4側の操作はVS Code Serverで行う．デバッグ時はVS Code ServerからOpenOCDを操作してラズベリー・パイPicoにアクセスする

セットアップの手順

● 手順1：ラズベリー・パイ4に公式SDKを入れる

Raspberry Pi OSで動作するラズベリー・パイ4を用意します．ラズベリー・パイ4をインターネットに接続した状態にして，ホーム・ディレクトリで次の3つのコマンドを実行します．

```
$ wget https://raw.githubusercontent.
  com/raspberrypi/pico-setup/master/
                         pico_setup.sh↵
$ chmod +x pico_setup.sh↵
$ ./pico_setup.sh↵
```

実行が完了するまで，数十分待ちます．完了すると，ホーム・ディレクトリ直下にpicoというディレクトリができています．その下にコンパイラやサンプル・コードなど各種ファイルが生成されています．インストールが完了したら，ラズベリー・パイ4を再起動します．

● 手順2：ラズベリー・パイ4のSSH有効化

VS Code Remote Developmentを使うには，ラズベリー・パイ4にSSHで接続する必要があるので，Raspberry Pi OSのSSH接続を有効化します．

メイン・メニューから[設定]-[Raspberry Piの設定]を選択すると設定画面が表示されます．「インターフェイス」タブを選択すると有効/無効化できるインターフェースの一覧が表示されるので，「SSH」を有効に設定します．

● 手順3：Windows PCにVS Codeをインストールする

次のウェブ・ページから，Windows用のインストーラを使ってVS Codeをインストールします．

`https://code.visualstudio.com/`

● 手順4：Windows PCのVS CodeにRemote Development拡張をインストールする

VS Codeの画面の左側にある拡張機能アイコンをク

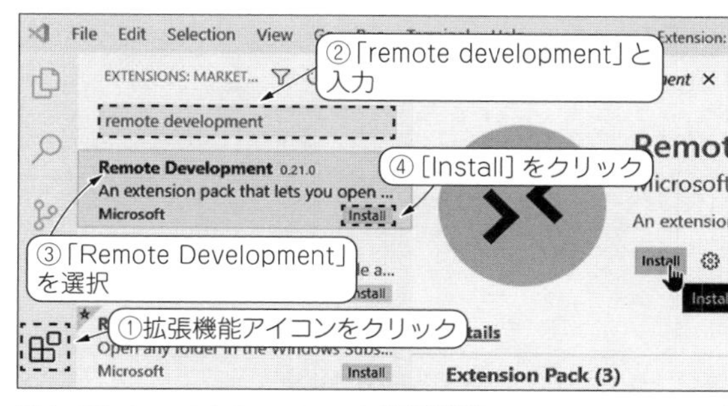

図4　Windows PCのVS Codeに拡張機能「Remote Development」をインストールする

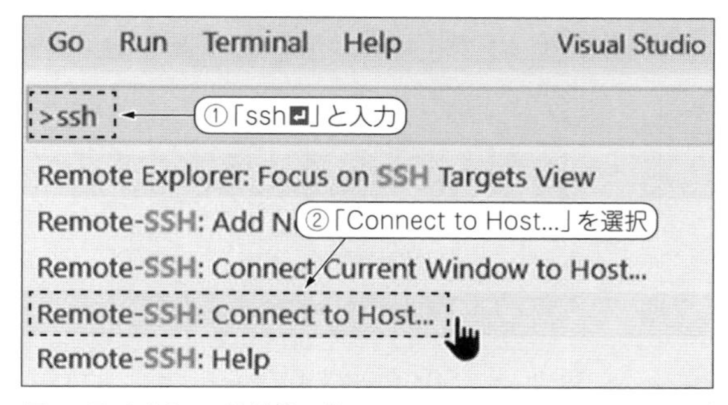

図5　ラズパイへの接続①…「Remote-SSH: Connect to Host...」を選択する
Windows PCからホストにSSH接続する機能

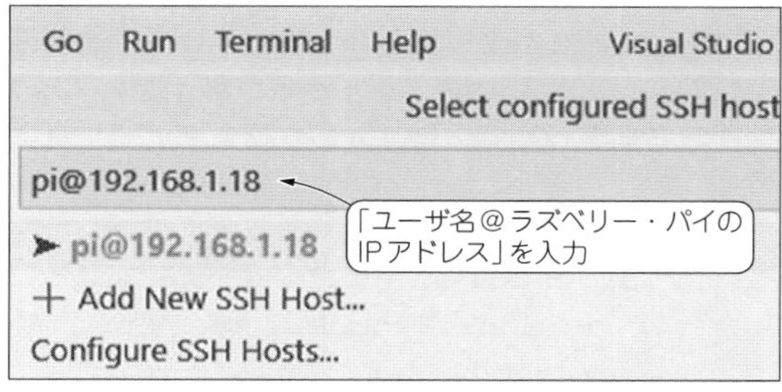

図6　ラズパイへの接続②…ユーザ名とIPアドレスを入力する

リックして，表示された検索枠に「remote development」と入力します．すると，**図4**のように拡張機能のRemote Developmentが表示されるので，[Install]をクリックしてインストールします．

● 手順5：Windows PCからラズベリー・パイに接続する

VS Codeの画面でキーボードの[F1]キーを押すと，コマンド入力欄が表示されるので，「ssh」と入力します．すると**図5**のように候補リストに「Remote-SSH: Connect to Host...」が表示されるので，これをクリックします．

図7　ラズパイへの接続③…プラットフォーム(接続先OS)を選択する

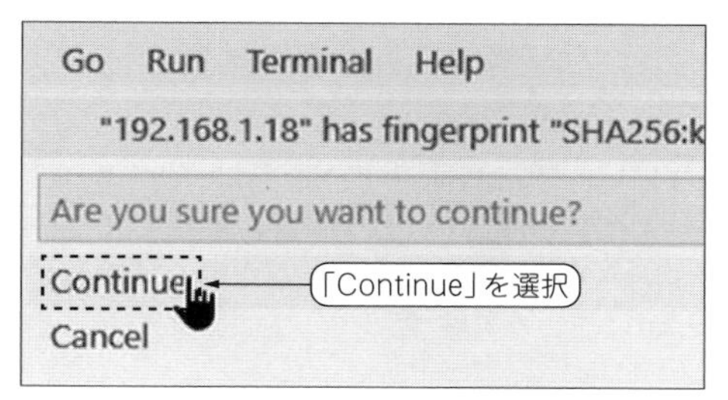

図8　ラズパイへの接続④…フィンガープリントの確認画面(初回のみ)

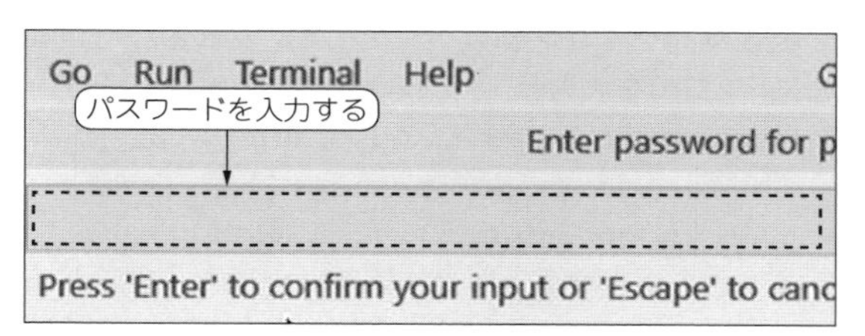

図9　ラズパイへの接続⑤…パスワードを入力する

次に**図6**のように接続先を入力するダイアログが表示されるので，次のようにラズベリー・パイ4のユーザ名とIPアドレスを入力します．

`ユーザ名@RaspberryPiのIPアドレス`

正しく入力できたら，VS CodeからSSHでラズベリー・パイ4に接続できます．接続が完了すると，「Setting up SSH Host...」というポップアップ画面が表示され，ラズベリー・パイ4側にVS Code Serverがインストールされます．インストールには数分かかります．

インストールの完了を待っていると，**図7**のようにプラットフォーム(接続先のOS)の選択画面が表示されるので，「Linux」を選択します．

図8に示すようなフィンガープリントの確認画面が表示されたら，「Continue」を選択します．すると**図9**に示すパスワード入力画面が表示されるので，パスワードを入力します．入力後，しばらく待てば接続が完了します．

図10 ラズベリー・パイ4側のVS Code Serverに拡張機能をインストールする

これ以降，Windows上のVS Codeはラズベリー・パイ4のVS Code Serverの情報を表示します．直接ラズベリー・パイ4側のファイルを開いて編集することなどが可能になります．

● 手順6：Picoデバッグに必要なVS Code拡張機能のセットアップ

Picoのデバッグに使う拡張機能をインストールします．

拡張機能アイコンをクリックして，表示された検索枠に次の3つを入力して，それぞれインストールします．

- marus25.cortex-debug (Cortex-Debug)
- ms-vscode.cmake-tools (CMake Tools)
- ms-vscode.cpptools (C/C++)

インストールするときは，**図10**のように[Install in SSH: XXX.XXX.XXX.XXX]（XXX.XXX.XXX.XXXはラズベリー・パイ4のIPアドレス）を選択してください．これでラズベリー・パイ4上のVS Code Serverにインストールされます．

● 手順7：ラズベリー・パイとPicoをSWDで接続する

図11のように，ラズベリー・パイ4とPicoを接続します．

PicoのSWD端子にピン・ヘッダなどをはんだ付けしておくと接続しやすいでしょう．配線材が長すぎると通信エラーの原因になるので，できるだけ短くしてください．

● 手順8：実際にコンパイル＆デバッグしてみる

VS Codeのツール・バーから[File]-[Open Folder]を選択した後，/home/pico/pico-examplesを選択して[OK]をクリックします．

「Configuring project」という表示が出て少し待った後，操作可能な状態になります．**図12**のようにツールチェーンの選択画面が表示されたら，「GCC x.x.x arm-none-eabi」を選択します．

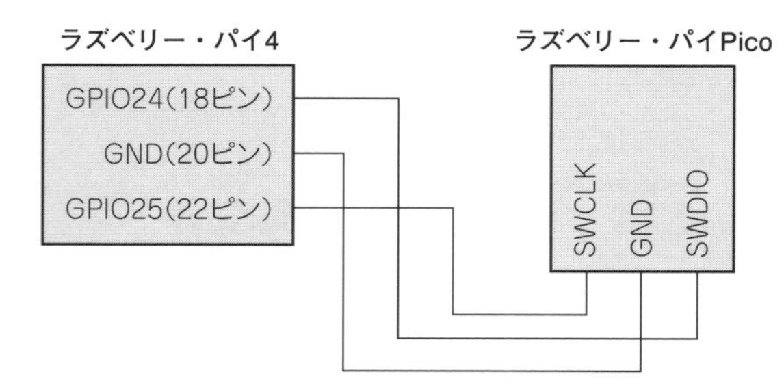

図11 ラズベリー・パイ4とPicoの接続
Armのデバッグ・インターフェースSWDで接続する

図12 公式SDKで使用するツールチェーンの選択

このままVS Codeのツール・バーから[ターミナル]-[新しいターミナル]を選択すると，/home/pico/pico-examplesがカレント・ディレクトリの状態でラズベリー・パイ4のターミナルが開きます．次のコマンドを実行して，VS Codeの設定ファイルをコピーします．

```
$ mkdir .vscode↵
$ cp ide/vscode/launch-raspberrypi-
     swd.json .vscode/launch.json↵
$ cp ide/vscode/settings.json
                          .vscode↵
```

後はリモート接続で[blink example]を選択して，[実行]-[デバッグの開始]を選択すれば，Getting started with Raspberry Pi Pico のChapter 7. Using Visual Studio Codeで説明されている操作がリモートで実行できます．

◆参考・引用*文献◆

(1) Getting started with Raspberry Pi Pico, Raspberry Pi (Trading) Ltd.
https://datasheets.raspberrypi.org/pico/getting-started-with-pico.pdf
(2) *Visual Studio Code Remote Development, Microsoft.
https://code.visualstudio.com/docs/remote/remote-overview

まるいし・やすし

Arduino IDEで開発したスケッチをステップ実行！
ブレーク・ポイント設定や変数などの情報を見える化

第4章 汎用デバッガ×VS Codeで構築するデバッグ環境

丸石 康

● おなじみArduino IDEでもPicoの開発ができる

Arduinoは，ラズベリー・パイPico（以降，Pico）に搭載されているRP2040を公式にサポートすることを発表しました．Arduinoが提供している統合開発環境Arduino IDEは，ラズベリーパイ財団から提供されている公式SDK（Software Development Kit）に比べると，環境構築の手順がシンプルなことや，豊富なArduino用ライブラリの資産が利用できることなどのメリットがあります．

● 汎用デバッガとVS CodeがあればデバッグもOK！

Arduino IDEは，スケッチ（C++ベースのArduino専用プログラミング言語）のコンパイルと，シリアル・モニタを使ったデバッグができますが，ステップ実行や任意の変数の値確認など，いわゆるデバッガ機能はありません．2021年3月にベータ版がリリースされたArduino IDE 2.0には将来的にソースコード・デバッグ機能が追加されるようですが，本原稿執筆時点（2021年5月）では対応が十分ではありません．

そこで本章では，現時点での正式リリース版であるArduino IDE 1.8.15でコンパイルした実行ファイルをデバッグする方法を紹介します．本章で紹介するデバッグ方法では，**写真1**に示す汎用デバッガJ-Link（SEGGER）とVS Codeを使います．

写真1　Arduino IDEで開発したPico用プログラムを汎用デバッガとVS Codeでデバッグしてみる
Picoと汎用デバッガJ-Link EDUを接続した様子

ステップ1：Arduino IDEにPicoの開発環境を追加する

● Picoの開発にArduino IDEを使うメリット

▶（1）豊富なArduinoライブラリが利用できる

Pico用のC++開発環境にArduino IDEを使えば，豊富なArduino用ライブラリの資産をPico用プログラムの開発に利用できます．

ライブラリ資産の中には，Picoの性能を生かせないものやPicoで使用できないものもありますが，コミュニティ・ベースの開発が進むにつれて問題は解消されていくと考えられます．

▶（2）少ない学習コストで利用できる

Arduino IDEと公式SDKは，どちらもコンパイラにGCC（GNU Compiler Collection）を使っていますが，サポートしているAPI（Application Programming Interface）が異なります．Arduino IDEは，Arduino APIをサポートしています．公式SDKには独自のAPIが用意されています．

Arduino APIは，通常だとマイコンによって異なるドライバなどのインターフェースの差分を吸収してくれるので，新規のマイコンやボードであっても少ない学習コストで開発できるようになります．

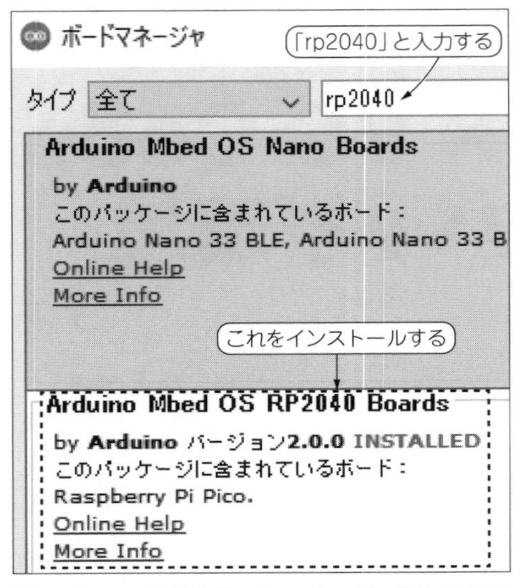

図1　Arduino IDEのボード・マネージャよりRP2040のセットアップを完了した後の表示内容

● 追加の手順

Arduino IDEでPico用のプログラムを開発するには，ボード・マネージャで「Arduino Mbed OS RP2040 Boards」を選択するだけです．

ツール・バーの[ツール]-[ボード]-[ボードマネージャ]を選択します．するとボード・マネージャのウィンドウが表示されるので，**図1**のように検索窓に「RP2040」と入力すれば，「Arduino Mbed OS RP2040 Boards」がすぐ見つかります．[インストール]ボタンをクリックして，インストール完了まで待ちます．ツール・バーから[ツール]-[ボード]-[Arduino Mbed OS RP2040 Boards]-[Raspberry Pi Pico]を選択すれば，Pico用のプログラムが開発できるようになります．

ステップ2：汎用デバッガJ-LinkとPicoの通信を試す

● J-Linkはこんなデバッガ

▶対応プロセッサが豊富

写真1に示す汎用デバッガJ-Linkは，Armコアなどのプロセッサ向けの汎用的なデバッガです．

J-Linkデバッガ本体には複数の種類があります．最も基本的な構成であるJ-Link BASEの最新バージョンの仕様を見てみると，Cortexファミリ以外にもRISC-VやPIC32，RXなど，さまざまなプロセッサに対応しています．J-Linkは，モデル名が同じでもハードウェア・バージョンごとに対応デバイスが異なります．デバイスの対応状況は，次に示すSEGGER社のウェブ・ページで確認してください．

```
https://wiki.segger.com/Software_and_Hardware_Features_Overview
```

▶Picoへの対応状況

J-Linkは，組み込み機器の開発現場でも利用されている製品ですが，既にRP2040をサポートしています．J-Linkを使えば，Picoに搭載されているフラッシュ・メモリの書き換えはもちろん，コマンドラインによるデバイス操作，GDB(GNU Project Debugger)への対応，メモリ内容の表示と編集などのデバッグ機能を使えるようになります．

RP2040のデバッグは，2つのCPUコアとSWD(Serial Wire Debug)プロトコルで通信する必要があります．そのためデバッガは，SWD Multidrop機能に対応しているモデルを使います．今回は，J-LinkとRP2040の接続性を確認するために，J-Link EDU(ハードウェア・バージョン11)を用意しました．

SEGGER社のウェブ・ページからJ-Link Software and Documentation Packをダウンロードしてインストールすると，ドライバを含むJ-Linkのソフトウェア群がインストールされます．チップごとのフラッシュ・メモリ書き換えプログラムなどのサポートがあり，RP2040ではPicoに搭載されているシリアル・フラッシュ・メモリの書き換えに対応しています．**図2**に示すのは，J-Linkのデバイス選択画面でRP2040を表示した様子です．

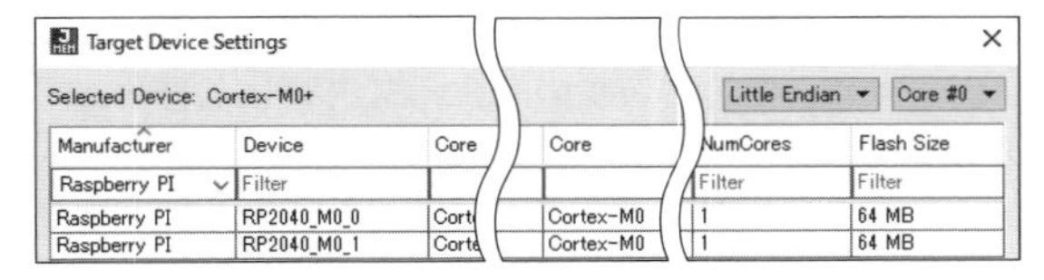

Manufacturer	Device	Core	Core	NumCores	Flash Size
Raspberry PI	Filter			Filter	Filter
Raspberry PI	RP2040_M0_0	Cort	Cortex-M0	1	64 MB
Raspberry PI	RP2040_M0_1	Corte	Cortex-M0	1	64 MB

図2　J-Linkのデバイス選択画面でRP2040を表示した様子
J-Linkのソフトウェア群「J-Link Software and Documentation Pack」をインストールするとRP2040を選択できるようになる

▶さまざまなツールが付属している

表1に示すのは，J-Link Software and Documentation Packに付属しているツールです．

ここでは，公式SDKでコンパイルしたRP2040用の実行ファイルをJ-Flash Liteで書き換えて実行し，J-Memでダンプしてみます．

● その1：Picoに実行ファイルを書き込んでみる

▶手順1：J-Link用ソフトウェア群のインストール

Windows 10 PCにJ-Link Software and Documentation Packをインストールして Picoと通信してみます．次のURLからダウンロードしてインストールします．

```
https://www.segger.com/downloads/jlink/
```

ここでは，執筆時点での最新バージョンである

表1　J-Linkのソフトウェア群「J-Link Software and Documentation Pack」に含まれるツール(J-Link/J-Trace User Guideより抜粋)

ツール名	説　明
J-Link Commander	コマンドラインでターゲット・デバイスに対して基本的な操作を行う
J-Link GDB Server	GDBプロトコルに対応したツールチェーンからTCP/IPでデバッグを行うGDBサーバ
J-Mem	ターゲット上のメモリの表示と編集を行う
J-Flash J-Flash Lite	ターゲットのフラッシュ・メモリの書き換えを行う
J-Link RTT Viewer	ターゲット上のターミナル出力をデバッガ・インターフェースで行う
J-Link SWO Viewer	SWOピンがあるターゲットからのターミナル出力を行う

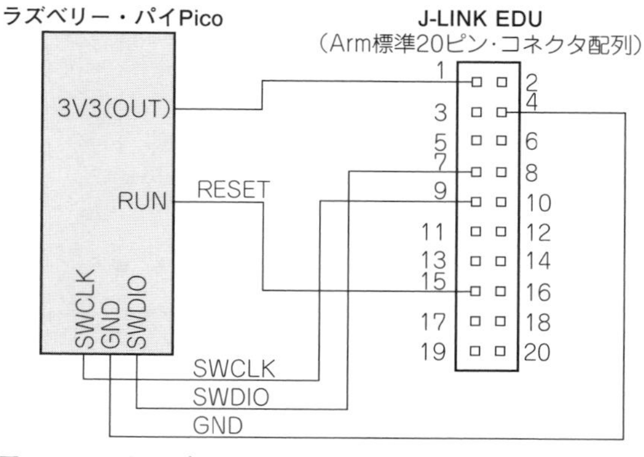

図3　Picoと汎用デバッガJ-Link EDUの接続
PicoのSWD関連の端子は3ピンのDEBUGヘッダから取り出せる．加えてRESET信号をRUN端子に接続する

図4　フラッシュ書き込みツール「J-Flash Lite」の起動方法
Windowsのスタート・メニューから[SEGGER]-[J-Link]を開いた様子

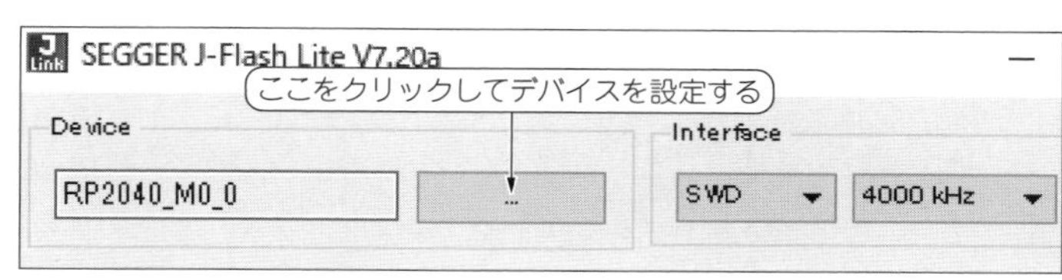

図5　J-Flash Liteの起動画面
最初にデバイスと接続インターフェースを選択する

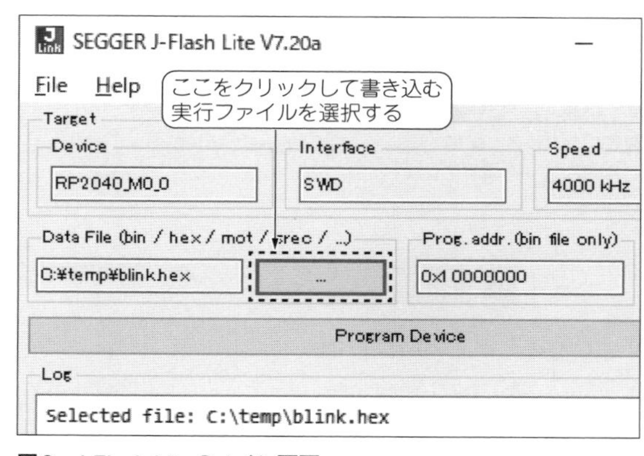

図6　J-Flash Liteのメイン画面
書き込む実行ファイルを選択する．ここでは公式SDKのサンプル・プログラムであるblinkをビルドして生成された`blink.hex`を選択している

V7.20のWindows Installerを使いました．

▶手順2：Picoと接続する

図3の通りにJ-LinkとPicoをジャンパ・ワイヤで接続します．SEGGER社の説明(`https://wiki.segger.com/Raspberry_Pi_RP2040`)によるとRP2040へのデバッガ再接続などでデバイス固有の問題が出るため，J-LinkのRESETとPicoのRUN信号も結線します．**写真1**に示すのは，実際に接続した様子です．

▶手順3：J-Flash Liteを起動する

図4のように，Windowsのスタート・メニューから[SEGGER]-[J-Link Vx.xx]-[J-Flash Lite Vx.xx]を選択して起動します．

▶手順4：デバイスの選択

起動すると**図5**のようなデバイス選択画面が表示されるので，Device欄の[...]ボタンをクリックして，「RP2040_M0_0」を選択します．

▶手順5：実行ファイルの選択

図6の画面が表示されるので，Data File欄の[...]ボタンをクリックして，公式SDKで生成されたIntel Hex形式の実行ファイルを選択します．サンプル・プログラムのblinkをラズベリー・パイ4上にセットアップした公式SDKでビルドした場合は，次の場所に生成される`blink.hex`をWindows PCの適当なフォルダにコピーします．

```
Log
Selected file: C:\temp\blink.hex
Conecting to J-Link...
Connecting to target...
Downloading...
Done.
```

図7　書き込み時のJ-Flash Liteのメイン画面
接続や書き込みのステータスが表示される

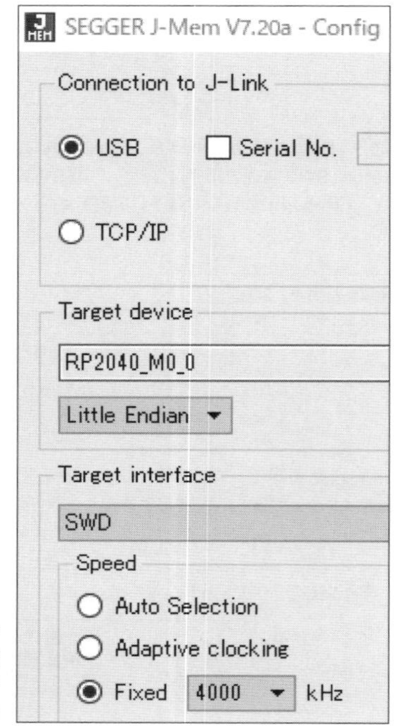

図8
メモリ表示・編集ツール「J-Mem」の起動画面
最初にデバイスと接続インターフェースを選択する

```
/home/pico/pico-examples/build/
blink/blink.hex
```

▶**手順6：書き込み**

[Program Device]ボタンをクリックすると，RP2040に接続されたフラッシュ・メモリの書き換えを実行します(**図7**).

● その2：メモリ・ダンプしてみる

▶**手順1：J-Memを起動する**

J-Memを使って，フラッシュ・メモリに書き込んだプログラムをダンプしてみます.

Windowsのスタート・メニューから[SEGGER]-[J-Link Vx.xx]-[J-Mem Vx.xx]を選択して，J-Memを起動します.

▶**手順2：接続インターフェースの設定**

J-Memが起動したら，**図8**のように設定して[OK]をクリックします.

▶**手順3：Picoのフラッシュ・メモリの内容をダンプ**

RP2040のデータシートを確認すると，シリアル・フラッシュ・メモリのデータは，アドレス10000000h～10FFFFFFhにマップされています．10000000h以降のダンプ結果を確認すると**図9**のように表示されました.

▶**手順4：実行ファイルの内容をダンプ**

`blink.bin`の先頭部を`hexdump`コマンドで表示した結果を**図10**に示します．ちゃんと同じデータになっていることが確認できました.

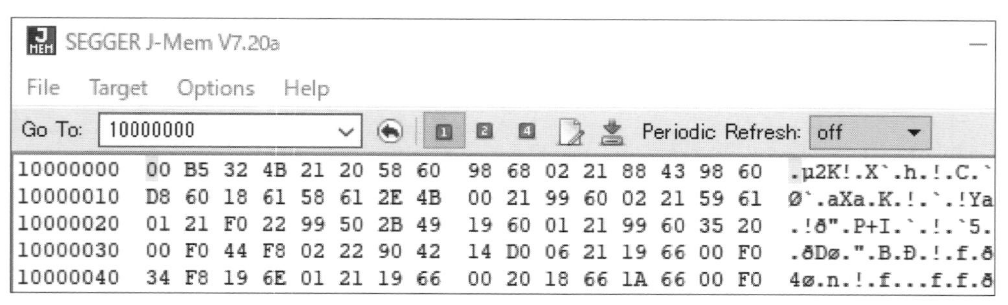

図9　RP2040のアドレス10000000h以降(フラッシュ・メモリ)の内容をJ-Memで表示した様子

```
pi@raspberrypi:~/pico/pico-examples/build/blink$ hexdump -C blink.bin | head -n 5
00000000  00 b5 32 4b 21 20 58 60  98 68 02 21 88 43 98 60  |..2K! X`.h.!.C.`|
00000010  d8 60 18 61 58 61 2e 4b  00 21 99 60 02 21 59 61  |.`.aXa.K.!.`.!Ya|
00000020  01 21 f0 22 99 50 2b 49  19 60 01 21 99 60 35 20  |.!.".P+I.`.!.`5 |
00000030  00 f0 44 f8 02 22 90 42  14 d0 06 21 19 66 00 f0  |..D..".B...!.f..|
00000040  34 f8 19 6e 01 21 19 66  00 20 18 66 1a 66 00 f0  |4..n.!.f. .f.f..|
pi@raspberrypi:~/pico/pico-examples/build/blink$
```

図10　実行ファイル`blink.bin`の先頭を`hexdump`コマンドでダンプ表示した結果
図9と同じ内容が表示された

ステップ3：J-Link×VS Codeでスケッチをデバッグする

● 事前準備：J-Link SoftwareへのPATHの追加

本章で紹介するVS Codeによるデバッグ環境では，J-Link GDB Serverを使います．パス指定をしなくても呼び出せるように，次の内容を環境変数PATHに追加します．

```
C:¥Program Files ¥SEGGER¥JLink
```

● 手順1：Arduinoプロジェクトをコンパイルする

▶ (1) デバッグするスケッチを用意する

ここでは例として，Arduino IDEのツール・バーから［ファイル］-［スケッチ例］-［01.Basics］-［Fade］を選択すると表示されるサンプル・コードを使います．このスケッチは，analogWrite()を使ったLチカのサンプルです．

このスケッチは，9番ピンに接続したLEDのフェード・インとフェード・アウトを繰り返すようになっています．今回はPicoのLEDを制御したいので，次の通りに変更します．

```
(変更前) int led = 9;
   ↓
(変更後) int led = LED_BUILTIN;
```

これでスケッチの準備は完了なので，適当なファイル名を付けて保存します．

▶ (2) スケッチをコンパイルする

本稿で紹介するデバッグでは，ビルド過程で生成されるELF形式のファイルへのパスが必要です．Arduino IDEのツール・バーから［ファイル］-［環境設定］を選択して表示される環境設定の画面で，**図11**のように「より詳細な情報を表示する:」欄の「コンパイル」にチェックを入れて［OK］をクリックします．これでコンパイル時のログが参照できるようになります．設定が済んだら，コンパイルを実行（［検証］ボタンをクリック）します．

コンパイルが完了すると，ログにArmのツールチェーンへのパスとコンパイル時に生成されたFade.ino.elfへのパスが表示されるので，これをメモしておきます．筆者の環境では**表2**のように表示されました．

図11　Arduino IDEの環境設定でコンパイル時に詳細なログが表示されるようにする
ログにArmのツールチェーンへのパスとコンパイル時に生成されたFade.ino.elfへのパスが表示されるようになる

● 手順2：VS Codeでデバッグの準備をする

▶ (1) 拡張機能のインストール

VS Codeを起動して，**図12**に示す拡張機能のボタンをクリックします．

「拡張機能:マーケットプレース」画面が表示されるので，検索枠に「Cortex」と入力します．すると，**図13**のように「Cortex-Debug」という拡張機能が表示されるので，［インストール］をクリックします．

▶ (2) Arduino IDEで保存したフォルダを開く

インストールが完了したら，手順1でArduino IDEにて保存したフォルダをVS Codeから開きます．ツール・バーの［ファイル］-［フォルダーを開く…］を選択します．

表2　Arduino IDEのコンパイル時のログ表示から取り出したパス情報（筆者環境での例）

項　目	内　容
Armツールチェーンへのパス	C:¥¥Users¥¥Username¥¥AppData¥¥Local¥¥Arduino15¥¥packages¥¥arduino¥¥tools¥¥arm-none-eabi-gcc¥¥7-2017q4¥¥bin"
FadeのELF形式へのパス	C:¥¥Users¥¥Username¥¥AppData¥¥Local¥¥Temp¥¥arduino-sketch-12229254C5241306C4722BA323C18F2B¥¥Fade.ino.elf

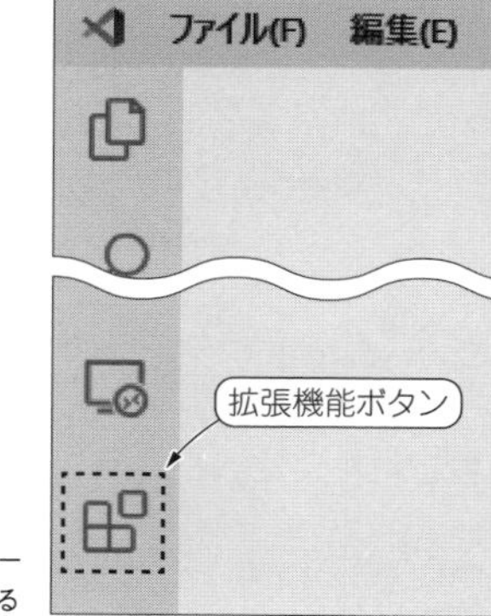

図12　VS Codeの拡張機能ボタン
クリックすると「拡張機能:マーケットプレース」画面が表示される

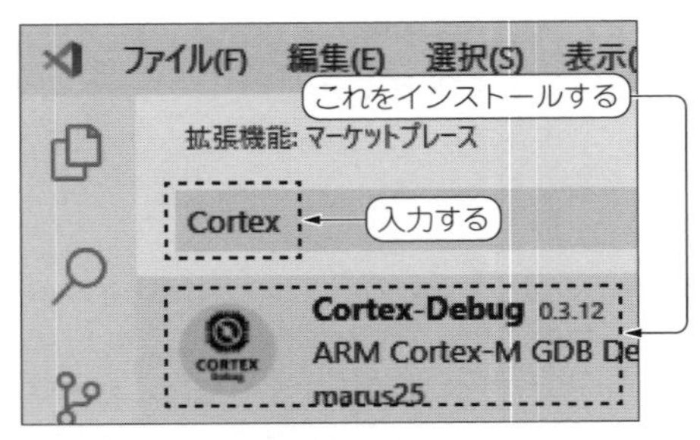

図13　VS Codeの拡張機能「Cortex-Debug」をインストールする
「拡張機能：マーケットプレース」の検索画面に「Cortex」と入力すると表示される

図14　VS Codeの構成の選択で「Cortex Debug」を選ぶ

▶ (3) デバッグの設定ファイルを準備する

デバッグの設定ファイルを準備します．このままVS Codeのツール・バーから［実行］-［構成の追加...］で**図14**のように「Cortex Debug」を選択すると，自動的にArduinoのフォルダ内に`.vscode/launch.json`が生成されます．この`launch.json`に必要な変更を追加していきます．

`launch.json`ファイルを選択すると，エディタ画面が開くので，**リスト1**の通り記述します．ここで`executable`には，**表2**にメモしておいた`Fade.ino.elf`のパスを記述します．また`armToolchainPath`には，同じくメモしておいたArmツールチェーンへのパスを記述します．また，デバッグにはJ-Link Softwareを使うので，J-Link SoftwareでのRP2040のデバイス定義名である`rp2040_m0_0`を指定しておきます．

● 手順3：PicoのUSBシリアル機能を無効化する

RP2040のUSBシリアル機能が有効なままだと，正常にデバッグが実行できないので，事前に無効化しておきます．

次のパスにあるファイルを開いて，`SERIAL_CDC`の定義を外します．

- ファイルのパス
```
C:¥Users¥ユーザー名¥appdata¥Local¥Arduino15¥packages¥arduino¥hardware¥mbed_rp2040¥3.2.0¥variants¥RASPBERRY_PI_PICO¥pins_arduino.h
```
- 変更内容
```
(変更前)#define SERIAL_CDC          1
   ↓
(変更後)// #define SERIAL_CDC       1
```

ファイルのパスの`¥3.2.0`の部分は，Arduino IDEのRP2040サポートのバージョン番号により変化します．

変更が完了したら，Arduino IDEでスケッチを開いて，［検証］ボタンをクリックして再ビルドします．

リスト1　VS Codeの設定ファイル`launch.json`へデバッグに必要な情報を追加する

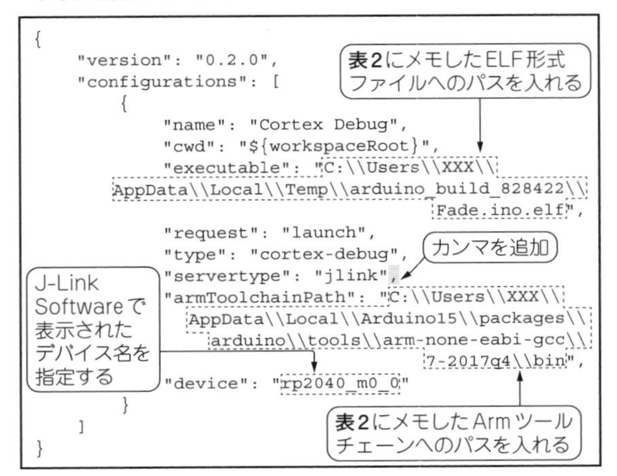
```
{
    "version": "0.2.0",
    "configurations": [
        {
            "name": "Cortex Debug",
            "cwd": "${workspaceRoot}",
            "executable": "C:\\Users\\XXX\\AppData\\Local\\Temp\\arduino_build_828422\\Fade.ino.elf",
            "request": "launch",
            "type": "cortex-debug",
            "servertype": "jlink",
            "armToolchainPath": "C:\\Users\\XXX\\AppData\\Local\\Arduino15\\packages\\arduino\\tools\\arm-none-eabi-gcc\\7-2017q4\\bin",
            "device": "rp2040_m0_0"
        }
    ]
}
```


● 手順4：VS Codeでデバッグを実行してみる

▶ (1) デバッグを開始する

VS Codeのメニュー・バーから［実行］-［デバッグの開始］を選択すると，J-Link Softwareが呼び出されてPicoのフラッシュ・メモリが書き換えられた後，デバッグが開始されます．

▶ (2) ブレークを設定してみる

Picoのフラッシュ・メモリの書き換えが完了したら，スケッチの`loop`関数にブレークを設定して実行してみましょう．デバッグが開始されると，**図15**のようなデバッグ・コンソールが表示されるので，**図16**のように「`b loop`」(GDBの操作で`loop`にブレークを設定という意味) と入力して［Enter］キーを押してください．これでブレークが設定できます．

もしデバッグ・コンソールが表示されない場合は，VS Codeのメニュー・バーから［表示］-［デバッグコ

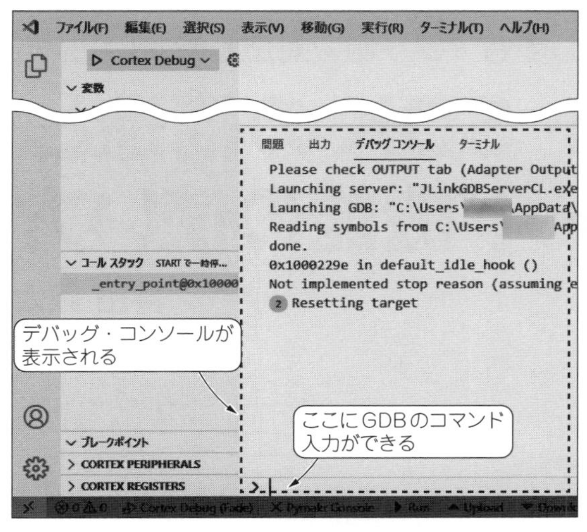
デバッグ・コンソールが表示される
ここにGDBのコマンド入力ができる

図15　VS Codeによるデバッグ開始直後の様子
画面の下部にデバッグ・コンソールが表示されて，GDBコマンドなどが入力できるようになる

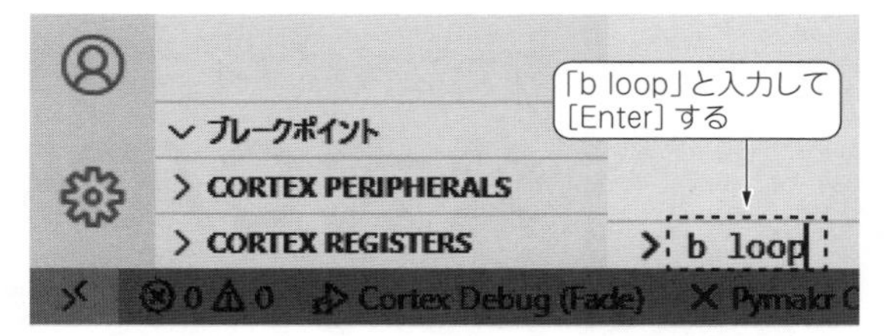
「b loop」と入力して[Enter]する

図16　VS Codeのデバッグ・コンソールを使ってloop関数にブレークを設定する

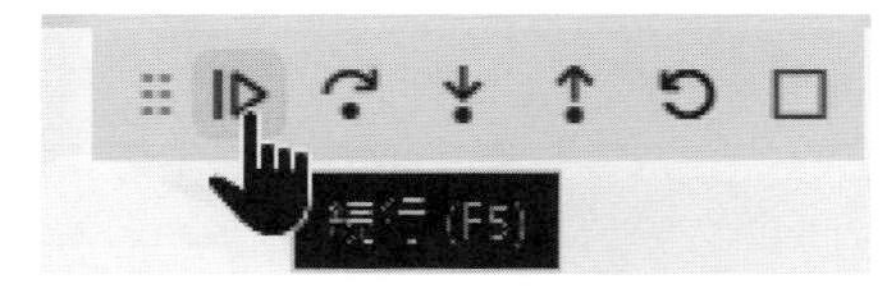

図17　VS Codeによるデバッグ時に表示される操作ボタン
[続行]ボタンをクリックしてプログラムを実行する

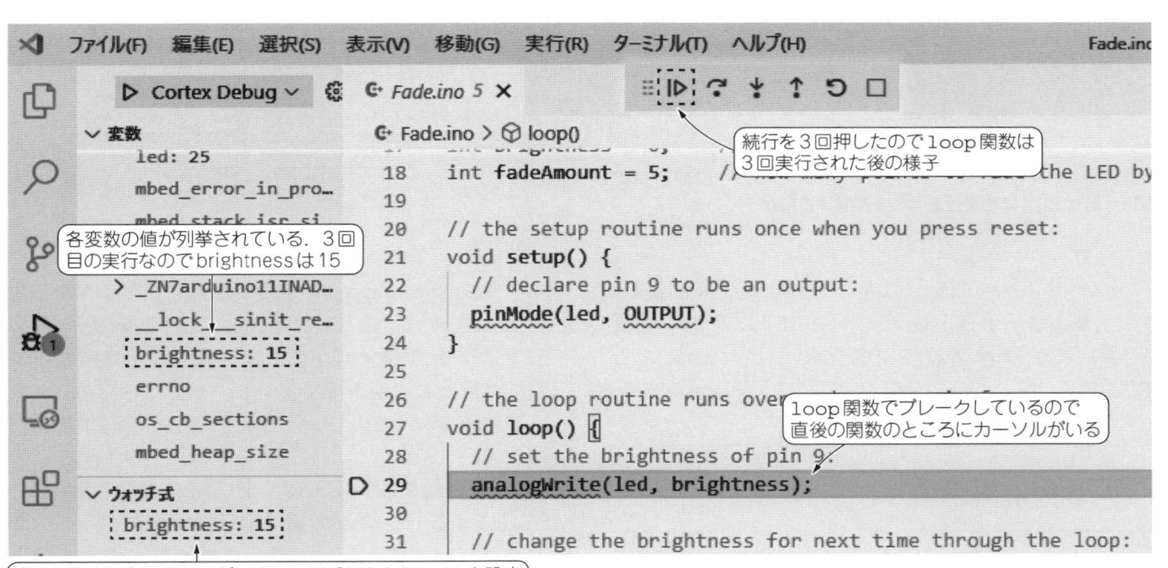
続行を3回押したのでloop関数は3回実行された後の様子
各変数の値が列挙されている．3回目の実行なのでbrightnessは15
loop関数でブレークしているので直後の関数のところにカーソルがいる
変数にも表示されているが，ウォッチ式にbrightnessを設定

図18　VS Codeによるデバッグ中の様子
変数領域やウォッチ式領域が表示されて，各種情報を確認することができる

ンソール]を選択すると表示されます．

▶ (3) 実行情報を見てみる

図17のように[続行]ボタンをクリックして，スケッチを実行します．実行すると，loop関数にブレークを設定しているので，そこで停止します．

図18に示すのは，[続行]ボタンを3回クリックした後の様子です．つまり，loop関数は3回実行されています．このプログラムでは，loop関数で初期値0のbrightness変数にfadeAmount (=5) を加算するので，この時点でbrightnessは15になっています．また，変数領域や，あらかじめウォッチ式brightnessを設定したウォッチ式領域に表示できていることも分かります．

まるいし・やすし

新たな後継マイコンが登場してもアプリ側で対応しやすい

公式C/C++ SDKの構造とRP2040ハード機能の使い方

井田 健太

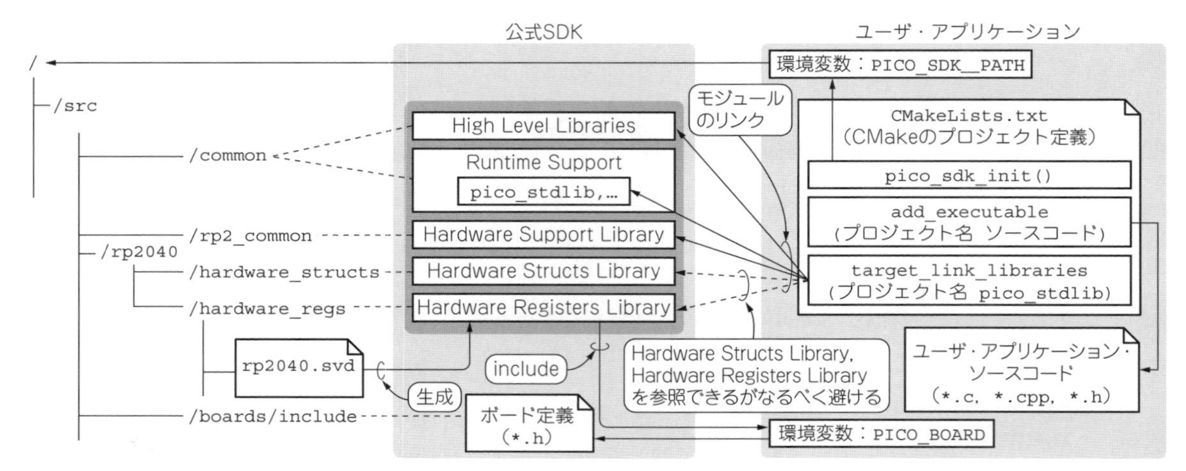

図1　公式SDKは拡張性を考えて階層構造になっている

ラズベリー・パイPico(以降，Pico)の公式開発環境として，Raspberry Pi Pico C/C++ SDK(公式SDK)が提供されています．このSDKを使うと，Picoを含むRP2040を使ったボード向けのアプリケーションをC/C++言語で開発できます．

SDKの階層構造

公式SDKは，特定の型式のマイコンが持つ固有の機能への対応から，SDKの対象となるマイコンが共通で使えるAPIまで幾つかの階層に分かれています．

現時点ではこのシリーズのマイコンはRP2040だけですが，今後異なった構成のマイコンが出てきた場合でも，アプリケーション側の記述を極力変えずに済むように設計されています(**図1**)．

● 階層1…マイコンのレジスタに関する情報を定義

RP2シリーズのマイコンのレジスタに関連する情報(ベース・アドレス，オフセット，ビット構成など)は，Hardware Registers Libraryに定義されています．

これらの定義は，対象のマイコンのレジスタ構造を表すSVD(System View Description)ファイルから生成されています．SVDはArm Cortexシリーズの CPUコアを含むマイコンでは一般的に用いられるレジスタ構造の表現書式です．

現時点では，RP2シリーズのマイコンはRP2040だけです．

`src/rp2040/hardware_regs`にはRP2040のSVDによるレジスタ定義ファイル`rp2040.svd`が含まれています．デバッガなど対象のSVDを必要とするツールで使用できます．

● 階層2…レジスタのメモリ空間上での配置を定義

Hardware Structs Libraryは，RP2シリーズのマイコンを対象に，レジスタのメモリ空間上での配置と等価なC言語の構造体を定義するライブラリです．

構造体自体に加えて，前述のHardware Registers Libraryで定義されたレジスタ・アドレスを使って，指定したレジスタにアクセスするための，構造体型の定数を定義しています．

上位のライブラリはこれらの定数とHardware Registers Libraryで定義されたビット構成の定義を

使って，ハードウェアのレジスタにアクセスできます．

● 階層3…ハードウェアにアクセスするための関数定義

Hardware Support Librariesは，ハードウェアにアクセスするための関数を定義します．Hardware Structs LibraryとHardware Registers Libraryの上に作られており，ハードウェアの機能を使うために必要な一連のレジスタ設定を行う程度の関数を定義しています．この階層の関数の名前は，hardware_で始まります．

● 階層4…ランタイム・サポート

Runtime Supportは，C/C++処理系での標準I/Oの処理，除算や浮動小数点演算の処理などを含んでいます．除算については，ハードウェア除算器を使うためのAPIが含まれます．

浮動小数点演算処理については，RP2040の内蔵ROM上に実装された関数を使ったコードをコンパイラが出力するために必要な定義が含まれています．

● 階層5…ソースコード・レベルのAPI

High Level Librariesは，pico_で始まる，ハードウェア上での実装から切り離されたAPIを含みます．ユーザ・アプリケーションは，基本的にこれらのAPIや，C言語の標準ライブラリの関数を用いて記述します．

ボードの定義

公式SDKは，ラズベリーパイ財団が作ったマイコン・ボードのPicoだけでなく，RP2040マイコンを搭載したサードパーティ製のボードにも対応しています．

ボードごとの設定などの定義は，src/boards/include以下に<ボード名>.hとして記述されています．例えばPicoの場合はpico.h，Tiny2040(Pimoroni)はpimoroni_tiny2040.hです．これらのヘッダは，アプリケーションから直接includeするのではなく，SDKの各ヘッダから必ずincludeされるpico.h経由で自動的にincludeされます．

SDKではデフォルトのボードとしてPicoが選択されます．ボードを変更したい場合は環境変数または，CMakeの変数PICO_BOARDに，ボードのヘッダ名から拡張子を除外したものを指定します．

例えば，Picoの場合のヘッダ・ファイル名はpico.hなので，PICO_BOARD=picoとします．

同じようにTiny2040の場合は，PICO_BOARD=pimoroni_tiny2040です．

```
# 環境変数で設定する場合
export PICO_BOARD=pimoroni_tiny2040
cmake
# CMakeに直接設定する場合
cmake .. -DPICO_BOARD=pimoroni_tiny2040(他のビルド・オプションなど)
```

RP2040のハードウェア機能を使うには

● 各機能を実装しているライブラリをリンクする

ハードウェアで提供されている機能を使うには，各機能を実装しているライブラリをリンクする必要があります．具体的には，SDKのHigh Level Librariesの各ライブラリを，アプリケーション・プロジェクトの定義で，明示的にリンクするように設定します．

例えば，pico_stdlibを使用する場合，以下のようにtarget_link_librariesにてpico_stdlibのリンクを指定します．

```
# SDKのライブラリをリンク
target_link_libraries(プロジェクト名
pico_stdlib)
```

（プロジェクト名：blink-scratchなど）

● マルチコア対応

RP2040には，Cortex-M0+のコアが2つ含まれていますが，SDKのアプリケーションの起動直後は片方のコア（コア0）だけが動作しています．

SDKには，指定した関数をもう片側のコア（コア1）で実行するAPIがあります．このAPIを使えば，RP2040のCPUコアを両方とも活用できます．

使い方は単純で，multicore_launch_core1関数の第1引数に，コア1で実行したい関数へのポインタを渡して呼び出すだけです．

RP2040のコア間には，32ビット幅で深さが8段のFIFOがコア0とコア1のそれぞれの方向に実装されています．pico_multicoreライブラリのAPIを使うとハードウェアFIFOを用いてコア間で通信を行えます．

▶デュアル・コアでLチカする実装例

コア0でLEDの点灯状態を更新してコア1に送り，コア1で受け取った情報で，LEDの実際の状態を更新する例を**リスト1**に示します．

ビルドするには，pico_multicoreのリンクが必要です．

```
target_link_libraries(blink-intercore
pico_stdlib pico_multicore)
```

● ハードウェア除算器

RP2040のCPUコア（Cortex-M0+）には，ハードウェアに除算器が入っていません．

一方，2つあるCPUコアに直結されているシングル・サイクルI/O（SIO）には，32ビット/32ビットの

リスト1　コア1で受け取った点灯状態でLEDの実際の状態を更新する例

```
#include "pico/stdlib.h"
#include "pico/multicore.h"
#include <stdint.h>
#include <stdlib.h>

#define FIFO_DEPTH 8
typedef struct
{
    uint8_t value;
} core1_request;
static const uint LED_PIN = PICO_DEFAULT_LED_PIN;
void core1_main() {
    while(true) {
        // コア0からのリクエストを取得
        // リクエストが来るまで返ってこない
        core1_request* request = (core1_request*)
                       multicore_fifo_pop_blocking();
        if( request != NULL ) {
            // リクエストに従ってLEDを設定
            gpio_put(LED_PIN, request->value ? 1 : 0);
            // リクエストの領域を解放
            // malloc/freeは複数コア間で同時に呼び出してOK
            free(request);
        }
    }
}
int main() {
    gpio_init(LED_PIN);
    gpio_set_dir(LED_PIN, GPIO_OUT);

    // コア1を起動
    multicore_launch_core1(core1_main);

    bool led_output = false;
    while (true) {
        // リクエスト用の領域を確保
        core1_request* request = (core1_request*)
                       malloc(sizeof(core1_request));
        if( request != NULL ) {
            request->value = led_output;
        // リクエストにLEDの状態を設定
            // コア1に送信
            multicore_fifo_push_blocking((uint32_t)
                                            request);
            led_output = !led_output;
        }
        sleep_ms(500);
    }
}
```

除算器がCPUコアごとに含まれています．この除算器は入力後8サイクルで結果が出力されますので，CPUでのソフトウェア実装より高速に処理できます．

これらのハードウェア除算器を使った符号あり/符号なしや，さまざまなビット幅の除算を行う関数がpico/divider.hに定義されています．

一方，C言語の除算演算子“/”や剰余演算子“%”に対して，コンパイラが呼び出す処理も，上記のハードウェア除算器を使って実装されています．

ハードウェア除算器自体は商と剰余を同時に求められるため，商と剰余を明示的に同時に求めたい場合は，pico/divider.hで定義されているdivmod_で始まる関数を用います．

▶除算の実装例

uint32_t型の被除数aを，除数bで割った商qと剰余rは**リスト2**のコードで求められます．

ただし，実際には除算演算子と剰余演算子を連続して同じ被除数と除数に適用すると，devmod_で始まる関数同様，実際にはハードウェア除算器の一度の処理で，商と剰余を求めるコードが生成されます．

リスト3(a)のperform_div関数をコンパイルした結果を**リスト3(b)**に示します．

__wrap___aeabi_uidiv関数が，除算や剰余算で呼ばれる関数です．この関数の実体は，divmod_u32u32と同じです．

以上より，多くのアプリケーションではハードウェア除算器を使用するかどうかを意識せずに，除算および剰余演算子を使って除算器を使用できます．

リスト2　ハードウェア除算器を使って商と剰余を同時に求める

```
uint32_t r;
// 結果を64ビットの戻り値として返す
uint64_t result = divmod_u32u32(a, b);
q = result & 0xffffffff;
r = result >> 32;
// 以下も同じだが，
// 剰余を第3引数のポインタ経由で返す
q = divmod_u32u32_rem(a, b, &r);
```

● インターポレータ

シングル・サイクルI/Oブロックにはコアごとに2つずつ，インターポレータ(INTERP0，INTERP1)と呼ばれる演算回路が実装されています．

これは，2つの積算回路と右シフトによる2のべき乗による除算回路の組み合わせで構成されています．

その名の通り，補完処理で頻出するような平均値を計算するといった処理を，効率的に行うことができます．

SDKとしては高レベルのAPIは用意されていませんが，hardware_interpライブラリのAPIにて，ハードウェアに近いレベルでの制御が可能です．

応用例としては，pico-examplesのpio/st7789_lcdサンプルでの，画像の回転処理における画素値の補完計算があります．

他に単純な構成としては，A-Dコンバータの値の移動平均を取るといった処理にも使える可能性があります．

● 標準入出力

前述の通り，Runtime Supportライブラリにより，C言語の標準入出力を扱えます．このとき，入出力の対象として，UARTによるシリアル通信，またはUSB機能によるUSBシリアル通信を使用できます．

リスト3 perform_div関数の命令列

```
static void __attribute__((noinline)) perform_
        div(uint32_t dividend, uint32_t divisor)
{
    printf("%d/%d = %d\n", dividend, divisor,
                              dividend/divisor);
    printf("%d%%%d = %d\n", dividend, divisor,
                              dividend%divisor);
}
```

(a) C言語

```
1000035c <perform_div>:
...
10000360:   0004         movs    r4, r0
10000362:   000d         movs    r5, r1
10000364:   f002 fce0    bl   10002d28
                                 <__wrap___aeabi_uidiv>
10000368:   000e         movs    r6, r1
                                   // r6に剰余を退避
1000036a:   0003         movs    r3, r0
                         // r3 = printfの第4引数 = 商
1000036c:   002a         movs    r2, r5
1000036e:   0021         movs    r1, r4
10000370:   480a         ldr r0, [pc, #40]
                      ; (1000039c <perform_div+0x40>)
10000372:   f003 fcd3    bl   10003d1c <__wrap_printf>
10000376:   0033         movs    r3, r6
                       // 退避した剰余をprintfの第4引数に
10000378:   002a         movs    r2, r5
1000037a:   0021         movs    r1, r4
1000037c:   4808         ldr r0, [pc, #32]
                      ; (100003a0 <perform_div+0x44>)
1000037e:   f003 fccd    bl   10003d1c <__wrap_printf>
省略
```

(b) アセンブリ言語

UARTとUSBのどちらを使うかは，プロジェクト定義の中で，pico_enable_stdio_usbと，pico_enable_stdio_uartにより設定します．

```
# UARTを有効にする場合
pico_enable_stdio_usb(hwdiv-sample 0)
pico_enable_stdio_uart(hwdiv-sample 1)
# USBシリアル通信を有効にする場合
pico_enable_stdio_usb(hwdiv-sample 1)
pico_enable_stdio_uart(hwdiv-sample 0)
```

この状態でmain関数の先頭で，stdio_init_all関数を呼んでおけば，設定に応じて必要なハードウェアが初期化され，標準入出力経由での通信が可能となります(**リスト4**)．

● プログラマブルI/O

RP2040の特徴的なハードウェアの1つとして，プログラマブルI/O (PIO)があります．

プログラマブルI/Oのステート・マシンは，専用の命令メモリ(32ワード)から命令を読み出して実行します．

この命令は，SDKに付属しているPIO Asmにてアセンブリ言語から命令列のバイナリに変換されます．SDKのプロジェクトでは，pico_generate_pio_headerをプロジェクト定義に記述しておくと，ビルド時に自動的にPIO Asmを呼び出し，アセンブル結果のバイナリをC言語の配列で表現した配列と，ヘルパ関数を含むヘッダを生成します．

例えば，pio_source.pioをプロジェクトに追加する場合は，以下のように記述しておくと，pio_source.pio.hが生成されます．

```
pico_generate_pio_header(pio_project
    _name ${CMAKE_CURRENT_LIST_DIR}/
                        pio_source.pio)
```

プログラマブルI/Oを制御するAPIは，hardware_pioライブラリに含まれていますので，target_link_librariesでリンク対象に追加しておきます．

表1に代表的なプログラマブルI/OのAPIを示します．

リスト4 標準入出力を使用する場合の初期化手順

```
#include "pico/stdlib.h"
#include <stdio.h>
int main() {
    stdio_init_all();
    while(true) {
        printf("Hello, RPi Pico\n");
        sleep_ms(1000);
    }
}
```

表1 プログラマブルI/Oの代表的なAPI

関数名	機　能
pio_add_program	プログラマブルI/Oのプログラムを命令メモリにロードする
pio_claim_unused_sm	指定したプログラマブルI/Oの未使用のステート・マシンの番号を取得する
(プログラム名)_program_init	プログラマブルI/Oのステート・マシンをプログラム用に初期化するヘルパ関数．pioasmが生成する
pio_sm_put_blocking	プログラマブルI/Oのステート・マシンの送信FIFOにデータを入れる
pio_sm_get_blocking	プログラマブルI/Oのステート・マシンの受信FIFOからデータを取得する

◆参考文献◆

(1) Getting started with Raspberry Pi Pico.
https://datasheets.raspberrypi.org/pico/getting-started-with-pico.pdf
(2) Raspberry Pi Pico C/C++ SDK.
https://datasheets.raspberrypi.org/pico/raspberry-pi-pico-c-sdk.pdf

いだ・けんた

流入/流出電流値や内部プルアップ/プルダウン抵抗値など

実験でチェック！ I/O端子の実力

漆谷 正義

(a) 表面

(b) 裏面

写真1　ラズベリー・パイPicoはマイコン基板…今回はI/O端子の実力をチェック

Picoは従来のラズベリー・パイの拡張基板であるとともに，単独でも動作するマイコン・ボードです(**写真1**).

写真1を見ると，センサやモータに接続するためのGPIOの他に，A-D変換入力，PWM出力，シリアル通信端子などがあります．おのおのの端子には，動作電圧，電流，入力/出力インピーダンスが定められています．その多くは仕様書に記載されていますが，目を通す時間がない方，内容が難解と感じられる方もいると思います．また，仕様書に明記されていない項目もあります．ここでは，GPIOなどの外部端子の電気的仕様，要点，使い方を解説します．

搭載マイコンは，Arm Cortex-M0+コアを2個搭載したRP2040です．開発言語はC/C++以外に，MicroPythonおよびCircuitPythonに対応しています．おのおの，Pico専用のファームウェア(UF2ファイル)をインストールして使います．

以下の実験ではMicroPythonを使っています．

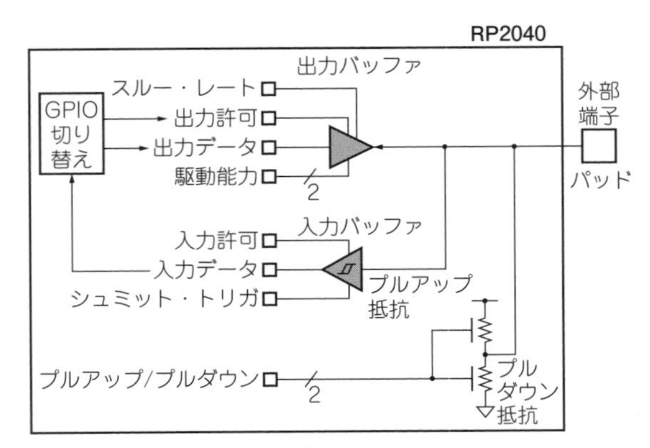

図1　ICチップを外部端子と接続するインターフェースをパッド回路と言う

GPIOを動かす前に知っておきたい基礎知識

● 外部端子接続回路

GPIOの外部端子はパッドに接続されています．パッドは，ICチップを外部端子(足)と接続する場所のことです．パッドとマイコン内部回路とのインターフェースをパッド回路と言い，**図1**のようになっています．

出力や入力の許可，駆動能力の切り替え，シュミット・トリガのON/OFF，プルアップ/プルダウン抵抗のON/OFFなどが，次項で示すGPIOレジスタを使って設定できます．

● GPIOの制御レジスタ

RP2040のGPIOは全部で30本あります．このうちGPIO23～GPIO25とGPIO29は，Picoのボード回路の制御に使われているので，外部に出ているのは**表1**の26本です．

表1にはGPIOレジスタのオフセット・アドレスを

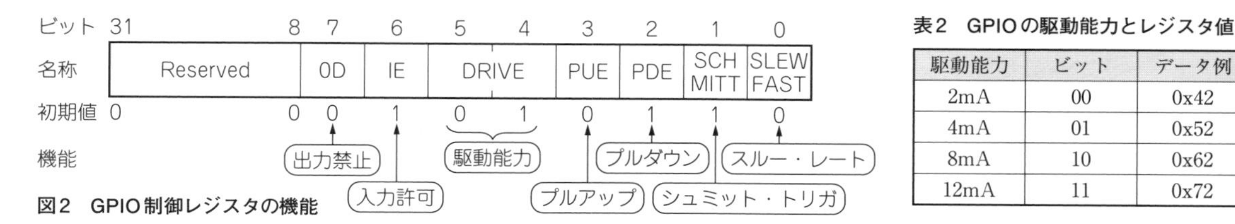

図2　GPIO制御レジスタの機能

表2　GPIOの駆動能力とレジスタ値

駆動能力	ビット	データ例
2mA	00	0x42
4mA	01	0x52
8mA	10	0x62
12mA	11	0x72

表1　GPIO制御レジスタのアドレス

名称	ピン番号	オフセット	名称	ピン番号	オフセット
GPIO0	1	0x04	GPIO13	17	0x38
GPIO1	2	0x08	GPIO14	19	0x3c
GPIO2	4	0x0c	GPIO15	20	0x40
GPIO3	5	0x10	GPIO16	21	0x44
GPIO4	6	0x14	GPIO17	22	0x48
GPIO5	7	0x18	GPIO18	24	0x4c
GPIO6	9	0x1c	GPIO19	25	0x50
GPIO7	10	0x20	GPIO20	26	0x54
GPIO8	11	0x24	GPIO21	27	0x58
GPIO9	12	0x28	GPIO22	29	0x5c
GPIO10	14	0x2c	GPIO26	31	0x6c
GPIO11	15	0x30	GPIO27	32	0x70
GPIO12	16	0x34	GPIO28	34	0x74

記載しています．ベース・アドレスは以下です．

PADS_BANK0_BASE=0x4001c000

例えば，GPIO10のアドレスは以下となります．

ベース・アドレス＋オフセット・アドレス
= 0x4001c000 + 0x2c = 0x4001c02c

GPIOレジスタの機能は**図2**の通りです．駆動能力は**表2**のように4通りあります．

実験① GPIO端子はどれくらいの電流を流せるのか

● 流れ出しと流れ込みがあるがほぼ同じ値になる

GPIO端子が流せる電流には，端子から流れ出る場合と，端子に流入する場合の2通りがあります．この電流はほぼ同じ値で，後述するGPIOレジスタやPythonの設定関数を使って変更できます．デフォルト（リセット時の設定）の値は4mAです．なお，RP2040は電源電圧V_{CC}を1.8～3.3Vの間で使えますが，本稿では全て3.3Vとします．

● 測定回路

GPIOが流し出す（ソース），またはGPIOに流し込める（シンク）電流は，端子に接続する負荷によって変わってきます．これを調べるために，GPIO端子に負荷抵抗と電流計および電圧計を接続して測定します（**図3**）．

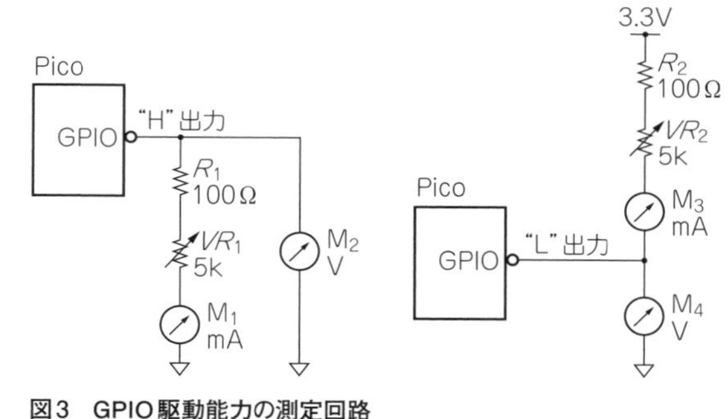

図3　GPIO駆動能力の測定回路

リスト1　GPIO28を"H"にするプログラム（28_high.py）

```
import machine
import utime
pin = machine.Pin(28, machine.Pin.OUT)
val=machine.mem32[0x4001c074]       #GPIO28
print (hex(val))
machine.mem32[0x4001c074] = 0x42     #2mA
pin.value(1)
val=machine.mem32[0x4001c074]
print (hex(val))
```

リスト2　GPIO28を"L"にするプログラム（28_low.py）

```
import machine
import utime
pin = machine.Pin(28, machine.Pin.OUT)
val=machine.mem32[0x4001c074]       #GPIO28
print (hex(val))
machine.mem32[0x4001c074] = 0x42     #2mA
pin.value(0)
val=machine.mem32[0x4001c074]
print (hex(val))
```

リスト1と**リスト2**は，GPIO端子の設定電流値を調べ，所定値に設定後，端子を"H"または"L"にします．

● 測定結果

図4は測定結果です．ここでは仕様書[1]のデータを使いました．端子電流の増加とともに，"H"の場合は電圧が低下し，"L"の場合は増加します．つまり，理想的な"H"はV_{CC}，"L"はグラウンド電位から外れていきます．さらに発熱やSoC内部素子の定格などから流せる電流は限られ，最大17mA程度です．それも全てのGPIOピンでこの電流が流せるわけではなく，

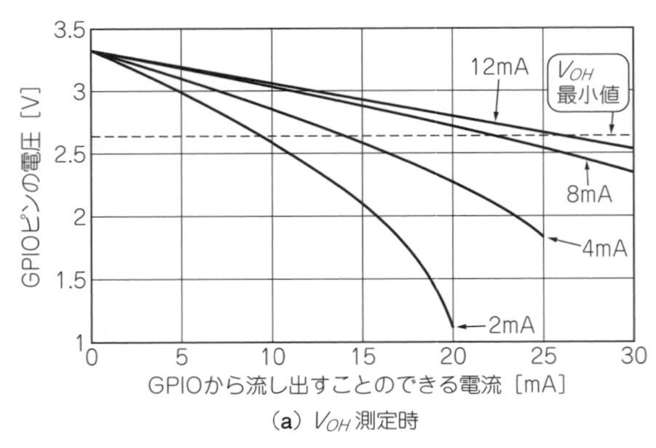

(a) V_{OH} 測定時

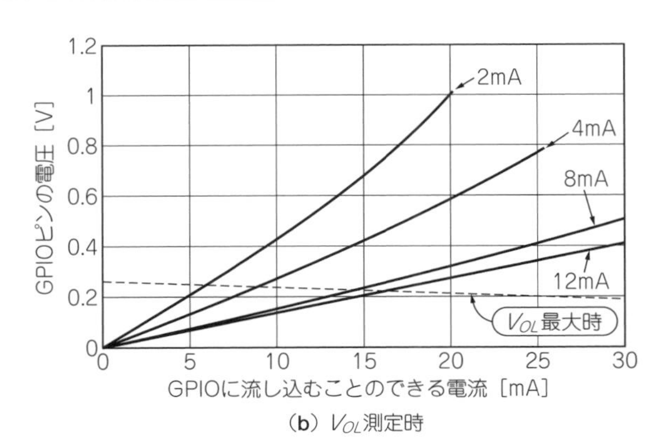

(b) V_{OL} 測定時

図4　GPIO端子電流と電圧の関係

表3　GPIO駆動電流の限界値

設定値	V_{OH}	V_{OL}	限界値
2mA	9mA	7mA	7mA
4mA	14mA	8mA	8mA
8mA	23mA	14mA	14mA
12mA	27mA	17mA	17mA

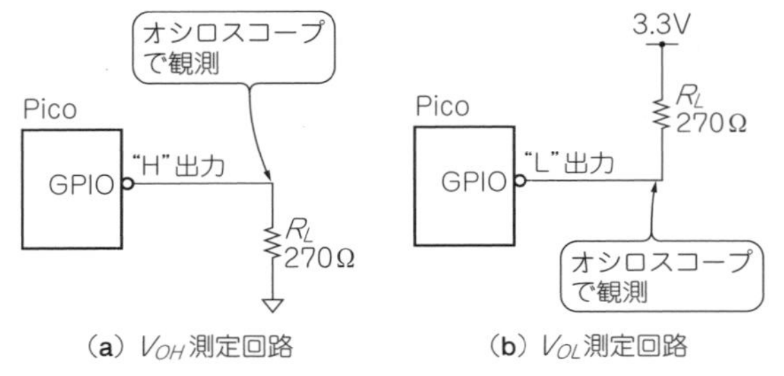

(a) V_{OH} 測定回路　(b) V_{OL} 測定回路

図5　GPIO端子電圧測定回路

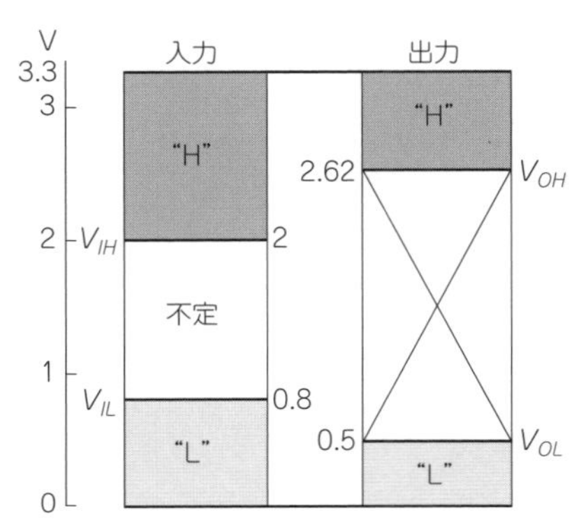

図6　GPIOの"H"/"L"入出力レベル

トータル50mAという制限があります．

▶電流の総量は決まっている

個別のピンの最大電流は，仕様書では規定していませんが，**図4**のような制限があるので，ピン当たりの最大電流は，4mA設定で8mA（デフォルト），12mA設定で16mA程度と考えられます．しかし，トータル50mAという制限があるので，GPIOを10本使うときは，各ピンにつき50mA/10 = 5mA，20本使うときは，50mA/20 = 2.5mA以下となります．

▶限界値は設定値よりも高いが設定値以下で使おう

GPIO出力の駆動能力は，2mA/4mA/8mA/12mAの4通りが選べます．**図4**から分かるように，V_{OH}とV_{OL}の範囲に入るには，**表3**の限界値があります．他のICとインターフェースする場合は限界値ではなく，設定値以下で使うことが望ましいです．

実験② GPIO端子はどれくらいの電圧を出せるのか

● 0Vを出したつもりが0Vでないことも

GPIO端子を"H"や"L"に設定しても，端子電圧がきっかりV_{CC}(3.3V)やグラウンド電位(0V)になるとは限りません．**図5**のように，GPIO端子につながる負荷によって出力電圧が変わってきます．負荷R_L［Ω］の値は，3.3V時に12mA流れるように設定しました．

$$R_L = 3.3/12 \times 10^{-3} = 270$$

前述のようにGPIO端子から取り出せる電流値には限界があるので，負荷の大きさによって端子電圧が変わり，場合によっては"H"，"L"のしきい値(**図6**)外になる可能性もあります．

● 実験結果

GPIO制御レジスタのドライブ電流設定値を2m～12mAの範囲で変えたときの端子電圧の変化を**図5**の回路で測定した結果を**図7**に示します．**図7(a)**は端子を"H"にして**図5(a)**のように接続した場合，**図7(b)**は端子を"L"にして**図5(b)**のように接続した場

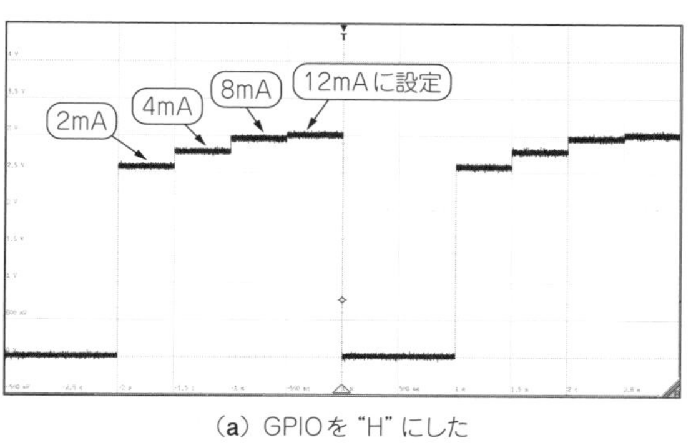

（a）GPIOを"H"にした

（b）GPIOを"L"にした

図7　ドライブ電流設定値によってGPIO端子電圧が変わる（0.5V/div，500ms/div）

リスト3　GPIOを"H"にするプログラム（padcheck_high.py）

```
import machine
import utime
pin = machine.Pin(28, machine.Pin.OUT)
mA=[2,4,8,12]        # 表示用電流リスト
while True:          # 以下繰り返し
    n = 0            # 繰り返し番号の初期値
    while n <= 3 :   # 4回繰り返し
        machine.mem32[0x4001c074] = 0x42 + n*0x10
                                        # レジスタ設定
        pin.value(1)
                # ポートを"H"にする．"L"にするときは0にする
        utime.sleep(0.5)      # 0.5秒待つ
        print(mA[n]," mA")    # シリアルモニタに電流値を表示
        n += 1            # 繰り返し番号を1つ増やす
    pin.value(0)          # ポートを"L"にする
    utime.sleep(1)        # 1秒待つ
    print("\n")           # シリアルモニタ改行
```

合です．**図7（a）**に対応するプログラムは，**リスト3**の通りです．**図7（b）**の場合は，リスト中のポート設定を"L"にします．

図7から，ドライブ電流を小さく設定すると，端子電圧はV_{CC}またはグラウンド電位から，かなり離れてしまうことが分かります．

実験③　GPIO端子にはどれくらいの電圧を加えられるか

● 入力に設定したとき

GPIOを入力に設定した場合，加えられる電圧は-0.5～$+4.13$Vが最大定格です．最大定格を超える電圧を加えた場合は，通常の電気的性能が維持されなくなり，回復不能な破損につながります．

● 出力に設定したとき

端子を出力に設定した場合，"H"なら$+4.13$Vまでですが，通常，出力端子に直接電圧を加えるような使い方はしません．"L"の場合は，端子に直接電圧をかけると，大きな電流が流れて素子を壊してしまいます．

● 静電気が加わることも

マイコンに限らず，静電気や雷などのサージ電圧（数kV）が端子にかかる場合があります．GPIO端子を直接，基板の外部に出す場合は次のような対策をします．

- 1kΩ程度の抵抗を端子に直列に入れる
- ダイオードを端子と電源，グラウンド間に，おのおの逆方向に入れる

● 実験結果

論理レベルの"H"は3.3V，"L"は0Vですが，これには余裕があります．

図6を見ると，出力の"H"や"L"の範囲は，V_{CC}とグラウンドにかなり近い値となっています．しかし，電流を多く流すと，**図4**や**図7**のように，理想値からずれていきます．

入力についてはどうでしょうか．**図6**の左は仕様上の値（上限と下限）ですが，実際の値を測ってみましょう．**図8**はポート入力を見て"H"ならば'1'を，"L"ならば'0'を出力した結果です．プログラムは**リスト4**の通りです．

▶ヒステリシスON

図8から，$V_{IH}=1.49$V，$V_{IL}=1.2$Vという結果となりました．いずれも仕様上の値（**図6**の左）より十分余裕があります．

$V_{IH}\neq V_{IL}$ですから，入力の"H"と"L"の判別（スレッショルド：しきい値）に差があることを意味し，ヒステリシスと呼ばれます．"H"と"L"の判別レベルが近接すると，ノイズとなるため，通常はこのようにヒステリシスを持たせます．

▶ヒステリシスOFF

図8の結果は，**図6**（入力）の通り，$V_{IH}\neq V_{IL}$となっていますから，入力にヒステリシスがあることを示しています．GPIOレジスタ（**図2**）のビット1を'0'に設定すると，ヒステリシスをOFFにできます．**リスト5**

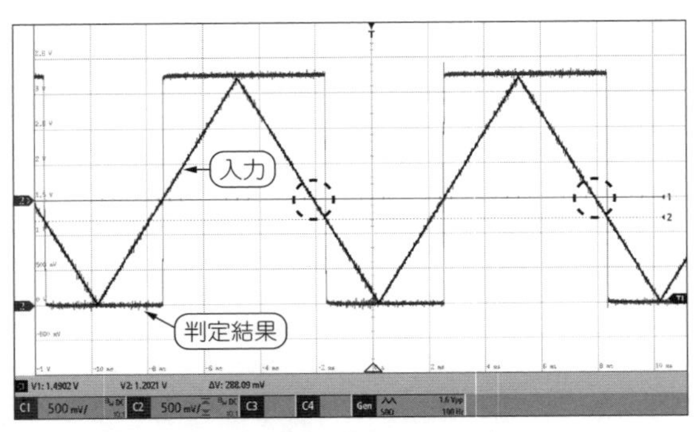

図8　GPIO端子の“H”/“L”を検出してみた（500mV/div，2ms/div）

図9　図8からヒステリシスをOFFにした場合（500mV/div，2ms/div）

リスト4　GPIOに入力する電圧を読み取り‘0’‘1’を判断するプログラム（input.py）

```
import machine
import utime
pin_in = machine.Pin(18, machine.Pin.IN)
pin_out = machine.Pin(28, machine.Pin.OUT)

machine.mem32[0x4001c04c] = 0x52
try:
    while True:
        pin_out.value(pin_in.value())
except KeyboardInterrupt:
    pass
```

リスト5　ヒステリシスをOFFにする（hysteresis_OFF.py）

```
import machine
import utime
pin_in = machine.Pin(18, machine.Pin.IN)
pin_out = machine.Pin(28, machine.Pin.OUT)

machine.mem32[0x4001c04c] = 0x50    #SCHMITT(hys)OFF
try:
    while True:
        pin_out.value(pin_in.value())
except KeyboardInterrupt:
    pass
```

を実行すると，**図9**のような結果となりました．

$V_{IH} = V_{IL} = 1.3486$Vとなり，ヒステリシスがなくなっています．ヒステリシスが好ましくない用途，例えば**図9**の三角波に対して対称的な矩形波が欲しいときなどに使います．

実験④　プルアップ/プルダウン抵抗の効果

GPIO入力は，一般に抵抗でV_{CC}につないだり，抵抗でグラウンドに落としたりします．これによって“H”や“L”のレベルを意図的に作ることができます．さらに，スイッチをつなげば，“L”や“H”など逆の状態に切り替えることができます．このための抵抗をプルアップあるいはプルダウン抵抗と言い，RP2040に内蔵されています．プルアップ，プルダウン抵抗は，GPIO制御レジスタ（**図2**）のビット3とビット2で，使用/不使用を指定できます．

● 実験結果①…Picoのプルアップ抵抗値

図10（a）はプルアップ抵抗の効果を調べる回路で

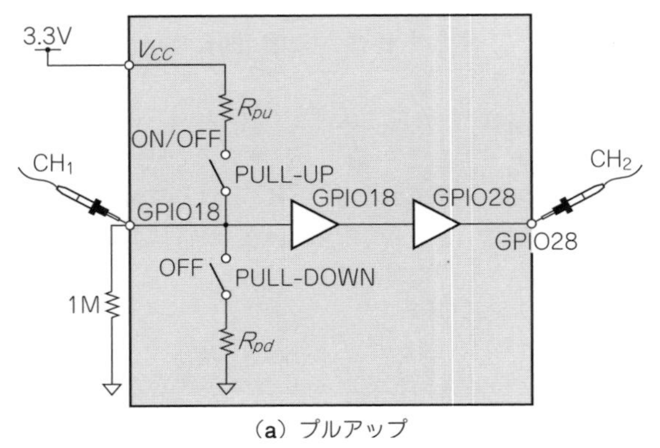

（a）プルアップ

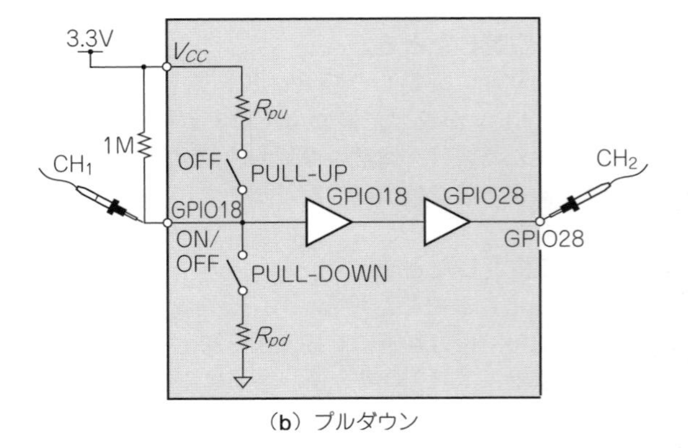

（b）プルダウン

図10　プルアップ/プルダウン抵抗の効果の測定回路

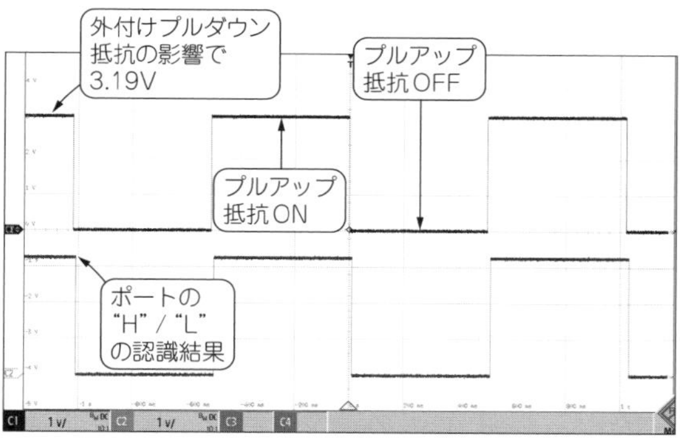

(a) プルアップ抵抗の効果

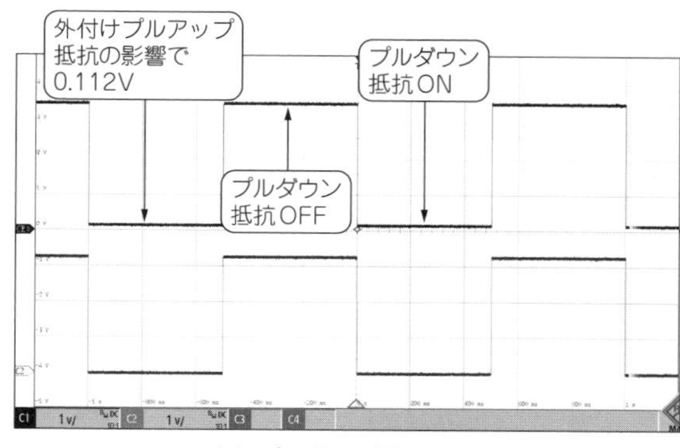

(b) プルダウン抵抗の効果

図11　内蔵するプルアップ/プルダウン抵抗の効果(1V/div, 200ms/div)

リスト6　プルアップ/プルダウンを設定するプログラム

```
import machine
import utime
pin_in = machine.Pin(18, machine.Pin.IN)
pin_out = machine.Pin(28, machine.Pin.OUT)

try:
    while True:
        machine.mem32[0x4001c04c] = 0x52
        pin_out.value(pin_in.value())
        utime.sleep(0.5)
        machine.mem32[0x4001c04c] = 0x56
        pin_out.value(pin_in.value())
        utime.sleep(0.5)
except KeyboardInterrupt:
    pass
```

(a) プルアップ pullup.py

```
import machine
import utime
pin_in = machine.Pin(18, machine.Pin.IN)
pin_out = machine.Pin(28, machine.Pin.OUT)

try:
    while True:
        machine.mem32[0x4001c04c] = 0x52
        utime.sleep_ms(10)
        pin_out.value(pin_in.value())
        utime.sleep(0.5)
        machine.mem32[0x4001c04c] = 0x5a
        utime.sleep_ms(10)
        pin_out.value(pin_in.value())
        utime.sleep(0.5)
except KeyboardInterrupt:
    pass
```

(b) プルダウンpulldown.py

す．GPIO入力を高抵抗(1MΩ)でグラウンドにつないでおきます．

GPIO制御レジスタによってプルアップ抵抗をON/OFFすると，GPIO端子は"H"または"L"となります．このとき，"H"の電圧レベルは，プルアップ抵抗と1MΩの抵抗比で，V_{CC}より若干下がります．この電圧V_hから，プルアップ抵抗の値を計算できます．ここでは，V_hをオシロスコープのCh1に接続してみます．ポートの"H"/"L"の様子は，別のGPIOで読み取って，オシロスコープのCh2で表示させます．**図11(a)**は測定結果です．V_h = 3.19Vから，R_{pu} = 34.5kΩと計算できます．プログラムは**リスト6(a)**です．

● 実験結果②…Picoのプルダウン抵抗値

図10(b)はプルダウン抵抗の効果を調べる回路です．GPIO入力を高抵抗(1MΩ)でV_{CC}につないでおきます．

GPIO制御レジスタによってプルダウン抵抗をON/OFFすると，ポートは"L"/"H"となります．このとき"L"のレベルは，1MΩとプルダウン抵抗の抵抗比で，グラウンドより若干上がります．この電圧V_lからプルダウン抵抗の値を計算できます．

図11(b)は測定結果です．V_l = 0.112Vから，R_{pd} = 35.1kΩと計算できます．プログラムは**リスト6(b)**です．

◆参考文献◆

(1) RP2040データシート，p.320，Raspberry Pi Trading.

うるしだに・まさよし

多数ある拡張ボードを利用してサクッと試作

Arduino互換ボード利用のススメ

関本 健太郎

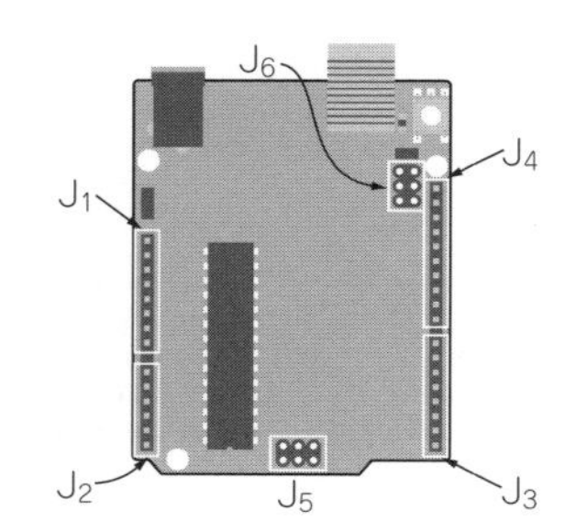

図1　Arduino Unoボードのピン割り当て

写真1　手持ちマイコン・ボードのピン割り当てをArduino互換に仕立てるといろいろなシールドを利用できる

2005年にArduinoボードが登場し，Arduino ボード向けにたくさんの拡張ボードが販売され，Arduino IDEというソフトウェア開発プラットフォームが整備されました．それ以来，搭載されるマイコンが追加され，さまざまなボードがArduinoファミリとして商用化されてきました．現在では数十種類あります．特にArduino Uno, Arduino Nanoなどが広く認知されています．このArduinoのエコ・システムを利用すべく，多くのベンダからのマイコンの評価基板は，Arduinoのボードのピン配置に合わせたものが出荷されるようになっています．

ご多分に漏れず筆者も，評価ボードのないマイコン向けに評価基板を作成する際には，コネクタをArduino互換ボードのピン配置にするようにしています．

本章では，最も一般的なArduino Unoを取り上げ，互換のピン配置について整理し，Arduino互換ボードのデザインのカギについて解説します．その情報をもとに，ラズベリー・パイ Picoボードを Arduino互換ボード化する拡張ボードを作成し(**写真1**)，Arduino IDEによるプログラム作成例を説明します．

Arduino Uno系の基板のピン配置

● 6つのコネクタの主な機能

Arduinoというとほとんどの場合，Arduino Unoを指します．ピン配置を**図1**に示します．コネクタがJ1～J6の6つありますが，初期のArduino DuemilanovaやArduino Diecimilaでは，コネクタJ6はなく，J1～J5の5つとなっていたり，コネクタJ4のピン数が8ピンまたは10ピンとなっていたりして，Arduinoのモデルによって，コネクタ配置は若干異なっています．なお，コネクタJ3とコネクタJ4はピン間ピッチが半ピッチずれており，拡張ボードが左右逆に挿入されることを防ぐ工夫がされています．

Arduino Unoの場合には，マイコンはATmega328Pであり，MCUのポートCがJ2，ポートDがJ3，ポートBがJ4に割り当てられています．

マイコンのポートC，D，BをJ2，J3，J4に配置した結果，マイコンの周辺機能としては主に以下が割り当てられています．

- J1…電源関連
- J2…アナログ入力およびI^2C機能
- J3…ディジタル入出力，シリアル通信，PWM機能
- J4…ディジタル入出力，SPI，I^2C機能
- J5…SPIおよびICSP(ファームウェア書き換え)
- J6…USB-シリアル機能を提供するチップ(Atmega 8U2)のためのICSP機能が割り当てられ，USB-シリアル機能のファームウェアの書き換えのときのみ利用される

表1　Arduino拡張ボード（シールド）のピン割り当て
Picoでの動作確認はしていない

コネクタ番号	ピン名	ピンの機能	Arduino Ethernet Shield 2 (W5500) Uno	Arduino Ethernet Shield 2.2 (W5100) Uno	SD Card Shield v4.3	Arduino LCD KeyPad Shield	DRI0009 Arduino Motor Shield L298N	Adafruit Motor Shield V2	Relay shield	CAN-BUS Shield V2	Arduino 9 Axes Motion Shield	Arduino UNO + 2.4 TFT LCD Display Shield Touch Panel ILI9341	Deek Robot LCD 1.8 inch
			Arduino	DFROBOT	Seeed	DFROBOT	DFROBOT	Adafruit	DFROBOT	Seeed	Arduino	HiLetgo	Deek Robot
J1	NC	未接続ピン	NC	N/A	NC	N/A	N/A	N/A	N/A	ADC6	NC	N/A	NC
	IOREF	I/Oピンの基準電圧	IOREF	N/A	IOREF	N/A	N/A	N/A	N/A	ADC7	IOREF	N/A	IOREF
	RESET	リセット・ピン	RESET	RESET	RESET	RESET	RESET	RESET	RESET	RESET	RESET	RESET	RESET
	3V3	3.3V出力	3V3	3V3	3V3	3V3	3V3	3V3	3V3	3V3	3V3	3V3	3V3
	5V	5V出力	5V	5V	5V	5V	5V	5V	5V	5V	5V	5V	5V
	GND	GND	GND	GND	GND	GND	GND	GND	GND	GND	GND	GND	GND
	GND	GND	GND	GND	GND	GND	GND	GND	GND	GND	GND	GND	GND
	VIN	電源入力	VIN	VIN	VIN	VIN	VIN	VIN	VIN	VIN	VIN	VIN	VIN
J2	A0	A-D変換ピン0	A0	A0	A0	A0 Button	A0	A0	A0	A0	A0	LCD_RD	A0
	A1	A-D変換ピン1	A1	A1	A1	A1	A1	A1	A1	A1	A1	LCD_WR	A1
	A2	A-D変換ピン2	A2	A2	A2	A2	A2	A2	A2	A2	A2	LCD_RS	A2
	A3	A-D変換ピン3	A3 (DIN)	A3	A3	A3	A3	A3	A3	A3	A3	LCD_CS	A3
	A4	A-D変換ピン4 I²C-SDA	A4 (DIN)	A4	SDA	A4	A4	A4/SDA	A4	A4	A4	LCD_RST	A4
	A5	A-D変換ピン5 I²C-SCL	A5	A5	SCL	A5	A5	A5/SCL	A5	A5	A5	A5	A5
J3	D7	ディジタル入出力	D7	D7	D7	DB7	M2 Dir	D7	D7	D7	D7/INT	LCD_D7	D7
	D6	ディジタル入出力	D6 (DOUT)	D6	D6	DB6	M2 PWM	D6	D6	D6	D6	LCD_D6	D6
	D5	ディジタル入出力	D5 (DOUT)	D5	D5	DB5	M1 PWM	D5	D5	D5	D5	LCD_D5	D5
	D4	ディジタル入出力	D4/SD-CS	D4	CS_A	DB4	M1 Dir	D4	D4	D4	D4	LCD_D4	D4/SDCS
	D3	ディジタル入出力	PD3	D3	D3	D3	D3	D3	D3	D3/INT_B	D3	LCD_D3	D3
	D2	ディジタル入出力	PD2	D2	D2	D2	D2	D2	D2	D2/INT_A	D2/INT	LCD_D2	D2
	D1	ディジタル入出力 UART-TX	PD1	D1	TX	D1	D1	D1	D1	D1	D1	D1	D1
	D0	ディジタル入出力 UART-RX	PD0	D0	RX	D0	D0	D0	D0	D0	D0	D0	D0
J4	D19	ディジタル入出力 I²C-SCL	SCL	N/A	SCL	N/A	N/A	SCL	SCL	SCL	SCL	SCL	SCL
	D18	ディジタル入出力 I²C-SDA	SDA	N/A	SDA	N/A	N/A	SDA	SDA	SDA	SDA	SDA	SDA
	AREF	アナログ基準電圧	AREF	AREF	AREF	N/A	N/A	AREF	AREF	AREF	AREF	AREF	AREF
	GND	GND	GND	GND	GND	GND	GND	GND	GND	GND	GND	GND	GND
	D13	ディジタル入出力 SPI-SCK	IO13 (LED)	D13/SCK	D13	D13/SCK	D13	D13	D13	D13/SCK	D13	SD_SCK	D13/SCK
	D12	ディジタル入出力 SPI-MISO	D12	D12/MISO	D12	D12/MISO	D12	D12	D12	D12/MISO	D12	SD_DO	D12/MISO
	D11	ディジタル入出力 SPI-MOSI	D11	D11/MOSI	D11	D11/MOSI	D11	D11	D11	D11/MOSI	D11	SD_DI	D11/MOSI
	D10	ディジタル入出力 SPI-SS	IO10/SS	D10/SS	D10	D10/Backlit	D10	D10/Servo	D10	D10/CS_B	D10	SD_SS	D10/LDCS
	D9	ディジタル入出力	D9	D9	D9	D9/Enable	D9	D9/Servo	D9	D9/CS_A	D9	LCD_D1	D9/DCLD
	D8	ディジタル入出力	D8	D8	D8	D8/RS	D8	D8	D8	D8	D8	LCD_D0	D8/LRST

表1　Arduino拡張ボード(シールド)のピン割り当て'(つづき)
Picoでの動作確認はしていない

コネクタ番号	ピン名	ピンの機能	Arduino Ethernet Shield 2 (W5500) Uno	Arduino Ethernet Shield 2.2 (W5100) Uno	SD Card Shield v4.3	Arduino LCD KeyPad Shield	DRI0009 Arduino Motor Shield L298N	Adafruit Motor Shield V2	Relay shield	CAN-BUS Shield V2	Arduino 9 Axes Motion Shield	Arduino UNO + 2.4 TFT LCD Display Shield Touch Panel ILI9341	Deek Robot LCD 1.8 inch
			Arduino	DFROBOT	Seeed	DFROBOT	DFROBOT	Adafruit	DFROBOT	Seeed	Arduino	HiLetgo	Deek Robot
J5	1	SPI-MISO/SCK	MISO	N/A	MISO	D12/MISO	N/A	N/A	N/A	MISO_A	MISO	N/A	MISO
	2	5V出力	5V	N/A	5V	VCC	N/A	N/A	N/A	5V	5V	N/A	5V
	3	SPI-SCK/MISO	SCK	N/A	SCK	D13/SCK	N/A	N/A	N/A	SCK_A	SCK	N/A	SCK
	4	SPI-MOSI/UPDI	MOSI	N/A	MOSI	D11/MOSI	N/A	N/A	N/A	MOSI_A	MOSI	N/A	MOSI
	5	リセット・ピン	RESET	N/A	RESET	RESET	N/A	N/A	N/A	RESET	RESET	N/A	RESET
	6	GND	GND	N/A	GND	GND	N/A	N/A	N/A	GND	GND	N/A	GND
J6	1	SPI-MISO/SCK	N/A	N/A	N/A	N/A	N/A	N/A	N/A	N/A	N/A	N/A	N/A
	2	5V出力	N/A	N/A	N/A	N/A	N/A	N/A	N/A	N/A	N/A	N/A	N/A
	3	SPI-SCK/MISO	N/A	N/A	N/A	N/A	N/A	N/A	N/A	N/A	N/A	N/A	N/A
	4	SPI-MOSI/UPDI	N/A	N/A	N/A	N/A	N/A	N/A	N/A	N/A	N/A	N/A	N/A
	5	リセット・ピン	N/A	N/A	N/A	N/A	N/A	N/A	N/A	N/A	N/A	N/A	N/A
	6	GND	N/A	N/A	N/A	N/A	N/A	N/A	N/A	N/A	N/A	N/A	N/A

Arduinoシールドのピン配置

● シールド利用時の早見表

Arduinoボードの普及とともに，Arduino向けの拡張ボード(拡張ボードをシールドと呼んでいる)も数多くリリースされています．拡張ボードは基本的に物理的にArduinoメイン・ボード上にスタックできるように，メイン・ボードのピン配置に合わせて設計されています．**表1**に，幾つかのArduino向けの拡張ボードについて，コネクタのピンへの周辺機能の割り当て状況をリスト化してみました．

この表から分かることは，

- I²C機能はコネクタJ2のみに配置されているもの，コネクタJ4のみに配置されているもの，コネクタJ2およびコネクタJ4の両方に配置されているものがある(初期のArduinoボードのコネクタJ2のアナログ入力ピンの一部(PC4, PC5)がI²C(SDA, SCL)機能に切り替え可能だった)
- SPI機能はコネクタJ4のみに配置されているもの，コネクタJ5のみに配置されているもの，コネクタJ4およびコネクタJ5の両方に配置されているものがある
- シリアル通信(URAT)機能は，コネクタJ3のD0(受信RX)，D1(送信TX)ピンに配置されている
- アナログ入力機能は**表1**ではLCD KeyPadの拡張ボードのみでA0ピンのみが使われているが，初期のTFT LCD拡張ボードの一部で，アナログ入力の4ピンがタッチ・スクリーンの制御に利用されているものがある
- PWM機能はコネクタJ3のディジタル入出力ピンの一部にその機能が配置されている
- 割り込み入力(INT)機能は拡張ボードごとに異なるピンが割り当てられている
- マイコンの8ビット・ポート経由でのパラレルでのデータ・アクセス機能は，LCD Shieldのみ利用されている．LCDコントローラ ILI9341のD0～D7にアクセスする際に，MPUのポートBのD0～D1，ポートDのD2～D7を利用する

Picoの互換基板のデザイン

前節の内容を踏まえ，ラズベリー・パイ Pico(以降，Pico)ボードを活用したArduino互換ボードをデザインしてみます．

● Picoのピン配置を確認

Picoのピン配置を**図2**に示します．Picoではユーザの好みに合わせ，マイコンのペリフェラル周辺機能が複数のピンに配置できるようなっています．PicoのSDKを利用する場合には，各周辺機能はデフォルトで，シリアル(UART)機能はチャネル0がGP0(TX)，GP1(RX)ピンに割り当てられ，I²C機能は，チャネル0がGP4(SDA)，GP5(SCL)ピンに割り当てられ，SPI機能は，チャネル0がGP2-GP5に割り当てられています．

Picoにはアナログ入力が5つしかなく，その1つは

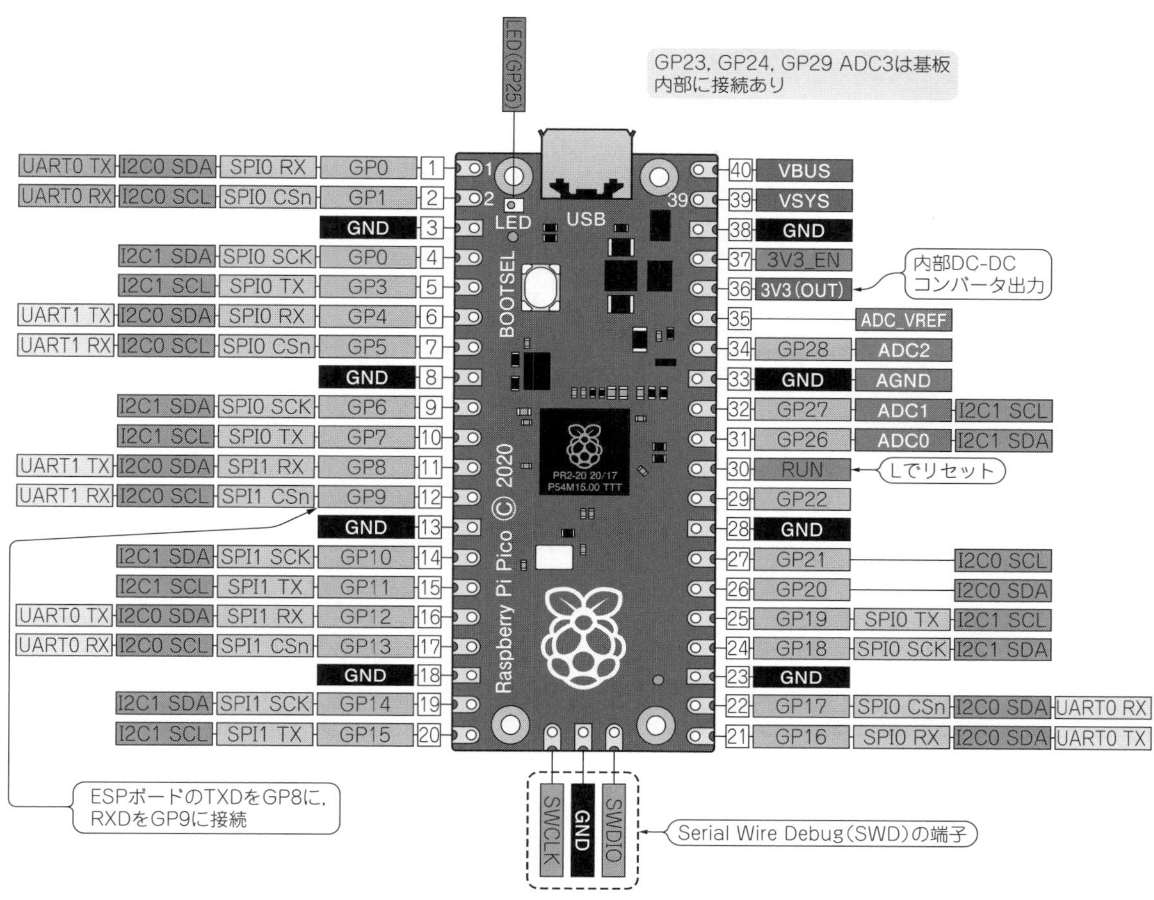

図2　Picoボードのピン割り当て

チップ内の温度センサに接続され，ユーザが使えるのは4つ(GP26～GP29)です．このうち，ボードに引き出されているのは3つで，GP26～GP28に割り当てられています．

● Arduino互換ボードへのピン割り当て

これらの情報をもとに，アクセスしやすいようArduino拡張ボードにピンの割り当てを行った結果を**表2**に示します．Pico-SDKでは，シリアル，I²C, SPIなどの周辺機能の割り当て情報は，`pins_arduino.h`ファイル(**リスト1**)で定義されています(**表2**の背景色のセル)．それら以外の特に規定のないピンについては未使用のピンを無作為に割り当てました．

● 互換ボードの完成

このデザインをもとに，ユニバーサル基板にPicoボードと，各コネクタを配置してみました(**写真1**)．ここでは，市販のArduinoユニバーサル基板(秋月電子 AE-ARDUINO_UNI-G)を使っています．また，後々のWi-Fi接続を見据えて，Picoボードの他に，ESP-WROOM-02DのDIP化基板(スイッチサイエンス)を追加しています．このDIP化基板には，ESP8266の動作に必要な(プルアップ/プルダウン)抵抗やバイパス・コンデンサが実装されています．そのため，マイコンのシリアル・ポートと電源を接続するだけで使用できます．

また，I²Cデバイスを接続しやすいように，Groveのコネクタも基板の端に配置しました．ユニバーサル基板との接続に，ピン・ヘッダを使用したため，拡張ボードをスタックしたときに，部品配置で干渉してしまいました．そのため，J1～J4のコネクタには足長ピン・ソケットを使っています．

Arduino IDEによる動作確認

● KeyPadシールドを利用する

Arduino互換ボードの動作確認は，Arduino IDEを利用しました(**表3**)．Arduino IDEは，Windows環境ではMicrosoft Storeよりインストールできます．動作確認はArduino 1.8.16(Windows Store 1.8.51.0)で行いました．ここでは**表1**にあるArduino LCD

表2 Pico-Arduino互換ボードのピン割り当て例
GroveのI^2CピンをG6-G7ピンに，ESPボードのTXDをGP8に，RXDをGP9に接続．GP10～GP13は未使用

番号	ピン名	主な周辺機能	Arduino Uno	Pico
J1	NC	未接続ピン	NC	NC
	IOREF	I/Oピンの基準電圧	IOREF	NC
	RESET	リセット・ピン	RESET	RESET
	3V3	3.3V出力	3V3	3V3
	5V	5V出力	5V	VSYS
	GND	GND	GND	GND
	GND	GND	GND	GND
	VIN	電源入力	VIN	NC
J2	A0	A-D変換ピン0	ADC0	GP26
	A1	A-D変換ピン1	ADC1	GP27
	A2	A-D変換ピン2	ADC2	GP28
	A3	A-D変換ピン3	ADC3	GP22
	A4	A-D変換ピン4　I^2C-SDA	ADC4/SDA	GP6
	A5	A-D変換ピン5　I^2C-SCL	ADC5/SCL	GP7
J3	D7	ディジタル入出力	D7	GP19
	D6	ディジタル入出力	D6/PWM	GP18
	D5	ディジタル入出力	D5/PWM	GP17
	D4	ディジタル入出力	D4	GP16
	D3	ディジタル入出力	D3/PWM	GP14
	D2	ディジタル入出力	D2	GP15
	D1	ディジタル入出力　UART-TX	D1/TX	GP0
	D0	ディジタル入出力　UART-RX	D0/RX	GP1
J4	D19	ディジタル入出力　I^2C-SCL	SCL	GP7
	D18	ディジタル入出力　I^2C-SDA	SDA	GP6
	AREF	アナログ基準電圧	AREF	AREF
	GND	GND	GND	GND
	D13	ディジタル入出力　SPI-SCK	D13/SCK	GP2
	D12	ディジタル入出力　SPI-MISO	D12/MISO	GP4
	D11	ディジタル入出力　SPI-MOSI	D11/MOSI	GP3
	D10	ディジタル入出力　SPI-SS	D10	GP5
	D9	ディジタル入出力	D9/PWM	GP21
	D8	ディジタル入出力	D8	GP20
J5	1	MISO	MISO	GP2
	2	5V	5V	5V
	3	SCK	SCK	GP4
	4	MOSI	MOSI	GP3
	5	RESET	RESET	RESET
	6	GND	GND	GND
J6	1	MISO		
	2	5V		
	3	SCK		
	4	MOSI		
	5	RESET		
	6	GND		

KeyPad Shield(**写真2**)を取り上げます．

ボード・マネージャ(**図3**)でArduino Mbed OS RP2040 Boardsを選択し，ライブラリをダウンロード後，ツール・メニューで[Raspberry Pi Pico]を選択します．プログラムの作成はArduino Unoと同様ですが，Arduino Unoのピン割り当てからPico用に変

リスト1 Pico-SDKでは周辺機能の割り当ては`pins_arduino.h`で定義

```
// Analog pins
// -----------
#define PIN_A0 (26u)
#define PIN_A1 (27u)
#define PIN_A2 (28u)
#define PIN_A3 (29u)

static const uint8_t A0  = PIN_A0;
static const uint8_t A1  = PIN_A1;
static const uint8_t A2  = PIN_A2;
static const uint8_t A3  = PIN_A3;

#define ADC_RESOLUTION 12

// Serial
#define PIN_SERIAL_TX (0ul)
#define PIN_SERIAL_RX (1ul)

// SPI
#define PIN_SPI_MISO  (4u)
#define PIN_SPI_MOSI  (3u)
#define PIN_SPI_SCK   (2u)
#define PIN_SPI_SS    (5u)

static const uint8_t SS   = PIN_SPI_SS;
        // SPI Slave SS not used. Set here only for
                                         reference.
static const uint8_t MOSI = PIN_SPI_MOSI;
static const uint8_t MISO = PIN_SPI_MISO;
static const uint8_t SCK  = PIN_SPI_SCK;

// Wire
#define PIN_WIRE_SDA          (6u)
#define PIN_WIRE_SCL          (7u)
```

写真2 Arduino LCD KeyPad Shieldで動作を確認

更する必要があります(I^2C機能とSPI機能については，`pins_arduino.h`で定義してあるので変更の必要はない)．

`rs=20`，`en=21`，`d4=16`，`d5=17`，`d6=18`，`d7=19`と，ソース・ファイルを変更します(**リスト2**)．スケッチ・メニューで[検証・コンパイル]を選択後，[マイコン・ボードに書き込む]を選択して，プログラムを書き込みます．メニューからの書き込みは，以前にシリアル・ポートを認識するプログラムが書き込まれていることが前提です．もし，シリアル・ポートが

表3　動作確認した拡張ボード

拡張ボード	プログラム名	スケッチのアクセス	備　考
Arduino LCD KeyPad Shield	HelloWorld	スケッチ例-LiquidCystal-HelloWorld	`const int rs = 20, en = 21, d4 = 16, d5 = 17, d6 = 18, d7 = 19;` に書き換え
WIZnet ioShield-A W5500	WebClient	スケッチ例-Ethernet-WebClient	変更なしでサンプル・プログラムが動作した．イーサネット・ライブラリはBuild-In by Arduino バージョン2.0.0を利用した (Arduino Ethernet Shield 2.2 (W5100) Uno互換ボード)

Deek Robot LCD 1.8 inch	graphictest	スケッチ例-Adafruit ST7735 and ST7789 Library-graphictest	使用するTFT LCDに応じ，LCDの種類やLCDのピン接続を変更する．
			LCDの種類によってtft.initR関数に渡す引数を変更する．
			Deek-RobotのRobot LCD Adaptorボードで動作確認した
			tft.initR (INITR_GREENTAB)
			LCDのピン接続はTFT_CS，TFT_RST，TFT_DCピンを変更する．
			TFT_CS (D10ピン)，TFT_RST (D8ピン)，TFT_DC (D9ピン)の場合，
			`#define TFT_CS 5`
			`#define TFT_RST 20`
			`#define TFT_DC 21`

図3　ボード・マネージャでArduino Mbed OS RP2040 Boardsを選択

リスト2　Keypadシールド動作確認プログラムにおける変更点

```
48    // const int rs = 12, en = 11, d4 = 5, d5 = 4,
                                       d6 = 3, d7 = 2;
49    // Arduino Uno
50    // const int rs = 8, en = 9, d4 = 4, d5 = 5,
                                       d6 = 6, d7 = 7;
51    // Raspberry Pi Pico
52    const int rs = 20, en = 21, d4 = 16, d5 = 17,
                                     d6 = 18, d7 = 19;
53    LiquidCrystal lcd(rs, en, d4, d5, d6, d7);
54
55    void setup() {
56      // set up the LCD's number of columns and rows:
57      lcd.begin(16, 2);
58      // Print a message to the LCD.
59      lcd.print("hello, world!");
60    }
```

認識されない場合には，BOOTSELボタンを押したままUSBケーブルを接続し，RPI-PR2ドライブがPCにマップされた状態で，シリアル・ポートが認識される別のプログラムを書き込んでから行ってください．今回作成したArduino互換Picoボードでは，拡張ボードをスタックすると，BOOTSELボタンが拡張ボードの下に隠れてしまうので，プログラムを書き込む際に，拡張ボードをスタックしたままにできないという問題に気が付きました．これを回避するには，BOOTSELピンが割り当てられたPicoボードの基板の裏面のTP6ピンを何らかの方法で引き出す必要があります．

```
COM27

Starting...
Init done
connecting...
connected
HTTP/1.1 200 OK
Content-Type: text/html; charset=ISO-8859-1
Date: Mon, 22 Nov 2021 14:40:01 GMT
Expires: -1
Cache-Control: private, max-age=0
P3P: CP="This is not a P3P policy! See g.co/p3phelp for more info."
Server: gws
X-XSS-Protection: 0
X-Frame-Options: SAMEORIGIN
Set-Cookie: 1P_JAR=2021-11-22-14; expires=Wed, 22-Dec-2021 14:40:01 GMT;
Set-Cookie: NID=511=FXCFRUwuacflghFlkgU4VJUYqtF_BnLAFR7nFvUPWOXJps_f6gLa
```

図4　イーサネット・シールドでも動作を確認した WebClientシリアル・モニタ出力

● イーサネット・シールドでも動作を確認した

Arduino LCD KeyPad Shieldの他にも，Arduino Ethernet Shield 2（W5500）でも動作確認を行いました（図4）．必要に応じてライブラリはスケッチ・メニュー（ライブラリをインクルード）からライブラリ・マネージャを起動して登録します．動作確認に使用したプログラムはダウンロードできます．

なお，Arduino互換ボードのピン割り当てを行う際に，Fritzingツールを利用しました．Arduino拡張ボードとESP-WROOM-02D用のFritzingデータを作成してみましたので，興味のある方は本書Webページからダウンロードして使ってみてください．

`https://interface.cqpub.co.jp/2023pico/`

◆参考文献◆

(1) Arduino Unoドキュメント・ページ．
https://store.arduino.cc/usa/arduino-uno-rev3
(2) 各種製品情報．

せきもと・けんたろう

新定番になりうるのか？
スペックの違いから特徴が生きる用途を考える

700円マイコンESP32とPicoを比べてみた

角 史生

写真1　770円マイコン・ボード「ラズベリー・パイPico」

写真2　Wi-FiやBLE通信機能を備える700円マイコン・モジュールESP32-WROOM-32を搭載する開発用ボードESP32-DevKitC

700円前後で，個人で購入できるマイコン・モジュールと言えば，ESP32-WROOM-32が有名です．ラズベリー・パイPico（以降，Pico）は税込み770円で，個人で購入できるマイコンです．ESP32とPicoとでは，搭載されるマイコンやボードの設計思想が異なります．各ボードの特徴を生かすために，どのような使い分けが良いかをまとめました．

ESP32と同じようにPico上でもMicroPythonが実行可能であり，Picoと各種センサや周辺機器を組み合わせたプログラミングが簡単に行えます．また，Pico上で実行可能なCircuitPythonも選択できます．

Picoの外形上の利点として，Picoは38ピンのボードであり，ボードの幅が25.4mmと狭くなっています（**写真1**）．ボードの幅が狭いおかげでPicoをブレッドボードに挿したとき，左右2つの穴が，残り部品を取り付ける穴として確保できます．

ちょっと使いづらい点ですが，Picoはボードの裏にピン名が印刷されています．Adafruit社よりARアプリが提供されており，スマートフォン上でARアプリを起動してPicoを映すと，ピン名が重ね合わせて表示されます（2021年6月5日時点の最新版であるv1.12ではピンの位置がずれて表示される）．

Picoの特徴

ESP32とPicoの主なハードウェア仕様を**表1**（次頁）に示します．ESP32としては，Espressif社公式の開発ボードであるESP32-DevKitC（**写真2**）を比較対象としました．2.54mmピン・ヘッダを備え，ブレッドボードでの実験がすぐに始められること，USB-シリアル変換回路がボードに搭載されておりPCとすぐに接続できることから選びました．価格は1600円です．ボードを購入される際は，ESP32-WROOM-32Eが搭載されたESP32-DevKitC-32Eを選択してください．2020年末より，ESP32-WROOM-32/ESP32-WROOM-32Dは新規設計非推奨（NRND）となっています．

● 電流値はPicoが低め

ESP32-DevKitCの消費電流が未掲載のため，**表1**の消費電流は共にマイコン単体での値を示します．参考値は，手元のテスタCD772（三和電気計器）で計測したESP32とPicoの5V電源の電流値です．いずれもMicroPythonをREPL（Read-Eval-PrintLoop）状態にしてUSBから5V電源を供給したときの値です．

表1　ESP32-DevKitCとPicoのハードウェア仕様

機能＼ボード名	ESP32-DevKitC	Pico
マイコンとコア	**ESP32-D0WDQ6**（Xtensa LX6デュアル・コア，240MHz）	**RP2040**（Arm Cortex M0+デュアル・コア，133MHz）
SRAM	520Kバイト	264Kバイト
フラッシュ・メモリ	4Mバイト	2Mバイト
主な周辺I/O注1	GPIO（26），A-Dコンバータ（16），D-Aコンバータ（2），SPI（2），I²C（2），UART（3），PWM（16），SD/SDIO/MMC（1），I²S（2）	GPIO（26），A-Dコンバータ（3），SPI（2），I²C（2），UART（2），PWM（16），プログラマブルI/O（2）
無線	Wi-Fi（IEEE 802.11 b/g/n），Bluetooth v4.2 BR/EDR，BLE	なし
USB	内蔵のUSBコントローラなし，ボード上にCP2012搭載	RP2040にUSB 2.0コントローラ内蔵
電源	5V（USB，EXT_5Vから供給），3.3V（V_{DD}33から供給）	5V（USBから供給），1.8～5.5V（V_{SYS}から供給）
消費電流	30mA～68mA注2，参考値：36.3mA	24.8mA注3，参考値：21.7mA
ボードのピン数，幅	ボードのピン数：38，ボードの幅：25.4mm（11ピン相当）	ボードのピン数：40，ボードの幅：17.78mm（8ピン相当）

注1：括弧内はマイコン搭載の周辺I/Oから非推奨I/Oを除いた数
注2：ESP32 Series Datasheetより引用
注3：RP2040 Datasheetより引用

● Wi-Fi/BLEがない

ESP32/Pico共に搭載されている周辺I/OとしてGPIO，A-Dコンバータ，SPI，I²C，UART，PWMが挙げられます．各周辺I/Oのチャネル数において，A-Dコンバータ以外はほぼ同等です．2つのボードの主な違いとして，ESP32にはWi-Fi/BLEが搭載されていますが，Picoには搭載されていません．

● USBコントローラ付き

一方，Picoに採用されているマイコンRP2040にはUSBコントローラが内蔵されています．Picoを使えばUSB機器（USBマウスやUSBキーボードなど）が開発可能です．

● プログラマブルI/Oを持つ

Picoのユニークな機能としてプログラマブルI/O（略称PIO）が挙げられます．プログラマブルI/Oにはステート・マシンが内蔵されており，プログラマブルI/Oの命令セットを用いて自由にプログラミングができます．プログラムによりプログラマブルI/OをSPIやI²Cとして使うこともできますし，VGAなどの波形を作り出すことも可能です．このように自由にプログラミングできるプログラマブルI/Oは，ESP32にない強みです．

表2　ESP32とPicoの特徴を生かした使い分け

ESP32が適する用途	Picoが適する用途
・ネットワークに接続したい（WebAPI/MQTT/WebSocketを使いたい） ・できるだけ正確な時刻情報を扱いたい（NTP同期） ・BLE機器を開発したい ・カメラ画像など比較的大規模なデータを加工，保存したい	・電源確保が困難，電池で長時間駆動したい ・ボードではなくチップで入手したい（チップ単品売りあり） ・プログラマブルI/Oを利用してのハードウェア制御 ・USB機器を開発したいとき，ホストにもデバイスにもなれる ・安くプログラム開発を始めたい（550円出せばPCに接続できプログラムを書き込める）

補足：なお，ESP32，Picoのいずれのボードであっても MicroPython/CircuitPythonを使うことで，Lチカに加え，LCDの接続やSDカードの制御が容易に行える．ただし，CircuitPythonはPicoのみ利用可能

● 動作電圧が1.8～5.5Vと広い

Picoの特徴として，多様な電源で稼働させられる点が挙げられます．Picoの電源部には昇圧/降圧可能なDC-DCコンバータRT6150B（Richtek Technology）が採用されており，1.8～5.5Vの幅広い電圧で稼働させることが可能です．電池駆動でPicoを利用することが容易に行えます．

● USB経由でプログラムを書き込める

BOOTSELボタンを押しながらPicoとPCをUSB接続するとUSBストレージとして起動します．この機能によりフラッシュ・メモリの書き込みツールを使わずともMicroPythonなどのファームウェアをドラッグ＆ドロップでPicoのフラッシュ・メモリに書き込むことが可能です．

こんな用途に

ESP32とPicoのハードウェア特徴を生かした使い分けの例を**表2**に整理しました．作りたいアプリケーションを想定して使い分けを示しています．

◆参考文献◆

(1) Using Adafruit AR with Raspberry Pi Pico，Adafruit.
https://learn.adafruit.com/getting-started-with-raspberry-pi-pico-circuitpython/using-adafruit-ar-with-rasberry-pi-pico

すみ・ふみお

ハードウェア詳細とC/C++ SDKによる開発

使い方完全マニュアル

竹本 義孝

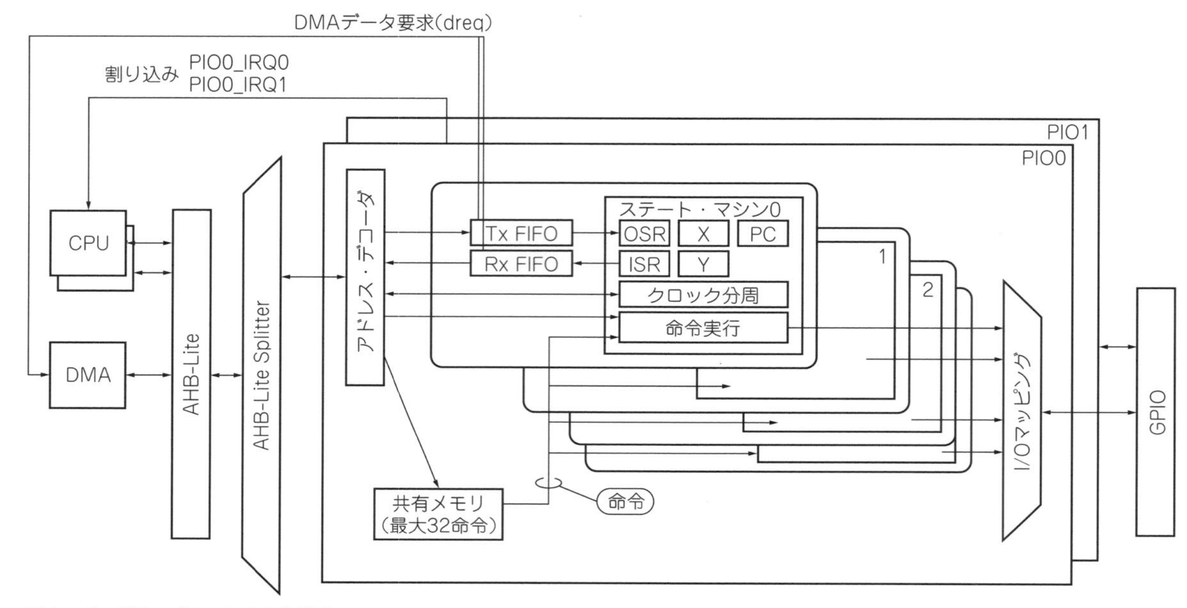

図1　プログラマブルI/Oの全体構成

組み込みの世界では，さまざまなペリフェラルを持ったマイコンが使われています．しかし，ここで紹介するプログラマブルI/O(以降，PIO)のようなハードウェアを搭載するマイコンはあまり見かけません．

ここでは，PIOのハードウェア構成を概観し，専用のアセンブリ言語による使い方を体系的に解説します．

最後に，ウォッチドッグ・タイマ機能の製作を通して，PIOを使った機能実装の例を紹介します．

● I/O操作に特化したシンプルなコプロセッサ

ラズベリー・パイPico(以降，Pico)に搭載するマイコンRP2040は，CPUとしてCortex-M0+を2つ持っています．それ以外にもPIOというI/Oの操作に特化した小さなコアを持つ，ヘテロジニアスな構成です．筆者は過去に，マイコン内部のイベント処理，フィルタ処理に特化したヘテロジニアスなコアの開発に関わっていたことがあり，非常に興味を持ちました．

通常のマイコンの場合，マイコンの外部と通信をするために，UARTやI^2Cなどの専用のペリフェラルを使います．しかし，何らかの通信規格に対応したペリフェラルを持たないマイコンの場合，CPUでGPIOを操作し，通信信号の処理をする必要がありました．

他のタスクもあるなか，CPUパワーを通信に使うのは問題が多くあります．そもそも信号速度によっては，CPUではどうあがいても間に合わないこともあります．そうなると，動作がより高速なマイコンを使うか，専用のペリフェラルを持つマイコンを使うか，もしくはFPGAでの実装を考えなければなりません．

しかし，PIOを持つPicoの場合，PIOをプログラムしてやれば，CPUをI/O操作から解放できます．

PIOの命令数はわずか9個です．

この命令は1つで複数のピンの操作もできます．シンプルながらも非常に面白い命令構成をしています．

Picoのシステム・クロックは最大で133MHzなの

表1　IO MappingはPIO命令とGPIOピンを対応づける

マッピング設定	説　明
out pins	端子の"H"/"L"の状態を変える命令(OUT, SET, MOV)がどの端子に対して出力するかの設定
in pins	端子の"H"/"L"の状態を読み取る命令(IN, MOV)がどの端子から読み取るかの設定
side-set pins	サイドセット・ピンがどの端子に対して出力するかの設定

で，2命令で構成されるプログラムなら66.5MHzの信号を送受信可能です．

独自規格の通信など，今まではFPGAがなければ難しかったことも，Picoがあればお手軽に試したり，解析したりできそうです．

Cortex-M0やRISC-Vなど，無料で使えるCPUが出てきたことで，PIOのような面白いアイデアのペリフェラルを組み込んだ，マイコンやFPGAでの実装が今後も出てくるでしょう．

● できるのは送受信などのシンプルな操作だけ

PIOは複雑な命令を備えていません．PIOを使ったシステムでは，データ処理などの複雑な計算をCPUで行い，送受信をPIOで行います．

このようにCPUなどのシステムと，PIOとが相互に補完し合う形でやりたいことを実現させます．

PIOで実行できることを次に示します．

・GPIOの値の読み書き，・GPIOの方向の変更，・割り込み，・DMAのデータ要求(dreq)信号を出す，・FIFOに対する読み書き，・デクリメント，・ビット・シフト，・ビット反転，・アドレス・ジャンプ，・待機

PIOのハードウェア

PIOは，以下の要素から構成されます(図1)．

・4つのステート・マシン，・8つのFIFO(4×32ビット)，・共通命令メモリ(32命令，64バイト)，・I/Oマッピング，・割り込み，・DREQ．

● 命令を実行するステート・マシン

PIOのステート・マシンは，CPUに相当する部分です. 共有メモリに書かれたプログラムを順次実行します．

以下の要素から構成されます．

・出力シフト・レジスタ(OSR)，・入力シフト・レジスタ(ISR)，・スクラッチ・レジスタX，Y，・プログラム・カウンタ，・クロック分周設定，・コントロール・ロジック

1つのステート・マシンは書き込み用と読み込み用の2つのFIFOとつながっています．

● バスと接続し入出力を行うFIFO

CPUなどのシステムからバスを介して入力，出力するためのバッファです．1つのFIFOは，4つのデータ(32ビット)を格納できます．

システムから書き込まれたデータは，FIFOにバッファされ，PIOのPULL命令で出力シフト・レジスタ(OSR)に取りこまれます．

CPUなどのシステムが読む出すデータは，PIOのPUSH命令で入力シフト・レジスタ(ISR)からFIFOにバッファされ，システムに読み出されます．

TX FIFOとRX FIFOをどちらか一方の機能に結合して，2倍の容量(8×32ビット)に増やすこともできます．送信専用のステート・マシンならTX FIFOに結合し，受信専用ならRX FIFOに結合すると良いでしょう．

FIFOは，Pico(RP2040)に搭載されているDMAと密接な関係があります．FIFOがDMAにDREQ(Data Request)信号を出すことで，DMAによるデータ転送をFIFOの空き容量やデータが存在してるかどうかを考慮して行えます．

同様のFIFOの仕組みが，SPI，I^{2}C，UART，PWMなどのペリフェラルにも搭載されています．

● PIOの命令を格納する共通命令メモリ

4つあるステート・マシンが，命令を読み出す共通のメモリです．全部で32命令を格納できます．

PIOのプログラムの特性上，2～3命令しか必要ないステート・マシンもあれば，多くの命令を必要とするものもあることが考えられます．チップ上の実装面積削減のために共通化した，というのは納得できます．

32命令なのは，JMP命令で扱えるアドレス・サイズが5ビット(0～31)であるためでしょう．

● GPIOピンの割り当てを設定するIO Mapping

PIOの各ステート・マシンはGPIO端子について，3つのマッピング設定を持っています(**表1**)．

以下に，Raspberry Pi Pico C/C++ SDK(公式SDK)を使って設定するC言語コードの例を示します．

各命令や，サイドセット・ピンなどの詳細については後述しますが，**リスト1**の設定では**図2**のように入出力が設定されます．

● PIOからの割り込み

1つのPIOからは，CPUに対する割り込みを2つ(IRQ0，IRQ1)出力できます．

割り込み要因は，**表2**の3種類を使うことができます．

割り込みの設定例を**リスト2**に示します．

リスト1　PIO命令とGPIOピンとの対応付けを行う

```
// OUT, SET, MOV命令 のマッピング設定 ( GPIO10から3つ)
sm_config_set_out_pins(&c, 10, 3);

// サイドセットピンの設定 (GPIO31から)
sm_config_set_sideset_pins(&c, 31)

// IN, MOV命令のマッピング設定 (GPIO20から)
sm_config_set_in_pins(&c, 20);
```

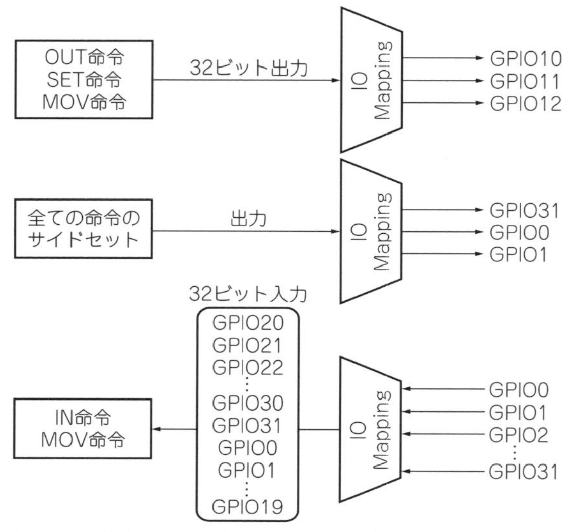

図2　PIO命令とGPIOピンの対応イメージ

リスト2　PIOからCPUへ割り込み信号を出す設定

```
// 割り込みハンドラ
void pio0_itr0()
{

  // IRQ命令でセットされた値を取得
  uint32_t irq = pio0_hw->irq;
  // 各ビットは1書き込むことでクリアできます
  pio0_hw->irq = irq;

  // 割り込み要求のクリア
  irq_clear(PIO0_IRQ_0);
}

void enable_pio0_ir()
{
  // PIO0 の割り込みIRQ0のハンドラを pio0_itr0にする
  irq_set_exclusive_handler(PIO0_IRQ_0, pio0_itr0);

  // PIO
  irq_set_enabled(PIO0_IRQ_0, true);

  // PIO0 IRQ0の割り込み要因の設定(IRQレジスタ0ビット目を指定)
  pio0_hw->inte0 = PIO_IRQ0_INTE_SM0_BITS;
}
```

表2　CPUに割り込みをかける際に割り込み要因に設定できるもの

要　因	説　明	用　途
IRQレジスタ	IRQレジスタの下位4ビット	IRQ命令でCPUに割り込む
TX FIFO	TX FIFOが満杯ではないときに発生	バッファしている値を書き込むなど
RX FIFO	RX FIFOが空ではないときに発生	外部から入力があった場合に読み出すなど

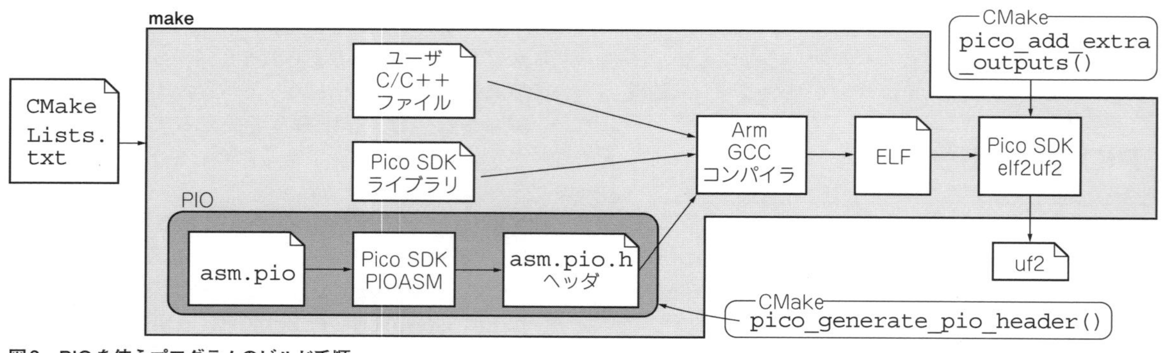

図3　PIOを使うプログラムのビルド手順

プログラムには専用のアセンブリ言語を使う

図3にPIO開発の流れを示します．PIOのプログラムは，PIO専用のアセンブリ・ファイルに記述します．これをPIO Asm(PIOアセンブラ)に入力すると，C言語のヘッダ・ファイルが作成されます．PIO Asmは，公式SDKに付属しています．

このヘッダ・ファイルをC/C++から呼び出して使用します．具体的には，ファイル名+.hをインクルードします．

```
#include "XXX.pio.h"
```

● ビルドにはCMakeを使う

PIOアセンブリは，PIO Asmでアセンブルし，C/C++のソースコードは，gccなどのコンパイラでコンパイルします．

これらを毎回繰り返すのは大変なので，一連のビル

リスト3　CMakeでビルド手順を記述(CMakeLists.txt)

```
add_executable(XXX main.c)

#ビルドに追加するアセンブリ・ファイルを指定
pico_generate_pio_header(XXX
    ${CMAKE_CURRENT_LIST_DIR}/XXX.pio)

target_link_libraries(XXX
    pico_stdlib
    hardware_pio) # hardware_pioを追加
```

ド手順をCMakeLists.txtに記述します．ここにアセンブリ・ファイルとhardware_pioをリンクする設定を加えます(**リスト3**)．

ちなみに，Raspberry Pi Pico MicroPythonでPIOの開発をする場合は，Pythonコード上に@asm_pioデコレータで直接定義します．開発手法に差異はありますが，命令などの基本的な仕組みは同じです．

● アセンブリ・ファイルの構造

幾つかのグループに分けて記述します(**リスト4**)．主な要素は次の5つです．

①プログラムの開始の宣言
②定数定義，定数設定
③サイドセット・ピンの設定
④PIOのプログラム
⑤C言語のヘッダに追加するコード

以下でそれぞれの詳細を解説します．

▶①プログラムの開始の宣言

.program <name>は，プログラムの開始を宣言するディレクティブです．

<name>はC言語ヘッダ内で，プレフィックスとして使われます．例えば，アセンブルしたバイナリ・データは，

```
<name>_program_instructions
```

に格納されます．

.programディレクティブは1つのファイルに複数記述できます．オリジン・ディレクティブを指定することで先頭命令の書き込みアドレスを指定できます．

▶②定数定義，定数設定

定数は，.defineディレクティブで定義できます．

```
.define FOO 10 ←（ファイル内でだけ使える定数）
.define public BAR 1 + 0x1 ←（C言語ヘッダにも出力される）
```

・ラベルとアドレス

ラベルは，次の命令アドレスを取得するために使います．

```
label1: ←（ファイル内だけで使える）
public label2: ←（C言語ヘッダにも出力される）
```

アドレスは，.programディレクティブで0に戻ります．なお，.originディレクティブによるアドレスの変化はありません．

リスト4　要素ごとに分けて記述する

```
.program XXX ; プログラム名

;----- 定数などの設定 ----

;----- サイドセット・ピンの設定 -----

;----- アドレスオフセットの設定 ----

.wrap_target
;----- アセンブリ プログラム -----

.wrap

;----- C言語のヘッダに追加するコード -----
% c-sdk {

// 初期化関数
static inline void XXX_program_init(PIO pio,
                                    uint sm, uint offset)
{
}
%}
```

▶③サイドセット・ピンの設定

PIOの特徴であるサイドセット・ピンについて，詳しくは後述します．

▶④PIOのアセンブリ・プログラム

PIOのプログラム本体です．

多くの計算機では，プログラム・カウンタがオーバフローすると，0に戻ってループしますが，PIOはループするタイミングを.wrapディレクティブで指定でき，戻るアドレスは.wrap_targetディレクティブで指定できます．ただし，一度しか指定できません．

この機能を使うと，ジャンプ命令を使わずともループを実現できます．

.wrap_targetを指定しない場合は先頭の命令に，.wrapを指定しない場合は，最後の命令の後にデフォルトで設定されます．

なお，ジャンプ命令などで.wrapの外に出た場合は，ラップは起こりません．

アセンブリ・プログラムとサイドピンの設定について詳しくは後述します．

▶⑤Cのヘッダに直接出力したいコードも書ける

```
% c-sdk { ここが出力される %}
```

で囲われた範囲は，そのままC言語のヘッダ・ファイルに出力されます．

プログラムの固有初期化処理や，ユーティリティなどを定義しておくと，管理の見通しが良いでしょう．

ただし，ヘッダ・ファイルに記述されるため，関数の実態を記述する場合は，static inlineを指定してください．

典型的な例を**リスト5**に示します．

リスト5　Cのヘッダに直接出力したいコードはc-sdkディレクティブを使って記述する

```
% c-sdk {
static inline void <name>_program_init(
    PIO pio,      // pio0 / pio1
    uint sm,      // ステート・マシン 0,1,2,3
    uint offset) // 最初の命令のオフセット
{
    // 出力に使うGPIOのピン・ファンクションにPIOに設定する
    pio_gpio_init(pio, 10); // GPIO 10

    // ステート・マシンのGPIOの出力方向を設定する
    pio_sm_set_consecutive_pindirs(pio, sm, 10, 1,
                                                true);

    // ステート・マシンの設定
    pio_sm_config c = <name>_program_get_default_
                                        config(offset);
    // サイドセット・ピンの設定
    // クロック分周設定など

    // 書き込み
    pio_sm_init(pio, sm, offset, &c);
    // 実行
    pio_sm_set_enabled(pio, sm, true);
}
%}
```

現在はc-sdkしかありませんが，将来的にRustなどほかの言語がサポートされた場合は，c-sdkの部分をそのターゲット名に変更します．

PIOアセンブリ命令

RP2040のPIO命令は，1命令が16ビット固定長です．以下の9つの命令が定義されています．

- PUSH
- PULL
- IN
- OUT
- MOV
- JMP
- SET
- WAIT
- IRQ

● 遅延とサイドセット・ピン

PIOの命令フォーマットには，遅延とサイドセット・ピンの状態変更を行うビットが用意されています（**図4**）．

そのため，全ての命令で遅延とサイドセット・ピンの操作ができます．

▶命令実行と合わせて遅延を指定

命令実行後に指定されたサイクル，実行を停止します．

```
NOP [5]    ;5サイクル待つ(全部で6サイクル)
NOP [31]   ;31サイクル待つ(全部で32サイクル)
```

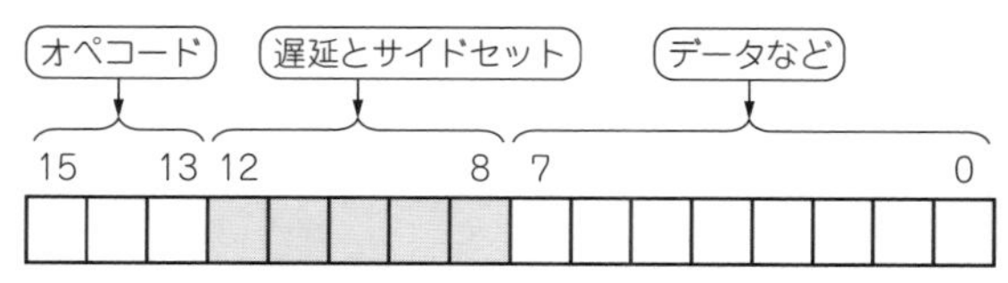

図4　16ビット固定長命令のうち5ビットは遅延とサイドセット用

なお，PIOには上記のNOPは命令としては存在しません．後述しますが，MOV命令に変換されます．

▶命令実行と合わせてGPIOの“H”/“L”を操作

サイドセットを有効化すると，GPIO端子の状態を変更する命令を使わなくても，端子の状態を変更できます．

SPIなど，データとクロックの信号を一緒に制御しなくてはならない場合があります．

PIOの命令セットは，データ処理をするには不十分なので，クロック制御とデータ出力を，出力命令（OUT命令）だけで実現するとなると，CPUでデータをクロック込みに加工してからPIOに渡さなければ，実現は難しいでしょう．

例えば，CPUから指定された1ビットのデータとクロックを同時に出力する場合を考えてみます．

PIOの出力命令だけで実現するなら，**リスト6**の①のように“H”のときの2ビット分のデータと，“L”のときの2ビット分のデータ，合わせて4ビットのデータをCPUから受け取る必要があります．

クロックの出力にサイドセットを使うと，CPUは単純にデータを1ビット渡すだけで動作するようになります（**リスト6**の②）．

▶共通のビットを使うので制限がある

・使えるのは合わせて5ビット

遅延とサイドセット・ピンの状態は合計で5ビットです．

サイドセット・ピンを使わないときは，最大で31サイクル（5ビット）遅延できますが，2つの端子をサイドセット・ピンに割り当てると，最大で7サイクル（3ビット）までしか遅延できません．

5ビットの内，何ビットをサイドセット・ピンに割り当てるか（残りを遅延に割り当てる）は，`.sideset`ディレクティブによって指定できます（**リスト6**の②）．

上記の例では，1つ（1ビット）をサイドセット・ピンに割り当てているため，遅延は4ビット使うことが

リスト6　サイドセットを使うと命令実行と同時にGPIOを操作できる

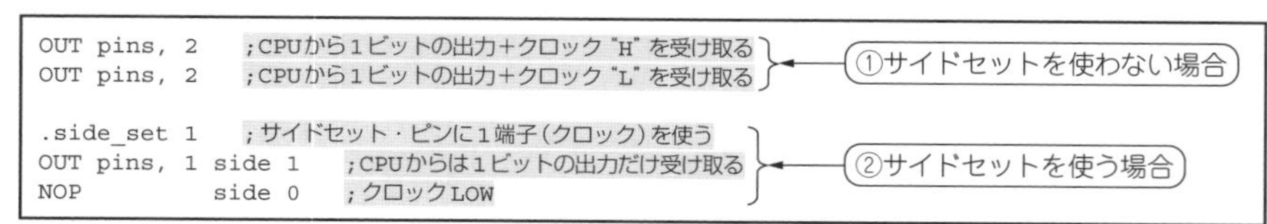

```
OUT pins, 2      ;CPUから1ビットの出力+クロック "H" を受け取る  ┐
OUT pins, 2      ;CPUから1ビットの出力+クロック "L" を受け取る  ┘ ←①サイドセットを使わない場合

.side_set 1      ;サイドセット・ピンに1端子(クロック)を使う      ┐
OUT pins, 1 side 1   ;CPUからは1ビットの出力だけ受け取る        ├ ←②サイドセットを使う場合
NOP         side 0   ;クロックLOW                              ┘
```

リスト7　ピンの状態を変更するときだけ記述する設定

```
.side_set 2 opt; サイドセット・ピンに2端子使う

    NOP side 0b11 [3]; サイドセット・ピンの出力切り替え
    NOP [1]           ; sideを書かなくてもエラーにならない
    NOP side 0 [3]
    NOP [3]
```

できます．

5つの端子をサイドセット・ピンに割り当てると，遅延は使えなくなります．また，6つ以上の端子をサイドセット・ピンとして使用できません．

• サイドセットを使う場合は全ての命令で指定する

サイドセット・ピンを有効化した場合，全ての命令で`side value`を記述する必要があります．指定しない場合は，エラーになります．

しかし，指定したときだけ状態を変化させて，そうでないときは維持をする，というプログラムを書きたい場合もあります．

その場合は，`side_set opt`を指定します（**リスト7**）．

ただし，オプション化のために1ビット使用するため，遅延とサイドセット・ピンは合計4ビットしか使えなくなります．

また，サイドセット・ピンで端子の値ではなく，方向を変えることも可能です．

```
.side_set 2 opt pindirs;
                          端子の方向を変える
    NOP side 0b11 [3] ; 端子を出力にする
    NOP side 0b01 [3] ;
                        端子を出力と入力にする
    NOP side 0b00 [3] ; 端子を入力にする
```

● シフト・レジスタの操作命令：PULL/PUSH/OUT/IN

入力シフト・レジスタ（ISR）と出力シフト・レジスタ（OSR）は，CPUなどのシステムとPIOとの間に入る重要なレジスタです（**図1**）．

ISRとOSRをどのように扱うかが，PIOプログラムの肝であると言っても過言ではないでしょう．

OSR/ISRは，それぞれシフト・カウンタを持っていて，現在何ビット・シフトされたかを記憶しています．

OSRはシフト・カウンタの値が閾(しきい)値に達しているかどうかで，レジスタが空かどうかを判断されます［**図5**（**a**）］．

逆にISRはシフト・カウンタの値が閾値に達しているかどうかで，レジスタが満杯かどうかが分かります［**図5**（**b**）］．

閾値は初期値では32ですが，設定によって変えられます．

このOSR/ISRを専門に処理する命令が，PULL/PUSH/OUT/INです（**図6**）．

▶データの取り込み：PULL

TX FIFOからOSRにデータを32ビット取り込み，OSRのシフト・カウンタをクリアします．取り込んだデータはTX FIFOから削除されます．

TX FIFOが空の場合は，処理をブロックさせることができます．

TX FIFOが空で，かつ，ブロックしない場合は，スクラッチ・レジスタXの値がOSRに入ります．また，OSRが空ではないなら，処理をスキップする設定も可能です（**表3**）．

▶データの書き出し：PUSH

RX FIFOからISRにデータを32ビット書き出し，ISRとシフト・カウンタをクリアします．

RX FIFOが満杯の場合は，処理をブロックさせる

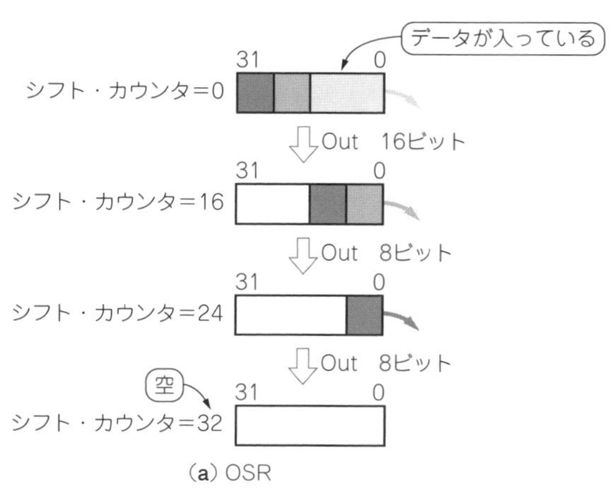

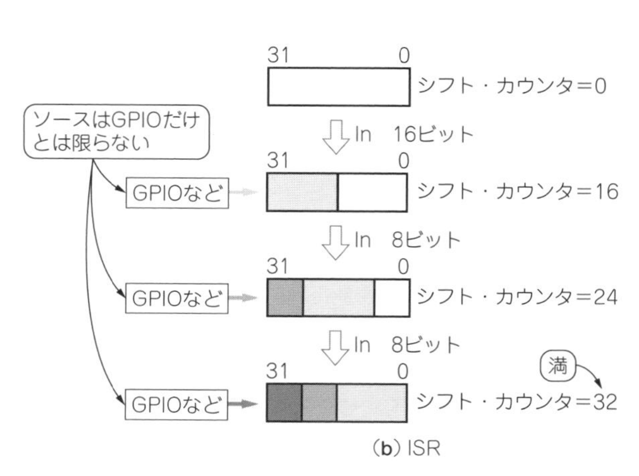

図5　シフト・カウンタによりデータの滞留状態を判定する
図では全て右シフトで説明しているが，設定によって変わる

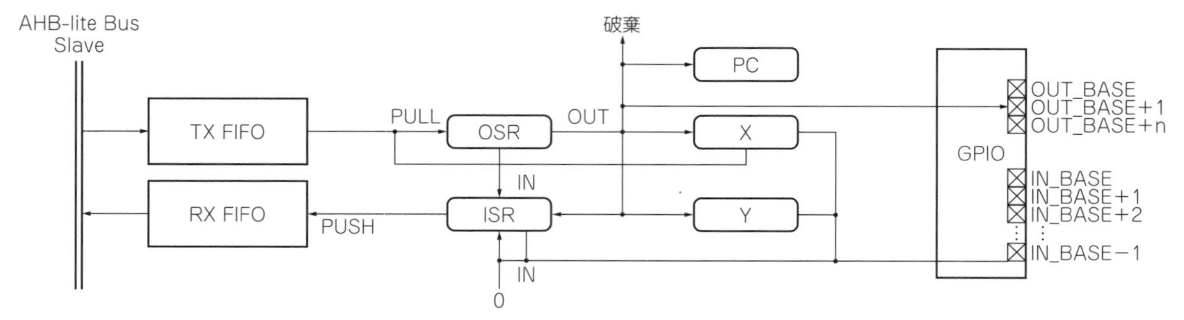

図6　命令と各レジスタの関係

表3　pull命令の一覧

命　令	説　明
pull	TX FIFOが空の場合は待機する
pull noblock	TX FIFOが空の場合はスクラッチ・レジスタXの値がOSRに格納される
pull ifempty	OSRが空の場合にpullを行う
pull ifempty noblock	OSRが空の場合にpullを行う．TX FIFOが空の場合はスクラッチ・レジスタXの値がOSRに格納される

リスト8　OUT命令の疑似コード

```
// OUT X, 3
X = OSR & 0x7;
OSR = OSR >> 3;
OSR_Counter += 3;

// OUT ISR, 3
ISR = (OSR & 0x7) << 29;
ISR_COUNTER = 3;
OSR = OSR >>3;
OSR_COUNTER +=3;
```

ことができます．

RX FIFOが満杯で，かつブロックしない場合は，値は破棄されます．ISRが満杯ではないなら，処理をスキップする設定も可能です（**表4**）．

▶データの出力：OUT

`out 出力先, シフト量`

OUTはOSRをシフトし，あふれたビットを出力します．

OUTのシフト方向を右シフトとするか，左シフトとするかは，ステート・マシンの設定（SMx_SHIFTCTRLレジスタのOUT_SHIFTDIRフィールド）から変えられます．

OUTの出力先に指定できるものを**表5**に示します．ISRに出力する場合は，ISRのシフト・カウンタもシフト量に設定されます．

リスト8にOUT命令の疑似コードを示します．この疑似コードでは，全て右シフトに設定されているものとしています．

表4　push命令の一覧

命　令	説　明
push	RX FIFOが満杯の場合は待機する
push noblock	RX FIFOが満杯の場合はISRの値は破棄する
push iffull	ISRが満杯の場合にpushを行う
push iffull noblock	ISRが満杯の場合にpushを行う．RX FIFOが満杯の場合はISRの値は破棄される

表5　OUT命令の出力先に指定できるもの

出力先	内　容
PINS	GPIOの値を設定する．PINCTRL_OUT_BASEでIOマッピングを指定する
PINDIRS	GPIOの方向を設定する．1だと出力，0だと入力となる．PINSとGPIOは一致する
X	スクラッチ・レジスタX
Y	スクラッチ・レジスタY
PC	プログラム・カウンタ
NULL	破棄
ISR	入力シフト・レジスタ．ISRのシフト・カウンタもシフト量に設定される
EXEC	OSRのデータを命令として実行

OUT命令は，OSRの値をそのまま命令として実行するという，面白い機能を持っています．1命令だけ分岐したい場合には有用でしょう．

▶データの入力：IN

`in ソース, シフト量`

INは，ISRをシフトし，空いた領域を指定したソースの値で埋めます．

シフト方向を右シフトとするか，左シフトとするかは，ステート・マシンの設定（SMx_SHIFTCTRLレジスタのIN_SHIFTDIRフィールド）から変えられます．OUTとINのシフト方向は独立して設定します．

ソースに指定できるものを**表6**に示します．

以下にIN命令の疑似コードを示します．

```
// IN X, 10
ISR = ISR >> 10 | X << 22;
ISR_COUNTER += 10;
```

表6 IN命令のソースに指定できるもの

入力元	内 容
PINS	GPIOの値から取り込む．PINCTRL_IN_BASEでIOマッピングを指定する
X	スクラッチ・レジスタX
Y	スクラッチ・レジスタY
ISR	入力シフト・レジスタ
OSR	出力シフト・レジスタ
NULL	0

表7 MOV命令のオペランドに指定するもの

転送先	転送元
Pins（OUT命令の設定と同じ）	Pins（IN命令の設定と同じ）
X	X
Y	Y
PC	STATUS
ISR	ISR
OSR	OSR
実行	NULL（0）

（a）転送先と転送元

オペレーション	説 明
なし	値をそのまま転送する
~，！	ビット反転する
::	ビットを逆順にする

（b）オペレーション

表8 SET命令の出力先に指定できるもの

出力先	内 容
PINS	OUT命令のPINSと同じGPIOの値を設定
PINDIRS	OUT命令のPINSと同じGPIOの出力方向を設定
X	スクラッチ・レジスタX
Y	スクラッチ・レジスタY

図6に，PULL/PUSH/OUT/INとレジスタの関係を示します．

▶FIFOの状況に応じて自動でPULL/PUSHできる

Auto PullおよびAuto Pushを有効にすると，PULLとPUSHを自動的に実行させることができます．

Auto Pullは，OSRのシフト・カウンタが閾値に達している場合に，自動的にPULLします．

OUT命令実行時に，OSRのシフト・カウンタが閾値に達していて，TX FIFOが空である場合は待機状態になります．

Auto Pushは，IN命令でISRのシフト・カウンタが閾値に達した場合に，自動的にPUSHします．

PUSHするときに，RX FIFOが満杯である場合は待機状態になります．

なお，OSRとISRのシフト方向や，カウンタの閾値などの設定は，公式SDKでは`sm_config_set_out_shift`と`sm_config_set_in_shift`を使って設定します．

● コピー命令：MOV

```
mov 転送先，オペレーション 転送元
```

MOV命令は，PIOのステート・マシン内でデータをコピーする命令です．

OUT命令と同じく，データをそのまま命令として実行する機能もあります．

転送先と転送元に指定できるものを**表7(a)**に，オペレーションに指定できるものを**表7(b)**に示します．

▶コピー命令の使用例

```
mov x, ~y     ;XにYを反転した値を代入する
mov null, osr   ;OSRを破棄する
```

転送先にISRやOSRを選んだ場合は，シフト・カウンタが0に設定されます．

• Auto Pullを使う場合の注意点

MOVでOSRを扱わないでください．Auto Pullの判定は全てのサイクルで行われるため，OSRに対してMOVをした場合，PULLしたデータを上書きするタイミングがあります．

逆に，OSRからMOVを行った場合も，OSRに残っているデータなのか，FIFOから読み出したデータなのか分かりません．必ず，OUT命令でOSRを処理してください．

一方でAuto Pushは，IN命令でしか起こらないので，ISRを対象にする制限はありません．

● 値を設定：SET

```
set 出力先，5ビットの値
```

5ビットの直値を設定する命令です．

表8に出力先として指定できるものを示します．

● ジャンプ命令：JMP

```
jmp 条件 ジャンプ先
```

PC（プログラム・カウンタ）を特定のアドレスに設定する命令です．

なお，ジャンプ命令を使わなくても，`.wrap`と`.wrap_target`で，ループを制御できる場合もあります．

ジャンプ先アドレスは絶対アドレスです．ジャンプの条件を**表9**に示します．

PINの条件で使われるGPIOは，1つのステート・マシンにつき1つしか指定できません．公式SDKでは設定するために`sm_config_set_jmp_pin`関数を使用します．

`!OSRE`を条件に指定する場合は，OSRの値ではなく，OSRのシフト・カウンタが閾値に達しているかで判断される点に注意してください．例を次に示します．

```
loop:
    OUT pins, 1
```

表9　JMP命令でジャンプする条件

条件	説明
なし	無条件ジャンプ
!X	スクラッチ・レジスタXが0の場合にジャンプする
X--	スクラッチ・レジスタXが0でない場合にジャンプする．ジャンプするときにXレジスタを減算する
!Y	スクラッチ・レジスタYが0の場合にジャンプする
Y--	スクラッチ・レジスタYが0でない場合にジャンプする．ジャンプするときにYレジスタを減算する
X!=Y	スクラッチ・レジスタX, Yが同じではない場合にジャンプする
PIN	SMx_EXECCTRLレジスタのJMP_PINで指定したGPIOが“H”のときジャンプする
!OSRE	OSRが空でない場合にジャンプする

```
    JMP !OSRE loop

end:
    JMP end
```

複数のプログラムを1つのPIOに書き込む場合，ラベルのアドレスと，実際にジャンプしたいアドレスがずれる点には気をつけてください．

SDKの関数pio_add_programを用いて書き込む場合は，ジャンプ命令を転送する際に，先頭アドレスに応じて自動的に修正されます．

● 割り込み命令：IRQ

割り込みフラグのset/clearを行う命令です（**表10**）．1つのPIOは，0～7番の割り込みフラグを持っています．これらは各ステート・マシンで共有しています．

0～3番は，システム・レベルの割り込みとして出力されます．

4～7番は，PIO内のステート・マシンからしか見えません．WAITと組み合わせて，他のステート・マシンとタイミングを同期させることに使えます．

なお，割り込みフラグはWAIT命令によってもクリアされます．

▶割り込み番号の相対化

同じプログラムでも，4つのステート・マシンごとに異なるフラグを立てたい場合があります．

表11　ステート・マシンごとに異なるフラグを立てることも可能

命令	効果
IRQ 0 _rel	ステート・マシンx（0～3）から，x番の割り込みフラグをセットする
IRQ clear 4 _rel	ステート・マシンx（0～3）から，x+4番の割り込みフラグをクリアする
IRQ wait 1 _rel	ステート・マシンx（0～3）から，（x+1 mod 4）番の割り込みフラグをセットし，クリアされるまで待機する

表10　PIOで扱う割り込みフラグ

命令	効果
IRQ 0	割り込みフラグ0番をセットする
IRQ wait 3	割り込みフラグ3番をセットし，割り込みフラグ3番がクリアされるまで待機する
IRQ clear 7	割り込みフラグ7番をクリアする

命令の最後に，_relを加えると，それぞれのステート・マシンで異なる割り込みフラグの操作ができます（**表11**）．

割り込みフラグの番号の計算方法は次の通りです．

(num & 4) + ((ステート・マシン番号 + num) &3)

（**表11**ではx）（**表11**ではmod 4）

● 待機命令：WAIT

GPIO，PIN，割り込みフラグの3種類からソースを選び，設定した状態に変化するまで待機します．

GPIOとPINはGPIOの番号で指定するか，IN命令のIOマッピングの番号で指定するかの違いです．

PINを使うと，同じプログラムで複数のステート・マシンに対し，ステート・マシンごとに異なるGPIOを対象として処理できます．

割り込みフラグのセットをソースに指定した場合，割り込みフラグがセットされたときに，ステート・マシンによってフラグがクリアされます（**表12**）．

命令の最後にrelを加えることで，割り込みフラグの番号を，IRQ命令と同じ計算方法で相対化できます．

● 疑似命令：NOP

PIOには，何もしない命令（NOP：No Operation）はありません．

ただ，利便性のためにPIOアセンブラは，NOPと記述するとMOV Y, Yに変換します．

スクラッチ・レジスタYにスクラッチ・レジスタYを代入するため，結果的に何も起こりません．

表12　WAIT命令で待機する条件

命令	効果
WAIT 0 gpio 10	GPIO10が“L”になるまで待機する
WAIT 1 gpio 0	GPIO0が“H”になるまで待機する
WAIT 0 pin 0	IN_BASEで指定したGPIOが“L”になるまで待機する
WAIT 1 pin 2	IN_BASE+2のGPIOが“H”になるまで待機する
WAIT 0 irq 0	割り込みフラグ0がクリアされるまで待機する
WAIT 1 irq 7	割り込みフラグ7がセットされるまで待機し，割り込みフラグ7をクリアする
WAIT 1 irq 4 rel	割り込みフラグ4+xがセットされるまで待機し，割り込みフラグ4+xをクリアする

実装例1：UARTを実装してみる

以降では実際にC/C++でPIOを使った開発をしていきます．

Picoは，現在Raspberry Pi OS，Linux，Windows 10，macOSなどの環境で開発できます．各OSの開発環境の構築については割愛します．詳細は，第1部や，公式ドキュメント[1]を参照してください．

筆者はWindows 10で，MSYS2とVS Codeを使って開発を行っています．

C/C++を使用したPicoの開発では，公式SDKを使用します．PIO AssemblerもSDKに付属しています．

本章では以下のようなプロジェクトのディレクトリ構造で開発します．

```
main.c          ：C言語ファイル
asm.pio         ：PIOファイル
CMakeLists.txt：CMakeファイル
```

SDKの配置場所は，プロジェクト内でなくても構いません．

`PICO_SDK_PATH`変数で好きな場所を指定できますが，筆者は簡単のために指定していない場合は，ビルド・ディレクトリ内で`pico_sdk_import.cmake`をダウンロードし，`git clone`する構成にしています．

■ 実装

UARTは非常に簡単なプロトコルです．UARTの送受信をPIOで実装してみます．

● 送信プログラムの流れ

まずはUARTのデータ送信プログラムから実装します(**リスト9の①**)．送信プログラムは以下の動作を繰り返すことで，データを相手に送信できます．

1) CPUなどから入力を受けるまで“H”の状態で待機

PIOのステート・マシンが動き始めると，まずは，`set pins, 1`で信号が“H”の状態になります．

PULLで信号を“H”に維持したままシステムからTX FIFOにデータが入力されるまで待ちます．なお，データは1バイト単位で受け付けます．

2) スタート・ビット(“L”)を出力

`set pins, 0 [1]`で信号を2クロック(命令実行＋遅延1クロック)の間“L”にして，スタート・ビットを送信します．

3) 1バイトのデータを出力

3-1) `out pins, 1`)でOSRに受け取ったデータを1ビット・シフトしながら出力します．

3-2) 8回出力するまでは，`jmp !OSRE tx_loop`で，3-1)に戻ります．1ビットのデータ出力には，outとjmpの2クロックの時間がかかります．なお，OSRの閾値をC言語で8に設定する必要があります．

4) ストップ・ビット(“H”)を出力

自動的に最初の`set pins, 1`に戻ることでストップ・ビットの出力を行い，次のデータがTX FIFOに入力されるまで待ちます．

● 送信クロックの設定

この送信プログラムでは，ストップ・ビットの送信と1ビットのデータ送信に2サイクルかかります．それに合わせるために，スタート・ビットの送信では1クロックの遅延を使っています．

1ビットの送信が2サイクルかかるため，特定のボー・レートで動作させるには，ステート・マシンのクロック分周を，

システム・クロック/(2×ボー・レート)

に設定します．

なお，クロック分周は1/256単位で指定できます．ただし，分周が小さい場合はジッタの影響が大きくなるので気をつけてください．

クロック分周が大きいほどPULLの待機時間，つまりシステムがPIOに入力してから，PIOが実際に出力開始するまでにかかる時間が長くなります．

応答を早くしたい場合は，1ビットの送信＝2サイクルで行っている処理を，遅延を使ってサイクル数を増やし分周を小さくすると良いでしょう．

● 知っておくと便利

`.origin 0`は必要ありませんが，このプログラムが共通メモリの0番地に配置されることを明示しています．

これらのC言語で行っておく初期化を`%c-sdk`の中に`uart_tx_program_init`として作成しておきます(**リスト9の②**)．

PIOに値を書き出す処理も作ってみます．本プログラムでは`pio_sm_put_blocking`を使っているため，TX FIFOが満杯のときは，FIFOが空くまでビジー・ウエイトします(**リスト9の③**)．

CPUを効率よく使うには，送信内容をバッファにため，割り込みから送信したり，DMAなどを使ったりする必要があります．

なお，パリティ・ビットを付加する場合は，C言語側で処理します．

● 受信プログラムの流れ

次にUARTのデータ受信プログラムを実装します．

受信プログラムは以下の動作を繰り返します．実装したプログラムを**リスト9の④**に示します．

1) スタート・ビット(“L”)が来るまで待機

リスト9　CPU側の処理はC言語で%c-sdkディレクティブに記述する（pio_uart/asm.pio）

```
; 送信
;   Auto pull : false
;   OSR 閾値   : 8bit
.program uart_tx
.origin 0
    set pins, 1
    pull
    set pins, 0 [1]
tx_loop:
    out pins, 1
    jmp !OSRE tx_loop          ←①

; 受信
;    Auto push : true
;    ISR 閾値   : 8bit
.program uart_rx
.origin 5
     wait 0 pin 0
     set x, 7
rx_loop:
     in pins, 1
     jmp x-- rx_loop           ←④

% c-sdk {
#include "hardware/clocks.h"
#include "hardware/gpio.h"

static inline void uart_tx_program_init( ←②
    PIO pio,        // 使用する PIO
    uint sm,        // ステート・マシンの番号
    uint pin,       // 出力ピン番号
    uint baudrate) // ボー・レート
{
    uint offset = 0; // origin が0で固定なので0になります

    // GPIOのピン機能をPIOに設定
    pio_gpio_init(pio, pin);
    // ピンを出力に設定
    pio_sm_set_consecutive_pindirs(pio, sm, pin, 1,
                                              true);

    // ステート・マシンの設定
    pio_sm_config c = uart_tx_program_get_default_
                                    config(offset);

    // out命令とset命令の出力設定
    sm_config_set_out_pins(&c, pin, 1);
    sm_config_set_set_pins(&c, pin, 1);

    // PIOからシステムへの出力はないので，FIFOを全てTXに結合
    sm_config_set_fifo_join(&c, PIO_FIFO_JOIN_TX);

    // OSRの閾値を8に設定
    sm_config_set_out_shift(&c, true, false, 8);

    // ボー・レート（クロック分周）の設定
    sm_config_set_clkdiv(&c, (float)clock_get_hz
                         (clk_sys) / (2 * baudrate));
    // ステート・マシンの設定の反映と起動
    pio_sm_init(pio, sm, offset, &c);
    pio_sm_set_enabled(pio, sm, true);
}

static inline void uart_rx_program_init( ←⑤
    PIO pio,
    uint sm,
    uint pin,
    uint baudrate)
{
    uint offset = 5;
    // GPIOの設定
    pio_gpio_init(pio, pin);
    // GPIOを読み込みに
    pio_sm_set_consecutive_pindirs(pio, sm, pin, 1,
                                              false);
    // プルアップしておきます
    gpio_pull_up(pin);

    // ステート・マシンの設定
    pio_sm_config c = uart_rx_program_get_default_
                                    config(offset);

    // In命令で読み込むピンの位置を設定
    sm_config_set_in_pins(&c, pin);

    // 8ビット In命令で取り込むと自動的にpush．シフト方向は右シフト
    sm_config_set_in_shift(&c, true, true, 8);

    // TX FIFOは不要なので，全てRX FIFOに結合
    sm_config_set_fifo_join(&c, PIO_FIFO_JOIN_RX);

    // ボー・レート（クロック分周）の設定
    sm_config_set_clkdiv(&c, (float)clock_get_hz
                         (clk_sys) / (2 * baudrate));

    pio_sm_init(pio, sm, offset, &c);
    pio_sm_set_enabled(pio, sm, true);
}
                                                    ③
static inline void pio_putc(PIO pio, uint sm, char c)
{
    pio_sm_put_blocking(pio, sm, (uint32_t)c);
}

static inline void pio_puts(PIO pio, uint sm,
                                const char *s) {
    while (*s)
        pio_putc(pio, sm, *s++);
}

static inline char pio_getc(PIO pio, uint sm) {
    return (char)(pio_sm_get_blocking(pio, sm) >>
                24); //上位8ビットに値が格納されています
}
%}                                                  ⑥
```

wait 0 pin 0でスタート・ビット（"L"）になるまで待ちます．

2）1バイトの入力を読み取る

2-1）set x, 7で8回ループするための値をXレジスタに設定する

2-2）in pins, 1でISRに入力ピンの値を1ビット・シフトして取り込む

2-3）jmp x-- rx_loopでXレジスタが0になるまでループする

このプログラムにはPUSH命令がありません．C言語でISRのシフト・カウンタが8になると，Auto Pushで自動的にPUSHさせる設定にしておけば，命令は不要です．

この受信プログラムもスタート・ビットや入力の受け取りを2サイクルで実行します．分周の設定なども送信プログラムと同様です．

送信プログラムが5命令なので，.origin 5で受信プログラムが送信プログラムの直後に配置されるように指定しています．明示せず，SDKに任せてもよいです．

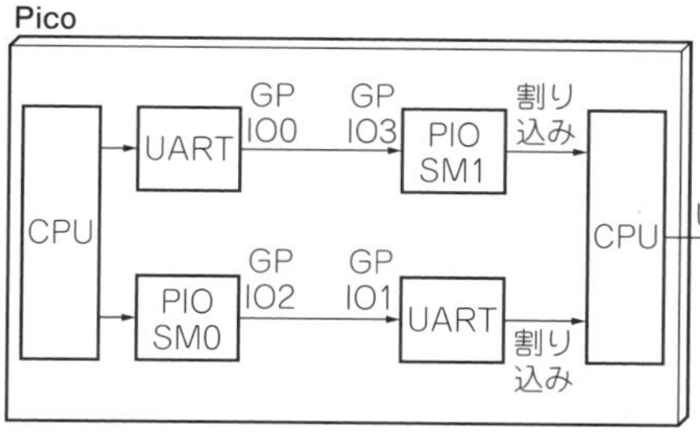

図7　PIOを使ったUART通信テストのデータの流れ

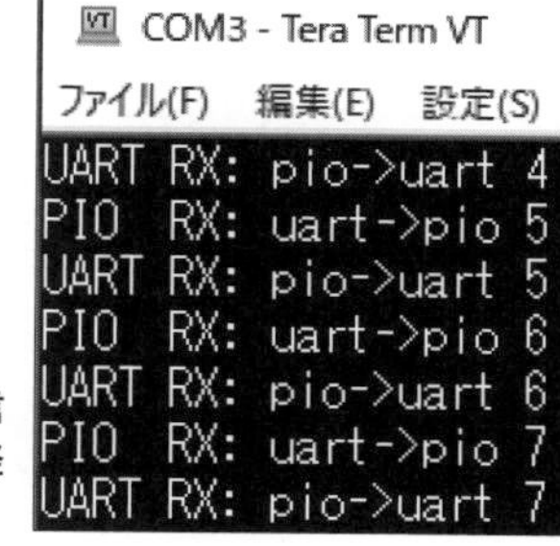

図8
PCからUARTでデータを送信するとペリフェラルとPIOを経由してデータが戻ってくる

これらのC言語で行っておく初期化を，%c-sdkの中にuart_rx_program_initとして作成しておきます(**リスト9の⑤**)．

送信と同じように，PIOに値を読み出す処理も作っておきます．本プログラムではpio_sm_get_blockingを使っているため，RX FIFOが空のときはFIFOに値が格納されるまで，ビジー・ウエイトします(**リスト9の⑥**)．

CPUを効率よく使うには，割り込みまでCPUを停止させる必要があるでしょう．また，CPUが見ていない間に，PIOのRX FIFOがあふれないようにするには，DMAが必要です．

なお，パリティ・ビットの処理が必要な場合は，CPU側で処理します．

■ 作成したPIO版UARTを使ってみる

PIOで実装したUARTで通信ができるか実際に試してみます．

Picoと外部機器とを接続して通信するには専用の回路やラズベリー・パイなどが必要になります．今回は1台のPicoだけで試せるように，PicoのUARTペリフェラルとPIO版UARTで通信を完結させるサンプルを作りました．データの流れを**図7**に示します．

● 配線

Picoに必要な配線は次の2本だけです．それぞれの端子をジャンパ・ワイヤなどで接続します．

- GPIO0とGPIO3
- GPIO1とGPIO2

● プログラムの準備

Picoの開発環境は第1部などを参考に構築してください．

開発環境構築後，ダウンロード・データの，/src/pio_uartディレクトリに移動し，次のコマンドを実行します．

```
mkdir build
cd build
cmake ..
make
```

上記のコマンドは，公式SDKをcloneするため，時間がかかります．既にcloneしてある公式SDKを利用する場合は，cmakeのオプションでパスを指定してください．

```
cmake .. -DPICO_SDK_PATH=<ディレクトリ>
```

makeすると，.uf2ファイルが出来るのでPicoに書き込んで実行します．

PC上でTera Termを使って通信している様子を**図8**に示します．

実装例2：PIO版ウォッチドッグ・タイマを実装してみる

PIOが持っているのは基本的に，通信のプロトコルを実現するための命令セットです．

データに対して処理を加える，判断するといった能動的な動きはあまりできません．

しかし，せっかくプログラム可能なコアがあるのですから，PIO自らが判断してCPUを含むシステムや，マイコン外部に影響を与えるような，変則的な使い方はできないでしょうか？

PIOから周りに与えられる影響は，ピンの状態を変更したり，CPUに割り込みを発生させたり，DMAを起動することです．後はPIOができることといえば，せいぜい値のカウント・ダウン程度です．

カウント・ダウンができて，割り込みを発生させられるなら，ウォッチドッグ・タイマの代わりになることができそうです．チップのリセットはできませんが，CPUからカウント・ダウンを止めることができなくなったら，システムが正常ではないと判断し，強制的に割り込みを発生させられます．リセットは割り込みから行うか，外部システムからリセットしてもらいます．

● 外部から死活判定する方法

外部のシステムから，Picoのシステムが正常に生きているかどうかを知るには，何かしら変化する信号を

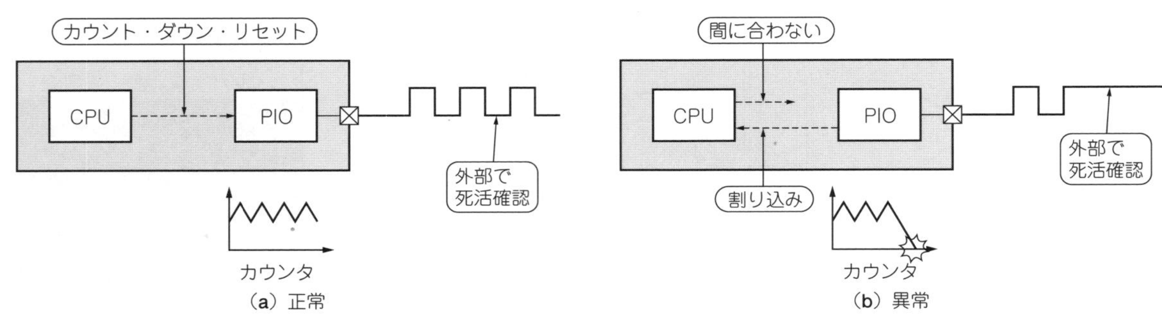

図9　継続するパルスによって死活確認を行う
PIOからGPIOを介してマイコン外部にもパルスを出すため，マイコン内部のCPU以外からも死活確認できる

リスト10　ウォッチドッグ・タイマのプログラム(pio_wd/asm.pio)

```
.program wd
.side_set 1

    pull side 0           ; CPUが最初の初期化をするのを待つ

.wrap_target                ; pullから戻ってくる位置
    out X, 32 side 1        ; X = OSR or X
    jmp X-- wd_next side 1  ; 0ならtimeoutへ

timeout:
    irq set 0 side 1        ; 割り込み発生．"H"固着

end:
    jmp end side 1          ; 無限ループ

wd_next:
    pull noblock side 0 [1]
                    ; CPUからのカウンタのリセットを受け取る
    .wrap
                                                    ①
% c-sdk {
#include "hardware/clocks.h"

static inline void wd_reset(PIO pio, uint sm,
                                 uint limit_count)
{
    pio_sm_clear_fifos(pio, sm);
    pio_sm_put(pio, sm, limit_count);
}

static inline void wd_program_init(PIO pio,
                     uint sm, uint pin, uint freq)
{
    pio_gpio_init(pio, pin);
    // 出力設定
    pio_sm_set_consecutive_pindirs(pio, sm, pin,
                                        1, true);

    pio_sm_config c = wd_program_get_default_
                                      config(0);
    // 状態マシンのピンを設定
    // sm_config_set_out_pins(&c, pin, 1);
    sm_config_set_sideset_pins(&c, pin);
    float div = (float)clock_get_hz(clk_sys) /
                                    (freq * 4);
    sm_config_set_clkdiv(&c, div);

    pio_sm_init(pio, sm, offset, &c);  // init
    pio_sm_set_enabled(pio, sm, true); // run
}
%}                                                  ②
```

監視する必要があります．例えば，最初に信号が“L”の間はまだ起動していない，信号がトグルし続けている間は，システムが正常に動いている，信号が“H”か“L”に固着したら異常状態であると判断できます．

● システムの構成

システムのイメージを**図9**に示します．それぞれの役割は次の通りです．

▶PIOでやること

- PIOはカウント・ダウンし，その間GPIOの信号をトグルさせ続ける
- PIOのカウンタが0になったら，割り込みを発生させ，GPIOを“H”に固定する

▶CPUが行うこと

- PIOの初期化
- main関数のwhile文の最後で，PIOの初期化
- PIOから割り込みが起こった場合，異常終了やリセットなどの処理

▶外部システムの動作

- Picoの出す信号を監視し，一定時間トグルしなくなったら異常が起こったと判断し，異常処理を行う

なお，このシステムの欠点としてデバッガ接続したときに，通常のウォッチドッグ・タイマと違ってカウンタを停止させることができません．

● プログラム解説

PIOのプログラムを**リスト10**の①に示します．以下で詳細を解説します．

PIOは，まずはPULL side 0で，信号は“L”のまま，CPUから最初の初期化としてカウンタの値を受け取るまで待機します．この命令は最初の1回しか実行しません．

次に，out X, 32 side 1でPULLによって取得した値を，カウント・ダウンに使うためにスクラッチ・レジスタX(以降，X)に移動させます．なお，スクラッチ・レジスタY(以降，Y)は使えません．このとき，出力信号は“H”になります．

jmp X-- wd_next side 1でカウント・ダウンしつつ，0になっていないかどうかを監視します．Xが0である場合はジャンプが起こらず，次のirqと

リスト11　ウォッチドッグ・タイマを使うCPU側のプログラム(pio_wd/main.c)

```
#include <stdint.h>
#include <stdio.h>

#include "hardware/clocks.h"
#include "hardware/irq.h"
#include "pico/stdlib.h"
#include "asm.pio.h"

#define LED_PIN 25

//! ウォッチドッグの出力信号ピン
#define PIO_WD_PIN 15
//! カウントダウンの周期. 出力信号の周期と同等(10kHz)
#define PIO_WD_FREQ (10 * 1000)
//! 何カウントでタイムアウトさせるか(30ms)
#define PIO_WD_TIMEOUT 300


//! PIO版ウォッチドッグの割り込みハンドラ
void pio0_ite() {
  irq_clear(PIO0_IRQ_0);
  pio0_hw->irq = 1;
  // 割り込みが視覚的に分かるようにLEDを光らせる
  gpio_put(LED_PIN, 1);

  while(1); // 無限ループ
}


int main() {
  stdio_init_all();

  gpio_init(LED_PIN);
  gpio_set_dir(LED_PIN, GPIO_OUT);
  gpio_put(LED_PIN, 0);

  PIO pio = pio0;
  const uint sm = 0; // 使用するSM

  // SM0からの割り込みを有効化します
  irq_set_exclusive_handler(PIO0_IRQ_0, pio0_ite);
  irq_set_enabled(PIO0_IRQ_0, true);
  pio0_hw->inte0 = PIO_IRQ0_INTE_SM0_BITS;

  // PIO版 ウォッチドッグの初期化
  const uint offset = pio_add_program(pio,
                                      &wd_program);
  wd_program_init(pio, sm, offset, PIO_WD_PIN,
                                      PIO_WD_FREQ);
  // 開始
  wd_reset(pio, sm, PIO_WD_TIMEOUT);

  int sleep_time = 0;
  while (true)
  {
    // 30付近で出力が止まる
    printf("sleep %dms\n", sleep_time);
    sleep_ms(sleep_time++);
    wd_reset(pio, sm, PIO_WD_TIMEOUT);
  }
}
```

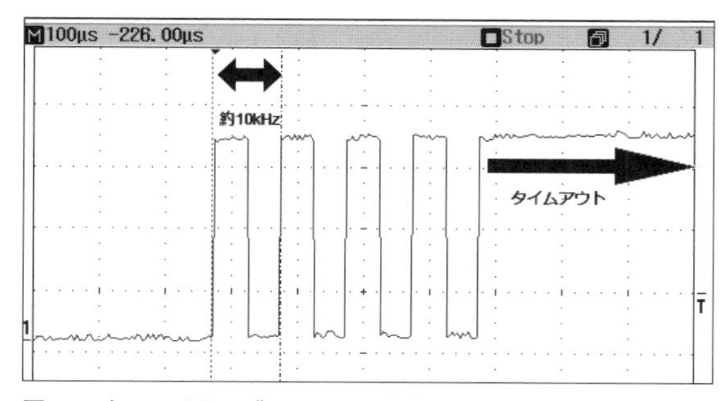

図10　ウォッチドッグ・タイマの動作をオシロで確認

jmp endへと続き，割り込み発生と信号が“H”に固着してPIOは動かなくなります．

Xが0でなかった場合は，最後のpull noblock side 0 [1]に飛びOSRの値をTX FIFOから受け取ります．そして，ラップしてout X, 32 side 1に戻ります．

このPULL命令でnoblockを指定しているため，CPUからの入力がなかった場合は，OSRにはXが格納されます．それがそのままOUT命令でXに出力されるので，CPUから入力がなかった場合は，Xの値は変わりません．この仕組みは，Yではできません．

次に，このウォッチドッグ・タイマをリセットする関数と初期化関数を用意します(**リスト10**の②)．

リセットするためにFIFOに値を書き込む前に，FIFOが満杯にならように必ず先にクリアします．

●動かしてみる

C言語で開発するメイン・プログラムから，PIOで作ったウォッチドッグ・タイマを利用する簡単なサンプル・コードを**リスト11**に示します．

プログラムでは，徐々にスリープする時間を延ばし，PIO版ウォッチドッグ・タイマをリセットする間隔を延ばしています．実行すると30msでsleepの表示が止まります．

PIO_WD_TIMEOUTを4にして実行し，波形をキャプチャしたのが**図10**です．波形もタイムアウト後に“H”固定になっているのが観察できます．

＊　＊　＊

Picoは非常に安価ながら，書き込むのに専用の機器が要らないようにBoot Loaderが設計されており，開発環境もIDEなどが制限されることもなく，USBシリアル変換器がなくても簡単にPCと通信が可能です．さらにはPIOで独自規格の通信にも対応可能です．

Picoはチップから SDKに至るまで細心の注意を払って開発されています．教育用の枠を超えた，高い可能性を秘めたプラットフォームであると思います．

◆参考文献◆

(1) Getting start with Raspberry Pi Pico.
https://datasheets.raspberrypi.org/pico/getting-started-with-pico.pdf

たけもと・よしたか

正確なタイミングの高速I/Oを作れる

第2章 プログラマブルI/Oの機能と簡易ライブラリ

森岡 澄夫

ラズベリー・パイPico（以降，Pico）には，普通のマイコン・ボードにはない，とてもユニークな機能があります．プログラマブルI/O，略してPIOと呼ばれるものです．ここでは，PIOはパラレルI/Oの略ではありません．

PIOは，GPIO端子のアクセスを極めて正確なタイミングで高速に（125MHzクロック精度）行えるカスタムI/Oペリフェラルを最大8個作れます．

従来のラズベリー・パイやPCの弱点は，センサやアクチュエータなどI/Oデバイスの制御を行いにくいことです．Picoは，それを代行する高速I/Oインターフェース・ボードになります．同じ目的でFPGAを使うよりも，簡単で安価です．本章ではPIOの基本的な使い方を説明します．

プログラマブルI/O機能のメリット

● 正確なタイミングで信号入出力をするインターフェースを作れる

ラズベリー・パイやPCを使うときにしばしば悩みの種となるのが，センサやアクチュエータなどのI/Oデバイスを接続しにくいことです．ラズベリー・パイにはGPIO端子があり，SPIやI^2Cなどのペリフェラル回路も幾つかあるのですが，デバイス個数や自由度は大きく制限されます．特にソフトウェアからGPIO端子を直接読み書きしてデバイスを操作する方法[注1]は，時間精度を気にしないLEDのようなデバイスを除き，とても実用に耐えません．

表1は，ラズベリー・パイ4のLinux（Raspberry Pi OS）からソフトウェアでGPIO出力をトグルさせた例です．ウェイト設定値は信号をトグルさせるための待ち時間を意味します．ウェイト設定値がxマイクロ秒（μs）であるとき，1000000/（2x）Hzの周波数が得られれば，正確な時間でのコントロールができていると結論できます．例えば，$x = 10000\mu$sの場合，50Hzの周波数が出力されるならば，正確な時間でのコントロールができているということです．しかし，**表1**によると，xが小さいところでは，そのような周波数は得られていません．例えば，$x = 100\mu$sならば5000Hz，$x = 10\mu$sならば50000Hzが出ていなければなりませんが，そのような周波数は出ていません．したがってラズベリー・パイ4では，正確な時間でのコントロールができていないことが分かります．**表1**では，出力される周波数を同一設定にしても大きな幅で揺らぐことを示すために，最小周波数，最大周波数，および平均周波数の3種類を示しています．

表1　ラズベリー・パイ4においてC言語上で関数`usleep()`でウェイトし出力トグルさせた結果
従来のラズベリー・パイではソフトウェアから高速なGPIO操作をすることは難しかった

ウェイト設定値x [μs]	最小周波数 [Hz]	最大周波数 [Hz]	平均周波数 [Hz]
10	4474.0	5335.0	4600.0
100	2000.0	2455.0	2390.0
1000	413.4	447.2	441.4
10000	48.0	49.4	49.2

多くのデバイスを利用したり正確なタイミング・コントロールをしたりするためには，マイコンやFPGAをインターフェースとして使うのがこれまでの定石です（**表2**）．ただし，どれも一長一短あり，万能な方法はありません．マイコンは安価で手軽に使えますが，GPIOによるデバイス・アクセスはそれほど高速ではなく通信に広い帯域は取れません（例えばカメラを接続するなどは難しい）．FPGAはピン数が多くて帯域を広く取れ，タイミング管理も数10nsの精度でできますが，設計は誰でもできるとは言えず，価格も高いです．

● 8つの並列動作するミニ・プロセッサとして使える

PicoのPIOは，FPGAほどではありませんが，正確にタイミング制御できる高速インターフェースを安価に作れる面白い機能です．**図1**がPIOのブロック構成

注1：ビット・バンギングと呼ばれる．自由なプロトコルやビット幅で通信できる．

表2　PIO機能によってPCやラズベリー・パイではやりにくい高速インターフェースを製作できFPGAを使うよりも簡単で安価

項目＼ボード	ラズベリー・パイ4/3/2	小型マイコン・ボード	ラズベリー・パイPico	FPGA/CPLD
GPIO単体トグル	数kHz（ソフトウェア処理）	数MHz	最高62.5MHz	100M～300MHz以上
I/Oタイミング精度	msオーダ	0.1～数μsオーダ	クロック（125MHz）精度	クロック精度
複数ピン同時I/O	難しい	難易度はライブラリによる	容易（完全に同時）	容易（完全に同時）
GPIO本数	26	20～40本程度	29	数十～数百
利用言語	Python/C	Python/C	簡易アセンブラ+Python/C	HDL（Verilog，VHDL）
価格	約5000～8000円	数百～約5000円	約550円	チップのみ：数千円 ボード：約1～3万円

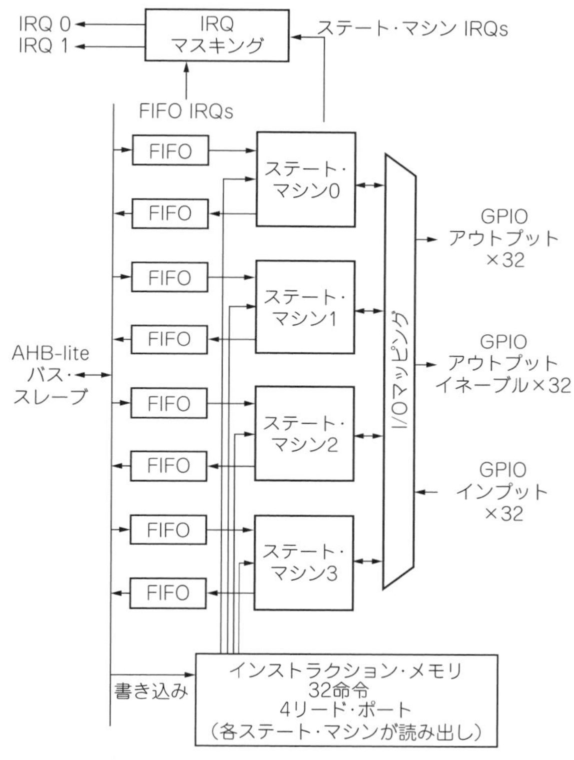

図1　PIOブロックの構成
4つの並列動作する「ステート・マシン」があり，プロセッサと入出力FIFOで結ばれる．GPIOピンとステート・マシンのひもづけには制約はほぼなく，ステート・マシン間で同一ピンを共有しないことくらいである（図出典：文献（1）3.1章）

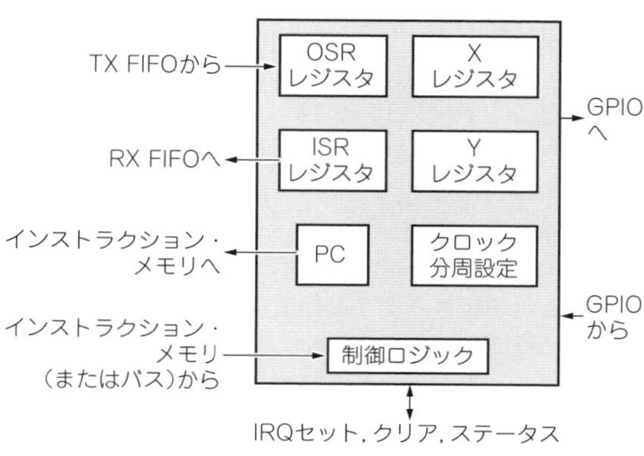

図2　1つのステート・マシンの構成
プログラマから操作できるレジスタはX，Y，OSR，ISRの4つ．ピン読み書き操作とデータ転送に特化しており演算処理はほとんどできない［図出典：文献（1）3.2章］

で，Picoでは2個のPIOブロックが使えます．ごくシンプルなI/O処理専用ミニ・プロセッサ（ステート・マシン）注2が，PIOあたり4個，計8個搭載されており，アセンブラでプログラミングします．アセンブラと言うとしり込みするかもしれませんが，それほど難しいものではありません．後に例を示しますが，GPIOに出す波形を1ステップずつ書いていくような感じです．

1つのステート・マシン，つまりミニ・プロセッサの内部は，**図2**のようになっています．操作するレジスタは事実上4つだけで，Armプロセッサ（Pico上のCPUのこと．以下同様）とGPIOの間に挟まる形でデータ転送や信号入出力を行います．命令セットも数種類しかありません．しかし，SPI相当のプロトコルなど，意外に本格的なインターフェースが作れます．次章で，作例やプログラミングで悩んだ点などを紹介します．

それぞれのステート・マシンは並列に動作し，違うプログラムを走らせたり異なる動作周波数で動かしたりできます．カスタム・メイドのペリフェラルが8個作れる，という理解をすればよいでしょう．

注2：このミニ・プロセッサはPicoのCortex-M0プロセッサとは別．

C言語による開発環境の構築

● SDKおよび必要なツールの入手とセットアップ

ラズベリーパイ財団が公開・配布しているPicoのサンプル・プログラムの中に，PIOのデモもたくさん含まれています．それをベースに筆者のほうでアプリケーションを簡単に作れる上位APIやファイル構成を整理し，頒布アーカイブにしました．以下，C言語によるPC上の開発環境を構築し，サンプルの動作実験をしてみます．頒布アーカイブは本書ウェブ・ページからダウンロードできます．

`https://www.cqpub.co.jp/interface/download/contents.htm`

PC環境の構築方法は文献(2)に書かれています．文献(3)にも日本語の説明があります．筆者はWindowsを利用しているため，文献(2)の9.2章にある方法でツールのセットアップをしました．筆者は以下をインストールし，Developer Command Prompt for VS2019の上で開発作業をしています：

- GNU Arm Embedded Toolchainの最新版(4)
- CMakeの最新版(5)
- Visual Studio 2019（Windowsを利用する場合）
- Git
- 公式SDKとサンプル…文献(2)の9.2.2章の方法でインストールし，9.2.3章の通り環境変数PICO_SDK_PATHを設定する．筆者はD:¥rpi_pico¥の下にインストールし，PICO_SDK_PATH=D:¥rpi_pico¥pico-sdkと環境変数を設定しています．

特に問題が起きるような作業はありませんが，手順を独自に飛ばしたり変えたりせず，説明通りにツールをインストールすることを勧めます．

● 頒布アーカイブの内容とファイル構成

頒布アーカイブには，本稿で紹介する各サンプルがそれぞれディレクトリを分けて格納されています．アーカイブを任意の場所に解凍しておきます．筆者はD:¥rpi_pico¥cq_ifの下に展開しています．

解凍した状態では，ソースのビルドは行われていません．サンプル・フォルダの下にsrcとbuildという2つのフォルダがあり（図3），ソースコードはsrcの下に入っています．ソースコードの内容については後で説明しますが，次のファイルがあります．

▶myapp.pio

PIOのステート・マシンで実行するためのアセンブラ・ソースコードです．サンプルでは1本しかありませんが，複数の違ったコードを用いることができます．

▶myapp.c

PicoのArmプロセッサ上で走らせるCソースコードです．ここで各ステート・マシンへのプログラムのロードや起動を行います．PIOを使わなければ，このCソースコードだけを使います．

▶CMakeLists.txt

ソースコードの指定などをします．

まずはLチカで動作確認

● サンプル1：1秒間隔でLED点滅

buildフォルダの中身は空になっていますが，サンプル1のソースコードをビルドして，Picoを実際に動かしてみましょう．Developer Command Promptなどのシェルから以下のように操作します（howtomake.txtにも書かれている）．

1. D:↵（Cドライブ以外にアーカイブを解凍したとき）
2. cd アーカイブの解凍先¥sample1_led¥build↵
3. cmake -G "NMake Makefiles" ..↵
4. nmake↵

以上の操作をするとビルドが行われて，build¥srcの下にbin.uf2というファイルができているはずです（図3）．Picoの白ボタンを押しながらPCのUSBポートに接続すると，図3の通りPicoのウィンドウが開きます．そこへuf2ファイルをドラッグ＆ドロップすると，ウィンドウが閉じてPicoがリブートし，ソフトウェアの実行が始まります．この例ではボード上のLED（GPIO25ピン）が点滅します．

ソースコードの修正を行ってリビルドする場合は，

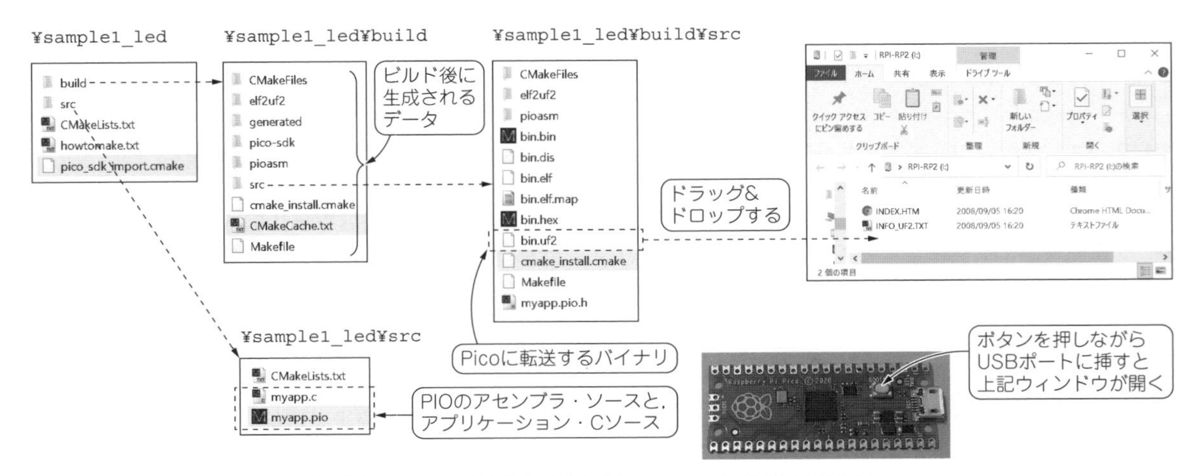

図3　頒布アーカイブ内のフォルダ構成と，ビルドで得られたバイナリ（.uf2ファイル）の書き込み方

nmakeのみを実行すればよく，cmakeからやり直す必要はありません．ディレクトリの移動やソースの追加などをした場合は，build以下を全部消してcmakeを実行し直してください．

このサンプルで動かしたLED点滅は，公式SDKのサンプルに含まれているものと同じです．コードの詳細な説明はしませんが，プロセッサから点滅時間[注3]をPIOのステート・マシンに送っておき，ステート・マシンはカウンタで時間待ちをしながらGPIOピンをON/OFFするようになっています．

リスト1　3本のGPIO端子に異なる周波数のトグル出力を出すコード(sample2)

```
.program pioasm

.wrap_target
    set      pins, 0b000
    set      pins, 0b001
    set      pins, 0b010
    set      pins, 0b011
    set      pins, 0b100
    set      pins, 0b101
    set      pins, 0b110
    set      pins, 0b111
.wrap
```

(a) ステート・マシン・コード(sample2_pinout¥src¥myapp.pio)

```
% c-sdk {
// ステート・マシンにプログラム実行させるための補助C関数
void pioasm_exec(
    PIO      pio,                   // PIOを指定
    uint     state_machine,// ステート・マシン番号を指定(0～3)
    uint     prog_addr,
             // 実行するステート・マシン・プログラムのアドレスを指定

    uint     outpin_base,           // 出力端子の最小GPIO番号
    uint     num_outpin,
                     // 出力端子の本数(上baseから連続で取る)

    uint     inpin_base,            // 入力端子の最小番号
    uint     num_inpin,             // 入力端子の本数

    uint     sidepin_base,     // サイドセット出力端子の最小番号
    uint     num_sidepin,           // サイドセット出力端子の本数

    float    clkdiv
      // ステート・マシンに供給するクロックの分周比率(源発振125MHz)
)
{
    int      i;

    if (clkdiv < 1.0) {
        printf("asm_exec(): too small clkdiv¥n");
        return;
    }

    // https://raspberrypi.github.io/
                 pico-sdk-doxygen/group__sm__config.
              html#gada1dff2c00b7d3a1cf722880c8373424
    pio_sm_config   c    = pioasm_program_get_default_
                                     config(prog_addr);

    ////////////////////////////////////////////
    // ピンの番号や方向をステート・マシンに設定する
    ////////////////////////////////////////////
    sm_config_set_clkdiv(&c, clkdiv);

    // input
    if (num_inpin > 0) {
        for (i = 0; i < num_inpin; i++) {
            pio_gpio_init(pio, inpin_base + i);
            pio_sm_set_consecutive_pindirs(pio,
             state_machine, inpin_base + i, 1, false);
        }
        sm_config_set_in_pins(&c, inpin_base);
    }

    // sideset
    if (num_sidepin > 0) {
        for (i = 0; i < num_sidepin; i++) {
            pio_gpio_init(pio, sidepin_base + i);
            pio_sm_set_consecutive_pindirs(pio,
            state_machine, sidepin_base + i, 1, true);
        }
        sm_config_set_sideset_pins(&c, sidepin_base);
    }

    // output
    if (num_outpin > 0) {
        for (i = 0; i < num_outpin; i++) {
            pio_gpio_init(pio, outpin_base + i);
            pio_sm_set_consecutive_pindirs(pio,
             state_machine, outpin_base + i, 1, true);
        }

        if (num_outpin <= 5)
        // SET instruction: max 5bit
            sm_config_set_set_pins(&c, outpin_base,
                                          num_outpin);
        else
            sm_config_set_set_pins(&c, outpin_base, 5);

        sm_config_set_out_pins(&c, outpin_base,
                                          num_outpin);
    }

    ////////////////////////////////////////////
    // 入出力FIFOの動き方を設定する(下記が推奨)
    ////////////////////////////////////////////
    sm_config_set_in_shift(&c, false, false, 32);
                 // shift left, no auto-push, threshold
    sm_config_set_out_shift(&c, true, false, 32);
                // shift right, no auto-pull, threshold
    pio_sm_clear_fifos(pio, state_machine);

    ////////////////////////////////////////////
    // ステート・マシンにコード・アドレスを設定し実行を許可
    ////////////////////////////////////////////
    pio_sm_init(pio, state_machine, prog_addr, &c);
    pio_sm_set_enabled(pio, state_machine, true);
}

%}
```

(b) ステート・マシンの実行を開始する前に，GPIOピンやFIFOの設定を行う必要があるが，そのための補助C関数をアセンブラ・ソースの後に追記してある

I/Oピンを経由した信号出力

● サンプル2：波形の出力

それではステート・マシンを動かすコードの作り方を説明していきます．アセンブラの命令セットなどについては，次章で改めて整理しますが，まずは実例を見ながら理解していくことにしましょう．

注3：サンプルではその値をプロセッサ・クロック周波数/2としているので，1秒でLED点滅することになる．

最初の例題は，GPIO端子に指定した波形を出すというものです(頒布アーカイブの¥sample2_pinout¥src¥myapp.pio)．**リスト1(a)** が，3本のGPIO端子に異なる周波数のトグル出力を出すコードです．ほとんど直感的に分かるかと思いますが，次のルールに従って書かれています．

- setという命令の引数に2進数の数値が書かれており，これがそのままGPIO端子への出力値になります．
- 1ステップ(1行ぶん)がステート・マシンの1クロックです．1クロックの長さは後述のAPI関数で指定します．
- wrap_targetと.wrap(アセンブラの"ディレクティブ")の間を繰り返し実行します．
- 最大で32ステップの命令を書けます．
- どのGPIOピンを指定するかは，後述のAPI関数を経由して指定し，アセンブラのほうには直接書きません(set命令のpinsは，「別途指定されたGPIOピン」の意味)．また重要な制約として，出力/入力ピンを複数本使う場合は，それぞれのグループごとに連続したGPIO番号で確保する必要があり，とびとびで確保することはできません(GPIO5，6，7という確保はできるが，GPIO5，7，8といった確保はできない)．

これをビルドして動かすと**図4**のような矩形波がGPIOピン5～7に出ます[5が出力値のLSB(最下位ビット)，7がMSB(最上位ビット)]．**リスト1(a)** に書いてある数値を変更したり，ステップ数を変えたりすれば，好きな波形を自由に出力できます．

同じmyapp.pioファイルの残りには，筆者が用意したC言語によるAPI関数pioasm_exec()が書かれています[**リスト1(b)**．頒布アーカイブの全サンプルに共通して利用]．**リスト1(a)** のアセンブラ・プログラムの実行はこのAPIを使って行います．内容の詳しい説明は省略しますが，行っている処理は利用GPIOピンの番号指定，アセンブラ・プログラムの場所(アドレス)のステート・マシンへの通知，ステート・マシンの起動などです．使っている関数については文献(7)などを参照してください．

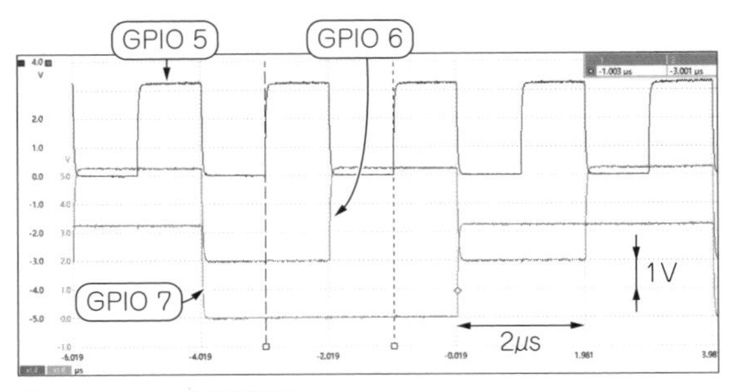

図4　sample2の実行波形
GPIOピン5，6，7に500kHz，250kHz，125kHzのパルスが出ている．ステート・マシンのクロック周波数を変えると，そのまま出力波形の周波数も変化する

Pico全体の動きとしては，まずArmプロセッサ上で走るプログラムを，PIOを使わない場合と同じように実行開始します．その初期設定部分において，前述のAPIを使ってステート・マシンへのプログラムのロードと起動を行います．もっとも単純な例を**リスト2**に示します．pioasm_exec()を呼ぶことでステート・マシンでのPIO処理[**リスト1(a)**]が始まります．関数の引数に与える値を変えることで，出力ピンの番号やステート・マシンの実行速度(つまり出力波形の周波数)が変わります．ステート・マシンの最高動作周波数は125MHz(分周比率1.0)，最低動作周波数は約1.907KHz(分周比率約65535.996)です．

リスト2　sample実行時にArmプロセッサが実行するプログラム(sample2_pinout¥src¥myapp.c)
ステート・マシンにプログラムをロードして起動する

```
#include <stdio.h>

#include "pico/stdlib.h"
#include "hardware/pio.h"
#include "hardware/clocks.h"

#include "myapp.pio.h"
        // "myapp.pio"はPIOアセンブラのソースファイル名と同じ

int main()
{
    stdio_init_all();
    sleep_ms(3000);  // パソコンのUSBシリアルがつながるまで待つ

    PIO     pio     = pio0;    // 二つあるPIOの一方を使う
    // ステート・マシンのプログラムの置き場所を取得
    uint    addr    = pio_add_program(pio,
                                      &pioasm_program);

    pioasm_exec(
        pio,
        0,          // ステート・マシン番号
        addr,       // 上記で取得したプログラムロード位置

        5,          // GPIO5を出力ピンのベースとして指定
        3,       // 3本を出力ピンとして利用(すなわちGPIO5～7を利用)

        0,          // 入力ピンのベース
        0,          // 入力ピンは0本(使わない)

        0,          // サイドセット出力ピンのベース
        0,          // サイドセット出力ピンは0本(使わない)

        125.0        // クロックの分周比率を設定(ここでは1MHzになる)
    );

    while (true) {
        sleep_ms(1000);       // ARMコアはとくに何もしない
    }
}
```

リスト3　サイドセット出力をするピンを指定するプログラム
状況によって値が変わることなく，常に同じタイミングでは決まった出力を出す場合，サイドセットという信号グループにしたうえで各ステップで出力値を指定できる．また，1ステップにかけるクロック数を延長できる(¥sample3_sideset¥src¥myapp.pio)

```
.program pioasm

.side_set 3                   ; MAX 5bit
;.side_set 3     opt          ; MAX 5bit

.wrap_target
  set  pins, 0b000   side 0b001  [0]  ; ステップ1, 1ck
  set  pins, 0b001   side 0b000  [0]  ; ステップ2, 1ck
  set  pins, 0b010   side 0b010  [1]  ; ステップ3, 2ck
  set  pins, 0b011   side 0b000  [1]  ; ステップ4, 2ck
  set  pins, 0b100   side 0b100  [2]  ; ステップ5, 3ck
  set  pins, 0b101   side 0b000  [2]  ; ステップ6, 3ck
  set  pins, 0b110   side 0b000  [3]  ; ステップ7, 4ck
  set  pins, 0b111   side 0b000  [3]  ; ステップ8, 4ck
.wrap
```

リスト4　リスト3のアセンブラ・プログラムを実行するプログラム
出力以外に3ビットのサイドセット信号の利用を指定した(¥sample3_sideset¥src¥myapp.c)

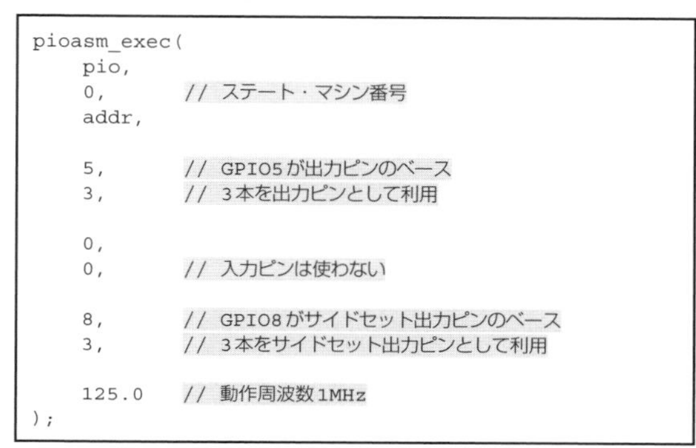

```
pioasm_exec(
    pio,
    0,        // ステート・マシン番号
    addr,

    5,        // GPIO5が出力ピンのベース
    3,        // 3本を出力ピンとして利用

    0,
    0,        // 入力ピンは使わない

    8,        // GPIO8がサイドセット出力ピンのベース
    3,        // 3本をサイドセット出力ピンとして利用

    125.0     // 動作周波数1MHz
);
```

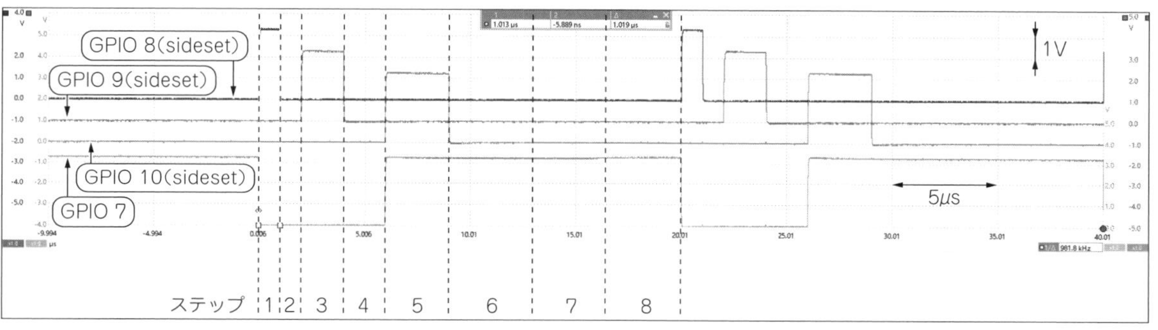

図5　sample3の実行波形
GPIOピン5，6，7とは別に8，9，10ピンにも出力が出ている．ディレイの指定値を延ばすにつれて，パルス幅も増えていっている

● サンプル3：サイドセットとディレイ

信号出力の仕方には，サンプル2で見たset命令を使う方法だけでなく，サイドセットという方法も用意されています．これは各命令の横に，特定のGPIOピン・グループへの出力値を直接記述するものです．例えば1クロックごとに変化させたい出力ピンがいろいろあるとき，**リスト1**(a)の方法では，set以外の命令を使っているタイミングでは出力を変化させることができません．つまり，どの命令を使っているときにも出力ピン値を指定できるよう，この機能があります．

実際の例がサンプル3(**リスト3**, **リスト4**)です．サンプル2のコードに対し，各命令の右に"side 数値"という記述が加わっています．ここにサイドセット出力として別途指定したピン(出力ピンの指定とは別)の値を指定します．ここではGPIO5，6，7が出力ピンのグループ，GPIO8，9，10がサイドセット出力ピンのグループになっています(**リスト4**)．

また，サイドセット出力の記述の右に，さらにブラケット[]でくくった数値が追記されていますが，これはディレイの指定です．ディレイが指定されている命令は，実行時間をそのクロック数だけ延長できます(サイドセットの指定がなくても使える)．

図5は**リスト3**，**リスト4**を実際に動かしてみたときの出力波形です．set命令で指定しているGPIO5～7以外に，サイドセットとして指定しているGPIO8～10にも記述通りの出力が出ています．また，ディレイの数値にしたがい，パルスの幅が変化していることも見てとれます．なお，出力ピンの指定位置とサイドセット出力ピンの指定位置が重なってしまった場合ですが，実機ではサイドセット出力の値が優先となるようです．

非常に便利な機能であり，サイドセットとディレイだけで出力を書いてしまえばよさそうなものですが，次の制約があります：

- サイドセットとするピン数は，先述のAPI関数pioasm_exec()だけでなく，アセンブラのソースの冒頭で.side_setディレクティブによっても指定する必要があります．かつ，入出力ピンと同じく，連番で取らなければなりません．
- ディレイの最大数値のビット数＋サイドセット・

リスト5 TX FIFOからOSRレジスタへ値を読み出し，OUT命令で出力ピンへ出すコード（¥sample4_fifoout¥src¥myapp.pio）

```
.program pioasm

.wrap_target

    pull    block      ; FIFOからOSRレジスタへ値を読み出す
    out     pins, 3    ; OSRの値を出力ピンに出す（3はピン本数）

.wrap
```

ピン数≦5でなければなりません（**リスト3**ではちょうど5になっている）．違反するとビルドの際にエラーが出ます．

- **リスト3**では全ての命令にsideset指定をつけていますが，冒頭の.sidesetディレクティブにopt指定をつけると，出力変化させない場合に記述を省略できるようになります．ただし上記の総本数制約がさらに1ビット減り，4ビットになります．

Armプロセッサとの接続や信号入力

● サンプル4：プロセッサからピンへの出力値を受け取る

ここまではアセンブラのコードで出力波形を決めていましたが，Armプロセッサから随時情報を受け，それによって出力を変化させることもできます．

サンプル4（**リスト5**，**リスト6**）はArmから10μsごとにステート・マシンへ出力値（32ビット値だが，LSB側3ビットのみが使われる）を送り，ステート・マシンはそれをそのまま3本のGPIOピンに出すコードです．実際の波形は**図6**の通りです．

pull命令は，TX FIFOからOSRレジスタへ値を読み出します．blockという指定がついていますが，これはTX FIFOにデータが来るまでウェイトするという意味です．noblockという指定もできますが，これは次章で使うので改めて説明します．

out命令は，OSRレジスタの値を出力GPIOへ出します．引数に3を指定していますが，これは出力の本数に該当します．なお，ドキュメントを読むと「シフトしながら出力する」という印象を受けますが，実際にはGPIO出力がシフトしながら切り替わるわけではなく，**図6**のように複数ビットの指定値が1発で出ます．

● サンプル5：ピンに入力された内容をプロセッサへ送る

GPIOへ信号値を出力するだけでなく，もちろんGPIOの値を読むこともできます．サンプル5（**リスト7**，**リスト8**）はサンプル4と逆方向で，GPIO値を読んでArmプロセッサへ転送するものです．頒布アーカイブではstdoutをUSB-UARTにする設定となっているので，printf()の出力はそのままPCのターミナル・ソフトで見ることができます（**図7**）．

リスト6 Armプロセッサからステート・マシンへ出力値の指定を送る記述．TX FIFOに数値を書いている（¥sample4_fifoout¥src¥myapp.c）

```
pioasm_exec(
    省略．3ビットを出力ピンに指定した
);

while (true) {
    // FIFOに定期的に値を送る
    pio_sm_put_blocking(pio, 0, 0x00000000);
    sleep_us(10);
    pio_sm_put_blocking(pio, 0, 0x00000001);
    sleep_us(10);
    pio_sm_put_blocking(pio, 0, 0x00000002);
    sleep_us(10);
    pio_sm_put_blocking(pio, 0, 0x00000004);
    sleep_us(10);
}
```

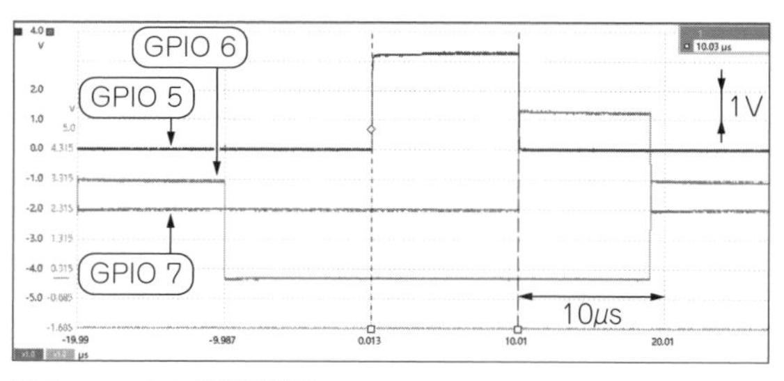

図6 sample4の実行波形
Armプロセッサから出力値などの情報をステート・マシンへ送って波形を決めている．アセンブラのコード中で出力を記述する場合と異なり，ランタイムに出力をいろいろ変化させることができる

異なるプログラムの並列実行

● サンプル6：複数のステート・マシンを異なる速度で走らせる

ここまでのサンプル事例は全て，1つのステート・マシンだけを走らせていましたが，冒頭で述べた通りPIOブロックは2つあり，Pico全体としては8個のステート・マシンを使うことができます．

サンプル6（頒布アーカイブ：sample6_multism）は同時に3つのステート・マシンを走らせるものです．**リスト9**のようにステート・マシンの指定を変えてAPI関数pioasm_execを呼んでください．もっとも注意しなければならないのは，それぞれのステート・マシンの間でGPIO番号の指定が重ならないようにすることです．ステート・マシン間で同じアセンブラ・プログラムのアドレスを共有することはできます．

大変便利なことに，それぞれのステート・マシンの動作周波数は独立に設定できます．例えばUARTイリスト7 IN命令で入力ピンをISRレジスタへ読み，RX FIFOへ書き込むコード（¥sample5_fifoin¥src¥myapp.pio）

```
.program pioasm

.wrap_target

    in      pins, 8     ; GPIOピンの値をISRレジスタへ取り込む
    push    block       ; ISRレジスタの値をFIFOへ書き込む

.wrap
```

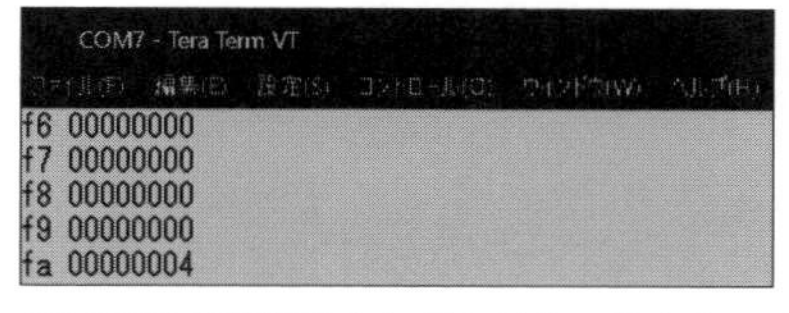

図7 RX FIFOの内容を0.1sごとにターミナル・ソフトに表示した結果

sample5ではstdoutをUSB-UARTにしているので，PicoのUSBをPCにつないでおくと，ターミナル・ソフトで出力を見ることができる．これはGPIO7ピンに3.3Vをかけた場合

リスト8 ArmプロセッサはRX FIFOを0.1sごとに読み，その内容をstdoutに表示する（¥sample5_fifoin¥src¥myapp.c）

```
pioasm_exec(
    pio,
    0,        // sm
    addr,     // asm

    0,        // outpin base
    0,        // # of outpin

    5,        // GPIO5から入力ピン
    8,        // 8本を指定

    0,        // sidepin base
    0,        // # of sidepin

    125.0         // 1M
);

while (true) {
    // 100msごとにFIFOの値を読み，
                        stdout（USBシリアル）に表示する
    uint    data    = pio_sm_get_blocking(pio, 0);
    printf("%02x %08x¥n", ctr++, data);
    sleep_ms(100);
}
```

リスト9 ステート・マシンを並列に起動・動作させることができる．それぞれの動作周波数が異なっていてもよい（¥sample6_multism¥src¥myapp.c，アセンブラはサンプル1と同じ）

```
pioasm_exec(
    pio,
    0,        // ステート・マシン0
    addr,     // プログラムの
                    ロードアドレス

    5,        // 出力ピンGPIO5～
    3,        // 3本使用

    0,
    0,        // 入力ピンは使わない

    0,
    0,        // サイドセットは使わない

    125.0     // クロック1MHz
);

pioasm_exec(
    pio,
    1,        // ステート・マシン1
    addr,     // プログラムの
                    ロードアドレス

    8,        // 出力ピンGPIO8～
    3,        // 3本使用
    0,
    0,        // 入力ピンは使わない

    0,
    0,        // サイドセットは使わない

    12.50     // クロック10MHz
);

pioasm_exec(
    pio,
    2,        // ステート・マシン2
    addr,     // プログラムの
                    ロードアドレス

    11,       // 出力ピンGPIO11～
    3,        // 3本使用

    0,
    0,        // 入力ピンは使わない

    0,
    0,        // サイドセットは使わない

    1.0       // クロック125MHz
);
```

リスト10 ステート・マシンごとに違うプログラムを走らせることもできる．アセンブラのタイトルとAPI関数の名称を，プログラムごとに変える（¥sample7_multiprog¥src¥myapp*.pio）

```
.program pioasm1
                ; ここの名前をアプリごとに変える

.wrap_target
    省略
.wrap

% c-sdk {

void pioasm1_exec(
                // APIも名前をアプリごとに変える
    省略
)
{
    pio_sm_config   c   = pioasm1_
       program_get_default_config(prog_
       addr); // この行の冒頭をアプリ名に変える
    以下変更なし
}

%}
```

ンターフェースのコードを書いたとして，それぞれのステート・マシンの動作周波数設定を変えて9600bps，115200bps，1Mbpsの違ったインターフェースにする，というようなことが可能です．

● サンプル7：異なったプログラムを並列に走らせる

それぞれのステート・マシンで異なったアセンブラ・プログラムを実行できます．この場合，PIOアセンブラのソース・ファイルを複数作り，.programディレクティブのタイトルも別々にしてください（**リスト10**）．Armソフトウェアのほうでは，アプリケーションごと別々にアドレスを確保する必要があります（**リスト11**）．また，環境セットアップのためcmakeを実行する前に，¥src¥CMakeLists.txtも編集しておいてください（**リスト12**）．

リスト11　アプリケーションごとに別々のアドレスを取得する必要がある（¥sample7_multiprog¥src¥myapp.c）

```
途中略

#include "myapp1.pio.h"          // myapp1.pio: PIO
                                           ASM src name
#include "myapp2.pio.h"          // myapp2.pio: PIO
                                           ASM src name
#include "myapp3.pio.h"          // myapp3.pio: PIO
                                           ASM src name

int main()
{
    途中略

    // アドレスをアプリごとに取得
    uint    addr1   = pio_add_program(pio, &pioasm1_
                                            program);
    uint    addr2   = pio_add_program(pio, &pioasm2_
                                            program);
    uint    addr3   = pio_add_program(pio, &pioasm3_
                                            program);

    pioasm1_exec(    // アプリ1のAPI
        pio,
        0,          // ステート・マシン0
        addr1,      // アドレス1
        以下略
    );

    pioasm2_exec(    // アプリ2のAPI
        pio,
        1,          // ステート・マシン1
        addr2,      // アドレス2
        以下略
    );

    pioasm3_exec(    // アプリ3のAPI
        pio,
        2,          // ステート・マシン2
        addr3,      // アドレス3
        以下略
    );

    以下略
}
```

● サンプル8：複数のPIOブロックを利用する

頒布アーカイブには，2つあるPIOを両方使うサンプルも収録しています．myapp.cのmain()においてPIOを宣言していますが，サンプル8ではpio_0とpio_1の2つを使っているのが他との相違点です．

＊　＊　＊

PIOを使うためのもっとも基礎となる知識について，一通り説明をしました．サイドセットのような一般的でない話も若干あるものの，I/Oタイミング処理を1ステップずつ書いていくのがやることであって，けっして難解なものではありません．筆者は，ちょっとカスタマイズしたインターフェースが欲しくなったとき，これを持ち出してくればなかなか便利に使えそうだという印象を持っています．

実際のアプリケーションを書いてみると，少ないレジスタでやりくりするために工夫する必要が出てきますし，命令によるレジスタ変化を十分理解していないとバグに悩まされる面もあり，練習は要ります．次章ではそのようなポイントを幾つか紹介します．

リスト12　環境セットアップでcmakeを実行する前に，それぞれのアプリケーションを**CMakeLists.txt**に入れておく（¥sample7_multiprog¥src¥CMakeLists.txt）

```
set(BinName "bin")
add_executable(${BinName})

# 各アプリのプログラムを追加
pico_generate_pio_header(${BinName} ${CMAKE_CURRENT_
                                LIST_DIR}/myapp1.pio)
pico_generate_pio_header(${BinName} ${CMAKE_CURRENT_
                                LIST_DIR}/myapp2.pio)
pico_generate_pio_header(${BinName} ${CMAKE_CURRENT_
                                LIST_DIR}/myapp3.pio)

target_sources(${BinName} PRIVATE myapp.c)

pico_enable_stdio_usb(${BinName} 1)
pico_enable_stdio_uart(${BinName} 1)

target_link_libraries(${BinName} PRIVATE pico_stdlib
                                        hardware_pio)
pico_add_extra_outputs(${BinName})
```

◆参考文献◆

(1) RP2040 Datasheet，2020年，Raspberry Pi (Trading) Ltd.
https://datasheets.raspberrypi.org/rp2040/rp2040-datasheet.pdf

(2) Getting started with Raspberry Pi Pico，2020年，Raspberry Pi (Trading) Ltd.
https://datasheets.raspberrypi.org/pico/getting-started-with-pico.pdf

(3) 【Raspberry Pi Pico/Windows】Raspberry Pi Picoの環境構築する(C/C++)．
https://rikoubou.hatenablog.com/entry/2021/02/09/151622

(4) GNU Arm Embedded Toolchainのダウンロード(公式)．
https://developer.arm.com/tools-and-software/open-source-software/developer-tools/gnu-toolchain/gnu-rm/downloads

(5) CMakeのダウンロード(公式)．
https://cmake.org/download/

(6) Raspberry Pi Pico C/C++ SDK，2020年，Raspberry Pi (Trading) Ltd.
https://datasheets.raspberrypi.org/pico/raspberry-pi-pico-c-sdk.pdf

(7) Raspberry Pi Pico SDK Documentation，Raspberry Pi (Trading) Ltd.
https://raspberrypi.github.io/pico-sdk-doxygen/group__hardware__pio.html

もりおか・すみお
Facebook：Sumio Morioka

第3章

GPIOにはできない速度！リアルタイムがうれしい

簡易ライブラリで複数のRCサーボや測距センサを動かす

森岡 澄夫

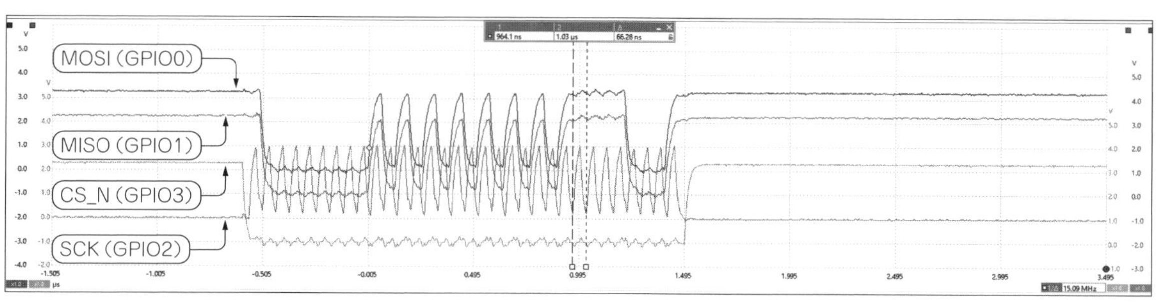

図1　PIOによるSPI入出力の実力
CPOL=0，CPHA=0，MSBファーストに相当する動作になっているが，容易に変更できる．通信周波数もステート・マシンの動作周波数を変えることで簡単に調整できる

前章に続き，プログラマブルI/O（以降，PIO）を実際に使ってみた4つの例と，それらの製作に当たってつまずいた点などを紹介します．ラズベリー・パイPico（以降，Pico）単独で完結するのではなく，PCやラズベリー・パイと接続し，拡張I/Oインターフェースとして使うことを想定しています．作例は前章で用いた頒布アーカイブに収録されています．

作例1：SPI入出力の処理

● 製作物の機能と特徴

信号入出力の実際的な例題として，センサとの通信に用いるSPIのマスタ・インターフェースを作ってみます．

4線式のSPIでは，マスタ出力MOSI，マスタ入力MISO，クロックSCK（またはSCLK），チップ・セレクトCS_N（またはSS）があります．**図1**のようにクロックに同期して出力と入力が同時並列で行われます．送受信データ長は32ビットにしていますが，作り替えは難しくありません．Armプロセッサからステート・マシンへ送信データを送ると送受信が始まり，完了すると受信データがArmプロセッサへ送られます．

SPIにはクロックの極性やデータ入出力のタイミングによる幾つかのモードがありますが，作例では立ち上がりでサンプリング動作するようにしています（いわゆるモード0）．しかし，どのモードへも簡単に作り替えできます．

SPIクロックの周波数はステート・マシンの動作周波数の1/4であり，簡単に変えられます．筆者が実機で試したところ，SPIクロックは15.625MHzで安定した入出力ができました．一般的なマイコンに搭載されているSPIペリフェラルと同等かそれ以上の性能で，十分な実用性があります．通常，マイコンのGPIO制御ではこのような速度は出せませんので，PIOがとても強力であることがよく分かります．

● ソフトウェア構成とコード

ステート・マシンのコードが**リスト1**，Armプロセッサのコードが**リスト2**です．前章で例を示した通り，out命令やin命令を使ってGPIOの読み書きを行い，push命令やpull命令を使ってArmプロセッサとのデータ交換をします．OSRレジスタとISRレジスタを，それぞれ1ビットずつGPIO入出力するためのバッファとして利用しています．

全32ビットを送受信したかは，OSRレジスタが空になったかをjmp命令で見ることによって判定しています．

● サイドセットを使ったおかげで高速インターフェースができた

この例では，SPIのSCK出力やCS_N出力をout命

リスト1　SPI入出力のステート・マシン・コード(sample9_spi¥src¥myapp.pio)
SPIの1ビット分の処理に4クロック(4命令)使っている．常に固定した動きをする制御信号はサイドセットで出力し，データによって変わる出力(MOSI)はout命令で出力するようにしている

```
.program pioasm

.side_set 2       ; MAX 5bit

load_txdata:
                                    ; <cs_n, sck>
    pull    block                   side 0b10
                           ; 送出データ32ビットをTX FIFOから取得
    mov     osr, ::osr              side 0b00
                           ; MSBから送出するようOSRをビット順反転

.wrap_target

bit_out:
    out     pins,   1               side 0b00
                                    ; MOSI端子へ1ビット出力
    nop                             side 0b01
                                          ; SCKを立ち上げる
    in      pins,   1               side 0b01
                                  ; MISO端子から1ビット入力
    jmp     !osre   bit_out         side 0b00
                                 ; 全ビット出力するまで繰り返し

    push    noblock                 side 0b00
                                 ; 受信データをRX FIFOへ送る
    jmp     load_txdata             side 0b00

.wrap
```

リスト2　Armプロセッサから TX FIFOへ32ビットの送信値を送ることで送信が始まる．送信終了後にRX FIFOに受信値が得られる(sample9_spi¥src¥myapp.c)

```
pioasm_exec(
    pio,
    0,              // ステート・マシン番号
    addr,           // プログラム・アドレス

    0,              // GPIO0が出力(MOSI)
    1,              // 出力本数

    1,              // GPIO1が入力(MISO)
    1,              // 入力本数

    2,              // GPIO2がサイドセットのベース
    2,              // サイドセット本数(SCK, CS_N)

    2.0             // 62.5MHzクロック(最大．任意の数値にする)
);

while (true) {
    // TX FIFOへ送信データを入れる(他の値にしてよい)
    if (pio_sm_is_tx_fifo_full(pio, 0) == false) {
        pio_sm_put_blocking(pio, 0,
                              (uint32_t)0x805555F1);
    }

    // RX FIFOから受信データを取得
    if (pio_sm_is_rx_fifo_empty(pio, 0) == false) {
        uint    data    =
                    pio_sm_get_blocking(pio, 0);
        printf("RX %08x¥n", data);
    }

    sleep_ms(500);
}
```

令ではなくサイドセット(前章参照)で出力しています．そうすることで，これらの出力値をどの命令実行時においても変化させられるからです．

これらの信号出力をout命令で制御することもできますが，そうした場合，SCKの周波数は数分の1になってしまい，インターフェースとしての性能が大幅に劣化してしまいます．

この例では1命令ごとにSCK値を記述しているので，**図1**のような高速かつ正確な波形が得られています．また，アセンブリ言語の全命令の実行時間が一定であることはとても素晴らしいことで，ステップ数(行数)を数えるだけで入出力タイミングを簡単にコントロールできています．

● アセンブラ命令を利用する際の注意点

最終的なコードは特に難しいものではありませんが，筆者はこのアセンブラを長年使いこなしたわけではないため，作成に当たっていろいろなバグを経験しました．各アセンブラ命令の正式な説明は文献(1)，(2)を参照してください．ここでは，アセンブラ命令と，それらに対する注意点を**表1**に示します．

このSPIの作成に当たって，筆者が特に理解しづらいと感じたのは，以下の事項です．

▶ポイント①･･･out命令

out命令でOSRレジスタの(一部の)値を出力ピンへ出すとき，MSB(最上位ビット)側とLSB(最下位ビット)側のどちらから出力されるのかを把握しておく必要があります．ステート・マシンの初期化(前章参照)においてsm_config_set_out_shift()関数を呼ぶことで設定しますが，頒布アーカイブでは直感的に分かりやすくなるようLSB側に設定を統一しています．ただし，この作例ではデータのMSB側から1ビットずつ出力したいので，**リスト1**の冒頭でOSRのビット順反転をしています．

▶ポイント②･･･引数pins

命令の引数にpinsという指定をする場合が多々ありますが，これが具体的にどのGPIOを指すか，命令ごとに違っています．例えばin命令のpinsとout命令のpinsは別のGPIO群を指しており，それはステート・マシン初期化で設定したものになります．頒布アーカイブでは，pioasm_exec()関数(**リスト2**)の引数にピン番号がありますが，それを使って初期化をしています．また，set命令のpinsはout命令と同一になるよう設定しています．

● デバッグにオシロスコープは必須

PIOのプログラムの作成はデバッガなどの上で，きれいにはできない面があり，原始的な方法も使わざる

表1　Picoのアセンブラ命令とそれに対する注意点
9種類しかなく，とてもシンプルなものに見えてしまうのだが，細かいところの理解が不正確なままコーディング作業をすると，分かりにくいバグに悩まされることになる

命　令	主な機能	コーディング時の注意点
SET	X，Yレジスタおよび出力ピンに即値を代入	代入可能な数値が5ビットしかない
		ピンはsm_config_set_set_pins()でベース設定したものであり，最大5ビットしかない（頒布アーカイブでは出力ピンのベースと同一にしてある）
MOV	各レジスタや入出力ピンの値をコピー	転送元をpinsにした場合，sm_config_set_in_pins()でベース設定した入力ピンが使われる
		転送先をpinsにした場合，sm_config_set_out_pins()でベース設定した出力ピンが使われる
		転送元をISRやOSRにした場合，そのシフト・カウント値が0になる
JMP	X，Yレジスタの値やOSRレジスタの残りビット数によって，ジャンプする	判定に使えるレジスタや判定条件が限られている
IN	レジスタや入力ピンの指定ビットを，ISRレジスタに転送する	ISRのMSB側・LSB側のいずれにロード（シフト・イン）するかが，sm_config_set_in_shift()の設定によって変わる（頒布アーカイブではLSB側に固定）
OUT	OSRレジスタの指定ビットを，他のレジスタや出力ピンに転送する	OSRのMSB側・LSB側のいずれの値が取り出されるか（シフト・アウト）が，sm_config_set_out_shift()の設定によって変わる（頒布アーカイブではLSB側に固定）
		OSRの値が変化する
PUSH	ISRレジスタの値をRX FIFOへ書き込む	ISRの値がゼロ・クリアされる
PULL	TX FIFOの値をOSRレジスタへ読み込む	ノンブロッキング（noblock）で利用し，FIFOにデータがなかった場合，Xレジスタの値が代用で使われる
WAIT	GPIOないし割り込みフラグの変化待ち	―
IRQ	Armプロセッサ側へ割り込みをかける	―

を得ません．オシロスコープでリアルタイムに入出力波形を観測することは避けられないと思います．また，コード中のどの部分が実行されているか分かるように，デバッグ用のパルス信号を1～2ビット程度，サイドセット出力として出しておくことを勧めます．

作例2：PCからのRCサーボモータ制御

● 製作物の機能と特徴

ラジコンなどで使われるRCサーボモータを，PC

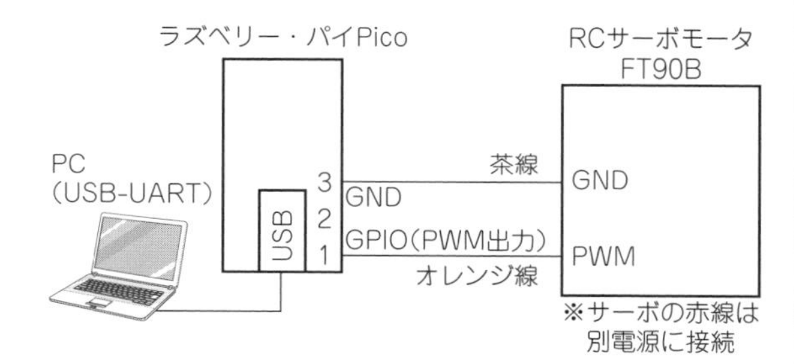

図2　RCサーボモータ制御の結線図
GPIO0にPWM信号（3.3V）が出るのでRCサーボモータに直結する．RCサーボモータの電源は必要な電圧を別途供給する

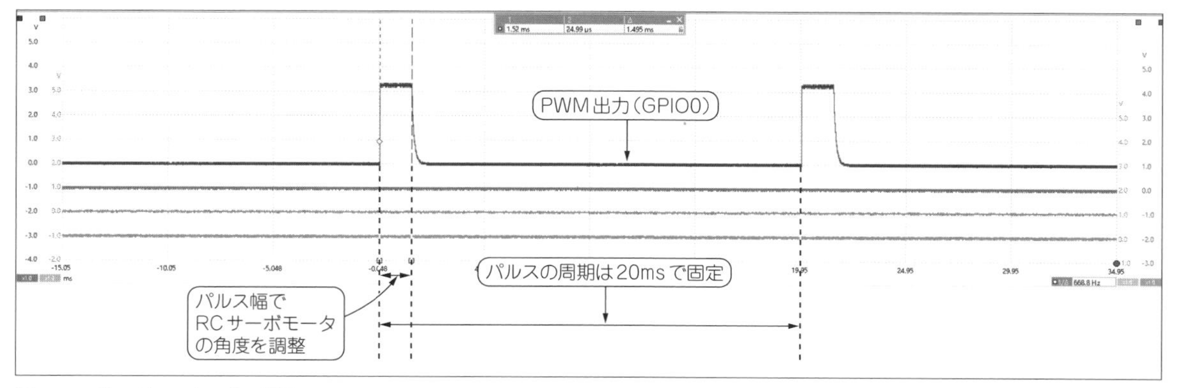

図3　RCサーボモータに送る信号
多くのRCサーボモータで共通している．20msの間隔でパルスを送る．送るパルスの時間幅によってRCサーボモータの回転角を指定する．1.5msのとき0°（センタ）であり，そこから増減させることで＋/－方向にサーボモータが動く

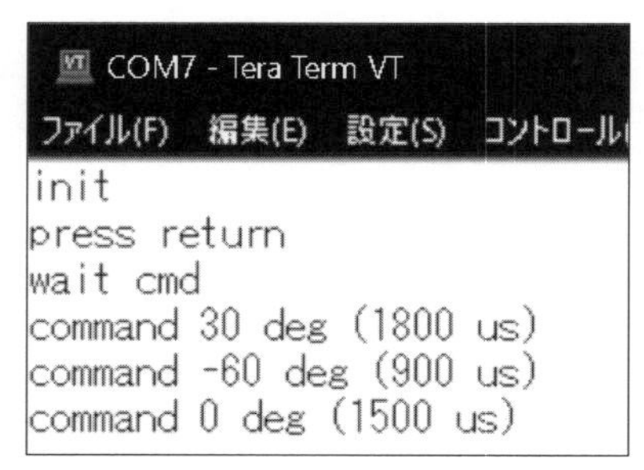

図4　PC上でターミナルを開き，角度数値(度単位の整数)**を打ち込んでリターンすると応答する**

(USB-UART)からのコマンドを受けて動かすためのブリッジを作ってみます．それだけであれば他のマイコン・ボードでも作れますが，PIOを使う場合，8個のステート・マシンがあるので，複数のRCサーボモータの同時制御が容易です．

図2のようにPC，Pico，RCサーボモータを接続します[注1]．筆者はFT90Bという品[(3)]を使いました．しかし，**図3**に示すように信号形式は多くのRCサーボモータで共通なので，他の品を使っても構いません．20msごとにパルスを生成し，パルス幅("H"が持続する幅)によってRCサーボモータの角度を指定します．PCからは，ターミナル・ソフトウェア(またはCOMポートにアクセスする自作ソフトウェア．以下同様)を使っていつでも角度指定コマンドを送ることができます(**図4**)．

● ソフトウェア構成とコード

ステート・マシンのコードを**リスト3**に，Armプロセッサのコードを**リスト4**に示します．Armプロセッサは，通常はPCからの角度コマンド待ちをしています．gets()でコマンドを受信し，指定されたパルス幅の数値をクロック・サイクル数に換算してステート・マシンへ送ります．

ステート・マシンでは，次の(a)と(b)の処理を同時に行います．

注1：RCサーボモータ1個ならUSBからの給電でもだいたい動作します．

リスト3　RCサーボモータ駆動のステート・マシン・コード(sample10_pwmservo¥src¥myapp.pio)
パルスを出し続けるため，Armプロセッサからのpullをノンブロッキングにしている

```
.program pioasm

.side_set 1 opt ; MAX 5bit

init:
                                ; <pwm_out>
    pull    block               side 0b0
                  ; 出力サイクル長をロード (設定値Nに対し3N+7 steps)
    mov     isr, osr                              ; isrにコピー

    pull    block
                ; 出力1期間の初期値をロード (設定値Mに対し3M+3 steps)
    mov     x, osr                                  ; xにコピー

.wrap_target
load_pattern:
    pull    noblock             side 0b0
                       ; ARMから新しい期間長が来ていればOSRにロード
    mov     x, osr              ; x == 出力を1にする期間長
    mov     y, isr              ; y == 出力サイクル長(20ms)

    ; パルス出力のループ．出力0から始め，所定の時間になったら
                                                  1に切り替える
outdata:
    jmp     x!=y, nooutchg       ; 1クロック目: x==yか判定
    jmp     chkload             side 0b1
                       ; 2クロック目: x==yなら出力を1に切り替える
nooutchg:
    nop        ; (2クロック目)ジャンプした場合とクロック数を揃える

chkload:
    jmp     y--, outdata
                     ; 3クロック目: 20ms経過していなければstep1へ
    jmp     load_pattern
                            ; 20ms経過したら出力サイクルの最初へ

.wrap
```

リスト4　Armプロセッサ側は，PCからの角度命令を待ち，ステート・マシンに転送する(sample10 pwmservo¥src¥myapp.c)

```
pioasm_exec(
    pio,
    0,              // ステート・マシン番号
    addr,           // プログラム・アドレス

    0,
    0,              // 出力ピンはなし

    0,
    0,              // 入力ピンはなし

    0,              // GPIO0がサイドセットのベース
    1,              // サイドセット本数(PWM出力)

    125.0           // 1MHzクロック
);

printf("init¥n");
sleep_ms(1000);

pio_sm_put_blocking(pio, 0, (uint32_t)((20000 - 7)
                          / 3));    // 全周期20msに対応
pio_sm_put_blocking(pio, 0, (uint32_t)((1500 - 3) /
                        3));     // Hパルス幅1.5msに対応

printf("press return¥n");
gets(buf);
printf("wait cmd¥n");

while (true) {
    gets(buf);     // コマンド数値(角度)をUSBシリアルから入力
    sscanf(buf, "%d¥n", &cmd);
    len = 1500 + cmd * 10;              // パルス幅(ms)に換算

    printf("command %d deg (%d us)¥n", cmd, len);
    pio_sm_put_blocking(pio, 0, (uint32_t)((len - 3)
                  / 3)); // Hパルス幅をTX FIFOに送る
}
```

(a) 20msごとに連続してパルスを生成させる処理.
(b) Armプロセッサからのパルス幅コマンドをTX FIFOから受信してパルス幅を変える処理.

処理(b)でコマンド待ちをすると，処理(a)が停止してしまうため，コマンド受信はノンブロッキング・モード(pull命令でnoblockを指定)で行います．これはPIOに限られたテクニックではなく，ごく一般的なプログラミングの方法です.

● カウンタとして使うレジスタの動かし方

行おうとしている処理は難しいものではないのですが，ステート・マシンで使えるレジスタが少なく，数値演算などもほとんど行えないので，他のプロセッサのアセンブラと比べて少し技巧的なコードになっています(**リスト3**).

▶処理①

レジスタを本来とは違う目的に使います．例えばArmプロセッサへのデータ送信は行わないのでISRレジスタが空いています．そこでISRを20msのクロック・サイクル数を保持するために使っています．OSRレジスタもArmプロセッサからのパルス幅コマンドの受信以外に，そのコマンドを保持する目的を兼ねています.

▶処理②

ノンブロッキング・モードでpull命令を実行し，データがTX FIFOになかった場合には，実行前のXレジスタの値がOSRに入ることになっています．本作例では新しいコマンドがなければ前のコマンドと同じ処理を継続したいので，pull命令の前にXレジスタへとOSR(上記の通り前のコマンド値)を転送しています．このように，pull noblockの実行前にXレジスタに適切な値を入れておくのは，PIOでは常とう手段のようです.

▶処理③

jmp命令の判定にはほぼX，Yレジスタしか使えず，X，Yレジスタで行える演算もデクリメント程度です．つまり，X，Yレジスタはタイマ程度にしか使えません．その機能の範囲で組める高速タイミング制御だけをステート・マシンに割り付けました．時間管理が多少緩やかでも問題ない数値計算はArmプロセッサに分担させました．このように書くと簡単そうですが，ステート・マシンのアセンブリ・コードをある程度組んでみてからでなければ，適切な処理分割やインターフェースを決定できないケースが多そうだという印象を持ちました．本作例では，Armプロセッサからステート・マシンへのパルス幅指定の渡し方に悩み，結果的にステート・マシンの実装(処理に何クロックかかるか)に依存した分かりにくいものになってしまっています.

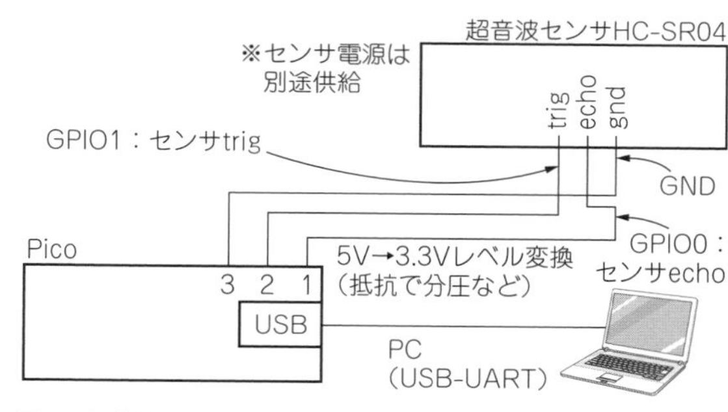

図5　超音波距離センサ読み出しの結線図
センサは安価で入手容易なHC-SR04を利用．センサはUSB給電でも動く．センサのecho出力は3.3Vレベルにしてから Picoへ接続

作例3：PCへの距離センサ測定値伝送

● 製作物の機能と特徴

アクチュエータであるRCサーボモータとは逆に，センサ・データをPCへ渡すためのブリッジを作ります．センサとしてはI^2CやSPIではない独自インターフェースを持つものを想定します．ここでは超音波距離センサ HC-SR04[4]を使うことにしました．RCサーボモータの場合と同じくPIOを使うことによって，複数センサの利用が容易になります.

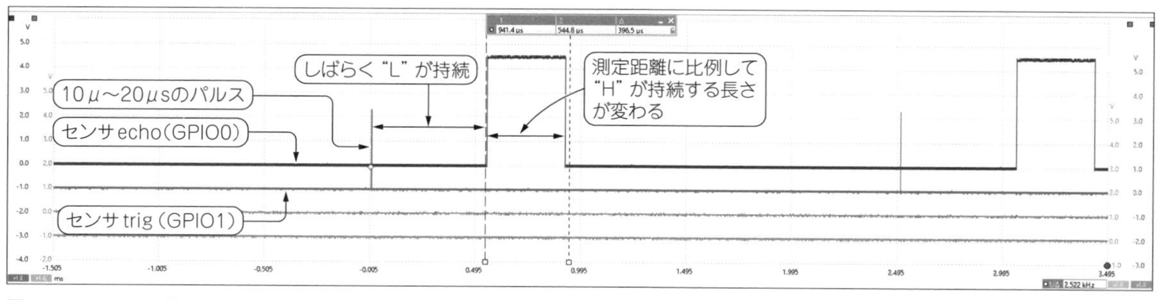

図6　センサのtrig端子に10μ～20μs程度のパルスを送ると計測が行われる．しばらく経ってからecho端子に"H"パルスが出力されるので，その長さを測定する

```
COM7 - Tera Term VT
ファイル(F)　編集(E)　設定(S)　コントロール(O
68 mm, 3945 clk, y fffffceb
67 mm, 3920 clk, y fffffcf0
68 mm, 3970 clk, y fffffce6
68 mm, 3955 clk, y fffffce9
68 mm, 3975 clk, y fffffce5
68 mm, 3970 clk, y fffffce6
68 mm, 3970 clk, y fffffce6
68 mm, 3970 clk, y fffffce6
68 mm, 3970 clk, y fffffce6
68 mm, 3970 clk, y fffffce6
68 mm, 3975 clk, y fffffce5
68 mm, 3970 clk, y fffffce6
67 mm, 3920 clk, y fffffcf0
67 mm, 3915 clk, y fffffcf1
67 mm, 3920 clk, y fffffcf0
72 mm, 4205 clk, y fffffcb7
67 mm, 3915 clk, y fffffcf1
67 mm, 3915 clk, y fffffcf1
67 mm, 3915 clk, y fffffcf1
72 mm, 4205 clk, y fffffcb7
67 mm, 3915 clk, y fffffcf1
72 mm, 4220 clk, y fffffcb4
67 mm, 3915 clk, y fffffcf1
```

図7　PC上のターミナルに，Yレジスタの値，そこから算出したクロック数(echo端子パルス長)，**距離が表示される**

HC-SR04モジュールには1つの入力端子trigと1つの出力端子echoがあります(**図5**)．**図6**の波形のとおり，trig端子に10μ～20μsのパルスを送ると，モジュールが超音波を発生し，その反射波を受信します．反射波が返ってくるまでの間，echo端子に“H”パルスが出ます．反射波到着の時間が長いほど(測定物の距離が遠いほど)“H”パルスの幅が伸びるので，パルス幅から距離を算出できます．結果は**図7**のようにPC上のターミナルに連続的に表示されます．

● ソフトウェア構成とコード

ステート・マシンのコードが**リスト5**，Armプロセッサのコードが**リスト6**です．ステート・マシンは，trig信号の発生からechoパルス幅の測定までの処理を行います(**リスト5**)．Armプロセッサ側は，ステート・マシンの測定結果から距離を計算し，PCへ送ります(**リスト6**)．

▶処理①

trig信号はサイドセット出力から出しています(**リスト5**)．

▶処理②

センサからのecho出力待ちには`wait`命令を使う手も考えられますが，出力が永久に返ってこないと処理停止してしまう現象がよく起こります．そこでYレジスタをカウンタとしてタイムアウト処理をすることにしました．このためにやや命令数が増えています(**リスト5**)．

▶処理③

echo出力幅の測定について，普通のアセンブラであればレジスタ(カウンタ)のインクリメントをするところです．しかし，そのような数値演算命令がないため，初期値ゼロからのデクリメントで測定するとともに，`jmp`命令をデクリメント命令の代替として使うことにしました(**リスト5**)．

リスト5　超音波センサ読み出しのステート・マシン・コード(sample11_distsns¥src¥myapp.pio)
レジスタをいろいろな目的で使い回さざるを得ないので，どの時点で何の値が入っているかきちんと把握，管理する

```
.program pioasm

.side_set 1 opt ; MAX 5bit

    pull    block           side 0
                    ; osrにタイムアウト値をロード(ARMから設定)

.wrap_target

issue_out_pulse:
    ; トリガ信号を出す
    nop                     side 1  [7]   ; 計8clk(8μs)
    nop                     ide 1   [7]   ; 計16clk(16μs)
    nop                     side 1  [7]   ; 計24clk(24μs)

    ; センサからのH出力待ちループ．ずっと来なければタイムアウトさせる
    mov     y, osr          side 0; Yにタイムアウト値をロード
wait_inp_pulse:
    in      pins, 1             ; 1クロック目：センサ出力を読む
    mov     x, isr            ; 2クロック目：xにセンサ出力を転送
    jmp     !x, chk_timeout
                          ; 3クロック目：センサがLなら待ち続ける
    jmp     start_measure                ; (4クロック目)

chk_timeout:
    jmp     y--, wait_inp_pulse
                          ; 4クロック目：タイムアウトしたか判定
    jmp     issue_out_pulse

    ; センサからのH出力期間の長さを測定するループ
start_measure:
    set     y, 0            ; 期間測定カウンタyをクリア
measure_loop:
    jmp     y--, next0      ; 1クロック目：カウンタを減算
next0:
    in      pins 1          ; 2クロック目：センサ出力を読む
    mov     x, isr          ; 3クロック目：xにセンサ出力を転送
    jmp     !x, out_result
                  ; 4クロック目：センサ出力がLなら測定を続ける
    jmp     measure_loop    ; (5クロック目)

    ; 測定したH期間をARMへ転送
out_result:
    in      y, 32           ; isrに期間測定結果を転送
    push    block           ; RX FIFOへ転送

.wrap
```

リスト6　Armプロセッサ側は，ステート・マシンからの測定結果を待ち，距離を計算してPCへ送る(sample11_distsns¥src¥myapp.c)

```
pioasm_exec(
    pio,
    0,        // ステート・マシン番号
    addr,     // プログラム・アドレス

    0,
    0,        // 出力ピンはなし

    0,        // 入力ベースはGPIO0
    1,        // 入力ピンは1本(センサ出力)

    1,        // サイドセット出力ベースはGPIO1
    1,        // サイドセット出力は1本(センサトリガ)

    12.50     // 10MHzクロック
);

printf("init¥n");
sleep_ms(1000);

// タイムアウト値を設定する(10MHzクロック時100ms)
pio_sm_put_blocking(pio, 0, (uint32_t)((10 *
        100 * 1000) / 4)); // 4は測定ループのクロック数

while (true) {
    // RX FIFOを読み，測定結果を計算する
    if (pio_sm_is_rx_fifo_empty(pio, 0) == false) {
        uint    data    = pio_sm_get_blocking(pio,
                                                  0);
        uint    clknum  = ((~data) + 1) * 5;
                     // 期間測定カウンタの値をクロック数に換算
        printf("%d mm, %d clk, y %08x¥n", clknum /
            58, clknum, data); // 10MHzクロックの場合
    }
}
```

▶処理④

Armプロセッサ側ではその結果の符号を反転してから距離の演算を行います(**リスト6**).

作例4：PCのパラレルI/Oポート

● 製作物の機能と特徴

最後に紹介するのはPCから入出力操作ができるパラレルI/Oポートです．出力ポートを16本(GPIO0～GPIO15)，入力ポートを7本(GPIO16～GPIO22)取ることができます．各本数は自由に調整できます．

PCとPicoをこれまでの作例と同じようにUSBで接続し，PC上のターミナルなどでアクセスします．ポートへ出力する場合は，16ビット出力値の16進数表現をそのままターミナルへキー・インしてリターンします．また，Picoのいずれかの入力ポートが“L”から“H”ないし，“H”から“L”のように変化したとき，自動的にPCへ16進表現の入力値が送られます．入力値を定期的に送るようには実装していませんが，そのように改造することは容易です．

リスト7　拡張I/Oのステート・マシン・コード(sample12_remotepio¥src¥myapp.pio)
最後の2行がデバッグに時間を要した重要な処理で，push命令によるISR値変化を見落としていたため必要性に気づかなかった

```
.program pioasm
    in      pins, 7          ; 入力ピン群を読む
    mov     y, isr           ; yに入力値をバックアップ
    push    noblock          ; 最初の入力データをARMに転送
.wrap_target

loop_top:
    ; 常時，osrかxのいずれかに，これまでの出力値が保たれるように
                                                         する
    ; 常時，yかxのいずれかに，これまでの入力値が保たれるようにする

    ; ARMから出力指定が来ていれば出力ピンに転送する
    mov     x, osr        ; これまでの出力値をxにバックアップ
    pull    noblock     ; 出力値が来ていなければxの値が使われる
    mov     x, osr              ; osrの値をxにバックアップ
    out     pins, 16 ; osrの値を出力ピンに出す(osr値は変化)
    mov     osr, x              ; osrの値を元の出力値に戻す

    ; 入力の値が前と変化したらARMへ転送する
    mov     x, y             ; これまでの入力値をxに転送
    in      pins, 7          ; 入力ピンの値を読む
    mov     y, isr           ; yに入力ピンの値を転送
    jmp     x!=y update_inp ; 前と異なっていたらジャンプ
    jmp     reg_recovery

update_inp:
    push    noblock     ; 入力ピン値をARMへ転送(isr値は変化)

    ; ARMへ値を転送した場合としなかった場合でisrの値が異ならない
                                                      ようにする
reg_recovery:
    set     x, 0
    mov     isr, x           ; isrをゼロクリア

.wrap
```

● ソフトウェア構成とコード

ステート・マシンのコードが**リスト7**，Armプロセッサのコードが**リスト8**です．

Armプロセッサ側は，PCから出力コマンドを受信してステート・マシンへ送信する処理と，ステート・マシンから入力読み取り値を受信してPCへ送信する処理の両方を並行処理します．このため，それぞれの処理をノンブロッキングの形で作成してあります．特に，PCからの受信については，gets()などではなくgetchar_timeout_us()を用い，受信待ちで処理が停止しないようにしています(**リスト8**).

ステート・マシンについても，Armプロセッサからのコマンド入力をノンブロッキング(pull noblock)とし，GPIOへの出力と入力が同時に回り続けるようにしています．コマンドを受信していないときにGPIOへ不正な値が書かれないよう，OSRレジスタかXレジスタのいずれかに出力値が保存されているようコーディングしてあります．OSRやXの一方が変化する命令を実行するたびに他方へのバックアップをします．GPIO入力が変化したときだけArmプロセッサ・PCへ通知を行うよう，YレジスタかXレジ

リスト8 Armプロセッサ側は，PCから出力コマンドを受信してステート・マシンへ送信する処理と，ステート・マシンから入力読み取り値を受信してPCへ送信する処理の両方を並行して行う(sample12_remotepio¥src¥myapp.c)

```
// PC(USB-UART)からのコマンド受信バッファ
#define STDIN_BUF_SIZE  1024
char    stdin_buf_G[STDIN_BUF_SIZE + 3];  // 受信バッファ
char    stdin_buf_ptr_G = 0;        // 受信バッファ・ポインタ

void init_stdin_buf(void)     // バッファのクリア処理
{
    memset(stdin_buf_G, 0, STDIN_BUF_SIZE);
    *(stdin_buf_G + STDIN_BUF_SIZE + 0) = 0x0D;
    *(stdin_buf_G + STDIN_BUF_SIZE + 1) = 0x0A;
    *(stdin_buf_G + STDIN_BUF_SIZE + 2) = 0;
    stdin_buf_ptr_G = 0;
}

int update_stdin_buf(void)  // 受信バッファの更新処理
{
    int c    = getchar_timeout_us(0);
                                // ノンブロッキングの読み出しを使う
    if (c == PICO_ERROR_TIMEOUT)
                                  // 入力がなければ何もせずリターン
        return 0;
    else {
        if ('0' <= c && c <= 'f') {
                                          // 数値文字が来ていたら記録
            stdin_buf_G[stdin_buf_ptr_G]      = c;
            if (stdin_buf_ptr_G < STDIN_BUF_SIZE) {
                stdin_buf_ptr_G++;
            }
        }
        if (c == 0x0A)  // 改行が来た場合1をリターン
            return 1;
        else
            return 0;
    }
}

int main()
{
    途中略
    pioasm_exec(
        pio,
        0,        // ステート・マシン番号
        addr,     // プログラム・アドレス
        0,        // GPIO0が出力ピンのベース
        16,       // 16本が出力
        16,       // GPIO16が入力ピンのベース
        7,        // 7本が入力
        0,
        0,        // サイドセット出力はなし
        1250.0    // 100KHzクロック
    );

    init_stdin_buf();    // 受信バッファクリア

    while (true) {
        if (update_stdin_buf() != 0) {
            // PCから出力数値(文字列)を受け取った場合,
                              数値をTX FIFOへ転送する
            if (pio_sm_is_tx_fifo_full(pio, 0) ==
                                                 false) {
                uint    data;
                sscanf(stdin_buf_G, "%x¥n", &data);
                pio_sm_put_blocking(pio, 0, (uint32_t)
                                                  data);
                printf("OUT: %08x¥n", data);
            }
            // UART受信バッファをクリア
            init_stdin_buf();
        }

        if (pio_sm_is_rx_fifo_empty(pio, 0) == false) {
            // RX FIFOに更新入力値が入っていた場合,
                                    数値をPCへ転送する
            uint    data    =
                        pio_sm_get_blocking(pio, 0);
            printf("IN: %08x¥n", data);
        }
    }
}
```

スタのいずれかにそれまでの入力値が保存されるようにしています．これもまたコードを読みにくくしています(**リスト7**)．

◆参考文献◆

(1) RP2040 Datasheet, Raspberry Pi (Trading), 2020年.
https://datasheets.raspberrypi.org/rp2040/rp2040-datasheet.pdf
(2) Raspberry Pi Pico C/C++ SDK, Raspberry Pi (Trading), 2020年.
https://datasheets.raspberrypi.org/pico/raspberry-pi-pico-c-sdk.pdf
(3) RCサーボモータFT90B，秋月電子通商.
https://akizukidenshi.com/catalog/g/gM-14693/
(4) 超音波センサHC-SR04，秋月電子通商.
https://akizukidenshi.com/catalog/g/gM-11009/

もりおか・すみお
Facebook：Sumio Morioka

PIOアセンブリ・コードが手軽に作れる

第4章 実機がなくてもデバッグできる簡易PIOエミュレータ

森岡 澄夫

ラズベリー・パイPico（以降，Pico）のPIO（プログラマブルI/O）は，カスタマイズした高速インターフェースを作れるという，他のマイコン・ボードにない画期的な機能を提供しています．しかし，若干クセのあるアセンブリ言語でのプログラミングが必要な上，デバッグ環境が整っておらず，開発がやりにくい問題がありました．

開発のきっかけ

● PIOはインターフェース作成に高いポテンシャルを持つ

ラズベリー・パイを含む従来のマイコン・ボードは，マイコンの動作クロックに近い高速インターフェースを作ることが困難です．例えば，マイコン・チップ内のUARTの数が足りなくなれば，処理を自作するしかありません．ペリフェラルにない独自インターフェースが必要になるときも同様です．

しかし，ソフトウェアでGPIOを制御するやり方では，高帯域を出せません．また，ラズベリー・パイのように，リアルタイムOSではないLinuxを使っている場合には，GPIOのスイッチング速度だけでなく，タイミング精度もかなり悪く，実用には耐えません．

PicoのPIO(3)は，これを解決できる画期的な機能です．高速（入出力信号の周波数が62.5MHzくらいまで）かつ，高いタイミング精度（クロック単位）のI/O処理を，FPGA（Field Programmable Gate Array）のような回路設計をすることなく，プログラミングだけで実現できます．実際に，Pico SDKのPIO設計サンプルには，UARTだけでなくSPIやI²Cも含まれているほど，実用度の高い機能です．

● PIO開発環境が抱えていた問題

利用価値の高いPIOですが，筆者が第7部第4章を参考に実際に試してみたところ，次の2点がネックでした．

1. アセンブリ言語での開発になる．命令セットはあまり一般的な設計ではない独特なもので，命令動作の細部まで頭に入れていないと分かりにくいバグを発生させてしまう．
2. ステート・マシンを1ステップずつ実行させてモニタリングできるようなデバッガが提供されていない．GPIOピンにオシロスコープをつないで波形観測しながら開発することになる．しかしステート・マシン内部のレジスタ値などを観測しにくく，ちょっとした間違いであってもなかなか特定できない．

特に後者は問題で，オシロスコープとにらめっこしながらのデバッグの面倒さは，PIOを使ってみる気を削ぐものでした．

● ステート・マシン1つのデバッグに特化したエミュレータ

そこで「PIOを使おうと思い立ったら，すぐに開発できるようにする」ことをコンセプトに，ステート・マシン実行を可視化するエミュレータを作ることにしました．

図1に作業の全体的な流れを，**表1**に本エミュレータでの制限事項を示します．詳細は後で説明しますが，エミュレータからさまざまなC言語API関数を提供します．それらの関数を使ってアセンブリ・コードを書き［第8部で紹介されているMicroPythonによるコード記述の仕方と類似］，任意のCコンパイラでコンパイルします．また，GPIO信号や割り込み信号などステート・マシンへの入力を，別途CSVファイルにあらかじめ書いておきます．

コンパイルで得られたバイナリを実行するとエミュレーションが行われます．その結果，各クロック・サイクルで実行した命令，レジスタ値，GPIO出力値を記録したCSVファイルと，Pico C/C++SDKでコンパイル可能なアセンブラ・ソースファイルが生成されます．これらを使ってデバッグと実機実行用バイナリの作成を行います．

提供エミュレータの特徴は，Linux/Windowsなど好きな環境ですぐ使え，操作が簡単で，実機を持ち出さなくてもおおよそのデバッグができる点です．大きな制限事項は，1つのステート・マシンのエミュレーションしかできないことです（簡便さのためにあえて

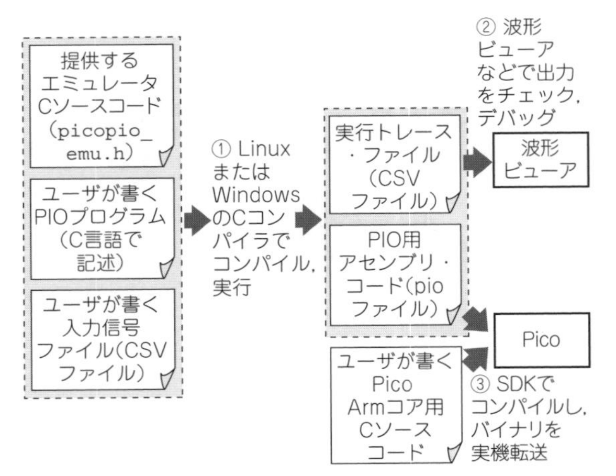

図1　提供する簡易エミュレータの概要
MicroPythonの場合[8]と似た形式で，C言語上でPIOアセンブリ・コードを書く．これと提供エミュレータをまとめてコンパイルし実行する．命令実行履歴がCSVで出力されるので，それを直接，またはフリー波形ビューアなどで見てデバッグする．C-SDK用のソースコードも出力されるので，SDK上でコンパイルして実機に転送する

割り切った)．ただし，頻度はあまり高くないと思いますが，複数のステート・マシンを同期・連携動作させるような高度な処理を組みたい場合は，文献(5)の，より本格的なエミュレータを試してみてください．

エミュレーションの行い方

● エミュレータとサンプル・コードの入手

本エミュレータとサンプル・コードは，GitHubで公開しています[1](URLは稿末に記載)．同サイトの「Code(緑色のボタン)」→「Download ZIP」で，一式をまとめたアーカイブを入手できます．ローカル・マシンの任意のディレクトリに解凍してください．

提供するエミュレータの本体は`picopio_emu.h`というCヘッダ・ファイル1本だけです．それとは別に，エミュレーションしたいPIOアセンブリ・コードを記述したCソースコード(任意の名前でよい．ここでは`emu_main.c`)と，エミュレーション入力信号を記述したCSVファイル(ここでは`in.csv`)の2つを自分で用意します(**図1**の左側に相当)．

アーカイブにはサンプル・プロジェクトとしてsample1とsample2が含まれているので，以下，それらを使ったチュートリアルの形で作業手順を説明します．ここでは両サンプル・プロジェクトのディレクトリ`sample1`，`sample2`を`¥rpi_pico¥cq_interface`(Windowsの場合)ないし`~/rpi_pico/cq_interface`(Linuxの場合)の下に置いたものとします．自分のプロジェクトを作るときは，サンプルをディレクトリごとコピーし，中のファイルを適宜書き換えるとよいでしょう．

表1　提供する簡易エミュレータの制限事項
1つのステート・マシンのデバッグ用であることが主な制限

制限事項	補足説明
1つのステート・マシン動作のみエミュレート	•自動生成されるアセンブリ・コードやC言語APIについては，複数のステート・マシンの並列動作に対応 •Armコアや他のステート・マシンとの交信は，入力信号CSV記述で模擬する
動的なピン入出力方向切り替えが未サポート	•`OUT PINDIRS`命令利用不可 •`SET PINDIRS`命令利用不可
動的な実行コード投入が未サポート	•`MOV EXEC`命令利用不可 •`OUT EXEC`命令利用不可
出力ピンとサイドセット出力ピンのオーバラップ不可	－

● 環境セットアップ

エミュレーションにはC言語の開発環境があればよく，Windows, LinuxなどOSには依存しません．筆者自身はWindows上でVisual Studio 2022，およびUbuntu上でgccを使用しています．

エミュレーションの後で実機動作用バイナリを作るには，PicoのC/C++SDKをインストールしておく必要があります．文献(2)(Linuxは2章，他環境では9章)や第2部第2章の通りに作業をしてください．ここではSDKのディレクトリ`pico-sdk`を`¥rpi_pico`下(Windowsの場合，Linuxでは`~/rpi_pico`)に置いたものとします．

なお，ディレクトリの位置や名前が異なる場合，サンプル中の`CMakeLists.txt`に書かれている`PICO_SDK_PATH`を適宜修正してください．

● エミュレーション用Cコードの記述

sample1プロジェクトの中身を見ていきます．プロジェクト・ディレクトリの下に次の3つのサブディレクトリがあります(**図2**)．

- `emu`：エミュレーション実行用のファイルが用意されている．
- `src`：Pico実機で動作させるためのソースコードなどが用意されている．
- `build`：Pico実機に転送するバイナリを生成するためのサブディレクトリ．最初は空である．

emu下のファイルを使ってエミュレーションを実施します．手順を**図2**に示します．最初に用意するのはエミュレーション対象であるPIOのアセンブリ・コードです．これをC言語の関数を使ってエミュレーション制御と合わせた形で書きます．言葉で説明すると分かりにくいですが，実際のC記述例(**リスト1**)を見れば一目瞭然でしょう．要点は次の通りです．

①プロジェクト・ディレクトリ　②Linux または Windows上で C コンパイル

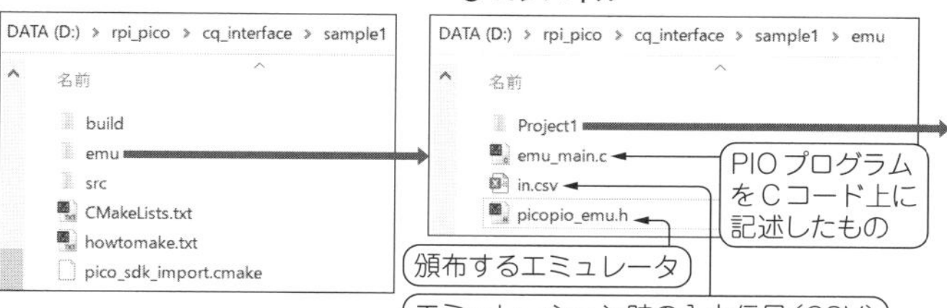

③コマンドラインから実行してエミュレーション

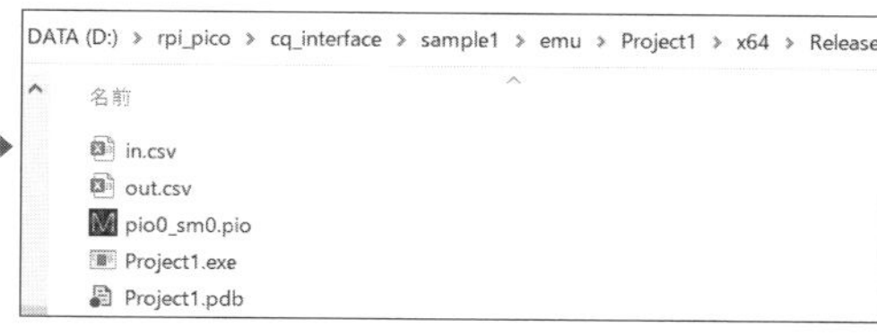

作成するCコードの内容

```
#include "picopio_emu.h"

main()
{
    pio_code_start(
        ピン・アサインなどの指定
    );

    // C関数呼び出しの形で
    // PIOアセンブリ・コードを記述

    pio_code_end();
    pio_run_emulation();
}
```

実行の様子

```
>ls
Project1.exe* Project1.pdb
>./Project1.exe
cycle 1, line 2, pc=0   nop     side 0x01
cycle 2, line 3, pc=1   nop     side 0x02       [1]
cycle 3                 DELAY
cycle 4, line 4, pc=2   nop     side 0x04       [2]
cycle 5                 DELAY
cycle 6                 DELAY
cycle 7, line 2, pc=0   nop     side 0x01
cycle 8, line 3, pc=1   nop     side 0x02       [1]
cycle 9                 DELAY
cycle 10, line 4, pc=2  nop     side 0x04       [2]
cycle 11                        DELAY
cycle 12                        DELAY
cycle 13, line 2, pc=0  nop     side 0x01
cycle 14, line 3, pc=1  nop     side 0x02       [1]
cycle 15                        DELAY
cycle 16, line 4, pc=2  nop     side 0x04       [2]
cycle 17                        DELAY
cycle 18                        DELAY
cycle 19, line 2, pc=0  nop     side 0x01
cycle 20, line 3, pc=1  nop     side 0x02       [1]
cycle 21                        DELAY
cycle 22, line 4, pc=2  nop     side 0x04       [2]
cycle 23                        DELAY
cycle 24                        DELAY
cycle 25, line 2, pc=0  nop     side 0x01
cycle 26, line 3, pc=1  nop     side 0x02       [1]
cycle 27                        DELAY
```

図2　エミュレーションの実行手順
特別なツールのインストールや利用トレーニングは不要で，使い慣れたCコンパイラとテキスト・エディタがあれば十分．簡単に使えるのが特徴

リスト1　エミュレーション用Cソースコードの記述例（sample1のemu_main.c）

```
#define PIO_OUT_GPIO_BIT_BY_BIT
#undef  PIO_IN_GPIO_BIT_BY_BIT
#undef DISP_ASM_STDOUT
#define DISP_TRACE_STDOUT
#include "picopio_emu.h"   //エミュレータをインクルード

int main(int argc, char *argv[])
{
    pio_code_start_simple(
        "pio0_sm0",         // char *funcname
        0,                  // int  sm_id

        PIO_UNUSE,          // int in_pins
        PIO_UNUSE,          // int in_num
        PIO_UNUSE,          // int out_pins
        PIO_UNUSE,          // int out_num
        0,                  // int sideset_pins
        3,                  // int sideset_num
        false               // bool sidest_opt
    );
    //----> ここからアセンブラのコード
    pio_wrap_target();
        // sideset  delay
    pio_nop(0x01,    0);
    pio_nop(0x02,    1);
    pio_nop(0x04,    2);

    pio_wrap();
    //<---- ここまでアセンブラのコード
    pio_code_end(true, "pio0_sm0.pio");

    // エミュレーションを実行
    pio_run_emulation(
        30,                 // int  cycles
        "in.csv",           // char *file_name_in
        "out.csv"           // char *file_name_out
    );
}
```

リスト2　リスト1と等価なアセンブリ・コード

```
.program pio0_sm0
.side_set 3

.wrap_target
  nop side 0x01      ; 1クロック期間 サイドセットbit0=1
  nop side 0x02 [1]  ; 2クロック期間 サイドセットbit1=1
  nop side 0x04 [2]  ; 3クロック期間 サイドセットbit2=1
.wrap
```

- 冒頭に#include "picopio_emu.h"を入れる．
- 関数pico_code_start()またはpico_code_start_simple()のいずれかを呼んで（**表2**），PIO設定数値を指定する．
- 第8部のMicroPythonの場合と似た方法でPIOのアセンブリ・コードを書く（**リスト1**に書かれているのは**リスト2**と等価なコード．そこで使っているC関数については後ほど解説する）．
- アセンブリ・コードの最後に，関数pico_code_end()を呼ぶ．
- pio_run_emulation()を呼んで，好きなクロック・サイクル数だけエミュレーションを実行する．

なお，エミュレーション実行に当たって，入出力CSVファイル（次節で説明）フォーマットの微調整や，stdoutへの実行状況追加出力ができます．picopio_emu.hをインクルードする前に，**表3**にあるパラメータを#defineまたは#undefしてください．

表2　エミュレーションを実行するためのC関数…リスト1やリスト8に呼び出しの実例が示されている

エミュレーションを行うためのAPI関数と引数			機能説明	補　足
void pio_code_start(			アセンブリ・コードの開始前に呼び，エミュレーションに必要なパラメータを設定する	・入力ピン，出力ピン，サイドセット出力ピンのいずれかを使わない場合，pins/numにはPIO_UNUSEを設定する ・入力ピン，出力ピン，サイドセット出力ピンのアサインがオーバラップしていないこと（エミュレーション値にチェックがかかる）
char	*funcname,	PIOプログラム名		
int	sm_id,	ステート・マシン番号（0～3）		
int	in_pins,	入力の最小ピン番号		
int	in_num,	入力の本数		
int	out_pins,	出力の最小ピン番号		
int	out_num,	出力の本数		
int	sideset_pins,	サイドセット出力の最小ピン番号		
int	sideset_num,	サイドセット出力の本数		
bool	sideset_opt,	サイドセット値の省略（trueで可）		
bool	isr_shift_right,	ISRシフト方向（trueで右）		
bool	isr_autopush,	RX FIFO自動push可否		
int	isr_autopush_threshold,	ISR fullビット・カウント		
bool	osr_shift_right,	OSRシフト方向（trueで右）		
bool	osr_autopull,	TX FIFO自動pull可否		
int	osr_autopull_threshold,	OSR emptyビット・カウント		
int	jmp_pin,	JMP PINで参照するピン番号		
bool	mov_status_sel,	MOV STATUSで参照するFIFO（trueでTX，falseでRX）		
int	mov_status_val	MOV STATUSでのFIFO判定値		
)				
void pio_code_start_simple(			上記のうち幾つかの設定を典型値にした簡略版	他のパラメータは以下の値になる（意味はpio_code_start()の引数の説明を参照）
char	*funcname,	PIOプログラム名		isr_shift_right = false,
int	sm_id,	ステート・マシン番号（0～3）		isr_autopush = false,
int	in_pins,	入力の最小ピン番号		isr_autopush_threshold = 32,
int	in_num,	入力の本数		osr_shift_right = true,
int	out_pins,	出力の最小ピン番号		osr_autopull = false,
int	out_num,	出力の本数		osr_autopull_threshold = 32,
int	sideset_pins,	サイドセット出力の最小ピン番号		jmp_pin = PIO_UNUSE,
int	sideset_num,	サイドセット出力の本数		mov_status_sel = true,
bool	sideset_opt	サイドセット値の省略（trueで可）		mov_status_val = 4
)				
void pio_code_end(			アセンブリ・コードの最後に呼ぶ	・出力を生成しないとき，ファイル名は(char *)NULLに設定する
bool	write_code,	アセンブリ出力を生成するときtrue		
char	*file_name_code	アセンブリ出力のファイル名		
)				
void pio_run_emulation(			エミュレーションを実行する	・入力/出力のCSVを用いない場合，ファイル名は (char *)NULLに設定する
int	cycles,	エミュレーションするサイクル数		
char	*file_name_in,	入力信号CSVのファイル名		
char	*file_name_out	出力信号CSVのファイル名		
)				

● 入力信号CSVファイルの記述

GPIOやRX FIFO（Armコアからステート・マシンへのデータ転送FIFO），割り込みフラグIRQ（他ステート・マシンやArmコアが変化させる）など，ステート・マシン外から与えられる入力信号が存在する場合，その値をCSVファイルに書きます．出力しかしないプログラムでは不要です．

CSVファイルのフォーマットと記述例を**表4**，**リスト3**に示します．CSV中で各入力信号値を指定しますが，全てのクロック・サイクルについて記述する必要はなく，いずれかの入力値が変わるサイクルだけを書きます．また，txfifo_pushとrxfifo_popに

表3　エミュレーションの実行調整のための#defineパラメータ
picopio_emu.hをインクルードするよりも先に定義する

defineパラメータ名	機能説明	補　足
#define PIO_OUT_GPIO_BIT_BY_BIT	出力信号CSVにおいて，GPIO端子のカラムを1ビットずつ分割する	入力・出力・サイドセットの各ピンがCSVに書かれる．未使用ピンは書かれない
#define PIO_IN_GPIO_BIT_BY_BIT	入力信号CSVにおいて，GPIO端子のカラムを1ビットずつ分割する	GPIO0～GPIO28の29本が全てCSVに書かれる．未使用ピンも書かれる
#define DISP_ASM_STDOUT	エミュレーション時に，生成されるアセンブリコードをstdoutに表示する	意図通りのコードになっているかどうかの簡易チェック用
#define DISP_TRACE_STDOUT	エミュレーション時に，各サイクルで実行した命令をstdoutに表示する	意図通りの実行をしているかどうかの簡易チェック用

ついては，1にした後で0に戻す必要はありません(エミュレータが自動的に0に戻す)．

各カラムで指定されている入力信号値は，そのサイクルの命令実行が始まる直前に取り込まれます．また，サイクルは昇順にソートしておいてください．

● エミュレーションの実行と結果観察

それぞれのファイルが用意できたら，エミュレーション用Cソースコードを動作します．**図3**，**図4**のように実施してください．

出来上がったバイナリを実行すると，エミュレーションが行われます(**図2**)．エミュレーションによって，実行トレースのCSVと実機動作用のアセンブリ・コードが自動生成されます．

CSVには実行トレース，つまり各クロック・サイクルでどのような命令が実行されたかと，その実行後にレジスタ，FIFO，IRQ出力(エミュレートしたステート・マシンが生成した割り込み)，GPIO出力がどのような値になったかが記録されています．そのフォーマットが**表5**です．CSVはテキスト・エディタでも読めますが，Flow CSV Viewer[9]などのビューアを使うと解析がとても楽にできるでしょう(**図5**)．

実機動作用のソースコードの中身と使い方について

表4　入力信号CSVのフォーマット
カラムgpioについては**表3**の#defineによってビットごと分けることも可能

入力CSV カラム名	設定値	内　容
cycle	10進 正整数	入力を与える実行サイクル(1～)を指定．必ず昇順にする
gpio	32ビット16進	GPIO入力に与える数値を指定．出力ピンや未使用ピンは0にしておく ピンごとにカラムを分ける場合，gpio_0からgpio_28の順に記述
irq	8ビット16進	割り込みフラグに対する設定値を指定．0のビットはクリア，1のビットはセットされる
txfifo_push	0または1	TX FIFOにpushする場合1を指定 ただし0に戻さなくてよい(自動的に戻る)
txfifo_val	32ビット16進	TX FIFOにpushする値を指定
rxfifo_pop	0または1	RX FIFOからpopする場合1を指定

リスト3　入力信号CSVファイルのサンプル記述(in.csv)

```
cycle, gpio,       irq,  txfifo_push, txfifo_val,
                                          rxfifo_pop
10,    0x00000000, 0x00, 1,           0x12345678, 0
20,    0x00010000, 0x00, 0,           0x00000000, 0
```

(a) セキュリティチェックを無効にする

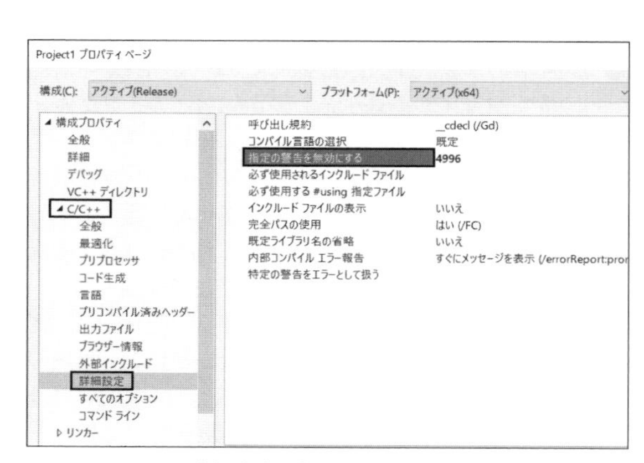

(b) 指定の警告を無効にする

図3　Windows Visual Studioによるエミュレータのコンパイルでは/GS-を指定し警告4996を無効化しておく

```
~/pico_emu$ ls
emu_main.c  picopio_emu.h
~/pico_emu$ gcc emu_main.c ←
~/pico_emu$ ./a.out ←
cycle 1, line 2, pc=0   nop     side 0x01
cycle 2, line 3, pc=1   nop     side 0x02        [1]
cycle 3                 DELAY
cycle 4, line 4, pc=2   nop     side 0x04        [2]
cycle 5                 DELAY
cycle 6                 DELAY
cycle 7, line 2, pc=0   nop     side 0x01
cycle 8, line 3, pc=1   nop     side 0x02        [1]
cycle 9                 DELAY
cycle 10, line 4, pc=2  nop     side 0x04        [2]
cycle 11                        DELAY
cycle 12                        DELAY
cycle 13, line 2, pc=0  nop     side 0x01
cycle 14, line 3, pc=1  nop     side 0x02        [1]
cycle 15                        DELAY
```

図4　Linux cc/gccのコンパイルは普通に行えばよい

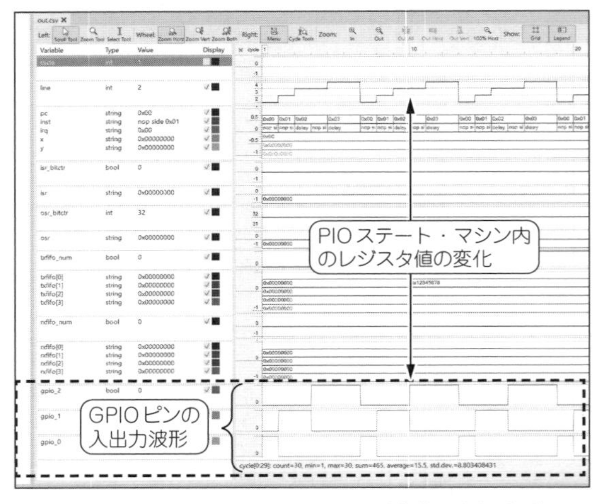

図5　出力信号CSVファイルにトレース（命令の実行系列）やレジスタ，GPIO変化が書かれる
Flow CSV Viewerなど無料の波形ビューアがお勧め

は，後ほど改めて説明します

PIOアセンブリ・コードの書き方

● C言語の関数を呼び出す形でコードを書く

ヘッダ・ファイル（picopio_emu.h）のインクルードだけですぐ使えるようにするため，提供エミュレータにはパーサ（アセンブラなどのソースコードの構文解析系）やGUIなどの機能を持たせていません．そこでアセンブリ・コードは，**リスト1**のように命令と1対1で対応するC言語関数を順番に呼ぶスタイルで記述します．

記述のために用いる関数群が**表6**（p.122）です．関数名がニーモニック（命令の名前のこと）に，関数の引数がオペランドに対応しています．オペランドについては，それぞれの値に対応する定数を用いて指定します．サイドセットやディレイなどを省略する場合は，PIO_UNUSEという定数を引数に入れます．

表5　出力信号CSVのフォーマット
カラムgpioについては**表3**の#defineによってビットごと分けることも可能

出力CSVカラム名	データ型	内　容
cycle	unsigned int	実行サイクル（1～）
line	unsigned int	実行しているインストラクションのソースにおける行番号
pc	8ビット16進	PC値
inst	文字列	実行しているインストラクション
gpio	32ビット16進	GPIO入力・出力の数値．ピンごとにカラムを分ける場合，使用されているピンのみ記載
irq	8ビット16進	割り込みフラグ値各ビットがフラグ0～7に対応
x	32ビット16進	*X*値
y	32ビット16進	*Y*値
isr_bitctr	unsigned int	ISRビットカウンタ（0でempty）
isr	32ビット16進	ISR値
osr_bitctr	unsigned int	OSRビットカウンタ（0でfull）
osr	32ビット16進	OSR値
txfifo_num	unsigned int	TX FIFOに入っているデータ数（0～4）
txfifo[0]～[3]	32ビット16進	TX FIFOの内容インデックス[0]が読み出し端
rxfifo_num	unsigned int	RX FIFOに入っているデータ数（0～4）
rxfifo[0]～[3]	32ビット16進	RX FIFOの内容インデックス[0]が読み出し端

また，JMP命令のジャンプ先となるラベルを置いたり，アセンブラの疑似命令を置いたりするための関数も用意しています（**表7**）．

● 制限事項

表1にも記載している通り，ステート・マシン動作中のGPIOピンの入出力方向切り替え（OUT/SET PINDIRS命令）と実行コード投入（MOV/OUT EXEC命令）をサポートしていません．また，出力ピン（SET命令で出力可能なピン）とサイドセット出力ピンのオーバラップもサポートしていません．いずれも利用頻度のかなり低い機能だとは思いますが，エラーになりますので気をつけてください．

実機での動かし方

● エミュレータが生成する実機動作用ファイル

提供エミュレータは，SDKでアセンブルが可能なソー

表7　アセンブラの疑似命令などの記述に用いる関数群

疑似命令に対応するAPI関数と引数			機能説明	補　足
void pio_wrap_target(void)			.warp_targetを記述	省略可能
void pio_wrap(void)			.wrapを記述	省略可能
void pio_origin(			.originを記述	省略可能
int addr		コード開始アドレス指定．0～31		
)				
void pio_label(			ラベル行を記述	ラベル重複はチェックしていない（エミュレーション時やアセンブル時に発見される）
char	*lbl	ジャンプ先ラベル文字列		
)				
void pio_comment(			コメント行を記述	生成するアセンブラ・ソース中にコメントが書かれる
char	*string	コメント文字列		
)				

表8　Pico実機動作用コードの記述に使う関数群

Picoプログラム中で利用するAPI関数と引数			機能説明	補　足
void PIOプログラム名_config(			ステート・マシン実行の初期設定（プログラムのロード，GPIOピン設定，など）を行う	エミュレータが自動生成する関数．アセンブラ・ソース中に関数本体が書かれている
PIO	pio,	PIOの指定（pio0またはpio1）		
uint	sm,	ステート・マシン番号（0～3）		
float	clkdiv	クロックの分周比率（1.0で125MHz）		
)				
void pio_sm_set_enabled(			ステート・マシンの動作を開始・停止させる	SDKから提供される関数
PIO	pio,	PIOの指定		
uint	sm,	ステート・マシン番号		
bool	enabled	実行許可するときtrue		
)				

ス・ファイルを自動生成します．sample1プロジェクトではpio0_sm0.pioというファイルが生成されます．ファイル名は，関数pico_code_end()を呼ぶ際に引数として指定したもので，任意に変更できます．

このファイルの中には，アセンブリ・コード（**リスト2**と同様）に加えて，ステート・マシンの初期化処理を行う補助C関数も作られています．関数名は，pico_code_start()やpico_code_start_simple()に第1引数として与えた文字列をfooとしたとき，foo_config()となっています．sample1プロジェクトではpio_sm0_config()です．関数の引数を**表8**に示します．

● 実機動作のためArmコア用Cコードを書く

通常のPIOプログラミングと同じく，PicoのArmコアからステート・マシンの初期化と起動を行います．Pico Armコア用のCコードを用意し，補助C関数pico_sm0_config()を呼び出し，さらにpio_sm_set_enabled()を呼ぶとステート・マシンが走り出します．後者はSDKが提供しているAPI関数です[(10)]．

以上を書いたコードが**リスト4**です．プロジェクト・ディレクトリ下のサブディレクトリsrcに，pio0_sm0.pioと一緒に置きます．ここではファイル名をmyapp.cとしていますが，任意の名前にできます．src/CMakeLists.txt（srcの下と上で2つCMakeLists.txtがあるので注意）中にファイル名を書いておきます．

● 実機用ソースのコンパイルと実機転送

ここまで準備が整ったら，Pico実機用のバイナリをビルドします．方法は文献(2)の8章(Linux)と9章(Windowsなど)や，第7部第4章で紹介されています．GitHubで提供しているファイルは，Windows上でDeveloper Command Prompt for VS2022を使い，文献(2)の9.2.3章に記載の方法で作成したものです．

ビルドが完了するとbuildサブディレクトリの下に拡張子.uf2のバイナリ・ファイルが生成されるので，実機に転送します（**図6**）．実機ではGPIO0～GPIO2端子に**図7**のような波形が出てきます．当然ながら，エミュレーションで得られた出力信号CSV中の波形（**図5**）と合致しています．

複数のステート・マシンを使うアプリの作成方法

● エミュレーションは個別ステート・マシンごとに実施

本稿の最後に，複数個のステート・マシンを使うアプリケーションの作成について補足します．これまで

表6　ステート・マシン命令の記述に用いる関数群
命令ニーモニックとオペランドをそのまま記述していることに相当する

アセンブリ命令に対応するAPI関数と引数			機能説明	補　足
void pio_jmp(			JMP命令を記述	• サイドセットやディレイを使わないときは，引数にPIO_UNUSEを指定する（以下同様）
int	cond,	ジャンプ条件． PIO_ALWAYS，PIO_X_EQ_0，PIO_X_NEQ_0_DEC，PIO_Y_EQ_0，PIO_Y_NEQ_0_DEC，PIO_X_NEQ_Y，PIO_PIN，PIO_OSRE_NOTEMPTY のいずれか		
char	*lbl,	ジャンプ先のラベル		
int	sideset,	サイドセット出力値，または PIO_UNUSE		
int	delay	ディレイ値，またはPIO_UNUSE		
)				
void pio_wait(			WAIT命令を記述	
bool	polarity,	極性．trueまたはfalse		
int	src,	待つ対象の指定		
		PIO_GPIO，PIO_PIN，PIO_IRQのいずれか		
int	index,	ピン番号，または割り込みフラグ番号		
bool	rel,	PIO_IRQのrelフラグ指定		
		サイドセット出力値，またはPIO_UNUSE		
int	delay	ディレイ値，またはPIO_UNUSE		
)				
void pio_in(			IN命令を記述	
int	src,	ソース指定． PIO_PINS，PIO_X，PIO_Y，PIO_NULL，PIO_ISR，PIO_OSRのいずれか		
int	bitcount,	ISR取り込みビット数．1～32		
int	sideset,	サイドセット出力値，またはPIO_UNUSE		
int	delay	ディレイ値，またはPIO_UNUSE		
)				
void pio_out(			OUT命令を記述	• OUT　PINDIRSは未サポート．警告を出して無視する • OUT　EXECは未サポート．エラーになる
int	dest,	デスティネーション指定． PIO_PINS，PIO_X，PIO_Y，PIO_NULL，PIO_PC，PIO_ISRのいずれか		
int	bitcount,	OSR書き込みビット数．1～32		
int	sideset,	サイドセット出力値，またはPIO_UNUSE		
int	delay	ディレイ値，またはPIO_UNUSE		
)				
void pio_push(			PUSH命令を記述	
bool	iffull,	trueの場合，入力シフト・カウントが閾値に達しているときのみプッシュ．trueまたはfalse		
bool	block,	trueの場合，RX-FIFOに空きが生じてプッシュできるようになるまで待つ．trueまたはfalse		
int	sideset,	サイドセット出力値，またはPIO_UNUSE		
int	delay	ディレイ値，またはPIO_UNUSE		
)				
void pio_pull(			PULL命令を記述	
bool	ifempty,	trueの場合，出力シフト・カウントがしきい値に達しているときのみプル．trueまたはfalse		
bool	block,	trueの場合，TX-FIFOにデータが投入されてプルできるようになるまで待つ．trueまたはfalse		
int	sideset,	サイドセット出力値，またはPIO_UNUSE		
int	delay	ディレイ値，またはPIO_UNUSE		
)				

アセンブリ命令に対応するAPI関数と引数			機能説明	補　足
void pio_mov(			MOV命令を記述	• MOV　EXECは未サポート．エラーになる • TX FIFOのautopullをイネーブルしている場合，OSRがデスティネーションならば警告する（autopullした値が上書きされる可能性あり）
int	dest,	デスティネーション指定． PIO_PINS，PIO_X，PIO_Y，PIO_PC，PIO_ISR，PIO_OSRのいずれか		
int	op,	演算指定． PIO_NONE，PIO_INVERT，PIO_BIT_REVERSEのいずれか		
int	src,	ソース指定． PIO_PINS，PIO_X，PIO_Y，PIO_NULL，PIO_STATUS，PIO_ISR，PIO_OSRのいずれか		
int	sideset,	サイドセット出力値，またはPIO_UNUSE		
int	delay	ディレイ値，またはPIO_UNUSE		
)				
void pio_irq(			IRQ命令を記述	
bool	clr,	trueの場合，指定されたフラグをクリア．falseの場合はセット．		
bool	wait,	trueかつclear==falseの場合，指定フラグを立てたうえで，外部からクリアされるまで待つ．trueまたはfalse．		
int	index,	IRQ番号指定．0～31		
bool	rel,	trueの場合，IRQ番号の下位2ビットにステート・マシン番号が加算される．trueまたはfalse		
int	sideset,	サイドセット出力値，またはPIO_UNUSE		
int	delay	ディレイ値，または PIO_UNUSE		
)				
void pio_set(			SET命令を記述	• SET　PINDIRは未サポート．警告を出して無視する
int	dest,	デスティネーション指定． PIO_PINS，PIO_X，PIO_Yのいずれか．		
int	data,	即値．0～31		
int	sideset,	サイドセット出力値，またはPIO_UNUSE		
int	delay	ディレイ値，またはPIO_UNUSE		
)				
void pio_nop(			NOP命令を記述	
int	sideset,	サイドセット出力値，またはPIO_UNUSE		
int	delay	ディレイ値，またはPIO_UNUSE		
)				

リスト4　実機動作用Cソースの記述例（app_main.c）

```
#include <stdio.h>
#include "pico/stdlib.h"
#include "hardware/pio.h"
#include "hardware/clocks.h"
// "pio0_sm0.pio" はアセンブラ・コードのファイル名
#include "pio0_sm0.pio.h"

int main()
{
    uint    data;
    stdio_init_all();
    sleep_ms(3000);
    // エミュレータが生成したステートマシン
    // 初期設定関数を呼ぶ
    pio0_sm0_config(
        pio0,
        0,            // ステートマシン番号
        125.0         // クロック分周比(1M)
                      // (min 1.9kHz)
    );
    // ステートマシン0を起動
    pio_sm_set_enabled(pio0, 0, true);

    while (1) {
        ;
    }
}
```

に説明した通り，提供エミュレータはステート・マシン1つだけの動作を模擬する仕様になっており，複数ステート・マシンの並列動作を模擬する機能はつけていません．

しかし，エミュレータの生成する実機動作用コード（**表8**，**図8**）については，割り込みなども用いた複数ス

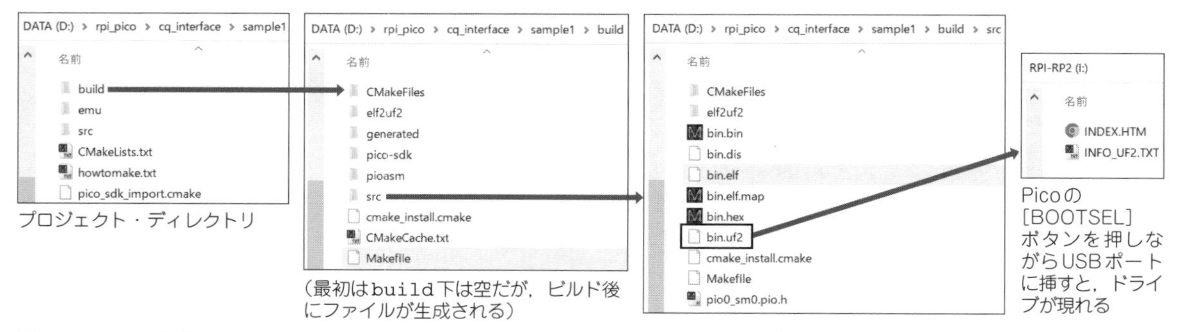

図6　buildサブディレクトリの下に実機動作用バイナリ・ファイル(.uf2)ができるので実機に転送する

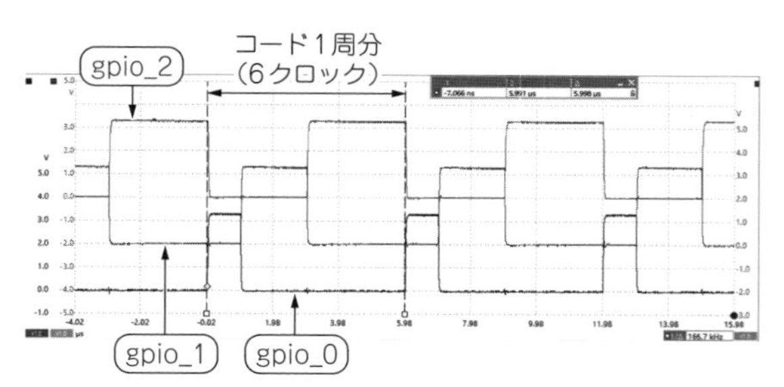

図7　sample1プロジェクトの実機出力…エミュレーション結果と合致している

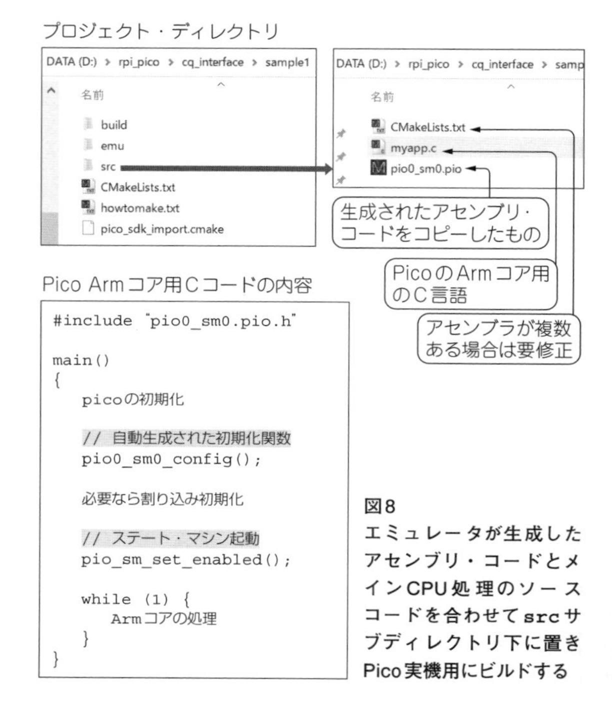

図8　エミュレータが生成したアセンブリ・コードとメインCPU処理のソース・コードを合わせてsrcサブディレクトリ下に置きPico実機用にビルドする

テート・マシン処理の作成に対応しています．以下，実例を使って方法を説明します．提供するアーカイブにはプロジェクトsample2として収録されています．

● 例題プロジェクトsample2の動作概要

プロジェクトsample2では，ステート・マシン0とステート・マシン1の2つを同時に走らせます．ステート・マシン0ではsample1と同じ物が走り，**図7**の出力を出します．

ステート・マシン1の処理内容はArmコアとの交信デモです(**図9**)．アセンブリ・コードが**リスト5**です．

まずArmコアが，TX FIFOを通して32ビットのパケットを5個送ります．ステート・マシンは受け取ったパケットの内容を加工(ビット反転)し，RX FIFO経由でArmコアへ送り返します．最後にYレジスタ(ループ・カウンタ)の値をArmコアへ送るとともに，Armコアへ割り込みをかけます．また，**図9**中には表記していませんが，ステート・マシンはGPIO16ピンが“H”になるまで待ってから一連のパケット送受信(ラウンド)を始め，GPIO17ピンが“H”になるまで待ってから次のラウンドに行くようになっています．Armコアの方は，ラウンドが終わったらステート・マシンからの割り込みが来るまで待ち，その上で次のラウンドへ行きます．

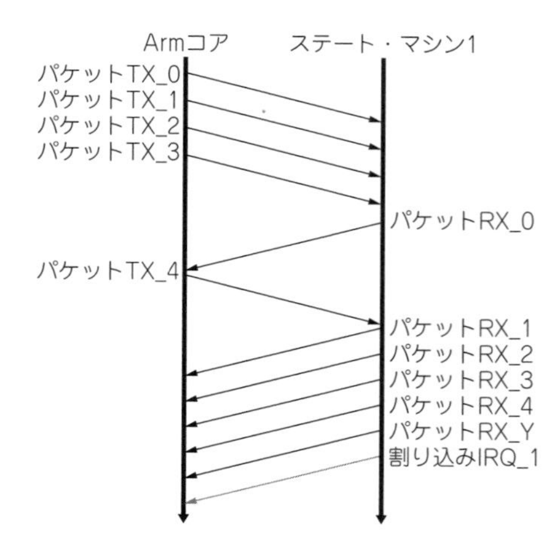

図9　sample2プロジェクトで実行するArm～ステート・マシン間のデータ交換処理

リスト5　プロジェクトsample2のステート・マシン1の処理（命令を全種類利用）

```
.program pio0_sm1
.side_set 3 opt

.wrap_target
  wait 0 pin 0x00   side 0x01
                              ; 入力ピンbit0がLになるまで待つ
  wait 1 pin 0x00   side 0x02
                              ; 入力ピンbit0がHになるまで待つ
  set  y 0x04      side 0x00  ; Yはループ・カウンタ

loop_top:
  pull block       side 0x03  ; TX FIFOをXへ読み出し
  mov  x !osr      side 0x04  [1]
                              ; 読み出し値をビット反転させる
  out  pins 0x01   side 0x00
  in   x 0x20                 ; ISRへXを転送
  push block       side 0x05  ; RX FIFO書き込み
  jmp  y-- loop_top  side 0x00 ; (繰り返し)

loop_end:
  in   y 0x20      side 0x00  ; ISRへY(値は-1)を転送
  push block       side 0x00  ; RX FIFO書き込み
  irq  wait 1      side 0x00  ; 割り込み1を発生させる

  wait 0 pin 0x01  side 0x06 ; 入力ピンbit1がLになるまで待つ
  wait 1 pin 0x01  side 0x07 ; 入力ピンbit1がHになるまで待つ

.wrap  ; 先頭へ戻る
```

リスト6　sample2の実機動作用Cソース（app_main.c）

```
#include <stdio.h>
#include "pico/stdlib.h"
#include "hardware/pio.h"
#include "hardware/clocks.h"
// ステート・マシン0のアセンブラ
#include "pio0_sm0.pio.h"
// ステート・マシン1のアセンブラ
#include "pio0_sm1.pio.h"

//////////////////////////////////////////////////
// 割り込みハンドラ
//////////////////////////////////////////////////
#undef      USE_IRQ0
volatile bool    irq_set;         // 割り込みフラグ

static void irq_handler()         // ハンドラの関数
{
    // 割り込みをクリア
#ifdef  USE_IRQ0
    pio_interrupt_clear(pio0, 0);
    irq_clear(PIO0_IRQ_0);
#else
    pio_interrupt_clear(pio0, 1);
    irq_clear(PIO0_IRQ_1);
#endif
    irq_set = true;               // フラグを立てる
}

//////////////////////////////////////////////////
// メイン
//////////////////////////////////////////////////
int main()
{
    uint    data;

//  setup_default_uart();
    stdio_init_all();
    sleep_ms(3000);

    // 二つのステート・マシン設定関数を呼ぶ
    pio0_sm0_config(
        pio0,
        0,          // ステート・マシン番号
        125.0       // クロック分周比(1M)
    );
    pio0_sm1_config(
        pio0,
        1,          // ステート・マシン番号
        12500.0     // クロック分周比(10KHz)
    );

    // 割り込みハンドラの設定と割り込みイネーブル
#ifdef  USE_IRQ0
    irq_set_exclusive_handler(PIO0_IRQ_0,
                                     irq_handler);
    irq_set_enabled(PIO0_IRQ_0, true);
    pio_set_irq0_source_enabled(
                      pio0, pis_interrupt0, true);
#else
    irq_set_exclusive_handler(PIO0_IRQ_1,
                                     irq_handler);
    irq_set_enabled(PIO0_IRQ_1, true);
    pio_set_irq1_source_enabled(pio0,
                           pis_interrupt1, true);
#endif
    irq_set = false;

    // 二つのステート・マシンを起動
    // PIO pio, uint sm, bool enabled
    pio_sm_set_enabled(pio0, 0, true);
    // PIO pio, uint sm, bool enabled
    pio_sm_set_enabled(pio0, 1, true);

    // メイン処理
    printf("init done¥n");
    while (1) {
        printf("main loop¥n");

        // 4データをTX FIFOに送る(いったんfullになる)
        pio_sm_put_blocking(pio0, 1, 0x00008001);
        printf("¥tTX_0¥n");
        pio_sm_put_blocking(pio0, 1, 0x00008002);
        printf("¥tTX_1¥n");
        pio_sm_put_blocking(pio0, 1, 0x00008003);
        printf("¥tTX_2¥n");
        pio_sm_put_blocking(pio0, 1, 0x00008004);
        printf("¥tTX_3¥n");

        // ステート・マシン1がループ処理に入るまで
        // ブロックされる(GPIO16をHにすると進む)
        data    = pio_sm_get_blocking(pio0, 1);

        // ステート・マシン1がRX FIFOに送ったデータを
        // 読み出す
        printf("¥tRX_0 (0xFFFF7FFE): %08x¥n", data);

        pio_sm_put_blocking(pio0, 1, 0x00008005);
        printf("¥tTX_4¥n");

        data    = pio_sm_get_blocking(pio0, 1);
        printf("¥tRX_1 (0xFFFF7FFD): %08x¥n", data);
        data    = pio_sm_get_blocking(pio0, 1);
        printf("¥tRX_2 (0xFFFF7FFC): %08x¥n", data);
        data    = pio_sm_get_blocking(pio0, 1);
        printf("¥tRX_3 (0xFFFF7FFB): %08x¥n", data);
        data    = pio_sm_get_blocking(pio0, 1);
        printf("¥tRX_4 (0xFFFF7FFA): %08x¥n", data);
        data    = pio_sm_get_blocking(pio0, 1);
        printf("¥tRX_Y (0xFFFFFFFF): %08x¥n", data);

        // ステート・マシン1が処理を終えて割り込みを
        // 出すまで待つ
        while (irq_set == false)
            ;
        printf("received irq¥n");
        irq_set = false;

        // ステート・マシン1がループ先頭に戻るまで
        // ブロックされる
        // (GPIO17をHにすると進む)
    }
}
```

リスト7 ステート・マシンが複数個ある場合，src/CMakeLists.txtにそれぞれのアセンブリ・コードを指定する

```
set(BinName "bin")
add_executable(${BinName})

pico_generate_pio_header(${BinName}
            ${CMAKE_CURRENT_LIST_DIR}/pio0_sm0.pio)
pico_generate_pio_header(${BinName}
            ${CMAKE_CURRENT_LIST_DIR}/pio0_sm1.pio)

target_sources(${BinName} PRIVATE myapp.c)

pico_enable_stdio_usb(${BinName} 1)
pico_enable_stdio_uart(${BinName} 1)

target_link_libraries(${BinName} PRIVATE
                        pico_stdlib hardware_pio)
pico_add_extra_outputs(${BinName})
```

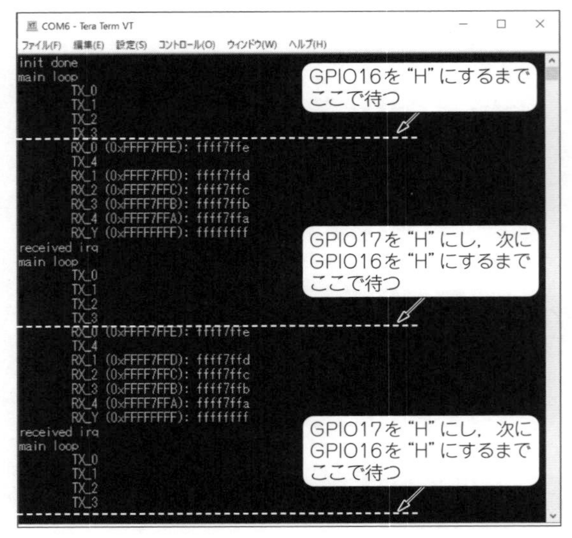

図10 sample2プロジェクトで，実機をUSBシリアル経由でPCにつないだときに表示されるモニタリング画面（ArmコアからPCへ出力）

● 複数ステート・マシン時の実機動作用Cコードの書き方

このように複数ステート・マシンを使ったり，割り込みを利用したりする場合のArm用コード例が**リスト6**です．同リストの上から順に要点を説明します．

- 提供エミュレータが生成するアセンブリ・コードを，全ステート・マシン分冒頭で`#include`する．つまり，複数のコードをインクルードすることになる．
- ステート・マシンからの割り込みをArmコアで受けるためのハンドラ関数を設置する．その内部では，割り込みをクリアするためSDK関数`pio_interupt_clear()`や`irq_clear()`を呼んでいる．
- 提供エミュレータが生成するステート・マシン初期設定関数`*_config()`を，全ステート・マシン分呼ぶ．この時点ではまだ各ステート・マシンは走っていないことに注意．
- 割り込みハンドラの登録と割り込み許可をする．このためにSDK関数`irq_set_exclusive_handler()`，`irq_set_enabled()`，`pio_set_irq*_source_enabled()`を呼んでいる．
- 以上のセットアップが全て完了したら，SDK関数`pio_sm_set_enabled()`を使って全ステート・マシンを同時起動する．

また，実機実行用バイナリの生成に当たって，`src/CMakeLists.txt`中に全てのステート・マシンのソース指定を入れるようにしてください（**リスト7**）．実機で走らせた様子を**図10**，**図11**に示します．ステート・マシンからFIFO経由で返ってきた数値やGPIO信号出力波形は，エミュレーションの結果と合致しています．

なお，sample2のアセンブリ・コードでは全種類の

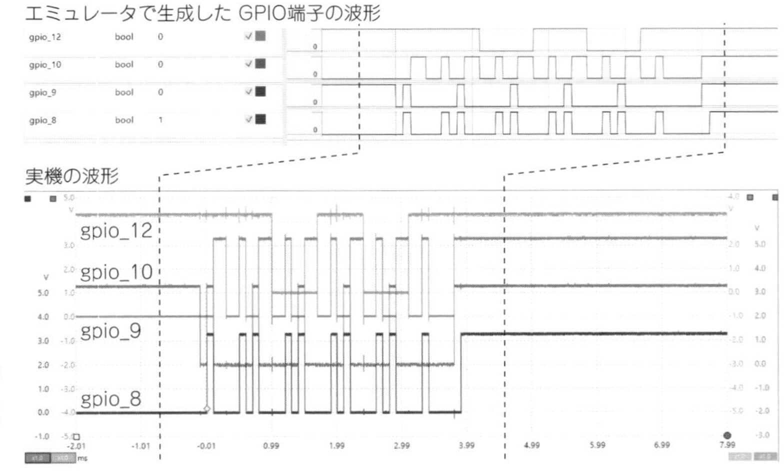

図11 ステート・マシン1の実機信号出力はエミュレーションと合致している

リスト8　sample2プロジェクトのステート・マシン1用のエミュレーションCコード
命令全種類を使っているので表6の全関数の利用例にもなっている

```
省略
#include "picopio_emu.h"     エミュレータをインクルード

int main(int argc, char *argv[])
{
    pio_code_start_simple(
        "pio0_sm1",        // char *funcname
        1,                 // int  sm_id

        16,                // int in_pins
        2,                 // int in_num
        12,                // int out_pins
        1,                 // int out_num
        8,                 // int sideset_pins
        3,                 // int sideset_num
        true               // bool sidest_opt
    );
    //----> ここからアセンブラ・コード
    pio_wrap_target();

    pio_wait(/* polarity */ false,
             /* src */ PIO_PIN,
             /* index */ 0,
             /* rel */ false, 0x01, 0);
    pio_wait(/* polarity */ true,  /* src */ PIO_PIN,
             /* index */ 0, /* rel */ false, 0x02, 0);
    pio_set(/* dest */ PIO_Y, /* data */ 4, 0x00, 0);

    pio_label("loop_top");
    pio_pull(/* ifempty */ false, /* block */ true,
                                              0x03, 0);
    pio_mov(/* dest */ PIO_X,      /* op */ PIO_INVERT,
                       /* src */ PIO_OSR, 0x04, 1);
    pio_out(/* dest */ PIO_PINS,
                          /* bitcnt */ 1, 0x00, 0);
    pio_in(/* src */ PIO_X, /* bitcnt */ 32,
                                  PIO_UNUSE, 0);
    pio_push(/* iffull */false,
                        /* block */ true, 0x05, 0);
    pio_jmp(/* cond */ PIO_Y_NEQ_0_DEC,
                 /* lable */ "loop_top", 0x00, 0);

    pio_label("loop_end");
    pio_in(/* src */ PIO_Y, /* bitcnt */ 32, 0x00, 0);
    pio_push(/* iffull */ false, /* block */ true,
                                          0x00, 0);
    pio_irq(/* clr */ false, /* wait */ true,
            /* index */ 1, /* rel */ false, 0x00, 0);

    pio_wait(/* polarity */ false,  /* src */ PIO_PIN,
            /* index */ 1, /* rel */ false, 0x06, 0);
    pio_wait(/* polarity */ true,   /* src */ PIO_PIN,
            /* index */ 1, /* rel */ false, 0x07, 0);

    pio_wrap();
    //----> ここまでアセンブリ・コード
    pio_code_end(true, "pio0_sm1.pio");

    // エミュレーションを実行
    pio_run_emulation(
        100,             // int  cycles
        "in2.csv",       // char *file_name_in
        "out2.csv"       // char *file_name_out
    );
}
```

命令を使っています．**リスト8**がエミュレーション用Cソース(**リスト5**と等価)であり，**表6**の各関数の実利用サンプルとなっています．

提供エミュレータを使うと，実機をオシロスコープで観察しつつデバッグする場合と比べ，とても快適かつ迅速にPIOコードを作れますので，ぜひ一度試してみてください．なお，使用頻度の低い命令についてエミュレータにバグが残っている可能性はあります．改良やデバッグへのご協力は歓迎です．

◆参考文献◆

(1) sumio-morioka/rpipico_simple_PIO_emulator.
https://github.com/sumio-morioka/rpipico_simple_PIO_emulator
(2) Getting started with Raspberry Pi Pico.
(Pico開発環境のインストール手順など)
https://datasheets.raspberrypi.com/pico/getting-started-with-pico.pdf
(3) ラズベリー・パイ Pico C/C++ SDK.
(SDKのマニュアル．PIOアセンブラの説明もある)
https://datasheets.raspberrypi.com/pico/raspberry-pi-pico-c-sdk.pdf
(4) Debugging the PIO module on Raspberry Pi Pico.
(ARMコアとの連携動作のデバッグ)
https://visualgdb.com/tutorials/raspberry/pico/pio/debugger/
(5) RP2040 PIO Emulator.
(さらに本格的なPIOエミュレータ)
https://rp2040pio-docs.readthedocs.io/en/latest/introduction.html
(6) 森岡 澄夫；プログラマブルI/Oの機能と簡易ライブラリ，インターフェース，2021年8月号，CQ出版社.
(7) 中森 章；噂のプログラブルI/Oはこう使う，インターフェース，2021年8月号，CQ出版社.
(8) 宮田 賢一，角 史生；PIOプログラミング[導入編]/[事例集]，インターフェース，2021年8月号，CQ出版社.
(9) Flow CSV Viewer，マイクロソフト.
(Flow CSV Viewerの取得)
https://apps.microsoft.com/store/detail/flow-csv-viewer/9NQ7Z06VRXBW?hl=ja-jp&gl=JP
(10) hardware_pio，ラズベリーパイ財団.
(SDKが提供するPIO操作APIの説明)
https://raspberrypi.github.io/pico-sdk-doxygen/group__hardware__pio.html
(11) 森岡 澄夫；LSI/FPGAの回路アーキテクチャ設計法，CQ出版.
(エミュレータなどの処理系の作り方)
https://cc.cqpub.co.jp/lib/system/doclib_item/1442/

もりおか・すみお
Facebook：Sumio Morioka

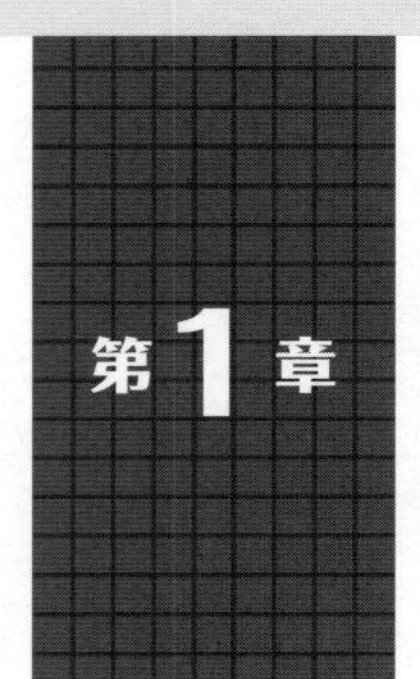

USBホスト＆デバイスのサンプル・プログラムを動かす

USB周りのハードウェア概要とライブラリ TinyUSBの使い方

水上 久雄

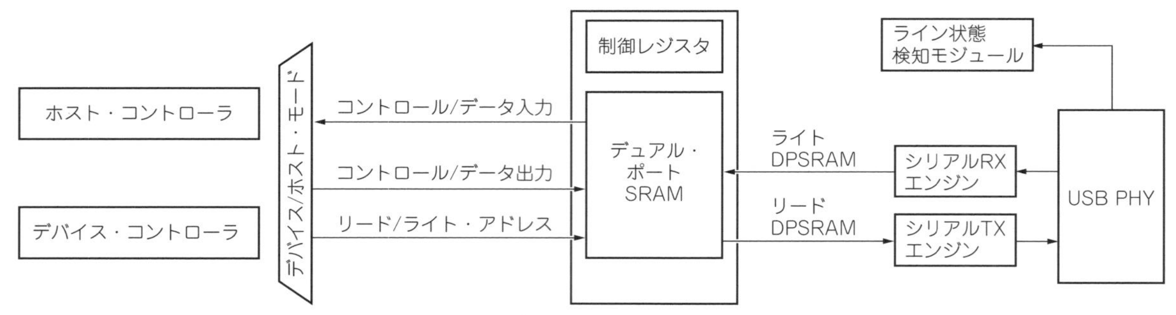

図1　RP2040のUSBコントローラのブロック図…設定によりUSBホストにもUSBデバイス（ペリフェラル）にもなれる

ラズベリー・パイPico（以降，Pico）に搭載されるマイコンRP2040は，USBコントローラの機能を持っており，USBホストとしても，デバイスとしても使用できます．

データシートにはUSB 2.0コントローラであると書かれていますが，PHYがUSB 1.1とも書かれています．つまりプロトコルはUSB 2.0ですが，対応している通信速度は，USB 1.0/1.1のロースピード（1.5Mbps）とフルスピード（12Mbps）になります．

図1を見ると簡単な構成のように見えますが，実際はコンポーネント間でさまざまなやり取りが行われています．

各機能ブロックの役割

● USB PHY

USBの電気的なインターフェース（DPピンとDMピン）を駆動する物理層のコンポーネントになります．

差動，またはシングルエンドで受信したデータを，後述するライン状態検知モジュールに提供します．

プルアップ/プルダウンを行う機能も持っており，フルスピードのデバイスとして動作する場合，DPピンをプルアップすることでフルスピードであることをホストに示します．

ホストとして動作する場合は，DPピンとDMピンに弱めのプルダウンをしておきます．そしてデバイスが接続されたときにDPピンがプルアップされることでフルスピードであることを，DMピンがプルアップされることでロースピードであることを検知します．

● ライン状態検知モジュール（Line state detection module）

USBバスを監視して，USB 2.0の規格に沿って状態を遷移させるためのコンポーネントです．

例えばUSB 2.0の規格では，USBデバイスとして動作する場合は3ms以上のアイドル状態を検出するとサスペンド状態に入り，DPピンとDMピンが“L”になったことを検出した場合はバス・リセットとなる，といったような内容が記載されています．

ライン状態検知モジュールでは，バス上の信号を監視することで状態変化（Bus Reset，Connected，Suspend，Resumeなど）の検出や信号の監視（DATA0，DATA1など）を行います．

バスの状態取得や受信データをフィルタリングするために，フルスピードの最大データ・レート（12Mbps）の4倍のクロックでサンプリングを行っています．

取得した受信データは，シリアルRXエンジンへ送られます．検出された状態変化はシリアルRXエンジンやホスト/デバイス・コントローラなどの他のハードウェア・コンポーネントに通知されます．

● シリアルRXエンジン(Serial RX Engine)

ライン状態検知モジュールから供給される受信データ(パケット)を解析して，PID(プロダクトID)，デバイス・アドレス，エンドポイントなどの情報を得るためのコンポーネントです．受信したデータは後述するコントロール・レジスタの設定に従い，DPSRAMに保存されます．

受信データのCRCチェックも行い，エラーがあった場合などは割り込みを発生させることができます．

● シリアルTXエンジン(Serial TX Engine)

DPSRAM上のデータにあるPID，デバイス・アドレス，エンドポイント注1の情報を元にトークンやデータ・パケットを生成してバス上へ送信するコンポーネントです．

● デュアル・ポートSRAM(DPSRAM)

4Kバイトのデュアル・ポートSRAM(入出力のポートが2つあるSRAM)です．アドレス0x0～0xffがコントロール・レジスタ，残りのスペースの0x100～0xfff(3840バイト)はデータ・バッファになっています．

コントロール・レジスタには，エンドポイントの構成と制御を行うエンドポイント制御レジスタ(Endpoint control register)と，エンドポイントのバッファを制御するバッファ制御レジスタ(Buffer control register)の2つがあります．

ホストとデバイスを切り替えたりするような，USBコントローラ自体の制御を行うレジスタは別にありますので混同しないように気を付けてください．

コントロール・レジスタの構成はホスト・モードかデバイス・モードかで変わります．

デバイス・モードの場合は，ホスト側から複数のエンドポイントへアクセスできるように，15個のエンドポイントのIN/OUTそれぞれにエンドポイント制御レジスタと，バッファ制御レジスタが用意されます．

ホスト・モードの場合，ソフトウェアでどのデバイスのエンドポイントとやりとりするかを決めているため，エンドポイント制御レジスタと，バッファ制御レジスタは1つだけとなります．

ただし，ホスト・モードでは最大15個のインタラプト転送のポーリングをバックグラウンドで行うことができるため，インタラプト転送専用の15個のエンドポイント制御レジスタと，バッファ制御レジスタが用意されています．

● デバイス/ホスト・コントローラ(Device/Host Controller)

デバイス・コントローラとホスト・コントローラは共通のコンポーネントをデバイスあるいはホストに切り替えて使用します．

▶デバイス・コントローラとして使う場合

基本的にあらかじめエンドポイントのコントロール・レジスタに設定などをしておくことで，ホストから該当するエンドポイントのパケットを受信した場合に制御を行います．

ホストからのセットアップ・パケットは，常に受信しないといけないため，いつでも受信できるようにDPSRAMの先頭8バイトが専用に使われます．

セットアップ・パケットを受け取ると割り込みが発生するので，ソフトウェアでDPSRAMの先頭8バイトのデータを確認し，処理を行います．

デバイス・モードでのデータのやりとりは基本的には以下のような流れになります．

①CPU(プログラム)がUSBレジスタにデバイスの設定や割り込みなど必要な設定を行う
②CPU(プログラム)がエンドポイント・バッファ・コントロール・レジスタに，使用するバッファ・アドレスや転送の種類，送信の場合には送信するバイト数を設定する
③ホスト側からパケットを受信すると，受信したエンドポイントに関連したエンドポイント・バッファ・コントロール・レジスタに従い，デバイス・コントローラがデータの処理を行う
④処理が完了するとバッファ・コントロール・レジスタやUSBレジスタに反映されるので，CPU(プログラム)がポーリングや割り込みによって処理を行う

▶ホスト・コントローラとして使う場合

ソフトウェアから一連の処理(トランザクション)を開始します．

レジスタ設定により，バックグラウンドでインタラプト転送のエンドポイントのポーリングを行ったり，1msごとにキープアライブ・パケットをデバイスに送信するといった制御を行います．

ホスト・モードでのデータのやりとりは基本的には以下のような流れになります．

①CPU(プログラム)がUSBレジスタにホストの設定や割り込み，キープアライブ・パケットやプリアンブルを送信するなど必要な設定を行う

注1：USBデバイスはホストとの間に仮想的な複数の通信経路(パイプ)を持つことができ，パイプと接続されるデバイス側の通信終端バッファをエンドポイントと言います．エンドポイント0(EP0)は，ホストとの初めの通信で必要な情報をやりとりするコントロール転送を行うデフォルト・パイプで使用されるため，デフォルト・エンドポイントやコントロール・エンドポイントと呼ばれています．

②CPU（プログラム）がエンドポイント・バッファ・コントロール・レジスタの設定を行う
③CPU（プログラム）がUSBレジスタの設定を行いトランザクションを開始する
④処理が完了するとバッファ・コントロール・レジスタやUSBレジスタに反映されるので，CPU（プログラム）がポーリングや割り込みによって処理を行う

● 電源の制御（VBUS Control）

ブロック図には含まれていませんが，USBレジスタの設定によりGPIOを使って，以下のようなV_{bus}の制御をする機能があります．

- ホスト・モードのときデバイスへ電源を供給
- デバイス・モードのときV_{bus}の電圧を検出
- 過電流検出

● USBレジスタ

ブロック図には含まれていませんが，USBコントローラを制御するレジスタはUSBコントローラ内ではなく，アドレス0x50110000をベース・アドレスとして用意されています．

ホスト，デバイスの切り替えや使用する機能，割り込みの設定，ホスト・モードでのトランザクション開始などはこのレジスタで行われます．

Picoはオープンソースの USBライブラリを使う

● 公式SDKにUSBライブラリ導入済み

Picoに搭載するのはオープンソースのUSBホスト/デバイス・スタックのTinyUSBです．公式SDKと関連づけることで，Picoで使用できるようになります．RP2040データシート内でもリファレンスとして紹介されています．

TinyUSBについての公式の文書[1]を見るとダウンロードやビルド方法などが書かれていますが，実は公式SDKのライブラリに既に組み込まれています．

今回はホーム・ディレクトリにC/C++の公式SDK（開発環境）がインストールされているものとして解説します．

~/pico/pico-sdk/lib/tinyusbのフォルダをのぞくと，一式そろっていることが分かります．

公式SDKの資料[2]では，CMakeLists.txtにtinyusb_hostまたは，tinyusb_devライブラリを追加すれば，TinyUSBが使用できると書いてあります．

今回は，CMakeについての説明は省きますが，SDKに用意されているサンプル（Exampleディレクトリ）では，既にCMakeの設定ファイル（CMakeLists.txt）に必要な記述が追加されており，CMakeも実行されています．

そのためmakeコマンドだけでコンパイルできます．せっかく開発環境が整っているので，このままサンプルを実行してみます．

● サンプル・プログラムを動かしてみる

USBのサンプル・プログラムは，pico-examplesの中ではなく~/pico/pico-sdk/lib/tinyusb/examplesにあります．

SDKの他のサンプルと同じように~/pico/pico-examples/build/usb内の該当フォルダでmakeコマンドを実行することでコンパイルできます．

実際に~/pico/pico-sdk/lib/tinyusb/examples内にあるサンプルを試してみます．

ホスト側サンプル・プログラムを動かす

```
~/pico/pico-sdk/lib/tinyusb/examples/host/cdc_msc_hid/
```

にあるのがUSBホストとして振る舞うサンプル・プログラムです．

このサンプル・プログラムではMSC（Mass Strage Class）やCDC（Communication Class）のほかに，HID（Human Interface Device Class）を使って，Picoにマウスやキーボードをつなげて操作できます．HIDは，キーボード，マウスなどを制御するクラス定義です．

転送にはインタラプト転送が使用され，レポートと呼ばれる単位でデータをやりとりします．

Picoに画面を接続するのは大変なため，ここではUARTでつなげたシリアル・コンソールで動作を確認します．

● ソースコード解説

cdc_msc_hid/src/フォルダ内にある，tusb_config.h（**リスト1**）を見てみます．このファイル内で使用する機能の設定などを行っています．

ホスト・モードで使用するので，CFG_TUSB_RHPORT0_MODEがOPT_MODE_HOSTに設定されています．

```
#define CFG_TUSB_RHPORT0_MODE
OPT_MODE_HOST
```

今回使用する機能のCFG_TUH_HIDが2に定義されています．0でなければ，HIDが有効になります．ソースコードを見るとCFG_TUH_HIDは，1つのデバイスに対するインターフェースに関する構造体の数も定義しているようですが，今回は気にせずこのまま

リスト1　ホスト側サンプルのヘッダ(tusb_config.h)

```
#define CFG_TUH_HUB                    1
#define CFG_TUH_CDC                    1
#define CFG_TUH_HID                    2
#define CFG_TUH_MSC                    1
#define CFG_TUH_VENDOR                 0
```

にします.

▶main関数

少ない関数だけで構成され，初期化後はtuh_task()，led_blinking_task()，cdc_task()，hid_app_task()をループして実行しています(**リスト2**).

▶tusb_init関数

この関数を呼び出すことで，tusb_config.hで設定した内容に従ってエンドポイントやバッファのコントロール・レジスタが設定されます.

▶tuh_task関数

ホスト・コントローラのイベント(デバイス接続など)を管理する関数になります．TinyUSB内のusbh.cにあり，説明には必ずメイン・ループの中に入れるべきと書いてあります.

▶hid_app_task関数

以前のサンプルはこの中で受信処理などを行っていましたが，最新のアップデートにより何もしない空の関数となりました．受信処理はhid_app.c内のtuh_hid_report_received_cb関数が，割り込みで呼び出されて行うようになっています.

▶tuh_hid_report_received_cb関数

デバイスからレポートを受信したときに呼び出される関数です．この関数内ではレポートのReport ID，Usage Page，Usage IDというものを確認

リスト2　ホスト側サンプル・プログラム(main.c)

```
/*------------- MAIN -------------*/
int main(void)
{
  board_init();
  print_greeting();

  tusb_init();

  while (1)
  {
    // tinyusb host task
    tuh_task();
    led_blinking_task();

#if CFG_TUH_CDC
    cdc_task();
#endif

#if CFG_TUH_HID
    hid_app_task();
#endif
  }

  return 0;
}
```

しています.

Report IDは，同じインターフェースを複数のデバイスで使用するときなどにIDを持たせたい場合に使用されます.

Usage Page，Usageはデバイスを示す情報となります．ここでは，Usage PageがGeneric Desktop PageかつUsageがMouseだった場合に，受信したレポートがマウスからだったと判定して(**リスト3**)，process_mouse_report関数でシリアル・コンソールに結果を出力するような仕組みになっています(**リスト4**).

キーボード側の動作も上記と同じようになります.

リスト3　キーボードやマウスの接続を確認(hid_app.c)

```
  if ( rpt_info->usage_page == HID_USAGE_PAGE_
                                        DESKTOP )
  {
    switch (rpt_info->usage)
    {
      case HID_USAGE_DESKTOP_KEYBOARD:
        TU_LOG1("HID receive keyboard report¥r¥n");
        // Assume keyboard follow boot report
                                          layout
        process_kbd_report( (hid_keyboard_report_t
                                const*) report );
      break;

      case HID_USAGE_DESKTOP_MOUSE:
        TU_LOG1("HID receive mouse report¥r¥n");
        // Assume mouse follow boot report layout
        process_mouse_report( (hid_mouse_report_t
                                const*) report );
      break;

      default: break;
    }
  }
}
```

リスト4　マウスの状態を取得(hid_app.c)

```
static void process_mouse_report(hid_mouse_report_t
                                   const * report)
{
  static hid_mouse_report_t prev_report = { 0 };

  //------------- button state  -------------//
  uint8_t button_changed_mask = report->buttons ^
                               prev_report.buttons;
  if ( button_changed_mask & report->buttons)
  {
    printf(" %c%c%c ",
       report->buttons & MOUSE_BUTTON_LEFT   ? 'L'
                                             : '-',
       report->buttons & MOUSE_BUTTON_MIDDLE ? 'M'
                                             : '-',
       report->buttons & MOUSE_BUTTON_RIGHT  ? 'R'
                                             : '-');
  }

  //------------- cursor movement -------------//
  cursor_movement(report->x, report->y, report-
                                          >wheel);
}
```

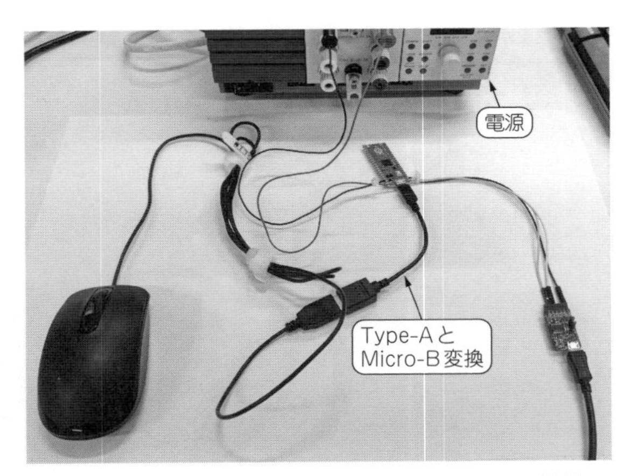

写真1　HIDデバイスとしてマウスをホストであるPicoに接続

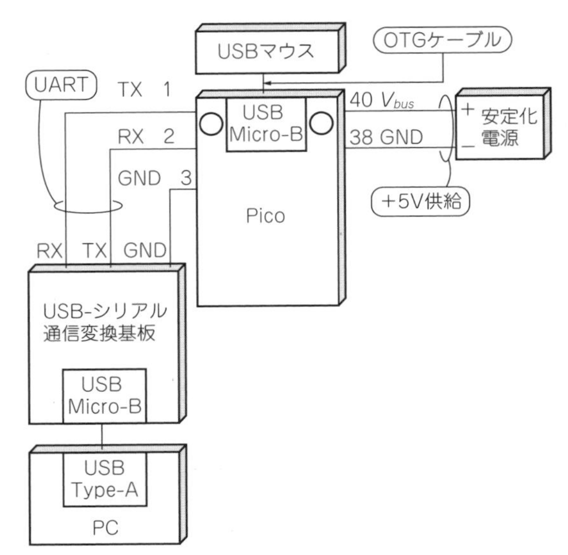

図2　PicoをUSBホストにすることでマウスからの操作を受け付けられる…マウスの動きはシリアルでPCに転送しPCではTeraTermで表示した

● 動作確認

▶コンパイルと書き込み

実際にコンパイルして動作を確かめてみます．

ソースコードは~/pico/pico-sdk/lib/tinyusb/examples/host/cdc_msc_hid/内にあります．コンパイルは~/pico/pico-examples/build/usb/host/tinyusb_host_examples内で

```
make -j4
```

のコマンドを実行するだけでコンパイル可能です．

コンパイルが終わるとhost_hid.uf2ができているので，これをPicoに書き込みます．

今回はホスト・モードです．USBケーブル経由でマウスやキーボードなどのデバイスに，電源を供給するため，Picoに外部から電源を供給する必要があります(**写真1**)．

V_{bus}ピンとGNDピンにケーブルをはんだ付けし，安定化電源に接続して，5Vを供給しました．

動作確認用にUARTでデータを受信する必要があるため，UARTピンにもはんだ付けし，UART-USB変換を通してPCに接続します．

USBデバイスをPicoに接続するためには，OTGケーブルが必要になります．今回はOTGケーブル(TB-MAEMCBN010BK)を通して，マウスのUSBをPicoに接続しています(**図2**)．

PC側ではシリアル・コンソールとしてTera Termを立ち上げ，COMポートと選択し，ボー・レートを115200bpsに設定します．

安定化電源をONにするとTera Term上に起動した旨が表示されます．

▶動かしてみる

この状態で，Picoに接続したマウスを移動すると移動量がコンソールに表示されます．

マウスの左クリックを押すと「L--」が，右クリックを表示すると「--R」が表示されます．

リスト5　USBデバイスとして使う場合のヘッダ・ファイルの設定(tusb_config.h)

```
#define CFG_TUSB_RHPORT0_MODE     OPT_MODE_DEVICE
省略
//------------- CLASS -------------//
#define CFG_TUD_HID               1
#define CFG_TUD_CDC               0
#define CFG_TUD_MSC               0
#define CFG_TUD_MIDI              0
#define CFG_TUD_VENDOR            0
```

（注記：デバイス・モードを指定／HIDを使用するので1）

デバイス側サンプル・プログラムを動かす

```
~/pico/pico-sdk/lib/tinyusb/
examples/device/
```

の中に幾つか用意されています．

ホスト側のサンプル・プログラムと同じように，マウスとキーボードの動作を行うhid_compositeを動

リスト6　USBデバイスとして使う場合のサンプル・プログラム(main.c)

```
int main(void) {
    board_init();
    tusb_init();

    while (1) {
        tud_task(); // tinyusb device task
        led_blinking_task();

        hid_task();
    }

    return 0;
}
```

かしてみます．

● ソースコード解説

ヘッダ・ファイルには，ホストと同じように必要な機能の設定がされています(**リスト5**)．

▶ main関数

hid_app_task関数が，tud_task関数に置き換わっていますが，ホストでの動作のときと同じような流れになっています(**リスト6**)．

▶ tud_task関数

ホストのときと同じようにイベントの管理をする関数となります．TinyUSB内のusbd.cにあり，ソースコード中のコメント文には，メイン・ループの中に入れるべきと書いてあります．

▶ hid_task関数

実際にHIDのデータ送信を行っている関数です．

［BOOTSEL］ボタンが押されるとsend_hid_report(REPORT_ID_KEYBOARD,btn)が呼び出されtud_hid_keyboard_report関数が実行されます．実行後に自動的に呼び出されるtud_hid_report_complete_cb関数を通して，REPORT_ID_COUNTで定義されている数だけsend_hid_report関数が実行されます．この動作を繰り返すことで，マウスのレポート送信をする関数(tud_hid_mouse_report関数)のほかにボリューム・ダウン，ゲーム・パッドのレポートを送信する関数などが呼ばれています．

▶ tud_hid_mouse_report関数

マウスのレポート・データをセットします．

引数の意味は，

x：*x*軸の移動量
y：*y*軸の移動量
vertical：マウスのホイールが回転したときの移動量
horizontal：マウスのパン機能を使用したときの移動量

となります．

サンプルでは，xとyに5を入力していますので，xとyは5ずつ移動することになります．

▶ tud_hid_keyboard_report関数

キーボードのデータをセットし送信します．

引数のkeycodeはuint8の配列になっており，名前の通りキーコードを入れます．

サンプルではHID_KEY_Aとnullを交互にセットしています．HID_KEY_Aなどのキーコードは，TinyUSBライブラリ内のhid.hで定義されています．

● 動作確認

ホストのときと同じようにコンパイルとPicoへの書き込みを行います．

~/pico/pico-examples/build/usb/device/tinyusb_device_examples/hid_composite/ディレクトリで，

```
make -j4
```

コマンドを実行し，できた.uf2ファイルをPicoに書き込みます．

PCにUSBで接続して動作を見てみます．

PCでメモ帳を開いてPICOの［BOOTSEL］ボタンを押すと“a”が入力され，斜め右下にマウスのポインタが移動します．

このように本サンプルを参考にすればキーボードやマウスなどをPicoで簡単に製作できそうです．

◆参考文献◆

(1) Raspberry Pi Pico tinyusbのGetting Started.
https://github.com/raspberrypi/tinyusb/blob/pico/docs/getting_started.md
(2) Raspberry Pi Pico C/C++ SDK.
https://datasheets.raspberrypi.org/pico/raspberry-pi-pico-c-sdk.pdf

みずかみ・ひさお

PCからはHIDデバイス&マス・ストレージとして見える

USBキーボードをCircuitPythonでサッと作る

編集部

写真1　PicoならPythonで手軽にオリジナル・キーボードを作れる

● 自作USBキーボード

ラズベリー・パイPico（以降Pico）はUSBのホストにもデバイスにもなれる機能を持っています．

開発に利用する言語にもよりますが，USB接続のキーボードやマウスについては，ライブラリがあるので手軽に自作できます（**写真1**）．

● デバイス・ドライバが豊富なCircuitPython

2022年8月現在，MicroPythonを使ったUSB HID（Human Interface Device）デバイスの製作事例はあまり見あたらないようです．

MicroPythonと似た処理系としてCircuitPythonがあります．これはマイコン・ボードやセンサ・ボードなどを販売するAdafruitが，自社のデバイス用にMicroPythonを拡張して作ったものです．

CircuitPythonには，既に多くのデバイス・ドライバが用意されており，USB HID用のドライバもあるためキーボードやマウスを簡単に作れます．

USBキーボードの構成

図1にCircuitPythonを使う場合のシステム全体構成を示します．

● CircuitPythonファームウェアを書き込む

Picoに書き込むのは，CircuitPythonのファームウェアです．書き込み後，Picoの中にCircuitPythonのプログラムを実行できる環境ができます．

● プログラムは自動実行される

ルート・ディレクトリにcode.pyというファイル名でプログラムを保存しておくと，Picoに電源が入ったときに自動で実行されます．

● PCからはマス・ストレージ・デバイスに見える

PCにUSBで接続するとストレージとして認識されるので，プログラムや画像などのリソース・ファイルをエクスプローラなどで読み書きできます．

ちなみに，上記のcode.pyをメモ帳などのエディタで編集後，上書き保存すると，自動でPicoが再起動しcode.pyを実行するので，トライ&エラーの開発が非常に行いやすいです．

USBキーボードとして動作させたまま，CircuitPythonのプログラムを編集できるので，キー・バインディング（キーボードの物理キーと発行される

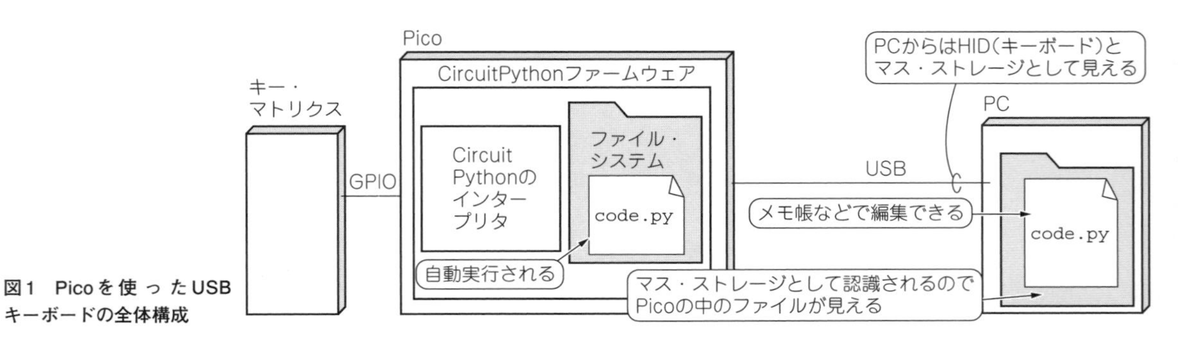

図1　Picoを使ったUSBキーボードの全体構成

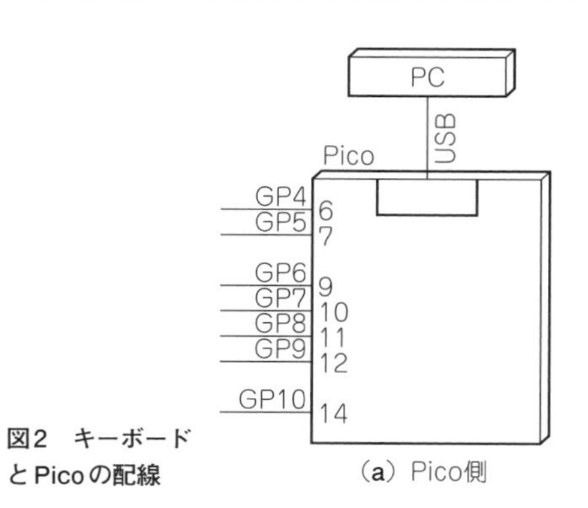

(a) Pico側

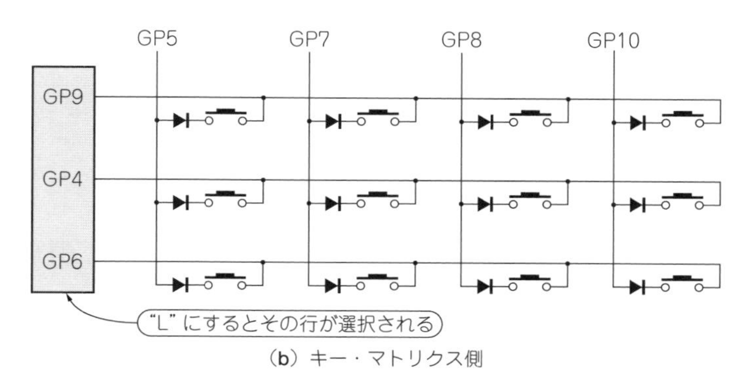

(b) キー・マトリクス側

図2　キーボードとPicoの配線

キーコードの組み合わせ）をキーボード使用時でも変更可能です．

PicoでCircuitPythonを使う手順

Picoのフラッシュ・メモリにCircuitPythonファームウェアを書き込みます．

● 手順1：ダウンロード

Pico用のCircuitPythonファームウェアを下記のウェブ・サイトからダウンロードします．

`https://circuitpython.org/board/raspberry_pi_pico/`

原稿執筆時の安定版は6.2.0です．

● 手順2：書き込み

PicoをUSBケーブルでPCに接続します．このとき，ブート・モードで接続させるために，BOOTSELボタンを押しながらUSBケーブルを差し込みます．

接続したPicoはPCからマス・ストレージ・デバイスとして認識されます．接続と同時に画面にエクスプローラが表示され，Picoのフォルダが開いた状態になります．

ここに先ほどダウンロードしたファイルの中の，

`adafruit-circuitpython-raspberry_pi_pico-ja-6.2.0.uf2`

をドラッグ＆ドロップします．

自動的にPicoが再起動し，CircuitPythonの実行環境が起動します．

Pico内部ではCircuitPythonが走っていますが，まだソースコード・ファイルがないので，意味のある処理は何も行われません．

● 手順3：HIDドライバの設置

Picoのフォルダの中にlibフォルダがあります．ここにadafruit_hidが入っていない場合，下記からダウンロードし設置する必要があります．

▶ウェブ・サイト

`https://github.com/adafruit/Adafruit_CircuitPython_Bundle/releases/tag/20210525`

▶ダウンロード・ファイル

`adafruit-circuitpython-bundle-7.x-mpy-20210525.zip`

押されたキーを判別する仕組み

● ハードウェア

Picoとキーボード（キー・マトリクス）との配線を**図2**に示します．GP5，GP7，GP8，GP10とGP9，GP4，GP6を使ってダイナミック・スキャンで押されたキーを判別します．

● ソフトウェア

どのキーが押されたのかを判別し，押されたキーに応じたキー・コードを発行する処理をプログラムします．処理の流れを**図3**に示します．

ソースコードの抜粋を**リスト1**に示します．キー・スキャンは3×4のダイナミック・スキャンとなっています．

GP9，GP4，GP6を順に"L"に落とし，GP5，GP7，

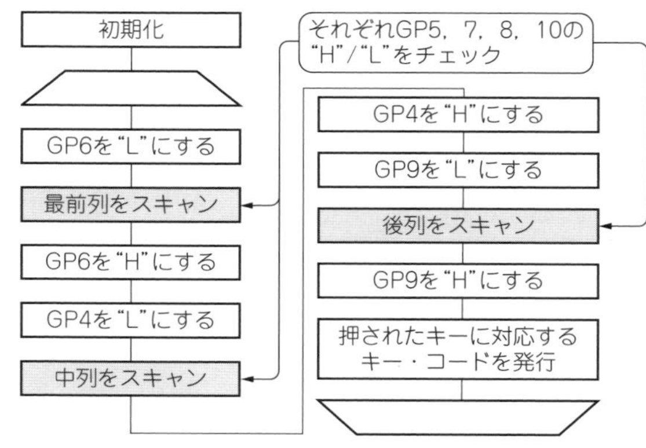

図3　キー・スキャン処理の流れ

リスト1　ダイナミック・スキャンでキー・スイッチをスキャンする（code.py）
ソースコード提供：井田 健太 氏

```
# ラズパイピコキーボード （ダイナミックスキャン版）
# SPDX-FileCopyrightText: 2021 Akira Nagai, Kenta Ida
# SPDX-License-Identifier: MIT
# このソースは以下のAdafruitのサンプルソースを元に作成しています
#  https://github.com/adafruit/Adafruit_Learning_
System_Guides/blob/master/Pico_RP2040_Mech_Keyboard/
pico_mech_keyboard.py
# オリジナルのライセンス定義は以下の通りです
# SPDX-FileCopyrightText: 2021 John Park for Adafruit
Industries
# SPDX-License-Identifier: MIT
# RaspberryPi Pico RP2040 Mechanical Keyboard
省略
# ダイナミックスキャン
row_pins = [   # 行のピン
    board.GP6,
    board.GP4,   ←物理キーの行に対応
    board.GP9,
]
column_pins = [ # 列のピン
    board.GP5,
    board.GP7,   ←物理キーの列に対応
    board.GP8,
    board.GP10,
]

# スイッチの状態
class Switch(object):
    def __init__(self):
        self.__counter = 0          # チャタリング除去用カウンタ
        self.__counter_max = 10
                                # チャタリング除去用カウンタの最大値
        self.__changed = False      # 今回キー状態が変化したか
        self.__is_pressed = False # キーが押されているか？

    def update(self, is_key_down: bool):
        """
        スイッチの状態を更新する
        is_key_down: スイッチが押されているならTrueを渡す
        """
        self.__changed = False
                                # キー状態変化フラグを下げておく
        if is_key_down: # スイッチ押されてる
            # チャタリング除去カウンタを増やす
            if self.__counter < self.__counter_max:
                self.__counter += 1
                if self.__counter == self.__counter_
                                                max:
                    # 最大値になったので、押されたことにする
                    self.__changed = True
                    self.__is_pressed = True
        else: # スイッチ押されていない
            if self.__counter > 0:
                self.__counter -= 1
                if self.__counter == 0:
                    # 0になったので、押されていないことにする
                    self.__changed = True
                    self.__is_pressed = False

    def has_changed(self) -> bool: return self.__
                                            changed
    def is_pressed(self) -> bool: return self.__is_
                                            pressed
    def is_pushed(self) -> bool: return self.__
                        changed and self.__is_pressed
    def is_released(self) -> bool: return self.__
                    changed and not self.__is_pressed

# スイッチ状態配列
switches = [Switch() for i in range(len(row_
                        pins)*len(column_pins))]

# 各ピンに対応するIOを初期化
row_pin_ios = [DigitalInOut(pin) for pin in row_pins]
                                    # 行のピンを初期化
for io in row_pin_ios:
    io.direction = Direction.OUTPUT # 行ピンはOUTPUT
    io.value = True                 # Hにして未選択にする
column_pin_ios = [DigitalInOut(pin) for pin in
                                    column_pins]
for io in column_pin_ios:
    io.direction = Direction.INPUT # 列ピンはINPUT
    io.pull = Pull.UP              # プルアップしておく

# 対応するキーが普通のキーかメディアキーか
MEDIA = 1
KEY = 2

class KeyMap(object):
    def __init__(self, key_type:int, key_codes:
                                    list[int]):
        self.__key_type = key_type
        self.__key_codes = key_codes
    def key_type(self) -> int: return self.__key_type
    def key_codes(self) -> list[int]: return self.__
                                        key_codes
# 左上から順に.
keymap = {
    (0):  KeyMap(KEY, [Keycode.G]),
    (1):  KeyMap(KEY, [Keycode.P]),
省略                                    ←物理キーと対応する
    (10): KeyMap(KEY, [Keycode.Z]),      キー・コードを記述
    (11): KeyMap(KEY, [Keycode.V]),
}

while True:
    # スイッチの状態を更新
    for row_index in range(len(row_pin_ios)):
        row_pin_io = row_pin_ios[row_index]
        row_pin_io.value = False
                                # 行ピンにLを出力して行を選択
        for column_index in range(len(column_pin_
                                            ios)):
            column_pin_io = column_pin_ios[column_
                                            index]
            # スイッチの番号 = 左上から列方向に0,1,2,3,...
            switch_index = row_index*len(column_pin_
                            ios) + column_index
            # スイッチの状態を更新
            switch = switches[switch_index]
            # スイッチが押されていたらcolumn_pin_io.valueは
                                            False
            # なので、notで反転する
            switch.update(not column_pin_io.value)
        row_pin_io.value = True       # 行の選択を解除

    # スイッチの状態からキーの状態を更新
    for switch_index in range(len(switches)):
        switch = switches[switch_index]
        key = keymap.get(switch_index)
        if key is None: continue
                            # このスイッチにはキーがマップされてない
        if switch.is_pushed():  # 今回押された
            led.value = not led.value
                                # LEDの出力を反転しておく
            try:
                if key.key_type() == KEY:
                    kbd.press(*key.key_codes())
                else:
                    cc.send(key.key_codes())
            except ValueError:
                # 同時6個以上押されているとエラーになるので無視する
                pass
        elif switch.is_released(): # 今回はなされた
            try:
                if key.key_type() == KEY:
                    kbd.release(*key.key_codes())
                else:
                    cc.release(key.key_codes())
            except ValueError:
                # 同時6個以上押されているとエラーになるので無視する
                pass
```

GP8, GP10の状態に応じてキー・コードを発行しています.

◆参考文献◆

(1) CircuitPython HIDライブラリ.
https://circuitpython.readthedocs.io/projects/hid/en/latest/

(2) CircuitPython HID Keyboard and Mouse.
https://learn.adafruit.com/circuitpython-essentials/circuitpython-hid-keyboard-and-mouse

アマゾンのバックアップで機能が充実！
複数の処理もマルチタスクでシンプルに書ける

第1章 FreeRTOSを載せる方法

石岡 之也

ワンチップ・マイコンでリアルタイムOSを用いる大きな利点としては，マルチタスクによって複数の処理を，あたかも同時に動かすようなプログラミングが可能になることだと思います．

Arduinoのように1つのループで複雑な処理を行うことも可能ですが，何かを処理中に別の処理を行うには，プログラミングや設計方法などの技術が必要になってきます．こういったときにRTOSを使うと，全ての問題を解決してくれるわけではありませんが，技術不足を補ってくれると思います．

リアルタイムOSの導入は楽ではありませんが，FreeRTOSのように利用者が多いものは，ウェブ上で情報が見つけやすかったり，掲示板へ質問したりすることで，解決も可能です．

RAMサイズが小さいマイコンでは，リアルタイムOSが占有するサイズがネックになることがありますが，ラズベリー・パイPicoは，ワンチップ・マイコンとしては大きな264KバイトものRAMを搭載していることから，リアルタイムOSを有効に利用できると思います．

FreeRTOSは2000年代前半にリリースされたソースが公開されているリアルタイムOS（RTOS）です．マイコン・チップ・ベンダ各社が提供するサンプル・プログラムに同梱されていることがあります．また，安価なマイコン・モジュールに使われるなど，有名なRTOSの1つです．

2017年にアマゾンが買収し，付加機能が充実したことと，Wi-Fi搭載マイコン・モジュールESP32で使われていることから，日本でも名前をよく目にするようになりました．

● Pico向けFreeRTOS

GitHub上に，Pico向けのFreeRTOSが公開されています．

```
https://github.com/PicoCPP/RPI-pico-FreeRTOS
```

このソースコードを使って，

- ビルドに必要な環境構築
- 必要なソースコードのダウンロード方法
- ビルド方法
- 製作事例

を紹介します．なお，執筆時点ではシングル・コアでの動作のようです．

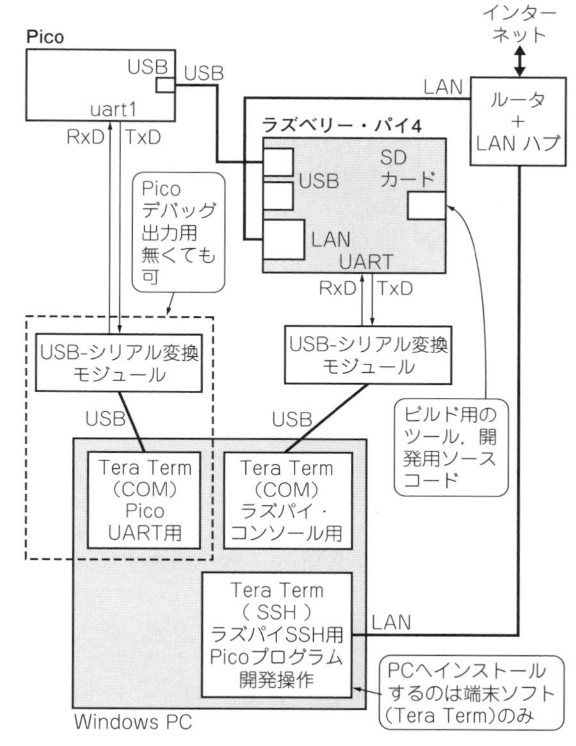

図1　Picoの開発環境はラズベリー・パイに構築した

開発環境

● 長期運用を考慮してラズベリー・パイにUbuntuを使って構築した

Pico向けのFreeRTOSの開発環境を，今回はラズベリー・パイ4とUbuntuを使って構築しました（図1）．ラズベリー・パイのLinuxは，最初にRaspberry Pi OS

を選択することが多いと思いますが，Linuxの設定方法などの情報が豊富であろうUbuntuの64ビットLTS版を用います．LTSというのは，Long Term Supportの略で，長期間アップデートのサポートが保証され，パッケージ構成を変えずに長い期間運用できるメリットがあります．

また，実際にコンパイラなどのインストールや動作をラズベリー・パイに限定することで，仕事で使用するPCなどでインストールするアプリケーションが制限されている状況でも開発を行うことができます．さらに，自分が使っている開発環境を友人などへ貸し出したり提供したりする際にラズベリー・パイ本体での受け渡しも容易ですし，SDカードだけの受け渡しで済ませられるというメリットがあります．

● ラズベリー・パイ用Ubuntuの準備

ラズベリー・パイ用Ubuntuのページ，

```
https://ubuntu.com/download/raspberry-pi
```

から，「Ubuntu Server 20.04.2 LTS」→「Download 64-bit」を選択すると，ubuntu-20.04.2-preinstalled-server-arm64+raspi.img.xzというファイルのダウンロードが開始されます．ダウンロードしたファイルはxz形式で圧縮されているので，解凍ツールでイメージ・ファイルへ変換し，イメージ書き込みツールでSDカードへ書き込みを行います．

Windows PC用ですと，それぞれ以下のようなツールを使えば解凍や書き込みを行うことができます．エクスプローラなどからSDカードへのファイルのコピーではラズベリー・パイは起動しないので気を付けてください．

・解凍ツール 7-Zip

```
https://sevenzip.osdn.jp/
```

・書き込みツール Win32 Disk Imager

```
https://sourceforge.net/projects/win32diskimager/
```

ubuntu-20.04.2-preinstalled-server-arm64+raspi.imgというイメージをSDカードへ書き込み後，SDカードをラズベリー・パイへ差し込み，電源を入れるとUbuntuが起動します．今回選択したUbuntu Server版は，初期状態でシリアル・ポートをコンソール用に使えるよう設定済みなのでシリアル・ポートを端末ソフトウェアで開くことで，ログインやコマンド操作ができるようになります．

ラズベリー・パイ上でインターネットからパッケージのダウンロードを行うので，ネットワークの設定を行い有線LANか無線LANでインターネットへアクセスできるようにしておいてください．

● 必要パッケージのインストール

FreeRTOSや公式SDKのビルドなどに必要なパッケージをラズベリー・パイへインストールします．

▶1，公式SDK用

ラズベリー・パイのデータシートで公開されているGetting started with Raspberry Pi Pico[(1)]に，公式SDKのビルドに必要なパッケージのインストール方法が記載されています．「2.2 Install the Toolchain」に記載されている以下のパッケージをインストールします．

- cmake
- gcc-arm-none-eabi
- libnewlib-arm-none-eabi
- build-essential

```
sudo apt update↵
sudo apt install -y cmake gcc-arm-none-eabi libnewlib-arm-none-eabi build-essential↵
```

▶2，ソース展開用

ネットからダウンロードしたzipファイルの展開に使用するツールもインストールします．

```
sudo apt-get install -y  unzip↵
```

これで開発環境の準備は完了です．

● ソースコードの取得とビルド

▶Pico向けFreeRTOS開発ツリー

以下のコマンドでインターネットから開発ツリーをダウンロードします．

```
git clone -b master https://github.com/PicoCPP/RPI-pico-FreeRTOS↵
```

ダウンロードが完了すると，カレント・ディレクトリに以下のような開発ツリーが作られます．この開発ツリーの他にFreeRTOS本体や公式SDKのソースをインターネットからダウンロードします．

```
──RPI-pico-FreeRTOS
   ├── .git
   ├── .gitignore
   ├── .gitmodules
   ├── CMakeLists.txt
   ├── Dockerfile
   ├── FreeRTOS-Kernel
   ├── README.md
   ├── include
   ├── pico-cpp
   ├── pico-sdk
   └── src
```

▶FreeRTOSのソース

RPI-pico-FreeRTOS/FreeRTOS-Kernel 配下にFreeRTOSのソースコードをダウンロードします．RPI-pico-FreeRTOSディレクトリへ移動後，以下のコマンドによりダウンロードします．

```
cd RPI-pico-FreeRTOS↵
git clone -b main https://github.com/FreeRTOS/FreeRTOS-Kernel↵
```

▶公式SDKのソース

RPI-pico-FreeRTOS/pico-SDK配下に公式SDKのソースコードをダウンロードします．RPI-pico-FreeRTOSディレクトリ配下で以下のコマンドによりダウンロードします．

```
git clone -b master https://github.com/raspberrypi/pico-sdk.git↵
```

▶Pico向けFreeRTOSのビルド方法

以下のコマンドでビルドを行います．

- ビルド用のディレクトリの作成，移動
- 公式SDKのパスを環境変数へ設定
- cmakeでビルド・ファイルの生成
- makeでビルドの実行

```
mkdir build↵
cd build↵

export PICO_SDK_PATH=../pico-sdk↵
cmake ..↵

make -j4↵
```

ビルドに成功するとhello_world.uf2ファイルが作られるので，このファイルをPicoへ書き込みます．Picoへの書き込みは以下のような操作になります．

- Picoオンボードのボタンを押しながら，Picoとラズベリー・パイとをUSBで接続(RUNピンを使ったリセット操作でも可)
- ラズベリー・パイ上でマス・ストレージとして認識したPico(初期状態では /dev/sda1)をマウント

写真1 装置全体

リスト1 hello_world.uf2ファイルをPicoへコピーすると実行されるコード(LEDの点滅)

```
void vTaskCode( void * pvParameters )
{
    /* The parameter value is expected to be 1 as 1
                                   is passed in the
    pvParameters value in the call to xTaskCreate()
                                             below.
    configASSERT( ( ( uint32_t ) pvParameters ) ==
                                              1 );
    */
    for( ;; )
    {
            ledPin.set_high();    ・・・LED点灯
            vTaskDelay(1000);     ・・・1秒待ち
            ledPin.set_low();     ・・・LED消灯
            vTaskDelay(1000);     ・・・1秒待ち
    }
}
```

```
sudo mount /dev/sda1 /mnt↵
```

▶hello_world.uf2ファイルをPicoへコピーしてアンマウント

```
sudo cp hello_world.uf2 /mnt ;sudo umount /mnt↵
```

コピーが終了するとmain.cpp内のコード(リスト1)が実行され，オンボードLEDが1秒ごとに点灯と消灯を繰り返します．

製作…電光掲示板を例にマルチタスク・プログラミング

● 作るもの

FreeRTOSが使えるようになったので，もう少し複雑なプログラムを動作させてみます．題材とするのは「Lチカ」の応用となるマトリクスLEDを用いた文字を表示する電光掲示板です．今回は64×64フルカラーLEDパネル(2)を利用して電光掲示板を作りました(写真1)．

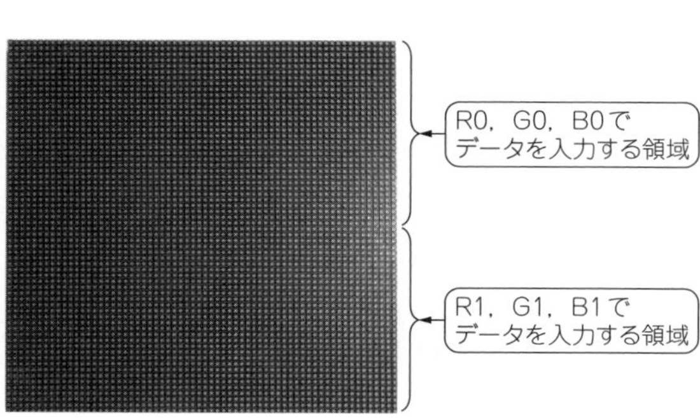

図2 パネルの図

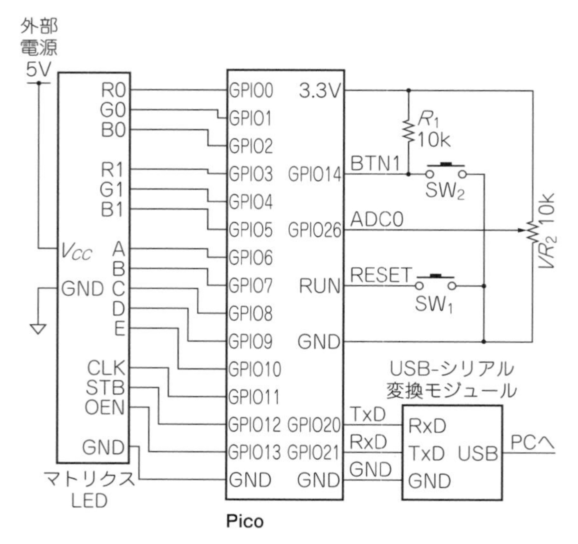

図3　LEDマトリクスによる電光掲示板の回路

```
インターフェース
            ラズパイ Pico
                    Interface
                          Rasp・・・
```

図4　表示データ作成例(マトリクスLEDで表示される部分)

　このマトリクスLEDは，一度に表示できるのが横方向の1ラインのみで，面全体を表示したように見せるには，短時間のうちにラインを切り替えての表示を繰り返し続ける必要があります．このマトリクスLEDは，上下2つの領域で構成され，それぞれにデータの入力ピンR0，G0，B0とR1，G1，B1があります(**図2**)．一度に表示できるのはこの2つの領域それぞれ1ラインの計2ラインのみで，面全体を表示したように見せるには，短時間のうちにラインを切り替えての表示を繰り返し続ける必要があります(**図2**)．

　FreeRTOSのマルチタスク機能を用いることで，並行して処理させたいメッセージの移動や変更，ボタンなどの外部入力への対応を実現します．マトリクスLEDへの制御線の他，GPIOへプッシュ・ボタン，A-Dコンバータへボリュームを付けて電光掲示板の操作に利用します．また，デバッグ用にリセット・ボタンとUART入出力用のピンも用意しました(**図3**)．

● 電光掲示板の機能

　起動直後に配列msg_init[]で定義した4つの文字列をマトリクスLED上に表示します．表示データ作成時に1文字ごとに赤→青→緑→マゼンタ→黄→シアン→白の順に色を変えて表示するようにしています．この表示は5秒間，静止した状態が続きます．

```
unsigned char  *msg_init[4] = {
    "インター",
    "フェース",
    "ラズパイ",
    "   Pico"
};
```

　次に表示データをクリアし，配列msg_norm1[]で定義した4つの文字列をマトリクスLEDの下方へ段々にずらしながら表示データを作成します．このときも1文字ごとに順に色を変えて表示するようにしています．今回のデータは横長に作ってあるので，マトリクスLEDの右から左へスライドしながら文字列が表示されます．右から左へスライドするスピードは，ボード上のボリュームを操作することで速くしたり遅くしたりできます．**図4**に表示データの作成例を示します．

```
unsigned char  *msg_norm1[4] = {
    "インターフェース",
    "ラズパイ Pico",
    "Interface",
    "Raspberry Pi Pico",
};
```

　このまま何も操作しなければ，30秒後に配列msg_norm2[]で定義した4つの文字列の表示に切り替わります．msg_norm2[]の文字列も各文字列を上段から段々に下方にずらしながら，かつ，1文字ごとに色を順に変えながら表示データを作成し，表示も右から左へスライドしながらデータ全体が表示されます．

```
unsigned char  *msg_norm2[4] = {
    "TEST MESSAGE",
    "テストメッセージ",
    "あいうえお 0123456789",
    "自由自在 温故知新 一心不乱"
};
```

　後は30秒ごとに配列msg_norm1[]と配列msg_norm2[]を切り替えながら表示が繰り返されます．配列msg_norm1[]や配列msg_norm2[]が表示されている最中にプッシュ・ボタンBTN1を押すと30秒の経過を待たずに表示する文字列を変更できます．

● プログラムの説明

　今回の電光掲示板のように，常に行わなければいけない処理と並行して非同期に入ってくる信号を処理したり，周期の異なる複数の処理を同時に実行したりする際に，FreeRTOSのようなRTOSを使うと比較的簡単にプログラムを作成できるようになります．ここでは電光掲示板の表示に必要な複数の動作を，FreeRTOSの機能を使って実現します(**図5**)．

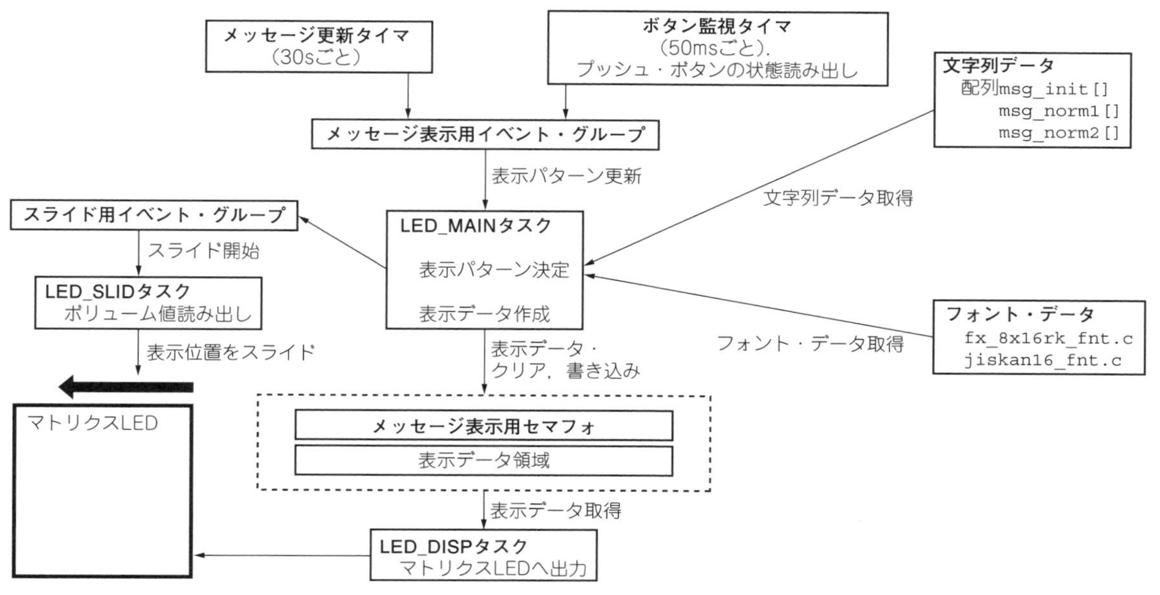

図5　プログラム機能の関係

▶アイドル・タスク

FreeRTOS起動直後に動作するタスクです．電光掲示板に必要な他のタスクやタイマ・ハンドラ，排他処理などの生成，初期化を行います．他のタスクが起動後は何もせず無限ループを繰り返しています．他のタスクが全て待ちになり，何もすることがないときに動くタスクです．

▶LED_MAINタスク

表示データの作成や電光掲示板としての表示パターンを決めるタスクです．起動直後に5秒間の静止データを表示したり，ボタンや30秒タイマによるトリガで次に表示するデータを決めたりするタスクです．表示するデータが決まった後に表示メッセージからビット・データを作成して表示データの書き換えも行います．

▶LED_SLIDタスク

表示データを右から左へスライドさせる際のスピードを制御するタスクです．ボリュームの値(電圧値)をA-D変換して読み取り，この値から，右から左へ1ドット分スライドさせるまでの時間を制御するタスクです．

▶LED_DISPタスク

マトリクスLEDは上部と下部各32ラインのうちの1ラインを短時間で切り替えながら表示を繰り返す必要があります．LED_DISPタスクは表示データから読み出した上下各1ライン分のデータをマトリクスLEDへ出力し，それを各32ライン分繰り返します．そして全64ライン分を一気に表示して少し休むという動作を繰り返し行います．

▶スライド用イベント・グループ

イベント・グループは，イベントという変数のビット位置やビット・パターンの変化を待つなど複数の処理が待ち合わせを行う際に用います．スライド用イベント・グループは，起動時に静止していたマトリクスLEDの表示からスライドを開始させる待ち合わせに利用しています．

▶メッセージ表示用イベント・グループ

表示メッセージの更新は，今回の電光掲示板の場合には複数の「タイマ」という処理が要求を発行します．メッセージ表示用イベント・グループは，タイマからの表示メッセージ更新要求をLED_MAINタスクへ通知するために利用しています．LED_MAINタスク内でメッセージ表示用イベント・グループを定期的に監視して要求の有無を確認しています．

▶メッセージ表示用セマフォ

セマフォは1つのタスクが処理中は他のタスクが処理を開始しないよう待たせるための排他制御に用います．電光掲示板の処理では，マトリクスLEDへの実際の表示と表示データの更新をするタスクが分かれています．このため1面の表示途中に表示データを更新して一瞬表示が乱れる可能性があります．メッセージ表示用セマフォは，1面の表示中に表示データの更新を待たせたり，逆に表示データ更新中にマトリクスLEDの表示を開始しないよう待たせるために利用しています．

▶メッセージ更新タイマ

タイマは設定した時間が経過したらタイマ生成時に

登録していたハンドラ(関数)を呼び出す機能です．ハンドラの呼び出しは1度きりか，時間経過ごとに繰り返しハンドラを呼び出すかを選択できます．メッセージ更新タイマは，30秒ごとの表示メッセージの切り替えに利用しています．メッセージ更新タイマのハンドラからメッセージ表示用イベント・グループのイベントを設定することで表示メッセージの切り替えを行います．

▶**ボタン監視タイマ**

今回の電光掲示板では，30秒ごとの表示メッセージの切り替えの他に，プッシュ・ボタンが押されても切り替えが行えるようにしています．ボタンの監視は短い周期で行わないとボタンを押してから表示が切り替わるまでの応答時間に影響します．今回は50msごとにハンドラが繰り返し呼び出されるようタイマを生成し，ボタンの状態の監視に利用しています．ボタン監視タイマのハンドラからメッセージ表示用イベント・グループのイベントを設定することで表示メッセージの切り替えを行います．また，ハンドラは50msと短い周期で呼び出されるため，人の手でボタンを押した場合に連続して押されたと判断してしまう可能性があります．このため押された後に離された状態を検知するまではメッセージ表示用イベント・グループへの設定は行わない処理も追加してあります．

● 表示用の文字データを作成

電光掲示板では，これらのFreeRTOSの機能の他に，8×16ドットの半角フォントと16×16ドットの全角フォントの2種類のフォント・データを使って文字コードから表示用の文字データを作成しています．

```
半角フォント：fx_8x16rk_fnt.c
全角フォント：jiskan16_fnt.c
```

このフォント・データはFONTXという形式で作られ，半角フォントであれば1バイトのキャラクタ・コード，全角フォントであれば2バイトのシフトJISコードから該当する文字のドット・データを取り出すことができます．

電光掲示板のプログラムでは，data.cファイル内で定義されている配列msg_init[]，msg_norm1[]，msg_norm2[]のシフトJIS形式の文字列から文字コードを取り出してドット・データを表示データへ出力しています．もし，data.cファイルの内容を変更する場合には，シフトJIS形式で編集，保存をしてください．

● 試してみる方へ…プログラムの入手と展開

プログラムは本書のダウンロード・ページから取得できるようにしてあります．

最初にFreeRTOSのソースをダウンロードしたRPI-pico-FreeRTOSディレクトリへ移動後，以下のコマンドでプログラムをネットからダウンロードします．

```
wget https://www.cqpub.co.jp/interface/download/2021/08/IF2108FREE.zip↵
```

ダウンロード後，以下の操作でソースコードをFreeRTOSのツリーへ展開できます．

```
unzip -j IF2108FREE.zip IF2108FREE/pico_freertos_matled.tar.gz↵
tar xzf pico_freertos_matled.tar.gz↵
```

ソースコードを展開したらディレクトリの移動とビルド操作を行います．

```
cd build↵
export PICO_SDK_PATH=../pico-sdk↵
cmake ..↵
make -j4↵
```

ビルドが成功するとhello_world.uf2ファイルが更新されるので，このファイルをPicoへ書き込むことで，電光掲示板のプログラムを実行できます．なお，電光掲示板用のハードウェアではリセット・ボタンを用意してあるので，ラズベリー・パイとPicoとをUSBで接続した状態で，[BOOTSEL]ボタンを押しながらリセット・ボタンをON→OFFすることで，Picoを書き込みモードへ変更できます．

また，TxD，RxD，GNDをUSBシリアル変換モジュールに接続し，さらにUSBシリアル変換モジュールをPCへ接続して，COMポートを115200bpsでTera Termなどの端末ソフトウェアで開くと，デバッグ用のメッセージが表示され，動作を確認できます．

＊　＊　＊

筆者提供プログラムでは，複数のタスク生成や排他制御，タイマ制御を使いましたが，他にもAPIが用意されているので試されてはいかがでしょうか．

◆参考文献◆

(1) Raspberry Pi Datasheets.
https://datasheets.raspberrypi.org/

(2) 64×64フルカラーLEDパネルP2.5(HUB75E).
https://www.shigezone.com/?product=64x64ledpanelp25

いしおか・ゆきや

安定性や対応マイコンの多さなどから試作に使いやすい

第2章 ITRON仕様OS TOPPERS/ASPの載せ方

石岡 之也

第2章ではリアルタイムOS搭載第2弾として，TOPPERS/ASPの搭載にチャレンジします．

● ITRON仕様OSとは

ITRON(アイトロン)は，坂村 健 氏らによるTRONプロジェクト(現トロンフォーラム)が策定した組み込みリアルタイムOS(RTOS)のカーネルの仕様です．1980年代から仕様策定や公開が始まり，現在でも使われている国産のRTOSです．ITRON仕様のOSには，有償/無償を含めて複数の製品があります．今回はラズベリー・パイPico(以降，Pico)のコアCortex-M0+と同じコアを持つマイコンをサポートしているTOPPERS/ASPを移植して動かすことにしました．TOPPERS/ASPは，TOPPERSプロジェクトがソースコードを公開しているものです．

● NUCLEO向けのTOPPERS/ASPを流用して作る

TOPPERS/ASPは，TOPPERSプロジェクトが管理，公開しているITRON仕様RTOSの1つです．新機能の開発は行われていませんが，バグ・フィックスや各種マイコン・ボードへの対応は継続して行われているので，安定性や対応しているマイコンの多さなどから，試行などに使いやすいRTOSです．

今回はCortex-M0+コアのマイコンSTM32L073RZを搭載するNUCLEO-L073RZボード(STマイクロエレクトロニクス)用のソースコードを流用しました．

● 実験すること

写真1のボードを作成し，タスクの動作や切り替えを確認しました．書き込んだTOPPERS/ASPのプログラムが動作しているかどうかはLEDの点滅によって確認ができました．

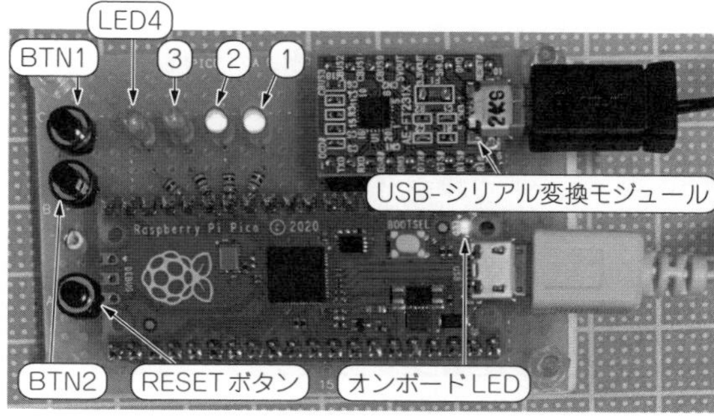

写真1　NUCLEO向けのTOPPERS/ASPをPicoに移植した

TOPPERS/ASPのPico対応

RTOSの主要な制御は，マイコンや周辺ハードウェアの初期化，タスクの切り替え時に行うコンテキスト・スイッチ，例外や割り込みのハンドリングです．ます．マイコンの初期化やコンテキスト・スイッチ，割り込みのハンドリングはマイコン・コアの種類に大きく依存し，Picoのマイコン・コアであるCortex-M0+用のプログラムがあれば，ほぼそのまま利用できます．周辺ハードウェアの初期化はRTOSがサポートするハードウェアにもよりますが，TOPPERS/ASPを動かすためには以下の項目への対応が必要になります．

● システム・クロック

システム・クロックは，Pico専用の処理が必要です．TOPPERS/ASPのシステム・クロック初期化処理から公式SDK内の`clocks_init()`を呼び出す処理へ改造しました．

● オンチップ・ハードウェア初期化

オンチップ・ハードウェアの初期化はPico専用の処理が必要です．TOPPERS/ASPのハードウェア初期化処理内に公式SDK内の`runtime_init()`で実行しているオンチップ・ハードウェアのリセット処理を追加しました．また，Picoのマイコンは2コア構成ですが，今回流用したTOPPERS/ASPのコードはマルチコアに対応していないことと，ブート時に2コアの一方を止めておく必要があるため，TOPPERS/

ASPのブート・コード内に1コアを止める処理を追加しました.

● Tickタイマ

Tickタイマは, Cortex-M0+のベースであるARMv6-Mアーキテクチャではオプションの扱いです. プロセッサの実装依存ということになりますが, Picoおよび流用予定のSTM32L073RZマイコンともにサポートされているのでSTM32L073RZマイコン用のSysTick処理がそのまま利用できます.

● シリアル・コンソール用UART

シリアル・コンソール用UARTの処理は, ハードウェアが異なるためPico用への改造が必要です. TOPPERS/ASPのUARTやシリアル制御から公式SDK内のコードを呼び出したり, デバイスのレジスタをアクセスしたりする処理を追加しました.

ビルドの前に

Pico用のTOPPERS/ASPについて, ビルドに必要な開発環境の構築やソースコードの取得, ビルド方法を紹介します.

改造を加えたソースコードを本書のウェブ・ページから取得して作業を行うので, ソースコードの改造などは行わずにTOPPERS/ASPの動作を確認できます.

```
https://www.cqpub.co.jp/interface/
download/contents.htm
```

● 開発環境

開発環境は, 第4部第1章で使ったラズベリー・パイ4とUbuntuを流用して構築を行います. FreeRTOSのビルド作業を行っていない場合, 第4部第1章の「必要パッケージのインストール」までを終え, そこからの続きとして以下の構築作業を行います. なお, ソースコードの取得などは本書で説明するので事前の作業は不要です.

▶必要パッケージのインストール

TOPPERS/ASPのビルドに必要なパッケージを追加でインストールします. 不足しているのは2つのパッケージですが, ソースコードの展開で必要になるunzipコマンドも合わせ, 以下の3つのパッケージをapt-getコマンドを使ってインストールします.

- libboost-all-dev
- libxerces-c-dev
- unzip

```
sudo apt-get install -y libboost-
all-dev libxerces-c-dev unzip↵
```

● ソースコードの取得

TOPPERS/ASPやビルドに必要なソースコード, Pico用のソースコードをインターネット上から取得します. 今回作成したPico用のTOPPERS/ASPの改造コードも本書ウェブ・ページから取得します. 作業用ディレクトリを作成, 移動後に以下のコマンドを実行することで必要なソースコードを取得できます.

```
wget https://www.toppers.jp/download.
cgi/asp-1.9.3.tar.gz↵
wget https://www.toppers.jp/download.
cgi/cfg-1.9.6.tar.gz↵
wget https://www.cqpub.co.jp/inter
face/download/2021/08/IF2108TOPP.zip↵
git clone -b master https://github.
com/raspberrypi/pico-sdk.git↵
```

ソースコードのアーカイブをダウンロード後, 以下の操作で各ソースコードを展開します.

```
tar xzf asp-1.9.3.tar.gz↵
tar xzf cfg-1.9.6.tar.gz↵
unzip -j IF2108TOPP.zip IF2108TOPP/
asp_arch_pico_gcc-20210516.tar.gz↵
tar xzf asp_arch_pico_gcc-20210516.
tar.gz↵
```

● 展開後のディレクトリ

各ファイルを展開すると, 主なディレクトリは以下の構成となります.

```
├asp
│├arch
││└arm_m_gcc
││  ├common
││  └pico …Pico用チップ依存処理
│├cfg
││└cfg …コンフィギュレータ配置用ディレクトリ
│├configure …configureスクリプト
│├include
│├kernel
│├sample
│├syssvc
│└target
│  └pico_gcc …Pico用定義
├build
│└obj …作業用ディレクトリ
├cfg …コンフィギュレータ・ソース用ディレクトリ
│├cfg …コンフィギュレータ生成ディレクトリ
│└configure …コンフィギュレータ用configure
│              スクリプト
├elf2uf2 …elf2uf2コマンド生成用ディレクトリ
└pico-sdk …公式SDK展開ディレクトリ
```

```
  ├src
  └tools
     └elf2uf2 …コマンド・ソースファイル
```

TOPPERS/ASPのビルド

● uf2ファイル変換用コマンドの生成

Picoへプログラムを書き込む際に，uf2形式のファイルへの変換が必要になります．ELFファイルからuf2ファイルへ変換するelf2uf2コマンドのソースコードが，公式SDKに含まれているので，ビルドしてelf2uf2コマンドを生成します．以下の操作でディレクトリを移動後，ビルドを行います．

```
cd elf2uf2
cmake ../pico-sdk/tools/elf2uf2
make
```

elf2uf2というファイルが生成されれば成功です．

```
-rwxrwxr-x 1 ubuntu ubuntu 102504
May 13 13:08 elf2uf2*
```

● コンフィギュレータの生成

TOPPERS/ASPのビルドに必要なコンフィギュレータを生成します．コンフィギュレータはTOPPERS/ASPのビルド中にコマンドラインで実行されるプログラムです．TOPPERS/ASPのソフトウェア部品の構成や初期状態を定義したシステム・コンフィギュレーション・ファイルを解釈して，システムの構築に必要なソースファイルを生成します．

以下の操作でコンフィギュレータのソース・ツリーであるcfgディレクトリ配下へ移動後，configureスクリプトを実行してMakefileを生成し，makeコマンドを実行することでビルドできます．

```
cd ../cfg
./configure --with-libraries=/usr/
            lib/aarch64-linux-gnu
make OPTIONS=-std=c++11
```

ビルドが完了したら，cfgディレクトリ配下にcfgコマンドが生成されます．以下の操作でバージョン情報が出力されれば成功です．

```
./cfg/cfg -v
TOPPERS Kernel Configurator version
                              1.9.6
```

生成されたcfgコマンドを，TOPPERS/ASPカーネルが展開されているaspディレクトリ配下にコピーします．なお，asp/cfg/cfg/cfgには筆者の環境で生成したcfgコマンドが既に存在しますが，コンフィギュレータの生成が成功したら上書きコピーして構いません．

```
cp ./cfg/cfg ../asp/cfg/cfg/cfg
```

● TOPPERS/ASPとサンプル・プログラムのビルド

TOPPERS/ASPでは，カーネルのビルドを補助するためasp/configureというスクリプトが用意されています．このスクリプトを使うことでビルド用の作業ディレクトリへMakefileやサンプル・プログラムが展開されます．今回は作業ディレクトリとしてbuild/objを用意してあるので，以下の操作でディレクトリを移動後，configureスクリプトを実行します．コンフィギュレータ生成時のディレクトリからの操作なので，異なる場合にはcdコマンドのパラメータを適切なパス指定へ変更してください．

```
cd ../build/obj
../../asp/configure -T pico_gcc
                              -dROM
```

configureスクリプトが成功すると以下の4つのファイルがbuild/objディレクトリに生成されます．

```
Makefile sample1.c sample1.cfg
sample1.h
```

この後，makeコマンドを実行することでTOPPERS/ASPとサンプル・プログラムのビルドを行うことができます．

```
make
```

make後，プロンプトが戻ってきて，以下の5つのファイルが生成されていたらビルド成功です．生成されたファイルのうちasp.uf2をPicoへ書き込むことでTOPPERS/ASPを実行できます．

```
asp* asp.dis asp.srec* asp.syms
asp.uf2
```

もしビルドに失敗する場合，「ソースコードの取得」でIF2108TOPP.zipとasp_arch_pico_gcc-20210516.tar.gzの代わりに，以下のIF2108TOPP2.zipファイルをダウンロードし，その中のasp_arch_pico_gcc-20220707.tar.gzファイルを用いてソースコードを展開し，試してください．

```
wget https://www.cqpub.co.jp/inter
face/download/2021/08/IF2108TOPP2.
zip
```

動作実験

● タスク状態表示を繰り返しつつタスク状態を切り替えるサンプルを利用する

TOPPERS/ASPには標準で4つのタスク，1つの周期ハンドラとアラーム・ハンドラを生成し，シリアル・コンソール経由でタスク状態を切り替えるサンプルが提供されています．このシリアル・コンソールは，タスクの状態表示を繰り返しながら，コンソール

リスト1　シリアル・コンソール経由でタスク状態を切り替える際のコマンド

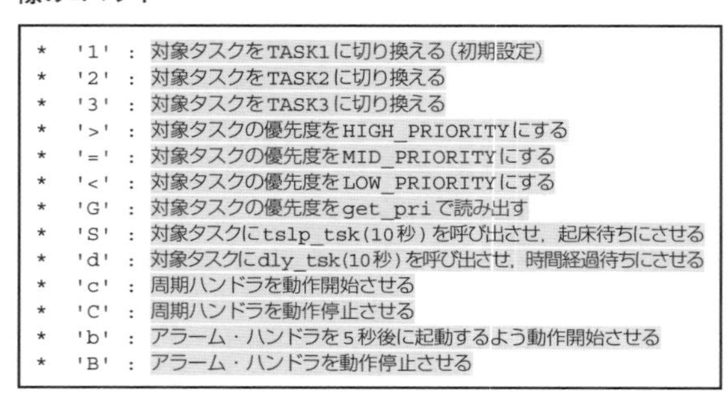

```
*  '1' : 対象タスクをTASK1に切り換える(初期設定)
*  '2' : 対象タスクをTASK2に切り換える
*  '3' : 対象タスクをTASK3に切り換える
*  '>' : 対象タスクの優先度をHIGH_PRIORITYにする
*  '=' : 対象タスクの優先度をMID_PRIORITYにする
*  '<' : 対象タスクの優先度をLOW_PRIORITYにする
*  'G' : 対象タスクの優先度をget_priで読み出す
*  'S' : 対象タスクにtslp_tsk(10秒)を呼び出させ，起床待ちにさせる
*  'd' : 対象タスクにdly_tsk(10秒)を呼び出させ，時間経過待ちにさせる
*  'c' : 周期ハンドラを動作開始させる
*  'C' : 周期ハンドラを動作停止させる
*  'b' : アラーム・ハンドラを5秒後に起動するよう動作開始させる
*  'B' : アラーム・ハンドラを動作停止させる
```

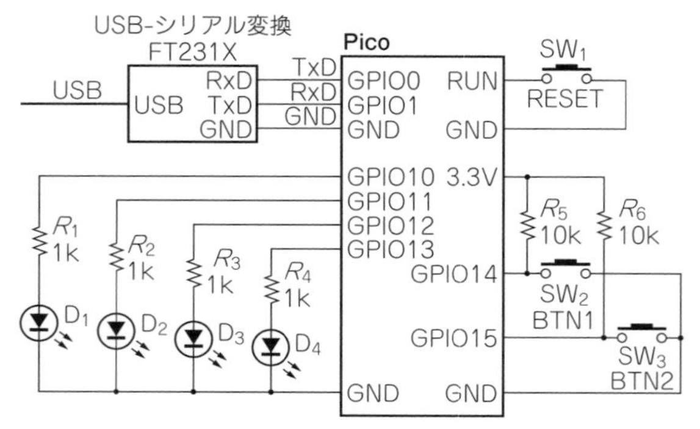

図1　スイッチを押すことでタスクが切り替わる回路

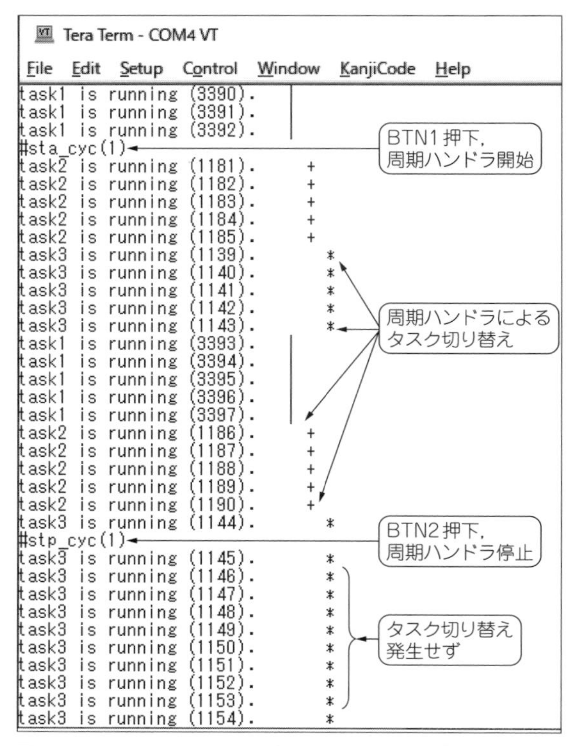

図2　シリアル・コンソールで図2の回路の動作確認も行った

表1　実験時のハードウェアの役割

BTN1	'c' 入力相当．周期ハンドラを動作開始させTASK1～TASK3の動作を定期的に切り替える
BTN2	'C' 入力相当．周期ハンドラを動作停止させTASK1～TASK3の切り替えを停止する
オンボードLED	TASK1が動作中に点滅する
LED1	TASK2が動作中に点滅する
LED2	TASK3が動作中に点滅する
LED3	UART0の受信割り込み発生時に点滅する
LED4	UART0の送信割り込み発生時に点滅する

からの入力(**リスト1**)に応じてタスクの状態を切り替えます．このサンプルだけでTOPPERS/ASPの基本的なタスクの切り替えやAPIの動作を確認できます．

● ハードウェア

写真1のボードを作成し，シリアル・コンソールがない状態でもタスクの動作や切り替えを確認できるようサンプル・プログラムを改造しました．**図1**がPicoを利用した回路です．ただし，シリアル・コンソールを接続すると，細かく動作状態が把握できるので，接続して実験を続けました(**図2**)．

● 実験内容

サンプル・プログラムは，1つのメイン・タスクと3つの状態変更用のタスクで構成されています．今回の改造では5つ目のタスクを追加して，プッシュ・ボタンBTN1，BTN2の状態を監視して**表1**のようにタスクの状態を変化するようにしました．

また，LEDでもタスクの動作などを確認できるようにしました．TASK1の動作をオンボードLEDに割り当ててあるので，Pico単体でもオンボードLEDの点滅で書き込んだTOPPERS/ASPのプログラムが動作しているかどうかの確認ができます．

LED3，LED4はシリアル・コンソールとして使っているUART0の受信と送信割り込みハンドラの開始時に点灯，終了時に消灯するため，肉眼では点滅の確認が難しいです．ロジック・アナライザやオシロスコープなどを接続することで，割り込みハンドラの動作を確認できるようにしてあります．

なお，動作確認用のUART0の割り込み処理にLED3，LED4へのアクセス処理が追加されています．このポートをほかで利用する場合には，`asp/arch/arm_m_gcc/pico/chip_serial.c`ファイルの259行目から279行目の間にある`pico_gpio_led3_set()`，`pico_gpio_led4_set()`が記述されている行を削除してください．

いしおか・ゆきや

開発環境のセットアップからマイコン向けサンプルの試し方まで

第1章 フレームワークTensorFlowの準備

大沢 健太郎，谷本 和俊

オープンソースのマイコン用機械学習フレームワークTensorFlow Lite for Microcontrollers（以下，TFLM）を，Picoで動かす手順について解説します．TFLMのビルド環境にはセットアップが簡単なラズベリー・パイ4を利用します．

Pico用のTensorFlowリポジトリがある

Pico用のTFLMは，既にGitHub上に公開されています．ただし，グーグルが運営しているTensorFlowのリポジトリではなく，ラズベリーパイ財団が運営している公式リポジトリ（`https://github.com/raspberrypi/pico-tflmicro`）にあります．

READMEを見ると，このリポジトリは自動生成されたもので，リード・オンリとあり，issueやpull requestは，TensorFlow側のリポジトリにファイルされるとあります．最新版を反映するには，TensorFlowのリポジトリにあるスクリプト`generate.py`（`tensorflow/lite/micro/tools/project/generate.py`）を使って生成するとの記載がありますが，現在，TFLMのリポジトリはTensorFlow本体から独立（`https://github.com/tensorflow/tflite-micro`）しました．独立後のプロジェクト生成ツール（`tflite-micro/tensorflow/lite/micro/tools/project_generation/create_tflm_tree.py`）もそのままでは動作しませんので，今回はラズベリー・パイ側のリポジトリをそのまま利用します．

Pico用のTFLMには，**表1**に記載したhello_world，micro_speech，magic_wand，person_detectionの4つのサンプル・アプリケーションがあります．これらのうち，hello_worldだけはPicoのLEDで動作が確認できるように実装されています．hello_world以外のサンプルは，Picoにセンサが搭載されていないため，マイク，加速度，カメラなどのセンサからデータを取得するコードは自分で記述する必要があります．まずはビルド環境構築の確認の意味で，Pico単体で動作確認が可能なhello_worldを動かしてみます．

表1　TFLMのサンプル・アプリケーション一覧

サンプル名	内　容
hello_world	入力値に対してsin波（サイン関数）の予測値を返す．PicoのLEDに対して予測値をPWM出力することでPicoのみで動作確認が可能
micro_speech	センサにマイク入力を使用したシンプルなスピーチ（キーワード）認識
magic_wand	加速度センサを使用したジェスチャ推定
person_detection	カメラ（画像入力）を使用した特定の人検出．make時に指定するサンプル名はperson_detection_int8

ビルド環境として利用するラズパイ4のセットアップ

ビルド環境にラズベリー・パイ4（または3）を利用する場合，Pico用の公式SDK環境をセットアップし，TFLMのリポジトリをクローンするだけで環境を立ち上げることが可能です．以下の手順は，ラズベリー・パイ4の`/home/pi`で実行していきます．

● Pico用の公式SDK環境セットアップ

Picoの公式ドキュメント(1)の通りにスクリプトをダウンロードし，実行するだけでセットアップが完了します．

```
$ wget https://raw.githubusercontent.com/raspberrypi/pico-setup/master/pico_setup.sh↵
$ chmod +x pico_setup.sh↵
$ ./pico_setup.sh↵
```

● TFLMのクローン

ラズベリー・パイ公式のリポジトリから，Pico用のリポジトリをクローンします．

```
$ git clone https://github.com/raspberrypi/pico-tflmicro.git↵
```

Pico用の環境セットアップ・スクリプトが用意されているため，簡単に環境構築できます．ラズベリー・パイ4上でスクリプトを実行して20分程度（ラズベ

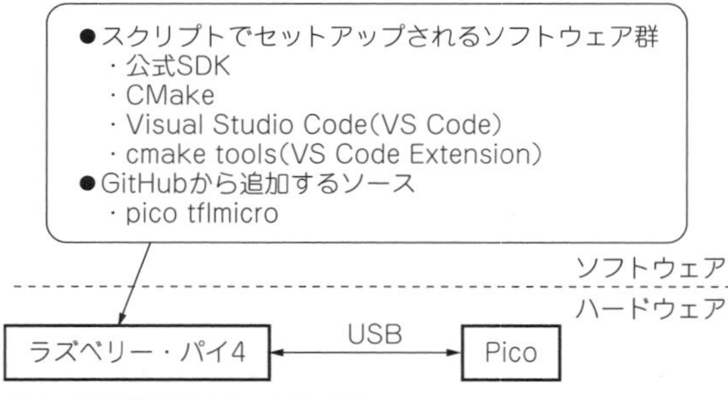

図1　環境構築時のシステム構成

リー・パイ3の場合で30分程度)で公式SDK環境が構築されます(**図1**).

ここまでの手順でTFLMの各サンプルをビルドする環境は整います. この後, サンプル・アプリケーション hello_worldを修正して動作確認する手順を紹介しますが, hello_worldでの動作確認を飛ばしてTFLMを利用した機械学習アプリケーションの開発を進めることも可能です.

TFLMをクローンした後, シェル(LX Terminal)の場合, 次のコマンドを実行してクローンしたリポジトリ・ディレクトリpico-tflmicroに入り, buildディレクトリを作成・移動, CMakeでコンフィグレーションします.

```
$ cd pico-tflmicro↵
$ mkdir build↵
$ cd build↵
$ cmake ..↵
```

コンフィグレーションが終わったら, ビルドしたいサンプル・アプリケーションを指定してmakeするだけです.

```
$ make [サンプル・アプリケーション名]↵
```

サンプル・アプリケーション名の箇所では, person_detectionの場合のみperson_detection_int8と指定する必要がある点に気をつけてください.

公式SDKの環境セットアップ・スクリプトを実行すると, VS Codeのインストールも同時に完了しています. VS Codeでcmake, makeする場合は, buildディレクトリは自動的に作成されますので, /home/pi/pico-tflmicroディレクトリをオープンして作業してください.

hello_worldで動作確認

セットアップが終わったら, CMakeでコンフィグレーションし, hello_worldをビルド, 動作確認することも可能ですが, そのままでは単体での動作が分かりづらかったため, 以下の修正を行った上でビルドしてみます.

リスト1　debug_log.cppの修正

```
  if (!has_uart_been_set_up) {
//    setup_default_uart();     } ← 修正
    stdio_init_all();           }
    has_uart_been_set_up = true;
  }
```

リスト2　CMakeLists.txt (hello_world例) の修正

```
add_executable(hello_world "")

# enable usb output, disable uart output   }
pico_enable_stdio_usb(hello_world 1)       } ← 追加
pico_enable_stdio_uart(hello_world 0)      }

target_include_directories(hello_world
```

● 標準出力(stdout)のUSB化

Pico用TFLMでは, デバッグ・ログで利用する標準出力がUARTとなっており, Picoのピン1, ピン2を使用し, ビルド環境側のラズベリー・パイ4の40ピンGPIOに接続する必要があります. より簡単に動作させるために, Picoの電源供給を兼ねたUSBを標準出力として利用するように修正を行います.

▶ **/pico-tflmicro/src/tensorflow/lite/micro/rp2/debug_log.cppの修正**

49行目のsetup_default_uart()を, stdio_init_all()に書き換えます(**リスト1**).

▶ **CMakeLists.txtの修正**

標準出力をUSB化したいサンプル・アプリケーション・フォルダ配下のCMakeLists.txt(この場合, examples/hello_world/CMakeLists.txt)のターゲット(add_executable)構成記述内に, pico_enable_stdio_usb([ターゲット] 1)を追加します(**リスト2**).

● LED点灯サイクルの変更

リポジトリの初期状態では, LED(PWM値)出力の周期が短く, 普通のLチカと区別がつかなかったため, 出力周期を伸ばしました.

▶ **examples/hello_world/rp2/output_handler.cpp**

HandleOutput関数末尾sleep_ms()の値を10から100程度に変更します.

● 予測値飽和の対処

hello_worldアプリケーションがSin関数の予測値出力のため, −1～+1と仮定してLED出力値を演算しています(LED出力値 = (int)(127.5f * (予測値 + 1))). 実際には機械学習(TFLM)による予測のため, −1を下回る, +1を上回る予測結果(飽和状態）となる場合があります（現状のサンプル・アプリケーションのモデルではほぼ毎回飽和する）．

そのため，+1を上回った際に，演算したLED出力値が255を超え，そのまま出力すると公式SDKのPWM API（pwm_set_gpio_level）に与えるPWM値も飽和し，一瞬，LEDが消灯します．じんわりLEDが点灯/消灯を繰り返すように，飽和時の対処をexamples/hello_world/rp2/output_handler.cppのHandleOutput関数に入れておきます（飽和する様子を見たい場合は，この対処は不要）．

● ビルドの実行

ここまでの追加，修正が終わったら，先述のcmake，makeを実行し，hello_worldアプリケーションをビルドします．

```
$ cd pico-tflmicro↵
$ mkdir build↵
$ cd build↵
$ cmake ..↵
$ make hello_world↵
```

● 注意点

標準出力（stdout）をUSB化する前にcmakeを実行した場合，buildディレクトリ配下のサンプル・アプリケーション・ディレクトリにCMakeCache.txtとしてコンフィグレーションが保存されます．その後，サンプル・アプリケーションのCMakeLists.txtを修正し，cmakeを実行しても公式SDKの設定に反映されません．この場合，buildディレクトリ内を一度削除するとよいでしょう．VS Codeを使用する場合は，CMAKE: Delete Cache and Reconfigureを実行してください．

hello_world以外のサンプルを試す際にはセンサの実装が必要

先述した通り，ラズパイPico用のTFLMリポジトリには，センサからのデータ取得部分が実装されていません．micro_speechだけは「yes」および「no」と発声したサンプル・データがコード（Cソース・ファイル）として用意されており，疑似的に動作を確認できるようになっています[注1]が，magic_wand，person_detectionは，センサ・データを取得する関数が空関数となっており，ビルドして動作させても何も起きません．

関数そのものは用意されていますので，おのおののサンプル・アプリケーションにおいて，以下に示す関数に，利用するセンサに応じたデータ取得方法を実装する必要があります．また，キャリブレーションなど初期化が必要なセンサの場合は，必要に応じてmain_functions.cppのsetup関数内に初期化処理を実装します．

注1：make micro_speech_mockを実行することでビルドできます．初期状態では8秒に1回"yes"と判定する動作が確認できるのみとなっており，"no"と発声したデータも入力されますが"no"とは判定されません．

● サンプル magic_wand

accelerometer_handler.cppに，初期化時にsetup関数から呼び出される加速度センサの初期化処理用のSetupAccelerometer関数と，メイン処理（loop関数）から呼び出されるReadAccelerometer関数が用意されています．

ReadAccelerometer関数では，25Hzで読み出したfloat型の加速度データ（単位はmg）128個，3軸分（128×3の2次元配列）の配列ポインタを引数inputにセットして戻ります．配列分データがそろっていない場合は，戻り値falseで戻ります．

● サンプル micro_speech

audio_provider.cppに，マイクで取得した音声データを戻すGetAudioSamples関数と，最新の音声データの時刻を戻すLatestAudioTimestamp関数が用意されています．どちらもメイン処理（loop関数）から呼び出されます．

マイクで取得する音声データは，16ビット PCMモノラルでサンプリング・レート16kHzとなっています．

LatestAudioTimestamp関数は，起動時0に初期化された符号付き32ビット整数（int32_t）型で，ms単位のタイム・スタンプを戻します．これは，音声データを20ms単位でFFT処理し，1s分のスペクトログラムの配列を画像データに見立てて推論するために，過去データを含めて1s分になるようにシフトして再利用する目的で使われます．

● サンプル person_detection

image_provider.cppに画像データをメイン処理（loop関数）から呼び出されるGetImage関数が用意されています．

画像データは，画素数96×96ピクセル，8ビット・グレー・スケールのビットマップ形式です．カメラから取得できるデータが異なる場合，切り出しやカラー，フォーマットなどの変換処理を実装する必要があります．

◆参考・引用*文献◆

(1) Get started with Raspberry Pi Pico, Raspberry Pi (Trading).
https://datasheets.raspberrypi.org/pico/getting-started-with-pico.pdf

おおさわ・けんたろう，たにもと・かずとし

加速度センサの値からスクワットやダンベル動作を推論する

オリジナルの学習済みモデルを動かす

大沢 健太郎，谷本 和俊

表1 Picoの使用端子と接続先

端子番号	機 能	接続先
19	GPIO14	スイッチ（データ収集用），スイッチの先はグラウンドに接続
21	I2C0 SDA	センサ（SDA）
22	I2C0 SCL	センサ（SCL）
23	GND	センサ（GND）
30	RUN	スイッチ（リセット用），スイッチの先はグラウンドに接続
36	3V3（OUT）	センサ（V_{DD}）

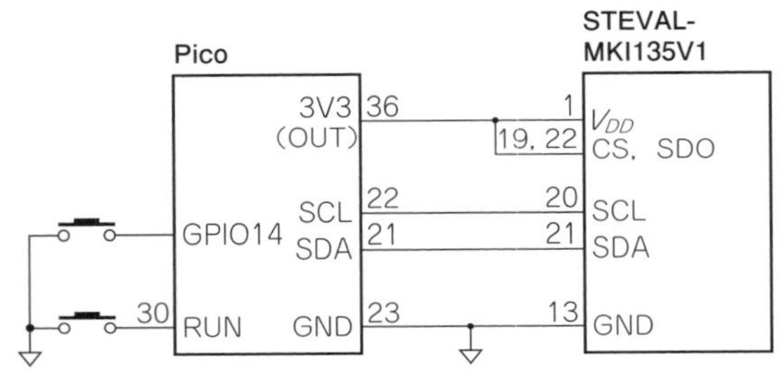

図1 Picoとセンサの接続図

Interface2020年8月号にて，マイコン・ボード（SparkFun Edge）をターゲット・デバイスとして，AI開発フレームワークTensorFlow Lite for Microcontrollers（以下，TFLM）のサンプル・アプリケーションを実行する方法を解説しました．また，Magic wandという名称で公開されているサンプル・アプリケーション（前章）を基に，独自に収集した加速度センサの情報を学習させ，スクワットなど3種類のフィットネスを判別する推論モデルを作成しました．

今回はラズベリー・パイPico（以降，Pico）をターゲット・デバイスとして，TFLMの動作認識（Magic wand）アプリケーションについて，独自のデータ収集→学習→推論の一連の流れを解説します．

ハードウェア

今回はデータ収集→学習→推論の一連の動作を確認するまではブレッドボードを使い，確認が取れた後は，はんだ付けで部品を固定しました．Picoの使用端子を**表1**に，接続後のボードを**写真1**に，接続図を**図1**に示します．なお，センサのCS端子，SDO端子は3.3Vに接続します．

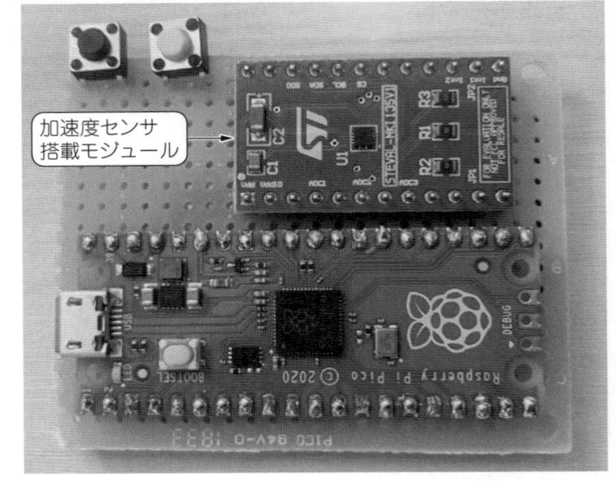

写真1 加速度センサを利用してフィットネスの状態を推論する

加速度センサは，LIS2DH（STマイクロエレクトロニクス）搭載のモジュール STEVAL-MKI135V1（STマイクロエレクトロニクス）を使用します．開発環境（ビルド，フラッシュ・メモリへの書き込み）は，ラズベリー・パイ4を使用します．

マイコン向けのAIサンプル・アプリケーションを入手する

● ラズベリー・パイ公式のものはセンサ用コードが含まれない

ラズベリー・パイ公式のGitHubリポジトリには，TFLMのサンプル・アプリケーションの実行環境が公開されています．ただしこの環境にはセンサ・ドライバのコードは含まれておらず，使用するセンサに合わせてコードを追加する必要があります．

```
https://github.com/raspberrypi/pico-tflmicro
```

● 今回流用するAI実行環境

センサ・ドライバのコードも含んだ環境としては，以下の実行環境が公開されています．ラズベリー・パイ公式の環境を基に開発された環境で，加速度センサにはICM-20948（TDK）が使われています．

https://github.com/ArduCAM/pico-tflmicro

今回はこの環境を基に，LIS2DH向けにコードを修正し，データ収集および推論の環境を構築します．

データ収集のための変更点

データ収集環境における主な修正点は次の通りです．

(1) GPIO設定を修正（センサ／スイッチ）
(2) センサの初期化処理を修正
(3) レジスタ・アドレス／レジスタ値の定義を修正
(4) データ取得処理を修正
(5) データ出力処理を修正
(6) 推論関連の処理をコメント・アウト

● (1) GPIO設定を修正（センサ／スイッチ）

▶I²C端子として使用するGPIO番号を指定

include\ICM20948\ICM20948.cppのimuInit関数に，次の通りI²Cとして使用するGPIO番号を指定します．

```
gpio_set_function(16,
                    GPIO_FUNC_I2C);
gpio_set_function(17,
                    GPIO_FUNC_I2C);
gpio_pull_up(16);
gpio_pull_up(17);
```

▶スイッチと接続するGPIO設定を追加

examples\magic_wand\main_functions.cppのsetup関数に次の設定を追加します．

```
const uint SW_PIN = 14;
gpio_init(SW_PIN);
gpio_set_dir(SW_PIN, GPIO_IN);
gpio_pull_up(SW_PIN);
```

● (2) センサの初期化処理を修正

▶LIS2Hのレジスタに設定値を書き込み

include\ICM20948\ICM20948.cppのicm20948init関数に次の設定を追加します．

```
I2C_WriteOneByte(0x1F, 0xC0);
I2C_WriteOneByte(0x20, 0x37);
I2C_WriteOneByte(0x23, 0x08);
```

上記の主な設定内容は以下になります．

- Output Data Rateを25Hzに設定（CTRL_REG1）
- Operating modeをHigh resolution（12 bit data output）に設定（CTRL_REG4）

● (3) レジスタ・アドレス／レジスタ値の定義を修正

include\ICM20948\ICM20948.hで定義されているセンサのレジスタ・アドレス，レジスタ値をLIS2DHの仕様に合わせて修正します．

```
//I2Cスレーブアドレス変更
#define I2C_ADD_ICM20948 0x19
//WHO_AM_Iレジスタアドレス/値変更
#define REG_ADD_WIA 0x0F
#define REG_VAL_WIA 0x33
//X軸/Y軸/Z軸のデータレジスタアドレス変更
#define REG_ADD_ACCEL_XOUT_H 0x29
#define REG_ADD_ACCEL_XOUT_L 0x28
#define REG_ADD_ACCEL_YOUT_H 0x2B
#define REG_ADD_ACCEL_YOUT_L 0x2A
#define REG_ADD_ACCEL_ZOUT_H 0x2D
#define REG_ADD_ACCEL_ZOUT_L 0x2C
```

● (4) データ取得処理を修正

▶センサ側でデータを準備できているかの判定を追加

examples\magic_wand\accelerometer_handler.cppのReadAccelerometer関数に次の内容を追加します．

```
//関数の先頭に下記の判定文を追加
if (IMU.dataReady()) {
    //ReadAccelerometer関数の処理
}
```

include\ICM20948\ICM20948.cppのdataReady関数に次の内容を追加します．

```
//STATUS_REG(27H) ZYXDA bitの状態を取得
return (I2C_ReadOneByte(0x27) &
                              0x08);
```

▶UpdateData関数の呼び出し回数を変更

元の環境では，メイン・ループごとに実行されるReadAccelerometer関数の中で，データを取得してリング・バッファに保存する処理（UpdateData関数）が2回ずつ実行されます．この仕様だと同じ値が2個ずつ並ぶことになるため，今回はメイン・ループ1回につきUpdateData関数も1回ずつ実行されるよう修正しました．

examples\magic_wand\accelerometer_handler.cppのReadAccelerometer関数を次のように変更します．

```
//for (int i = 0; i < 2; i++) {
UpdateData();
//}
```

▶取得したRAWデータの変換処理を修正

Interface2020年8月号で紹介したSparkFun Edgeで使用した下記環境の変換処理を参考に修正しました．

```
https://github.com/sparkfun/Tensor
flow_AIOT2019/blob/master/magic_wand
/arduino_accelerometer_handler.cpp
```

examples\magic_wand\accelerometer_handler.cppのUpdateData関数を次のように変更します．

```
// raw data processing
x = x/16.0;
y = y/16.0;
z = z/16.0;
// Axis adjustment
const float norm_x = -x;
const float norm_y = -y;
const float norm_z = z;
save_data[begin_index++] = norm_x;
save_data[begin_index++] = norm_y;
save_data[begin_index++] = norm_z;
```

● (5) データ出力処理を修正

▶printf関数を修正

examples\magic_wand\accelerometer_handler.cppのUpdateData関数を次のように変更します．

```
printf("%04.2f,%04.2f,%04.2f\n",
            norm_x, norm_y, norm_z);
```

▶スイッチ押下時の処理を追加

examples\magic_wand\ main_functions.cppのloop関数に次の処理を追加します．

```
if(!gpio_get(SW_PIN)) {
  TF_LITE_REPORT_ERROR(
      error_reporter, "\n\n-,-,-");
}
```

上記の文字列「-，-，-」は，後述する学習環境の処理で，データセットの開始を認識させるために必要となります．今回はGPIO14に接続したスイッチを押下すると，文字列「-，-，-」が出力され，次のデータセットに移行する仕様としました．

```
-,-,-
46.00,-18.00,952.00
41.00,-18.00,965.00
39.00,-23.00,968.00
39.00,-18.00,970.00
42.00,-21.00,982.00
41.00,-20.00,984.00
47.00,-24.00,986.00
45.00,-22.00,988.00
41.00,-22.00,987.00
39.00,-19.00,985.00
45.00,-22.00,993.00
```

図2 データ収集時のターミナル画面

● (6) 推論関連の処理をコメント・アウト

データ収集環境に推論関連の処理は不要ですので，コメント・アウトします．

examples\magic_wand\main_functions.cppのloop関数に無効化を追加します．

```
#if 0
TfLiteStatus invoke_status =
            interpreter->Invoke();
(中略)
HandleOutput(error_reporter,
                   gesture_index);
#endif
```

以上を修正後，ビルドしてPicoへ書き込みます．これでデータ収集環境の構築は完了です．

データ収集

データ収集の手順を説明します．今回の認識対象であるフィットネス動作の概要は次の通りです．

- スクワット…足を肩幅ほどに広げて上体を上下に動かす
- ツイスト…足を肩幅ほどに広げて腰を左右にひねる
- ダンベル…左の手のひらを上に向けた状態で腕を曲げ伸ばしする

これらのフィットネス動作について，次の手順でデータを収集します．

● 収集のステップ

1. ラズベリー・パイ4とPicoをUSBケーブルで接続
2. ターミナルでminicomコマンドを実行
3. ボードを左手に持ち，準備ができたらスイッチを押す
4. フィットネス動作(約3秒)
5. スイッチを押す
6. 4～5を繰り返す
7. データ取得を終えるときは，ターミナルで[Ctrl]＋[A]→[Q]→「はい」を選択して終了

シリアル・コンソールにはminicomを使用し，手順2では次のコマンドを実行しました．コマンド実行時点の日時をファイル名として，指定したフォルダにログ・ファイルが保存されます．

```
minicom -b 115200 -o -D /dev/ttyACM
0 -C (ログ保存先のパス)/`date "+%Y%m%d-%
H%M"`.log↵
```

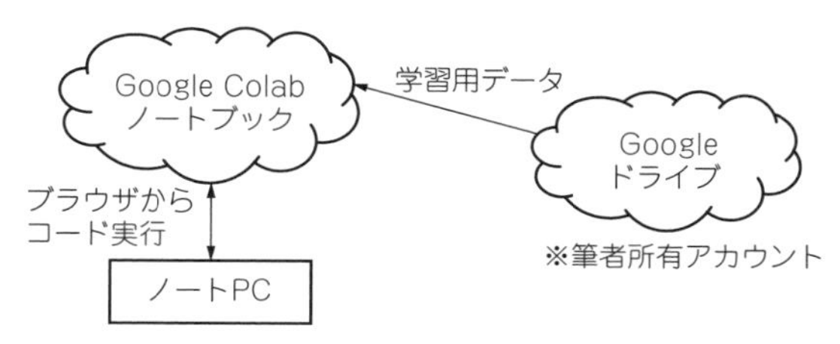

図3　学習環境のハードウェア構成

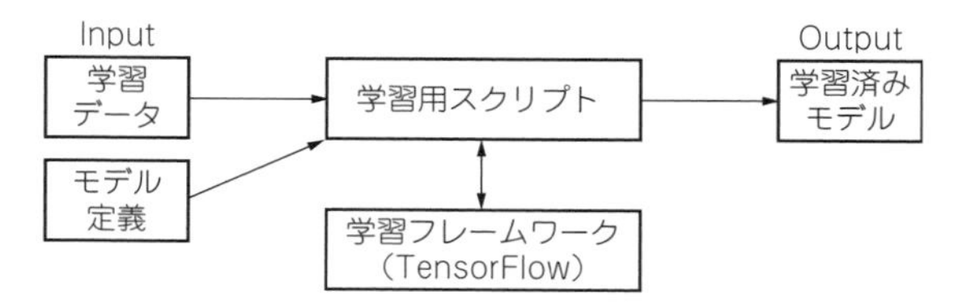

図4　学習環境のソフトウェア構成

図2は，実際にデータを出力した際のターミナル画面です．データは1秒間に約25個のペースで出力されます．今回は，前述の手順で各動作のデータを25セットずつ収集しました．これらのデータを使って，学習環境でフィットネス判定モデルを作成します．

学習済みモデルを作る

学習環境は次のTensorFlow環境を使用します．

```
https://github.com/tensorflow/
tflite-micro/tree/main/tensorflow/
lite/micro/examples/magic_wand/
train
```

Google Colaboratory(以下，Google Colab)の環境が準備されており，GPU搭載マシンやTensorFlowのインストールといった開発環境の構築は不要です．**図3**に学習環境のハードウェア構成，**図4**にソフトウェア構成を示します．

学習環境には**表2**のPythonスクリプトが含まれます．

学習用スクリプトを実行する前に，以下の準備が必要となります．

● (1)データを学習環境の指定フォーマットに合わせる

データ収集環境で集めたログ・データについて，ファイル名を以下の命名規則に合わせて変更します．例えば筆者がスクワットしたときのデータはoutput_squat_osawa.txtとします．

```
output_<カテゴリ名>_<名前>.txt
```

各ファイルについて，データ開始を示す文字列「-,-,-」が付いているか，不要なデータが含まれていないかを確認します．注意点として，データ収集で電源投入後，初回にスイッチを押すまで(運動開始するまで)のデータは，残しておくとデータとしてカウントされてしまうため削除してください．

● (2)学習環境に各カテゴリのデータをアップロード

学習環境のルート・ディレクトリ(train)の直下に，カテゴリ名と同じ名前のフォルダを作成して，その中に収集データをアップロードします．例えばスクワットのデータの場合，squatフォルダを作成して，データoutput_squat_osawa.txtを保存します．

また，ネガティブ・カテゴリのデータは，下記よりダウンロードしたデータに含まれるnegativeフォルダをアップロードします．

```
https://github.com/tensorflow/
tflite-micro/tree/main/tensorflow/
lite/micro/examples/magic_wand/
train#dataset
```

● (3)各スクリプトを修正

▶カテゴリ名/人物名の修正

以下のスクリプトに定義されているカテゴリ名(デフォルトはwing, ring, slope)と人物名(デフォルトは9名の人物)を修正します．

• data_prepare.py

```
folders = ["squat", "twist",
                        "dumbbell"]
names = ["osawa"]
```

• data_split.py

```
num_dic = {"squat": 0, "twist": 0,
     "dumbbell": 0, "negative": 0}
```

• data_load.py

```
self.label2id = {"squat": 0,
         "twist": 1, "dumbbell": 2,
                     "negative": 3}
```

▶ネガティブ・カテゴリのデータ数削減

Magic wandの判定モデルにはネガティブというカテ

表2　学習環境のPythonスクリプト

スクリプト名	概　要
data_prepare.py	データセットを学習処理用のフォーマットに変換
data_split.py	データセットを学習用/検証用/評価用の3種類に分割
train.py	CNNモデルの学習処理を実行

```
tf.Tensor(
[[10  0  0  0]
 [ 0 10  0  0]
 [ 0  0 10  0]
 [ 2  0  0  8]], shape=(4, 4), dtype=int32)
Loss 0.8611944913864136, Accuracy 0.949999988079071
```

図5　学習後に表示される判定モデルの評価結果

ゴリが存在します．これはどのカテゴリにも該当しないデータです．Magic wandサンプルのネガティブ・データは全部で80個あり，それに加えてgenerate_negative_data関数で300個のデータを新たに生成します．今回はネガティブ・カテゴリのデータ数を他のカテゴリと合わせるため，下記の修正を加えています．

- 使用するデータ(output_negative_XX)の数を5個⇒2個に変更
- generate_negative_data関数をコメント・アウト
- data_prepare.pyの修正点

```
for idx in range(2):
    prepare_original_data(
    "negative", "negative%d" % (idx
          + 1), data, "./negative/
     output_negative_%d.txt" % (idx
                              + 1))
#generate_negative_data(data)
```

以上の準備を終えたら，Google Colabで学習を実行します．なお，本検証では，推論環境の制約上，TensorFlowのバージョンは2.1.0を使用します．Google Colab上で下記コマンドを実行することで，使用するバージョンを変更できます．

```
!pip install tensorflow==2.1
```

train.pyの処理時間は約5分です．学習完了後，**図5**の評価結果(混同行列，Loss/Accuracy値)が出力されます．また，学習の途中経過はTensorBoardで確認できます．

最後に，TensorFlow Liteフォーマットのモデルを C++のソースコード(model.cc)に変換します．

```
!xxd -i model.tflite > model.cc
```

これでオリジナルの「学習済みモデル」が作成できました．作成した学習済みモデルを推論環境に移植して，Picoで動かしてみます．

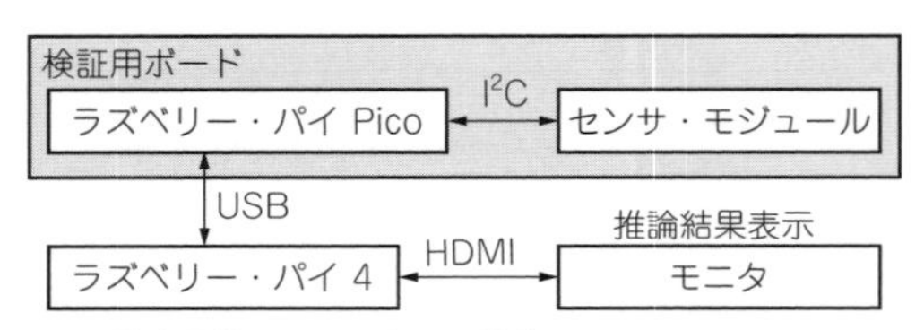

図6　推論環境のハードウェア構成

推論環境を作る

図6に推論環境のハードウェア構成，**図7**にソフトウェア構成を示します．

推論環境は，先ほどのデータ収集環境を基に構築します．データ収集環境からの修正点は次の通りです．

● (1) シリアル・モニタにデータを出力しないよう修正

データ収集環境(5)のprintf関数をコメント・アウトします．

● (2) 推論関連の処理を実行するよう修正

データ収集環境(6)の処理を実行するよう修正します．

● (3) モデル・データを更新

magic_wand_model_data.cppに定義されている次の変数を更新します．データ・サイズは変更不要です．

- g_magic_wand_model_data[]

model.ccのmodel_tflite[]の値に置き換えます．

● (4) 動作検出時に表示される文字列を修正

各カテゴリの検出回数をカウントして，結果と併せて表示するようにしました．

examples\magic_wand\output_handler.cppのHandleOutput関数に次の処理を追加します．

```
if (kind==0) {
    count_squat++;
    TF_LITE_REPORT_ERROR(
        error_reporter, "Squat(%d)",
                           count_squat);
  } else if (kind==1) {
```

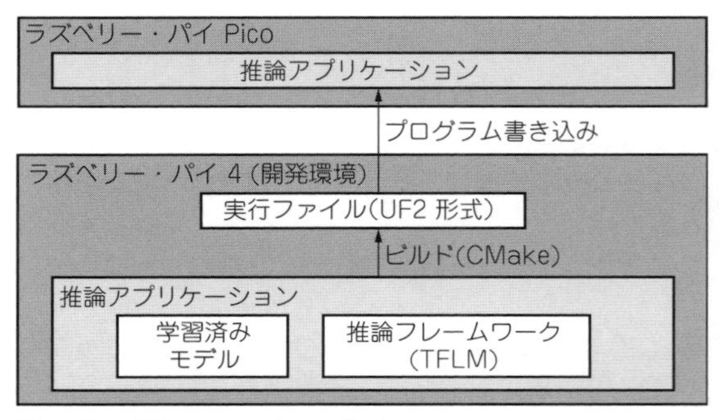

図7　推論環境のソフトウェア構成

```
    count_twist++;
    TF_LITE_REPORT_ERROR(
       error_reporter, "Twist(%d)",
                       count_twist);
  } else if (kind==2) {
    count_dumbbel++;
    TF_LITE_REPORT_ERROR(
    error_reporter, "Dumbbell(%d)",
                     count_dumbbel);
  }
```

上記を修正して，ビルド・書き込みの完了後，実際にフィットネス判定モデルを動かしてみます．

推論を実行する

以下の手順で推論結果を確認しました．**図8**は判定時のターミナル画面です．おおむね正しく結果が出力されました．運動を切り替えると(例えばスクワット→ダンベル)，約3～5秒後に結果の表示が変わりました．

● 推論の手順

1. ラズベリー・パイ4とPicoをUSBケーブルで接続
2. ターミナルでminicomコマンドを実行
3. ボードを左手に持ち，運動開始
4. 推論結果が表示される(初回は表示まで約5秒．以降は約2.5秒に1回表示くらい)
5. 3～4を繰り返す

● 推論してみる

ここからは推論環境の処理概要を紹介します．推論環境のメイン・ループで実行される関数，各関数の処理概要を**表3**に記載します．

▶実行時間は100ms

電源投入後，ReadAccelerometer関数内のリング・バッファ(save_data)のインデックスが一定のしきい値(200)まで達したときに，初回の推論処理が実行されます．初回以降は，メイン・ループごとにデータ取得→リング・バッファ更新→推論実行を繰り返します．**表3**の処理を全て実行したときのメイン・ループの処理時間は約100msです．

▶しきい値の変更はconstants.hで

PredictGesture関数では，直近5回の各カテゴリの予測値を平均して，最も高いスコアかつ一定のしきい値(0.65)を上回る場合，そのカテゴリを判定結果として確定して戻り値として出力します．これらのしきい値(5回，0.65)はconstants.hで変更可能です．

また，(ネガティブ・カテゴリ以外の)判定結果を出力すると，PredictGesture関数を25回呼ぶまでは次の判定結果を出力しない仕様となっています．メイン・ループの処理時間は約100msのため，次の判定結果が出力されるのは最短で約2.5s後になります．このしきい値(25回)もconstants.hで変更できます．これらのしきい値については，ぜひ実際に動かして最適解を探してみてください．

```
Squat(1)        Dumbbell(3)
Squat(2)        Dumbbell(4)
Squat(3)        Dumbbell(5)
Squat(4)        Dumbbell(6)
Squat(5)        Twist(1)
Squat(6)        Twist(2)
Squat(7)        Twist(3)
Dumbbell(1)     Twist(4)
Dumbbell(2)     Twist(5)
```

図8　フィットネス動作判定時のターミナル画面

表3　推論環境のメイン・ループで実行される関数

関数名	概　要
ReadAccelerometer	センサ・データの取得，バッファへの保存
interpreter->Invoke	CNNモデルの推論処理実行
PredictGesture	推論結果からジェスチャ判定
HandleOutput	判定結果をモニタ出力

◆参考・引用*文献◆

(1) Lee；PICO Arducam Examples.
https://github.com/ArduCAM/pico-tflmicro
(2) LIS2DHデータシート，STマイクロエレクトロニクス．
https://www.st.com/resource/en/datasheet/lis2dh.pdf
(3) SparkFun Low-Power Machine Learning Examples, SparkFun Electronics.
https://github.com/sparkfun/Tensorflow_AIOT2019
(4) Pete Warden, Daniel Situnayake；TinyML, O'Reilly Media.
https://www.oreilly.com/library/view/tinyml/9781492052036/

おおさわ・けんたろう，たにもと・かずとし

ちょっとしたデバイスをサッと動かすのにPicoは便利

受信モジュールを利用した FMラジオの製作

小野寺 康幸

図1　FMラジオ受信モジュールを操作するPico

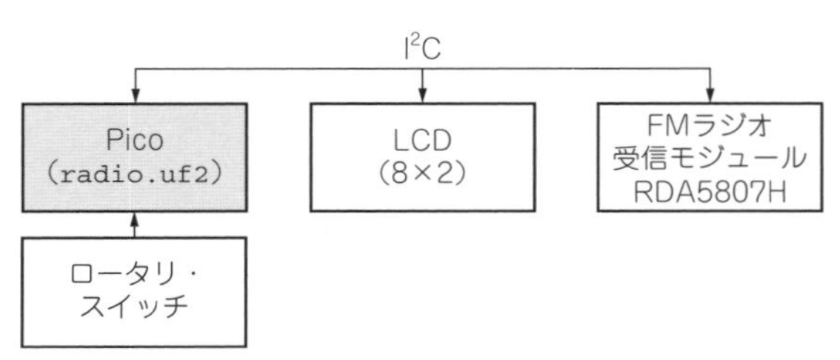

図2　Picoラジオの全体構成

表1　Picoラジオの仕様

対　応	Pico
受信周波数	76M～108MHz
出力端子	3.5mm ステレオ・ミニ
表示	LCD (8桁2行)
操作	ロータリ・スイッチ
電源	USB/外部
外部電源電圧	1.8～5.5V
消費電流	60mA

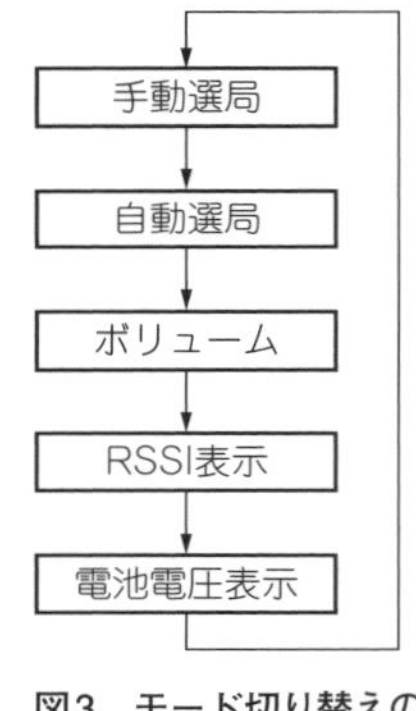

図3　モード切り替えの順番

ラズベリー・パイPico(以降，Pico)を使った具体例として，FMラジオを作ってみましょう．これは「DSPラジオ」と呼ばれ，マイコンで制御するラジオです．操作しやすいようにロータリ・エンコーダを使用した本格的なFMラジオです．

あらまし

● 外観/構成/仕様

本章で作るPicoを使ったFMラジオ(以降，Picoラジオ)の外観と構成を**図1**と**図2**に，仕様を**表1**にそれぞれ示します．

● モードの切り替え

モードは**図3**のように切り替えていきます．モードはタクト・スイッチで切り替えて，選局はロータリ・エンコーダで行います．

▶手動選局(TUNING)

76.0M～108.0MHzを手動選局します[**図4(a)**]．

▶自動選局(SEEKING)

76.0M～108.0MHzを自動選局します[**図4(b)**]．ロータリ・エンコーダで下の周波数か上の周波数を探します．

▶ボリューム(VOLUME)

0～15の範囲で設定します[**図4(c)**]．

▶RSSI表示

RSSIとは，Received Signal Strength Indicatorの略語で受信信号強度のことです．単位はdBで0～

（a）手動選局　（b）自動選局　（c）ボリューム調整

（d）RSSI表示　（e）電源電圧表示

図4　各モードの液晶表示

図5　FMラジオ受信モジュールRDA5807H

表2　RDA5807Hモジュールのピン配置

信号	ピン	ピン	信号
GND	1	10	V_{DD}
R-OUT	2	9	GP3
L-OUT	3	8	GP2
RCK	4	7	CLOCK
FM	5	6	DATA

表3　読み出しや書き込みは先頭のレジスタから使う

読み出し／書き込み	レジスタ
書き込み用	02H
	03H
	04H
	05H
	06H
読み出し用	0AH
	0BH

127の範囲です［**図4（d）**］.

▶電池電圧表示（Battery）

電池寿命を判断するため，今回は電圧も表示します［**図4（e）**］.

ハードウェア

● FMラジオ受信モジュール

FMラジオ受信モジュールにはRDA5807H（SUNHOKEY Electronics，**図5**）を使用します．ピン配置は**表2**の通りで，以下の特徴があります．

- I²Cでマイコンと通信する
- I²Cのアドレスは0x10
- 直接32Ωのヘッドホンを駆動する
- 内部のレジスタ操作でラジオを制御する
- 書き込みレジスタ（16ビット）は5つある
- 読み出しレジスタ（16ビット）は2つある
- I²Cの書き込みや読み出しは自動的に先頭のレジスタから（**表3**）

▶レジスタの操作

これには共用体を利用します．こうすることでプログラムが容易になるだけでなく，間違いを防止します．I²C通信はバイト単位で行います．注意点としてはバイト順がリトル・エンディアンになるため，送受信の時に上位バイトと下位バイトを入れ替えます．

レジスタ設定はRDA5807Hを以下のように日本のFM放送に適合させます．

- バント幅：76M～108MHzです．これは，FM補完放送（90.0M～94.9MHz）が開始されたためで

図6　ロータリ・エンコーダRE12

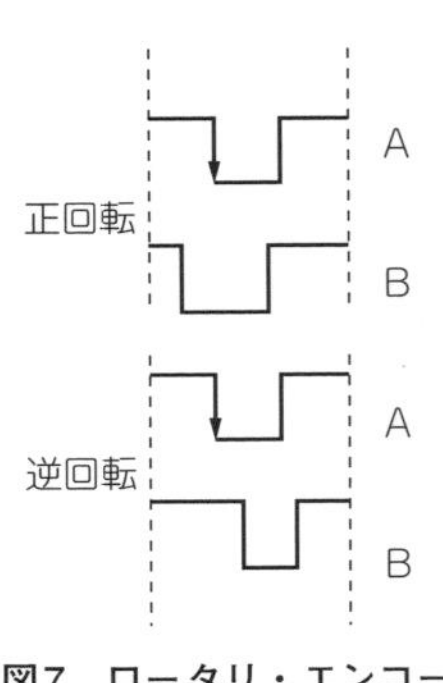

図7　ロータリ・エンコーダはスイッチの位相で正回転/逆回転を判断する

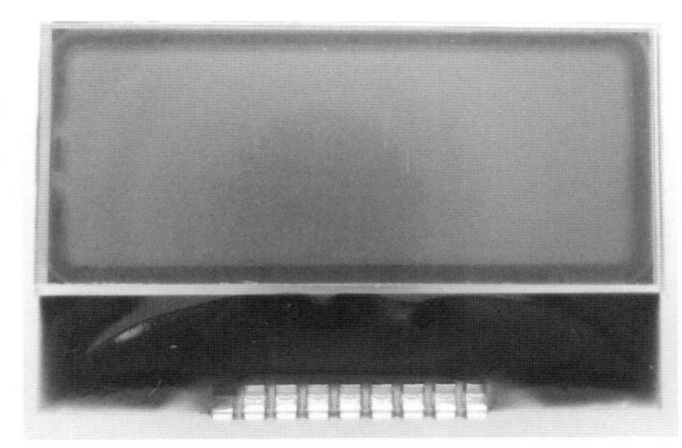

図8　LCDモジュールAQM0802A

す．
- スペース：これは周波数間隔のことで100kHzです．
- ディエンファシス：日本のFM放送は50μsです．FM放送は送信側で高音を少し強調して送信しますが，これを復元するパラメータのことです．FM放送の性質上，高音にノイズが混入しSN比を悪化させてしまうため，これを改善することが目的です．

● ロータリ・エンコーダ

ロータリ・エンコーダはRE12を使います（**図6**）．これは，内部に2つのスイッチを搭載しており，スイッチの位相によって正回転と逆回転を判断します（**図7**）．24回のスイッチで1回転し，スイッチのクリック感があります．Picoの端子入力を内蔵プルアップしておき，スイッチの位相を判定します．

予備実験でチャタリング（スイッチのバタつき）の多いことが判明しており，ソフトウェアで可能な限り対処します．オシロスコープで確認したところ，立ち下がり信号が明確でした．ロータリの停止位置で2つのスイッチはオフ状態です．

他にもLEDを内蔵しており，ステレオ・インジケータとして利用します．RDA5807HのGP3をステレオ・インジケータとなるように設定します．

● LCD

LCDはAQM0802Aを使います（**図8**）．これは8けた2行の液晶モジュールであり，I²Cでマイコンと通信します．I²Cのバスは共通ですが，I²Cのアドレス（AQM0802Aなら0x3c，RDA5807Hなら0x10）によって操作対象を切り替えます．

この液晶モジュールは，内部のDC-DCコンバータで液晶駆動用の電源を生成します．そのため，わずかなノイズを発生します．従って，ラジオの近くから離して配置する必要があります．

OLEDは大きなノイズを発生するので，ラジオの表示器としては向いていません．また，I²Cのプルアップ抵抗はPicoの内蔵プルアップ（50kΩ）を利用します．AQM0802AのSDAは1mAの駆動能力しかありませんが，プルアップ抵抗が大きいので問題ありません．

● 外部電源

今回はUSB電源の他，外部電源を使用できます（**図1**）．外部電源としては，ニッケル水素電池（単4×4本）を想定しており，合計で4.8Vです．また，ニッケル水素電池（2本＝2.4V）でも動作します．ここで，Picoは3.3Vで動作するのに，2.4Vでは低すぎるのではと思うかもしれませんが，Picoの仕様を確認すると電源電圧範囲は1.8～5.5Vなので問題ありません．

Picoに搭載されているDC-DCコンバータ（RT6150）は昇圧と降圧に対応しています．そのため，2.4Vでも昇圧して3.3Vを生成するため動作します．このRT6150の最大出力電流は800mAです．

なお，外部電源電圧が低いとPico内蔵のDC-DCコンバータは電圧を補おうとして消費電流が増えます．

▶注意点

USB電源と外部電源を同時に使用しないでください．USB電源から外部電源側に電流が流れます．

● アンテナ

安定した受信にアンテナが欠かせません．音質やノイズもアンテナ次第です．外部アンテナを用意するのが理想です．持ち運びを前提とする場合は，イヤホン・ケーブルをアンテナとして兼用します．RSSI表示を参考にアンテナの方向や配置を考えましょう．

リスト1　読み込みで共用体を使った例

```
union REGIN {
        unsigned char u[4];
        struct {
               // 0AH
               unsigned short READCHAN :10;
               unsigned char ST :1;
               unsigned char :2;
               unsigned char SF :1;
               unsigned char STC :1;
               unsigned char :1;
               // 0BH
               unsigned char :7;
               unsigned char FM_READY :1;
               unsigned char FM_TRUE :1;
               unsigned char RSSI :7;
        };
};
```

リスト2　I²Cはバイト単位で通信する

```
union REGIN regin;
uint8_t buf[4];
i2c_read_blocking(i2c_default, RDA, buf, 4, false);
regin.u[0]=buf[1];
regin.u[1]=buf[0];
regin.u[2]=buf[3];
regin.u[3]=buf[2];
```

リスト3　データはビット単位で扱う

```
unsigned int rssi;
rssi = regin.RSSI;
```

ソフトウェア

● Pico C/C++SDKで開発する

ソフトウェアの開発はラズベリー・パイ4Bで行いますので，Pico C/C++SDKをあらかじめインストールしておいてください．Pico C/C++SDKのインストールは，Picoの開始ガイドに従って専用のスクリプトを実行するだけです．Pico C/C++SDKの必要容量は2Gバイトでしたので，インストールする前にはラズベリー・パイ4に挿しているSDカードの空き容量を確認しておいてください．

● プログラムの開発手順

▶ステップ1…必要なファイルを置く

まず，開発ディレクトリは，

`~/pico/pico-examples/radio`

です．ここに以下のファイルを配置します．

- CMakeLists.txt
- RDA5807.h
- radio.c

▶ステップ2…コンパイル環境を整える

次に，CMakeで環境を整えますので，

`~/pico/pico-examples/build/CMakelists.txt`

に以下の1行を追加します．

```
add_subdirectory(radio)
```

▶ステップ3…CMakeLists.txtの場所を指定

続いて，以下のコマンドを実行します．

```
$ cd ~/pico/pico-examples/build/
$ cmake ..
```

ここで，後ろの“..”にCMakeLists.txtの場所を指定します．

▶ステップ4…コンパイル

最後に以下のコマンドでコンパイルします．

```
$ cd ~/pico/pico-examples/build/radio/
$ make
```

▶一括処理するシェル

以上を一括して行うシェル(radio.sh)も用意しましたので，ご活用ください．

```
$ wget http://einstlab.web.fc2.com/Pico/radio.sh
$ chmod +x radio.sh
$ ./radio.sh
```

● プログラムの書き込み手順

まずは，Picoの[BOOTSEEL]ボタンを押しながらラズベリー・パイ4BにUSB接続します．radio.uf2ファイルを以下のコマンドでPicoにコピーしてください．

```
$ cp radio.uf2 /media/pi/RPI-RP2/
```

この[BOOTSEL]ボタンですが，書き込みモード時は[BOOTSEL]ボタンを押しながらUSB接続し，実行モード時は[BOOTSEL]ボタンを押さずにUSB接続します．

● プログラムのポイント

radio.cは以下から確認できます．

`http://einstlab.web.fc2.com/Pico/radio.c`

▶割り込み処理と待ち時間

タクト・スイッチ(SW_1)とロータリ・エンコーダ(RE1A)は割り込みで処理します．Picoの割り込み処理関数は1つしか設定できませんので，割り込み処理関数isrで端子を区別して処理を振り分けます．

液晶制御には待ち時間が必要になりますが，割り込

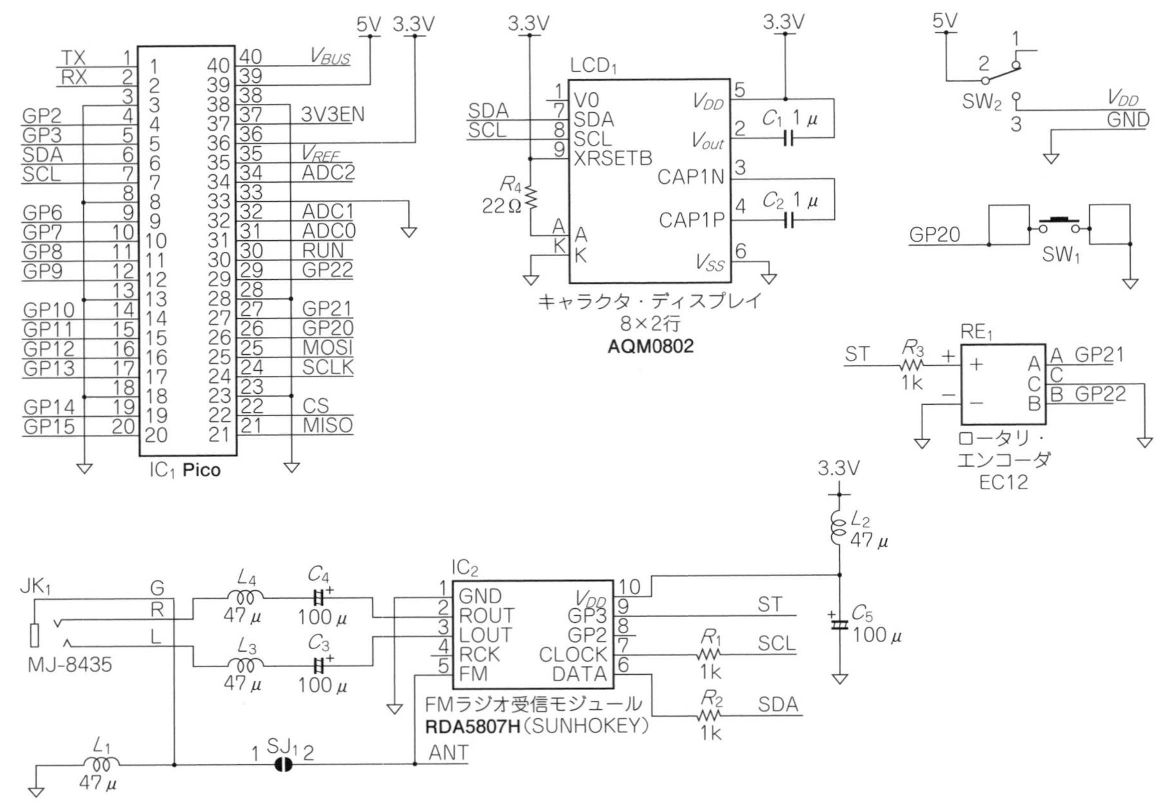

図9　Picoラジオの回路図

表4　Picoラジオの部品表

型　番	数	部品番号	備　考	購入先
ラズベリー・パイ Pico	1	IC_1	マイコン	秋月電子通商
RDA5807H	1	IC_2	SDR	秋月電子通商
AQM0802A-RN-GBW	1	LCD_1	LCD（8桁2行）	秋月電子通商
1kΩ	3	R_1，R_2，R_3	カーボン皮膜抵抗（小型1/4W）	千石電商
22Ω	1	R_4	カーボン皮膜抵抗（小型1/4W）	千石電商
1μF	2	C_1，C_2	積層セラミック・コンデンサ（5mm）	秋月電子通商
100μF	3	C_3，C_4，C_5	電解コンデンサ（25V）	秋月電子通商
RE12	1	R_{E1}	ロータリ・エンコーダ	秋月電子通商
TS-0606-F-N-YLW	1	SW_1	タクト・スイッチ	秋月電子通商
SK-12D11VG3	1	SW_2	スライド・スイッチ	秋月電子通商
47μH	4	L_1，L_2，L_3，L_4	マイクロ・インダクタ	秋月電子通商
MJ-8435	1	JK_1	3.5mmステレオ・ミニ・ジャック	秋月電子通商

表5　Picoの使用ピン番号

機　能	ピン番号
SCL	7
SDA	6
GP20	26
GP21	27
GP22	29

み処理中に`sleep_us`関数を使えません．代わりに`busy_wait_us`関数を使います．

▶共用体の使い分け

共用体はビット操作とバイト操作を共存させる方法です．あるときはビット単位で，あるときはバイト単位で扱います．読み込み用の共用体の例を**リスト1**に示します．

この共用体を使ったプログラムでの活用方法ですが，例えば，I^2Cではバイト単位で扱ったり（**リスト2**），データではビット単位で扱います（**リスト3**）．

共用体を使うことでビット・シフトやマスク処理が不要になるので，プログラムが簡単になり間違いも防止します．

コラム　Picoとラジオ・モジュール間の消費電流を下げるヒント

小野寺 康幸

今回のプログラムでは割り込み処理を行っているため，マイコンの負荷は小さく動作クロックを標準の125MHzから48MHzに下げて低消費電力にしています．これによりPicoの消費電流は40mAから17mAに減少しました．Picoからの3.3VをRDA5807Hに供給します．

RDA5807Hの消費電流は24mAくらいですが，Pico内蔵DC-DCコンバータの入力としては40mAくらい必要とします．つまり，RDA5807HをつなぐとPicoの消費電流は40mA増えますので，DC-DCコンバータの効率が悪いようです．従って，5Vから3.3Vのレギュレータを介してRDA5807Hに電源供給したほうが消費電流を下げられるでしょう．

(a) ①LCD，抵抗，インダクタをはんだ付け

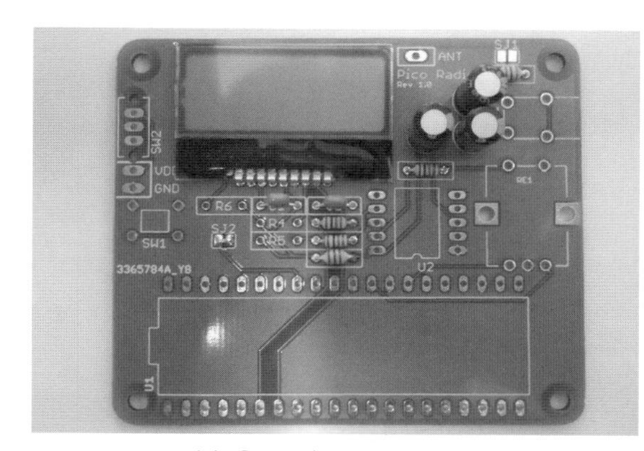

(b) ②コンデンサをはんだ付け

(c) ③スイッチ類，ロータリ・エンコーダ，ステレオ・ミニ・ジャックをはんだ付け

図10　Picoラジオの組み立て手順

Picoラジオを組み立てる

Picoラジオを組み立てる前に，はんだこて(30W)，はんだ線(ヤニ入り0.6mm)，ニッパを用意しておいてください．

回路図を**図9**に，部品表とPicoの使用ピンを**表4**，**表5**にそれぞれ示します．これらを見ながら以下の手順で組み立てていきましょう．なお，はんだジャンパSJ_1はイヤホン・ケーブルをアンテナ兼用にするときショートします．また，基板固定用ねじはM2.6です．

▶手順

まずは，LCD_1，R_1 ～ R_3，L_1 ～ L_4をはんだ付けします[**図10(a)**]．今回はR_4を省略します．次に，C_1 ～ C_5をはんだ付けして[**図10(b)**]，その後にスライド・スイッチ，タクト・スイッチ，ロータリ・エンコーダ，ステレオ・ミニ・ジャックをはんだ付けします[**図10(c)**]．

最後にPicoとRDA5807Hをはんだ付け(ソケット使用)すれば完成です(**図1**)．はんだ付けする際は，部品の向き(1ピンの位置)に気をつけてください．

＊　＊　＊

今回作ったラジオではPicoである必要性はないのですが，Arduinoよりも低価格というメリットがあり，また開発も容易です．マイコンの選択肢としてPicoを用意してもよいでしょう．こだわりを捨てて柔軟に対応しましょう．

おのでら・やすゆき

固定小数点演算／フィルタ／オシレータの工夫で

リアルタイム処理のために軽量化！シンセサイザの製作

石垣 良

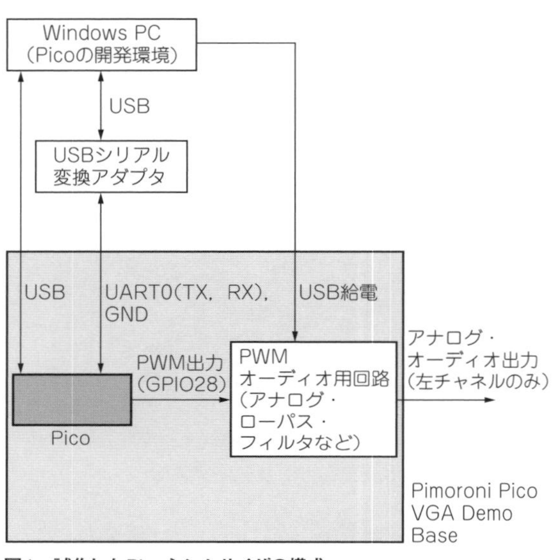

図1　試作したPicoシンセサイザの構成

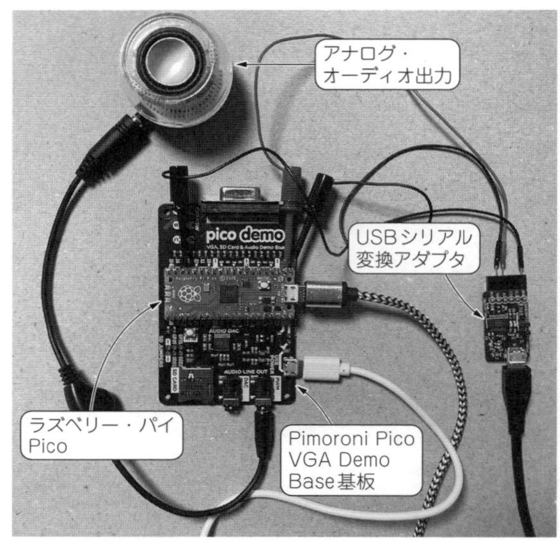

写真1　Picoシンセサイザの外観

主にArduino Uno（AVRマイコン）で動くシンセサイザを作ってきた筆者が，ラズベリー・パイPico（以降，Pico）の信号処理性能を把握するために，シンプルなシンセサイザを試作しました．Picoでリアルタイム信号処理を行う場合は，なるべく固定小数点演算を使用するのが良さそうです．

ハードウェアの構成

● 市販のPWMオーディオ用回路搭載基板を利用

図1が試作したPicoシンセサイザのシステム構成，**写真1**が外観です．筆者はPicoの開発にWindows PCを使っています[注1]．

PicoにはD-Aコンバータが搭載されていません．本稿では，制御が簡単なPWMでオーディオ出力（PWMキャリア周波数は48kHz，サンプリング周波数も同じ）を行います．また，文献（1）の「3.4.1. PWM Audio」で説明されている参考回路が実装された，市販品のPimoroni Pico VGA Demo Base基板を使用します．この基板は以下で構成します．

- ロジック・バッファ
- カットオフ周波数が約7.2kHzのアナログ・ローパス・フィルタ
- 分圧回路
- アナログ・ハイパス・フィルタ

アナログ・オーディオ出力（左チャネルのみ）は，外部アンプのライン入力に接続します．プログラムの開始と電源OFF時にボツ音（ポップ・ノイズ）が発生する点に注意が必要です．

シンセサイザのプログラムはUART通信（通信速度は115200bps）で，制御やモニタリングを行います．**写真1**ではICクリップを用いてUART0 TX（Picoの1ピン），RX（2ピン），GNDを，USB-シリアル変換アダプタに接続しています．

注1：Windowsの他にもMacやラズベリー・パイを使用可能（メインでサポートされるのはラズベリー・パイ）．

(1) Hardware design with RP2040, Release 1.4.1, 2021年4月13日.
https://datasheets.raspberrypi.org/rp2040/hardware-design-with-rp2040.pdf

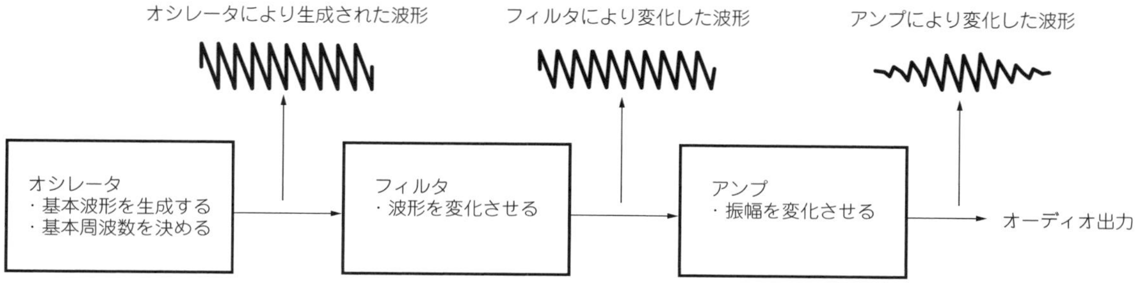

図2　減算合成シンセサイザ3つの主要部品

開発環境

プログラムの開発には，Raspberry Pi Pico C/C++ SDKを使用します．筆者は文献(2)の「9.2. Building on MS Windows」の手順で構築した開発環境と，文献(3)で解説されているWindows Subsystem for Linux (WSL)を使った開発環境でビルドが行えることを確認しています．

以下で説明するプログラムは，

- GNU Arm Embedded Toolchain Version 9-2019-q4-major (gcc-arm-none-eabi version 9.2.1)
- Raspberry Pi Pico C/C++ SDK version 1.1.2
- RP2040 bootrom B0 version(ブートROMバージョン1)

の組み合わせで動作確認しています．このgcc-arm-none-eabi version 9.2.1は，RP2040 bootromのビルドにも使われており，文献(3)の手順でインストールされるコンパイラ(2021年4月時点)でもあります．

リアルタイム処理を行うプログラムをビルドする場合は，コンパイラやSDKの違いで性能が変わらないように，動作確認に使われたバージョンのコンパイラやSDKを使用することが基本です．ただし，C/C++ SDKで使用するコンパイラやSDKのバージョン変更は，OSによって方法が異なるうえ，手動で行わなければならないので，これを徹底するのは難しいかもしれません．

シンセサイザ3つの主要部品

試作したシンセサイザの合成方式は，最も基本的な減算合成です．減算合成シンセサイザは，オシレータ(Oscillator，発振器)，フィルタ(Filter，濾波器)，アンプ(Amplifier，増幅器)という3つの主要部品から構成され，この順番にオーディオ信号が流れます(**図2**)．

● オシレータ

基本波形(音の3要素である高さ/大きさ/音色のうち，音色に対応)を生成し，基本周波数(音の3要素の高さに対応)を決めます．本稿では，全ての整数次倍音(高調波)が含まれる下降のこぎり波(下降鋸歯状波)を出力します．

● フィルタ

信号波形(音色)を変化させます．高域の周波数成分を削って(減算して)音色を暗くするために，主にローパス・フィルタが使われます．フィルタのQ値(シンセサイザ用語ではレゾナンス)を大きくすると，カットオフ周波数(シンセサイザ用語ではカットオフと省略)付近の周波数成分が強調されたクセのある音になります．本稿では2次のローパス・フィルタを使用します．

● アンプ

信号の振幅(音の3要素の音の大きさに対応)を変化させます．アンプで音を止めないと，音は出っぱなしになります．

シンセサイザの信号処理の流れを**図2**にまとめます．なお，通常のシンセサイザでは，LFO(Low Frequency Oscillator，低周波発振器)やEG(Envelope Generator，包絡線発生器)が出力する制御信号でオシレータ，フィルタ，アンプの出力を変調して音を時間変化させるのですが，本稿では割愛します．減算合成シンセサイザの詳細は文献(4)などを参照してください．

プログラム① 浮動小数点演算で信号処理

ここからはPicoシンセサイザにおける波形生成を例に，Picoマイコンの信号処理の工夫を紹介します．

多くのソフトウェア・シンセサイザでは，オーディオ出力値が－1.0～＋1.0になるように，浮動小数点演算で信号処理を行います．RP2040のCPUコアであるArm Cortex-M0+には浮動小数点演算ユニット(FPU)が搭載されていませんが，ブートROMには高

(2) Getting started with Raspberry Pi Pico, Release 1.4.1, 2021年4月13日．
https://datasheets.raspberrypi.org/pico/getting-started-with-pico.pdf

コラム　シンセサイザの制御

石垣 良

試作したシンセサイザのプログラムは，UART通信で特定の文字（コマンド）を送信することで制御できます．

- '1'～'8'：ド，レ，ミ，ファ，ソ，ラ，シ，ドの音を鳴らす（音域：中央のドから1オクターブ上のドまで，発音数：1）．
- '0'：音を止める．
- 'z'/'x'：フィルタのカットオフ設定値を1下げる/上げる（カットオフ周波数が約19.4Hz～約19.9kHzの121段階で変化，初期値：最大）．
- 'n'/'m'：フィルタのレゾナンス設定値を1下げる/上げる（Q値が約0.7～4.0の6段階で変化，初期値：最小）．

速な浮動小数点演算ライブラリが組み込まれています．そこで，最初に単精度浮動小数点数（float型）を使って信号処理を行うプログラムを実装してみました．以下では，sinf()などのfloat型用の関数を使用します．

ここで解説するプログラムは，ビルドを行うCMakeLists.txtファイル（**リスト1**）とシンセサイザを実装したソースファイルのpico_synth.c（**リスト2**）から構成されます．以下では，ビルドの方法とこれら2つのプログラムについて説明していきます．

■ ビルドの方法

以下のように適当なディレクトリを作成して，これらのファイル（文字コードはUTF-8）を置きます．また，同じディレクトリにpico-sdk/external/pico_sdk_import.cmakeのコピーを置き，環境変数PICO_SDK_PATHにpico-sdkディレクトリへのパスをセットしておきます．buildディレクトリを作成すれば，pico-examplesと同じようにcmakeやnmake（make）コマンドでビルドでき，pico_synth.uf2ファイルが出力されます．

```
pico_synth
├──build
├──CMakeLists.txt
├──pico_sdk_import.cmake
└──pico_synth.c
```

リスト1　ビルドを実行するプログラム…CMakeLists.txt

```
cmake_minimum_required(VERSION 3.13)
include(pico_sdk_import.cmake)
project(pico_synth)
pico_sdk_init()
add_executable(pico_synth pico_synth.c)
pico_set_binary_type(pico_synth copy_to_ram)
pico_enable_stdio_usb(pico_synth 0)
pico_enable_stdio_uart(pico_synth 1)
pico_add_extra_outputs(pico_synth)
target_link_libraries(pico_synth pico_stdlib
  hardware_irq hardware_pwm)
```

■ プログラムの説明

● ビルドを実行…CMakeLists.txt（リスト1）

▶pico_set_binary_type(pico_synth copy_to_ram)

フラッシュ・メモリに格納されたプログラム全体をRAMにコピーしてから実行させるための指示です．デフォルトでは，Picoのプログラムはフラッシュ・メモリから直接実行（XIP）されますが，キャッシュ処理のために実行が遅れる場合があるので，リアルタイム処理を行うプログラムではcopy_to_ramを指定するのがよいでしょう．ただし，フラッシュ・メモリに大きなデータを置きたい場合は，必要な変数や関数だけをRAMに配置するような工夫が必要になると思います．

▶pico_enable_stdio_usb(pico_synth 0)

USB通信による標準入出力は割り込み処理を使用するので，信号処理に影響が出ないように無効にします．

▶pico_enable_stdio_uart(pico_synth 1)

UART通信による標準入出力を有効にします．

● オシレータの実装…pico_synth.c [リスト2(a)]

図3に主な関数とライブラリの関係を示します．

▶Osc_freq_table

0～7のピッチ（音高）値に対応する周波数値を定義しています．

▶Osc_init()

初期化関数です．正弦波の重ね合わせで下降のこぎり波を合成（加算合成）し，結果を波形テーブル群（Osc_wave_tables）に格納します．サンプリング定理によれば，ナイキスト周波数24kHz未満の正弦波を含めることが可能ですが，少し余裕を持たせて23kHz以下を対象にしています．なるべく高次（最大127次）の倍音まで含められるように，ピッチ値ごとに波形テーブル（1周期で512サンプル）を用意しています．なお，理想的な下降のこぎり波をそのまま波形

(3) 井田 健太；速報 Coretex-M0+デュアルコアで133MHz動作！ ラズベリー・パイ初のマイコン・ボードPico登場，Interface，2021年5月号，pp.98-100，CQ出版社．

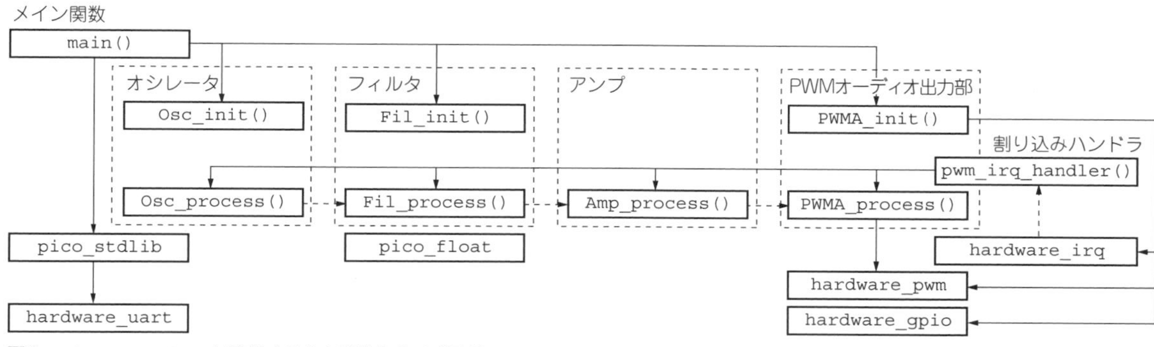

図3　pico_synth.cに登場する主な関数とライブラリ

テーブルに格納することは，ナイキスト周波数以上の成分がエイリアス・ノイズ（折り返し雑音）の原因になるのでお勧めしません．

▶ **Osc_process()**

1回の関数呼び出しで1個のオーディオ・サンプルを処理します．これらの関数は1秒間に48000回呼ばれるため，高速化のためにインライン関数にしています．前半では，ピッチ設定値（Osc_pitch）に対応する周波数値の分だけ位相（phase，0.0～1.0になるように正規化）を増加させます．後半では，ピッチ設定値に対応する波形テーブルから，位相に対応するサンプル値を線形補間しながら読み出し，出力します．float値から整数値への変換には，pico_floatライブラリの関数float2int()を使っています．

加算合成や波形テーブルの詳細は文献(5)，(6)，(7)を参照してください．

● フィルタの実装…pico_synth.c［リスト2(b)］

2次のローパス・フィルタをバイクワッド・フィルタで実現しています．バイクワッド・フィルタは，IIRフィルタ（無限インパルス応答フィルタ）の一種であり，特性を変化させることが容易で計算コストが小さいことから，オーディオ信号処理によく使われています．複数のバイクワッド・フィルタを接続することで，4次以上のフィルタを作ることも可能です．バイクワッド・フィルタの詳細は文献(8)，(9)，(10)などを参照してください．**リスト2(b)**は文献(8)で説明されている式を実装しています．

リスト2　浮動小数点演算を利用した信号処理プログラム…pico_synth.c

```
#include <stdio.h>
#include <math.h>
#include "pico/stdlib.h"
#include "pico/float.h"
#include "hardware/gpio.h"
#include "hardware/irq.h"
#include "hardware/pwm.h"

#define PI       ((float) M_PI)      // float型の円周率
#define FCLKSYS  (120000000)  // システムクロック周波数(Hz)
#define FS       (48000)      // サンプリング周波数(Hz)
//////// オシレータ ///////////////////////////////
static float Osc_freq_table[8] = {        // 周波数テーブル
  261.6F / FS, 293.7F / FS,
  329.6F / FS, 349.2F / FS,
  392.0F / FS, 440.0F / FS,
  493.9F / FS, 523.3F / FS };
static float Osc_wave_tables[8][512];      // 波形テーブル群
static volatile uint32_t Osc_pitch = 0;  // ピッチ設定値

static void Osc_init() {
  for (uint32_t pitch = 0; pitch < 8; ++pitch) {
    uint32_t harm_max = // 最大倍音次数
      (23000.0F / FS) / Osc_freq_table[pitch];
    if (harm_max > 127) { harm_max = 127; }

    for (uint32_t i = 0; i < 512; ++i) {
      float sum = 0.0F;
      for (uint32_t k = 1; k <= harm_max; ++k) {
        sum += (2 / PI)
            * (sinf(2 * PI * k * i / 512) / k);
      }
      sum *= 0.25F;
      Osc_wave_tables[pitch][i] = sum;
    }
  }
}
static inline float Osc_process() {
  static float phase = 0; // 位相
  phase += Osc_freq_table[Osc_pitch];
  phase = phase - floorf(phase); // 小数部のみを残す

  float* wave_table = Osc_wave_tables[Osc_pitch];
  float phase_512 = phase * 512;
  uint32_t curr_index = float2int(phase_512);
  uint32_t next_index = (curr_index + 1) &
                                  0x000001FF;
  float curr_sample = wave_table[curr_index];
  float next_sample = wave_table[next_index];
  float next_weight =
          phase_512 - floorf(phase_512);
  float curr_weight = 1.0F - next_weight;
  return (curr_sample * curr_weight) +
         (next_sample * next_weight);
}
```

(a) オシレータの実装

リスト2 浮動小数点演算を利用した信号処理プログラム…pico_synth.c（つづき）

```
//////// フィルタ ////////////////////////////////////
struct F_COEFS { float b0_a0, b1_a0, b2_a0,
                              a1_a0, a2_a0; };
struct F_COEFS Fil_table[6][121]; // フィルタ係数群テーブル
static volatile uint32_t Fil_cut = 120;// カットオフ設定値
static volatile uint32_t Fil_res = 0;// レゾナンス設定値

static void Fil_init() {
  for (uint32_t res = 0; res < 6; ++res) {
    for (uint32_t cut = 0; cut < 121; ++cut) {
      float f0     = 19912.1F
                   * powf(2, (cut - 120.0F) / 12);
      float w0     = 2 * PI * f0 / FS;
      float q      = powf(sqrtf(2), res - 1.0F);
      float alpha  = sinf(w0) / (2 * q);
      float b0     = (1 - cosf(w0)) / 2;
      float b1     =  1 - cosf(w0);
      float b2     = (1 - cosf(w0)) / 2;
      float a0     =  1 + alpha;
      float a1     = -2 * cosf(w0);
      float a2     =  1 - alpha;
      Fil_table[res][cut].b0_a0 = b0 / a0;
      Fil_table[res][cut].b1_a0 = b1 / a0;
      Fil_table[res][cut].b2_a0 = b2 / a0;
      Fil_table[res][cut].a1_a0 = a1 / a0;
      Fil_table[res][cut].a2_a0 = a2 / a0;
    }
  }
}
static inline float Fil_process(float x0) {
  static uint32_t f_counter = 0;      // フィルタ処理回数
  static uint32_t curr_cut  = 0;      // カットオフ現在値
  uint32_t        targ_cut  = Fil_cut;// カットオフ目標値
  uint32_t delta = ((++f_counter & 0xF) == 0);
  curr_cut += (curr_cut < targ_cut) * delta;
  curr_cut -= (curr_cut > targ_cut) * delta;
  struct F_COEFS* coefs =
    &Fil_table[Fil_res][curr_cut];

  static float x1 = 0, x2 = 0, y1 = 0, y2 = 0;
  float y0 = (coefs->b0_a0 * x0)
      + (coefs->b1_a0 * x1) + (coefs->b2_a0 * x2)
      - (coefs->a1_a0 * y1) - (coefs->a2_a0 * y2);
  x2 = x1; y2 = y1; x1 = x0; y1 = y0;
  return y0;
}
```

（b）2次のローパス・フィルタの実装

```
//////// アンプ ////////////////////////////////////
static volatile int32_t Amp_on = 0; // アンプ設定値

static inline float Amp_process(float in) {
  static float curr_gain = 0;       // ゲイン現在値
  float        targ_gain = Amp_on;  // ゲイン目標値
  curr_gain = targ_gain -
    ((targ_gain - curr_gain) * (255.0F / 256.0F));

  return in * curr_gain;
}
/////// PWMオーディオ出力部 ////////////////////
#define PWMA_GPIO  (28)             // PWM出力するGPIO番号
#define PWMA_SLICE (6)              // PWMスライス番号
#define PWMA_CHAN  (PWM_CHAN_A)     // PWMチャンネル
#define PWMA_CYCLE (FCLKSYS / FS)   // PWM周期

static void pwm_irq_handler();
static void PWMA_init() {
  gpio_set_function(PWMA_GPIO, GPIO_FUNC_PWM);
  irq_set_exclusive_handler(PWM_IRQ_WRAP,
                            pwm_irq_handler);
  irq_set_enabled(PWM_IRQ_WRAP, true);
  pwm_set_irq_enabled(PWMA_SLICE, true);
  pwm_set_wrap(PWMA_SLICE, PWMA_CYCLE - 1);
  pwm_set_chan_level(PWMA_SLICE,
                     PWMA_CHAN, PWMA_CYCLE / 2);
  pwm_set_enabled(PWMA_SLICE, true);
}
static inline void PWMA_process(float in) {
  int32_t  level_int32 = float2int(in * 1024) +
                                  (PWMA_CYCLE / 2);
  uint16_t level = (level_int32 > 0) * level_int32;
  pwm_set_chan_level(PWMA_SLICE, PWMA_CHAN, level);
}
//////// 割り込みハンドラとメイン関数 ////////////
static volatile uint16_t s_time     = 0; // 開始時間
static volatile uint16_t max_s_time = 0; // 最大開始時間
static volatile uint16_t p_time     = 0; // 処理時間
static volatile uint16_t max_p_time = 0; // 最大処理時間

static void pwm_irq_handler() {
  pwm_clear_irq(PWMA_SLICE);
  s_time = pwm_get_counter(PWMA_SLICE);
  PWMA_process(
    Amp_process(Fil_process(Osc_process())));
  uint16_t end_time = pwm_get_counter(PWMA_SLICE);
  p_time = ((end_time - s_time) + PWMA_CYCLE)
                                      % PWMA_CYCLE;
  max_s_time += (s_time > max_s_time) *
                (s_time - max_s_time);
  max_p_time += (p_time > max_p_time) *
                (p_time - max_p_time);
}
int main() {
  set_sys_clock_khz(FCLKSYS / 1000, true);
  stdio_init_all();
  Osc_init(); Fil_init(); PWMA_init();
  while (true) {
    switch (getchar_timeout_us(0)) {
    case '1': Osc_pitch = 0; Amp_on = 1; break; // ド
    case '2': Osc_pitch = 1; Amp_on = 1; break; // レ
    case '3': Osc_pitch = 2; Amp_on = 1; break; // ミ
    case '4': Osc_pitch = 3; Amp_on = 1; break; // ファ
    case '5': Osc_pitch = 4; Amp_on = 1; break; // ソ
    case '6': Osc_pitch = 5; Amp_on = 1; break; // ラ
    case '7': Osc_pitch = 6; Amp_on = 1; break; // シ
    case '8': Osc_pitch = 7; Amp_on = 1; break; // ド
    case '0':                Amp_on = 0; break;
    case 'z': if (Fil_cut > 0)   { --Fil_cut; } break;
    case 'x': if (Fil_cut < 120) { ++Fil_cut; } break;
    case 'n': if (Fil_res > 0)   { --Fil_res; } break;
    case 'm': if (Fil_res < 5)   { ++Fil_res; } break;
    }
    static uint32_t loop_counter = 0; // ループ回数
    if ((++loop_counter & 0xFFFFF) == 0) {
      printf("p:%lu, c:%3lu, r:%lu, a:%ld, ",
             Osc_pitch, Fil_cut, Fil_res, Amp_on);
      printf("start:%4u/%4u, processing:%4u/%4u\n",
             s_time, max_s_time, p_time, max_p_time);
    }
  }
}
```

（c）アンプ，PWMオーディオ出力部，割り込みハンドラ，およびメイン関数の実装

▶**Fil_init()**

レゾナンス値ごと，カットオフ値ごとにフィルタ係数群を計算し，テーブル(Fil_table)に格納します．なお，レゾナンスやカットオフの段階数を増やせば，音はより滑らかに変化するようになります．

▶**Fil_process()**

前半では，まずカットオフ現在値(curr_cut)をカットオフ設定値(Fil_cut)に向けて少しずつ変化させます．これは，カットオフ周波数が急に変化[注2]したときに，出力が大きく振動することがあるのを防ぐための処理です．消費時間のばらつきにつながる条件分岐を使わずに，比較演算や乗算の組み合わせで実装しています．

前半の最後に，レゾナンス設定値(Fil_res)とカットオフ現在値に対応する係数群をテーブルから参照します．後半では，オーディオ入力値(引数x0)にフィルタ処理を行い，結果y0を出力します．変数x1は前回，x2は前々回の入力値で，y1は前回，y2は前々回の出力値です．

● アンプの実装…pico_synth.c[リスト2(c)]

▶**Amp_process()**

前半では，ゲイン現在値(curr_gain)を，アンプ設定値(Amp_on)によって決まるゲイン目標値(targ_gain)に向けて指数関数的に変化(時定数は約5.3ms)させます．これは，急なゲイン変化によって発生するクリック・ノイズを防ぐための処理で，通常のシンセサイザではEGで扱われます．後半では，オーディオ入力値(引数in)にゲイン現在値を乗算して出力します．こちらが本質的なアンプの処理です．

● PWMオーディオ出力部の実装…pico_synth.c[リスト2(c)]

▶**PWMA_init()**

GPIO28からPWM出力され，PWMカウンタのラップ(0に戻る)時に割り込みハンドラpwm_irq_handler() が呼ばれるように，GPIO，IRQ，PWMを初期化します．後で説明するように，メイン関数の最初でシステム・クロック周波数を120MHzに変更しますので，これをPWMキャリア周波数の48kHzで割った2500(システム・クロック)サイクルがPWM周期になります．RP2040のハードウェア仕様やC/C++ SDK APIの詳細は文献(11)，(12)を参照してください．

▶**PWMA_process()**

オーディオ入力値(引数in)をPWM出力レベルに変換(入力値－1.0ならレベル226，0.0なら1250，1.0なら2274)し，レベルを更新します．オーディオ入力値は－1.0以上1.0以下であることを期待していますが，範囲外の値が来てもひどいノイズが発生しないように，レベルがマイナスになった場合は0に補正しています．レベルが2500より大きな場合は出力が最大になるので，補正を省略しています．なお，Picoの追加ライブラリ(pico-extrasのpico_audio_pwm)では，Picoに搭載されている補間器を使って高音質を実現しているとのことですが，本稿では使用しません．

● 割り込みハンドラとメイン関数の実装…pico_synth.c[リスト2(c)]

▶**pwm_irq_handler()**

PWM用の割り込みハンドラです．関数PWMA_process()を呼んでいる行がオーディオ・サンプル処理の本体になります．サンプル処理の開始時間(s_time)，最大開始時間(max_s_time)，処理時間(p_time)，最大処理時間(max_p_time)の測定も行います．ここでは，Pico搭載の整数除算器の性能を頼りに，剰余演算を使っています．

▶**main()**

メイン関数です．最初にシステム・クロック周波数を120MHzに変更します．次に各種の初期化を行い，最後に標準入力から読み込まれた通信コマンドの処理を繰り返すループに入ります．一定のループ回数ごとに，以下の例のようにピッチ設定値，カットオフ設定値，レゾナンス設定値，アンプ設定値，開始時間/最大開始時間，処理時間/最大処理時間を標準出力に書き出します．

```
p:4, c: 84, r:5, a:1, start:  44/
173, processing:2313/2497
```

最大処理時間が特に重要で，これをPWM周期の2500で割ったものがサンプル処理の最大CPUコア使用率になります．CPUコア使用率が限界を超えると，出力波形がひずんだり，オーディオ信号にノイズが乗ったりします．割り込みハンドラの開始と終了，時間測定，通信コマンドの処理などに必要なCPUパワーを考えると，最大処理時間は2000(CPUコア使用率80%)程度に抑えたいところです．

■ 実行結果…浮動小数点演算の問題点

プログラムをPicoで実行してみました．数秒間の初期化処理後にポップ・ノイズが聞こえて，UARTで音を制御できるようになりました．しかし，確認できた最大処理時間は2497と許容水準を超えており，本当の最大CPUコア使用率は100%オーバの可能性が高そうです．文献(11)の「2.8.2.2. Fast Floating Point Library」によると，ブートROMバージョン2

注2：カットオフ周波数が急に変化することは，シンセサイザの制御方法を変更した場合にあり得ます．

リスト3　リスト2を固定小数点演算に変更したプログラム

```
(略)
typedef int32_t Q28; // 小数部28ビットの符号付き固定小数点数
typedef int16_t Q14; // 小数部14ビットの符号付き固定小数点数
#define ONE_Q28 ((Q28) (1 << 28)) // Q28型の1.0
#define ONE_Q14 ((Q14) (1 << 14)) // Q14型の1.0
#define PI      ((float) M_PI)    // float型の円周率
(略)
//////// オシレータ ////////////////////////////////
static uint32_t Osc_freq_table[8] = {    // 周波数テーブル
  261.6F * (1LL << 32) / FS,
  293.7F * (1LL << 32) / FS,
  329.6F * (1LL << 32) / FS,
  349.2F * (1LL << 32) / FS,
  392.0F * (1LL << 32) / FS,
  440.0F * (1LL << 32) / FS,
  493.9F * (1LL << 32) / FS,
  523.3F * (1LL << 32) / FS };
static Q28 Osc_wave_tables[8][512];      // 波形テーブル群
(略)
static void Osc_init() {
(略)
    uint32_t harm_max = // 最大倍音次数
      (23000.0F * (1LL << 32) / FS)
                          / Osc_freq_table[pitch];
(略)
      Osc_wave_tables[pitch][i] = float2fix(sum,
                                             28);
(略)
}
static inline Q28 Osc_process() {
  static uint32_t phase = 0; // 位相
  phase += Osc_freq_table[Osc_pitch];

  Q28* wave_table = Osc_wave_tables[Osc_pitch];
  uint32_t curr_index = phase >> 23;
  uint32_t next_index = (curr_index + 1) &
                                      0x000001FF;
  Q28 curr_sample = wave_table[curr_index];
  Q28 next_sample = wave_table[next_index];
  uint32_t next_weight = phase & 0x007FFFFF;
  uint32_t curr_weight = 0x00800000 - next_weight;
  return (((int64_t) curr_sample * curr_weight) +
     ((int64_t) next_sample * next_weight)) >> 23;
}
//////// フィルタ ////////////////////////////////
struct F_COEFS { Q28 b0_a0, b1_a0, b2_a0,
                                     a1_a0, a2_a0; };
(略)
static void Fil_init() {
(略)
      Fil_table[res][cut].b0_a0 =
                         float2fix(b0 / a0, 28);
      Fil_table[res][cut].b1_a0 =
                         float2fix(b1 / a0, 28);
      Fil_table[res][cut].b2_a0 =
                         float2fix(b2 / a0, 28);
      Fil_table[res][cut].a1_a0 =
                         float2fix(a1 / a0, 28);
      Fil_table[res][cut].a2_a0 =
                         float2fix(a2 / a0, 28);
(略)
}
static inline Q28 Fil_process(Q28 x0) {
(略)
  static Q28 x1 = 0, x2 = 0, y1 = 0, y2 = 0;
  Q28 y0 = (((int64_t) coefs->b0_a0 * x0)
          + ((int64_t) coefs->b1_a0 * x1)
          + ((int64_t) coefs->b2_a0 * x2)
          - ((int64_t) coefs->a1_a0 * y1)
          - ((int64_t) coefs->a2_a0 * y2)) >> 28;
  x2 = x1; y2 = y1; x1 = x0; y1 = y0;
  return y0;
}
//////// アンプ ////////////////////////////////////
(略)
static inline Q28 Amp_process(Q28 in) {
  static Q28 curr_gain = 0;           // ゲイン現在値
  Q28       targ_gain = Amp_on << 28; // ゲイン目標値
  curr_gain = targ_gain -
    (Q28) (((int64_t) (targ_gain - curr_gain) * 255)
                                            / 256);

  return ((int64_t) in * curr_gain) >> 28;
}
//////// PWMオーディオ出力部 ////////////////////
(略)
static inline void PWMA_process(Q28 in) {
  int32_t level_int32 = (in >> 18) + (PWMA_CYCLE / 2);
(略)
}
(略)
```

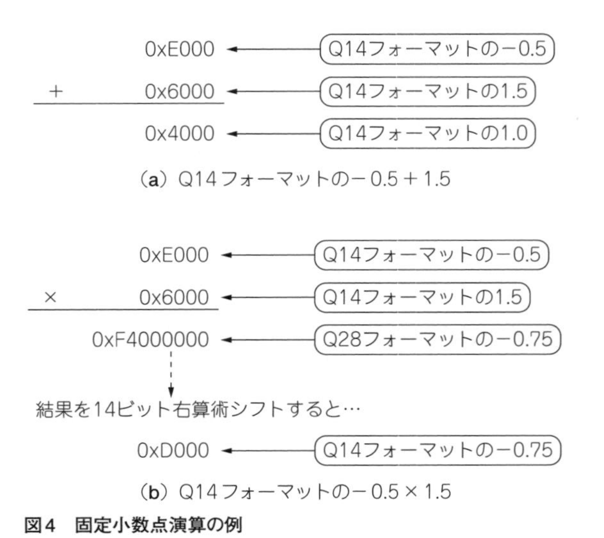

図4　固定小数点演算の例

のPicoでは浮動小数点演算の処理性能が改善しているようですが，それを前提にはできません．また，Picoでの浮動小数点演算は扱う値によって消費時間が変わるので，本当の最大処理時間を確認することが難しいという問題もあります．

プログラム② 固定小数点演算で信号処理

● FPUを使えない環境では有利

浮動小数点演算のプログラムで見つかった問題への対策のため，固定小数点数を導入します．固定小数点演算は，浮動小数点演算と比べて小さな数を扱いにくい，オーバフローしやすいなどの点で注意が必要ですが，加算や乗算を整数演算で実現できるので，FPUを使用できない環境では性能的に有利です．

一般に符号付き整数の下位nビットを小数部として固定小数点数を表現する形式をQnフォーマットと呼

びます．本稿では基本的に，Q28フォーマットは32ビット幅（−8.0〜+8.0を表現可能），Q14フォーマットは16ビット幅（−2.0〜+2.0を表現可能）とします．

図4に固定小数点数演算の例を示します．本稿でQnフォーマットを，*n*が小さくなるように変換（右算術シフト）する際には，誤差の偏りは大きいものの計算が簡単な負の無限大への丸め（切り捨て）を行います．以下では，Pico用のコンパイラで，符号付き整数型の右シフトが右算術シフトになることを前提にします．固定小数点演算を使った信号処理の詳細は文献(10)を参照してください．

● 音の信号処理部を固定小数点演算対応に変更

リスト3は**リスト2**をベースに，オーディオ・サンプル値やフィルタ係数を`float`型から`Q28`型（Q28フォーマット）に，オシレータの位相を`uint32_t`型（符号なし固定小数点数とも解釈可能）に変更したもの（**リスト2**との差分のみ掲載）です．`float`値から固定小数点数値への変換には，`pico_float`ライブラリの関数`float2fix()`を使っています．乗算結果がオーバフローしないように，適宜`int64_t`型へのキャストを行っています．

基本的にサンプル処理の中では除算の代わりに高速な右シフト演算を使っていますが，アンプでは負の無限大への丸め（切り捨て）でなく，ゼロへの丸め（切り捨て）を行いたいので除算を使っています．このプログラム用の`CMakeLists.txt`は，**リスト1**をそのまま使用します．

プログラムを実行したところ，最大処理時間は534となり，浮動小数点のプログラムから大幅に減少しました．また，処理時間のばらつきが見られなくなりました．

```
(略), start:   44/   53, processing:
534/ 534
```

● 最大処理時間の内訳

固定小数点のプログラムの最大処理時間の内訳を調べてみます．オーディオ・サンプル処理の行を以下のように修正したところ，最大処理時間はそれぞれ155, 271, 222になりました．

```
PWMA_process(Osc_process());
PWMA_process(
    Osc_process() + Osc_process());
PWMA_process(
       Amp_process(Osc_process()));
```

従って，各処理の最大処理時間は以下のように推定できます．誤差が含まれていると思いますが，取りあえず無視します．

リスト4　オシレータを軽量化する実装(1)

```
(略)
//////// オシレータ ////////////////////////////////////
(略)
static inline Q28 Osc_process() {
(略)
  uint32_t next_weight = phase & 0x007FFFFF;
  return (((int64_t) curr_sample << 23) +
          ((int64_t) (next_sample - curr_sample) *
                                 next_weight)) >> 23;
}
(略)
```

```
Osc_process()  :116
Fil_process()  :312
Amp_process()  : 67
PWMA_process() : 39
全体           :534
```

この結果からは，整数で32ビット同士の乗算結果の64ビットを求める計算が遅いことが想像できます．そこで，Cortex-M0+の仕様を確認したところ，これを計算するSMULL（Signed multiply long）命令がサポートされていないことが判明しました．Pico独自の乗算器も存在しません．これらは固定小数点演算による信号処理には不利な条件ですが，対策は工夫できると思います．

プログラム③　軽量化のための工夫①　オシレータを軽量化1

以下では，さらなるプログラムの軽量化にチャレンジしていきます（軽量化のための工夫①〜⑦）．

リスト4は，オシレータで波形テーブルのサンプル値を線形補間するために2回行っていた乗算を1回に減らすように，**リスト3**を変更したものです．減算時にオーバフローが発生しないように注意が必要ですが，現状では，波形テーブルのサンプル値は−1.0以上1.0未満に収まっているので問題ありません．

この変更によって最大処理時間は534から510に減少しました．

プログラム④　軽量化のための工夫②　オシレータを軽量化2

リスト5は，波形テーブルのサンプル値と線形補間用の重み値を`Q14`型（Q14フォーマット）に変更したものです．`Q14`型のデータ同士の乗算結果は`Q28`型になるので，32ビット同士の乗算結果の64ビットを計算する必要がなくなりました．波形テーブルのサンプルの分解能は低下しますが，変更後も13ビット程度が使えているので大きな問題はないと思います．

この変更によって最大処理時間は510から459に減少しました．

リスト5　オシレータを軽量化する実装（2）

```
(略)
//////// オシレータ ////////////////////////////////
(略)
static Q14 Osc_wave_tables[8][512];  // 波形テーブル群
(略)
static void Osc_init() {
(略)
      Osc_wave_tables[pitch][i] = float2fix(sum,
                                              14);
(略)
}
static inline Q28 Osc_process() {
(略)
  Q14* wave_table = Osc_wave_tables[Osc_pitch];
  uint32_t curr_index = phase >> 23;
  uint32_t next_index = (curr_index + 1) &
                                     0x000001FF;
  Q14 curr_sample = wave_table[curr_index];
  Q14 next_sample = wave_table[next_index];
  Q14 next_weight = (phase >> 9) & 0x3FFF;
  return (curr_sample << 14) +
      ((next_sample - curr_sample) * next_weight);
}
(略)
```

リスト6　フィルタを軽量化する実装（1）

```
(略)
//////// フィルタ ////////////////////////////////////
(略)
static inline int32_t mul_32_32_h32(int32_t x,
                                    int32_t y) {
  // 32ビット同士の乗算結果の上位32ビット
  return ((int64_t) x * y) >> 32;
}
static inline Q28 Fil_process(Q28 x0) {
(略)
  static Q28 x1 = 0, x2 = 0, y1 = 0, y2 = 0;
  Q28 y0 = (mul_32_32_h32(coefs->b0_a0, x0)
         + mul_32_32_h32(coefs->b1_a0, x1)
         + mul_32_32_h32(coefs->b2_a0, x2)
         - mul_32_32_h32(coefs->a1_a0, y1)
         - mul_32_32_h32(coefs->a2_a0, y2)) << 4;
  x2 = x1; y2 = y1; x1 = x0; y1 = y0;
  return y0;
}
(略)
```

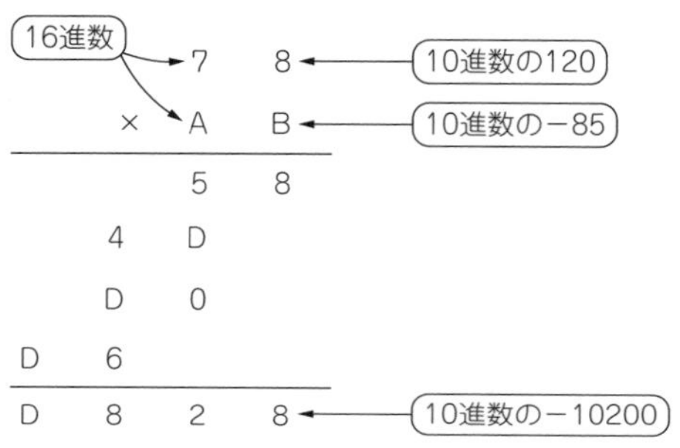

図5　筆算の方法を使って，4ビット同士の乗算で8ビット同士の乗算を実現

リスト7　フィルタを軽量化する実装（2）

```
(略)
//////// フィルタ ////////////////////////////////////
(略)
static inline int32_t mul_32_32_h32(int32_t x,
                                    int32_t y) {
  // 32ビット同士の乗算結果の上位32ビット
  int32_t x1 = x >> 16; uint32_t x0 = x & 0xFFFF;
  int32_t y1 = y >> 16; uint32_t y0 = y & 0xFFFF;
  int32_t x0_y1 = x0 * y1;
  int32_t z = ((x0 * y0) >> 16) +
              (x1 * y0) + (x0_y1 & 0xFFFF);
  return (z >> 16) + (x0_y1 >> 16) + (x1 * y1);
}
(略)
```

プログラム⑤　さらなる軽量化のための工夫③　フィルタを軽量化1

リスト6は，フィルタで5回，32ビット同士の乗算結果の64ビットを計算していたのを，32ビット同士の乗算結果の上位32ビットを計算するように変更したものです．Cortex-M0+には後者に対応する命令は存在しませんが，計算が簡単になるので高速化が期待できます．乗算結果の加算時に下位32ビットが考慮されなくなるので演算精度は低下しますが，ローパス・フィルタの動作に大きな影響はなさそうです．

この変更によって最大処理時間は459から429に減少しました．

なお，オーディオ・サンプルや係数をQ14型に変更することも考えましたが，カットオフ周波数を人間の可聴範囲ぎりぎりまで変化させることが精度的に不可能になるので採用しませんでした．

プログラム⑥　軽量化のための工夫④　フィルタを軽量化2

リスト7は，文献(13)の「8-2　64ビット積の上位32ビット」を参考に，32ビット同士の乗算結果の上位32ビットを計算する関数`mul_32_32_h32()`を実装し直したものです．計算のイメージをつかめるように，**図5**に，筆算の方法を使って，4ビット同士の乗算で8ビット同士の乗算を実現する例を示します．実際のプログラム6では，16ビット同士の乗算で32ビット同士の乗算を実現しています．

この変更により，最大処理時間は429から439に増加してしまいました．変更を取り消したくなるところですが，ここでは取り消さずに進めます．

プログラム⑦　さらなる軽量化のための工夫⑤　フィルタを軽量化3

リスト8は，フィルタで乗算結果の加減算後に左シフト（1回）していたのを，乗算結果の左シフト（5回）後に加減算を行うように変更したものです．

この変更により，最大処理時間は439から362に減

リスト8　フィルタを軽量化する実装(3)

```
(略)
//////// フィルタ ////////////////////////////////////
(略)
static inline Q28 Fil_process(Q28 x0) {
(略)
  static Q28 x1 = 0, x2 = 0, y1 = 0, y2 = 0;
  Q28 y0 = mul_32_32_h32(coefs->b0_a0, x0) << 4;
  y0    += mul_32_32_h32(coefs->b1_a0, x1) << 4;
  y0    += mul_32_32_h32(coefs->b2_a0, x2) << 4;
  y0    -= mul_32_32_h32(coefs->a1_a0, y1) << 4;
  y0    -= mul_32_32_h32(coefs->a2_a0, y2) << 4;
  x2 = x1; y2 = y1; x1 = x0; y1 = y0;
  return y0;
}
(略)
```

少しました.

リスト8の変更を**リスト6**に適用してみたところ，最大処理時間は429から443に増加したので，**リスト7**と**リスト8**の変更はセットで効果が現れることが分かります．これは直感的ではありませんが，式をばらばらにすることが高速化につながる場合もあると覚えておいてもよいかもしれません.

プログラム⑧　軽量化のための工夫⑥ フィルタを軽量化4

リスト2の`Fil_init()`を見ると，フィルタ係数`b1_a0`は`b0_a0`の2倍に等しく，`b2_a0`は`b0_a0`に等しいことが読み取れます．**リスト9**では，これを利用して，フィルタで5回行っていた乗算を3回に減らしました．この手法は，バイクワッド・フィルタの特性を限定してしまうという欠点はありますが，ローパス・フィルタだけでなくハイパス・フィルタやバンドパス・フィルタに対しても同じような対応が可能なので，適宜使用すればよいのではないかと思います.

この変更によって最大処理時間は362から315に減少しました.

プログラム⑨　軽量化のための工夫⑦ アンプを軽量化

リスト10は，アンプのゲイン目標値とゲイン現在値をQ14型に変更し，筆算の方法を使って32ビットと16ビットの乗算結果の上位32ビットを計算する関数`mul_32_16_h32()`をアンプ処理に使用するようにしたものです.

この変更によって最大処理時間は315から281に減少しました.

軽量化のまとめ

以上でプログラムの軽量化は一区切りとします．アンプを軽量化したプログラム(プログラム9)の最大処

リスト9　フィルタを軽量化する実装(4)

```
(略)
//////// フィルタ ////////////////////////////////////
struct F_COEFS { Q28 b0_a0, a1_a0, a2_a0; };
(略)
static void Fil_init() {
(略)
      float b0    = (1 - cosf(w0)) / 2;
      float a0    =  1 + alpha;
      float a1    = -2 * cosf(w0);
      float a2    =  1 - alpha;
      Fil_table[res][cut].b0_a0 =
                         float2fix(b0 / a0, 28);
      Fil_table[res][cut].a1_a0 =
                         float2fix(a1 / a0, 28);
      Fil_table[res][cut].a2_a0 =
                         float2fix(a2 / a0, 28);
(略)
}
(略)
static inline Q28 Fil_process(Q28 x0) {
(略)
  static Q28 x1 = 0, x2 = 0, y1 = 0, y2 = 0;
  Q28 x3 = x0 + (x1 << 1) + x2;
  Q28 y0 = mul_32_32_h32(coefs->b0_a0, x3) << 4;
  y0    -= mul_32_32_h32(coefs->a1_a0, y1) << 4;
  y0    -= mul_32_32_h32(coefs->a2_a0, y2) << 4;
  x2 = x1; y2 = y1; x1 = x0; y1 = y0;
  return y0;
}
(略)
```

リスト10　アンプを軽量化する実装

```
(略)
//////// アンプ ////////////////////////////////////
(略)
static inline int32_t mul_32_16_h32(int32_t x,
                                    int16_t y) {
  // 32ビットと16ビットの乗算結果の上位32ビット
  int32_t x1 = x >> 16; uint32_t x0 = x & 0xFFFF;
  return ((int32_t) (x0 * y) >> 16) + (x1 * y);
}
static inline Q28 Amp_process(Q28 in) {
  static Q14 curr_gain = 0;                  // ゲイン現在値
  Q14        targ_gain = Amp_on << 14; // ゲイン目標値
  curr_gain = targ_gain -
         (((targ_gain - curr_gain) * 255) / 256);

  return mul_32_16_h32(in, curr_gain) << 2;
}
(略)
```

理時間の内訳を調べ注3，固定小数点演算による最初の信号処理(プログラム2)の場合とを比較してみました(**表1**).

表1の数値には誤差が含まれているはずですが，ある程度参考になると思います．単純計算ですが，プログラム9では，オシレータ＋フィルタ＋アンプのセット8個弱を1コアで処理できるようになりました．和音が演奏できるシンセサイザも簡単に実現できそうです．ただし，本格的なシンセサイザに近づけるための

注3：プログラム2において，最大処理時間の内訳を調べた際と同じ手法で計算．プログラム9の最大処理時間の内訳の測定結果は68，105，104.

表1　固定小数点演算によるプログラム（プログラム2）と各処理の軽量化を行ったプログラム（プログラム9）の最大処理時間の比較

処　理	最大処理時間		減少分 [%]
	プログラム2	プログラム9	
Osc_process()	116	37	68
Fil_process()	312	177	43
Amp_process()	67	36	46
PWMA_process()	39	31	21
全体	534	281	47

リスト11　リスト1をベースにUSB通信による標準入出力を有効にし，リンク対象のライブラリを追加

```
(略)
pico_enable_stdio_usb(pico_synth 1)
(略)
target_link_libraries(pico_synth pico_stdlib
  pico_multicore
  hardware_irq hardware_pwm hardware_sync)
```

対応（2個目のオシレータ，LFO，EGの追加，オシレータのピッチ微調整対応など）を行うと，1コアで4～6音くらい処理するのが目安になるような気がします．

図6はプログラム9のアナログ・オーディオ出力を，サンプリング周波数48kHzでディジタル録音した結果です．プログラムの軽量化後も，音や波形に問題は見られませんでした．

プログラム⑩　USB通信に対応

● USB通信の問題

これまで取り上げたプログラムでは，信号処理への影響を避けるために，USB通信による標準入出力を無効にしていました．

プログラム9でUART通信を繰り返した後，以下の例では最大開始時間は71でした．これが本当の最大であるという確証はありませんが，この時間が増え続ける可能性は考えにくいので，CPUパワーの余裕分で信号処理への影響を防げるでしょう．

```
(略), start:   44/   71, processing:
281/ 281
```

しかし，**リスト1**（CMakeLists.txt）を修正してUSB通信を有効にしたところ，通信中に最大開始時間が増え続けるケースに遭遇しました．以下の例では2435に達しており，オーディオ出力をディジタル録音したところ，波形が時々乱れることも分かりました．

```
(略), start:   44/2435, processing:
281/ 281
```

● マルチコアを使ってUSB通信に対応

USB通信が使えないのは不便なので，以下のような対応を行いました．**リスト11**（CMakeLists.txt）は**リスト1**をベースに，USB通信による標準入出力を有効にし，リンク対象のライブラリを追加したものです．**リスト12**（pico_synth.c）は**リスト10**をベースに，PWM用の割り込みハンドラをコア1で処理するように変更したものです．割り込みハンドラ内にhardware_syncライブラリの関数__dmb()でデータ・メモリ・バリア命令を挿入していますが，メモリ書き込み結果は無条件に他のコアから見えるため，この命令は不要でした．削除しても構いません．実行結果は以下の例のようになりました．

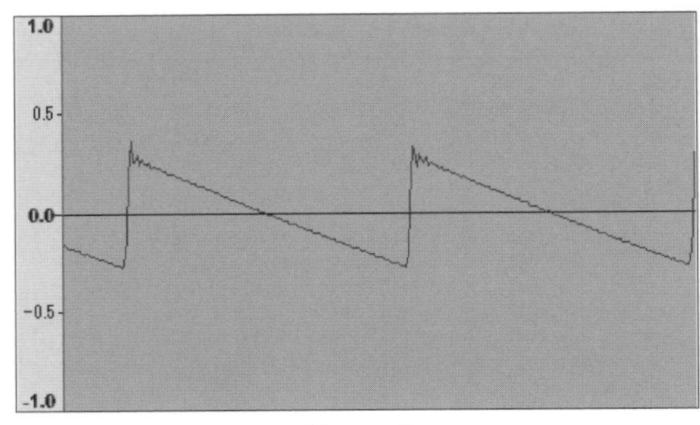

（a）ソの音

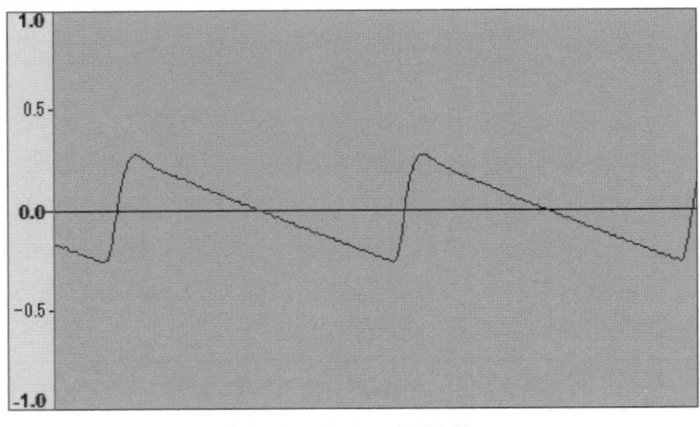

（b）カットオフを下げた

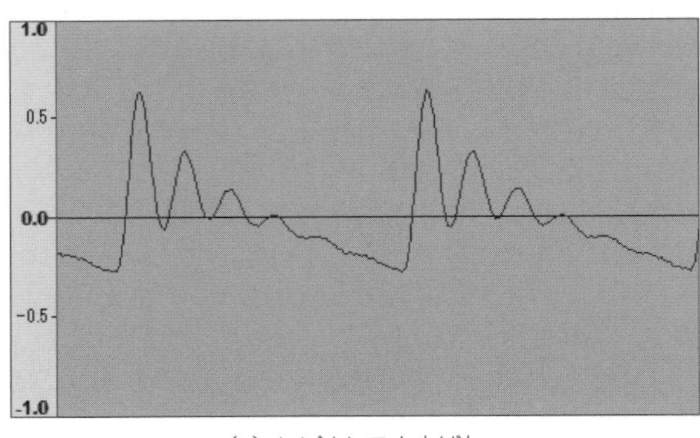

（c）レゾナンスを上げた

図6　各処理の軽量化を行ったプログラム（プログラム9）によるディジタル録音結果

```
(略), start:   45/   51, processing:
290/ 308
```

マルチコアを使用することで，最大開始時間が増え続けたり，波形が乱れたりする問題は回避できました．おそらくバスを共有しているために，処理時間のばらつきや最大処理時間が増加しましたが，大きな問題はないと思います．ただし，マルチコアの使い方には，まだまだ工夫の余地がありそうです．

USB通信は便利ですが，筆者の開発環境ではノイズが少しオーディオ信号に混入しました．また，少なくともプログラムの開発中は，テストやデバッグに便利なUART通信を使えるようにしておくと良いと思います．

なお，Picoが使っているTinyUSBライブラリは，電子楽器の制御に使用されるUSB MIDI（Musical Instrument Digital Interface）もサポートしています．USB MIDIに対応すれば，シンセサイザは演奏しやすくなるでしょう．

リスト12　リスト10をベースにPWM用の割り込みハンドラをコア1で処理するように変更

```
(略)
#include "pico/float.h"
#include "pico/multicore.h"
(略)
#include "hardware/pwm.h"
#include "hardware/sync.h"
(略)
//////// 割り込みハンドラとメイン関数 ////////////
(略)
static void pwm_irq_handler() {
(略)
  PWMA_process(
    Amp_process(Fil_process(Osc_process())));
  __dmb();
(略)
}
int main() {
(略)
  Osc_init(); Fil_init();
  multicore_launch_core1(PWMA_init);
(略)
}
(略)
```

Picoを使用した感想

● 音の信号処理には十分

固定小数点演算を使用すれば，シンセサイザなどの音の信号処理プログラムに「Picoは十分使えそう」だと思いました．厳密な比較は難しいですが，Picoの信号処理性能は，1コアだけでもArduino Unoよりもはるかに高いです．乗算結果の64ビットを求める計算が遅い点は残念ですが，いろいろと工夫する楽しみもあります．RP2040内蔵のA-Dコンバータを使って，エフェクタを作ることもできそうです．Picoは1個500円くらいで買えるのも魅力的です．

● ドキュメントが豊富

Raspberry Pi Pico C/C++ SDKは使いやすく，英語ですがドキュメントが豊富なところも良かったです．Arduino IDEのボード・マネージャのように，使用するコンパイラやSDKのバージョンを簡単に変更できる機能があるとさらに良いと思いました．なお，Pico（RP2040）はArduino IDEでも公式サポートされましたが，C/C++ SDKの全APIに相当する機能が使用できる訳ではありません（2021年4月時点）．他の人のC/C++ SDK環境でビルドされる可能性がある信号処理プログラムは，主要なバージョンのコンパイラや最新のSDKで動作確認しておくとよいかもしれません．

◆参考文献◆

(1) Hardware design with RP2040, Release 1.4.1, 2021年4月13日.
https://datasheets.raspberrypi.org/rp2040/hardware-design-with-rp2040.pdf
(2) Getting started with Raspberry Pi Pico, Release 1.4.1, 2021年4月13日.
https://datasheets.raspberrypi.org/pico/getting-started-with-pico.pdf
(3) 井田 健太：速報 Coretex-M0+デュアルコアで133MHz動作! ラズベリー・パイ初のマイコン・ボードPico登場，Interface, 2021年5月号，pp.98-100，CQ出版社.
(4) 松前 公高：シンセサイザー入門Rev.2，2018年，リットーミュージック.
(5) 青木 直史：サウンドプログラミング入門，2013年，技術評論社.
(6) 小坂 直敏：サウンドエフェクトのプログラミング，2012年，オーム社.
(7) Daichi：シンセプログラミング，2006年5月.
https://daichilab.sakura.ne.jp/synthprog/
(8) Robert Bristow-Johnson：Cookbook formulae for audio EQ biquad filter coefficients，2005年
https://www.musicdsp.org/en/latest/Filters/197-rbj-audio-eq-cookbook.html
(9) 青木 直史：はじめての音声信号処理とサウンドプログラミング，日本音響学会誌，vol.73，no.4，pp.230-238，2017年4月.
https://www.jstage.jst.go.jp/article/jasj/73/4/73_230/_article/-char/ja/
(10) 三上 直樹：改訂新版 C/C++によるディジタル信号処理入門，2009年，CQ出版社.
(11) RP2040 Datasheet，Release 1.4.1，2021年4月13日.
https://datasheets.raspberrypi.org/rp2040/rp2040-datasheet.pdf
(12) Raspberry Pi Pico C/C++ SDK，Release 1.4.1，2021年4月13日.
https://datasheets.raspberrypi.org/pico/raspberry-pi-pico-c-sdk.pdf
(13) ヘンリー・S・ウォーレン，ジュニア：ハッカーのたのしみ，2004年，エスアイビー・アクセス.

いしがき・りょう

前章に改良を加える

音の時間変化に対応したシンセサイザ作り

石垣 良

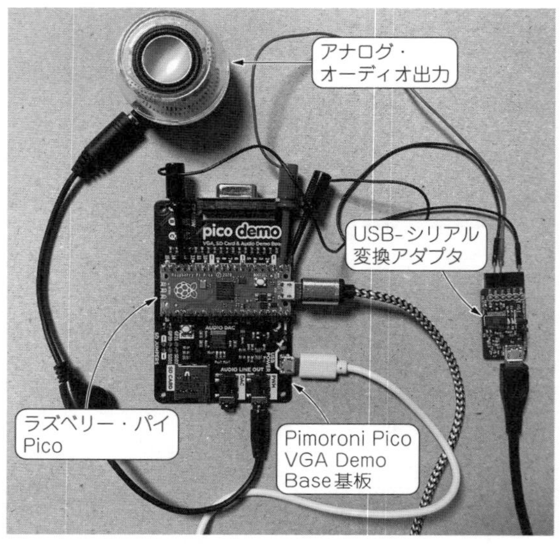

写真1　Picoシンセサイザの外観
第6部第2章で開発した信号処理プログラムを元に音の時間変化に対応できるシンセサイザを作る

第6部第2章で紹介した信号処理プログラム(以降，旧プログラム)[(1)]をベースに，よりシンセサイザらしい音を出せるように改良します(**写真1**)．

具体的には，オシレータ，フィルタ，アンプのパラメータを制御信号で変化させられるようにし，低周波発振器(以降，LFO)，包絡線発生器(以降，EG)と呼ばれる制御信号を生成する部品を追加します．こうすることで，周波数や振幅の変動を作り出します．

また，CPUコアの使用率を抑えるために，制御信号はオーディオ信号よりも低頻度で処理します．

開発環境

● Ubuntu 20.04 LTSを使う

今回の実験は，Windows Subsystem for Linux (WSL 1) 上のUbuntu 20.04 LTS (gcc-arm-none-eabi version 9.2.1) を使った開発環境によるものです．また，WSL 2上のUbuntu 22.04 LTS (gcc-arm-none-eabi version 10.3.1) を使った開発環境でビルドしたプログラムも動作確認をしています．

● Pico C/C++ SDKでプログラム開発する

本稿で使用するハードウェアの構成は前章と同じです．プログラムの開発には，ラズベリー・パイPico C/C++ SDK version 1.4.0 (2022年8月時点の最新版) を使用します．

全体構成

本稿では，**図1**のようにシンセサイザを構成することにします．

● 楽器の音は時間経過によって変化する

例えば，バイオリンの音はビブラートによって音が周期的に変わり，またギターの音は弦を弾いてから徐々に小さくなり音色も暗くなっていきます．

例えば，**図2**は後に示すプログラム5のアナログ・オーディオ出力をディジタル録音した結果です．ここから，時間経過により音が変化していく様子が見てとれます．

● 制御信号に応じてパラメータを変化させる「モジュレーション」

通常の減算合成シンセサイザは，時間変化する制御信号を生成するLFO，EGという2種類の部品を含みます．そして，オシレータ，フィルタ，アンプに制御信号を入力することで，制御信号の値と設定値に応じてピッチ，カットオフ，ゲインなどのパラメータを変化させることができます．これを「モジュレーション(modulation，変調)」と呼びます．

基本的には電気通信用語の変調と同じ意味ですが，制御信号の伝送でなくオーディオ信号の変化を目的にしている点が異なります．制御信号は「モジュレーション信号」と呼ばれる場合もあります．

● 制御信号で鍵のピッチや押鍵/離鍵の情報を伝える

この制御信号ですが，鍵盤で押された鍵のピッチや押鍵/離鍵の情報を伝えられます．押鍵中(押鍵から

◆参考文献◆
(1) 石垣 良；リアルタイム処理のために軽量化！シンセサイザの製作，Interface，2021年8月号，pp.142-153，CQ出版社．
(2) 松前 公高；シンセサイザー入門Rev.2，2018年，リットーミュージック．

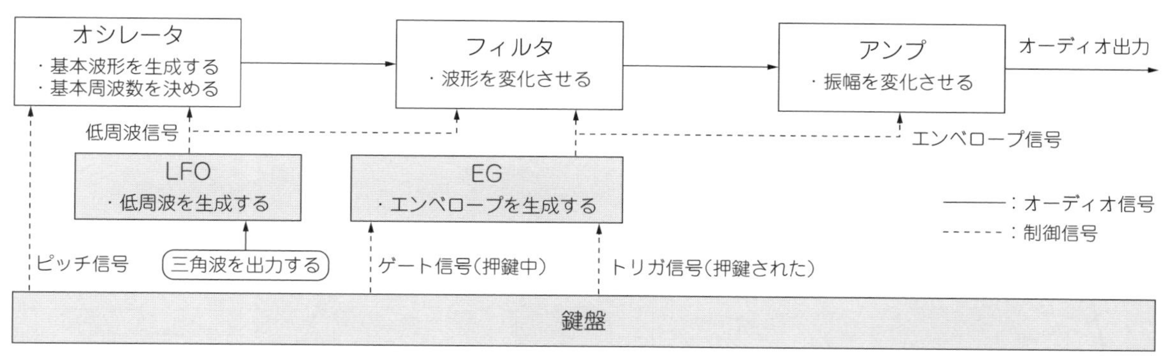

図1　今回作るシンセサイザの構成

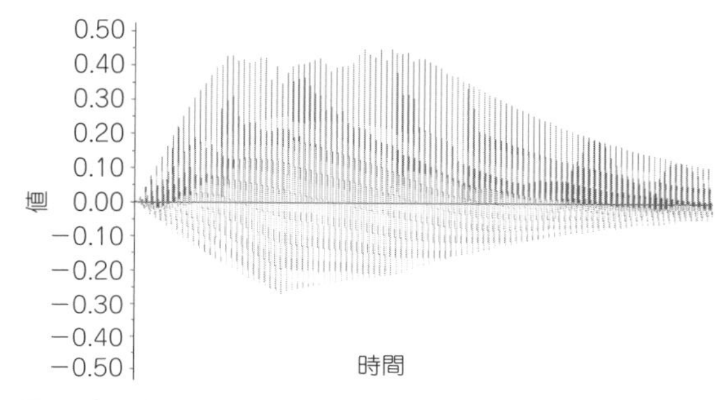

図2　音は時間の経過とともに変化する

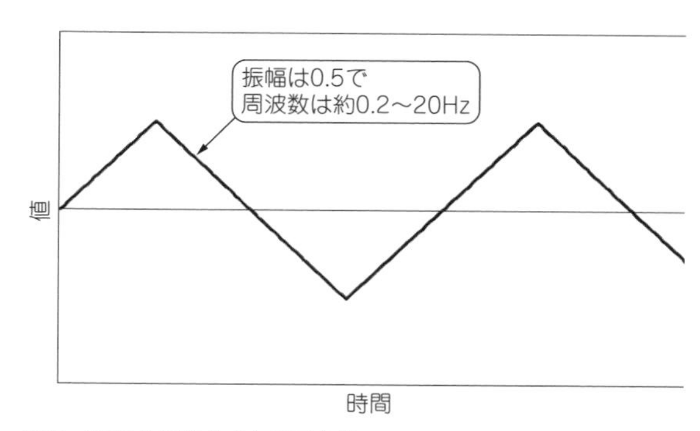

図3　LFOから出力される三角波

離鍵まで）は「ゲート」と呼ばれる信号をONに，押鍵されたときには「トリガ」と呼ばれる信号を短時間ONにします．

● LFO

LFO（Low Frequency Oscillator）はオシレータの一種で，低周波発振器のことです．音の周期的変化のために，主に20Hz以下の超低周波信号を生成します．

本稿では，約0.2Hz～約20Hzの振幅0.5の三角波（**図3**）を出力します．出力信号は，ピッチの周期的変化（ビブラート効果）やカットオフの周期的変化（ワウ効果）に使用します．

● EG

EG（Envelope Generator）は，名前の通りエンベロープ（包絡線）を生成します．音響用語の包絡線は音の大きさの変化を表すカーブのことですが，シンセサイザのエンベロープはゲインだけではありません．

例えば，カットオフを対象にしたモジュレーションにも使用され，音の明るさを変化させます．レゾナンスが大きめでカットオフが変化する音は，シンセサイザの特徴的な音の1つです．

▶パラメータADSRを利用して包絡線を生成

図4に示すのは特によく使われており，本稿でも採用する「ADSR」と呼ばれるエンベロープのイメージです．これは，以下の4つのパラメータを調整することで，さまざまな楽器に適した音の大きさの変化を実現できます．

- アタック・タイム（A）：鍵盤を押してから最大値に到達するまでの時間
- ディケイ・タイム（D）：最大値への到達後にサステイン・レベルに減衰するまでの時間
- サステイン・レベル（S）：鍵盤を押している間に維持される値
- リリース・タイム（R）：鍵盤を離してからゼロに減衰するまでの時間

これは例えば，ギターのような音の大きさの変化は，

- A，R：小
- D：大
- S：ゼロ

とすることで実現できます．なお，アタックについては，正確にはゲート信号またはトリガ信号のOFFからONへの変化を受けて開始します．

▶ADSRの設定値

今回は，エンベロープに沿ってリニア値のゲインを変化させる想定で，音の大きさの変化が自然に感じられるようにエンベロープの値は指数関数的に変化させ

(3) Raspberry Pi Pico C/C++ SDK，Release 1.9，2022年6月30日，Raspberry Pi Ltd.
https://datasheets.raspberrypi.org/pico/raspberry-pi-pico-c-sdk.pdf
(4) 青木 直史；サウンドプログラミング入門，2013年，技術評論社.

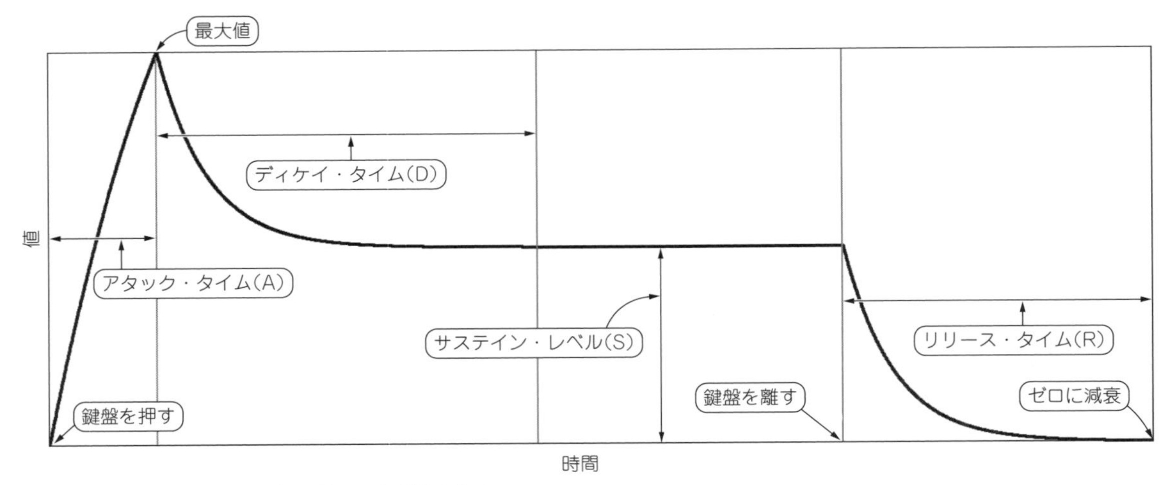

図4　4つのパラメータ(ADSR)を調整して包絡線を作る

ます．ただし，アタック状態では到達目標値を最大値の2倍(2.0)とし，DやRは値が1/1024になる(約60dB減衰する)までの時間とします．

A，D，Rの範囲は約1ms～約10sです．なお，リリース状態(鍵盤を離した後)ではディケイによる減衰は適用しない仕様にします．LFO，EGの詳細については，参考文献(2)などを参照してください．

プログラム1：オシレータ/フィルタ/アンプをモジュレーションに対応させる

ここからは，前章の固定小数点演算で信号処理を行う軽量化したプログラム9(以降，旧プログラム9)をベースに作成した新しいプログラムについて説明していきます．後に示す，

- オシレータ
- フィルタ
- アンプ
- LFO
- EG
- 割り込みハンドラとメイン関数

の実装については，全てpico_synth.c内にある処理です．

● ビルドの実行(CMakeLists.txt)

プログラムは**リスト1**の通りです．なお，前章掲載のリストから内容に変更がない行は，後に示す**リスト1～リスト7**では省略しています．

リスト1　ビルドを実行するプログラム(CMakeLists.txt)

```
(略)
target_compile_options(pico_synth PRIVATE
  -save-temps -fverbose-asm)
```

```
target_compile_options(pico_synth
PRIVATE -save-temps -fverbose-asm)
```

ビルド時にコメント付きのアセンブラ・ソース(pico_synth.s)が出力されるように，コンパイル・オプションを追加しました．

● オシレータの実装

プログラムは**リスト2**の通りです．また，**図5**にはpico_synth.c内の主な関数とライブラリの関係を示します．背景が濃くなっているのが今回作った新しい関数です．

▶Osc_freq_table

半音単位のピッチ値0(中央ドの5オクターブ下)～60(中央ド)～120(中央ドの5オクターブ上)に対応する周波数値を格納できるように拡張しました．実際には，波形テーブル群(Osc_wave_tables)の初期化時に参照されるピッチ値122まで格納します．

▶Osc_tune_table

ピッチを±1/2半音(音楽用語で言うと±50セント)まで調整できるように周波数を±約3%まで調整するための係数を格納するテーブルです．

▶Osc_wave_tables

RAM使用量削減のため，ピッチ値2ごとに1個ずつ波形テーブルを用意するように変更しました．

▶Osc_init()

Osc_freq_table，Osc_tune_tableの初期化処理を追加し，Osc_wave_tablesの初期化処理を変更しました．ピッチ値に対応する周波数は指数関数を使って計算できます(基準音ラが440Hz)．

▶Osc_process()

位相(phase)を関数Osc_control()で更新される周波数現在値(Osc_cur_freq)の分だけ増加

(5) Will C. Pirkle；Designing Software Synthesizer Plugins in C++, 2nd Edition，2021年，Focal Press.
(6) Cortex-M0+ Technical Reference Manual r0p1，2012年12月16日，ARM.
https://developer.arm.com/documentation/ddi0484/c/

リスト2 オシレータの実装

```
static uint32_t Osc_freq_table[123];      // 周波数
static Q14 Osc_tune_table[256];          // 周波数調整
static Q14 Osc_wave_tables[61][512]; // 波形テーブル群
static volatile int32_t Osc_mod = 1;
                            // モジュレーションの深さ
static uint32_t Osc_cur_freq = 0;   // 周波数現在値
static Q14* Osc_new_wave_tbl = Osc_wave_tables[0];
                                // 新しい波形テーブル

static void Osc_init() {
  for (uint32_t pitch = 0; pitch < 123; ++pitch) {
    uint32_t freq = 440.0F * powf(2,
        (pitch - 69.0F) / 12) * (1LL << 32) / FS;
    Osc_freq_table[pitch] = (freq >> 2) << 2;
  }
  for (uint32_t tune = 0; tune < 256; ++tune) {
    Osc_tune_table[tune] = float2fix(powf(2,
        (tune - 128.0F) / (12 * 256)) - 1.0F, 14);
  }
  for (uint32_t index = 0; index < 61; ++index) {
    uint32_t harm_max = // 最大倍音次数
      (23000.0F * (1LL << 32) / FS)
                / Osc_freq_table[(index << 1) + 2];
    if (harm_max > 127) { harm_max = 127; }

    for (uint32_t i = 0; i < 512; ++i) {
      float sum = 0.0F;
      for (uint32_t k = 1; k <= harm_max; ++k) {
        sum += (2 / PI)
            * (sinf(2 * PI * k * i / 512) / k);
      }
      sum *= 0.25F;
      Osc_wave_tables[index][i] = float2fix(sum,14);
    }
  }
}
static inline Q28 Osc_process() {
  static uint32_t phase = 0; // 位相
  uint32_t prev_phase = phase;
  phase += Osc_cur_freq;

  static Q14* wave_table = Osc_wave_tables[0];
  int32_t new_period = phase < prev_phase;
  wave_table = (Q14*)
    ((uintptr_t) wave_table * (1 - new_period));
  wave_table = (void*) wave_table +
    ((uintptr_t) Osc_new_wave_tbl * new_period);

  uint32_t curr_index = phase >> 23;
(略)
}
static inline int32_t mul_32_16_h32(int32_t x,
                                   int16_t y) {
  // 32ビットと16ビットの乗算結果の上位32ビット
  int32_t x1 = x >> 16; uint32_t x0 = x & 0xFFFF;
  return ((int32_t) (x0 * y) >> 16) + (x1 * y);
}
static inline void Osc_control(Q14 in_pitch,
                               Q14 in_mod) {
  volatile int32_t pitch = in_pitch + (60 << 8) +
        ((Osc_mod * in_mod) >> 9) - (120 << 8);
  pitch = (pitch < 0) * pitch + (120 << 8);
  pitch = (pitch > 0) * pitch;
  uint32_t high = (pitch + 128) >> 8;
  uint32_t low  = (pitch + 128) & 0xFF;
  int32_t freq = Osc_freq_table[high];
  Osc_cur_freq = freq + (mul_32_16_h32(freq,
                   Osc_tune_table[low]) << 2);
  Osc_new_wave_tbl = Osc_wave_tables[high >> 1];
}
```

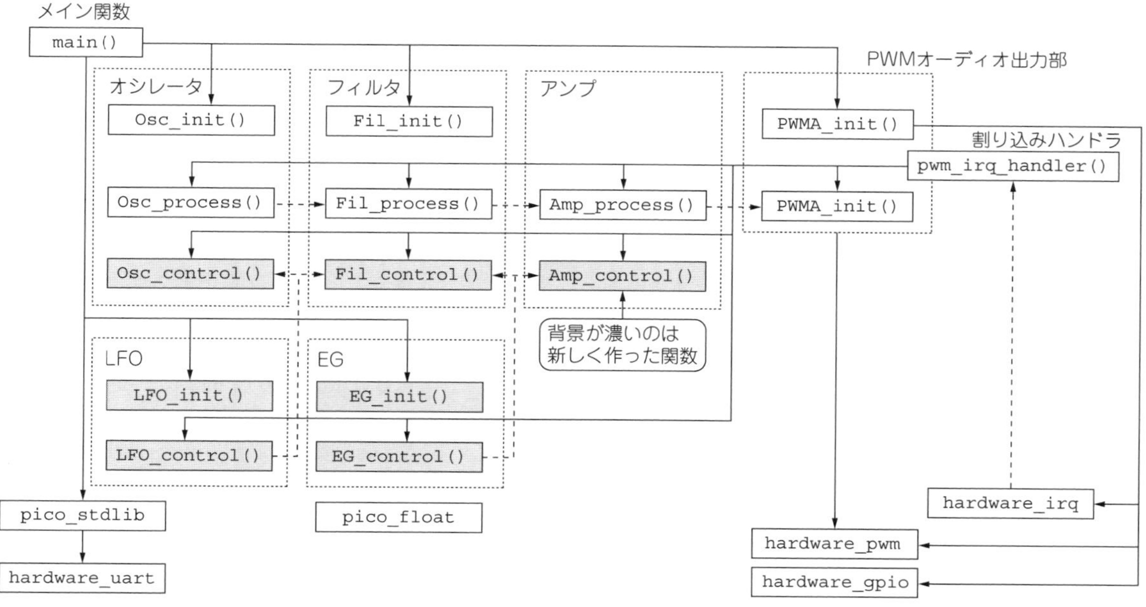

図5 今回作ったプログラムpico_synth.c内で使う主な関数とライブラリの関係

させるように変更しました．また，位相がゼロに戻り，信号値がゼロに近くなるタイミングで参照する波形テーブル(wave_table)を新しいテーブル(Osc_new_wave_tbl)に切り替えるように変更しました．

これは，ピッチ変化時に波形の不連続変化によってクリック・ノイズが発生する問題への対策です．ま

(7) 中森 章，桑野 雅彦；ARMマイコンCortex-M教科書，2016年，CQ出版社．

リスト3　フィルタの実装

```
struct F_COEFS { Q28 b0_a0, a1_a0, a2_a0; };
struct F_COEFS Fil_table[6][481]; //フィルタ係数群
static volatile uint32_t Fil_cut = 60;//カットオフ
static volatile uint32_t Fil_res = 5;//レゾナンス
static volatile int32_t  Fil_mo1 = 0;
static volatile int32_t  Fil_mo2 = 60;
static uint32_t Fil_cur_cut = 0;//カットオフ現在値

static void Fil_init() {
  for (uint32_t res = 0; res < 6; ++res) {
    for (uint32_t cut = 0; cut < 481; ++cut) {
      float f0     = 440.0F *
                powf(2, ((cut / 4.0F) - 54) / 12);
(略)
    }
  }
}
(略)
static inline Q28 Fil_process(Q28 x0) {
  struct F_COEFS* coefs =
    &Fil_table[Fil_res][Fil_cur_cut];

  static Q28 x1 = 0, x2 = 0, y1 = 0, y2 = 0;
(略)
}
static inline void Fil_control(Q14 in_mo1,
                               Q14 in_mo2) {
  static uint32_t call_counter = 0;// 呼び出し回数
  volatile int32_t targ_cut = (Fil_cut << 2) +
                 (((Fil_mo1 * in_mo1) +
                   (Fil_mo2 * in_mo2)) >> 12) - 480;
  targ_cut = (targ_cut < 0) * targ_cut + 480;
  targ_cut = (targ_cut > 0) * targ_cut;
  uint32_t delta = ((++call_counter & 0x3) == 0);
  Fil_cur_cut += (Fil_cur_cut < targ_cut) * delta;
  Fil_cur_cut -= (Fil_cur_cut > targ_cut) * delta;
}
```

た，処理時間のばらつきにつながる条件分岐を使わずに実装していますが，これは以下の意味です．

```
if (phase < prev_phase) {
    wave_table = Osc_new_wave_tbl; }
```

▶**mul_32_16_h32()**

関数Osc_control()で使用するため，この場所に移動しました．

▶**Osc_control()**

制御処理を行う新しい関数です．引数で制御信号（データ型はQ14）を入力します．前半では，

- ピッチ制御入力値：in_pitch，0.0が中央ド，分解能は1/256半音
- モジュレーション入力値：in_mod
- モジュレーションの深さ設定値：Osc_mod，分解能は1/8半音

から1/256半音単位のピッチ値（pitch）を計算します．pitchは0以上，120<<8以下に収まるように補正します．最大処理時間は増加しますが，処理時間のばらつきを防ぐためにvolatileを使っています．

後半では，pitchとOsc_freq_tableから周波数値を，Osc_tune_tableから調整係数を求め，Osc_cur_freqとOsc_new_wave_tblを計算して更新します．波形テーブルの切り替えによる違和感が小さくなるように，±1/2半音未満のピッチ調整では同じテーブルが使われるようにしています．

リスト4　アンプの実装

```
static Q14 Amp_curr_gain = 0; // ゲイン現在値

static inline Q28 Amp_process(Q28 in) {
  return mul_32_16_h32(in, Amp_curr_gain) << 2;
}
static inline void Amp_control(Q14 in_mod) {
  Amp_curr_gain = in_mod;
}
```

● フィルタの実装

プログラムは**リスト3**の通りです．

▶**Fil_init()**

モジュレーションで音が滑らかに変化するように，カットオフ値の段階数を増やしました（新しい分解能は1/4半音）．また，基準音の周波数を元にカットオフ周波数を計算するように変更しました．

▶**Fil_process()**

カットオフ現在値（Fil_cur_cut）を変化させる処理をFil_control()に移動させたので，係数群の参照とバイクワッド・フィルタの処理だけになりました．

▶**Fil_control()**

前半では，

- カットオフ設定値：Fil_cut，分解能は1半音
- モジュレーション入力値2つ：in_mo1およびin_mo2
- モジュレーションの深さ設定値2つ：Fil_mo1およびFil_mo2，分解能は1半音

からカットオフ目標値（targ_cut）を計算します．targ_cutは0以上，480以下に収まるように補正し，処理時間のばらつきを防ぐためにvolatileを使っています．後半では，Fil_cur_cutをtarg_cutに向けて少しずつ変化させます．

● アンプの実装

プログラムは**リスト4**の通りです．

▶**Amp_process()**

ゲイン現在値（Amp_curr_gain）を変化させる処理をAmp_control()に移動させたので，アンプ処理だけになりました．

▶**Amp_control()**

新しくEGを導入したので，ゲイン現在値をゲイン

リスト5　LFOの実装

```
static volatile uint32_t LFO_rat = 48; // レート
static Q14 LFO_out = 0;                // LFO出力

static void LFO_init() {
}
static inline void LFO_control() {
}
```

目標値に向けて変化させる処理を削除し，Amp_curr_gainをモジュレーション入力値(in_mod)で更新するだけになりました．

● LFOの実装

プログラムはリスト5の通りです．これは暫定実装ですが，空の関数LFO_init()，LFO_control()と，LFOレート設定値(LFO_rat)，LFO出力(LFO_out)用の変数のみ用意しています．

● EGの実装

プログラムはリスト6の通りです．これも暫定実装ですが，関数EG_init()は空で，EG_control()では旧プログラム9のAmp_process()前半と同じようにEG出力(EG_out)を変化させます．また，ADSR設定値(EG_att，EG_dec，EG_sus，EG_rel)用の変数を用意しています．

● 割り込みハンドラとメイン関数の実装

プログラムはリスト7の通りです．

▶Kb_pitch/Kb_gate/Kb_trig

Kb_pitchは鍵盤のピッチ出力で，旧プログラム9のOsc_pitchに対応します．Kb_gateは鍵盤のゲート出力でAmp_onに対応します．Kb_trigは鍵盤のトリガ出力です．

▶pwm_irq_handler()

オーディオ処理関数の呼び出し前に5つの制御関数の呼び出しを追加しました．ただし，フィルタ制御関数のモジュレーション入力の1つ目にはLFO出力を，2つ目にはEG出力を渡しています．

▶key_on()

押鍵時に呼び出す新しい関数で，Kb_pitch，Kb_gate，Kb_trigを更新します．引数pitchで指定された半音単位のピッチ値を鍵盤トランスポーズ設定値(Kb_tra)の分だけシフトさせます．Kb_pitchの変化時，またはKb_gateのOFFからONへの変化時のみ，Kb_trigを約1msだけONにします．

▶main()

LFO，EGの初期化関数の呼び出しを追加しました．また，機能追加に合わせて制御コマンドの処理と標準出力への書き出し内容を変更しました．具体的な内容

リスト6　EGの実装

```
static volatile uint32_t EG_att = 32;// アタック
static volatile uint32_t EG_dec = 48;// ディケイ
static volatile uint32_t EG_sus = 32;// サステイン
static volatile uint32_t EG_rel = 48;// リリース
static Q14 EG_out = 0;               // EG出力

static inline void EG_init() {
}
static inline void EG_control(Q14 in_gate,
                              Q14 in_trig) {
  EG_out = in_gate -
       (((in_gate - EG_out) * 255) / 256);
}
```

は，リスト7を確認してください．

実行結果

● 最大処理時間が増加

前述したプログラム1をPicoで実行したところ，約24秒間の初期化処理後にポップ・ノイズが聞こえて，UART通信で制御できるようになりました．ただし，LFOやEGが実装終了していないので，音は旧プログラム9からあまり変わりません．

リスト8の出力例のように，プログラム1の最大処理時間は410で，旧プログラム9の281から増加しました．処理時間にばらつきは見られませんでした．開始時間はばらつきますが，許容範囲内と判断します．

● 起動時間が長くなった理由

起動時間が旧プログラム9よりも長くなっているのは，各種テーブルのサイズが大きくなっているためです．本稿では対応しませんが，開発環境(PCなど)で動作するプログラムでテーブル初期値を含んだソースコードを生成すれば，PWMA_init()以外の初期化関数をなくすことができ，起動時間は短くなるでしょう．

● ポインタ利用でRAM使用量を削減できる

Osc_wave_tablesは61Kiバイト，Fil_tableは約34Kiバイトと，多くのRAMを使っています．Osc_wave_tablesは，最大倍音次数が同じテーブルを1個にまとめてポインタで参照するようにすれば，処理時間にほとんど影響を与えずにサイズを削減できるでしょう．

なお，テーブルの要素数を大きく増やしたい場合には，C/C++ SDKに追加された__in_flashマクロ[参考文献(3)]を使ってフラッシュ・メモリにデータを置くような工夫が必要になるかもしれません．

● 最大処理時間の内訳

関数の数が増えたので，前章とは異なる手法で最大

リスト7　割り込みハンドラとメイン関数の実装

```
(略)
static int32_t Kb_tra = 0;      //鍵盤トランスポーズ
static volatile Q14 Kb_pitch = 0; //鍵盤ピッチ出力
static volatile Q14 Kb_gate  = 0; //鍵盤ゲート出力
static volatile Q14 Kb_trig  = 0; //鍵盤トリガ出力

static void pwm_irq_handler() {
(略)
  LFO_control(); EG_control(Kb_gate, Kb_trig);
  Osc_control(Kb_pitch, LFO_out);
  Fil_control(LFO_out, EG_out);
  Amp_control(EG_out);
  PWMA_process(
    Amp_process(Fil_process(Osc_process())));
(略)
}
static void key_on(int32_t pitch) {
  Q14 prev_pitch = Kb_pitch;
  Kb_pitch = (pitch - 60 + Kb_tra) << 8;
  if ((prev_pitch != Kb_pitch) ||
      (Kb_gate == 0)) { Kb_trig = ONE_Q14; }
  Kb_gate = ONE_Q14; busy_wait_ms(1); Kb_trig = 0;
}
int main() {
  set_sys_clock_khz(FCLKSYS / 1000, true);
  stdio_init_all();
  Osc_init(); Fil_init(); LFO_init(); EG_init();
  PWMA_init();
  while (true) {
    switch (getchar_timeout_us(0)) {
    case '1': key_on(60);  break; //ド
    case '2': key_on(62);  break; //レ
    case '3': key_on(64);  break; //ミ
    case '4': key_on(65);  break; //ファ
    case '5': key_on(67);  break; //ソ
    case '6': key_on(69);  break; //ラ
    case '7': key_on(71);  break; //シ
    case '8': key_on(72);  break; //ド
    case '0': Kb_gate = 0; break;
    case ',': if(Kb_tra >-60) {--Kb_tra;}  break;
    case '.': if(Kb_tra <+48) {++Kb_tra;}  break;
    case 'O': if(Osc_mod>-960){--Osc_mod;} break;
    case 'o': if(Osc_mod<+960){++Osc_mod;} break;
    case 'C': if(Fil_cut>0)    {--Fil_cut;} break;
    case 'c': if(Fil_cut<120)  {++Fil_cut;} break;
    case 'Q': if(Fil_res>0)    {--Fil_res;} break;
    case 'q': if(Fil_res<5)    {++Fil_res;} break;
    case 'F': if(Fil_mo1>-120){--Fil_mo1;} break;
    case 'f': if(Fil_mo1<+120){++Fil_mo1;} break;
    case 'E': if(Fil_mo2>-120){--Fil_mo2;} break;
    case 'e': if(Fil_mo2<+120){++Fil_mo2;} break;
    case 'L': if(LFO_rat>0)    {--LFO_rat;} break;
    case 'l': if(LFO_rat<64)   {++LFO_rat;} break;
    case 'A': if(EG_att >0)    {--EG_att;}  break;
    case 'a': if(EG_att <64)   {++EG_att;}  break;
    case 'D': if(EG_dec >0)    {--EG_dec;}  break;
    case 'd': if(EG_dec <64)   {++EG_dec;}  break;
    case 'S': if(EG_sus >0)    {--EG_sus;}  break;
    case 's': if(EG_sus <64)   {++EG_sus;}  break;
    case 'R': if(EG_rel >0)    {--EG_rel;}  break;
    case 'r': if(EG_rel <64)   {++EG_rel;}  break;
    }
    static uint32_t loop_counter = 0; //ループ回数
    if ((++loop_counter & 0xFFFFF) == 0) {
      printf("start:%4d/%4d, process:%4d/%4d¥n",
          s_time, max_s_time, p_time, max_p_time);
      printf("Ks:%+3d, Om:%+4d¥n",Kb_tra,Osc_mod);
      printf("Fc:%3d, Fr:%d, F1:%+4d, F2:%+4d¥n",
              Fil_cut, Fil_res, Fil_mo1, Fil_mo2);
      printf("Lr:%2d, ", LFO_rat);
      printf("Ea:%2d, Ed:%2d, Es:%2d, Er:%2d¥n",
                  EG_att, EG_dec, EG_sus, EG_rel);
      printf("Kp:%+6d, ", Kb_pitch);
      printf("Kg:%+6d, ", Kb_gate);
      printf("Kt:%+6d¥n", Kb_trig);
      printf("Lo:%+6d, ", LFO_out);
      printf("Eo:%+6d¥n¥n", EG_out);
    }
  }
}
```

リスト8　最大処理時間は410となり旧プログラム9の281よりも増加した

```
start:  44/  68, process: 410/ 410
Ks: +0, Om:  +1
Fc: 60, Fr:5, F1:   +0, F2: +60
Lr:48, Ea:32, Ed:48, Es:32, Er:48
Kp: +3072, Kg:+16384, Kt:    +0
Lo:    +0, Eo:+16384
```

表1　旧プログラム9とプログラム1の最大処理時間の内訳

関　数	前章で用いた旧プログラム9	プログラム1
Osc_process()	40	47
Fil_process()	185	155
Amp_process()	41	17
PWMA_process()	27	27
Osc_control()	—	93
Fil_control()	—	97
Amp_control()	—	9
LFO_control()	—	0
EG_control()	—	25
全体	281	410

処理時間の内訳を調べました．具体的には，以下のようにプログラム1を改造し，各関数の最大処理時間を1個ずつ調べました．

- オーディオ処理関数の実引数をvolatileなQ28型のローカル変数aにして，戻り値もaに代入
- 制御関数で更新する静的変数(6個)にvolatileを追加して最適化を抑止
- 何もしない場合の処理時間は8だったので，この値を各測定結果から引く

表1は，旧プログラム9とプログラム1の最大処理時間の内訳です．旧プログラム9の内訳は前章の結果に近く，プログラム1の内訳も参考にできそうです．各関数の合計プラス8は全体よりも大きいですが，測定手法や最適化による誤差と考えて無視します．

プログラム2：LFOの実装

● プログラム

リスト9(**リスト2**～**リスト7**との差分のみ)ではLFOを実装し，音にビブラート効果やワウ効果がかか

るようにしました(初期設定値ではワウ効果は無効).

この変更によって，最大処理時間は410から457に，LFO_control()単独の最大処理時間は0から42に増加しました.

▶ **LFO_init()**

レート設定値に対応する周波数値を格納するテーブル(LFO_freq_table)を初期化します．レート設定値0で対応する周波数が約0.2Hz，32で約2Hz，64で約20Hzと周波数は指数関数的に増大します.

▶ **LFO_control()**

レート設定値に対応する周波数値の分だけ位相(phase)を増加させ，位相から三角波の値を計算して最後にLFO出力(LFO_out)を更新します．オシレータとは異なり，制御信号として使いやすいように倍音は制限していません.

なお，オシレータのピッチを対象にしたモジュレーションは新しい周波数成分を作り出し，エイリアス・ノイズを発生させる可能性があります．プログラム2では気にならないと思いますが，高い周波数を扱えるようにLFOを改造する場合などには注意が必要です.

リスト9　LFOの実装により音にビブラート/ワウ効果をかける

```
static uint32_t LFO_freq_table[65];     // 周波数
static volatile uint32_t LFO_rat = 48;  // レート
static Q14 LFO_out = 0;                 // LFO出力

static void LFO_init() {
  for (uint32_t rat = 0; rat < 65; ++rat) {
    LFO_freq_table[rat] = 2 * powf(10,
        (rat - 32.0F) / 32) * (1LL << 32) / FS;
  }
}
static inline void LFO_control() {
  static uint32_t phase; // 位相
  phase += LFO_freq_table[LFO_rat];
  uint16_t out = (phase >> 16) + 0x4000;
  int32_t fall = out >= 0x8000;
  out = out * (1 - fall) + (0x10000 - out) * fall;
  LFO_out = (out - 0x4000) >> 1;
}
```

プログラム3：EGの実装

● プログラム

リスト10でEGを実装し，押鍵や離鍵によって音色や音の大きさの変化が始まるシンセサイザらしい音を出せるようにしました.

この変更によって，最大処理時間は457から601に，EG_control()単独の最大処理時間は25から185に大きく増加しました.

▶ **EG_init()**

出力値の指数関数的変化を実現するための係数(制御関数の呼び出しごとに現在値と目標値の差に乗算する値)を格納するテーブル(EG_table)を初期化します．アタック，ディケイ，リリースの設定値は，

- 0：約1ms
- 32：約100ms
- 64：約10s

と，時間は指数関数的に増大します.

▶ **EG_control()**

前半では，最新のゲート入力値(in_gate)，トリガ入力値(in_trig)と現在のレベル(curr_level，Q14型では精度が不足するのでQ28型)，ゲート入力値(curr_gate)，トリガ入力値(curr_trig)，アタック状態(curr_att)を参照して，これらを更新します.

リスト10　EGの実装により押鍵/離鍵によって音色や音の大きさの変化が始まるようにする

```
static Q28 EG_table[81];                // 係数
static volatile uint32_t EG_att = 32;// アタック
static volatile uint32_t EG_dec = 48;// ディケイ
static volatile uint32_t EG_sus = 32;// サステイン
static volatile uint32_t EG_rel = 48;// リリース
static Q14 EG_out = 0;                  // EG出力

static inline void EG_init() {
  for (uint32_t time = 0; time < 81; ++time) {
    EG_table[time] = float2fix(powf(0.5F, 1.0F /
      (480 * powf(10, (time - 32.0F) / 16))), 28);
  }
}
static inline void EG_control(Q14 in_gate,
                              Q14 in_trig) {
  static Q28     curr_level = 0;//現在レベル
  static int32_t curr_gate  = 0;//現在ゲート入力値
  static int32_t curr_trig  = 0;//現在トリガ入力値
  static int32_t curr_att   = 0;//現在アタック状態
  int32_t prev_gate = curr_gate;
  int32_t prev_trig = curr_trig;
  curr_gate = in_gate >= (ONE_Q14 >> 1);
  curr_trig = in_trig >= (ONE_Q14 >> 1);
  curr_att |= !prev_gate & curr_gate;
  curr_att |= !prev_trig & curr_trig;
  curr_att &= (curr_level != ONE_Q28) & curr_gate;

  int32_t curr_dec_sus = !curr_att &  curr_gate;
  int32_t curr_rel     = !curr_att & !curr_gate;

  Q28 eff_sus = (EG_sus << 22) - curr_level;
  eff_sus = (eff_sus < 0) * eff_sus + curr_level;
  Q28 targ_level = curr_att     * (ONE_Q28 << 1);
  targ_level    += curr_dec_sus * eff_sus;

  uint32_t time = curr_att     * (EG_att + 16);
  time         += curr_dec_sus *  EG_dec;
  time         += curr_rel     *  EG_rel;
  Q28 coef = EG_table[time];

  curr_level = (targ_level + (mul_32_32_h32(
      curr_level - targ_level, coef) << 4)) -
                                      ONE_Q28;
  curr_level = (curr_level < 0) * curr_level +
                                      ONE_Q28;
  EG_out = curr_level >> 14;
}
```

開発環境　プログラマブルI/O　USB　リアルタイムOS　人工知能　活用事例　RP2040実験　MicroPython基礎知識　MicroPython拡張モジュール　PicoW活用事例

リスト11　プログラム3のアセンブラ・ソースでは条件分岐命令BCSが使われている

```
        cmp      r3, r4
        bcs      .L13
        movs     r5, r0
.L13:
```

後半では，まずcurr_attとcurr_gateから現在ディケイまたはサステイン状態（curr_dec_sus），リリース状態（curr_rel）かどうかを判断します．

次に，現在の状態，ADSR設定値，EG_tableから目標レベル（targ_level）と使用する係数（coef）を求めます．

最後に新しいcurr_levelを計算してEG出力（EG_out）を更新します．有効なサステイン・レベル（eff_sus）はcurr_level以下に，curr_levelは1.0以下に収まるように補正します．EGの実装方法の詳細は参考文献(4)，(5)などを参照してください．

■ アセンブラ・ソースにおける条件分岐の扱い方

● コンパイラの判断で条件分岐が使われる場合もある

オーディオ処理関数や制御関数では，処理時間のばらつきにつながる条件分岐をなるべく使わないようにしていますが，コンパイラの判断でCPUの条件分岐命令が使われる場合もあります．

例えば，プログラム3の

```
Fil_cur_cut += (Fil_cur_cut < targ_cut) * delta;
```

の行は，アセンブラ・ソースpico_synth.s（コメントは省略）では**リスト11**のように条件分岐命令BCSが使われています．

ただし，直後のMOVSは1サイクルの命令(6)で，Cortex-M0+は分岐によるペナルティが1サイクル(7)のため，この場合は分岐結果に関係なく消費サイクル数が一定になります．

● 条件分岐命令は検索をかけてプログラムを書き直す

pico_synth.sで条件分岐命令（Bから始まる3文字のアセンブラ命令）を検索しつつ，プログラムの書き方を工夫すれば，コンパイル結果をある程度コントロールできるでしょう．ただし，別の箇所の変更でコンパイル結果が変わることもありますし，CPUやコンパイラに依存するので移植性は高くありません．

少なくとも，処理時間が最大になる条件の推測やテストが困難にならないように，リアルタイム信号処理では条件分岐を乱用しないほうがよいと思います．

プログラム4：制御処理を軽量化1

プログラム3の最大処理時間は601なので，1コアで使用できる処理時間を2000とすると，単純計算で3音までしか処理できなさそうです．しかし，シンセサイザを和音演奏に対応させる場合には，少なくとも4和音は鳴らしたいところです．

● 制御関数の呼び出し回数を減らす

リスト12では，switch文を使って4回の割り込みに1回だけ各制御関数を呼び出すように変更しました．また，フィルタ，LFO，EGの時間関係の値も修正しました．

リスト12　軽量化1…4回の割り込みに1回だけ各制御関数を呼び出すように変更する

```
(略)
//////// フィルタ ////////////////////////////////////
(略)
static inline void Fil_control(Q14 in_mo1,
                               Q14 in_mo2) {
(略)
  uint32_t delta = ((++call_counter & 0x0) == 0);
(略)
}
(略)
//////// LFO ////////////////////////////////////////
(略)
static void LFO_init() {
(略)
    LFO_freq_table[rat] = 8 * powf(10,
          (rat - 32.0F) / 32) * (1LL << 32) / FS;
(略)
}
(略)
//////// EG /////////////////////////////////////////
(略)
static inline void EG_init() {
(略)
    EG_table[time] = float2fix(powf(0.5F, 1.0F /
      (120 * powf(10, (time - 32.0F) / 16))), 28);
(略)
}
(略)
//////// 割り込みハンドラとメイン関数 ////////////
(略)
static void pwm_irq_handler() {
(略)
  static uint32_t irq_counter = 0; // 割り込み回数
  switch (++irq_counter & 0x3) {
  case 0: Osc_control(Kb_pitch, LFO_out); break;
  case 1: Fil_control(LFO_out, EG_out);
          Amp_control(EG_out); break;
  case 2: LFO_control(); break;
  case 3: EG_control(Kb_gate, Kb_trig); break;
  }
(略)
}
(略)
```

リスト13　軽量化2…EG_control()の前半と後半を別々の割り込みで処理するように変更する

```
(略)
//////// EG ////////////////////////////////////////
(略)
static inline void EG_control(int32_t phase,
                  Q14 in_gate, Q14 in_trig) {
(略)
if (phase == 0) {
  int32_t prev_gate = curr_gate;
(略)
} else {
  int32_t curr_dec_sus = !curr_att &  curr_gate;
(略)
}
}
(略)
//////// 割り込みハンドラとメイン関数 ////////////
(略)
static void pwm_irq_handler() {
(略)
  case 2: LFO_control();
          EG_control(0, Kb_gate, Kb_trig); break;
  case 3: EG_control(1, 0, 0); break;
(略)
}
(略)
```

● 最大処理時間は大幅に減少

この変更で最大処理時間は601から430に大きく減少しました．条件分岐のために処理時間にばらつきが生じるようになりましたが，一番時間がかかるケースで最大処理時間が決まることは明らかなので，問題はありません．

```
start:  44/  73, process: 307/ 430
```

制御関数を低頻度で呼ぶことで処理時間は抑えられますが，音の変化の滑らかさや，押鍵/離鍵から音が鳴る/止まるまでの遅延への影響には注意が必要です．

プログラム5：制御処理を軽量化2

● 割り込み処理を別々にする

リスト13では，EG_control()の前半と後半を別々の割り込みで処理するように変更しました．この変更によって，最大処理時間は430から373に減少し，EG_control()単独の最大処理時間は185から65（前半）と123（後半）に変化しました．これなら1コアで5音を処理できそうです．

● 処理時間の合計はほとんど変化しない

このプログラム5については，この変更で処理時間の合計はほぼ変わらないので採用するかどうかは状況に応じて判断すべきでしょう．

プログラム4とプログラム5でプログラムの軽量化は一区切りとします．

リスト14　USB通信による標準入出力を有効にしてリンク対象のライブラリを追加

```
(略)
pico_enable_stdio_usb(pico_synth 1)
(略)
target_link_libraries(pico_synth pico_stdlib
  pico_multicore hardware_irq hardware_pwm)
(略)
```

リスト15　PWM用の割り込みハンドラをコア1で処理するように変更する

```
(略)
#include "pico/float.h"
#include "pico/multicore.h"
(略)
//////// 割り込みハンドラとメイン関数 ////////////
(略)
int main() {
(略)
  multicore_launch_core1(PWMA_init);
(略)
}
(略)
```

プログラム6：USB通信に対応させる

リスト14，**リスト15**では，前章のプログラム10と同じ手法でUSB通信に対応してみました．テストした範囲では，最大処理時間は373から403に増加しました．

```
start:  45/  50, process: 350/ 403
```

● 機能追加による最大処理時間の増加に伴う対策

各プログラムの最大処理時間の内訳より，プログラム5に2個目のオシレータと2個目のEGを追加しても，1コアで4音を処理可能と推測します．しかし，信号処理機能を追加すればするほど最大処理時間は大きくなっていきます．

そこで，以下のような選択肢の検討も必要になるかも知れません．

- 和音演奏には対応しない
- 和音演奏に対応するが，複数の音でオシレータ以外の部品を共用する
- 両方のコアで信号処理を行えるように工夫する

信号処理以外では，シンセサイザを演奏しやすくするためのMIDIプロトコルへの対応や，音質改善のための外付けD-Aコンバータへの対応が有効だと思います．

いしがき・りょう

リアルタイムOS TOPPERS/ASPを利用する

128×128ドット・マトリクスLEDによる掲示板

石岡 之也

adc	flash	multicore
blink	gpio	pico_w
clocks	hello_world	picoboard
cmake	i2c	pio
divider	ide/vscode	pwm
dma	interp	reset

図1　pico-examplesはたくさんある

master　pico-examples / pio / **hub75** /

kilograham Cleanup 3rd party samples; update I	
..	
CMakeLists.txt	Init
Readme.md	Init
hub75.c	Init
hub75.pio	Cle
mountains_128x64.png	Init
mountains_128x64_rgb565.h	Init

図2　pioディレクトリ配下のhub75

● ラズベリーパイ財団が提供する豊富なサンプルがある

ラズベリー・パイPico（以後，Pico）には，Picoに搭載するマイコンRP2040上でデバイスの利用を容易にするためのpico-sdk[注1]というサブルーチン群が，ラズベリーパイ財団から提供されています．また，pico-sdkを使ったさらにアプリケーションに近いソフトウェアのサンプルとしてpico-examples[注2]というソフトウェア群も提供されています．このpico-examplesには，I²CやSPIを使ったセンサ制御からタイマやGPIOなどの利用例が多数収録されています．

● pico-examplesにあったマトリクスLED制御のためのサンプルを利用する

筆者の手元にあったマトリクスLEDパネルを制御するためのサンプル・プログラムがpio/hub75に用意されていたことと，pico-examlpesを使ったソフトウェアの開発例がほとんどなかったことから，このコードを使って電光掲示板を作ってみようと考えました．

注1：https://github.com/raspberrypi/pico-sdk
注2：https://github.com/raspberrypi/pico-examples

PIOを使ってマトリクスLEDに出力するサンプルhub75

● サンプルに加える改造

pico-examplesは，図1に示したようなRP2040上のデバイスを使ったプログラムが，ソースコードとしてネットから取得できます．今回はpioディレクトリ配下のhub75というソースコード（図2）を流用して，電光掲示板を実現しました．

このhub75は，ソースコード内の配列データとして埋め込まれたRGB565形式の画像データをPIOを使って128×64ピクセルのマトリクスLEDパネルへ出力するプログラムです．これの画像出力部に関して，

- 出力するピクセル数を縦方向2倍にする
- BMP形式のデータを扱えるようにする
- SDカードからBMP形式のデータをファイルとして読み込む

これら変更を施すことで，比較的容易に移植できました．

```
HUB75E Pinout:

      /-----\
R0   | o o | G0
B0   | o o | GND      R0 - GPIO0
R1   | o o | G1       G0 - GPIO1
B1   \ o o | E        B0 - GPIO2
A    / o o | B        R1 - GPIO3
C    | o o | D        G1 - GPIO4
CLK  | o o | STB      B1 - GPIO5
OEn  | o o | GND
      \-----/
```

図3　HUB75E規格のピン配置がhub75サンプルの中にも記載されている

また，pico-examplesでほかのデバイスを使ってみたいと思った場合，**図3**に示すような接続情報が各デバイスのフォルダに記されています．この説明に従ってハードウェアの作成や結線をすることで，各フォルダのサンプル・コードを実際に動かして試すことができます．

製作する電光掲示板

● 仕様

製作した電光掲示板は64×64ピクセルのマトリクスLEDパネルを4枚使って，128×128ピクセル，サイズは32cm×32cmです．

SPI接続でSDカードにアクセスし，FATファイル・システム上のファイルの読み書きが可能です．今回はSDカード上にあらかじめ記録されているBMP形式のイメージとテキスト・ファイルの内容をマトリクスLEDパネル上に表示します．上方の128×110ピクセルにSDカード上のBMPファイルの画像を表示，下方の128×16ピクセルでSDカード上のテキスト・ファイルの内容をスライドしながら表示します．表示する文字種は半角ASCIIのほか，全角の漢字や記号です．表示例が**写真1**になります．

1つのBMPファイルと1つのテキスト・ファイルを一組としてLEDパネル上方に画像を表示後，下端でテキスト・ファイルの内容を右から左へスライドしながら文章を表示します．テキスト・ファイルの内容を表示し終わったら次の組へ切り替えて表示を行っていきます．

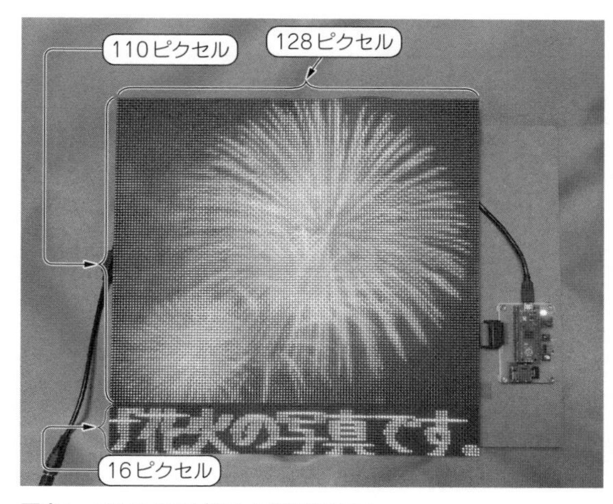

写真1　128×128ピクセル電光掲示板
上側110ピクセルと下側16ピクセルの間に2ピクセルぶんの空きを設けてある

表1　電光掲示板の表示に必要なファイルは16

1組目	image1.bmp	text1.txt
2組目	image2.bmp	text2.txt
3組目	image3.bmp	text3.txt
4組目	image4.bmp	text4.txt
5組目	image5.bmp	text5.txt
6組目	image6.bmp	text6.txt
7組目	image7.bmp	text7.txt
8組目	image8.bmp	text8.txt

BMPファイルとテキスト・ファイルは8組で，全てを表示し終わったら1組目へ戻って表示を続けます．

● 使い方

電光掲示板の電源を入れる前に表示するBMPファイルとテキスト・ファイルをSDカードへ書き込む必要があります．**表1**に示す16ファイルが必要で，次に説明する仕様でファイルを作成してSDカードへ書き込みます．数字が同じファイルが，表示する際の組になります．

SDカードは，FATファイル・システムでフォーマットし，ファイル書き込み後に電光掲示板へセットします．SDカードをセット後，電光掲示板の電源を入れれば画像とテキストがマトリクスLEDパネルへ表示されます．

なお，筆者提供プログラムの中にサンプルが含まれるので，電光掲示板の動作確認に利用してください．

● BMPファイルの仕様

image*.bmpがBMPファイルになります．横128ピクセル，縦110ピクセルの画像ファイルを作成して

表2　電光掲示板を構成する主な部品

名　称	型　名	備　考
ラズベリー・パイ Pico	Raspberry Pi Pico	https://akizukidenshi.com/catalog/g/gM-16132/
SDカード・スロット・モジュール	Aideepen 5個セットマイクロSDストレージ拡張ボードマイクロSDカードメモリシールドモジュール	https://www.amazon.co.jp/dp/B07MB9TS13/
64×64マトリクスLEDパネル 4枚	64×64フルカラーLEDパネル（HUB75E）	https://www.shigezone.com/product/64x64ledpanelp25/
5V，3A ACアダプタ 2個	スイッチングACアダプター5V3A STD-05030U	https://akizukidenshi.com/catalog/g/gM-06841/

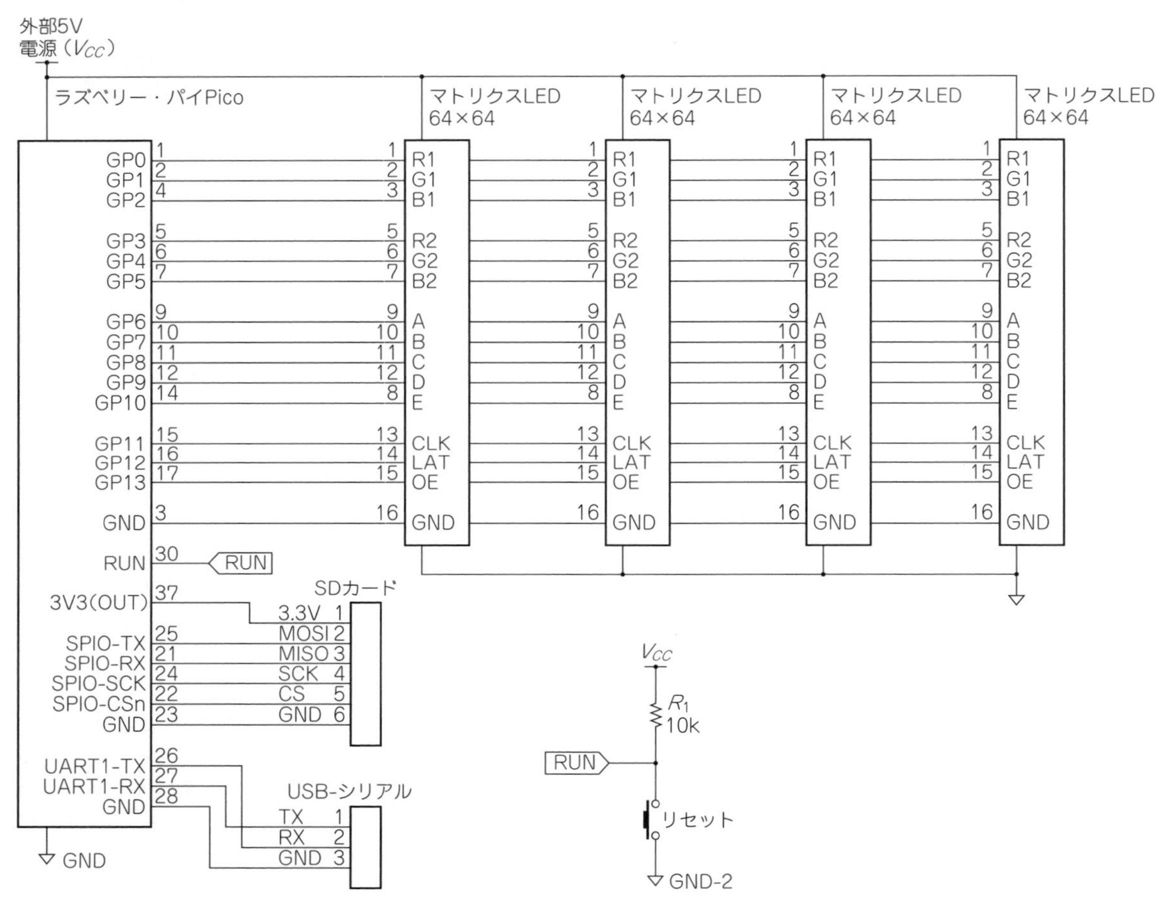

図4　製作した電光掲示板の回路

ください．縦横のピクセル数の調整は行わないため異なるサイズのファイルを作成した場合，表示が崩れます．

1ピクセルの色情報は16ビットのRGB565，24ビットのRGB888，32ビットの形式のデータが表示できると思います．256色以下やインデックス・カラー形式のファイルは表示できません．

Windowsのペイントでの24ビット・ビットマップ，フリーソフトのGIMPでの16ビット R5G6B5，24ビット R8G8B8，32ビットで作成したBMPファイルが使えると思います．

● テキスト・ファイルの仕様

text*.txtがテキスト・ファイルになります．最大全角200文字分のデータを表示できます．

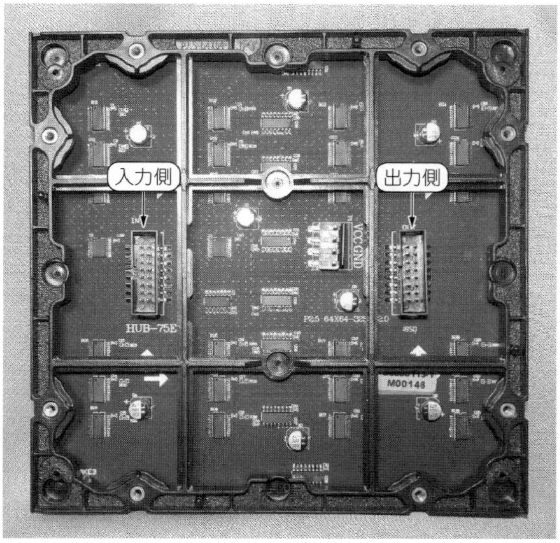

写真2　LEDパネル裏面
HUB75E規格に準ずる入出力コネクタを利用すると多段接続が可能

ハードウェア

● 部品表

電光掲示板を構成する主な部品を**表2**に示します．この他にコネクタやソケット，ケーブル，ユニバーサル基板などが必要となります．SDカードはSPI接続可能なモジュールであれば問題ありません．

● 電源…ACアダプタを2個

電源は5Vで動作しますが，マトリクスLEDパネルへ表示する画像によって消費電流が大きく変わります．筆者が試した画像ですと5V，4Aでは少し足りていないようです．5V，3Aを2つ使って，PicoとLEDパネル2枚に1つのACアダプタ，もう1つをほかのLEDパネル2枚に接続しました．電圧は5Vですが電流が大きくなるのでLEDパネルへの配線は，少しアナログ回路のセンスが必要かと思います．

● 接続図

図4が製作した電光掲示板の回路です．この図では，マトリクスLEDパネルの接続を簡略化して表記していますが，**写真2**のようにLEDパネル裏面にあるコネクタには信号線の入力側と出力側があり，出力側のコネクタは次段のLEDパネルの入力側に接続することで複数のLEDパネルを多段接続できます．今回は64×64ピクセルのマトリクスLEDパネルを4枚使用しますので，各LEDパネルを**図5**のように接続して使用します．図はLEDパネルの表示面が誌面側であり，最初の入力になるPico側が右下，次が左下，次が右上，そして最後が左上という位置関係になります．

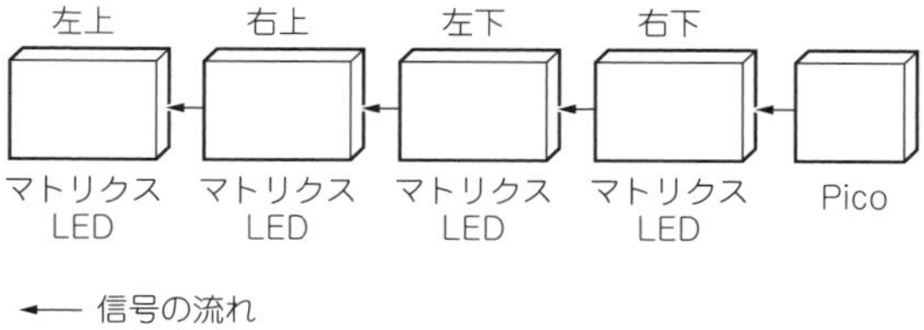

図5　各LEDパネルの接続

ソフトウェア

● 筆者提供プログラムがある

本誌サポート・ページからpico-big-panel-src.tar.gzというファイルを提供します．

https://interface.cqpub.co.jp/2023pico/

このファイルをPico標準開発環境であるラズベリー・パイで展開すると，**図6**のようなツリー構造のソース・ファイルが取得できます．なお**図6**はポイントとなるディレクトリやファイルのみを記してあります．

展開したツリー内のbuild/asp.uf2が，筆者の環境でビルドした実行ファイルになります．この実行ファイルをPicoへ書き込むことで，電光掲示板として動かすことができます．

● リアルタイムOSを使っている

電光掲示板のプログラムには，Pico用のTOPPERS/ASPというリアルタイムOSを用いています．今回の電光掲示板向けに不要なデバッグ・コードの削除や，筆者が使っているビルド環境でビルドに失敗する問題に対処するため，ソースコードに少し変更を加えています．このためTOPPERS/ASPやコンフィグレーション・コマンドのソースコードも含めているため全体のファイル数や規模が大きくなっています．

なお，ビルドにはpico-sdkのソースコードも必要になりますが，このソースコードは含まれていないため，自身でビルドを行う場合には以降に記している手順でpico-sdkのソースコードをダウンロードする必要があります．

● hub75配下のファイルについて

今回の電光掲示板ではpico-examples/pio/hub75配下のファイル，コードを使って製作しています．マトリクスLEDパネルのインターフェースとしてHUB-75

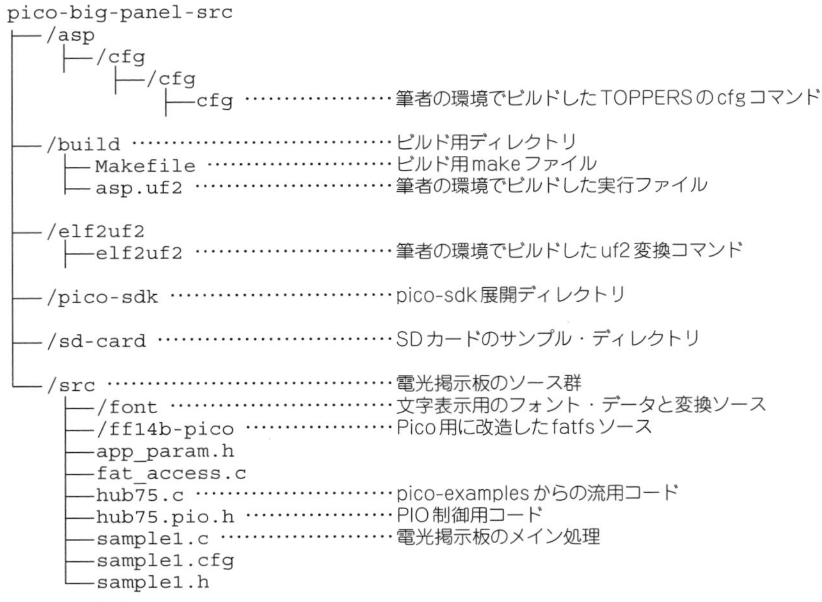

図6　筆者提供のファイルの構成

という形式が一般的に使われています．pico-examplesでは，PicoのPIOという機能を使ってHUB-75形式のインターフェースを制御しています．

このディレクトリ内にはデモとしてLEDパネルへ表示する画像データや，cmakeでビルドするのに必要なファイルなども含まれますが，実際にLEDパネルに表示を行うために，HUB-75の制御に必要なのは以下の2ファイルになります．

```
pio/hub75/hub75.c
pio/hub75/hub75.pio
```

▶ **hub75.pio**

このうちpio/hub75/hub75.pioは，PIOへ書き込むコードであり，専用のマクロ形式で記述され，このままではコンパイルできません．

pico-sdkが提供するpico_generate_pio_headerという変換ツールを使ってC言語のヘッダ・ファイルへ変換できるようです．しかし，ほかのビルド環境での利用方法が分からなかったため，今回はpico-examples内のファイル群をcmakeでビルドして得られたhub75.pio.hを抜き出して利用しています．

▶ **sample1.c**

電光掲示板全体の制御はsample1.cというTOPPERS/ASPのサンプル・コードを流用，改造して利用しています．このファイル内のmain_task関数からタスクの起動やデバイスの初期化，ファイルの読み込み，HUB-75への出力処理など，各種処理が開始されています．

ビルド環境の構築

ソースコードを改造してビルドが必要な人のためにラズベリー・パイ4上での環境構築やビルド方法を説明します．

● SDカードのイメージ・ファイルをダウンロード

ラズベリー・パイ環境を構築するため，https://ubuntu.com/download/raspberry-piのページにある「Ubuntu Server 22.04.1 LTS」の「Download 64-bit」でSDカードのイメージ・ファイルubuntu-22.04.1-preinstalled-server-arm64+raspi.img.xzをダウンロードします．

ダウロードしたイメージ・ファイルの展開などを行いSDカードへ書き込みます．書き込みが終わったら，作成したSDカードでラズベリー・パイ4を起動し，ネットワークの配線や設定を行い，ラズベリー・パイ4からインターネットへアクセスできるようにします．

● 必要なパッケージをインストール

設定が終わったら，以下のコマンドでビルドなどに必要なパッケージをインストールしてください．

```
sudo apt-get update↵
sudo apt-get install -y cmake gcc-arm-none-eabi libnewlib-arm-none-eabi build-essential↵
```

```
sudo apt-get install -y libboost-all-dev libxerces-c-dev unzip↵
```

● ダウンロードしたデータの展開

先ほどダウンロードして得られたpico-big-panel-src.tar.gzをラズベリー・パイ4上に転送，展開します．ラズベリー・パイ4上で再度ダウンロード，展開しても構いません．展開後，pico-big-panel-srcディレクトリへ移動します．以下のコマンドを実行してpico-sdkのソースツリーを取得します．pico-sdkディレクトリ配下にファイルがダウンロードされます．

```
git clone -b master https://github.com/raspberrypi/pico-sdk.git↵
```

uf2変換コマンドを作成するため，elf2uf2ディレクトリへ移動し，pico-sdkからelf2uf2コマンドのmakeに必要なファイルの構築とビルドを行います．ビルド後，elf2uf2コマンドの作成日時が更新されていれば成功です．

```
cd elf2uf2↵
cmake ../pico-sdk/tools/elf2uf2↵
make↵
```

次にTOPPERS/ASPのビルドに必要なcfgコマンドを作成します．pico-big-panel-src/cfgディレクトリへ移動し，cfgコマンドのビルドに必要なコンフィグレーションの実行とビルドを行います．

```
cd cfg↵
./configure --with-libraries=/usr/↵
lib/aarch64-linux-gnu↵
make OPTIONS=-std=c++11↵
```

ビルド完了後，

```
./cfg/cfg -v↵
```

を実行し「TOPPERS Kernel Configurator version 1.9.6」というメッセージが表示されたら，cfgコマンドの作成は成功です．作成後，以下のコマンドでaspディレクトリ配下へcfgコマンドをコピーしてください．これで電光掲示板のソースコードのビルドに必要な環境構築が完了です．

```
cp ./cfg/cfg ../asp/cfg/cfg/cfg↵
```

● ソースコードのビルド

電光掲示板のソースコードをビルドするため，pico-big-panel-src/buildディレクトリへ移動し，ビルドを行います．ビルド完了後，asp.uf2ファイルの作成日時が更新されていれば成功です．

```
cd build↵
make↵
```

ビルドしたasp.uf2ファイルをPicoへ書き込めば，変更したプログラムを実行できます．

いしおか・ゆきや

C/C++でHello world!＆Lチカ

第1章 自前のプログラムをビルドする

中森 章

サンプル・プログラムをビルドする

いろいろな機能を有しているPicoですが，いきなり与えられてもどうやってプログラムを作ればよいか途方に暮れてしまいます．そこで，Picoには「Getting started with Raspberry Pi Pico」(4)という初心者のための指南書(チュートリアル)が用意されています．これに従って操作すればラズベリーパイ財団が提供しているサンプル・プログラムをビルドできます注1．このサンプル・プログラムはいろいろなユース・ケースが想定されており，「チョイ変」で所望のプログラムを作れます．

筆者は，Windowsでの開発を好んでいますから，Windowsでの開発を行うために，上述のチュートリアルの9.2章に従って，公式SDKを使って，pico-exampleというサンプル・コードのビルドを行います．

● (1) 必要なルールをインストールする

pico-exampleのビルドには次のツールが必要です．

- Arm GCC compiler
- CMake
- Build Tools for Visual Studio 2019
- Python 3.9
- Git

チュートリアルの9.2.1章に記載されているツール名をダブル・クリックするとそれぞれのツールが自動的にインストールされます．

● (2) Visual Studio 2019を起動してコマンド・ウィンドウを立ち上げる

このコマンド・ウィンドウの中で，チュートリアルに従って，公式SDKとpico-exampleをダウンロードします．それは次の手順で行います．

```
git clone -b master https://github.com/raspberrypi/pico-sdk.git↵
cd pico-sdk↵
git submodule update --init↵
cd ..↵
git clone -b master https://github.com/raspberrypi/pico-examples.git↵
```

注1：「Getting started with Raspberry Pi Pico」は頻繁に改版されています．本稿では2021年4月7日の版に従って説明します．

● (3) pico-examplesをビルドする

次の手順を実行します．

```
setx PICO_SDK_PATH "../../pico-sdk"↵
cd pico-examples↵
mkdir build↵
cd build↵
cmake -G "NMake Makefiles" ..↵
nmake↵
```

このようにすることで，pico-examplesで提供されている全てのプログラムがビルドされます．ここで注意することは，チュートリアルではPICO_SDK_PATHのパスの区切りが「＼(バック・スラッシュ)」になっていますが，日本語キーボードの「¥」ではうまくいかないようです．普通のスラッシュ「/」にしてください．

● (4) ビルドされたサンプル・ファイルを実行する

ビルド結果は，buildディレクトリの下に作られます(ソース・ファイルは，1つ上のpico-examplesディレクトリにある)．各ディレクトリに生成される*.uf2というファイルが実行形式のファイルです．

ここで，PicoのBOOTSELボタンを押しながらUSBケーブルを接続すると，PCの画面上にMSD(マス・ストレージ・デバイス)として「PRI-PR2」という名前のウィンドウが開きます．このウィンドウに*.uf2ファイルをドラッグ＆ドロップすると，*.uf2ファイルの実行が始まります．例えば，

```
pico-examples/build/hello_world/usb/hello_usb.uf2
```

というファイルをドラッグ＆ドロップするとPCの端末上に「Hello. world!」が永遠に表示されます．この様子を図1に示します．

自前のプログラムをビルドする

● チュートリアルではよく分からなかった

チュートリアルGetting started with Raspberry Pi Pico(4)に従えば，pico-examplesで示されたプログラムを簡単にビルドすることができます．しかし，自前のプログラムを作ってビルドするためにはどうすればよいでしょうか．チュートリアルを読んでもよく分かりません．

これが正式なやり方かどうかは不明ですが，苦肉の策として筆者が考え出したのが，pico-examplesディレクトリの直下にあるCMakeLists.txtというファイル内にadd_subdirectory(自前のプログラムがあるフォルダ名)を追加して(他のプログラムのadd_subdirectoryの行は削除して)，sdk-examplesの全ビルド(チュートリアルの中にある方法)を実行する方法です．ここで，add_subdirectoryの行を1行だけにしておけば，それで指定したプログラムだけがビルドされます．つまり，そこに自前のプログラムを指定すれば，自前のプログラムだけがビルドされます．

● 筆者独自の方法でビルドしてみる

試しに自前のプログラムをビルドしてみましょう．とはいえ，スクラッチ(何も手本がない状態)からプログラムを作るのはハードルが高いので，既存のプログラムを少し変えてみます．

pico-examplesディレクトリの中には，blinkというディレクトリの中に250msごとに，Pico上のLEDを点滅(Lチカ)するプログラムがあります．これを1秒間隔の点滅に変えてみます．それは，待ち時間を250msから1000msに変えれば実現できます．

まず，pico-examplesディレクトリの直下にhogeというディレクトリを作ります．そこにblinkディレクトリの内容をコピーします．プログラムのファイル名はとりあえず，そのまま(blink.cのまま)にしておきます．ここで，重要なのは，一緒にコピーしてきたCMakeLists.txtの中身です．これをhogeのプログラムをビルドするように書き換えます．

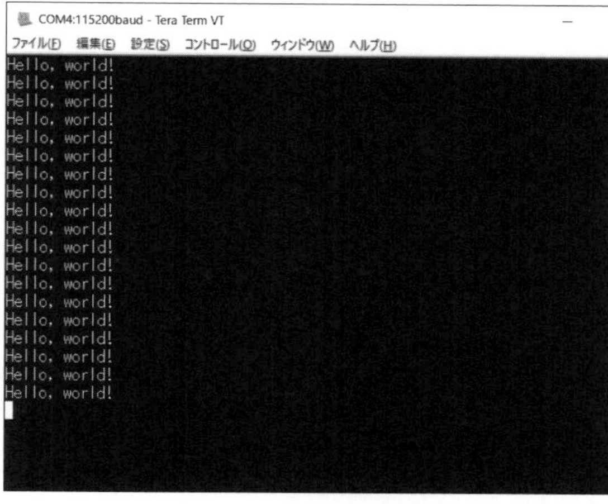

図1 pico-examplesにあるサンプル・プログラムの実行結果
「Hello. world!」が永遠に表示される(Tera Term上の画面)

リスト1に書き換え前，**リスト2**に書き換え後のCMakeLists.txtを示します．

ファイル名であるblink.cを除いて，blinkがディレクトリ名か，あるいはプロジェクト名と思われます．このblinkをhogeに書き換えます．

次はpico-examples階層のCMakeLists.txtを書き換えます．書き換え前は**リスト3**のようになっています．これをadd_subdirectoryの行を1つにして，そこでhogeを指定します．その結果が**リスト4**です．

肝心のプログラムも書き換えをしないといけません．その結果が**リスト5**です．sleep_ms関数の引数を250から1000に書き換えただけです．

それでは，hogeをビルドしてみましょう．まず，Visual Studioを起動します．「最近開いた項目」にpico-examplesがある(**図2**)ので，そこをダブル・

リスト1 pico-examplesのサンプル・プログラムblinkをビルドするCMakeLists.txtの中身

```
add_executable(blink
        blink.c
        )

# Pull in our pico_stdlib which pulls in commonly
                                    used features
target_link_libraries(blink pico_stdlib)

# create map/bin/hex file etc.
pico_add_extra_outputs(blink)

# add url via pico_set_program_url
example_auto_set_url(blink)
```

リスト2 リスト1の内容を変更して自前プログラムhogeをビルドするように書き換えたCMakeLists.txt

```
add_executable(hoge
        blink.c
        )

# Pull in our pico_stdlib which pulls in commonly
                                    used features
target_link_libraries(hoge pico_stdlib)

# create map/bin/hex file etc.
pico_add_extra_outputs(hoge)

# add url via pico_set_program_url
example_auto_set_url(hoge)
```

リスト3　**pico-examples**の階層にある**CMakeLists.txt**．**pico-examples**の全てのサンプル・プログラムをビルドするような指定になっている

```
cmake_minimum_required(VERSION 3.12)

# Pull in SDK (must be before project)
include(pico_sdk_import.cmake)

project(pico_examples C CXX ASM)
set(CMAKE_C_STANDARD 11)
set(CMAKE_CXX_STANDARD 17)

set(PICO_EXAMPLES_PATH ${PROJECT_SOURCE_DIR})

# Initialize the SDK
pico_sdk_init()

include(example_auto_set_url.cmake)
# Add blink example
add_subdirectory(blink)

# Add hello world example
add_subdirectory(hello_world)

# Hardware-specific examples in subdirectories:
add_subdirectory(adc)
add_subdirectory(clocks)
add_subdirectory(cmake)
add_subdirectory(divider)
add_subdirectory(dma)
add_subdirectory(flash)
add_subdirectory(gpio)
add_subdirectory(i2c)
add_subdirectory(interp)
add_subdirectory(multicore)
add_subdirectory(picoboard)
add_subdirectory(pio)
add_subdirectory(pwm)
add_subdirectory(reset)
add_subdirectory(rtc)
add_subdirectory(spi)
add_subdirectory(system)
add_subdirectory(timer)
add_subdirectory(uart)
add_subdirectory(usb)
add_subdirectory(watchdog)
```

リスト4　リスト3の**add_subdirectory**の行を1行のみにして，今回作成する**hoge**を指定したもの

```
cmake_minimum_required(VERSION 3.12)

# Pull in SDK (must be before project)
include(pico_sdk_import.cmake)

project(pico_examples C CXX ASM)
set(CMAKE_C_STANDARD 11)
set(CMAKE_CXX_STANDARD 17)

set(PICO_EXAMPLES_PATH ${PROJECT_SOURCE_DIR})

# Initialize the SDK
pico_sdk_init()

include(example_auto_set_url.cmake)
# Add blink example
add_subdirectory(hoge)
```

リスト5　自前のプログラムである**hoge**の本体．**sleep_ms**関数の引数を250から1000に書き換えただけ

```
#include "pico/stdlib.h"

int main() {
    const uint LED_PIN = 25;
    gpio_init(LED_PIN);
    gpio_set_dir(LED_PIN, GPIO_OUT);
    while (true) {
        gpio_put(LED_PIN, 1);
//      sleep_ms(250);
        sleep_ms(1000);
        gpio_put(LED_PIN, 0);
//      sleep_ms(250);
        sleep_ms(1000);
    }
}
```

図2　Visudal Studioを立ち上げたところ
既にpico-examplesディレクトリのサンプル・プログラムの全ビルドが終わった後での立ち上げなので履歴としてpico-examplesが残っている

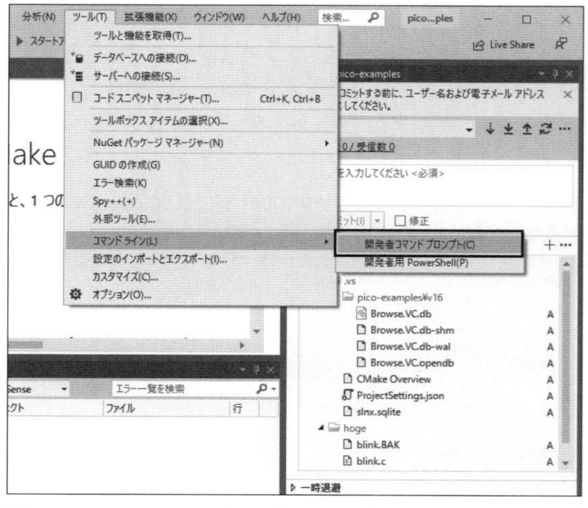

図3　Visual Studioのエクスプローラが立ち上がったところ
コマンド・ウィンドウを起動しようとしている

```
C:\Users\nakamori\Downloads\pico-examples>cd build

C:\Users\nakamori\Downloads\pico-examples\build>setx
PICO_SDK_PATH "../../pico-sdk"

成功: 指定した値は保存されました。

C:\Users\nakamori\Downloads\pico-examples\build>cmake -G
"NMake Makefiles" ..
      ～(出力メッセージ省略)～

C:\Users\nakamori\Downloads\pico-examples\build>nmake

      ～(出力メッセージ途中省略)～

[100%] Built target hoge
```

図4　Visual Studioのコマンド・ウィンドウ内でhogeをビルドしているところ

写真2　Pico上のLEDを点滅(Lチカ)する様子
1秒間隔の点滅に変えてみる

クリックします．すると，Visual Studioのエクスプローラが立ち上がるので，ツール・タブから[開発者用コマンドプロンプト]を選択します(開発者用PowerShellでも問題ない)(**図3**)．するとコマンドラインが立ち上がるので，そこでpico-examplesを起動したのと同じ手順を繰り返します(**図4**)．ただし，pico-examplesディレクトリに既にいるのでpico-examplesディレクトリに移る処理や既に存在するbuildディレクトリを作成する手順は不要です．**図4**を見れば，予定通り，hogeのディレクトリの内容がビルドされます．

ここで，ビルドされた結果は，pico-examplesディレクトリの下のhogeディレクトリではなく，その下のbuildディレクトリの下にhogeというディレクトリが作成され，そこに格納されます．実際に，そこのディレクトリを見に行けば，

`pico-examples/build/hohe/hoge.uf2`

ができています．

● ファイル実行…1秒間隔の点滅に変えられた

それでは，このファイルを実行してみましょう．PicoのBOOTSELボタンを押しながらUSBケーブルを接続したときに開くマス・ストレージのウィンドウにhoge.uf2をドラッグ&ドロップします．その結果が**写真2**です．といっても静止画では「点滅間隔が4倍長くなった」ことは分かりません．皆さんも実際にやってみて体感してください．

● 身近なWindows環境でmakeビルド

今回は，勘だけをたよりに，見よう見まねで自前のプログラムをビルドしてみました．原稿を書いた後で，多くの先達が公開しているウェブ・サイトでのやり方を，改めて見直したのですが，今回のやり方は「ほぼ合っている」という感触を得ました．いずれにしろ，目的のプログラムがビルドできれば勝ちです．

ただし，ウェブ・サイトで公開されているやり方の多くは，Linux環境で行われています．しかも，cmakeで生成するMakefileはnmake用のものではなく，通常のmake用のものになっています(当然，nmakeコマンドではなく，makeコマンドでプログラムをビルドしている)．

筆者もそれにならい，Windows環境で，cmakeで通常のmake用のMakefileを生成して(namke)ではなく，makeでのビルドを試みたのですが，実行時にエラーが出て，上手くいかなかった記憶があります．Linuxではmakeでよいのに，Windowsではnmakeでないとダメなんだなと思いました．改めて，参考文献(4)を見直すと，デフォルトで参照されているLinux環境の場合は，nmakeではなくてmakeを使用していました．Picoの開発環境もラズパイ4などと同じく，推奨は，やはりLinuxなのだなという認識を新たにしました．それでも，筆者は身近なWindowsにこだわります．

読者の中にも，筆者と同じ落とし穴にはまっている人がいるかもしれないので，ここに追記しておきます．

◆参考・引用*文献◆

(1) Raspberry Pi Pico Datasheet.
https://datasheets.raspberrypi.org/pico/pico-datasheet.pdf
(2) RP2040 Datasheet.
https://datasheets.raspberrypi.org/rp2040/rp2040-datasheet.pdf
(3) ARMv6-M Architecture Reference Manual.
https://developer.arm.com/documentation/ddi0419/c/
(4) Getting started with Raspberry Pi Pico.
https://datasheets.raspberrypi.org/pico/getting-started-with-pico.pdf

なかもり・あきら

WindowsのPowerShell内で
make一発でプログラムをビルドしたい

公式SDKを使わずにLチカとUART通信

中森 章

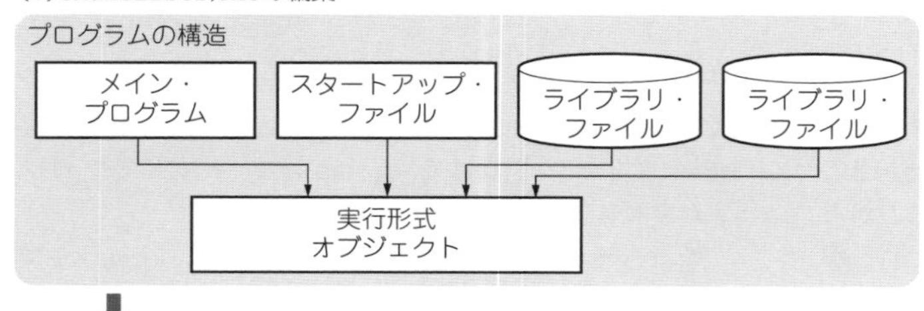

(2)cmakeを実行してMakefikeを生成

(3)nmakeの実行

(a) 公式SDK

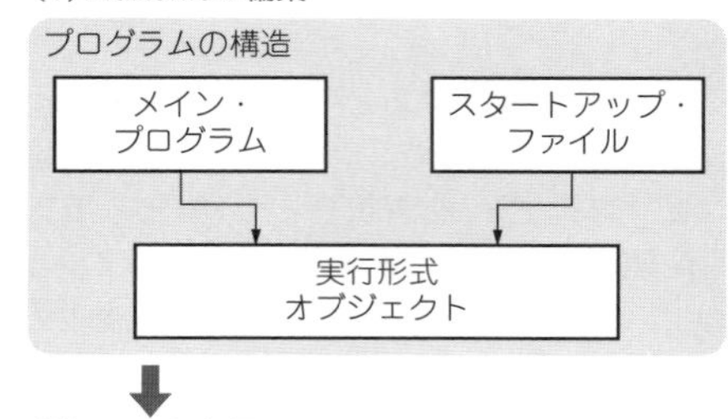

(b) ベアメタル環境

図1　公式SDKとベアメタル環境のプログラム作成の違い

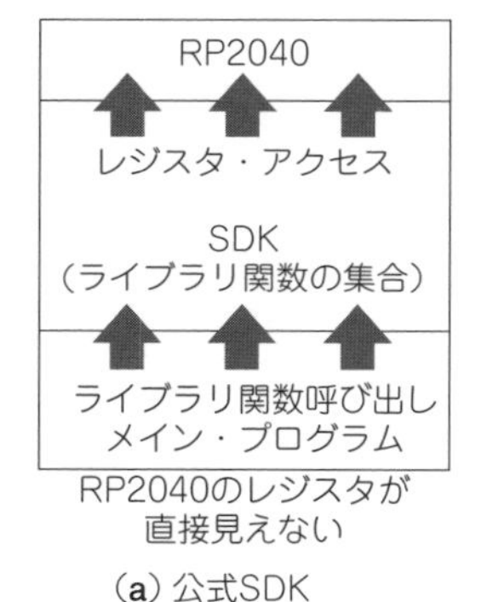

(a) 公式SDK

(b) ベアメタル環境

図2　公式SDKとベアメタル環境の実行形式プログラムの違い

公式SDKを使いたくない

筆者は，開発環境が単純なことが好みです．その点で，Windowsでベアメタル開発を行う環境にこだわっています．確かに，ラズベリー・パイPico（以降，Pico）をWindowsで公式SDKを使って行う開発もOSを使わないという点ではベアメタルなのですが，公式SDKがOSのごとく作成したプログラムの便宜を図ってくれます．多分，多くの人は，これで満足すると思っています．

● 公式SDKはcmakeを使う前提だけど…

しかし，公式SDKを使った開発には，大きなハードルがあると思っています．それは，cmakeという構築ツールで一括管理されているため，cmakeになじみのない人（筆者も含む）には，自前のプログラムをどうやって作ってよいか分かりません．第7部第1章では，筆者の思いつく使い方を示しましたが，それはまっとうなものでしょうか．それに，何だかやぼったい手順です．

● make一発でプログラムがビルドされることを目指す

筆者が目指すのは，もっと単純な，WindowsのPowerShell内で，make一発でプログラムがビルドできる環境です．そこで，注目したのがDavid Welch氏のサンプル・プログラム(3)です．これらのプログラムは，少し変則的で，RAM上で実行するものですが，「単純でmakeを使う」という点で筆者の期待に合致しています．**図1**に公式SDKとベアメタル環境のプログラム作成の違いと**図2**に実行形式プログラムの違いを示します．

ともかく，David Welch氏のおかげで公式SDKを使わずにPicoの開発環境を構築するという勇気が湧きました．徒然草ではありませんが，「少しのことにも，先達はあらまほしき事なり」です．

リスト1　公式SDKで用意されているスタートアップ・ファイル**crt0.S**の内容

```
.syntax unified
.cpu cortex-m0plus
.thumb

.section .vectors, "ax"
.align 2

.global __vectors
__vectors: // ベクタ・テーブル
.word __StackTop          // リセット後，スタックに設定される値
.word _reset_handler      // リセット後，実行を開始するラベル
.word isr_nmi             // NMIハンドラのアドレス
.word isr_hardfault       // ハード・フォールト・ハンドラのアドレス
.word isr_invalid         // 予約(使われないベクタ)
--------------------------------------------------------
                        (省略)
--------------------------------------------------------

.section .binary_info_header, "a"

#if !PICO_NO_BINARY_INFO
binary_info_header:       // バイナリ・ファイルの情報ヘッダ
.word BINARY_INFO_MARKER_START
.word __binary_info_start
.word __binary_info_end
.word data_cpy_table // we may need to decode pointers
                             that are in RAM at runtime.
.word BINARY_INFO_MARKER_END
#endif


.section .reset, "ax"

// ELF entry point:
.type _entry_point,%function
.thumb_func
.global _entry_point
_entry_point: // デバッガ使用時の開始アドレス

--------------------------------------------------------
                        (省略)
--------------------------------------------------------


// Reset handler:
// - initialises .data
// - clears .bss
// - calls runtime_init
// - calls main
// - calls exit (which should eventually hang the
                               processor via _exit)

.type _reset_handler,%function
.thumb_func
_reset_handler: // リセット後の開始アドレス
    ldr r0, =(SIO_BASE + SIO_CPUID_OFFSET)
    ldr r0, [r0]
    cmp r0, #0
    bne hold_non_core0_in_bootrom

    adr r4, data_cpy_table

    // assume there is at least one entry
1:
    ldmia r4!, {r1-r3}
    cmp r1, #0
    beq 2f
    bl data_cpy
    b 1b
2:

    // Zero out the BSS
    ldr r1, =__bss_start__
    ldr r2, =__bss_end__
    movs r0, #0
    b bss_fill_test
bss_fill_loop:
    stm r1!, {r0}
bss_fill_test:
    cmp r1, r2
    bne bss_fill_loop

platform_entry: // symbol for stack traces
    // Use 32-bit jumps, in case these symbols are
                          moved out of branch range
    // (e.g. if main is in SRAM and crt0 in flash)
    ldr r1, =runtime_init
    blx r1
    ldr r1, =main
    blx r1
    ldr r1, =exit
    blx r1
    // exit should not return.  If it does, hang the
                                              core.
    // (fall thru into our hang _exit impl
.weak _exit
.type _exit,%function
.thumb_func
_exit:
1: // separate label because _exit can be moved out of
                                       branch range
    bkpt #0
    b 1b

data_cpy_loop:
    ldm r1!, {r0}
    stm r2!, {r0}
data_cpy:
    cmp r2, r3
    blo data_cpy_loop
    bx lr

.align 2
data_cpy_table: // 怪しげなテーブル
#if PICO_COPY_TO_RAM
.word __ram_text_source__
.word __ram_text_start__
.word __ram_text_end__
#endif
.word __etext
.word __data_start__
.word __data_end__

.word __scratch_x_source__
.word __scratch_x_start__
.word __scratch_x_end__

.word __scratch_y_source__
.word __scratch_y_start__
.word __scratch_y_end__

.word 0 // null terminator
```

ブート・シーケンスのおさらい

基礎知識として，Picoのブート・シーケンスをおさらいします．簡単に説明すると，次のようになります．

これらは，ブートROMによって制御されています．

①オブジェクト・ファイルの先頭の256バイト(これがboot2セクション)をRAMにコピーする．

②CRC32でRAMのデータの正当性をチェックし，正しい値なら次のステージ(boot2ステージ)に行く．

リスト2　決定された定数を配置したテーブル

```
binary_info_header:
.word BINARY_INFO_MARKER_START
.word __binary_info_start
.word __binary_info_end
.word data_cpy_table // we may need to decode
                pointers that are in RAM at runtime.
.word BINARY_INFO_MARKER_END


data_cpy_table:
.word __etext
.word __data_start__
.word __data_end__

.word __scratch_x_source__
.word __scratch_x_start__
.word __scratch_x_end__

.word __scratch_y_source__
.word __scratch_y_start__
.word __scratch_y_end__

.word 0 // null terminator
```

③RAM上のboot2の内容を実行し，オブジェクト・ファイルの0x100番地を，あたかも真のリセット・ベクタのようにみなして，reset_handler（crt0.Sというファイルに記述されている）というラベルから実行する．
④reset_handlerではRAMのテーブルの初期化やBSS領域の初期化を行い，main関数（自前プログラムで最初に実行される関数）を呼び出す．

公式SDKを使用しない場合でも，これと同じブート・シーケンスを守らないと，普通は，Picoでプログラムを動かすことはできません．しかし，David Welch氏はboot2のコードを自前のプログラムに書き換え，RAM上でboot2の代わりに自前のプログラムを動かしています．まさに超絶技巧ですが，自前のプログラムのサイズが256バイトに限られるという欠点もあります．

スタートアップ・ファイルを作る

開発手順の単純化に向けて解説します．まずは，Picoのブート・シーケンスに合致するスタートアップ・ルーチンを作ります．スタートアップ・ルーチンとは，通常はブート後に最初に実行されるプログラムで，自前のプログラム（実行の開始はmain関数）とリンクすれば，実行形式のオブジェクト・ファイルが生成されるというものです．こうすることで，ビルドに必要なファイルが，自前のプログラム（複数存在する場合もあるがmain関数は1カ所だけ）とスタートアップ・ルーチンが記述されたファイル（スタートアップ・ファイル）だけになり，単純化できます．

ただし，スクラッチからスタートアップ・ルーチンを作成する必要はありません．スタートアップ・ルーチンの大半は公式SDKにソース・ファイルがあります．それが以下のファイルです．

```
pico-sdk/src/rp2_common/pico_standard_link/crt0.S
```

crt0.Sの抜粋をリスト1に示します．このファイル内のbinary_info_headerとdata_cpy_tableの内容が大事なのだと思います．これらが配置されるアドレスは，ベクタ・テーブルの直後（つまり，固定アドレス）で，現状，リスト2のようになっています．いかにもブートROMが参照しそうな値です．後で述べるboot2が参照しているのかもしれません．公式SDKから離れる壮大な目的のためのスタートアップ・ファイルにおいても，次のビルド時に，決定された定数を配置したテーブル（リスト2）をスタートアップ・ファイルに入れておけばよいと思います．これらの定数は，次の同じディレクトリにあるリンカ用のコマンド・ファイルから参照されるようです．

```
pico-sdk/src/rp2_common/pico_standard_link/memmap_default.ld
```

そこで，リンク時のリンカ・ファイルとしてmemmap_default.ldを使えばよいと思います．

実は，crt0.Sの内容をスタートアップ・ルーチンとして，自前のプログラム（C言語で記述）と，memmap_default.ldを使ってリンクしようとすると，次のエラー・メッセージが出ます．

```
ERROR：Pico second stage bootloader must be 256 bytes in size
```

これは，memmap_default.ldの中の次の記述に相当するboot2セクションが存在しないからです．

```
.boot2 : {
        __boot2_start__ = .;
        KEEP (*(.boot2))
        __boot2_end__ = .;
} > FLASH
```

もっとも，このエラー・メッセージは，リンカ・ファイルが出しているので，そのエラー・メッセージを出す部分を削除すれば，boot2セクションがなくても，リンクは成功します．しかし，出来上がったオブジェクト・ファイルは正常に動作しません．それは，boot2セクションが存在しないからです．そこで，上記のboot2セクションを作ります．

さて，このboot2のソース・ファイルも公式SDKの次のディレクトリの下にあります．

```
pico-sdk/src/rp2_common/boot_stage2/
```

これらはプログラムの種類に限らず同じですから，boot2のソースコードを毎回コンパイルするのは無駄です．公式SDKでは，親切にも，プログラムをビルドしたときに，＊.dis（＊の部分はプログラム名）という逆アセンブル・リストが残されます．このリストを見ればboot2の内容は一目瞭然です．しかも，boot2の内容はどのオブジェクト・ファイルのものも同じようです．そこで，適当な逆アセンブル・リストからboot2の部分を抜き出したものが**リスト3**です．

boot2の内容が分かれば，今回の目的のスタートアップ・ルーチンは**リスト4**のようになることが分かります．

メイン・プログラムを作る

● LチカはGPIOを“H”/“L”させるからI/Oの基本なのだ

Picoに限らず，コンピュータ・ボードを手にしたときに最初に行うのはLチカ（LEDを点滅させてチカチカさせる）でしょう．これは，C言語を学ぶときに最初に行うのがprintf関数で端末の画面に「Hello World!」と表示させることにちなみ，コンピュータ・ボードでの「Hello World!」と呼ばれています．

Lチカができたら，その次に行うのは，UARTを使ってTera Termなどの端末ソフトの画面に，文字通り，「Hello World!」と表示させることです．

LチカとUARTができれば，それ以外のプログラムは，これらのプログラムの応用です．

Lチカというのは Picoで実現しますが，Picoに搭載

リスト3　pico-exampleでビルドされた任意のプログラムの逆アセンブル結果からboot2セクションの内容を抜き出したもの

```
.section .boot2, "ax"
.word 0x4b32b500
.word 0x60582021
～省略～
.word 0x00000000
.word 0x7a4eb274
```

リスト4　公式SDKなしでプログラムをビルドする場合のスタートアップ・ファイルの内容

```
.syntax unified
.cpu cortex-m0plus
.thumb

.section .boot2, "ax"
// この場所にリスト3のboot2セクションを追加します
// 今は誌面の都合でカットしてあります

.section .vectors, "ax"
.align 2

.global __vectors
__vectors:
.word __StackTop
.word _reset_handler
.word isr_nmi
.word isr_hardfault
.word isr_invalid @ Reserved, should never fire
.word isr_invalid @ Reserved, should never fire
.word isr_invalid @ Reserved, should never fire
.word isr_invalid @ Reserved, should never fire
.word isr_invalid @ Reserved, should never fire
.word isr_invalid @ Reserved, should never fire
.word isr_invalid @ Reserved, should never fire
.word isr_svcall
.word isr_invalid @ Reserved, should never fire
.word isr_invalid @ Reserved, should never fire
.word isr_pendsv
.word isr_systick
.word isr_irq0
.word isr_irq1
(省略)
.word isr_irq30
.word isr_irq31


.macro decl_isr_bkpt name
.weak ¥name
.type ¥name,%function
.thumb_func
¥name:
    bkpt #0
.endm

decl_isr_bkpt isr_invalid
decl_isr_bkpt isr_nmi
decl_isr_bkpt isr_hardfault
decl_isr_bkpt isr_svcall
decl_isr_bkpt isr_pendsv
decl_isr_bkpt isr_systick

.macro decl_isr name
.weak ¥name
.type ¥name,%function
.thumb_func
¥name:
.endm

decl_isr isr_irq0
decl_isr isr_irq1
(中略)
decl_isr isr_irq30
decl_isr isr_irq31


.global __unhandled_user_irq
.thumb_func
__unhandled_user_irq:
    bl __get_current_exception
    subs r0, #16
.global unhandled_user_irq_num_in_r0
unhandled_user_irq_num_in_r0:
    bkpt #0


.section .binary_info_header, "a"
binary_info_header:
@.word BINARY_INFO_MARKER_START
.word   0x7188ebf2
.word __binary_info_start
.word __binary_info_end
.word data_cpy_table
@.word BINARY_INFO_MARKER_END
.word   0xe71aa390


.section .reset, "ax"


.thumb_func
.global _entry_point
_entry_point:
    movs r0, #0
    ldr r1, =0xe000ed08
```

リスト4　公式SDKなしでプログラムをビルドする場合のスタートアップ・ファイルの内容（つづき）

```
    str r0, [r1]
    ldmia r0!, {r1, r2}
    msr msp, r1
    bx r2


.thumb_func
_reset_handler:
        ldr r0, =0xd0000000
        ldr r0, [r0, #0]
        cmp r0, #0
        bne hold_non_core0_in_bootrom

    adr r4, data_cpy_table

1:
    ldmia r4!, {r1-r3}
    cmp r1, #0
    beq 2f
    bl data_cpy
    b 1b
2:

    ldr r1, =__bss_start__
    ldr r2, =__bss_end__
    movs r0, #0
    b bss_fill_test
bss_fill_loop:
    stm r1!, {r0}
bss_fill_test:
    cmp r1, r2
    bne bss_fill_loop

platform_entry:
    ldr r0,=main
    blx r0
    b loop
loop:
    b loop

.thumb_func
hold_non_core0_in_bootrom:
        ldr r0, =0x00005657
    bl  rom_func_lookup
        bx  r0

.global __get_current_exception
.thumb_func
__get_current_exception:
    mrs  r0, ipsr
    uxtb r0, r0
    bx   lr

.thumb_func
rom_func_lookup:
        movs    r3, #20
        push    {r4, lr}
        movs    r1, r0
        ldrh    r0, [r3, #0]
        adds    r3, #4
        ldrh    r3, [r3, #0]
        blx r3
        pop {r4, pc}


data_cpy_loop:
    ldm r1!, {r0}
    stm r2!, {r0}
data_cpy:
    cmp r2, r3
    blo data_cpy_loop
    bx lr

.align 2
data_cpy_table:
.word __etext
.word __data_start__
.word __data_end__

.word __scratch_x_source__
.word __scratch_x_start__
.word __scratch_x_end__

.word __scratch_y_source__
.word __scratch_y_start__
.word __scratch_y_end__

.word 0

.align 4
.ltorg
```

されているマイコンであるRP2040の機能ではありません．RP2040のGPIO（汎用入出力）の25番がPico基板のLEDにつながっているので，GPIOの25番の出力を交互に“H”レベル，“L”レベルに切り替えると，それにつれて，LEDが点灯したり消灯したりします．

つまり，LチカというのはGPIOの一端子（PicoではGPIO25）の出力を交互に“H”レベル，“L”レベルに切り替えることと同一です．

● ベアメタルでのLチカの手順

ベアメタルでのLチカの手順（**リスト5**）は次のようになります．

①クロック（XOSC）の初期化を行う
②基本クロック（CLK_SYSとCLK_REF）[注1]を，周辺ユニットのクロックXOSCに割り当てる
③IO_BANK0のリセットを解除する（GPIOを使うときは必須）
④PADS_BANK0のリセットを解除する（端子を使うときは必須）

注1：CLK_SYSはCPUコア，メモリ，バス・システムの動作クロックです．CLK_REFはタイマの動作クロックです．後で言及するUART（またはSPI）の動作クロックはCLK_PERIです．CLK_PERIは，リセット直後はCLK_SYSと等しくなっています．これは自動的に許可されているみたいなので，CLK_PERIを許可する記述はとくにありません．ちなみに，CLK_SYSはPLLを使って最大133MHzで発振させることができますが，今はCPUコアの動作周波数は何でもよいので，133MHzで動作させることはしていません．

注2：SIOとは1サイクルで動作が完了する高速な入出力（Single-cycle I/O）のことです．RP2040では，SIOユニットにCPUコアに直接関連する機能を集めてあります．SIOユニットは，GPIOへのインターフェース機能の他に，積和ユニット，整数除算ユニットが備えられています．

リスト5　ラズパイPicoに備え付けのLEDでLチカを行うプログラム

```
#define MK_PTR_RW(x)  (*(volatile int*)(x))

#define _RW   0x0000
#define _XOR  0x1000
#define _SET  0x2000
#define _CLR  0x3000

#define STK_CSR MK_PTR_RW(0xE000E010)
#define STK_RVR MK_PTR_RW(0xE000E014)
#define STK_CVR MK_PTR_RW(0xE000E018)


#define RESETS_BASE                     0x4000C000
#define RESETS_RESET_CLR                MK_PTR_RW(RESETS_BASE+0x0+_CLR)
#define RESETS_RESET_DONE_RW            MK_PTR_RW(RESETS_BASE+0x8+_RW)

#define CLOCKS_BASE                     0x40008000
#define CLK_SYS_RESUS_CTRL_RW           MK_PTR_RW(CLOCKS_BASE+0x78+_RW)
#define CLK_REF_CTRL_RW                 MK_PTR_RW(CLOCKS_BASE+0x30+_RW)
#define CLK_SYS_CTRL_RW                 MK_PTR_RW(CLOCKS_BASE+0x3C+_RW)
#define CLK_PERI_CTRL_RW                MK_PTR_RW(CLOCKS_BASE+0x48+_RW)

#define UART0_BASE                      0x40034000
#define UART0_BASE_UARTDR_RW            MK_PTR_RW(UART0_BASE+0x000+_RW)
#define UART0_BASE_UARTFR_RW            MK_PTR_RW(UART0_BASE+0x018+_RW)
#define UART0_BASE_UARTIBRD_RW          MK_PTR_RW(UART0_BASE+0x024+_RW)
#define UART0_BASE_UARTFBRD_RW          MK_PTR_RW(UART0_BASE+0x028+_RW)
#define UART0_BASE_UARTLCR_H_RW         MK_PTR_RW(UART0_BASE+0x02C+_RW)
#define UART0_BASE_UARTCR_RW            MK_PTR_RW(UART0_BASE+0x030+_RW)

#define SIO_BASE                        0xD0000000
#define SIO_GPIO_OE_CLR                 MK_PTR_RW(SIO_BASE+0x28)
#define SIO_GPIO_OUT_SET                MK_PTR_RW(SIO_BASE+0x14)
#define SIO_GPIO_OUT_CLR                MK_PTR_RW(SIO_BASE+0x18)
#define SIO_GPIO_OUT_XOR                MK_PTR_RW(SIO_BASE+0x1C)
#define SIO_GPIO_OE_SET                 MK_PTR_RW(SIO_BASE+0x24)


#define PADS_BANK0_BASE                 0x4001C000

#define PADS_BANK0_GPIO0_RW             MK_PTR_RW(PADS_BANK0_BASE+0x04+_
RW)
#define PADS_BANK0_GPIO0_XOR            MK_PTR_RW(PADS_BANK0_BASE+0x04+_
XOR)
#define PADS_BANK0_GPIO1_RW             MK_PTR_RW(PADS_BANK0_BASE+0x08+_
RW)
#define PADS_BANK0_GPIO1_XOR            MK_PTR_RW(PADS_BANK0_BASE+0x08+_
XOR)

#define PADS_BANK0_GPIO25_RW            MK_PTR_RW(PADS_BANK0_BASE+0x68+_
RW)
#define PADS_BANK0_GPIO25_XOR           MK_PTR_RW(PADS_BANK0_BASE+0x68+_
XOR)


#define XOSC_BASE                       0x40024000
#define XOSC_CTRL_RW                    MK_PTR_RW(XOSC_BASE+0x00+_RW)
#define XOSC_STARTUP_RW                 MK_PTR_RW(XOSC_BASE+0x0C+_RW)
#define XOSC_CTRL_SET                   MK_PTR_RW(XOSC_BASE+0x00+_SET)
#define XOSC_STATUS_RW                  MK_PTR_RW(XOSC_BASE+0x04+_RW)

#define IO_BANK0_BASE                   0x40014000

#define IO_BANK0_GPIO0_CTRL_RW          MK_PTR_RW(IO_BANK0_BASE+0x004+_RW)
#define IO_BANK0_GPIO1_CTRL_RW          MK_PTR_RW(IO_BANK0_BASE+0x00C+_RW)

#define IO_BANK0_GPIO25_CTRL_RW         MK_PTR_RW(IO_BANK0_BASE+0x0CC+_RW)


#define PIO0_BASE                       0x50200000
#define PIO0_CTRL_RW                    MK_PTR_RW(PIO0_BASE+0x000+_RW)
#define PIO0_FSTAT_RW                   MK_PTR_RW(PIO0_BASE+0x004+_RW)
#define PIO0_TXF0_RW                    MK_PTR_RW(PIO0_BASE+0x010+_RW)
#define PIO0_TXF1_RW                    MK_PTR_RW(PIO0_BASE+0x014+_RW)
#define PIO0_RXF0_RW                    MK_PTR_RW(PIO0_BASE+0x020+_RW)
#define PIO0_RXF1_RW                    MK_PTR_RW(PIO0_BASE+0x024+_RW)
#define PIO0_INSTR_MEM0_RW              MK_PTR_RW(PIO0_BASE+0x048+_RW)
#define PIO0_INSTR_MEM1_RW              MK_PTR_RW(PIO0_BASE+0x04C+_RW)
#define PIO0_INSTR_MEM2_RW              MK_PTR_RW(PIO0_BASE+0x050+_RW)
#define PIO0_INSTR_MEM3_RW              MK_PTR_RW(PIO0_BASE+0x054+_RW)
#define PIO0_INSTR_MEM4_RW              MK_PTR_RW(PIO0_BASE+0x058+_RW)
#define PIO0_INSTR_MEM5_RW              MK_PTR_RW(PIO0_BASE+0x05C+_RW)
#define PIO0_INSTR_MEM6_RW              MK_PTR_RW(PIO0_BASE+0x060+_RW)
#define PIO0_INSTR_MEM7_RW              MK_PTR_RW(PIO0_BASE+0x064+_RW)
#define PIO0_INSTR_MEM8_RW              MK_PTR_RW(PIO0_BASE+0x068+_RW)
#define PIO0_INSTR_MEM9_RW              MK_PTR_RW(PIO0_BASE+0x06C+_RW)
#define PIO0_INSTR_MEM10_RW             MK_PTR_RW(PIO0_BASE+0x070+_RW)
#define PIO0_INSTR_MEM11_RW             MK_PTR_RW(PIO0_BASE+0x074+_RW)
#define PIO0_INSTR_MEM12_RW             MK_PTR_RW(PIO0_BASE+0x078+_RW)
#define PIO0_INSTR_MEM13_RW             MK_PTR_RW(PIO0_BASE+0x07C+_RW)
#define PIO0_INSTR_MEM14_RW             MK_PTR_RW(PIO0_BASE+0x080+_RW)
#define PIO0_INSTR_MEM15_RW             MK_PTR_RW(PIO0_BASE+0x084+_RW)
#define PIO0_INSTR_MEM16_RW             MK_PTR_RW(PIO0_BASE+0x088+_RW)
#define PIO0_INSTR_MEM17_RW             MK_PTR_RW(PIO0_BASE+0x08C+_RW)
#define PIO0_INSTR_MEM18_RW             MK_PTR_RW(PIO0_BASE+0x090+_RW)
#define PIO0_INSTR_MEM19_RW             MK_PTR_RW(PIO0_BASE+0x094+_RW)
#define PIO0_INSTR_MEM20_RW             MK_PTR_RW(PIO0_BASE+0x098+_RW)
#define PIO0_INSTR_MEM21_RW             MK_PTR_RW(PIO0_BASE+0x09C+_RW)
#define PIO0_SM0_CLKDIV_RW              MK_PTR_RW(PIO0_BASE+0x0C8+_RW)
#define PIO0_SM0_EXECCTRL_RW            MK_PTR_RW(PIO0_BASE+0x0CC+_RW)
#define PIO0_SM0_PINCTRL_RW             MK_PTR_RW(PIO0_BASE+0x0DC+_RW)
#define PIO0_SM1_CLKDIV_RW              MK_PTR_RW(PIO0_BASE+0x0E0+_RW)
#define PIO0_SM1_EXECCTRL_RW            MK_PTR_RW(PIO0_BASE+0x0E4+_RW)
#define PIO0_SM1_PINCTRL_RW             MK_PTR_RW(PIO0_BASE+0x0F4+_RW)
#define PIO0_SM1_SHIFTCTRL_RW           MK_PTR_RW(PIO0_BASE+0x0E8+_RW)

#define PIO0_SM0_INSTR_RW               MK_PTR_RW(PIO0_BASE+0x0D8+_RW)
#define PIO0_SM1_INSTR_RW               MK_PTR_RW(PIO0_BASE+0x0F0+_RW)


static void do_delay ( unsigned int x ) // 指定した秒数だけ待ち合わせる
{
    unsigned int sec;

    for(sec=0;sec<x;)
    {
        if((STK_CSR & (1<<16))!=0) // 1秒経過したらsecを1増やす
        {
            sec++;
        }
    }
}


static void clock_init ( void ) // CLK_SYSを12MHzに設定          ←①
{
    CLK_SYS_RESUS_CTRL_RW = 0;
    XOSC_CTRL_RW          = 0xAA0;       //1 - 15MHZ
    XOSC_STARTUP_RW       = 47;          //straight from the datasheet
    XOSC_CTRL_SET         = 0xFAB000;    //enable
    while((XOSC_STATUS_RW & 0x80000000)==0);
    CLK_REF_CTRL_RW       = 2;           //XOSC
    CLK_SYS_CTRL_RW       = 0;           //reset/clk_ref
}

void reset_release(void)// 必要な周辺ユニットのリセットを解除
{
    CLK_PERI_CTRL_RW = (1<<11)|(4<<5); // enable/xosc    ←②

    RESETS_RESET_CLR = (1<<5); //IO_BANK0                 ←③
    while((RESETS_RESET_DONE_RW & (1<<5))==0);

    RESETS_RESET_CLR = (1<<8); //PADS_BANK0               ←④
    while((RESETS_RESET_DONE_RW & (1<<8))==0);

    RESETS_RESET_CLR = (1<<22); //UART0                   ←UART0のリセットを解除する（このプログラムでは使用しない．他のリストと共通化のため）
    while((RESETS_RESET_DONE_RW & (1<<22))==0);
}

void led_init(void)// LED(GPIO25)の設定
{
    SIO_GPIO_OE_CLR   = (1<<25); // GPIO25を入力に設定     ←⑦
    SIO_GPIO_OUT_CLR  = (1<<25); // GPIO25に0を出力する    ←⑤
    IO_BANK0_GPIO25_CTRL_RW = 5;// GPIO25をSIO機能に設定する  ←⑤
    SIO_GPIO_OE_SET        = (1<<25); // GPIO25を出力に設定  ←⑥
}                                  // ⑤：これは特に必要ない．⑦でGPIO出力が突然Lに変化するのを隠すため

void systick_init(void) // SysTickの設定
{
    STK_CSR = 0x00000004;// SysTick停止
    STK_RVR = 12000000-1;// 12MHzでオーバーフローするように設定
    STK_CVR = 12000000-1;// SysTickカウンタの初期値を12MHz相当に設定
    STK_CSR = 0x00000005;// STsTickを動作させる
}

int main(void)
{
    clock_init();    // CLK_SYSを12MHzに設定
    reset_release();// 必要な周辺ユニットのリセットを解除
    led_init();      // LED(GPIO25)の設定

    systick_init(); // SysTickの設定

    while(1)                                                  ←⑩
    {
        SIO_GPIO_OUT_XOR = (1<<25);// GPIO25の出力値を反転させる  ←⑧
        do_delay(2);             // 2秒待つ                        ←⑨
    }
    return(0); // ここには到達しない
}
```

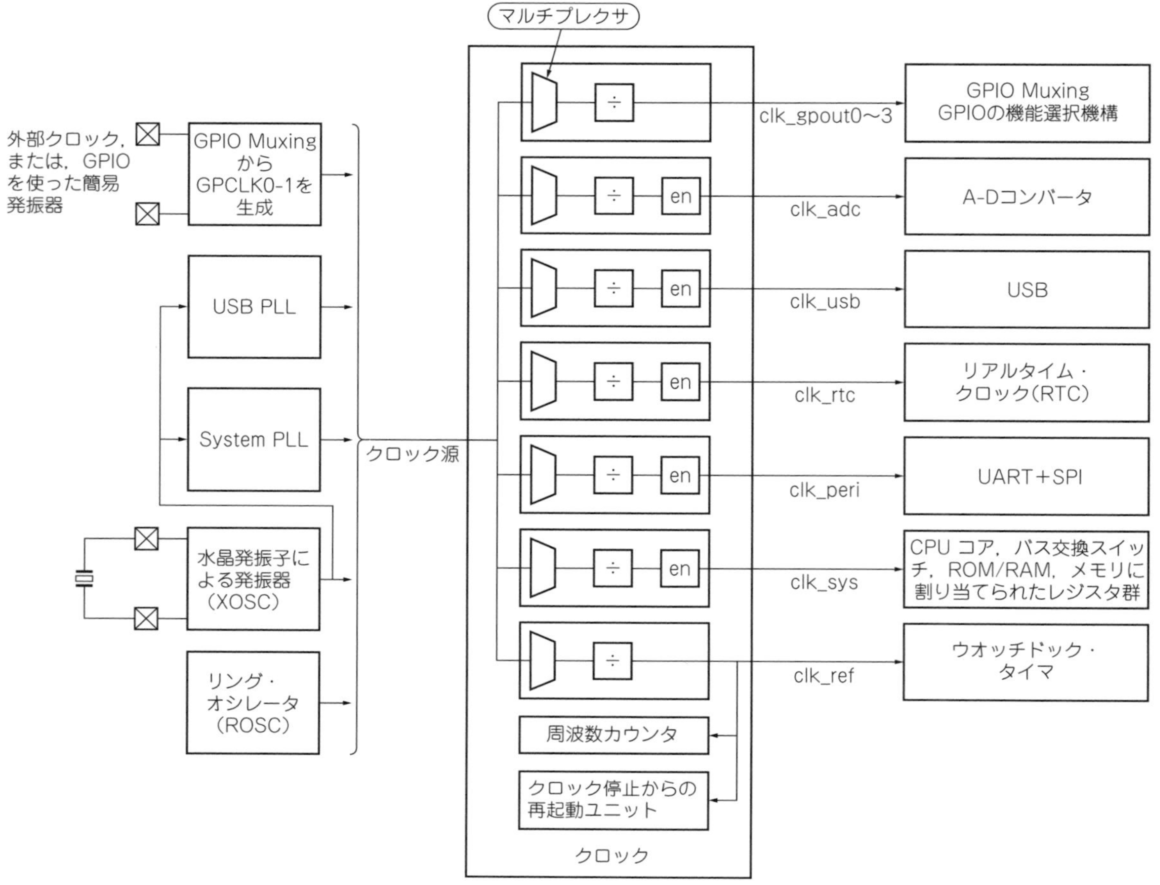

図3[1]　**RP2040のクロック系統図**

⑤GPIO25をSIO（単純なI/Oの機能）に設定する[注2]
⑥GPIO25のOE（出力許可）を許可にする
⑦GPIO25の出力を“L”レベルにする
⑧GPIO25の出力を反転する
⑨一定時間待つ
⑩ ⑧から繰り返す

● 手順をプログラムにしたのがリスト5

この手順をプログラムにしたのが**リスト5**です．以下に**リスト5**の内容に関して説明します．

図3に，Pico（RP2040）のクロック系統図を示します．クロックの生成に関しては，5種のクロック・ソースをそれぞれ分周して，7系統のクロック（CLK_GPOUT，CLK_ADC，CLK_USB，CLK_RTC1，CLK_PERI，CLK_SYS，CLK_REF）を生成します．

● ①～④のクロック初期化やリセット解除

①～④のクロックの初期化リセット解除のやり方は件のDavid Welch氏からの受け売りです．12MHzの内蔵オシレータ（XOSC）のクロックを，そのまま，CLK_REFとCLK_SYSをXOSCのクロックに割り当てています．ここは，ありがたく，慣用句として引用させてもらいましょう．

リスト5では，`clock_init`関数でクロックの初期化を行っています．これにより，周辺ユニットの動作周波数が12MHzになるはずです．

リセットの解除は`reset_release`関数で行っています．Lチカのためには，IO_BANK0とPADS_BANK0のリセットを解除するだけでよいのですが，今後のことを考えて，UART0のリセットも解除しています．

● ⑤～⑧でGPIO端子の処理

⑤～⑦の処理は，**リスト5**の関数`led_init`で行っています．⑧の処理は`main`関数の`while`ループの中で行っています．

⑤の端子の機能設定にはIO_BANK0ユニットを使います．IO_BANK0ユニットのレジスタを**表1**に示

表1[1]　IO_BANK0ユニットのレジスタ群
ベース・アドレス：0x4001400

オフセット	レジスタ名	意　味
0x000+8xn	GPIO[n]_STATUS	GPIO[n]のステータス（n=0, …, 29）
0x004+8xn	GPIO[n]_CTRL	GPIO[n]の制御（n=0, …, 29）

（a）IO_BANK0ユニットのレジスタ群の概要（抜粋）

ビット	名　前	説　明
32～27	予約	−
26	IRQTO PROC	オーバライドが適用された後のプロセッサへの割り込み
25	予約	−
24	IRQFRO MPAD	オーバライドが適用される前のパッドからの割り込み
23～20	予約	−
19	INTO PERI	オーバライドが適用された後の周辺への入力信号
18	予約	−
17	INFROM PAD	オーバライドが適用される前のパッドからの入力信号
16～14	予約	−
13	OETO PAD	レジスタのオーバライドが適用された後のパッドへの出力許可信号
12	OEFRO MPERI	レジスタのオーバライドが適用される前の選択された周辺への出力許可信号
11～10	予約	−
9	OUTTO PAD	レジスタのオーバライドが適用された後のパッドへの出力信号
8	OUTFRO MPERI	レジスタのオーバライドが適用される前の選択された周辺への出力信号
7～0	予約	−

（b）GPIO[n]_STATUSレジスタの詳細

ビット	名　前	説　明
31～30	予約	−
29～28	IRQ OVER	0x0 → 割り込みを反転しない 0x1 → 割り込みを反転する 0x2 → 割り込みを“L”レベルに駆動する 0x3 → 割り込みを“H”レベルに駆動する
27～18	予約	−
17～16	IN OVER	0x0 → 周辺の入力を反転しない 0x1 → 周辺の入力を反転する 0x2 → 周辺の入力を“L”レベルに駆動する 0x3 → 周辺の入力を“H”レベルに駆動する
15～14	予約	−
13～12	OE OVER	0x0 → FUNCSELで選択された周辺からの出力許可を駆動する 0x1 → FUNCSELで選択された周辺からの出力許可を反転して駆動する 0x2 → 出力を禁止する 0x3 → 出力を許可する
11～10	予約	−
9～8	OUT OVER	0x0 → FUNCSELで選択された周辺からの出力を駆動する 0x1 → FUNCSELで選択された周辺からの出力を反転して駆動する 0x2 → 出力を“L”レベルに駆動する 0x3 → 出力を“H”レベルに駆動する
7～5	予約	−
4～0	FUNC SEL	GPIOの機能を選択する

（c）GPIO[n]_CTRLレジスタの詳細

します．また，IO_BANK0ユニットのGPIO[n]_CTLレジスタに設定するFUNCSEL番号（1～9）の値の意味を**表2**に示します．GPIO[n]_CTLレジスタのFUNCSEL以外のビットには0を設定します．

⑥～⑧の処理で使用するのはGPIO関連のレジスタです．このためにはSIOユニットを使います．SIOユニットのレジスタのうちGPIOに関連するものを**表3**に示します．これらのレジスタは32ビット・レジスタで，ビット[n]がGPIO[n]に対応しています．無印，_SET，_CLR，_XORの4種類のレジスタが用意されていますが，実体は1種類しかありません．それぞれ次の意味を持っています．

無印…レジスタの実体．32ビット単位で値の変更を行う．本稿のプログラムでは_RWという接尾語を付けてある
_SET…書き込んだ32ビット値のビットが“1”のところだけ，実体のレジスタの対応ビットを“1”に設定する
_CLR…書き込んだ32ビット値のビットが“1”のところだけ，実体のレジスタの対応ビットを“0”に設定する
_XOR…書き込んだ32ビット値のビットが“1”のところだけ，実体のレジスタの対応ビットを反転する

本来なら無印のレジスタが1つだけあれば事足りるのですが，目的のビット以外のビットに影響を与えないように，このようなレジスタの種類が存在します．例えば，無印レジスタの値が0x12345678の場合，ビット13だけを“1”にしたいとき，ビット13だけが“1”の0x00002000という値を，無印レジスタに書き込むと，その値が0x00002000となってしまい，ビット13以外のビットも書き換わってしまいます．

_SETレジスタを使えば，ビット13だけが“1”になるので，無印レジスタの値は0x12347678となり，ビット13以外のビット値は変化しません．このように，1が存在するビットの部分だけ，レジスタの値を変更する機能をアトミック操作といいます．

● ⑨一定時間待つ

⑨の一定時間待つ処理は，do_delayという関数で行っています．引数で与えられた秒数だけ待つ関数

表2[1]　**各端子（GPIO）に設定できる機能一覧**
真のGPIOとして使う場合は“5”を設定する

GPIO番号＼FUNCSEL番号	1	2	3	4	5	6	7	8	9
0	SPI0 RX	UART0 TX	I2C0 SDA	PWM0 A	SIO	PIO0	PIO1		USB OVCUR DET
1	SPI0 CSn	UART0 RX	I2C0 SCL	PWM0 B	SIO	PIO0	PIO1		USB VBUS DET
2	SPI0 SCK	UART0 CTS	I2C1 SDA	PWM1 A	SIO	PIO0	PIO1		USB VBUS EN
3	SPI0 TX	UART0 RTS	I2C1 SCL	PWM1 B	SIO	PIO0	PIO1		USB OVCUR DET
4	SPI0 RX	UART1 TX	I2C0 SDA	PWM2 A	SIO	PIO0	PIO1		USB VBUS DET
5	SPI0 CSn	UART1 RX	I2C0 SCL	PWM2 B	SIO	PIO0	PIO1		USB VBUS EN
6	SPI0 SCK	UART1 CTS	I2C1 SDA	PWM3 A	SIO	PIO0	PIO1		USB OVCUR DET
7	SPI0 TX	UART1 RTS	I2C1 SCL	PWM3 B	SIO	PIO0	PIO1		USB VBUS DET
8	SPI1 RX	UART1 TX	I2C0 SDA	PWM4 A	SIO	PIO0	PIO1		USB VBUS EN
9	SPI1 CSn	UART1 RX	I2C0 SCL	PWM4 B	SIO	PIO0	PIO1		USB OVCUR DET
10	SPI1 SCK	UART1 CTS	I2C1 SDA	PWM5 A	SIO	PIO0	PIO1		USB VBUS DET
11	SPI1 TX	UART1 RTS	I2C1 SCL	PWM5 B	SIO	PIO0	PIO1		USB VBUS EN
12	SPI1 RX	UART0 TX	I2C0 SDA	PWM6 A	SIO	PIO0	PIO1		USB OVCUR DET
13	SPI1 CSn	UART0 RX	I2C0 SCL	PWM6 B	SIO	PIO0	PIO1		USB VBUS DET
14	SPI1 SCK	UART0 CTS	I2C1 SDA	PWM7 A	SIO	PIO0	PIO1		USB VBUS EN
15	SPI1 TX	UART0 RTS	I2C1 SCL	PWM7 B	SIO	PIO0	PIO1		USB OVCUR DET
16	SPI0 RX	UART0 TX	I2C0 SDA	PWM0 A	SIO	PIO0	PIO1		USB VBUS DET
17	SPI0 CSn	UART0 RX	I2C0 SCL	PWM0 B	SIO	PIO0	PIO1		USB VBUS EN
18	SPI0 SCK	UART0 CTS	I2C1 SDA	PWM1 A	SIO	PIO0	PIO1		USB OVCUR DET
19	SPI0 TX	UART0 RTS	I2C1 SCL	PWM1 B	SIO	PIO0	PIO1		USB VBUS DET
20	SPI0 RX	UART1 TX	I2C0 SDA	PWM2 A	SIO	PIO0	PIO1	CLOCK GPIN0	USB VBUS EN
21	SPI0 CSn	UART1 RX	I2C0 SCL	PWM2 B	SIO	PIO0	PIO1	CLOCK GPOUT0	USB OVCUR DET
22	SPI0 SCK	UART1 CTS	I2C1 SDA	PWM3 A	SIO	PIO0	PIO1	CLOCK GPIN1	USB VBUS DET
23	SPI0 TX	UART1 RTS	I2C1 SCL	PWM3 B	SIO	PIO0	PIO1	CLOCK GPOUT1	USB VBUS EN
24	SPI1 RX	UART1 TX	I2C0 SDA	PWM4 A	SIO	PIO0	PIO1	CLOCK GPOUT2	USB OVCUR DET
25	SPI1 CSn	UART1 RX	I2C0 SCL	PWM4 B	SIO	PIO0	PIO1	CLOCK GPOUT3	USB VBUS DET
26	SPI1 SCK	UART1 CTS	I2C1 SDA	PWM5 A	SIO	PIO0	PIO1		USB VBUS EN
27	SPI1 TX	UART1 RTS	I2C1 SCL	PWM5 B	SIO	PIO0	PIO1		USB OVCUR DET
28	SPI1 RX	UART0 TX	I2C0 SDA	PWM6 A	SIO	PIO0	PIO1		USB VBUS DET
29	SPI1 CSn	UART0 RX	I2C0 SCL	PWM6 B	SIO	PIO0	PIO1		USB VBUS EN

表3[1]　**SIOユニットを使用する場合に必要となるレジスタ群**（抜粋）
ベース・アドレス：0xd0000000

オフセット	レジスタ名	説　明
0x004	GPIO_IN	GPIO端子からの入力値
0x010	GPIO_OUT	GPIOの出力ビットのセット／クリア
0x014	GPIO_OUT_SET	GPIOの出力値をセット（“H”レベルに）する
0x018	GPIO_OUT_CLR	GPIOの出力値をクリア（“L”レベルに）する
0x01c	GPIO_OUT_XOR	GPIOの出力値を反転する
0x020	GPIO_OE	GPIOの出力許可ビットのセット／クリア
0x024	GPIO_OE_SET	GPIOの出力許可値をセット（許可に）する
0x028	GPIO_OE_CLR	GPIOの出力許可値をクリア（禁止に）する
0x02c	GPIO_OE_XOR	GPIOの出力許可値を反転する

です．待ち時間の計測には，CPUコアに内蔵されているSysTickというタイマを使用します．

SysTickは24ビット長のダウン・カウンタです．それは次の3個のレジスタから構成されます．

- SysTick制御/ステータス・レジスタ（SYST_CSR，0xE000E010番地）
- SysTick再ロード値レジスタ（SYST_RVR，0xE000E014番地）
- SysTick現在値レジスタ（SYST_CVR　0xE000E018番地）

これらのレジスタのビット形式を**図4**に示します．**リスト5**ではSysTickのレジスタのSYST_の部分をSTK_としていますが，細かいことは気にしないでください．

SYST_CSR

31–17	16	15–3	2	1	0
RES0	COUNTFLAG	RES0	CLKSOURCE	TICKINT	ENABLE

COUNTFLAG, bit[16]
前回カウント・レジスタ(SYST_CVR)を読み出してからカウント・レジスタが0になったことを示す
0…カウント・レジスタが0になっていない
1…カウント・レジスタが0になった
CLKSOURCE, bit[2]
SysTickのクロック源を示す
0…実装依存(ラズパイPicoではこの設定ではSysTickが動作しない)
1…周辺ユニットのクロック
TICKINT, bit[1]
カウント・レジスタの値が0になったとき，割り込みを発生させることを意味する
0…割り込みを発生させない
1…割り込みを発生させる
ENABLE, bit[0]
SysTickの許可をする
0…カウント・レジスタは停止
1…カウント・レジスタは動作

(a) SysTickレジスタのSYST_CSRレジスタ

SYST_RVR

31–24	23–0
RES0	RELOAD

RELOAD, bits[23：0]
カウント・レジスタが0になったとき，次のサイクルでカウント・レジスタに設定される値

SYST_CVR

31–24	23–0
RES0	CURRENT

CURRENT, bits[23：0], on a read
カウンタ・レジスタの現在値．クロック・サイクルごとに1ずつ減っていき，0になるとSYST_RVRの値がロードされる．カウンタ停止時に初期値を書き込むこともできる

(b) SysTickレジスタのSYST_RVRレジスタ，SYST_CVRレジスタ

図4[1]　Cortex-M0+コアに内蔵されているSysTickタイマのレジスター覧とそのビット割り当て

● SysTickの初期化

リスト5では，SysTickの初期化はsystick_initという関数で行っています．この関数で行っていることは，次の通りです．

①SysTickを停止する
②SYST_RVRに12000000を設定する．120000000という値はSysTickのカウント・ダウンが12MHz(今の場合)で行われることに由来しています．SysTickを使って1秒という時間を計測したいので，12MHzのクロックで12000000回カウントしたら1秒が測れるという仕組みです．何気に1を引いた値を設定しているのはノウハウです．
③SYST_CVRに12000000を設定する．カウントを開始して1秒後にカウント値が0になるという設定です．
④SysTickを動作させます．

リスト5の中にはdo_delayという関数がありま

写真1　公式SDKに依存しない自前プログラムでのLチカの様子

す．これはSysTickを使って，引数で与えられた秒数だけ待ち合わせる関数です．引数の値とSTK_CSRのビット16が1になった回数が等しくなるのを待ちます．今の設定では，カウント・レジスタが0になるのが1秒ごとなので，1秒おきにSTK_CSRのビット16は1になります．

実行形式のバイナリ・ファイルを生成

以上で，Lチカのための準備は整いました．次は実際に実行形式のバイナリ・ファイルを作成します．スタートアップ・ファイル(**リスト4**)のファイル名をstartm.s，メイン・プログラム(**リスト5**)のファイル名をmain.cとします．このとき次のような手順で実行すればOKです．

```
arm-none-eabi-as --warn --fatal-warnings -mcpu=cortex-m0plus start_m.s -o start_m.o↵
arm-none-eabi-gcc -Wall -O2 -ffreestanding -mcpu=cortex-m0plus -mthumb -c main.c -o main.o↵
arm-none-eabi-ld -nostdlib -nostartfiles -T memmap_default.ld start_m.o main.o -o main.elf↵
./elf2uf2 main.elf main.uf2↵
```

この手順をmakefileに書いておけば，後は楽です．なお，ここで，elf2uf2.exeという，elf形式をuf2形式に変換するコマンドは公式SDKから持ってきています．elf2uf2.exeは，次のように，pico-exampleの下にあります．

```
pico-examples/build/elf2uf2
```

これは，1回pico-exampleのソース・ファイルを(公式SDKを使って)ビルドしないと生成されません．公式SDKからの離脱を目指しながら，完全に公式SDKから離脱できていないところが悲しいところです．

表4[1]　**UARTユニットを使用する場合に必要となるレジスタ群**（抜粋）

ベース・アドレス：0x4003400

オフセット	レジスタ名	説　明
0x000	UARTDR	データ・レジスタ
0x018	UARTFR	フラグ・レジスタ
0x024	UARTIBRD	ボー・レートの整数部
0x028	UARTFBRD	ボー・レートの小数部
0x02c	UARTLCR_H	ライン（信号線）制御レジスタ
0x030	UARTCR	制御レジスタ

(a) UART0関連のレジスタ（抜粋）

ビット	ビット名	説　明
31～9	予約	-
8	RI	リング・インジケータ
7	TXFE	送信FIFOエンプティ
6	RXFF	受信FIFOフル
5	TXFF	送信FIFOフル
4	RXFE	受信FIFOエンプティ
3	BUSY	UARTがデータを送信中
2	DCD	データ・キャリア検出
1	DSR	データ・セット・レディー
0	CTS	送信のためのクリア

(b) UARTFRレジスタのビット配置

ビット	ビット名	説　明
31～8	予約	-
7	SPS	スティック・パリティ選択
6～5	WLEN	ワード長 11=8ビット 10=7ビット 01=6ビット 00=5ビット
4	FEN	FIFOの許可
3	STP2	ストップ・ビットが2ビットの選択
2	EPS	偶数パリティ選択
1	PEN	パリティ許可
0	BRK	ブレーク送信

(c) UARTLC_Hレジスタのビット配置

ビット	ビット名	説　明
31～16	予約	-
15	CTSEN	CTSハードウェア・フロー許可
14	RTSEN	RTSハードウェア・フロー許可
13	OUT2	説明略
12	OUT1	説明略
11	RTS	データ送信要求
10	DTR	データ送信レディー
9	RXE	受信許可
8	TXE	送信許可
7	LBE	ループバック許可
6～3	予約	-
2	SIRLP	SIR（低電力IrDAモード）
1	SIREN	SIR許可（詳細略）
0	UARTEN	UART許可

(d) UARTCRのビット配置

それはともかく，`main.uf2`を，PicoのBOOTSELボタンを押しながらUSBケーブルを挿入したときに画面上に開くマス・ストレージのウィンドウに，ドラッグ＆ドロップすれば実行の始まりです．その様子を**写真1**に示します．

これで，公式SDKに依存しないプログラムを作ることができました．悲願達成です．

UARTを使う

Lチカができたら，次はUARTです．Picoの周辺ユニットであるUART0を使用して，PC上の端末（Tera Termなど）に「Hello World!」と表示させます．

● 必要なレジスタ群

UARTを設定するために必要なレジスタ群を**表4**に示します．ここで，UARTFRレジスタ．UARTLCR_Hレジスタ，UARTCRレジスタ以外は値をそのまま格納または取り出しするだけですから，ビット割り当ての意味は省略しています．

UART0を使うためには，GPIOをUART用の信号に割り当てる必要があります．UARTではGPIO0（1番ピン），GPIO1（2番ピン），GND（3番ピン）を使います．UART0に関する信号は，GPIO0にUART0_TXが，GPIO1にUART0_RXが割り当てられています．

● UARTを使う手順

これを頭に入れておいて，UARTを使う手順は次のようになります．

①クロックの初期化を行う
②周辺ユニットのクロックをXOSCに割り当てる
③IO_BANK0のリセットを解除する（GPIOを使うときは必須）
④PADS_BANK0のリセットを解除する（端子を使うときは必須）
⑤UARTのボー・レートを設定する
⑥UARTの通信プロトコルを設定する
⑦UARTを許可する
⑧GPIO0の機能をUART0_TXに設定する
⑨GPIO1の機能をUART0_RXに設定する

①～④の手順はLチカと同じなので説明は省略します．

● ボー・レートの設定

⑤はUARTの設定でもっとも大事なボー・レートの設定です．⑤のボー・レートの設定値は次式に従い

リスト6　UARTを使ってPC上の端末(Tera Termなど)に「Hello World!」と表示するプログラム

```
// レジスタの定義は本章のリスト5と同じ                          ①～④
// clock_init, reset_release, systick_initは
                                              本章のリスト5と同じ

static unsigned int uart_recv ( void )//UARTから1文字受信
{
    while((UART0_BASE_UARTFR_RW & (1<<4))!=0);
                                    // 受信FIFOが空でなくなるのを待つ
    return (UART0_BASE_UARTDR_RW);
                                        // 受信したデータ(文字)を返す
}

static void uart_send ( unsigned int x )
                                                // UARTから1文字送信
{
    while((UART0_BASE_UARTFR_RW & (1<<5))!=0);
                                // 送信FIFOがフルでなくなるのを待つ
    UART0_BASE_UARTDR_RW = x;          // データ(文字)を送信する
}

static void uart_puts(char *s)// UARTで文字列を転送する
{
    while(*s){// NULL文字(値0)でなくなるまで繰り返す
        uart_send(*s); // 1文字UARTで転送する
        s++;           // ポインタを次の文字に更新
    }
}

void uart_init(void)// UARTの初期設定
{
    //(12000000/(16*115200)) = 6.5104
    //0.5104*64 = 32.666                                        ⑤
    UART0_BASE_UARTIBRD_RW = 6; // BAUDレートの分周比の整数部
    UART0_BASE_UARTFBRD_RW = 33;
                                    // BAUDレートの分周比の小数部
    //0 11 1 0 0 0 0                                          ⑤
    //0111 0000
    UART0_BASE_UARTLCR_H_RW = 0x70; ⑥
                            // 8ビット, FIFO使用, ストップビット1
    UART0_BASE_UARTCR_RW    = (1<<9)|(1<<8)|(1<<0);
                                ⑦   // 送受信とUARTの許可

    //GPIO 0 UART0 TX function 2
    //GPIO 1 UART0 RX function 2
    IO_BANK0_GPIO0_CTRL_RW  = 2; ⑧
                            // GPIO0をUART_TX機能に設定する
    IO_BANK0_GPIO1_CTRL_RW  = 2;
                        ⑨  // GPIO1をUART_RX機能に設定する
}

int main(void)
{
    clock_init();     // CLK_SYSを12MHzに設定
    reset_release();// 必要な周辺ユニットのリセットを解除
    uart_init();      //  UARTの初期設定

    systick_init(); // SysTickの設定

    while(1)
    {
        uart_puts("Hello World!¥n¥r");
                                        // Hello World!を送信
        uart_recv();                     // 何かキー入力を待つ
    }
    return(0); // ここには到達しない
}
```

ます．

UARTの動作周波数/(16×ボー・レート)………(1)

ボー・レートを115200bpsとすると，UART(＝周辺ユニット)の動作周波数が(今の場合は)12MHzなので，次式の計算になります．

(12000000/(16×115200) = 6.5104…………………(2)

ここで，ボー・レートの整数部は6となります，小数部の計算は64倍して，次式のように32.6656になります．

0.5104×64 = 32.6656…………………………………(3)

四捨五入して33となります．つまり，ボー・レートの設定は次のようになります．

```
UART0_BASE_UARTIBRD_RW = 6;
UART0_BASE_UARTFBRD_RW = 33;
```

● 通信プロトコル

⑥の通信プロトコルです．8ビット，パリティなし，ストップ・ビット1を想定していますので．UARTLCR_HレジスタのWLENを“11”に，FENを“1”に，STP2を“0”に設定します．つまり，次のようになります．

```
UART0_BASE_UARTLCR_H_RW  =  0x70;
                // 8bit fifo_en stop1
```

● UARTの許可/通信設定

⑦のUARTの許可です．UARTCRレジスタのRXE，TXE，UARTENを“1”に設定し，次のようになります．

```
UART0_BASE_UARTCR_RW     =
              (1<<9)|(1<<8)|(1<<0);
                 // rxe/txe/uarten
```

⑧，⑨のGPIOのUART0信号の設定は，**表1**のGPIO[n]_CTRLレジスタで機能2(UART0)を設定します．つまり．次のようになります．

```
IO_BANK0_GPIO0_CTRL_RW  = 2;  //UART_TX
IO_BANK0_GPIO1_CTRL_RW  = 2;  //UART_RX
```

● いよいよ送受信する

UARTの設定ができたら，UARTの送受信です．送信はUARTFRレジスタでビット5(送信FIFOフル・ビット)がフルでなくなったら，UARTDRレジスタに送信するデータ(文字)を書き込みます．つまり，次のようになります．

```
while((UART0_BASE_UARTFR_RW & (1<<5))!=0);
UART0_BASE_UARTDR_RWにデータを書き込む
```

「Hello World!」と表示するだけなら文字を送信するだけなので，受信は関係ないのですが，受信の方法も示しておきます．これはUARTFRレジスタでビット4(受信FIFOエンプティ)がエンプティ(空)でなくなるのを待って，UARTDRレジスタから受信データを読み出します．つまり，次の感じです．

コラム　SIO以外のレジスタもビット単位に書き込めないのか？

中森 章

SIOのレジスタ書き込みに関して，無印(_RW)，_SET，_CLR，_XORの機能があることを本文中で説明しました．これはライトする値の1のビットに対応する箇所のみが影響を受けるということで，無印以外はそれぞれ，ライト1セット(w1s)，ライト1クリア(w1c)，ライト1ノット(w1n)と呼ばれている機能です．これらの機能は使ってみるとなかなか重宝します．Pico(というか，RP2040)のSIO以外の周辺ユニットのレジスタにもそのような機能が欲しいところです．

しかし，安心してください．ちゃんと備わっています．RP2040の周辺ユニットのレジスタは，基本的にベース・アドレスがあって，それに対するオフセットでアドレスが規定されています．それに対する(さらなる)第2のオフセットで，上述のw1s，w1c，w1n機能を実現できるようになっています．具体的には，w1nは0x1000，w1sは0x2000，w1cは0x3000のオフセットを付けてアクセスすることで実現できます．例えば，第2章のリストなどでは，RESETSユニットのRESETレジスタの特定ビットをクリアするのに次の表現を使っています．

```
RESETS_RESET_CLR = (1<<5);
                         //IO_BANK0
```

RESETS_RESET_CLRというレジスタのアドレスは次になります

```
RESETS_BASE+0x0+0x3000
```

しかし，無印，w1n，w1sのレジスタも存在し，それぞれ，

```
RESETS_BASE+0x0+0x0000
RESETS_BASE+0x0+0x1000
RESETS_BASE+0x0+0x2000
```

というアドレスでアクセスできます．

```
while((UART0_BASE_UARTFR_RW &
                      (1<<4))!=0);
```

これでUARTを使用する準備ができました．UARTの初期化ができたら，

```
'H', 'e', 'l', 'l', 'o', ' ', 'W',
'o', 'r', 'l', 'd', '!', '¥r', '¥n'
```

というデータ(文字)を順次転送すれば目的の完了です．そのためのプログラムが**リスト6**です．このプログラムのビルドは，**リスト6**のファイル名をmain.cとすると，Lチカとまったく同じ手順になりますで，ここでは省略します．

リスト6では，「Hello World!」を端末上に表示した後，何か文字列が入力されるのを待ち，何か入力があれば，再び「Hello World!」を端末上に表示します．これを永遠に繰り返します．

このプログラムを実行すると，GPIO0から送信データが出力され，GPIO1に受信データが入力されます．これをPCの端末と送受信を行うためには，UART-USB変換ケーブルを使用します．GPIO0(UART0_TX)をUART-USB変換ケーブルのRX信号に接続し，GPIO1(UART0_RX)をUART-USBケーブルのTX信号に接続します．後はPicoのGNDをUART-USBケーブルのGND信号に接続します，これでOKです．**リスト6**を実行したときの端末(Tera Term)の画面を**図5**に示します．

```
COM3:115200baud - Tera Term VT
ファイル(F)  編集(E)  設定(S)  コントロール(O)
Hello World!
Hello World!
Hello World!
Hello World!
Hello World!
Hello World!
```

図5　UARTで「Hello World!」と表示するプログラムを実行したときのPC上(Tera Termなど)の画面

◆参考・引用＊文献◆

(1) Raspberry Pi Pico Datasheet.
https://datasheets.raspberrypi.org/pico/pico-datasheet.pdf
(2) RP2040 Datasheet.
https://datasheets.raspberrypi.org/rp2040/rp2040-datasheet.pdf
(3) ARMv6-M Architecture Reference Manual.
https://developer.arm.com/documentation/ddi0419/c/
(4) Getting started with Raspberry Pi Pico.
https://datasheets.raspberrypi.org/pico/getting-started-with-pico.pdf

なかもり・あきら

マルチコア・プログラムを公式SDKを使わずにアセンブラから書き下ろす

第3章 Lチカと Hello World! を2コアで並列動作させてみた

中森 章

ラズベリー・パイ Pico（以降，Pico）のSoCであるRP2040の小さなチップの中には，2個のCPUコア（Arm Cortex-M0+）を内蔵しています．Picoを使うなら，2つのコアを同時に動かしてみましょう．

実際，ソフトウェアの開発キットである公式SDKを使用すれば，2個のコアを同時に動かすことは難しくありません．関数multi_core_launch_core1の引数として，もう一方のCPUコアが実行すべき関数のエントリを指定するだけです．

しかし，筆者の目的は，cmakeやnmakeを使う公式SDKを利用せず，もっと単純に，自前のプログラムをmakeでビルドしたいというものです．

そこで，注目したのがDavid Welch氏のサンプル・プログラム(1)です．これらのプログラムは少し変則的で，RAM上で実行するものですが，「単純でmakeを使う」という点で筆者の期待に合致しています．

公式SDKを利用しないプログラム作り

● 2コアを使うためにmulti_core_launch_core1関数を見てみる

RP2040に搭載されている2つのコアは，共有メモリ上にある，FIFO（メール・ボックス）で通信を行っています．**図1**(2)のような具合です．実際には，このFIFOは第2章で示したブロック図（図1）のSIO（シングル・サイクルI/O）ユニットの中にあります．

まず，RP2040の電源が立ち上がると，2つのコアは同時に動き始めます．ブートROMの中で，2つのコアは同一の命令列である次を実行します．

```
check_core:
        ldr r0, =SIO_BASE
        ldr r1, [r0, #SIO_CPUID_OFFSET]
        cmp r1, #0
        bne wait_for_vector
```

しかし，(SIO_BASE+SIO_CPUID_OFFSET)=0xd0000000というアドレスからは，CPUコア0は0を，CPUコア1は1をリードします．このため，次に書かれたCMP命令とBNE命令により，CPUコア0とCPUコア1の経路が分かれることになります．つまり，CPUコア0はBNE命令の次の命令から実行を継続し，CPUコア1はBNE命令の分岐先のwait_for_vectorに分岐します．

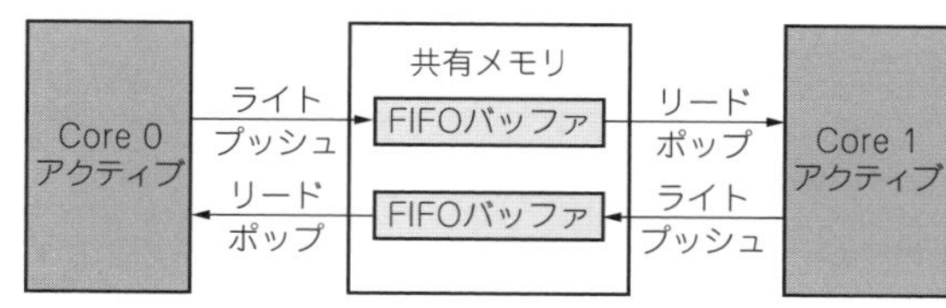

図1　2つのCPUコアは通信用FIFOを介してデータをやりとりする

その後，CPUコア0は，BOOT2ステージの処理やRAMの初期化などを行い，ユーザが書いたmainプログラムを実行します．CPUコア1は，スタンバイ状態になり，CPUコア0が起こしてくれるのを待ちます．

CPUコア1を眠りから起こすために，上述の通信用FIFOを使います．その手順はブートROMの中の命令列を見れば分かるのですが，何をやっているのかは，非常に分かりづらいです．そのような知識を持って，公式SDKのマルチコア部の関数のソースである，pico-sdk/src/rp2_common/pico_multicore/multicore.cを見れば，通信用FIFOに，「それらしい」値を書き込んでいる，**リスト1**の関数がmulti_core_launch_core1関数の実体であると推測できます．

この関数は，通信用FIFOに対して，次を書き込んでいるだけです．

- 0という定数値
- 0という定数値
- 1という定数値
- コア1が使用するベクタ・テーブルの先頭アドレス
- コア1が使用するスタック・ポインタ
- コア1が最初に実行する関数へのポインタ

定数0をFIFOに書き込む前には，受信用のFIFOを空にして，CPUコア1をSEV命令で起動するという操作がありますが，本質的ではないと思います．

リスト1　multi_core_launch_core1関数の実体

```
void multicore_launch_core1_raw(void (*entry)(void),
            uint32_t *sp, uint32_t vector_table) {
    uint32_t cmd_sequence[] = {0, 0, 1, (uintptr_t)
  vector_table, (uintptr_t) sp, (uintptr_t) entry};

    uint seq = 0;
    do {
        uint cmd = cmd_sequence[seq];
        // we drain before sending a 0
        if (!cmd) {
            multicore_fifo_drain();
            __sev(); // core 1 may be waiting for
                                        fifo space
        }
        multicore_fifo_push_blocking(cmd);
        uint32_t response =
                multicore_fifo_pop_blocking();
        // move to next state on correct response
                               otherwise start over
        seq = cmd == response ? seq + 1 : 0;
    } while (seq < count_of(cmd_sequence));
}
```

● core1関数をアセンブラで書き下ろす

これを知っていれば，multicore_launch_core1関数の内容は**リスト2**のように書けます．ここで，ベクタ・テーブルはCortex-M0+のレジスタであるVTOR（0xE000ED08番地）の内容をそのまま設定しています．ブートROMの中で，VTORを設定している気配はないので，初期値（実装依存）が書き込まれているようです．スタック・ポインタには，SRAM領域の末尾（0x200042000）番地から0x1004を引いた値（0x200040FFC）を設定しています．

なお，**リスト2**では，通信用FIFOに書き込む値を，いったん，スタック領域に格納してから，一括して通信用FIFOに書き込んでいます．これは，失敗した場合（FIFOに書いた値を読み出したときに同じ値が読めない場合）に最初からやり直すためです．

リスト2　multicore_launch_core1関数をアセンブラで書き下したコード

```
.thumb_func
.globl multicore_launch_core1
.align 2
multicore_launch_core1:
        push    {r4, r5, lr}
        sub     sp, #28
        str     r0, [sp, #20]
                          @ CPUコア1の実行開始アドレスを保存
        ldr     r1, =0x20040800+0x7fc
        str     r1, [sp, #16]
                          @ スタック・ポインタの初期値を保存
        ldr     r2, =0xe000ed08
        ldr     r2, [r2]
                      @ ベクタ・テーブルの先頭アドレスを読み出す
        str     r2, [sp, #12]
                       @ ベクタ・テーブルの先頭アドレスを保存
        movs    r1, #1
        str     r1, [sp, #8]    @「1」という目印を保存
        movs    r1, #0
        str     r1, [sp, #4]    @「0」という目印を保存
        str     r1, [sp, #0]    @「0」という目印を保存
        movs    r5, #0
                      @ 何番目の保存値を取り出すかのインデックス
L2:
        mov     r4, sp
        lsls    r2, r5, #2
        ldr     r4, [r4, r2]    @ 上記で保存した値の取り出し
        cmp     r4, #0
        bne     L3          @ 取り出した値が「0」でなければ先に進む
        bl      multicore_fifo_drain
                 @ 取り出した値が「0」ならメール・ボックスを空にする
        sev                     @ CPUコア1を再起動する
L3:
        mov     r0, r4
        bl      multicore_fifo_push_blocking
                            @ 取り出した値をCPUコア1に通知
        bl      multicore_fifo_pop_blocking
                            @ 通知した値をオウム返しでもらう
        cmp     r0, r4          @ 通知した値と受け取った値が一致
                      したら次の保存データをCPUコア1に通知する
        beq     L4
        movs    r5, #0
           @ 通知した値と受け取った値が不一致なら最初からやり直す
L4:
        adds    r5, #1
        cmp     r5, #5
                  @ 保存した値を5回CPUコア1に通知したら終わり
        bls     L2
        add     sp, #28
        pop     {r4, r5, pc}
           @ multicore_launch_core1の呼び出し元にリターン

.thumb_func
.align  2
multicore_fifo_drain:   @ メール・ボックス(FIFO)に値が
                  入っていれば空になるまでダミー・リードする
        push    {r0, r1, r2, lr}
        ldr     r0, =0xd0000000
        movs    r1, #1
3:
        ldr     r2, [r0, #0x50] @ FIFO_ST
        ands    r2, r1
        beq     2f
1:
        ldr     r2, [r0, #0x58] @ dummy read
        b       3b
2:
        pop     {r0, r1, r2, pc}

.globl multicore_fifo_push_blocking
.thumb_func
.align  2
multicore_fifo_push_blocking:    @ メール・ボックス(FIFO)に
              空きができたら値を書き込む(CPUコア1に通知する)
        push    {r1, r2, r3, lr}
        ldr     r2, =0xd0000000
        movs    r1, #2
MF1:
        ldr     r3, [r2, #0x50] @ FIFO_ST
        tst     r1, r3   @ wait until FIFO is not full
        beq     MF1
        str     r0, [r2, #0x54] @ FIFO_WR (send)
        sev
        pop     {r1, r2, r3, pc}

.globl multicore_fifo_pop_blocking
.thumb_func
.align  2
multicore_fifo_pop_blocking:     @ メール・ボックス(FIFO)が
          空でなくなったらデータを受け取る(CPUコア1からの応答)
        push    {r1, r2, r3, lr}
        ldr     r2, =0xd0000050 @ FIFO_ST
        ldr     r3, [r2]
        lsls    r3, r3, #31     @ is FIFO valid?
        bmi.n   MF2      @ if valid, return FIFO value
        movs    r1, #1
MF3:
        wfe
        ldr     r3, [r2]
        tst     r1, r3       @ wait until FIFO un-empty
        beq     MF3
MF2:
        ldr     r3, =0xd0000058 @ FIFO_RD
        ldr     r0, [r3]        @ receive
        pop     {r1, r2, r3, pc}
```

このmulticore_launch_core1関数さえあれば，もう一方のコア（コア1）を自由に使えます．これは，ブートROMと相性が良いように前章（第2章）でスタートアップ・ファイルを作成しておいた恩恵でしょう．

もっとも，第2章のリスト4で示したスタートアップ・ルーチンには，multicore_launch_core1関数は含まれていません．2コアを同時に使うためには，本章の**リスト2**の内容を追加しておきます．**リスト2**には，2つのコア間の同期を取るための次の関数が記載されています．

```
multicore_fifo_push_blocking
multicore_fifo_pop_blocking
```

これらが2コア間の通信FIFOを操る関数なのです．簡単にいえば，multicore_fifo_push_blockingがFIFOに書き込む関数，multicore_fifo_pop_blockingがFIFOから読み出す関数です．

2つのコアを動かす

ここで解説するプログラムの内容は，コア0でUARTを使って画面に「Hello World!」を表示しながら，コア1でLチカを行うというものです．Lチカはコンピュータ・ボードの「Hello World!」と言われていますから，絶妙のコラボだと思います．

● メイン関数

それでは，2つのコアの使い方を解説します．メイン関数（C言語で記述）の部分は**リスト3**のようにします．これは，第2章に出てきた，Lチカ・プログラムと「Hello World!」プログラムを合体させたものです．大きな違いはmain関数から次のように，コア1の関数を呼び出していることです．

```
multicore_launch_core1(core1_main);
```

プログラムの説明は第2章を参照してください．コア1にLチカ，コア0に「Hello World!」を担当させています．

コア0は4秒ごとに「Hello World!」をTera Termなどの端末上に表示し，コア1は2秒ごとにLED（GPIO25に接続）を点滅させます．

● ビルドする

このプログラムをビルドするためには，第2章のリスト4に本章の**リスト2**を追加しファイル名をstart_m.sにします．本章の**リスト3**で示すファイルのファイル名をmain.cとして，次のように，この手順をMakefileにします．

```
arm-none-eabi-as --warn --fatal-
        warnings -mcpu=cortex-m0plus
                start_m.s -o start_m.o
arm-none-eabi-gcc -Wall -O2
 -ffreestanding -mcpu=cortex-m0plus
        -mthumb -c main.c -o main.o
arm-none-eabi-ld  -nostdlib
 -nostartfiles -T memmap_default.ld
```

リスト3　CPUコア0でUART転送（「Hello World!」を端末に表示，CPUコア1でLチカを行うメイン・プログラム）

```
// レジスタの定義は第7部2章のリスト5と同じ
// clock_init, reset_release, systick_initは
                              第7部第2章のリスト5と同じ
// uart_recv, uart_send, uart_puts, uart_initは
                              第7部第2章のリスト6と同じ

void    multicore_launch_core1 (void(*entry)(void));
int     multicore_fifo_pop_blocking(void);
void    multicore_fifo_push_blocking(int);
                    ↑ 参照する関数のプロトタイプ宣言

static void do_delay ( unsigned int x )
                          // 指定した秒数だけ待ち合わせる
{
    unsigned int sec;

    for(sec=0;sec<x;)
    {
        if((STK_CSR & (1<<16))!=0)
                          // 1秒経過したらsecを1増やす
        {
            sec++;
        }
    }
}

void led_init(void) // LED(GPIO25)の設定
{
    SIO_GPIO_OE_CLR  = (1<<25); // GPIO25を入力に設定
    SIO_GPIO_OUT_CLR = (1<<25); // GPIO25に0を出力する
    IO_BANK0_GPIO25_CTRL_RW = 5;
                          // GPIO25をSIO機能に設定する
    SIO_GPIO_OE_SET       = (1<<25);
                               // GPIO25を出力に設定
}

void core1_main(void) // CPUコア1が実行する関数
{
    systick_init();    // SysTickの初期化(CPUコア1側)
CPU
    while(1)
    {
        SIO_GPIO_OUT_XOR = (1<<25);
                               // GPIO25の値を反転する
        do_delay(2);           // 2秒待つ
    }
}

int main(void)
{
    clock_init();      // CLK_SYSを12MHzに設定
    reset_release();   // 必要な周辺ユニットのリセットを解除
    uart_init();       // UARTの設定
    led_init();        // LED(GPIO25)の設定

    multicore_launch_core1(core1_main);
                               // CPUコア1を起動する

    systick_init(); // SysTickの初期化(CPUコア0側)

    while(1)
    {
        uart_puts("Hello World!¥n¥r");
                               // Hello World!を送信
        do_delay(4);           // 4秒待つ
    }
    return(0); // ここには到達しない
}
```

コラム　盲腸のようなコードは何のため？

中森 章

第2章のリスト4のリセット開始アドレスは次の命令例のようになっています.

```
_reset_handler:
        ldr    r0, =0xd0000000
        ldr    r0, [r0, #0]
        cmp    r0, #0
        bne    hold_non_core0_in_
                              bootrom
```

周辺レジスタの0xd0000000番地はCPUコアの番号を示すCPUIDレジスタです. このコードの意味は, リセットが解除されたCPUコア0とCPUコア1は同時に動き出し, 同じ命令コードを実行します. CPUIDレジスタをリードしたとき, CPUコア0は0, CPUコア1は1という値をリードします. そして, CPUコア0ならそのまま先に進み, CPUコア1ならhold_non_core0_in_bootromというラベルに分岐します.「おっ, これはCPUコア0とCPUコア1の処理を切り分けている箇所だ」と思うのは普通のことでしょう. このコードを見たとき, ラベルhold_non_core0_in_bootromの先で特定の関数を呼び出すようにすれば, CPUの2コア同時実行は簡単だと思っていました.

しかし, CPUコア1は上記命令列を実行しないのです. 実は今回, 解説した2コアを実行するプログラムで, このCPUコア0とCPUコア1を切り分ける処理を削除しても, CPUコア1の実行には影響しないのです.

なぜこのようなコードが残っているのでしょうか. CPUコア1が絶対に実行しないコードがあるとは驚きです. それはともかく, CPUコア1が実行すれば分岐していく上述のラベルは「ブートROMの中でCPUコア0以外を捕まえる」という意味です. このラベルの名前にすっかり騙されました.

写真1　リスト3のCPUコア0でHello World!, CPUコア1でLチカを実行

```
     start_m.o main.o -o main.elf
./elf2uf2 main.elf main.uf2
```

第2章でのビルド方法と同一です.

● プログラムの実行

main.uf2を, PicoのBOOTSELボタンを押しながら, USBケーブルを挿入したときに画面上に開くマス・ストレージのウィンドウにドラッグ＆ドロップすれば実行の始まりです. その様子を**写真1**に示します.

main関数もcore1_main関数もwhileループで無限に処理を実行するので, 一度起動されたcore1_main関数からは制御が戻ってくることはありません. それでもHello World!とLチカが動き続けるということは, 2つのコアが並列に実行されていることを示しています. 実行結果は, 見た目はあまり変わりませんが, 第2章で示したLチカとHello World!を表示するプログラムが, 今回は2つのコアで同時に動いています.

ここで, 基本的な周辺ユニットの設定は, コア0が行っています. しかし, SysTickタイマの設定だけは, コア0とコア1の両方で行っています. SysTickタイマは, 周辺ユニットではなく, 各コアに内蔵されているタイマなので, コア1で使用する場合は, コア1側での初期化が必要になります.

● 覚えておいて欲しい便利な関数

これで, 2コアが同時実行できるようになったので, 後は好きにすればよいのですが, ここで便利な関数を紹介しておきます. それは, 上述の, multicore_fifo_push_blocking関数とmulticore_fifo_pop_blocking関数です. これは, コア0とコア1間でデータをやり取りする場合に使用する関数です. multicore_fifo_push_blocking関数によりデータをメール・ボックスに入れ, multicore_fifo_pop_blocking関数でそのデータを取り出します. 次のようにすれば, 変数resに0x5a5aが格納されるという具合です.

```
コア0側：multicore_fifo_push_blocking
          (0x5a5a)
コア1側：res = multicore_fifo_pop_
          blocking();
```

何もこんな面倒なことをしなくても, グローバル変リスト4　CPUコア0側でLチカの点滅回数をUARTで受け取り，CPUコア1側でCPUコア0側から受け取った回数(より1少ない回数)だけ，LEDを点滅するプログラム

```
// レジスタの定義は第7部2章のリスト5と同じ
// clock_init, reset_release, systick_init, do_delayは
                                    第7部第2章のリスト5と同じ
// uart_recv, uart_send, uart_puts, uart_initは
                                    第7部第2章のリスト6と同じ
// led_initは本章のリスト3と同じ

void    multicore_launch_core1 (void(*entry)(void));
int     multicore_fifo_pop_blocking(void);
void    multicore_fifo_push_blocking(int);

static void uart_gets(char *s)
   // UARTでリターン・キーが押されるまでの文字列をポインタsに格納する
{
    int ch;

    do {
        ch = uart_recv (); // UARTから1文字受信
        *s++ = ch;
                // ポインタで示される領域に格納し，ポインタを進める
    }while (ch!='¥r'); // リターン・キーが押されるまで繰り返す
}

void core1_main(void) // CPUコア1が実行する関数
{
    int blink_width;
    int i;

    multicore_fifo_push_blocking(0x5a5a);
                   // CPUコア1が起動したことをCPUコア0に通知
    systick_init(); // SysTickの初期化(CPUコア1側)
    while(1)
    {
        blink_width = multicore_fifo_pop_blocking();
                             // CPUコア0から点滅幅を受け取る
        uart_puts("receive data is ");
                           // 受け取った点滅幅のエコー・バック
        uart_send(blink_width+'0');
        uart_puts(".¥n¥r");

        for(i=0;i<10;i++){ // 10回点滅を繰り返す
            SIO_GPIO_OUT_SET = (1<<25);
                              // GPIO25に「1」を出力する
            do_delay(blink_width); // blink_width秒待つ
            SIO_GPIO_OUT_CLR = (1<<25);
                              // GPIO25に「0」を出力する
            do_delay(blink_width); // blink_width秒待つ
        }
    }
}

int main(void)
{
    char uart_buf[100];

    clock_init();     // CLK_SYSを12MHzに設定
    reset_release(); // 必要な周辺ユニットのリセットを解除
    uart_init();      // UARTの設定
    led_init();       // LED(GPIO25)の設定

    multicore_launch_core1(core1_main);
                                      // CPUコア1を起動する

    while(multicore_fifo_pop_blocking()!=0x5a5a);
                                  // CPUコア1からの応答を待つ
    uart_puts("core1 has been waked up!¥n¥r");

    systick_init(); // SysTickの初期化(CPUコア0側)

    uart_recv();
        // ダミー・リード(これがないとちゃんと動作しないので…(^_^;

    while(1)
    {
        do{
        // UARTから'1'から'9'の文字(点滅幅)が入力されるのを待つ
            uart_gets(uart_buf);
        } while ((uart_buf[0]<='0') || (
                                    uart_buf[0]>'9'));
        uart_puts("send data is ");
                                 // 点滅幅のエコー・バック
        uart_send(uart_buf[0]);
        uart_puts(".¥n¥r");
        multicore_fifo_push_blocking((int)
         (uart_buf[0]-'0'));   // CPUコア1に点滅幅を通知する
    }
    return(0); // ここには到達しない
}
```

数でコア間のデータのやり取りをすればよいのではと思うかもしれません．しかし，グローバル変数を使う方法は，うまくいかない場合があります．コア0とコア1は独立に動作していますから，コア0がグローバル変数に値を書き込む前に，コア1がグローバル変数の値を読んでしまう場合があります．このようなちぐはぐを起こさないように，専用の関数を使ってデータのやり取りをすることが推奨されます．

multicore_fifo_push_blocking関数とmulticore_fifo_pop_blocking関数に関しても，第2章で参照した逆アセンブル・リストから抜き出しました．それが，**リスト2**に追加しておいたものです．

その使用例が**リスト4**です．コア0がUART経由で1～9の文字を入力してもらい，その数字で表される秒数の間をコア1側で点灯/消灯機関としてLチカするプログラムです．**リスト4**の関数は，今まで解説してきた関数の変形です．

このプログラムの実行結果(Tera Termの画面)を**写真2**に示します．

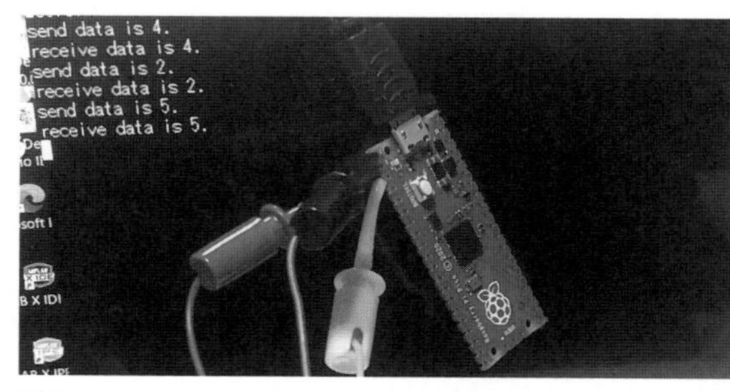

写真2　リスト4でコア0で1から9の文字を入力し，その数字で表される秒数の間コア1側でLチカを実行

◆参考・引用*文献◆

(1) dwelch67/raspberrypi-pico.
https://github.com/dwelch67/raspberrypi-pico
(2) Getting Started with Multicore Programming on the Raspberry Pi Pico.
https://www.youtube.com/watch?v=aIFElaK14V4

なかもり・あきら

PIO専用アセンブラを使ってPWMパルス生成とUART通信

噂のプログラマブルI/Oはこう使う

中森 章

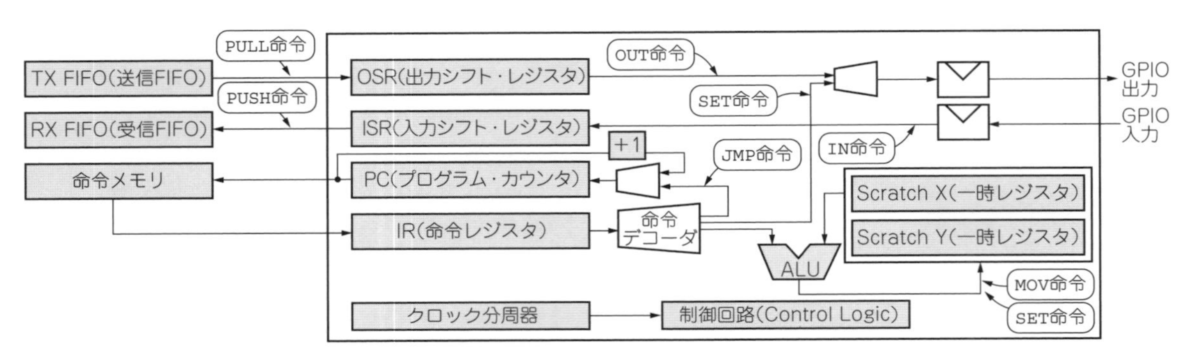

図1[(1)]　**PIOを構成するステート・マシン(SM)ブロック図**
プログラム・カウンタやControl LogicなどCPUコアに準ずる機能を有する．なお，図1は文献(1) RP2040 Datasheetの図と解説から筆者が制作した図です

● PIOは小さなCPUコア

プログラマブルI/O(PIO)はラズベリー・パイPico(以降，Pico)の特徴の1つです．本書11ページの図1と本書12ページの図2で示したように，PIO0とPIO1という2種類のGPIOを独立に操作する4つのステート・マシン(SM)から構成されます．それぞれのステート・マシンは並列に動作することが可能で，PIO0，PIO1ごとに用意された32ワードの命令メモリから，ステート・マシン独自の命令を，フェッチし，デコードし，実行します．これは，まさにCPUコアの動作です．大げさに例えるなら「Picoは10個[2×(Cortex-M0+)＋2×(4×ステート・マシン)]のCPUコアを持っている」と言っても過言ではありません．

表1[(1)]　**プログラマブルI/O(PIO)を制御するステート・マシン(SM)が実行できる命令一覧**

ビット	15	14	13	12	11	10	9	8	7	6	5	4	3	2	1	0
JMP	0	0	0	遅延／サイドセット					Condition			Address				
WAIT	0	0	1						Pol	Source		Index				
IN	0	1	0						Source			Bit count				
OUT	0	1	1						Destination			Bit count				
PUSH	1	0	0						0	IfF	Blk	0	0	0	0	0
PULL	1	0	0						1	IfE	Blk	0	0	0	0	0
MOV	1	0	1						Destination			Op		Source		
IRQ	1	1	0						0	Clr	Wait	Index				
SET	1	1	1						Destination			Data				

図1にプログラマブルI/Oを構成するステート・マシンのブロック図を示します．プログラマブルI/Oのブロック図はp.16の図2を参照してください．プログラム・カウンタ，制御回路，一時レジスタX，一時レジスタYなどを見るとCPUコアに準じる機能を持っていることが分かります．

PIO0，PIO1ごとに，それぞれ，32ワードの命令メモリしかありませんので，小型CPUコアとも言える各ステート・マシンは，あまり複雑な処理ができません．できるのは，GPIOをプログラムされた間隔で“H”に駆動したり“L”に駆動したりすることです．また，GPIOから入力されるシリアルな信号を一時メモリに格納することくらいです．現実的に，SPIやI^2CやUARTの動作を行わせるためにはCPUコアの助けが必要です．しかし，各ステート・マシンはある程度自律して動作するので，実際のCPUコアの行うべき手間を削減できます．

● トライすること

もっとも，一定周期の矩形波やPWM波形はCPUコアの助けを借りなくても，32ワード内の命令メモリに格納されたプログラムだけで実行可能です．ここでは，初めに，CPUコアの補助なしで，自律して動作するプログラマブルI/Oのプログラム例を示し，最後にCPUコアの補助で動くPIO版の「Hello World!」

プログラムを示します．

ステート・マシンの命令

プログラマブルI/Oの命令は9命令しかありません．それを**表1**に示します．ここでは，単純な操作で必要となる命令の説明をします．また，プログラマブルI/Oには，目的の端子（PIO0またはPIO1）以外に，最大5本までの端子を同期させて動かすことのできるサイドセットという機能があります．それは最後に説明します．サイドセットはSPIなどの通信でデータ線とクロック線を同期させる場合などで使用します．また，プログラマブルI/Oの入力側は，少しハードルが高い（サンプル・プログラムを作成しても簡単に試せない）のでプログラマブルI/Oの出力側にのみ必要な命令に焦点を絞ります．

● 出力でよく使う4つの命令

(1) SET

SET命令は，主として2種類の端子の設定SET PINDIRS，SET PINSとレジスタの設定SET X，SET Yの使用法があります．それは，プログラマブルI/Oの入出力の設定と出力レベル（"H"か"L"か）の設定です．

SET PINDIRS 1は，プログラマブルI/Oを出力に設定します．

SET PINDIRS 0は，プログラマブルI/Oを入力に設定します．

SET PINS 1は，プログラマブルI/Oの出力レベルを1（"H"）に設定します．

SET PINS 0は，プログラマブルI/Oの出力レベルを0（"L"）に設定します．

SET X 15は，一時レジスタXに15という値を設定します．

SET Y 7は，一時レジスタYに7という値を設定します．

このようにプログラマブルI/Oの各ステート・マシンはXとYという2個の一時レジスタを持っています．

(2) OUT

OUT命令はOSR（出力用シフト・レジスタ）からデータを取り出してプログラマブルI/Oに出力します．

OUT PINS 1は，32ビットOSRから1ビット取り出して，その値をプログラマブルI/Oに出力します．その後OSRの内容は1ビット右シフトされます．

(3) PULL

PULL命令は，送信用FIFO（TXF*n*：*n*はステート・マシンの番号で0～3）から値を取り出して，OSR（出力用シフト・レジスタ）に格納します．

PULL BLOCKは，送信FIFOが空でなくなるまで待ち合わせをして，OSRに値を格納します．

PULL NOBLOCKは，直ちに送信FIFOの内容をOSRに格納します．

(4) JMP

JMP命令は，任意の命令メモリ（0～31）に分岐します．

JMP 2は，命令ワードの2番地に分岐します．

JMP X-- 3は，一時レジスタXの値が0でなければ，命令メモリの3番地に分岐します．そのとき，Xの値が1だけ減算されます．

● 遅延時間の指定

プログラマブルI/Oでよく使う4つの命令について説明しました．

各命令は，遅延の指定がなければ1サイクルで実行されます．これらの命令にはさらに，1～32サイクルの遅延（命令の実行後，次の命令を実行するまでの待ち合わせ時間）を設定することができます[注1]．それには，[ ]を使います．

SET PINS 1 [7]という記述は，プログラマブルI/Oを"H"に駆動した後，8サイクル待ち合わせすることを意味します．[ ]内は，実際より1だけ少ない値を指定します．

なお，ステート・マシーンのアセンブリ記述は，公式SDKに付属しているpioasm.exeでアセンブルします．と言っても，pioasm.exeにソース・ファイルを与えると，命令メモリに格納する命令コードの一覧が画面に出力されるだけです．リダイレクトすることでファイルに格納できます．命令メモリは最大32ワードなので，手で書き写しても大して手間ではありません．

pioasm.exeは1回pico-exampleをビルドすると，pico-examples/build/pioasmに生成されます．

● 疑似的なアナログ信号を出してLEDの明るさ制御

PIOの応用例としてLチカ，ではなくて，その変化形であるPWM（Pulse Width Modulation；パルス幅変調）を行ってみます．PWMと言っても難しくありません．LチカでもPWMでも次のように矩形波を端子から出力し続けるのは同じです．

"H"→"L"→"H"→"L"→"H"→"L"→…

Lチカが通常は"H"幅と"L"幅の期間が等間隔なのに対し，PWMでは等間隔ではありません．「"H"→

注1：待ち合わせ時間をどの程度指定できるかはサイドセットのビット数を何ビット使用するかに依存します．32サイクルというのは，サイドセットを使用しない場合です．

リスト1　PIO0でPWMを実現するプログラマブルI/Oのプログラム（その1）…書き下ろし版

```
.program tmp
 set pindirs 1
again:
 pull noblock
 out pins 1
 out pins 1
 out pins 1
 out pins 1
 out pins 1

 out pins 1
 out pins 1
 out pins 1
 out pins 1

 out pins 1
 out pins 1
 out pins 1
 out pins 1

 out pins 1
 out pins 1
 out pins 1
 out pins 1
 jmp again
```

リスト2　PIO0でPWMを実現するプログラマブルI/Oのプログラム（その2）…ループを使用する版

```
.program tmp
 set pindirs 1
again:
 pull noblock
 set x 15
loop:
 out pins 1 [0]
 jmp x-- loop
 jmp again
```

リスト3　リスト1のプログラムをpioasmでアセンブルした結果．結果は標準出力デバイス（通常はコマンド・ウィンドウ）に出力される

```
// -------------------------------------------------- //
// This file is autogenerated by pioasm; do not edit! //
// -------------------------------------------------- //

#if !PICO_NO_HARDWARE
#include "hardware/pio.h"
#endif

// --- //
// tmp //
// --- //

#define tmp_wrap_target 0
#define tmp_wrap 19

static const uint16_t tmp_program_instructions[] = {
            //     .wrap_target
    0xe081, //  0: set    pindirs, 1
    0x8080, //  1: pull   noblock
    0x6001, //  2: out    pins, 1
    0x6001, //  3: out    pins, 1
    0x6001, //  4: out    pins, 1
    0x6001, //  5: out    pins, 1
    0x6001, //  6: out    pins, 1
    0x6001, //  7: out    pins, 1
    0x6001, //  8: out    pins, 1
    0x6001, //  9: out    pins, 1
    0x6001, // 10: out    pins, 1
    0x6001, // 11: out    pins, 1
    0x6001, // 12: out    pins, 1
    0x6001, // 13: out    pins, 1
    0x6001, // 14: out    pins, 1
    0x6001, // 15: out    pins, 1
    0x6001, // 16: out    pins, 1
    0x6001, // 17: out    pins, 1
    0x6001, // 18: out    pins, 1
    0x0001, // 19: jmp    1
            //     .wrap
};

#if !PICO_NO_HARDWARE
static const struct pio_program tmp_program = {
    .instructions = tmp_program_instructions,
    .length = 20,
    .origin = -1,
};

static inline pio_sm_config tmp_program_get_default_
                                    config(uint offset) {
    pio_sm_config c = pio_get_default_sm_config();
    sm_config_set_wrap(&c, offset + tmp_wrap_target,
                                      offset + tmp_wrap);
    return c;
}
#endif
```

“L”」となる1周期の時間に対する“H”期間の時間の割合をデューティと言います．デューティ50％の場合が“H”期間と“L”期間が同じ場合です．PWMの矩形波をLEDに与えると，デューティが小さい場合はLEDが暗く，デューティが大きい場合はLEDが明るく見える現象が発生します．要するに，端子はディジタル信号を出力しているのに，アナログ信号を（疑似的に）出力しているような格好になります．PWM波形はモータ制御などで使われるのですが，ここでは，そこまで高尚なことはしません．LEDを明るく点灯させたり暗く点灯させるだけです．

ここで提示するプログラムは16サイクルを1周期とし，1サイクルに16回LEDを点けたり消したりするのですが，その消灯のパターンを以下の16通りにしています．パターンは16ビット・データで与えられ，各ビットが1のとき点灯，0のとき消灯を示します．

```
0x0000 （全消灯）
0x8000 （15回消灯，1回点灯）
0xC000 （13回消灯，2回点灯）
.........
0xFF00 （8回消灯，8回点灯）
0xFF80 （7回消灯，9回点灯）
.........
0xFFFE （1回消灯，15回点灯）
0xFFFF （全点灯）
```

これを実現するためには，点灯パターンを送信FIFO（TXF0）に書き込み，`OUT PINS 1`を16回連続実行します．

● プログラム

pioasm.exeへのソース・ファイルとしては，**リスト1**または**リスト2**のようになります（同じ論理）．それぞれのファイル名をtmp1.pio，tmp2.pioとして，./pioasm tmp1.pioまたは./pioasm

リスト4　リスト1のプログラムをpioasmでアセンブルした結果．結果は標準出力デバイス（通常はコマンド・ウィンドウ）に出力される

```
// -------------------------------------------------- //
// This file is autogenerated by pioasm; do not edit! //
// -------------------------------------------------- //

#if !PICO_NO_HARDWARE
#include "hardware/pio.h"
#endif

// --- //
// tmp //
// --- //

#define tmp_wrap_target 0
#define tmp_wrap 5

static const uint16_t tmp_program_instructions[] = {
            //     .wrap_target
    0xe081, //  0: set    pindirs, 1
    0x8080, //  1: pull   noblock
    0xe02f, //  2: set    x, 15
    0x6001, //  3: out    pins, 1
    0x0043, //  4: jmp    x--, 3
    0x0001, //  5: jmp    1
            //     .wrap
};

#if !PICO_NO_HARDWARE
static const struct pio_program tmp_program = {
    .instructions = tmp_program_instructions,
    .length = 6,
    .origin = -1,
};

static inline pio_sm_config tmp_program_get_default_
                                    config(uint offset) {
    pio_sm_config c = pio_get_default_sm_config();
    sm_config_set_wrap(&c, offset + tmp_wrap_target,
                                    offset + tmp_wrap);
    return c;
}
#endif
```

これが，pioasm.exeによって生成されたPIOのステート・マシンの命令．これを**リスト5**のPIO0_INSTR_MEM0_RW～PIO0_INSTR_MEM5_RWに逐次代入する

表2[1]　プログラマブルI/Oのレジスタの初期設定に必要となるレジスタ（抜粋）
PIO0のベース・アドレスは0x50200000
PIO1のベース・アドレスは0x50300000

オフセット	レジスタ名	機　能
0x000	CTRL	プログラマブルI/O制御レジスタ
0x004	FSTAT	FIFO状態レジスタ
0x010	TXF0	ステート・マシーン0用のTX（送信）FIFOへ直接書き込むレジスタ
0x014	TXF1	ステート・マシーン1用のTX（送信）FIFOへ直接書き込むレジスタ
0x018	TXF2	ステート・マシーン2用のTX（送信）FIFOへ直接書き込むレジスタ
0x01c	TXF3	ステート・マシーン3用のTX（送信）FIFOへ直接書き込むレジスタ
0x048	INSTR_MEM0	命令メモリ（アドレス0）
0x04c	INSTR_MEM1	命令メモリ（アドレス1）
0x050	INSTR_MEM2	命令メモリ（アドレス2）
0x054	INSTR_MEM3	命令メモリ（アドレス3）
0x058	INSTR_MEM4	命令メモリ（アドレス4）
0x05c	INSTR_MEM5	命令メモリ（アドレス5）
0x060	INSTR_MEM6	命令メモリ（アドレス6）
0x064	INSTR_MEM7	命令メモリ（アドレス7）
0x068	INSTR_MEM8	命令メモリ（アドレス8）
0x06c	INSTR_MEM9	命令メモリ（アドレス9）
0x070	INSTR_MEM10	命令メモリ（アドレス10）
0x074	INSTR_MEM11	命令メモリ（アドレス11）
0x078	INSTR_MEM12	命令メモリ（アドレス12）
0x07c	INSTR_MEM13	命令メモリ（アドレス13）
0x080	INSTR_MEM14	命令メモリ（アドレス14）
0x084	INSTR_MEM15	命令メモリ（アドレス15）
0x088	INSTR_MEM16	命令メモリ（アドレス16）
0x08c	INSTR_MEM17	命令メモリ（アドレス17）
0x090	INSTR_MEM18	命令メモリ（アドレス18）
0x094	INSTR_MEM19	命令メモリ（アドレス19）
0x098	INSTR_MEM20	命令メモリ（アドレス20）
0x09c	INSTR_MEM21	命令メモリ（アドレス21）
0x0a0	INSTR_MEM22	命令メモリ（アドレス22）
0x0a4	INSTR_MEM23	命令メモリ（アドレス23）
0x0a8	INSTR_MEM24	命令メモリ（アドレス24）
0x0ac	INSTR_MEM25	命令メモリ（アドレス25）
0x0b0	INSTR_MEM26	命令メモリ（アドレス26）
0x0b4	INSTR_MEM27	命令メモリ（アドレス27）
0x0b8	INSTR_MEM28	命令メモリ（アドレス28）
0x0bc	INSTR_MEM29	命令メモリ（アドレス29）
0x0c0	INSTR_MEM30	命令メモリ（アドレス30）
0x0c4	INSTR_MEM31	命令メモリ（アドレス31）
0x0c8	SM0_CLKDIV	SM0用のクロック分周レジスタ
0x0cc	SM0_EXECCTRL	SM0用の端子割り当てを行うレジスタ
0x0d8	SM0_INSTR	命令を書き込むとSM0で直接実行するレジスタ
0x0dc	SM0_PINCTRL	SM0の端子制御レジスタ
0x0e0	SM1_CLKDIV	SM1用のクロック分周レジスタ
0x0e4	SM1_EXECCTRL	SM1用の端子割り当てを行うレジスタ
0x0f0	SM1_INSTR	命令を書き込むとSM1で直接実行するレジスタ
0x0f4	SM1_PINCTRL	SM1の端子制御レジスタ
0x0f8	SM2_CLKDIV	SM2用のクロック分周レジスタ
0x0fc	SM2_EXECCTRL	SM2用の端子割り当てを行うレジスタ
0x108	SM2_INSTR	命令を書き込むとSM2で直接実行するレジスタ
0x10c	SM2_PINCTRL	SM2の端子制御レジスタ
0x110	SM3_CLKDIV	SM3用のクロック分周レジスタ
0x114	SM3_EXECCTRL	SM3用の端子割り当てを行うレジスタ
0x120	SM3_INSTR	命令を書き込むとSM3で直接実行するレジスタ
0x124	SM3_PINCTRL	SM2の端子制御レジスタ

表3[1]　プログラマブルI/Oを動作させるのに必要なレジスタ群（抜粋）

ビット	名前（フィールド）	説　明
CTRLレジスタのビット割り当て		
32～12	予約	-
11～8	CLKDIV_RESTART	クロック分周器を初期状態から再起動する
7～4	SM_RESTART	ステート・マシンを初期状態から再起動する
3～0	SM_ENABLE	各ステート・マシンの実行を許可する（ビットnがSMnに対応）
FSTATレジスタのビット割り当て		
31～28	予約	-
27～24	TXEMPTY	SMのTX（送信）FIFOが空
23～20	予約	-
19～16	TXFULL	SMのTX（送信）FIFOがフル
15～12	予約済み	-
11～8	RXEMPTY	SMのRX（受信）FIFOが空
7～4	予約	-
3～0	RXFULL	SMのRX（受信）FIFOがフル
TXF0, TXF1, TXF2, TXF3レジスタのビット割り当て		
31～0	TXFn	各SMのTX（送信）FIFOへの直接書き込みを行うFIFOがフルの状態で書き込みを行っても無視される
INSTR_MEM0, INSTR_MEM1, …, INSTR_MEM30, INSTR_MEM31レジスタのビット割り当て		
31～16	予約	-
15～0	INSTR_MEMn	命令メモリn（n＝0, …, 31）への命令書き込み用レジスタ
SM0_CLKDIV, SM1_CLKDIV, SM2_CLKDIV, SM3_CLKDIVレジスタのビット割り当て		
31～16	INT	CLK_SYSの分周率の整数部
15～8	FRAC	CLK_SYSの分周率の小数部
7～0	予約	-
SM0_EXECCTRL, SM1_EXECCTRL, SM2_EXECCTRL, SM3_EXECCTRLレジスタのビット割り当て		
31	EXEC_STALLED	1を書き込むとSMn_INSTRレジスタに書き込んだ命令を停止させる．0を書き込むと，その命令の実行が完了する
30	SIDE_EN	1の場合は命令コードのビット12がサイドセットの許可ビットになり，ビット11がサイドセットの値（端子に設定する値）になる（サイドセットが1ビットの場合）0の場合は，命令コードのビット12がサイドセットの値そのものになる（サイドセットが1ビットの場合）．実際に何ビットがサイドセットになるかは，PINCTRLレジスタのSIDESET_COUNTの値によって決まる
29	SIDE_PINDIR	1の場合はサイドセットの値は端子の値ではなく入出力方向を示す
28～24	JMP_PIN	アセンブリ言語のJMP_PIN命令で参照するGPIOの番号を指定する
23～19	OUT_EN_SEL	OUT命令で書き込み許可ビットにする端子を指定する
18	INLINE_OUT_EN	OUT命令の出力を書き込み許可とする
17	OUT_STICKY	OUT/SET命令で端子を同じ値に保持する
16～12	WRAP_TOP	命令メモリの実行がこのアドレスに達したらWRAP_BOTTOMで指定されるアドレスから実行する．このアドレスにあるJMP命令は無条件ジャンプになる
11～7	WRAP_BOTTOM	WRAP_TOPのアドレスを実行した命令の次のアドレス
6～5	予約	-
4	STATUS_SEL	MOV x, STATUSの比較で送信FIFOを使うか受信FIFOを使うかの指定
3～0	STATUS_N	MOV x, STATUS命令で使用する比較値
SM0_INSTR, SM1_INSTR, SM2_INSTR, SM3_INSTRレジスタのビット割り当て		
31～16	予約	-
15～0	SMn_INSTR	リード時：現在実行中の命令の命令コードが見える ライト時：直接命令を実行する
SM0_PINCTRL, SM1_PINCTRL, SM2_PINCTRL, SM3_PINCTRLレジスタのビット割り当て		
31～29	SIDESET_COUNT	命令の遅延/サイドセット・フィールドの最上位ビットが1のとき，このフィールドはサイドセットとして使用される．サイドセットの端子数を設定する．最小値は0（全ては遅延ビット）で最大値は5（全てサイドセットで遅延なし）
28～26	SET_COUNT	SET_PINS命令やSET_PINDIRS命令で影響される端子の本数を指定する（最大値は5）
25～20	OUT_COUNT	OUT_PINS命令，OUT_PINDIRS命令，MOV_PINS命令で影響される端子の本数を指定する
19～15	IN_BASE	IN命令で参照する入力バスの最小のGPIO番号を指定する．32本のGPIO端子から入力される32ビット・データがこの数値だけ右方向に回転されて読み込まれる
14～10	SIDESET_BASE	サイドセット操作で影響される最小のGPIO番号を指定する．SIDESET_COUNTで指定される本数がサイドセットとなり，遅延/サイドセットの残りのビットは遅延の指定になる
9～5	SET_BASE	SET_PINS命令やSET_PINDIRS命令で影響される最小のGPIO番号を指定する
4～0	OUT_BASE	OUT_PINS命令，OUT_PINDIRS命令，MOV_PINS命令で影響される最小のGPIO番号を指定する

tmp2.pioというようにpioasm.exeに入力すると，それぞれ，**リスト3**，**リスト4**のような出力が得られます．tmp_program_instructionsという配列に格納されている16ビットのデータが命令メモリに格納するプログラムI/Oのステート・マシン命令の命令コードです．

● レジスタの設定が要る

しかし，プログラマブルI/Oの命令メモリに命令を書き込むだけでは，プログラマブルI/Oは動作しません．プログラマブルI/Oのレジスタの初期設定が必要です．**表2**に必要となるプログラマブルI/Oのレジスタの抜粋を列記します．そして，これらのレジスタに次の手順（①～⑧）で値を設定すれば，プログラマブルI/Oを動かすことができます（**リスト5**）．そのために必要なレジスタ群を**表3**に示します．

①クロックを初期化する
②リセットを解除する
③プログラマブルI/Oの命令メモリにデータを格納する

リスト5　LEDの明るさでPWMを体験するPIOプログラムとそれを駆動するArmコアのプログラム

```
// レジスタの定義は第7部第2章のリスト5と同じ
// clock_initは第7部第2章のリスト5と同じ ←①

void reset_release(void) // 必要な周辺ユニットのリセットを解除 ←②
{
    CLK_PERI_CTRL_RW = (1<<11)|(4<<5); // enable/xosc

    RESETS_RESET_CLR = (1<<5); //IO_BANK0
    while((RESETS_RESET_DONE_RW & (1<<5))==0);

    RESETS_RESET_CLR = (1<<8); //PADS_BANK0
    while((RESETS_RESET_DONE_RW & (1<<8))==0);

    RESETS_RESET_CLR = (1<<22); //UART0
    while((RESETS_RESET_DONE_RW & (1<<22))==0);

    RESETS_RESET_CLR = (1<<10); //PIO0
    while((RESETS_RESET_DONE_RW & (1<<10))==0);

}

int main ( void )
{
    unsigned int ra;
    unsigned int rb;

    clock_init();    // CLK_SYSを12MHzに設定 ←①
    reset_release(); // 必要な周辺ユニットのリセットを解除 ←②

    // PIO0の命令メモリ0～5に，PIOの命令を格納する ←③
    PIO0_INSTR_MEM0_RW = 0xE081; // 0: set pindirs 1
    PIO0_INSTR_MEM1_RW = 0x80A0; // 1:loop: pull block
    PIO0_INSTR_MEM2_RW = 0xE02F; // 2:set x 15
    PIO0_INSTR_MEM3_RW = 0x6001; // 3:loop: out pins 1
    PIO0_INSTR_MEM4_RW = 0x0043; // 4:jmp x-- loop
    PIO0_INSTR_MEM5_RW = 0x0001; // 5:jump 1

    PIO0_SM0_CLKDIV_RW = 0x01000000;
                    // SM0(ステート・マシン0)の動作周波数の設定
                               (適当に256分周にしてある) ←④

    PIO0_SM0_PINCTRL_RW = (1<<26)|(25<<5)|(1<<20)|(25
                <<0); // SET/OUT命令の対象をGPIO25に設定する ←⑤

    IO_BANK0_GPIO25_CTRL_RW = 6;
                        // GPIO25をPIO0機能に設定する ←⑥

    PIO0_CTRL_RW = 1<<0; // SM0(ステート・マシン0)を起動する ←⑦

    while(1) ←⑧
    {
        for(rb=0xFFFF0000;rb;rb>>=1)
      // 1000回1種類の点滅パターンを繰り返したら，次の点滅パターンを
        実行する．次のパターンは，点滅パターンを1ビット右シフトしたもの
        {
            for(ra=0;ra<1000;ra++)
                    // 1つの点滅パターンを1000回(適当な値)繰り返す
            {
                while((PIO0_FSTAT_RW & (1<<(16+0)))!=0) ;
                              //送信FIFOがフルでなくなるのを待つ
                PIO0_TXF0_RW = rb;
                          // 新しい点滅パターンを送信FIFOに書き込む
            }
        }
    }
    return(0); // ここには到達しない
}
```

（注釈：PIOのステート・マシンの命令列．これはリスト4の.pioasm.exeによって生成(アセンブル結果)されたものをPIO0_INSTR_MEM0_RW～PIO0_INSTR_MEM5_RWに代入する）

④プログラマブルI/Oのステート・マシンの動作クロックを設定する
⑤SET命令やOUT命令で使用するGPIOを設定する
⑥使用するGPIOの機能をプログラマブルI/Oに設定する
⑦プログラマブルI/Oのステート・マシンを有効化する
⑧以降は，プログラムに応じた処理を行う

①のクロックの初期化は，第2章で示したものと同じです．ここでは，CLK_SYS，CLK_PERI，CLK_REFを12MHzに設定しています．

②のリセット解除では，プログラマブルI/Oのリセット解除が追加になります．ここではPIO0しか使わないので，PIO0のみのリセットを解除します．その命令は次のようになっています．

```
RESETS_RESET_CLR = (1<<10); //PIO0
while((RESETS_RESET_DONE_RW &
(1<<10))==0);
```

③のプログラマブルI/Oの命令メモリへの命令格納は，**リスト4**の③の下となります．ひたすら命令コードをpioasmのアセンブル結果から写経してください．

④のステート・マシンの動作クロックの指定は，PIO0_SM0_CLKDIVレジスタで行います．このレジスタにはCLK_SYSの分周比を32ビット定数で指定します．上位16ビットが整数部，下位16ビットが少数部(ただし，8ビットしか使用されない)です．例えば，次の記述は，分周比の整数部に0x100(256)，小数部に0を指定することになります．

```
PIO0_SM0_CLKDIV_RW = 0x01000000;
```

この場合，ステート・マシンの動作周波数は，次になります．

```
CLK_SYS/256 = 12000000(Hz)/256 =
46875(Hz) = 46.875(kHz)
```

これは，ステート・マシンが46.875kHzで動作すること，つまり21.3ms(＝1/46875s)で1命令が実行されることを意味します．

⑤の端子制御の設定は一番のポイントです．SMn_PINCTRLレジスタによって，使うプログラマブルI/OのGPIO番号(の最小値)とビット数を指定します．SET命令で使用するGPIOの番号の最小値はビット9～5(SET_BASEフィールド)で，その本数はビット28～26(SET_COUNTフィールド)で指定し，OUT命令で使用するGPIOの番号の最小値はビット4～0(OUT_BASEフィールド)で，その本数はビット25～20(OUT_COUNTフィールド)で指定します(Side-setはとりあえず省略する)．例えば，

```
PIO0_SM0_PINCTRL_RW = (1<<26)|(25<<
5)|(1<<20)|(25<<0);
```

という記述は，SET命令とOUT命令で使用するGPIOの番号は25（LEDが接続されている）で，その本数は1本であることを指定します．ここで指定するGPIOの番号は最小値なので，たとえば，本数を2本に指定するとGPIO25とGPIO26が影響を受けることになります（今の設定は1本だけ）．

⑥では使用するGPIOをプログラマブルI/Oの機能に設定します．例えば，GPIO25をPIO0として使う場合は次のように設定します．

```
IO_BANK0_GPIO25_CTRL_RW = 6; //PIO
```

⑦のプログラマブルI/Oのステート・マシンの有効化は，ビット3～0がステート・マシンのそれぞれ3, 2, 1, 0に対応していますから，SM0のみを有効化する場合は次のように指定します．

```
PIO0_CTRL_RW = 1<<0;
```

● 送信FIFOに点滅パターンを書き込めば終わり

さて，これで準備ができました．後は予定通り，SM0の送信FIFO（TXF0）に点滅パターンを書き込めば終わりです．TXF0はフルの場合にデータを書き込んでも書き込みが無視されるので，FSTATレジスタでTXF0がフルでなくなるのを待ち合わせてからTXF0に点滅パターンを書き込みます．PIOプログラムとそれを駆動するArmコアのプログラムをC言語によるメイン・プログラムにしたのが**リスト5**です．**リスト5**では，**リスト4**で示したSM0の命令を使用しています．**リスト5**で，次の1000回の指定は，1つの点滅パターンを何回連続させるかを示します．

```
for(ra=0;ra<1000;ra++)
```

経験上1000回くらいが，LEDが徐々に暗くなったり明るくなったりしていく様を見るのにちょうどよい回数だと思います．

いきなり，CPUの補助が必要なプログラム例を示してしまいました．しかし，1つの点滅パターンに限れば，PIOは，その点滅パターンに従って，自律してGPIOを駆動しています．

2つのステート・マシンを同時に動作させる

Picoは，PIO0とPIO1という，2つのプログラマブルI/Oを持っており，それぞれ4つのステート・マシンにより制御されています．各ステート・マシンは同時に動作しますから，同時に動作させた方が効率は上がります．ここでは，PIO0のSM0とSM1を同時に動作させることにします．

リスト6　SM0用のプログラマブルI/Oプログラムと SM1用のプログラマブルI/Oプログラムを連続して記述する．命令メモリの4番地からがSM1用のプログラム

```
.program tmp
set pindirs 1     ; 0番地
loop0:
set pins 1 [30]   ; 1番地
set pins 0 [29]   ; 2番地
jmp loop0         ; 3番地
set pindirs 1     ; 4番地
loop1:
set pins 1 [3]    ; 5番地
set pins 0 [2]    ; 6番地
jmp loop1         ; 7番地
```

リスト7　SM0で内蔵LEDを31サイクルごとに点滅させ，SM1で外付けLEDを4サイクルごとに点滅させるメイン・プログラム

```
// レジスタの定義は第7部第2章のリスト5と同じ
// clock_initは第7部第2章のリスト5と同じ
// reset_releaseは本章リスト5と同じ

int main ( void )
{
    clock_init();    // CLK_SYSを12MHzに設定
    reset_release();// 必要な周辺ユニットのリセットを解除

            //      .wrap_target
    // PIO0の命令メモリ0～3に，SM0（ステート・マシン0）用の命令を
                                                      格納する
    PIO0_INSTR_MEM0_RW = 0xe081; // 0: set pindirs, 1
    PIO0_INSTR_MEM1_RW = 0xfe01;
            // 1: set     pins, 1                       [30]
    PIO0_INSTR_MEM2_RW = 0xfd00;
            // 2: set     pins, 0                       [29]
    PIO0_INSTR_MEM3_RW = 0x0001; // 3: jmp     1
    // PIO0の命令メモリ4～7に，SM1（ステート・マシン1）用の命令を
                                                      格納する
    PIO0_INSTR_MEM4_RW = 0xe081; // 4: set pindirs, 1
    PIO0_INSTR_MEM5_RW = 0xe301;
             // 5: set     pins, 1                       [3]
    PIO0_INSTR_MEM6_RW = 0xe200;
             // 6: set     pins, 0                       [2]
    PIO0_INSTR_MEM7_RW = 0x0005; // 7: jmp     5
          //      .wrap

    PIO0_SM0_CLKDIV_RW   = 0xFFFF0000;
                        //SM0（ステート・マシン0）動作周波数の設定
                            （65536分周とかなり遅い値にしてある）
    PIO0_SM0_PINCTRL_RW = (1<<26)|(25<<5);
  // SM0（ステート・マシン0）のSET命令の対象端子をGPIO25に設定する

    PIO0_SM1_CLKDIV_RW   = 0xFFFF0000;
                        // SM1（ステート・マシン1）動作周波数の設定
                            （65536分周とかなり遅い値にしてある）
    PIO0_SM1_PINCTRL_RW = (1<<26)|(0<<5);
   // SM1（ステート・マシン1）のSET命令の対象端子をGPIO0に設定する

    PADS_BANK0_GPIO25_RW = 0x10;
         // GPIO25の駆動能力の設定（出力にするのが主要な目的）
    IO_BANK0_GPIO25_CTRL_RW = 6;
                              // GPIO25をPIO0機能に設定する

    PADS_BANK0_GPIO0_RW   = 0x10;
          // GPIO0の駆動能力の設定（出力にするのが主要な目的）
    IO_BANK0_GPIO0_CTRL_RW= 6;
                               // GPIO0をPIO0機能に設定する


    PIO0_CTRL_RW = (1<<0)|(1<<1);
   // SM0（ステート・マシン0）とSM1（ステート・マシン1）の実行を開始する

    PIO0_SM0_INSTR_RW = 0x0;
             // SM0（ステート・マシン0）に「JMP 0」命令を実行させる
    PIO0_SM1_INSTR_RW = 0x4;
             // SM1（ステート・マシン1）に「JMP 4」命令を実行させる
    return(0);
      // main関数からリターンするが，あとはPIO0が勝手に動作を続ける
}
```

● Lチカやってみる

何をやらせるかといえばLチカです．SM0は内蔵LED(GPIO25)を31サイクルごとに点滅させ，SM1は外付けLED(GPIO0に接続する)を4サイクルごとに点滅させます．このためのプログラマブルI/Oのプログラムが**リスト6**です．命令メモリの0番地からSM0用の命令，命令メモリの4番地からSM1用の命令を置いています．

ここでは，いきなりC言語によるメイン・プログラムを**リスト7**に示します．基本的にはSM0とSM1で同じ設定を行っています．違いはSM0ではGPIO25を使い，SM1ではGPIO0を使っているという点です．

リスト7の肝は，どうやってSM0を0番地から実行させ，SM1を4番地から実行させるかだと思います．それに打って付けのレジスタがSM0_INSTRレジスタとSM1_INSTRレジスタです．これらのレジスタにステート・マシン用の命令を書き込むと，その命令が実行されます．つまり，SM0_INSTRレジスタには`jmp 0`を，SM1_INSTRレジスタには`jmp 4`を書き込めばよいことになります．偶然か必然かは知りませんが，`JMP N`という命令の命令コードは，数値のNです．つまり，`jmp 0`は0x0000という命令コード，`jmp 4`は0x0004という命令コードです．これを知っていれば，次の操作で，SM0を0番地から，SM1を4番地から実行させることができます．

```
PIO0_SM0_INSTR_RW = 0x0;
                    // jump to 0 for SM0
PIO0_SM1_INSTR_RW = 0x4;
                    // jump to 4 for SM1
```

● 実行結果

実行結果を**写真1**に示します．実際に実行してもらえれば，GPIO0に取り付けたLEDが，Pico搭載のLEDより，約8倍の速さでチカチカしているのが分かります．

写真1　SM0で内蔵LEDを31サイクルごとに点滅させ，SM1で外付けLEDを4サイクルごとに点滅させている

PCとUART通信する

● 前述のPWMプログラムの変形で対応できる

それでは，もう少し実践的な例を示します．それは，プログラマブルI/Oを使ったUARTの転送です．プログラマブルI/Oを使って，PC上の端末(Tera Termなど)に「Hello World!」を表示させてみましょう．とはいえ，難しいことではありません．PWMのプログラムの変形で対応可能です．

UARTの転送は**図2**に示すような手順を踏みます．これは1文字を転送する手順です．それぞれの手順に対して，**図2**では対応する(ステート・マシンに対する)命令列を示しておきます．この命令列を素直にプログラムすると**リスト8**のようになります．これでステート・マシン用のプログラムは完成です．

さて，変数chに格納された1文字を転送するためには，**リスト8**の命令列を命令メモリに入れて次のようにするだけです．

```
while((PIO0_FSTAT_RW & (1<<(16+0)))!=0) ;
        PIO0_TXF0_RW = ch;
```

この処理を，'H'，'e'，'l'，'l'，'o'，' '，'W'，'o'，'r'，'l'，'d'，'!'，'¥n'，'¥r'，という文字に対して行えば「Hello World!」を端末上に表示できます．

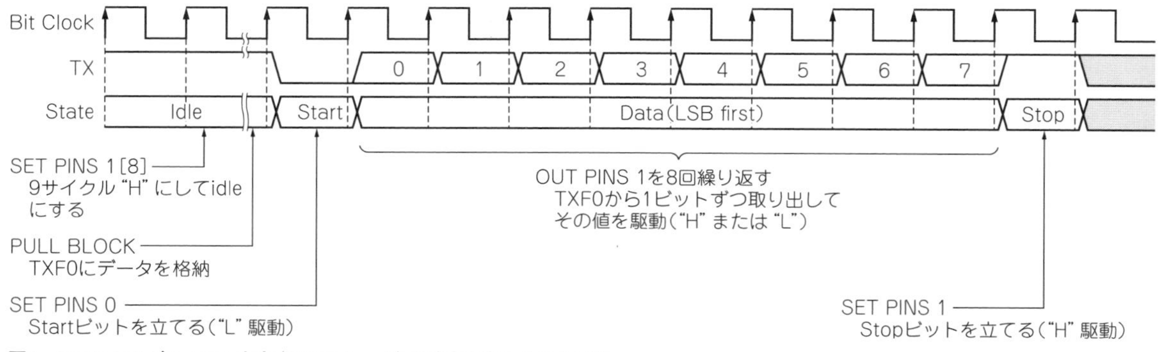

図2　UARTで8ビットの1文字(ASCIIコード)を端末に表示させる手順

```
.program tmp

 set pindirs 1
again:
 set pins 1
 set x 8
loop:
 jmp x-- loop
 pull block
 set pins 0
 out pins 1
 out pins 1
 out pins 1
 out pins 1
 out pins 1
 out pins 1
 out pins 1
 out pins 1
 set pins 1
 jmp again
```

リスト8
図2の手順を素直にプログラマブルI/Oのプログラムに書き下したもの

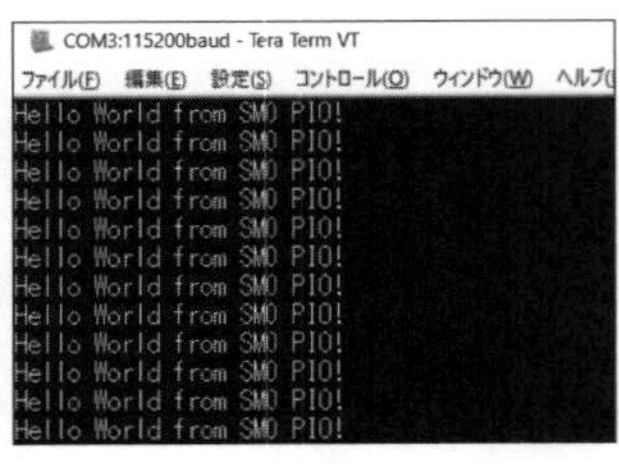

図3　リスト9の実行結果(Tera Termの画面)

● ボー・レートの計算が重要

ここで大事なのはボー・レートです．慣例に則って115200bpsに設定する場合，**図2**では1ビット＝1クロックで考えていますので，ステート・マシンの動作周波数＝115200Hzであることが必要です．

今はクロックの初期化で，CLK_SYSを12MHzに設定していますので，CLKDIVレジスタに与える値は，次のようになり，CLKDIVレジスタには0x00682AAAを設定すればよいことが分かります．

```
(12000000/115200)x(1<<16)=6826666(10進数)=0x682AAA(16進数)
```

CLKDIVレジスタの下位8ビットは，0でないといけないので，設定値は0x00682A00なのですが，どうせ無視されると思って気にせず0以外の値を書いています．

これらを考慮したC言語によるメイン・プログラムを**リスト9**に示します．GPIOは0番を使用しています(実際のUART0のTXと同じ端子)．今までのプログラムとほぼ同じです．変わっているのは，次の部分です．

```
PADS_BANK0_GPIO0_RW   = 0x10;
                  //just make it an output
```

これはGPIO0を無条件に出力にしている記述です．

リスト9で，文字列をGPIO0からUART形式で転送する関数はsm_putsです．これは1文字転送の処理を値が0という文字(‘¥0’)を読むまで連続して実行する関数です．

リスト9の実行結果(Tera Termの画面)を**図3**に示します．

リスト9　PIOを使って端末上に「Hello World!」を表示させるメイン・プログラム

```
// レジスタの定義は第7部第2章のリスト5と同じ
// clock_initは第7部第2章のリスト5と同じ
// reset_releaseは本章のリスト5と同じ

void sm_putc(int ch) // 送信FIFOにデータ(1文字)を書き込む
{
    while((PIO0_FSTAT_RW & (1<<(16+0)))!=0) ;
                            // 送信FIFOがフルでなくなるのを待つ
    PIO0_TXF0_RW = ch; // 送信FIFOにデータ(1文字)を書き込む
}

void sm_puts(char *s) // 送信FIFOに文字列を書き込む
{
    while(*s){ // NULL文字(値0)になるまで繰り返す
        sm_putc(*s); // 送信FIFOにデータ(1文字)を書き込む
        s++;         // 次の文字にポインタを進める
    }
}

int main ( void )
{
    clock_init();     // CLK_SYSを12MHzに設定
    reset_release(); // 必要な周辺ユニットのリセットを解除


                //     .wrap_target
    // PIO0の命令メモリ0～15に，UARTの転送をエミュレーションさせる，
                                              PIOの命令を格納する
    PIO0_INSTR_MEM0_RW = 0xe081;
                                  //  0: set    pindirs, 1
    PIO0_INSTR_MEM1_RW = 0xe001;  //  1: set    pins, 1
    PIO0_INSTR_MEM2_RW = 0xe028;  //  2: set    x, 8
    PIO0_INSTR_MEM3_RW = 0x0043;  //  3: jmp    x--, 3
    PIO0_INSTR_MEM4_RW = 0x80a0;  //  4: pull   block
    PIO0_INSTR_MEM5_RW = 0xe000;  //  5: set    pins, 0
    PIO0_INSTR_MEM6_RW = 0x6001;  //  6: out    pins, 1
    PIO0_INSTR_MEM7_RW = 0x6001;  //  7: out    pins, 1
    PIO0_INSTR_MEM8_RW = 0x6001;  //  8: out    pins, 1
    PIO0_INSTR_MEM9_RW = 0x6001;  //  9: out    pins, 1
    PIO0_INSTR_MEM10_RW = 0x6001; // 10: out    pins, 1
    PIO0_INSTR_MEM11_RW = 0x6001; // 11: out    pins, 1
    PIO0_INSTR_MEM12_RW = 0x6001; // 12: out    pins, 1
    PIO0_INSTR_MEM13_RW = 0x6001; // 13: out    pins, 1
    PIO0_INSTR_MEM14_RW = 0xe001; // 14: set    pins, 1
    PIO0_INSTR_MEM15_RW = 0x0001; // 15: jmp    1
            //     .wrap

    PIO0_SM0_CLKDIV_RW = 0x00682AAA;
        //SM0(ステート・マシン0)の動作周波数が12MHzなのでBAUDレート
115200bpsの場合に1サイクルで1ビット転送するためには，この分周比になる

    PIO0_SM0_PINCTRL_RW = (1<<26)|(1<<20)|(0<<5)|(0<<0);
         // SM0(ステート・マシン0)のSET命令とOUT命令の対象端子を
                                              GPIO0に設定する

    PADS_BANK0_GPIO0_RW  = 0x10;
                 // GPIO0の駆動能力の設定(出力にするのが主要な目的)
    IO_BANK0_GPIO0_CTRL_RW = 6;
                                  // GPIO0をPIO0機能に設定する

    PIO0_CTRL_RW = 1<<0;
                      // SM0(ステート・マシン0)の実行を開始する

    while(1)
    {
        sm_puts("Hello World from SM0 PIO!¥n¥r");
 // GPIO0からUARTの転送で「Hello World…」をエミュレーションする
                                              文字列を転送する
    }
    return(0); // ここには到達しない
}
```

サイドセットを使ってみる

● 扱える端子の数や機能が増える

今回，理解が難しかったのがサイドセットです．**表1**のプログラマブルI/Oの命令セットを見てもらうと，命令コードのビット[12:8]になっているのが分かると思います．このフィールドを使った機能がサイドセットです．名称の通り，このフィールドは遅延（待ち時間）に使われたりサイドセットに使われたりします．遅延は与えた数値より1サイクル多い時間をかけて命令を実行する機能です．ステート・マシンの命令は1サイクルで実行するので，次に実行する命令までの待ち合わせ時間が必要な場合に使用します．Side-setはSET命令やOUT命令に同期して（同時に）動く新たな端子機能です．最大で5つの端子に自由な値を与えることができます．SET命令で最大5端子，OUT命令で最大32端子が使えるので，これらの命令と合わせて（一度に）計37端子を自由に扱うことができます（SET命令とOUT命令は同時に指定できないので，SET命令とOUT命令で扱える端子数の大きい数にサイドセットの5端子を加えた値）．実際には30端子しか存在しないのですが．**表1**を見れば分かりますが，全ての命令に遅延やサイドセットを指定することができます．つまりJMP命令実行時にもサイドセット機能で任意の端子に好きな値を出力することができます．

● ディレイとサイドセットの切り分け

それでは，どのようにしてディレイとサイドセットの機能を切り分けるのでしょうか．それには，全命令にサイドセットを持たせる方法と，PIOのアセンブラによりSIDEという修飾子で指定した命令（後述）にだけサイドセットを持たせる方法で，切り分ける方法が異なります．その切り分けは，**表2**のSM0_PINCTRL, SM1_PINCTRL, SM2_PINCTRL, SM3_PINCTRLレジスタのSIDESET_COUNTフィールドとSM0_EXECCTRL, SM1_EXECCTRL, SM2_EXECCTRL, SM3_EXECCTRLレジスタのSIDE_ENフィールドの組み合わせで決定されるようです．ここでは，Side-setとして1端子のみの場合を考えます．

この場合，SMn_EXECCTRLレジスタのSIDE_ENの説明にもある通り，次のようになります．

SIDE_EN=1 → 命令コードのビット12が許可ビット，ビット11がデータ
SIDE_EN=0 → 命令コードのビット12がデータそのもの

このとき，SMn_PINCTRLレジスタのSIDESET_COUNTには，それぞれ，2と1を設定します．2というのは許可ビットとデータ・ビットを合わせた数です．1というのはデータ・ビットのみの数です．許可ビットが存在するのがoptモード，許可ビットが存在せずデータ・ビットのみなのが無印モードです．無印モードは，全命令にサイドセットを持たせるモードです．optモードは，SIDEという修飾子で指定した命令だけサイドセットを持たせるモードです．

pioasmの文法では，サイドセットを利用する場合は，次のような疑似命令を書かなければなりません．

①無印モード
```
.side_set 1
```
②optモード
```
.side_set 1 opt
```

無印モードではPIOのアセンブリ言語の全命令にサイドセットの指定を書かないといけませんが，opt命令では必要な命令のみにサイドセットを指定できます．さて具体的な命令の例を示します．

```
SET  X, 5  SIDE 1 [1]
```

上記は，レジスタXに5という値を設定する命令です．SIDE 1の部分はサイドセットに割り当てられた端子を1（“H”）に駆動することを意味します．[ ]内の数値は待ち時間より1だけ少ない数値です．[ ]によって遅延を指定します．

はっきり言って，無印モードは使い物になりません．サイドセットを使う場合は，必然的に，optモードを使用することになります．無印モードが使い物にならない例としては次の記述を考えると明らかです．

```
OUT PINS 1 SIDE 0
```

PINCTRLレジスタでOUT命令とサイドセットで影響を与えるGPIOの端子番号を同じに設定している場合，OUT命令ではOSR（出力シフト・レジスタ）の値を出力しようとしているのですが，サイドセットでは“L”レベルを出力しようとしています，実験したところ，サイドセットの指定の方が優先させるようなので，OUT命令で“H”レベルを出力しようとしても，サイドセットのせいで“L”レベルの出力になってしまいます．optモードでは，OUT命令やSET命令にサイドセットを指定する必要はないので，このような矛盾は発生しません．もっとも，OUT命令の対象端子とサイドセットの対象端子が異なる場合は，無印モードでも，それなりに使えます．

● プログラム

リスト8の「Hello World!」を端末に表示させるプログラマブルI/Oの操作は，サイドセットを使って**リスト10**のように書き換えられます（もちろん，optモード）．**リスト8**に比べて，非常に少ないステップ数でプログラマブルI/Oの操作が指定できます．

ただし，今回はOUT命令を8回ループさせる都合（1

リスト10　リスト8と同じ動作をするPIOのアセンブラ記述．ただし，SM0の動作周波数が2倍になっていることを想定している

```
.program tmp
.side_set 1 opt

 set pindirs 1 side 1
again:
 set x 8        side 1
wloop:
 jmp x-- wloop side 1 [1]
 pull block     side 1 [1]
     set x, 7   side 0 [1]
bitloop:
     out pins, 1
     jmp x-- bitloop    [0]
     jmp again side 1 [1]
```

回のループに2サイクルかかるため）で，ステート・マシンの2サイクルでUARTの1ビットを転送するように変えてあります．これは，SM0_CLKDIVレジスタに設定する分周比を1/2にします．また，サイドセットで扱うビットをGPIO0（UART0_TX）に割り当てるため，SM0_PINCTRLレジスタのSIDESET_COUNTフィールドを2（使用ビット数）に設定し，SIDESET_BASEフィールドにはGPIO0の0番という意味で0を設定します．そして，optモードなのでSM0_EXECCTRLレジスタのSIDE_ENフィールドを1にすることも忘れないようにしないといけません．くれぐれも強調しますが，PINCTRLレジスタのSIDE_COUNTフィールドに指定する値は1ではなく2です．

以上のことを考慮したC言語のメイン・プログラムが**リスト11**です．実行結果は**リスト9**と全く同じです．

● 今まで覚えたことを総動員してみる

プログラマブルI/Oの解説の最後として，今まで学んできたPicoの機能を総動員するプログラムを実行します．

リスト12では，ステート・マシン0がUARTの1文字送信，ステート・マシン1がUARTの1文字受信を受け持ちます．また，処理にはCPUコアの介助が入り，CPUコア0がUART送信のデータ供給を行い，CPUコア1がUART受信のデータ受け取りを行います．このとき，CPUコア間の通信機能（メール・ボックス）を使用します．

さらにこのプログラムでは，GPIO 0をUART_TX，GPIO 1をUART_RXに割り当てていて，UART-USBケーブルを介してPCと接続すると，PC上の端末ソフト（Tera Termなど）から入力した文字をそのままエコー・バックする動作を行います．この仕組みを図にすると**図4**のような格好になります．まさにPicoの全機能を使っています．

このプログラムを作るにあたり，CPUコアが2個存在するのが非常に嬉しかったです．CPUコアが1個しかない場合は，割り込みを使って，送受信の処理を切り替えねばなりません．やはり，CPUコアは2基ある

リスト11　リスト9と同じ動作を行うプログラム．サイドセット機能を使った例になる

```
// レジスタの定義は第7部第2章のリスト5と同じ
// clock_initは第7部第2章のリスト5と同じ
// reset_releaseは本章のリスト5と同じ
// sm_putc, sm_putsは本章のリスト9と同じ

/* このリストはリスト9と比べて，PIO0の命令メモリに書き込む命令列と
   PIO0_SM0_CLKDIV_RW に設定する値，
    PIO0_SM0_PINCTRL_RW と PIO0_SM0_EXECCTRL_RW に設定する
    値が異なっているだけです．
   この差分が非常に重要です．
*/

int main ( void )
{
    clock_init();    // CLK_SYSを12MHzに設定
    reset_release();// 必要な周辺ユニットのリセットを解除

            //      .wrap_target
   // PIO0の命令メモリ0～7に，UARTの転送をエミュレーションさせる，
                  PIOの命令を格納する(Side-setを使用した版)
    PIO0_INSTR_MEM0_RW = 0xf881;
                  //  0: set    pindirs, 1       side 1
    PIO0_INSTR_MEM1_RW = 0xf828;
                  //  1: set    x, 8             side 1
    PIO0_INSTR_MEM2_RW = 0x1942;
              //  2: jmp    x--, 2           side 1 [1]
    PIO0_INSTR_MEM3_RW = 0x99a0;
              //  3: pull   block            side 1 [1]
    PIO0_INSTR_MEM4_RW = 0xf127;
              //  4: set    x, 7             side 0 [1]
    PIO0_INSTR_MEM5_RW = 0x6001;
                              //  5: out    pins, 1
    PIO0_INSTR_MEM6_RW = 0x0045; //  6: jmp    x--, 5
    PIO0_INSTR_MEM7_RW = 0x1901;
            //  7: jmp    1                  side 1 [1]
            //      .wrap

    PIO0_SM0_CLKDIV_RW = 0x00682AAA>>1;//SM0(ステート・
マシン0)の動作周波数が12MHzなのでBAUDレート115200bpsの場合に2サ
イクルで1ビット転送するためには，この分周比になる(リスト12の1/2の値)

    PIO0_SM0_PINCTRL_RW = (2<<29)|(1<<26)|(1<<20)|(0<
<10)|(0<<5)|(0<<0);// SM0(ステート・マシン0)のSET命令とOUT
命令とSide-setの対象端子をGPIO0に設定する
    PIO0_SM0_EXECCTRL_RW |= (1<<30)|(0<<29);
                             // オプショナルSide-setを有効にする

    PADS_BANK0_GPIO0_RW  = 0x10;
                // GPIO0の駆動能力の設定(出力にするのが主要な目的)
    IO_BANK0_GPIO0_CTRL_RW = 6;
                                  // GPIO0をPIO0機能に設定する

    PIO0_CTRL_RW = 1<<0;
                         // SM0(ステート・マシン0)の実行を開始する

    while(1)
    {
        sm_puts("Hello World from SM0 PIO!¥n¥r");
 // GPIO0からUARTの転送で「Hello World…」をエミュレーションする
                                              文字列を転送する
    }
    return(0); // ここには到達しない
}
```

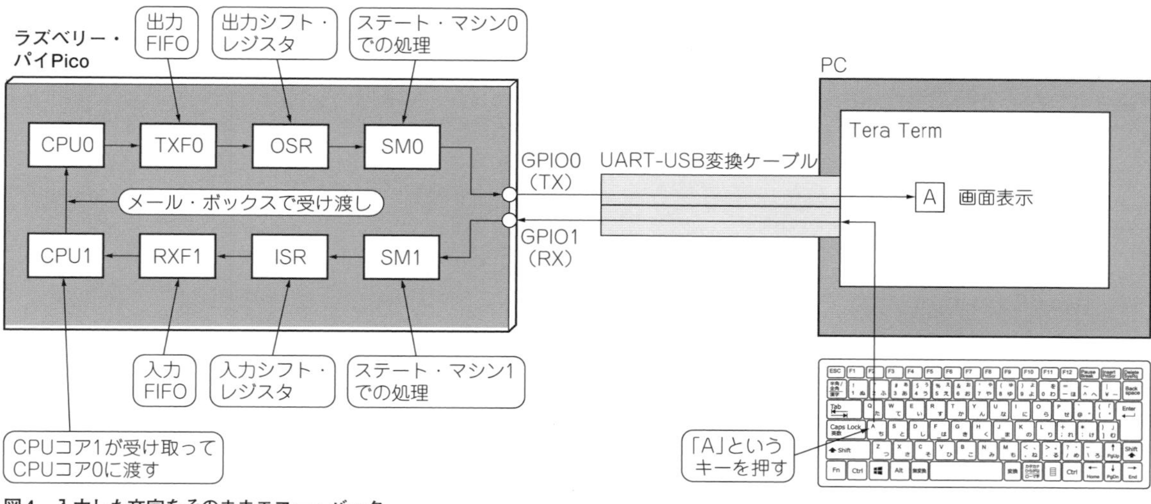

図4 入力した文字をそのままエコー・バック

のが嬉しいです．

リスト12の実行結果（Tera Termの画面）を**写真2**に示します．なお，キーボードにはリターン（キャリッジ・リターン）キーは存在するのですが，改行（ニュー・ライン）キーが存在しません．**リスト4**のプログラムの実行中にリターン・キーを押しても，同じ行の先頭に戻るだけです．改行をしたい場合は「Ctrl」キーを押しながら「j」キーを押してください．これが改行キーに相当します．

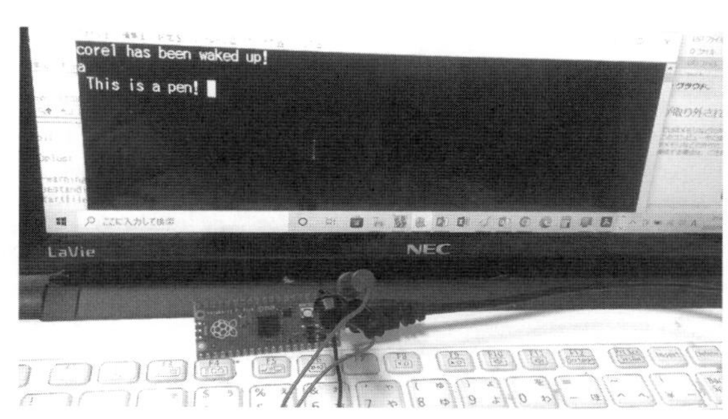

写真2 リスト12の実行結果（Tera Termの画面）

◆参考・引用*文献◆

(1) RP2040 Datasheet.
https://datasheets.raspberrypi.org/rp2040/rp2040-datasheet.pdf
(2) Raspberry Pi Pico Datasheet.
https://datasheets.raspberrypi.org/pico/pico-datasheet.pdf
(3) ARMv6-M Architecture Reference Manual.
https://developer.arm.com/documentation/ddi0419/c/
(4) Getting started with Raspberry Pi Pico.
https://datasheets.raspberrypi.org/pico/getting-started-with-pico.pdf
(5) Getting Started with Multicore Programming on the Raspberry Pi Pico.
https://www.youtube.com/watch?v=aIFElaK14V4
(6) pico-bootrom/bootrom/bootrom_rt0.S.
https://github.com/raspberrypi/pico-bootrom/blob/master/bootrom/bootrom_rt0.S
(7) dwelch67/raspberrypi-pico.
https://github.com/dwelch67/raspberrypi-pico（本文のプログラムはdwelch67/raspberrypi-picoを引用しています）

なかもり・あきら

リスト12　Picoの機能を総動員するプログラム

```
#define MK_PTR_REG(x) (*(volatile int*)(x))

#define _NONE 0x0000
#define _XOR  0x1000
#define _SET  0x2000
#define _CLR  0x3000

#define STK_CSR MK_PTR_REG(0xE000E010)
#define STK_RVR MK_PTR_REG(0xE000E014)
#define STK_CVR MK_PTR_REG(0xE000E018)


#define RESETS_BASE                     0x4000C000
#define RESETS_RESET_CLR                MK_PTR_REG(RESETS_BASE+0x0+_CLR)
#define RESETS_RESET_DONE_REG           MK_PTR_REG(RESETS_BASE+0x8+_NONE)

#define CLOCKS_BASE                     0x40008000
#define CLK_SYS_RESUS_CTRL_REG          MK_PTR_REG(CLOCKS_BASE+0x78+_NONE)
#define CLK_REF_CTRL_REG                MK_PTR_REG(CLOCKS_BASE+0x30+_NONE)
#define CLK_SYS_CTRL_REG                MK_PTR_REG(CLOCKS_BASE+0x3C+_NONE)
#define CLK_PERI_CTRL_REG               MK_PTR_REG(CLOCKS_BASE+0x48+_NONE)


#define SIO_BASE                        0xD0000000
#define SIO_GPIO_OE_CLR                 MK_PTR_REG(SIO_BASE+0x28)
#define SIO_GPIO_OUT_CLR                MK_PTR_REG(SIO_BASE+0x18)
#define SIO_GPIO_OUT_XOR                MK_PTR_REG(SIO_BASE+0x1C)
#define SIO_GPIO_OE_SET                 MK_PTR_REG(SIO_BASE+0x24)


#define PADS_BANK0_BASE                 0x4001C000

#define PADS_BANK0_GPIO0_REG            MK_PTR_REG(PADS_BANK0_BASE+0x04+_NONE)
#define PADS_BANK0_GPIO0_XOR            MK_PTR_REG(PADS_BANK0_BASE+0x04+_XOR)
#define PADS_BANK0_GPIO1_REG            MK_PTR_REG(PADS_BANK0_BASE+0x08+_NONE)
#define PADS_BANK0_GPIO1_XOR            MK_PTR_REG(PADS_BANK0_BASE+0x08+_XOR)

#define PADS_BANK0_GPIO25_REG           MK_PTR_REG(PADS_BANK0_BASE+0x68+_NONE)
#define PADS_BANK0_GPIO25_XOR           MK_PTR_REG(PADS_BANK0_BASE+0x68+_XOR)


#define XOSC_BASE                       0x40024000
#define XOSC_CTRL_REG                   MK_PTR_REG(XOSC_BASE+0x00+_NONE)
#define XOSC_STARTUP_REG                MK_PTR_REG(XOSC_BASE+0x0C+_NONE)
#define XOSC_CTRL_SET                   MK_PTR_REG(XOSC_BASE+0x00+_SET)
#define XOSC_STATUS_REG                 MK_PTR_REG(XOSC_BASE+0x04+_NONE)

#define IO_BANK0_BASE                   0x40014000

#define IO_BANK0_GPIO0_CTRL_REG         MK_PTR_REG(IO_BANK0_BASE+0x004+_NONE)
#define IO_BANK0_GPIO1_CTRL_REG         MK_PTR_REG(IO_BANK0_BASE+0x00C+_NONE)

#define IO_BANK0_GPIO25_CTRL_REG        MK_PTR_REG(IO_BANK0_BASE+0x0CC+_NONE)


#define PIO0_BASE                       0x50200000
#define PIO0_CTRL_REG                   MK_PTR_REG(PIO0_BASE+0x000+_NONE)
#define PIO0_FSTAT_REG                  MK_PTR_REG(PIO0_BASE+0x004+_NONE)
#define PIO0_TXF0_REG                   MK_PTR_REG(PIO0_BASE+0x010+_NONE)
#define PIO0_TXF1_REG                   MK_PTR_REG(PIO0_BASE+0x014+_NONE)
#define PIO0_RXF0_REG                   MK_PTR_REG(PIO0_BASE+0x020+_NONE)
#define PIO0_RXF1_REG                   MK_PTR_REG(PIO0_BASE+0x024+_NONE)
#define PIO0_INSTR_MEM0_REG             MK_PTR_REG(PIO0_BASE+0x048+_NONE)
#define PIO0_INSTR_MEM1_REG             MK_PTR_REG(PIO0_BASE+0x04C+_NONE)
#define PIO0_INSTR_MEM2_REG             MK_PTR_REG(PIO0_BASE+0x050+_NONE)
#define PIO0_INSTR_MEM3_REG             MK_PTR_REG(PIO0_BASE+0x054+_NONE)
#define PIO0_INSTR_MEM4_REG             MK_PTR_REG(PIO0_BASE+0x058+_NONE)
#define PIO0_INSTR_MEM5_REG             MK_PTR_REG(PIO0_BASE+0x05C+_NONE)
#define PIO0_INSTR_MEM6_REG             MK_PTR_REG(PIO0_BASE+0x060+_NONE)
#define PIO0_INSTR_MEM7_REG             MK_PTR_REG(PIO0_BASE+0x064+_NONE)
#define PIO0_INSTR_MEM8_REG             MK_PTR_REG(PIO0_BASE+0x068+_NONE)
#define PIO0_INSTR_MEM9_REG             MK_PTR_REG(PIO0_BASE+0x06C+_NONE)
#define PIO0_INSTR_MEM10_REG            MK_PTR_REG(PIO0_BASE+0x070+_NONE)
#define PIO0_INSTR_MEM11_REG            MK_PTR_REG(PIO0_BASE+0x074+_NONE)
#define PIO0_INSTR_MEM12_REG            MK_PTR_REG(PIO0_BASE+0x078+_NONE)
#define PIO0_INSTR_MEM13_REG            MK_PTR_REG(PIO0_BASE+0x07C+_NONE)
#define PIO0_INSTR_MEM14_REG            MK_PTR_REG(PIO0_BASE+0x080+_NONE)
```

```
#define PIO0_INSTR_MEM15_REG          MK_PTR_REG(PIO0_BASE+0x084+_NONE)
#define PIO0_INSTR_MEM16_REG          MK_PTR_REG(PIO0_BASE+0x088+_NONE)
#define PIO0_INSTR_MEM17_REG          MK_PTR_REG(PIO0_BASE+0x08C+_NONE)
#define PIO0_INSTR_MEM18_REG          MK_PTR_REG(PIO0_BASE+0x090+_NONE)
#define PIO0_INSTR_MEM19_REG          MK_PTR_REG(PIO0_BASE+0x094+_NONE)
#define PIO0_INSTR_MEM20_REG          MK_PTR_REG(PIO0_BASE+0x098+_NONE)
#define PIO0_INSTR_MEM21_REG          MK_PTR_REG(PIO0_BASE+0x09C+_NONE)
#define PIO0_SM0_CLKDIV_REG           MK_PTR_REG(PIO0_BASE+0x0C8+_NONE)
#define PIO0_SM0_EXECCTRL_REG         MK_PTR_REG(PIO0_BASE+0x0CC+_NONE)
#define PIO0_SM0_PINCTRL_REG          MK_PTR_REG(PIO0_BASE+0x0DC+_NONE)
#define PIO0_SM1_CLKDIV_REG           MK_PTR_REG(PIO0_BASE+0x0E0+_NONE)
#define PIO0_SM1_EXECCTRL_REG         MK_PTR_REG(PIO0_BASE+0x0E4+_NONE)
#define PIO0_SM1_PINCTRL_REG          MK_PTR_REG(PIO0_BASE+0x0F4+_NONE)
#define PIO0_SM1_SHIFTCTRL_REG        MK_PTR_REG(PIO0_BASE+0x0E8+_NONE)

#define PIO0_SM0_INSTR_REG            MK_PTR_REG(PIO0_BASE+0x0D8+_NONE)
#define PIO0_SM1_INSTR_REG            MK_PTR_REG(PIO0_BASE+0x0F0+_NONE)

void    multicore_launch_core1 (void(*entry)(void));
int     multicore_fifo_pop_blocking(void);
void    multicore_fifo_push_blocking(int);

void sm_putc(int ch)
{
    while((PIO0_FSTAT_REG & (1<<(16+0)))!=0) ; //送信FIFOが空くのを待つ
    PIO0_TXF0_REG = ch; // 送信FIFOにデータを転送
}

int sm_getc(void)
{
    int ch;
    while((PIO0_FSTAT_REG & (1<<(8+1)))!=0) ; //受信FIFOにデータが入るのを待つ
    ch = PIO0_RXF1_REG; // 受信FIFOからのデータの受け取り
    return (ch>>24);    // 受信したデータはビット[31:24]にあるのでシフトして取り出す
}

void sm_puts(char *s)
{
    while(*s){ // ヌル文字(値の0)を読むまで1もじずつ転送する
        sm_putc(*s);
        s++;
    }
}

static void clock_init ( void ) // CLK_SYSを12MHzに設定する
{
    CLK_SYS_RESUS_CTRL_REG = 0;
    XOSC_CTRL_REG           = 0xAA0;      //1 - 15MHZ
    XOSC_STARTUP_REG        = 47;         //straight from the datasheet
    XOSC_CTRL_SET           = 0xFAB000;   //enable
    while((XOSC_STATUS_REG & 0x80000000)==0);
    CLK_REF_CTRL_REG        = 2;          //XOSC
    CLK_SYS_CTRL_REG        = 0;          //reset/clk_ref
}

void reset_release(void) //必要な周辺ユニットのリセットを解除する
{
    CLK_PERI_CTRL_REG = (1<<11)|(4<<5); // enable/xosc

    RESETS_RESET_CLR = (1<<5); //IO_BANK0
    while((RESETS_RESET_DONE_REG & (1<<5))==0);

    RESETS_RESET_CLR = (1<<8); //PADS_BANK0
    while((RESETS_RESET_DONE_REG & (1<<8))==0);

    RESETS_RESET_CLR = (1<<10); //PIO0
    while((RESETS_RESET_DONE_REG & (1<<10))==0);

}

void core1_main(void) // CPUコア1が処理する関数
{
    int ch;

    multicore_fifo_push_blocking(0x5a5a); // CPUコア0に起動したことを通知
    while(1)
    {
```

リスト12　Picoの機能を総動員するプログラム（続き）

```
        ch = sm_getc();                                   // 端子(GPIO1)から1文字受信する
        multicore_fifo_push_blocking(ch);                 // 受信した文字をCPUコア0に渡す
        while(multicore_fifo_pop_blocking()!=0x5555);     // CPUコア0が起動してくれるのを待つ
    }
}


int main(void) // CPUコア0が処理する関数
{
    int ch;

    clock_init();       // CLK_SYSを12MHzに設定する
    reset_release(); //必要な周辺ユニットのリセットを解除する

    // MEM0-MEM7はSM0(ステート・マシン0)用のプログラム(1文字送信処理)
    PIO0_INSTR_MEM0_REG = 0xf881; // 0: set   pindirs, 1        side 1
    PIO0_INSTR_MEM1_REG = 0xf828; // 1: set   x, 8              side 1
    PIO0_INSTR_MEM2_REG = 0x1942; // 2: jmp   x--, 2            side 1 [1]
    PIO0_INSTR_MEM3_REG = 0x99a0; // 3: pull  block             side 1 [1]
    PIO0_INSTR_MEM4_REG = 0xf127; // 4: set   x, 7              side 0 [1]
    PIO0_INSTR_MEM5_REG = 0x6001; // 5: out   pins, 1
    PIO0_INSTR_MEM6_REG = 0x0045; // 6: jmp   x--, 5
    PIO0_INSTR_MEM7_REG = 0x1901; // 7: jmp   1     side 1 [1]

    // MEM8-MEM18はSM1(ステート・マシン1)用のプログラム(1文字受信処理)
    PIO0_INSTR_MEM8_REG = 0x00ca;  //  8: jmp    pin, 10
    PIO0_INSTR_MEM9_REG = 0x20a0;  //  9: wait   1 pin, 0
    PIO0_INSTR_MEM10_REG = 0x2020; // 10: wait  0 pin, 0
    PIO0_INSTR_MEM11_REG = 0xe027; // 11: set    x, 7
    PIO0_INSTR_MEM12_REG = 0x4001; // 12: in     pins, 1
    PIO0_INSTR_MEM13_REG = 0x004c; // 13: jmp    x--, 12
    PIO0_INSTR_MEM14_REG = 0x00d1; // 14: jmp    pin, 17
    PIO0_INSTR_MEM15_REG = 0x20a0; // 15: wait   1, pin, 0
    PIO0_INSTR_MEM16_REG = 0x0008; // 16: jmp    8
    PIO0_INSTR_MEM17_REG = 0x8020; // 17: push   block
    PIO0_INSTR_MEM18_REG = 0x0008; // 18: jmp    8

    PIO0_SM0_CLKDIV_REG = (0x00682AAA>>1)&0xffffff00;
     // SM0(ステート・マシン0)の動作周波数設定(115200bspを2サイクルで実現)
     // 12000000x(1<<16)/(2x115200)で計算
    PIO0_SM1_CLKDIV_REG = (0x00682AAA>>1)&0xffffff00;
     // SM1(ステート・マシン1)の動作周波数設定(115200bspを2サイクルで実現)

    PIO0_SM0_PINCTRL_REG = (2<<29)|(1<<26)|(1<<20)|(0<<10)|(0<<5)|(0<<0);
     // SET/OUT/Side-set対象端子をGPIO0に設定する
    PIO0_SM0_EXECCTRL_REG |= (1<<30)|(0<<29);             // オプショナルSide-setを許可
    PIO0_SM1_PINCTRL_REG = (1<<15);                       // IN対象端子をGPIO1に設定する
    PIO0_SM1_EXECCTRL_REG |= (0<<30)|(0<<29)|(1<<24);     // JMP IN対象端子をGPIO1に設定する

    PIO0_SM1_SHIFTCTRL_REG |= (8<<20);                    // SM1(ステート・マシン1)の受信FIFOの閾値を8ビットに設定する

    PADS_BANK0_GPIO0_REG  = 0x10;     // 出力駆動能力の設定(出力許可の意味が大きい)
    PADS_BANK0_GPIO1_REG  = 0x48;     // 入力許可&プルアップ指定
    IO_BANK0_GPIO0_CTRL_REG = 6;      // GPIO0をPIO0に設定する
    IO_BANK0_GPIO1_CTRL_REG = 6;      // PIO1をPIO0に設定する

    PIO0_CTRL_REG = (1<<0)|(1<<1);    // SM0(ステート・マシン0)とSM1(ステート・マシン1)を起動する
    PIO0_SM0_INSTR_REG = 0x0;         // SM0(ステート・マシン0)に「JMP 0」命令を実行させる
    PIO0_SM1_INSTR_REG = 0x8;         // SM1(ステート・マシン1)に「JMP 8」命令を実行させる
    multicore_launch_core1(core1_main); // CPUコア1を起動する

    while(multicore_fifo_pop_blocking()!=0x5a5a); // CPUコア1の起動を待つ
    sm_puts("core1 has been waked up!¥n¥r");      // CPUコア1が起動したことを知らせる

    while(1)
    {
        ch = multicore_fifo_pop_blocking();     // CPUコア1から受信データを受け取る
        sm_putc(ch);                            // 受信データを送信する
        multicore_fifo_push_blocking(0x5555);   // CPUコア1を再起動する
    }

    return(0); // ここには来ない
}
```

MicroPythonと相性抜群のThonny(ソニー)で始める

第1章 開発環境を構築する

宮田 賢一

ラズベリー・パイPico（以降，Pico）の開発環境として，C/C++ SDKとMicroPythonが公式に提供されています．マイコンとしての機能をフルに使うには，C/C++ SDKが優れていますが，フルセットのPythonに近い記述ができ，インタープリタとしての利便性もあるMicroPythonも，用途によっては便利に使えます．

ここでは，PicoでMicroPythonを使えるようにする方法と，MicroPythonに適した統合開発環境を紹介します．

実行環境をPicoに書き込む

購入直後のPicoはC/C++でのプログラミング・モードになっているため，まずMicroPythonのファームウェアをPicoにインストールするところから始めます．

● インストール方法

▶ MicroPythonのファームウェアをダウンロード

下記の公式サイトから，最新のMicroPythonファームウェアをPC上にダウンロードします．

```
https://micropython.org/download/rp2-pico/
```

本稿執筆時点での安定版最新バージョン（V1.19.1）のファイル名は`rp2-pico-20220618-v1.19.1.uf2`です．

▶ 書き込みモードでPCに接続

Picoボード上の［BOOTSEL］ボタンを押しながらPicoとPCをUSBで接続して［BOOTSEL］ボタンを放すと，Picoがファームウェア書き込みモードでブートします．するとPicoはRPI-RP2という名称の外付けドライブとしてPCから見えるようになります．

▶ ファームウェアをPicoに書き込む

ダウンロードしたMicroPythonのファームウェアを，RPI-RP2にコピーします．コピーは通常のファイルと同じようにExplorer（Windows）やFinder（macOS）を使って行います．

● MicroPythonが起動することを確認する

ファームウェアの書き込みが終了すると自動的にPicoが再起動し，MicroPythonが起動します．同時にPCからドライブがアンマウントされ，ドライブとして認識されなくなります．

開発環境Thonnyを導入する

この時点で既にPCのシリアル端末からMicroPythonのプログラミングが可能ですが，グラフィカルな開発環境Thonny[注1]も導入しておきます．

ThonnyはシンプルなMicroPythonに加え，その派生言語のCircuitPython，PCなどで一般的に使われているCPythonのプログラミングができる統合開発環境です．またWindows, macOS, Linux（Raspberry Pi OSを含む）で動作するのも便利です．

● Thonnyを使う準備

下記のサイトから，開発環境のOSに対応するインストーラをダウンロードし，実行します．

```
https://thonny.org/
```

▶ Thonnyを起動

インストールが完了したら，MicroPythonを使えるようにしたPicoを，PCに接続した状態でThonnyを起動します．するとThonnyがMicroPythonを実行しているPicoに接続し，プログラムの入力が可能となります．

▶ Thonnyの初期設定

MicroPythonでプログラムする場合は，特段の設定は不要ですが，本稿では以下の設定がなされていることを前提とします．

・メニューの日本語化

メニューの［Toos］-［Options］でオプション設定画面を開きます．「Language」項目で「日本語［ALPH A］」を選びThonnyを再起動します．画面上部にメニューが表示

注1：“ソニー”と発音するようです．Pythonの“tho”と同じ発音です．

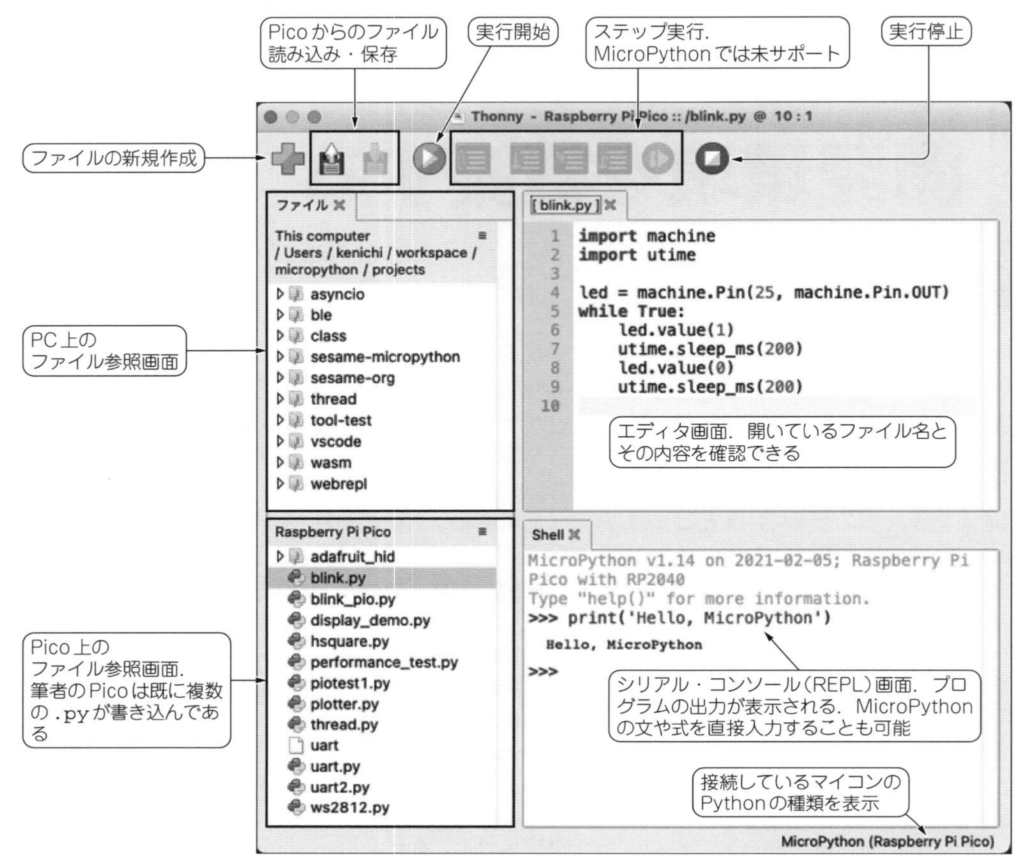

図1　Thonnyの画面

されていない場合は，右上の「Switch to regular mode」をクリックした後，Thonnyを再起動してください．

・PCとPico両方のファイルを見えるようにする

メニューの［表示］をクリックし，「ファイル」にチェックを入れます．次にメニューの［ツール］-［Options］をクリックし，「インタプリタ」タブをクリックします．上のコンボ・ボックスで「MicroPython（Raspberry Pi Pico）を選択します」

これによりPC内のファイルとPico内のファイル，両方が画面左側に表示されるようになります．

Thonnyが便利なポイント

Thonnyの画面各部の説明を**図1**に示します．

● ファイルを管理しやすい

画面の左側のペインに，PC上のファイルとPico上のファイルが見えています．それぞれの部分で右クリックするとコンテキスト・メニューが表示され，ファイルやフォルダの新規作成，削除，ファイルのコピー（ダウンロード・アップロード）などを行えます．

● シリアル・コンソールでREPLが使える

画面右下のペインではシリアル・コンソールでMicroPythonのREPL（Read-Evaluate-Print-Loop）が起動していて，直接MicroPythonの文や式を入力して実行できます．プログラムへの入力前にちょっと機能を試してみたい場合に便利です．

● 実行ボタンを押すだけでプログラム実行

プログラムの実行ボタンを押すと，画面右上のペインのエディタ画面で表示されているプログラムを実行します．タブを使って複数のファイルを開いている場合は，現在表示されているファイルが実行対象となります．

サッと動かす…Importして数行書くだけ

MicroPythonの最低限の構文規則を理解するために，PicoのオンボードLEDを使うLチカのソースコー

リスト1　PicoのMicroPythonでのLチカ・プログラム

```
1:from machine import Pin
2:import utime
3:# PicodではGPIO25にLEDを接続している
4:led = Pin(25, Pin.OUT)
5:while True:
6:    # LEDの状態を反転(点滅)
7:    led.toggle()
8:    # 200ミリ秒ウェイトする
9:    utime.sleep_ms(200)
```

ドを見てみます．

Thonnyで**リスト1**のプログラムを作成し，main.pyという名前でPicoに保存します．保存ボタンを押すと，保存場所としてPCかPicoを選択するダイアログが表示されるので，「Raspberry Pi Pico」ボタンをクリックします．

次にプログラムの実行ボタンを押すと，Lチカが始まります(**写真1**)．

● プログラムの解説

▶必要なモジュールをimport文で取り込む

標準以外の機能を使う場合は，必要なクラスや関数などをimport文で取り込みます(**リスト1**)．

1行目ではmachineモジュールの中からGPIOのピンの操作を行うPinクラスを取り込み，2行目では時間を扱うためのutimeモジュールを取り込んでいます．

なおモジュールを取り込む書式には大きく分けて

(1) import モジュール名
(2) from モジュール名 import オブジェクト名

の2つがあります．

取り込む対象がどのモジュールに含まれるのか明白な場合は(1)，モジュール名を付けないとどこで定義されたものなのかを判別しづらいものは(2)，というように筆者は使い分けています．

▶ペリフェラルを使うためにオブジェクトを作成

ペリフェラルを使用するときには，まず使用するペリフェラルのオブジェクトを生成します(4行目)．

オブジェクトを作成するメソッドをコンストラクタと呼び，オブジェクトの初期設定値をコンストラクタの引数で指定します．この例では，

- ピンの対象がGPIO25
- ピンが出力モード

が初期設定値となります．

▶ブロック構造は同じ幅のインデントで表現

5～9行目が，while文による無限ループを表します．C/C++では1個以上の文を波括弧{}で囲うことでブロックを表現しますが，MicroPythonでは同じ幅のインデントを持つ文が同じブロックに属することを意味します．

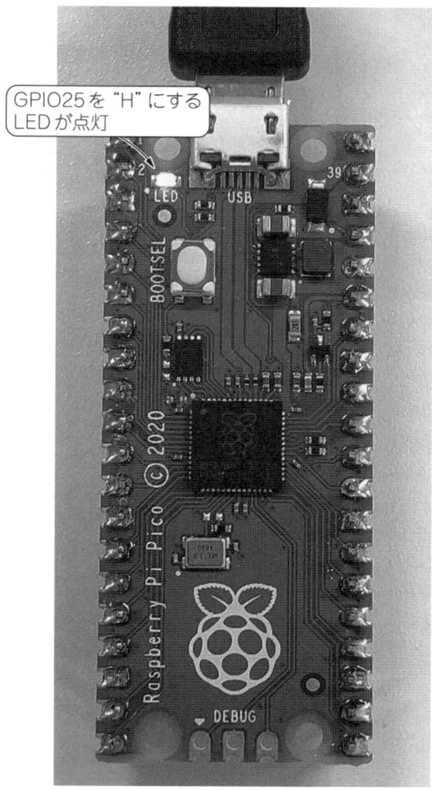

写真1　ボードに実装されたLED (GPIO25) **でLチカ**

慣例的に半角スペース4個の単位でインデントを付けます注2．

● 電源ONで動かすプログラムはmain.pyに格納

main.pyというファイル名でPicoに保存したプログラムは，Picoの電源投入またはリセットと同時に実行されます．

開発時はPCとUSBケーブルで接続していますが，PCと接続していなくても電源ONで自動的に実行されます．

この状態では，Thonnyからは認識されない場合があります．その場合はThonnyの画面上部にある実行停止ボタンをクリックするとmain.pyの実行が停止し，Thonnyから Picoの操作が可能になります．

みやた・けんいち

注2：PythonにはPEP8というコーディング規約(ガイドライン)があり，この中でインデントは1レベルごとにスペース4個にすべきと定められています．MicroPythonでもPEP8に従うのがよいでしょう．

シリアル通信/PWM/ウォッチドッグ・タイマなど

第2章 GPIO活用リファレンス

宮田 賢一

本稿では，ラズベリー・パイPico（以降，Pico）の各種ペリフェラルをMicroPythonでプログラミングする方法を紹介します．

GPIOやPWM（Pulse Width Modulation），A-Dコンバータなど，マイコンでよく使う機能は，モジュールが用意されているので簡単に利用できます．

プロトタイプ開発などですぐ機能を実現したい場合に便利です．

表1　ペリフェラル用のクラスとメソッドの一覧（ソフトウェア実装のSoftI2CとSoftSPIは省略）

クラス	メソッド	動　作
Pin	Pin	Pinオブジェクトを生成するコンストラクタ
	value	ピンの値を取得または設定する
	high	ピンの値を1にする
	init	ピンを再初期化する
	irq	ピンに割り込みハンドラを設定する
	low	ピンの値を0にする
	off	ピンの値を0にする
	on	ピンの値を1にする
	toggle	ピンの値をトグルする
ADC	ADC	A-Dコンバータ・オブジェクトを生成するコンストラクタ
	read_u16	アナログ値を読み取る
UART	UART	コンストラクタ
	any	ブロックせずに読み込めるバイト数を返す
	read	指定したバイト数を最大で読み込む
	readinto	指定したバッファ・サイズを最大で読み込む
	readline	1行を読み込む
	write	バッファを書き込む
	sendbreak	ブレーク信号を送信する
I2C	I2C	I2Cオブジェクトを生成するコンストラクタ
	readinto	バスからbytes型オブジェクトを読み込みACK確認を行う
	start	バスをスタート・コンディションにする
	stop	バスをストップ・コンディションにする
	write	バスにbytes型オブジェクトを書き込みACK確認を行う
	init	バスを初期化する
	readfrom	スレーブから指定バイト数を読み込む
	readfrom_into	スレーブからバッファ・サイズを読み込む
	readfrom_mem	メモリ・デバイスのスレーブから指定バイト数を読み込む
I2C	readfrom_mem_into	メモリ・デバイスのスレーブからバッファ・サイズを読み込む
	scan	I²Cアドレスをスキャンする
	writeto	スレーブにバッファ・サイズを書き込む
	writeto_mem	メモリ・デバイスのスレーブに書き込む
	writevto	スレーブにバッファ・プロトコルをもつオブジェクトから書き込む
SPI	SPI	コンストラクタ
	read	指定したバイト数を読み込む
	readinto	指定したバッファ・サイズを読み込む
	write	指定したバッファを書き込む
	deinit	バスをOFFにする
	init	バスを初期化する
	write_readinto	リード・バッファに読み込みながらライト・バッファを書き込む
PWM	PWM	PWMオブジェクトを生成するコンストラクタ
	deinit	PWMを無効化する
	duty_ns	デューティをns単位で設定する
	duty_u16	デューティをカウンタ値単位で設定する
	freq	PWMの周波数を取得または設定する
WDT	WDT	コンストラクタ
	feed	タイマにフィードする
Timer	Timer	コンストラクタ
	deinit	タイマを無効化する
	init	タイマを初期化する
Signal	Signal	Signalオブジェクトを生成するコンストラクタ
	value	信号レベルを取得または設定する
	off	信号をOFFにする
	on	信号をONにする

表2　Pinクラスのコンストラクタ

コンストラクタ	Pin(id, mode, pull, *, value, alt)		
説　明	引数名	意　味	指定可能値
	id	GPIO番号	0～29
	mode	入出力モード	次のいずれか Pin.IN, Pin.OUT, Pin.OPEN_DRAIN, Pin.ALT
	pull	プル抵抗	次のいずれかまたは論理和 Pin.PULL_UP, Pin.PULL_DOWN
	value	初期値	0または1
	alt	ピン機能	通常は指定しない

Picoのペリフェラルの使い方

ペリフェラルを使うためのクラスは，machineモジュールにまとめられています．machineモジュールで定義されているクラスとメソッドの一覧を**表1**に示します．

Pico固有の詳細な関数仕様は，本稿執筆時点では公式ドキュメントとして公開されていません．以下の説明は，筆者がMicroPythonのソースコードを解析した結果を含みます．

全ての関数仕様を示すと誌面があふれてしまうので，Pico固有の設定が必要なコンストラクタ(GPIOやPWMなどの機能を初期化するメソッド)と，一部の関数についてだけ使い方を示すことにします．

その他の関数のほとんどは，他のマイコン用MicroPythonと共通ですので，MicroPython公式のドキュメント(1)が参考になります．

コンストラクタは**表2**の形式で表します．指定必須の引数には下線を付けました．

また引数リスト中のアスタリスク“*”は，これより後ろの引数がキーワード引数として指定必須であることを意味します．

例えばPinクラスのコンストラクタで，value引数を指定する場合は，

```
Pin(0, value=1)
```

のように記述します．逆にアスタリスクの前は，キーワードを指定してもしなくても構いません．

例えば，次の3つは全て同じ意味になります．

```
Pin(0, Pin.OUT)
Pin(id=0, mode=Pin.OUT)
Pin(mode=Pin.OUT, id=0)
```

Pin：GPIOにアクセスする

Picoに搭載されているマイコンRP2040は，GPIO0～GPIO29の30個のGPIOを持ち，このうちGPIO26～GPIO29はアナログ入力に対応しています．ただし**表3**のGPIOはPico内で使用済みなので，別の目的では使えません．

表3　Picoで使用済みのGPIO番号

ピンのGPIO番号	モード	Picoでの割り当て
23	出力	省電力制御
24	入力	V_{BUS}監視
25	出力	オンボードLED
29	入力	V_{SYS}/3の電圧監視

リスト1　Pinクラスの使用例

```
# 使用例1：GPIO25を出力モードにし1を出力する
p = Pin(25, Pin.OUT)
p.value(1)

# 使用例2：GPIO10を入力モードにしてピンの値を取得する
p = Pin(10, Pin.IN)
p.value()

# 使用例3：GPIO12にプルダウン抵抗を接続しピンが立ち下がりエッジを
                                              検出したら関数を実行する
p = Pin(12, Pin.IN, Pin.PULL_UP)
def f(p):
    print(p)
p.irq(f, Pin.IRQ_FALLING)
# ラムダ式を用いて以下のようにも書ける
# p.irq(lambda p: print(p), Pin.IRQ_FALLING)
```

ピン・モードとしてPin.OPEN_DRAINを指定すると，オープン・ドレイン出力のソフトウェア・エミュレーションが行われます．つまり，ピンに0を設定するとハイ・インピーダンス(内部では入力モード)となり，1を設定すると“L”レベルの出力になります．

alt引数はGPIOの機能(I^2C，SPI，PWMなど)を指定するためのものです．通常は専用のクラスを通してピン機能を設定するため指定不要です．

Pinクラスでは，GPIOピンの値の取得・設定の他，ピンの状態が変化したときに任意の関数を呼び出す割り込み処理も記述できます．ボタンの処理に便利です．

Pinクラスを用いたピン状態の取得，設定，割り込み処理の使用例を**リスト1**に示します．

ADC：アナログ値を読み取る

RP2040のA-Dコンバータは，ADC0～ADC4の5つです．PicoではこのうちADC0～ADC2の3つをユーザが自由に利用できます．ADC3とADC4はボード内で使用済みです．

ADC3は，Picoの電圧レギュレータへの入力電圧(V_{SYS})を取得します．V_{SYS}ピンに外付けのバッテリをつなぐ場合，V_{SYS}の電圧を計測することでバッテリの電圧を監視できます．

ADC4は，CPU内蔵の温度センサの値を取得する

リスト2　A-Dコンバータのサンプル・プログラム

```
from machine import ADC, Pin

# 読み取り値を電圧に変換するための係数
coeff = 3.3 / 65535

# VSYSの取得
Pin(29, Pin.IN)          # GPIO29の方向を入力に設定
a1 = ADC(29)             # ADC3(GPIO29)を取得
vsys = a1.read_u16() * coeff * 3
print('Vsys = {}'.format(vsys))

# CPU内蔵温度センサの値を取得
a2 = ADC(ADC.CORE_TEMP)   # 温度センサのADCを取得
v = a2.read_u16() * coeff
temp = 27 - (v - 0.706) / 0.001721 # 電圧-温度補正
print('コア温度 = {}'.format(temp))
```

表4　A-Dコンバータを使うには**machine.ADC**コンストラクタを呼び出す

ADC番号	目　的	対応するADCのid	
		GPIO	チャネル
0	ユーザ利用	26	0
1	ユーザ利用	27	1
2	ユーザ利用	28	2
3	$V_{SYS}/3$	29	3
4	CPU内蔵温度センサ	−	ADC.CORE_TEMP

(a) チャネルの割り当て

コンストラクタ	ADC(id)	
引数名	意　味	指定可能値
id	ADC番号	GPIO番号またはチャネル番号で指定 [GPIO番号指定] 26～29 [チャネル番号指定] 0～3またはADC.CORE_TEMP

(b) コンストラクタの仕様

ために利用されています.

A-Dコンバータの解像度は12ビット(0～4095)です. A-D変換値を読み取る関数read_u16()の値は16ビット(0～65535)にスケーリングされていることに気をつけてください. A-Dコンバータの参照電圧は3.3Vなので, 読み取り値に「3.3/65535」を乗ずると実際の電圧値に変換できます.

リスト2は, ADCクラスを用いてV_{SYS}電圧とCPU内蔵温度センサ値を取得するサンプルです.

ADCクラスを初期化するコンストラクタの仕様を**表4**に示します.

UART：シリアル通信その1

RP2040はUART0とUART1の2つのUARTコントローラを持ちます. RP2040そのものはハードウェア・フロー制御の機構を備えていますが, MicroPythonでは未サポートです.

それぞれのUARTコントローラに対する既定のGPIO割り当てとパラメータ値を**表5**に示します.

リスト3は2台のPico間で, UART1による送信と受

表5　UARTを使うには**machine.UART**コンストラクタを呼び出す

id	TX	RX	ボー・レート	パリティ	ストップ・ビット長
0	GPIO0	GPIO1	115200	なし	1
1	GPIO4	GPIO5	115200	なし	1

(a) ピン割り当て

コンストラクタ	UART(id, baudrate, bits, parity, stop, *, tx, rx, timeout, timeout_char, invert, txbuf, rxbuf)	
引数名	意　味	指定可能値
id	UART番号	0または1
baudrate	ボー・レート	最大921600
bits	データのビット長	5～8
parity	パリティ有無	TrueまたはFalse
stop	ストップ・ビット長	1または2
tx	TXとして使うGPIOピン	Pinオブジェクト
rx	RXとして使うGPIOピン	Pinオブジェクト
timeout	最初の文字の最大待ち時間	ms単位の整数
timeout_char	文字間の最大待ち時間	ms単位の整数
invert	極性反転	次のいずれかまたは論理和 UART.INVERT_TX, UART.INVERT_RX
txbuf	送信バッファ・サイズ	32～32766
rxbuf	受信バッファ・サイズ	32～32766

(b) コンストラクタの仕様

リスト3　UARTのサンプル・プログラム

```
from machine import UART
import utime

u = UART(1)

# 受信側
def receive():
    while True:
        while u.any() <= 0:
            utime.sleep_ms(200)
        print(u.readline())

# 送信側
def send():
    i = 0
    while True:
        u.write(str(i))
        i += 1
        utime.sleep_ms(200)

# 送信側と受信側でいずれかをコメントアウトする
# send()
# receive()
```

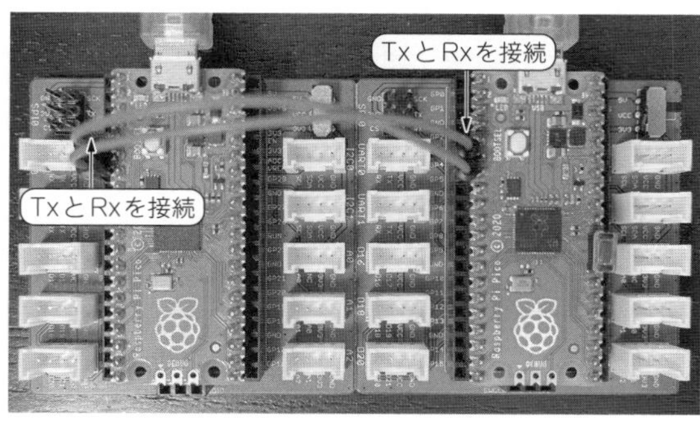

写真1 Pico 2台でUART通信

表6 I²Cを使うには**machine.I2C**コンストラクタを呼び出す

id	SDA	SCL	周波数
0	GPIO8	GPIO9	400_000 (400kHz)
1	GPIO6	GPIO7	400_000 (400kHz)

(a) ピン割り当て

コンストラクタ	I2C(id, freq, scl, sda)	
引数名	意 味	指定可能値
id	I²C番号	0または1
freq	クロック周波数	最大1_000_000 (1MHz)
scl	GPIOピン(SCL)	Pinオブジェクト
sda	GPIOピン(SDA)	Pinオブジェクト

(b) コンストラクタの仕様

リスト4 M5Stack用ジョイスティックのサンプル

```
from machine import I2C
import utime

i = I2C(0)
# I²Cアドレスを取得する
addr = i.scan()[0]
print(addr)
while True:
    # 3バイト(左右, 上下, ボタン状態)を取得する
    buf = i.readfrom(addr, 3)
    print('左右 = {:3}, 上下 = {:3}, ボタン = {}'
          .format(buf[0], buf[1], buf[2]))
    utime.sleep_ms(200)
```

信を行うサンプル・プログラムです．**写真1**のようにPico同士のUART1間をクロス接続して実行します．

I2C：シリアル通信その2

RP2040は，I2C0とI2C2の2つのI²Cコントローラを持ちます．

RP2040は，I²Cのマスタとしてもスレーブとしても動作できますが，MicroPythonではマスタとしての動作だけに対応しています．

それぞれのI²Cコントローラに対する既定のピン割り当てとパラメータ値を**表6(a)**，I2Cクラスのコンストラクタの仕様を**表6(b)**に示します．

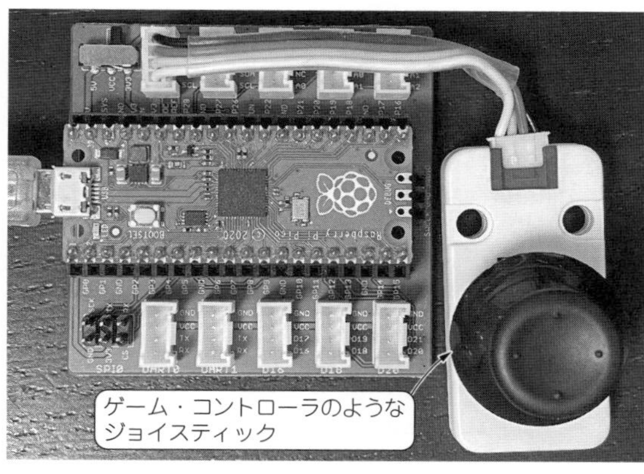

写真2 PicoとM5Stack用ジョイスティック

表7 SPIを使うには**machine.SPI**コンストラクタを呼び出す

id	MISO	MOSI	SCK	周波数	極性	フェーズ	ビット幅
0	GPIO4	GPIO7	GPIO6	1MHz	0	0	8
1	GPIO8	GPIO11	GPIO10	1MHz	0	0	8

(a) ピン割り当て

コンストラクタ	SPI(id, baudrate, polarity, phase, bits, firstbit, sck, mosi, miso)	
引数名	意 味	指定可能値
id	SPI番号	0または1
baudrate	クロック周波数	SPIデバイスに依存
polarity	クロック極性	0または1
phase	クロック・フェーズ	0または1
bits	ビット長	4～16
firstbit	最初のビット位置	SPI.MSBのみ
sck	GPIOピン(SCK)	Pinオブジェクト
mosi	GPIOピン(MOSI)	Pinオブジェクト
miso	GPIOピン(MISO)	Pinオブジェクト

(b) コンストラクタの仕様

リスト4はPicoでI²Cを使うサンプルです．PicoのGPIOをGroveポートとして取り出せるGrove Shield for Pi Pico(Seeed)を使って，PicoとM5Stack用ジョイスティック・ユニットを接続し，ジョイスティック状態を取得しています(**写真2**)．

SPI：シリアル通信その3

RP2040は，SPI0とSPI2の2つのSPIコントローラを持ちます．RP2040は，SPIのマスタとしてもスレーブとしても設定できますが，MicroPythonではマスタだけに対応しています．

それぞれのSPIコントローラに対する既定のピン割り当てとパラメータ値を**表7(a)**に，コンストラクタの仕様を**表7(b)**に示します．

リスト5のSPIを使うサンプルでは，Picoと気圧セン

リスト5　気圧センサLPS25HBを使うサンプル

```
from machine import SPI, Pin

cs = Pin(5, Pin.OUT, value=1)
spi = SPI(0, polarity=1, phase=1)
cs.low()
spi.write(bytes([0x0f | 0x80]))
x = spi.read(1)
cs.high()
if x == b'\xbd':
    cs.low()
    spi.write(bytes([0x20, 0x90]))
    cs.high()
    pres = 0
    for addr in [0x2a, 0x29, 0x28]:
        cs.low()
        spi.write(bytes([addr | 0x80]))
        pres = (pres << 8) + int.from_bytes (
                                spi.read(1),'big')
        cs.high()
    print('気圧 = {}'.format(pres / 4096))
```

写真3　PicoとLPS25HB

サLPS25HB(STマイクロエレクトロニクス)とを接続し(**写真3**)，SPIでセンサ・データを取得しています．

PWM：パルス幅変調信号を出力

PicoのPWMは，8スライス×2チャネル構成です．合計16チャネルあります．PWMのパルス周波数はスライス単位で設定でき，チャネル単位でデューティを設定します．

表8(a)にスライスとチャネルの組に対するGPIOの割り当てを，**表8(b)**にコンストラクタの仕様を示します．

GPIOピンが決まるとスライスとチャネルが決まるので，PWMのコンストラクタではGPIOピンだけを指定します．同じチャネルに2つのGPIOが割り当てられている場合，それぞれのGPIOピンに同じ信号が出力されます．

デューティは2つの方法で設定できます．1つ目は0～65535までの65536段階で指定する方法(例えば10%なら6554を指定)，2つ目はns(ナノ秒)単位の実時間で指定する方法です．

PWMのサンプル・プログラムを**リスト6**に示します．

表8　PWMを使うには`machine.PWM`を呼び出す

スライス	チャネルA	チャネルB
0	GPIO0，GPIO16	GPIO1，GPIO17
1	GPIO2，GPIO18	GPIO3，GPIO19
2	GPIO4，GPIO20	GPIO5，GPIO21
3	GPIO6，GPIO22	GPIO7，GPIO23
4	GPIO8，GPIO24	GPIO9，GPIO25
5	GPIO10，GPIO26	GPIO11，GPIO27
6	GPIO12，GPIO28	GPIO12，GPIO29
7	GPIO14	GPIO15

(a) スライスとチャネル

コンストラクタ	PWM(pin)	
引数名	意　味	指定可能値
pin	GPIOピン	PWM出力するPinオブジェクト

(b) コンストラクタの仕様

リスト6　LEDの明るさを連続的に変化させるプログラム

```
from machine import PWM, Pin
import utime

pwm = PWM(Pin(25))
pwm.freq(1000)
duty = 0
for _ in range(10 * 256):
    duty = (duty + 1) % 256
    pwm.duty_u16(duty * duty)
    utime.sleep_ms(1)
```

表9　ウォッチドッグ・タイマを使うための`machine.WDT`コンストラクタの仕様

コンストラクタ	WDT(id, timeout)	
引数名	意　味	指定可能値
id	WDT番号	0のみ指定可能
timeout	タイムアウト時間	ms単位の整数

す．このサンプルでは，LEDの点灯時間をPWMのデューティで制御することで，明るさを連続的に変化させています．

WDT：ハングアップを監視

WDT(ウォッチドッグ・タイマ)を使うと，プログラムの無限ループや何らかの状態不正によりPicoがハングアップしても，自動的にPicoを再起動できます．

WDTクラスのコンストラクタで指定するidは0に固定です．タイムアウト値にはms(ミリ秒)単位での時間を指定します．指定したタイムアウト時間内にフィード(餌やり)を実行しないとハードウェア・リセットがかかるという仕組みです(**表9**)．

リスト7はウォッチドッグ・タイマのサンプル・プログラムです．タイムアウト値を5sに設定し，メイン・ループ内では4sごと(200ms×20)に餌やり

リスト7　ウォッチドッグ・タイマのサンプル・プログラム

```
from machine import Pin, WDT
import utime

wdt = WDT(0, 5000)
led = Pin(25, Pin.OUT)
i = 0
while True:
    led.toggle()
    i += 1
    if i % 20 == 0:
        wdt.feed()
        print('feed!')
    utime.sleep_ms(200)
```

表10　タイマを使うためのmachine.Timerコンストラクタの仕様

コンストラクタ	Timer(id, *, mode, callback, period, tick_hz, freq)	
引数名	意　味	指定可能値
id	タイマID	−1のみ指定可能
mode	動作モード	以下のいずれか Timer.ONE_SHOT, Timer.PERIODIC
callback	コールバック関数	関数オブジェクト
period	タイマのカウント数	tick_hz単位でのカウント数
tick_hz	タイマのカウント周波数	Hz単位の整数
freq	タイマ周波数	Hz単位の整数

(feed())を実行しています．

試しにこのプログラムで，wdt.feed()の行をコメント・アウトすると，プログラム開始から5s後にPicoがリセットすることを，シリアル・コンソール表示画面で確認できます．

Timer：タイマを利用

タイマを使うと，一定時間処理を停止したり，指定した時間経過後に指定した関数を実行したりできます．

PicoのMicroPythonでは，RP2040のハードウェア・アラームを使ってタイマを実装しています．コンストラクタに指定するidは常に−1です(**表10**)．

タイマの動作モードとしてワンショットと周期タイマを設定でき，いずれも設定したタイマ周期に到達するとcallback引数で指定したコールバック関数を呼び出します．コールバック関数は関数名やラムダ式により定義した関数オブジェクトを指定できます．

タイマ周期は次のいずれかの方法で指定します．

- freq引数に周波数(Hz単位)を指定する
- tick_hz引数とperiod引数で，周期(時間単位)を指定する．時間はperiod÷tick_hzで決まる

後者で設定する場合，例えばtick_hzとして1000(1kHz)を指定すると，periodはms(ミリ秒)単位での時間を意味します．

リスト8はタイマを使ったLチカ・プログラムです．

リスト8　タイマ版Lチカ・プログラム

```
from machine import Timer, Pin
Timer(-1, mode=Timer.PERIODIC,
      callback=lambda x: Pin(25, Pin.OUT).toggle(),
                                              freq=2)
```

Signal：正論理/負論理を意識したI/O制御

Pinクラスが電気的な状態("H"/"L")を扱うのに対して，Signalクラスは論理的なピン状態(アサート/デアサート)を扱うクラスです．これにより，正論理/負論理にかかわらず，ピン状態のアサートとデアサートを，それぞれon()メソッドとoff()メソッドの呼び出しで統一的に記述できます．

Signalクラスのコンストラクタでは，Pinクラスのオブジェクトを指定するか，Pinクラスのコンストラクタと同じ引数を指定します．また，最後のinvert引数により正論理(invert=False)または負論理(invert=True)を指定します(**表11**)．

表11　論理値を扱うmachine.Signalコンストラクタの仕様

コンストラクタ	Signal(pin, *, invert) Signal(PINクラスのコンストラクタと同じもの, *, invert)	
引数名	意　味	指定可能値
pin	GPIOピン	Pinオブジェクト
invert	論理反転	False(正論理の場合)，True(負論理の場合)のいずれか

リスト9　論理状態を意識したLED制御

```
from machine import Signal, Pin
import utime
s = Signal(Pin(25, Pin.OUT), invert=False)
s.on()
utime.sleep(1)
s.off()
```

リスト9は，PicoのLEDをSignalクラスを使って制御するサンプルです．LEDは正論理で実装されているのでinvertにFalseを指定しています(既定値はFalseなので指定しなくてもよい)．

仮にinvertをTrueにすると，LEDが消灯→点灯という動作をすることになり，同じON/OFF操作でも動作が反転してしまうことが分かります．

◆参考文献◆

(1) MicroPythonドキュメンテーション．
https://micropython-docs-ja.readthedocs.io/ja/latest/

みやた・けんいち

浮動小数点演算とマルチスレッドの実行時間を
他のマイコン・ボードと比較

MicroPython × Picoの実力検証

宮田 賢一

表1　検証1…浮動小数点演算で加算，乗算，除算を100万回実行したときの時間（減算は加算と同じ結果になると想定されるため省略した）

マイコン・ボード/（バージョン※1）	CPU	実行時間 [ms]			タイプ※2
		add	mul	div	
ラズベリー・パイ Pico/MicroPython 1.15	RP2040（Cortex-M0+），125MHz	12898	13069	13236	A
micro:bit v1/MicroPython 1.9.2	nRF51822（Cortex-M0），16MHz	77432	81713	106629	C
Pyboard v1.1/MicroPython 1.15	STM32F405RG（Cortex-M4），168MHz	7922	7922	8096	D
ESP32-WROOM-32/MicroPython 1.15	Xtensa LX6（非Cortex），160MHz	6812	7201	7522	A

※1：MicroPythonのバージョン　※2：浮動小数の内部表現タイプ．詳細は**表2**を参照

（a）実測値

マイコン・ボード/（バージョン※1）	CPU	実行時間 [ms]			タイプ※2
		add	mul	div	
ラズベリー・パイ Pico/MicroPython 1.15	RP2040（Cortex-M0+），125MHz	12898	13069	13226	A
micro:bit v1/MicroPython 1.9.2	nRF51822（Cortex-M0），16MHz	9911	10459	13649	C
Pyboard v1.1/MicroPython 1.15	STM32F405RG（Cortex-M4），168MHz	10647	10647	10881	D
ESP32-WROOM-32/MicroPython 1.15	Xtensa LX6（非Cortex），160MHz	8719	9217	9628	A

※1：MicroPythonのバージョン　※2：浮動小数の内部表現タイプ．詳細は**表2**を参照

（b）125MHz換算値

マイコン用に作られたPythonのサブセットMicroPythonは，さまざまなマイコン向けにポーティングされています．ここでは，それぞれのマイコン・ボードで同じような処理をした場合にどのような差が出るかを実験してみます．

PicoのMicroPythonの実力を検証

● 検証1…浮動小数演算

ラズベリー・パイPico（以降，Pico）に搭載されているマイコンRP2040のCPUコアはCortex-M0+です．浮動小数点演算ユニット（FPU）がありませんが，その代わりRP2040の内蔵ROMにCortex-M0+向けにカスタマイズされた浮動小数演算ライブラリが用意されています．

そこでRP2040の浮動小数演算性能の実力を実測してみます．

▶ MicroPythonの実測結果

単純な加算・乗算・除算を100万回実行したときの実行時間を幾つかのマイコン・ボードで実測した結果が**表1**（**a**）です．

プログラムを**リスト1**に示します．

実行時間の上段の数値が実測値で，FPUを持つCortex-M4系ボードとPicoでは約1.5倍の差が出ました．

次にクロック周波数による違いを除くために，全て

リスト1　検証1…浮動小数点演算による加算，乗算，除算の実行時間を計測するプログラム

```
import utime
def add(n, a, b):
    for _ in range(n):
        x = a + b
def mul(n, a, b):
    for _ in range(n):
        x = a * b
def div(n, a, b):
    for _ in range(n):
        x = a / b
n = 1000000
functions = (add, mul, div)
for f in functions:
    t1 = utime.ticks_us()
    f(n, 3.1415926536, 2.7182818284)
    t2 = utime.ticks_us()
    print('{} ms'.format((t2 - t1) / 1000))
```

◆参考文献◆
(1) RP2040 Datasheet A microcontroller by Raspberry Pi.
https://datasheets.raspberrypi.org/rp2040/rp2040-datasheet.pdf

コラム　小さい数値の内部表現

宮田 賢一

MicroPython内部では全ての数値はmp_obj_t型の構造体で表現されており，新しい数値を生成する場合はヒープ・メモリからmp_obj_t型の領域（オブジェクト）を切り出して初期設定をし，使用する場合は構造体のメンバ参照という形で実際の数値を取り出すという処理を行います．

ところでMicroPythonでは，

```
x = a + b
```

という式を実行するだけでも，右辺の計算結果を格納するために新しいオブジェクトを生成し，左辺にオブジェクトのアドレスを代入する処理をするため，オブジェクト生成処理が頻繁に行われることになります．

これでは非効率なため，アドレス幅に収まるような小さな数値をmp_obj_t *型のポインタにキャストしてオブジェクトに見せかけることで，構造体アクセスを削減するような仕組みがMicroPython内部には用意されています．

見せかける方式には4つあり，特定のCPUやマイコン・ボードに移植する開発者が任意に選べます．

Picoと同じ125MHzで動作したものとして実行時間を換算したものが**表1**(**b**)です．

見やすさのために**図1**にも結果を示します．

このときCortex-M4系との差は1.2倍程度となり，差が縮まりました．FPUと同等とまではいきませんが，ある程度の効果はありそうです．ここで気になるのはmicro:bitの加算と乗算がPicoよりも実質的に高速であるという結果です．この結果はMicroPython処理系内部で小さい数値の内部表現がカスタマイズ可能であることに由来しているものと推測します(コラム参照)．

表2にMicroPythonにおける4種類の内部表現タイプと浮動小数の内部表現を示します．また**表1**に各ポートでの内部表現タイプを追記しています．

Picoは数値計算のたびにオブジェクト生成と構造体参照が発生するタイプAで，micro:bitは型キャストと若干の算術演算で済むタイプCです．この違いが実行時間に影響を与えていると考えられます．

▶CircuitPythonの実行結果

さらにこの違いをMicroPythonの派生言語であるCircuitPythonを使って検証してみます(**表3**)．

MicroPythonもCircuitPythonもいずれもROM内蔵の浮動小数演算ライブラリを使っているので，言語の違いによる処理時間に大きな差はないはずですが，同じPico同士でもCircuitPythonの方が約2倍の性能となりました．CircuitPythonはタイプCを使っているため，その効果が顕著に出たものと考えます．

さらにRP2040の浮動小数演算ライブラリの効果を

表2　MicroPython内部でのオブジェクト表現形式

タイプ	浮動小数の表現方法
MICROPY_OBJ_REPR_A	オブジェクト形式
MICROPY_OBJ_REPR_B	オブジェクト形式
MICROPY_OBJ_REPR_C	即値形式(符号1ビット，指数8ビット，仮数21ビット，マーカ2ビット)
MICROPY_OBJ_REPR_D	即値形式(符号1ビット，指数11ビット，仮数52ビット)

表3　検証1…CircuitPythonで加算，乗算，除算を100万回実行したときの時間

比較用に再掲

マイコン・ボード/バージョン※1	CPU	実行時間[ms]			タイプ※2
		add	mul	div	
ラズベリー・パイ Pico/MicroPython 1.15	RP2040 (Cortex-M0+)，125MHz	12898	13069	13236	A
ラズベリー・パイ Pico/CircuitPython 6.2.0	RP2040 (Cortex-M0+)，125MHz	6716	6800	7066	C
Seeeduino XIAO/CircuitPython 6.2.0	SAMD21G18 (Cortex M0+)，48MHz	33806	33846	35127	C

※1：CircuitPythonのバージョン　※2：浮動小数の内部表現タイプ

(a) 実測値

マイコン・ボード/バージョン※1	CPU	実行時間[ms]			タイプ※2
		add	mul	div	
ラズベリー・パイ Pico/MicroPython 1.15	RP2040 (Cortex-M0+)，125MHz	12898	13069	13226	A
ラズベリー・パイ Pico/CircuitPython 6.2.0	RP2040 (Cortex-M0+)，125MHz	6716	6800	7066	C
Seeeduino XIAO/CircuitPython 6.2.0	SAMD21G18 (Cortex M0+)，48MHz	12982	12997	13489	C

※1：CircuitPythonのバージョン　※2：浮動小数の内部表現タイプ

(b) 125MHz換算値

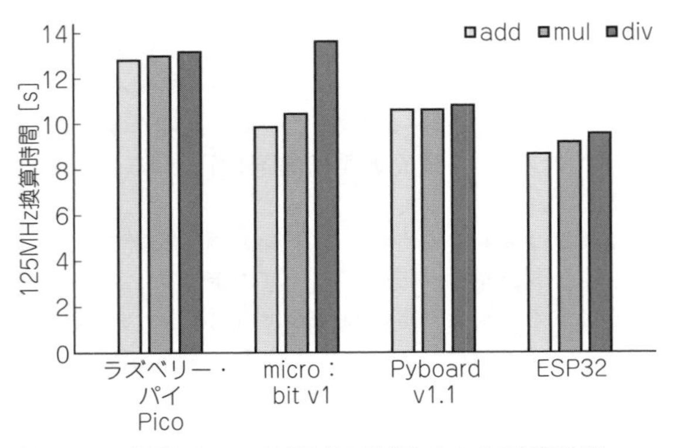

図1 Picoと同じクロック周波数に換算したときの実行時間

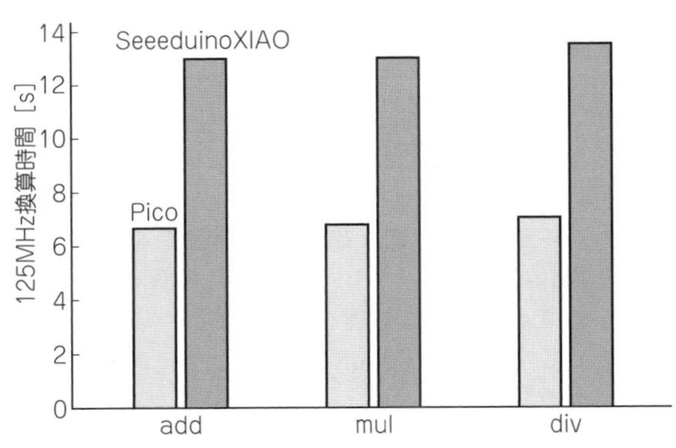

図2 同じCortex-M0+のPicoとSeeedino XIAOの比較

リスト2 検証2…マルチスレッドのプログラム

```
import _thread, utime
def f(n):
    for _ in range(n):
        pass
def test(flag, n):
    if flag:
        _thread.start_new_thread(f, (n, ))
    f(n)
def run(func, flag, arg):
    t1 = utime.ticks_ms()
    func(flag, arg)
    t2 = utime.ticks_ms()
    return t2 - t1
print('single: {} ms'.format(run(test, False,
                                        1_000_000)))
print('multi: {} ms'.format(run(test, True,
                                        1_000_000)))
```

調べるために，同じCortex-M0+を採用しているSeeeduino XIAOでの実測値を同じく**表3**に示し，さらにクロック周波数を125MHz換算した時間の比較を**図2**に示します．

その結果PicoはXIAOの約2倍の性能となりました．つまりRP2040の浮動小数演算ライブラリの効果は大きいと言えます．

● 検証2…マルチスレッド

PythonをC言語で実装した，いわゆるCPythonにはグローバル・インタープリタ・ロック(GIL)と呼ぶ仕掛けがあり，Pythonバイトコードを同時に実行できるのは常に1つのスレッドだけという制約があります．

通常のMicroPythonはCPythonから派生しているため，GILの制約も引き継いでいます．

しかしPicoのMicroPythonでは，各スレッドをRP2040の各コアに1対1で割り当て(つまり作れるスレッド数は最大2個)，GILも実装していないため，実効性能は最大2倍になります．

リスト2はMicroPythonでのマルチスレッドのプログラムです．各スレッドでは単純に100万回の空ループを実行します．

リスト3 同じ資源をマルチスレッドで共有する場合はロックが必要

```
lock = _thread.allocate_lock()
                                    # ロック・オブジェクトを作成
def f(n):
    global lock      # グローバル変数の使用を宣言する
    # print文はUARTを使うので使用前にロックを取得し使用後に
                                                    解放する
    lock.acquire()   #ロック取得
    print('start f()')
    lock.release()   #ロック解放
    for _ in range(n):
        pass
```

Picoでの実行結果を以下に示します．

シングル・スレッド：4987 ms
マルチスレッド：5100 ms

マルチスレッドにしてもシングル・スレッドとほぼ同じ時間で処理できていることが分かります．

一方PC(Core i5，6コア)上のCPython 3.8.5で実行した結果は以下です．

シングル・スレッド：19.537091 ms
マルチスレッド：36.963938 ms

絶対的な実行時間の長短はともかく，マルチスレッドではシングル・スレッドの約2倍の時間がかかることが分かります．

以上より，スレッド間での排他制御が不要な使い方であれば，Picoではマルチスレッドの効果が得られやすいと言えるでしょう．

逆に言えばスレッド間での排他制御が必須となるので，グローバル変数やペリフェラルをスレッド間で共有する場合は，適切にロックをとらないと再現性がないエラーに悩まされることになるので注意が必要です．

リスト3は**リスト2**の関数`f()`の定義を修正し，内部でUARTを使う`print`文の使用例です．試しに`lock.acquire()`と`lock.release()`を外してみると，表示が乱れることが観察できるでしょう．

みやた・けんいち

ライブラリ一覧とプログラム開発のポイント

第4章　PIOプログラミング［導入編］

宮田 賢一

本稿では，ラズベリー・パイ Pico（以降，Pico）の大きな特徴の1つであるプログラマブルI/O（PIO）を，MicroPythonを使ってプログラミングする方法について紹介します．

MicroPythonにはPIO用のライブラリも用意されている

Picoに搭載されているマイコンRP2040は，Cortex-M0+のプロセッサ・コアとは独立に，プログラマブルI/O（Programmable IO）と呼ばれる処理ユニットを2基搭載しています．

プログラマブルI/Oは独自の命令セットと専用のメモリを持ち，GPIOの信号を1サイクルの単位で処理可能な一種のプロセッサです．

そしてこのプログラマブルI/Oを使った処理を自由にプログラミングできるのが，Picoの大きな特徴の1つです．

PicoのMicroPythonでは，rp2モジュールにプログラマブルI/Oを使うためのライブラリが用意されていますので，ここではその使い方を詳しく説明します．

なお本稿執筆時点では，まだrp2モジュールの詳細な仕様が公開されていません．そこで公式ドキュメント(1)の情報に加え，筆者が独自にrp2モジュールのソースコードを解析した結果をもとに説明します．

表1　PIO命令のオペランドで使用可能な引数

引　数	意　味
x	スクラッチ・レジスタ（32ビット）
y	スクラッチ・レジスタ（32ビット）
pins	プログラマブルI/Oに割り当てたGPIOピンの値
pndirs	プログラマブルI/Oに割り当てたGPIOピンの方向
osr	出力シフト・レジスタ
isr	入力シフト・レジスタ
pc	プログラム・カウンタ．このレジスタに値をセットすると次のサイクルでレジスタの値のアドレスに分岐する
exec	次実行命令．このレジスタに値をセットすると，次のサイクルでレジスタの内容をPIO命令とみなして実行する
null	（out命令の場合）副作用のみ実行． （in命令の場合）定数ゼロを返す

● PIOは独立した小さなプロセッサ

本書第2部第1章の図1を見ると，Cortex-M0+コアとプログラマブルI/Oとは，AHB-Liteバスを通して接続されており，プログラマブルI/O内の送信FIFO/受信FIFOを介して，CPUとデータをやり取りします．

プログラマブルI/O内の4つの独立したステート・マシンは，独自の命令セットを持つプロセッサ・コアです．そしてステート・マシンはステート・マシン間で共有する命令メモリから命令を読み出し，必要に応じてFIFOのデータを送受信しながら，GPIO信号の入出力を行います．

また，FIFOやステート・マシンから割り込みを発生させ，RP2040の外部にあるデバイスとの同期処理を行えます．

● PIO命令に対応する関数

プログラマブルI/Oで使用できる命令は9種類であり，全ての命令は1サイクルで実行可能です．命令からアクセスできるレジスタの一覧を**表1**に示します．

MicroPythonでは各命令を関数呼び出しの形式で記述します．以降にPIO命令に対応するMicroPythonの関数仕様を記します．

▶命令の分岐：JMP

```
jmp(cond, label=None)
```

条件を満たしたときに，labelのアドレスに分岐します．condには**表2（a）**のいずれかを指定します．

▶処理待ち：WAIT

```
wait(polarity, src, index)
```

条件にマッチするまで処理をストールさせます．引数の意味を**表2（b）**に示します．

▶入力シフト・レジスタに書き込む：IN

```
in(src, bitcount)
```

srcで指定したレジスタの値をbitcountで指定しただけビット・シフトし，入力シフト・レジスタに書き込みます．srcに指定できるレジスタはpins，x，y，null，isr，osrです．各レジスタの意味は**表1**を参照してください．

表2　各命令の引数に指定できるもの

指定値	分岐条件
None	無条件分岐
not_x	Xレジスタの値がゼロ
x_dec	Xレジスタの値がゼロでない
	条件判定後にXをデクリメントする
not_y	Yレジスタの値がゼロ
y_dec	Yレジスタの値がゼロでない
	条件判定後にYレジスタの値をデクリメントする
x_not_y	XレジスタとYレジスタの値が等しくない
pin	入力ピンの値が"H"(現在未サポート)
not_osre	出力シフト・レジスタ(OSR)が空ではない

(a) JMP

引　数	意　味
polarity	ストール条件の極性 0を指定：0になるのを待つ 1を指定：1になるのを待つ
src	indexで指定する数値の対象として次のいずれかを指定 gpio：GPIO番号 pin　：I/Oマッピング後のビット位置 irq　：IRQ番号(IRQ命令で指定する)
index	チェックするピンまたはビット

(b) WAIT

引　数	意　味
flag1	入力シフト・カウンタがしきい値に達していない場合の挙動. iffullを指定：何もしない 未指定：ストールする
flag2	受信FIFOがフルの場合の挙動. block(デフォルト)：ストールする noblock　　　　：何もしない

(c) PUSH

引　数	意　味
flag1	出力シフト・カウンタがしきい値に達していない場合の挙動を指定. ifempty：何もしない(NOPと同じ) 未指定　：ストールする
flag2	送信FIFOが空の場合の挙動を指定. block(デフォルト)：ストールする noblock：Xレジスタの値をOSRにコピーする

(d) PULL

引　数	意　味
mod	以下のいずれかを指定. 0x40またはclear：フラグをクリアする 0x00または未指定　：フラグをセットする 0x20：1にセットしたフラグが0になるまでストールする
index	割り込み番号を絶対値またはステート・マシン相対値で指定する. 割り込み番号0～3はシステム全体で有効, 4～7はプログラマブルI/O内でのみ有効. 絶対値指定の場合：0～7の整数で指定 ステート・マシン相対値指定の場合：_rel()関数を使って_rel(0)～_rel(3)で指定

(e) IRQ

▶出力シフト・レジスタの値を書き込む：OUT

`out(dest, bitcount)`

出力シフト・レジスタの値をbitcountで指定しただけビット・シフトし, destに書き込みます. destに指定できるレジスタはpins, x, y, null, pindirs, pc, isr, execです(**表1**).

▶入力シフト・レジスタ→FIFO：PUSH

`push(flag1, flag2)`

入力シフト・レジスタの内容を受信FIFOに書き込み, 入力シフト・レジスタの値をクリアします. 引数の意味は**表2(c)**の通りです.

▶FIFO→出力シフト・レジスタ：PULL

`pull(flag1, flag2)`

送信FIFOから出力シフト・レジスタに32ビット・ワードを書き込みます. 引数の意味は**表2(d)**の通りです.

▶レジスタ→レジスタ：MOV

`mov(dest, src)`

srcからdestにデータをコピーします.

destは, pins, x, u, exec, pc, isr, osrのいずれかを指定します.

srcは, pins, x, y, null, status, isr, osrのいずれかを指定します.

srcをinvert(レジスタ)で指定するとレジスタの値をビット反転したものをdestに書き込みます.

reverse(レジスタ)で指定するとレジスタの値のビットを逆順にしたものをdestに書き込みます.

▶割り込みフラグのセット：IRQ

`irq(mod, index)`

indexに対応するIRQフラグをセット, またはクリアします. 引数の意味は**表2(e)**の通りです.

▶即値の書き込み：SET

`set(dest, data)`

destに即値dataを書き込みます. destに指定できるレジスタは, pins, x, y, pindirsのいずれかです.

▶何もしない：NOP

`nop()`

何も実行せず1サイクル消費します. これは疑似命令です. mov(y, y)を指定したのと等価です.

▶分岐先を定義：ラベル

`label(ラベル名)`

分岐命令の分岐先を定義します. 疑似命令です.

▶ラッピング

`wrap_target()/wrap()`

プログラム・ラッピングの始点と終点を定義します. 疑似命令です. ラッピングについて詳しくは後述します.

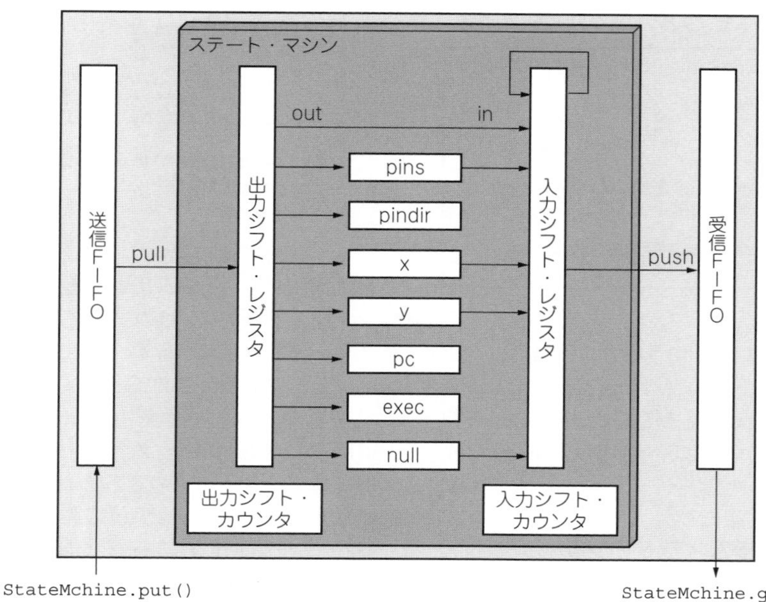

図1　ステート・マシンのレジスタ構成図

● PIOはFIFOを介してデータの入出力を行う

MicroPython処理系から見たときのステート・マシン内のデータの流れとレジスタの関係を**図1**に示します．以下のステップでデータを処理します．

▶ステップ1：データ格納

MicroPython処理系から，put関数で送信FIFOの末尾にデータを格納します．

▶ステップ2：OSRにロード

プログラマブルI/Oのpull命令により，送信FIFOの先頭データを出力シフト・レジスタ(Output Shift Register：OSR)にロードします．

▶ステップ3：シフト

プログラマブルI/OのOUT命令により，OSRの内容を必要なビット数だけシフトし，内部レジスタに格納します．

GPIOにマッピングされるpinsレジスタを格納先とすると，GPIOに信号が出力されることになります．シフトしたビット数は出力シフト・カウンタが保持しています．

▶ステップ4：ISRにシフト・イン

プログラマブルI/OのIN命令により，内部レジスタから入力シフト・レジスタ(Input Shift Register：ISR)にデータをシフト・インします．シフトしたビット数は入力シフト・カウンタが保持しています．

▶ステップ5：FIFOにデータ転送

プログラマブルI/OのPUSH命令により，受信FIFOの末尾にデータを転送します．

▶ステップ6：受信FIFOからデータ取得

MicroPython処理系から，get関数で受信FIFOの先頭のデータを取得します．

命令を効率よく実行する仕組み

プログラマブルI/Oの命令メモリのサイズは，1つのプログラマブルI/O当たり32命令分と少ないですが，少ないメモリで効率良く実行するための仕組みが用意されています．

● 仕組み1：サイドセットとディレイ

プログラマブルI/Oの全ての命令は，以下の処理を1サイクルで実行できます．

- 指定した命令の実行
- 特定のGPIOピン(複数可)の状態を変更(サイドセット)
- 任意のサイクルだけ次命令の実行を保留(ディレイ)

サイドセットを使うと，I²CやSPIのようなクロック信号とデータを同期して出力する処理をシンプルに記述できます(**リスト1**)．

一方，ディレイを使うと，クロック・サイクル単位での正確な信号パターンを出力するためのウェイト処理として，空ループを回したりNOP関数を並べる必要がなくなります．

MicroPythonでサイドセットとディレイを指定する場合のフォーマットを**図2**に示します．

サイドセットとディレイの指定は省略可能です．

リスト1　サイドセットによるデータとクロックの同時出力の例

```
# PIOのレジスタに以下のGPIOが割り当てられているとする
# - pins: GPIO10
# - サイドセット: GPIO11

# ループの先頭
label('loop')
# FIFOから1ビット・シフトしGPIO10に出力するのと同時に
# GPIO11にクロック信号として1を出力する
out(pins, 1).side(1)
# 先頭に戻るのと同時にGPIO11にクロック信号0を出力する
jmp('loopp').side(0)
```

サイドセットとディレイを使う場合の注意点は，それらで使用できるビット幅の合計が5ビットであることです．例えばサイドセットとして3個のGPIOを使用する場合は，ディレイには0～3(2ビット分)しか指定できません．

● 仕組み2：プログラム・ラッピング

プログラム・ラッピングは，ループの先頭と末尾にマークを指定することにより，分岐命令なしでループ末尾から先頭に分岐させられる機能です．

これにより分岐命令を削減できるとともに，信号処理のスループットが向上します．

一例として，デューティ50%の矩形波を出力することを考えます．**リスト2(a)**はプログラム・ラッピングを使わない例です．ループの末尾にjmp関数を置く必要があるため“0”の期間は2サイクルです．

従って“1”のサイクルもそれに合わせてディレイを1サイクル分入れなければなりません．

その結果4サイクル周期の矩形波が得られます．このループのlabel()とjmp()を，それぞれwrap_target()とwrap()というプログラム・ラッピングを指示するマーク(疑似命令)に置き換えると，これらに囲まれた部分がループとみなされます．

実際に**リスト2(b)**では，プログラム・サイズが3命令から2命令に減りました．さらにディレイも不要となるため2サイクル周期の矩形波となり，スループットが2倍となります．

さらにプログラム全体がループの場合はプログラム先頭と末尾に暗黙的にプログラム・ラッピングが適用されるため，wrap_target()とwrap()を省略でき，プログラムがすっきりします．

```
op(args).side(n)[d]
```


図2　MicroPythonでサイドセットとディレイを指定する場合のフォーマット

● 仕組み3：自動プルと自動プッシュ

プログラマブルI/Oのプログラムに自動プルと自動プッシュを設定できます．

自動プルとは，OUT命令によるシフト数が事前に定義したしきい値に達したときに，自動的に送信FIFOからOSRにデータをロードする処理です．

自動プッシュはその逆に，IN命令によるシフト数が事前に定義したしきい値に達したときに，自動的にISRから受信FIFOにデータを転送する処理です．

これらを使う場合は，PUSH命令とPULL命令を記述する必要がなくなり，命令メモリを節約できます．

移植性を高めるためにGPIOの割り当てを抽象化

表1のレジスタのうち，pinsとpindirsレジスタは，I/Oマッピングと呼ぶ機能により具体的なGPIO番号にマッピングされます．

図3にI/Oマッピングの仕組みを示します．

OUT命令，SET命令でGPIOをデータの出力先とする場合，直接GPIO番号を指定せずに，それぞれの命令で使用するGPIOの本数Nをpinsレジスタの下位

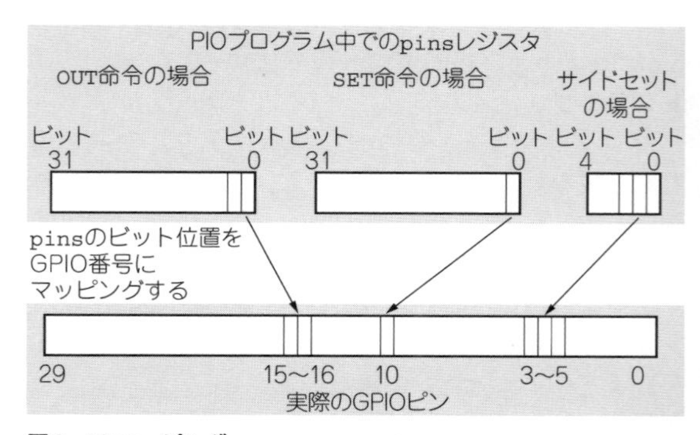

図3　IOマッピング

リスト2　プログラム・ラッピングの仕様有無の比較

```
def func_without_wrapping():
    label('loop')
    set(pins, 1)[1]
    set(pins, 0)
    jmp('loop')
```

(a) プログラム・ラッピングを使わない例

```
def func_with_wrapping():
    wrap_target() # ラッピングの先頭
    set(pins, 1)
    set(pins, 0)
    wrap()        # ラッピングの末尾
```

(b) プログラム・ラッピングを使う例

```
def func_with_wrapping2():
    set(pins, 1)
    set(pins, 0)
```


(c) プログラム全体がメイン・ループの場合

*N*ビットに割り当てます．そしてプログラムをステート・マシンにひもづける際に，pinsレジスタのビット位置と実際のGPIO番号の対応関係を定義します．

I/OマッピングはOUT命令とSET命令のそれぞれに対して異なるGPIOの割り当てができ，さらにそれぞれの命令で割り当て範囲が重複しても構いません．

I/Oマッピングはサイドセットに対しても有効です．なおIN命令は，全てのGPIOの状態を一度に取得する仕様のため，I/Oマッピングは適用されません．

この仕組みにより，物理的なGPIOの割り当てと論理的なデータ処理を分離できるため，プログラムの移植性が高められます．

MicroPythonからPIOでLチカしてみる

ここからは実際にMicroPythonでプログラマブルI/Oのプログラムを記述するポイントを説明します．プログラマブルI/O版のLチカ・プログラム(**リスト3**)を題材とします．

順を追ってプログラムを解説します．

▶ポイント1：必要なクラスをインポート

プログラマブルI/Oを扱うために必要なPIOクラス，StateMachineクラス，asm_pioデコレータをインポートします(1行目)．通常はプログラマブルI/OでGPIOを制御するので，Pinクラスもインポートしておくのが便利です(2行目)．

▶ポイント2：関数定義

プログラマブルI/Oで実行する関数定義をasm_pioデコレータで修飾します(6行目)．デコレータの書式を**表3**に示します．

▶ポイント3：PIOへの指示を記述

関数内でプログラマブルI/Oの各命令に対応する関数呼び出しを並べます(8～17行目)．

このプログラムは250ms単位でLEDを点滅させます．後でステート・マシンを，2kHzで動作するように設定するので，点灯または消灯しているサイクル数が500サイクルとなるようにディレイと空ループを作っています．サイクル数の作り方についてはコラム1

リスト3　PIO版Lチカ・プログラム

```
 1:from rp2 import PIO, StateMachine, asm_pio
 2:from machine import Pin
 3:import utime
 4:
 5:# set命令にGPIOを1つ割り当て初期値を"L"とする
 6:@asm_pio(set_init=PIO.OUT_LOW)
 7:def blink():
 8:     # GPIOに1をセット(LED点灯)
 9:     set(pins, 1)                  # 1cycle
10:     set(x, 14)[18]                # 19cycles
11:     label('loop_high')
12:     jmp(x_dec, 'loop_high')[31]
                                    # 32*15 = 480cycles
13:     # GPIOに0をセット(LED消灯)
14:     set(pins, 0)
15:     set(x, 14)[18]
16:     label('loop_low')
17:     jmp(x_dec, 'loop_low')[31]
18:
19:# ステート・マシンにGPIO25を割り当てクロックを2kHzとする
20:sm = StateMachine(0, blink, freq=2_000,
                               set_base=Pin(25))
21:
22:# ステート・マシンを有効化し10秒後に無効化する
23:sm.active(1)
24:utime.sleep(10)
25:sm.active(0)
```

表3　asm_pioデコレータの仕様

デコレータ名	rp2.asm_pio		
コンストラクタ	asm_pio(out_init=None, set_init=None, sideset_init=None, in_shiftdir=0, out_shiftdir=0, autopush=False, autopull=False, push_thresh=32, pull_thresh=32, fifo_join=False)		
説明	引数名	意味	指定可能値
	out_init	OUT命令で使用するGPIO	[GPIOが1個の場合] ピン方向：初期値 [GPIOが*N*個の場合] *N*個のピン方向：初期値のタプル ピン方向：初期値は次のいずれか． PIO.IN_LOW, PIO.IN_HIGH, PIO.OUT_LOW, PIO.OUT_HIGH
	set_init	SET命令で使用するGPIO	
	sideset_init	サイドセットとして使用するGPIO	
	in_shiftdir	IN命令で使用するGPIOの数と初期値	PIO.SHIFT_LEFT
	out_shiftdir	OUT命令でのシフト方向	PIO.SHIFT_RIGHT
	autopush	自動プッシュの有効・無効	TrueまたはFalse
	autopull	自動プルの有効・無効	TrueまたはFalse
	push_thresh	自動プッシュを起動するシフト・カウンタのしきい値	32
	pull_thresh	自動プルを起動するシフト・カウンタのしきい値	32
	fifo_join	FIFO結合の有効・無効	TrueまたはFalse

コラム1　正確なディレイ・サイクルの作り方

宮田 賢一

正確にNサイクルの実行時間を記述するには，ディレイとループを活用するのが基本です．作るサイクルの長さによって記述が異なります．

- **32サイクル以下の場合**

何らかの命令のディレイ値としてN-1を設定します．適切な命令がなければnullレジスタまたはnop関数を活用します．

```
out(pins, 1)[N-1]
                    # シフトと同時にウェイト
set(null, 0)[N-1]  # ウェイトだけ実行
nop()[N-1]          # ウェイトだけ実行
```

- **33サイクル～1056サイクルの場合**

空ループとディレイを組み合わせます．

```
set(x, P)[Q]
label('loop')
jmp(x_dec, 'loop')[R]
```

これにより，

$(Q+1)+(R+1)\times(P+1)$

サイクルを生成できます．サイドセットを使っていない場合のP，Q，Rの最大は31です．サイドセットを使っている場合は，Q，Rの最大値は小さくなることに気をつけてください．

リスト3では，$P=14$，$Q=18$，$R=31$とすることで499サイクルを作っています．

- **1057サイクル以上の場合**

多重ループとする方法や，送信FIFOを使って外部からループ回数を注入する方法(この方法だと直接スクラッチ・レジスタに32ビット値を代入できる)などが考えられます．その他にもアイデア次第でさまざまな手法が考えられるでしょう．

表4　StateMachineクラスのコンストラクタの仕様デコレータの仕様

クラス名	rp2.StateMachine		
コンストラクタ	StateMachine (id, prog, *, freq, in_base, out_base, set_base, jmp_pin, sideset_base, in_shiftdir, out_shiftdir, push_thresh, pull_thresh)		
説明	引数名	意味	指定可能値
	id	ステート・マシンのID	0～8 (0～4がPIO0，5～8がPIO1)
	prog	ステート・マシンで実行する関数	@asm_pioデコレータ付けた関数名
	freq	ステート・マシンの実行クロック	2000～125000000 (2kHz～125MHz)
	in_base	IN命令の対象とするGPIO番号の先頭	Pin(0)～Pin(31)
	out_base	OUT命令の対象とするGPIO番号の先頭	Pin(0)～Pin(31)
	set_base	SET命令の対象とするGPIO番号の先頭	Pin(0)～Pin(31)
	jmp_pin	JMP命令の分岐条件として使用するGPIO番号	Pin(0)～Pin(31)
	sideset_base	サイドセットとして使用するGPIO番号の先頭	Pin(0)～Pin(31)
	in_shiftdir	入力シフト・レジスタのシフト方向	PIO.SHIFT_LEFT, PIO.SHIFT_RIGHT
	out_shiftdir	出力シフト・レジスタのシフト方向	PIO.SHIFT_LEFT, PIO.SHIFT_RIGHT
	push_thresh	自動プッシュを起動するための入力シフト・カウンタ値のしきい値	0～31 (0は32を意味する)
	pull_thresh	自動プルを起動するための出力シフト・カウンタ値のしきい値	0～31 (0は32を意味する)

に考え方を記しました．

関数内には，PIO命令以外のMicroPythonの文を書くことは推奨しません．書いても基本的に実行されることがないからですが，詳細はコラム2を参照してください．

▶ポイント4：ステート・マシンを作成する

StateMachineクラスのコンストラクタを呼び出して，StateMachineオブジェクトを作成します．StateMachineクラスのコンストラクタの仕様を**表4**に示します．このときにI/Oマッピングを定義します(20行目)．

▶ポイント5：ステート・マシンの実行を開始

ステート・マシンのオブジェクトに対してactive(1)で実行を開始します．実行を終了する場合はactive(0)を実行します．

コード・サイズを削減する工夫

● サイドセットを使ってメモリ・サイズを削減する

GPIOの状態を変更するだけで1命令使うのはもったいないので，この命令をサイドセットを使うことで除去してみます．

コラム2 PIO向け関数のコンパイル処理

宮田 賢一

　@asm_pioデコレータを付与したPIO向け関数は，ステート・マシンへの割当時に，PIO命令のバイト列へのコンパイル処理と命令メモリへの格納処理を実行します．

　コンパイル処理は2パス構成となっており，1パス目で分岐命令のアドレスの解決処理，プログラム・サイズ（命令数）の決定，命令オペランドの妥当性検査などを実施し，2パス目でバイト列に変換します．

　そのためPIO向け関数にPIO命令以外のMicroPython処理を記述しても最初に2回だけ実行され，以降は実行されません．従って定数値の定義など，1回実行すれば十分な処理以外は記述しないのが無難です．

リスト5　FIFO版Lチカ

```
import time
from machine import Pin
import rp2
from rp2 import PIO, StateMachine, asm_pio

# RGB LEDは負論理で制御するため，全消灯から開始するために初期値を
                                                        "H"とする
# 自動プルのしきい値を3とし，3つのGPIOにデータを出力したら自動的に
                                          FIFOからデータを取り出す
@asm_pio(
    out_init=(PIO.OUT_HIGH, PIO.OUT_HIGH,
                                            PIO.OUT_HIGH),
    out_shiftdir=PIO.SHIFT_RIGHT,
    autopull=True, pull_thresh=3)
def blink():
    # 自動プルによりFIFOからOSRにデータがロードされるのを待つ
    # プログラム・ラッピングによりGPIOにデータをシフトしたら
                                              再度データの到着を待つ
    out(pins, 3)

sm = StateMachine(0, blink, freq=125_000_000,
                                          out_base=Pin(18))
sm.active(1)
for i in range(8):
    # 7から0の値をFIFOに書き込む
    sm.put(7 - i)
    time.sleep(0.5)
sm.put(7)
sm.active(0)
```

リスト4　サイドセット版Lチカ

```
@asm_pio(sideset_init=PIO.OUT_LOW)
def blink():
    set(x, 30).side(1)[43] # 4cycles
    label('loop_high')
    jmp(x_dec, 'loop_high').side(1)[15]
                        # 16cycle * 31times = 496cycles
    set(x, 31).side(0)[34]
    label('loop_low')
    jmp(x_dec, 'loop_low').side(0)[15]

sm = StateMachine(0, blink, freq=2_000,
                  sideset_base=Pin(25))
```

　リスト4は，**リスト3**と同じ処理をサイドセットを使って書き直したものです．pinsレジスタに対するset命令を2つ削減できました．

　ところでサイドセットを使う場合には，全ての命令にサイドセットを指定すべきです．サイドセットを使う命令と使わない命令が混在する場合，サイドセットの使用の有無を命令ごとに検出するために，サイドセット/ディレイ用のフィールドとして1ビットを使われてしまうので，サイドセットとディレイで使えるビット幅が4ビットになってしまいます．

　リスト4の場合，サイドセットとして1ビット使っているため，サイドセットを指定しない命令が混在する場合，ディレイの最大値は7（3ビット）となります．しかし全ての命令にサイドセットを指定することで，ディレイの最大値を4ビット（最大値15）にできます．

● FIFOを使ってPIO処理を大幅に削減する

　信号生成のタイミングがそれほどシビアでなければ，MicroPython処理系側のタイマ処理で周期処理を記述することもできます．

　リスト5は，FIFOを使ってMicroPython側からLEDのON/OFF情報を送信するものです．このプログラムはGPIO18～GPIO20に3色のLEDを接続し，それらを同時に制御するものです．

　PicoにLEDを接続すればテストできます．Picoと同じRP2040マイコンを搭載するTiny2040（Pimoroni）というボードは，ボード上にRGB LEDが用意されているので，このボードを使えばLEDの接続などを自分で行わなくてもテストできます．

　ポイントは自動プルを設定することです．FIFOにデータが到着し次第，3つのGPIOにデータを出力します．またプログラム・ラッピングにより分岐命令も不要です．これによりPIOプログラムは1命令となりました．

◆参考文献◆

(1) Raspberry Pi Pico Python SDK A MicroPython environment for RP2040 microcontrollers.
https://datasheets.raspberrypi.org/pico/raspberry-pi-pico-python-sdk.pdf

みやた・けんいち

定番Lチカからスイッチ入力，
ロータリ・エンコーダ用ドライバまで

PIOプログラミング［事例集］

角 史生

MicroPythonを使ってステート・マシンを制御するプログラムの流れを**図1**に示します．プログラマブルI/O（PIO）命令セットを用いて，プログラマブルI/O用のソースコードを作成して，アセンブラによってプログラマブルI/O用の機械語に変換します．ステート・マシンに必要な情報を設定して，起動することで利用可能になります．

● ステート・マシンとStateMachineを使い分ける

MicroPythonの場合，PIO命令を機械語に変換するためのアセンブラpio_asmを利用可能です．また，1つのMicroPythonソースコード内に，プログラマブルI/O用ソースコードとMicroPythonソースコードをまとめることが可能です．以降の説明では，pio_asmによって変換された機械語列をバイナリ・コードと呼びます．

以降の説明で，ステート・マシンと記載する場合と，StateMachineと記載する場合とがあります．ステート・マシンの機能を述べる際やハードウェア・ブロックを示す場合はカタカナ表記を用い，MicroPythonにより定義されているStateMachineクラスやオブジェクトを述べる際は英語表記とします．

また，プログラマブルI/Oは2系統あり，ステート・マシンは各プログラマブルI/Oに4台入っています．N番目のプログラマブルI/Oを指定する場合はPIO［n］と表記し，N番目のステート・マシンを示す場合はStateMachine［n］と表記します（nは0スタート）．

プログラム① NOP命令だけを実行する

PIOプログラミングを説明するに当たり，まず最も簡単なNOP命令だけを実行するプログラムを示します（**リスト1**）．

● 1．ステート・マシン用ソースコードの定義とアセンブル

nop()を指定してNOP命令だけによるプログラマブルI/O用ソースコードを定義します．

PIOアセンブラを起動するため，@rp2.asm_pio()とデコレータを設定します．これにより，def asm_nop():からの行はPIOアセンブラのソースコードとして扱われ，プログラマブルI/Oの機械語列（バイナリ・コード）に変換されます．変換されたバイナリ・コードは変数：nop_progに格納されます．REPLで変数nop_progを表示させると，変換されたバイナリ・コードの内容を確認できます．

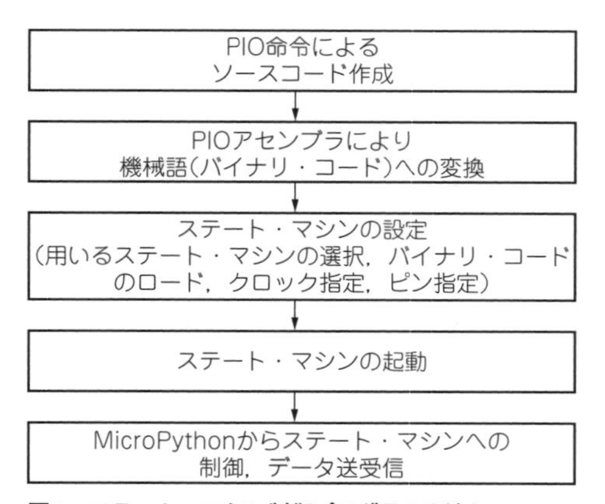

図1　ステート・マシン制御プログラムの流れ

リスト1　最も簡単なNOP命令だけを実行するプログラム

```
import rp2

# ステート・マシン用コードの定義とアセンブル
#-----------------------------
@rp2.asm_pio()    # デコレータasm_pioを設定することで
def nop_prog():   # アセンブラ(asm_pio)を呼び出し
    nop()         # NOP命令だけからなるソースコード
#-----------------------------

# ステート・マシンの設定とオブジェクト生成
#   PIO[0]のStateMachine[0]を指定，
#                      バイナリ・コードはnop_progを指定
sm = rp2.StateMachine(0, nop_prog)

# ステート・マシンの起動
sm.active(1)
```

● 2．ステート・マシンの設定とオブジェクト生成

StateMachineコンストラクタ，rp2.StateMachine()を用いてステート・マシンの設定を行います．1番目の引数は使いたいステート・マシンの番号を指定します．0～7を指定できます．5以降はPIO［1］のステート・マシンが割り当てられます．2番目の引数はステート・マシンを制御するバイナリ・コードを指定します．今回は設定していませんが，ステート・マシンの動作クロックや入出力として使用したいGPIOのピンを指定することもできます．本操作により，Sate Machineオブジェクトが生成されます．

● 3．ステート・マシンの起動

2で生成したStateMachineオブジェクトのメソッドactive()を用いてステート・マシンを起動します．

上記プログラムを実行すると，ステート・マシンはNOP命令を実行し続けます．JMP命令でソース・プログラムの1行目に戻すことも可能ですが，何も書かなくても自動的に先頭行に戻り，無限にループします．MicroPython側ではsm0.start(1)を実行後，MicroPythonのREPLに制御が戻ります．

今回はステート・マシンの制御が不要なので，MicroPython側のソースコードは書いていませんが，MicroPython側のコードを書くことで，ステート・マシンとMicroPythonが並行で実行可能となります．**リスト1**ではステート・マシンのクロックを指定していませんので，システム・クロック(125MHz)の速度で動作します．

プログラム② LED点滅

● ステート・マシンからGPIOピンへの出力方法には3つ

NOP命令の実行だけではステート・マシンが動作しているのかどうか分かりませんので，上記ソースコードをベースに，LEDを点滅させるプログラムを作ってみます．LEDを点滅させるにはGPIOのピンに対する出力操作が必要になります．ステート・マシンからピンへの出力方法として以下の3種類の制御方法が利用可能です．

(1) SET命令によるピン制御
(2) OUT命令によるピン制御
(3) SIDE SETによるピン制御

3種類の制御方法を用途ごとに，どのように使い分けるのが良いか，以下に示します．

- SET命令は任意のタイミングの波形を出力するのに適しています．
- OUT命令はMicroPythonからの指示に応じてピンにデータや任意のタイミングの波形を出力するのに適しています．
- SIDE SETはプログラマブルI/OやSPIなどのバス・クロック，一定の周期で出力されるクロックを出力するのに適しています．

ピンにデータを出力するにはStateMachineコンストラクタとデコレータ：asm_pio()で出力用の設定が必要です(**表1**)．

StateMachineコンストラクタでベースとなるピンの指定を行います．ピン番号ではなく，ピン・オブジェクトを指定します．デコレータ：asm_pio()で出力信号の初期設定を行います．レベル指定として使うための定数が用意されています(rp2.PIO.OUT_HIGH/rp2.PIO.OUT_LOW)．

StateMachineコンストラクタの詳細はウェブ上で公開されている「MicroPython ドキュメンテーション」の「クラス StateMachine -- RP2040 のプログラム可能 I/O インターフェースへのインターフェース」(1)を参照してください．

● プログラム

SET命令を用いてLEDを点滅させるサンプルを**リスト2**に示します．

ピンから出力する上で，どのピンを使うのか，StateMachineコンストラクタで指定します．また，ピンの初期設定("H"/"L"の出力設定)をデコレータ：asm_pio()の引数として指定します．

▶1．ステート・マシン用ソースコードの定義とアセンブル

SET命令を使って，ピンに対して'1'，'0'を交互に指定しています．SET命令によってピンにデータを出力する場合はset()の第1引数にpinsと指定します．ステート・マシン用ソースコードでは出力先のピン番号は指定できません．StateMachineオブジェクト生成時にピンのオブジェクトを指定します．

デコレータ：asm_pio()の引数で，出力対象のピンの初期値を指定します．

▶2．ステート・マシンの設定

LEDを点灯させるためのピンを指定します．Picoの基板上にLEDが実装されており，GPIO25に接続されています．25番を指定してピン・オブジェクトを生成します．StateMachineオブジェクト生成時，set_baseとしてピン25のオブジェクトを指定します．

表1　ピンへの出力を行う際の設定項目

制御方法	ベースとなるピンの指定	出力信号の初期設定 "L"/"H"
SET命令	set_base	set_init
OUT命令	out_base	out_init
SIDESET	sideset_base	sideset_init

リスト2　SET命令を用いてLEDを点滅させる

```
import rp2
from machine import Pin

# ステート・マシン用コードの定義とアセンブル …(1)
#---------------------------
@rp2.asm_pio(set_init=rp2.PIO.OUT_LOW)
def blink_LED():
    set(pins, 1)    # SET Pin  <- H
    set(pins, 0)    # SET Pin  <- L
#---------------------------

# LED用Pinの生成
led_pin = Pin(25, Pin.OUT)

# ステート・マシンの設定とオブジェクト生成 …(2)
# PIO_0のStateMachine_0を利用.
              命令はblink_LEDを指定, クロック2000Hz指定
sm = rp2.StateMachine(0, blink_LED,
                      set_base=led_pin, freq=2000)

# ステート・マシンの起動 …(3)
sm.active(1)
```

baseとなっているのは，複数ビットのバスとして出力を利用する場合，set_baseから順番にピンが出力用ピンとして割り当てられるため，このように呼ばれます．今回，ステート・マシンのクロックとして2000Hzを指定しました．プログラマブルI/O用クロックの分周回路の制約から，1908Hzより低い周波数は設定できません．

▶3.　ステート・マシンの起動

リスト1と同じです．Lチカと言いましたが，1000Hzで点滅しているので目視では確認できません．目で見て分かるようにする方法としてデューティを変える方法があります．本Lチカでは50%のデューティで矩形波を生成していますが，デューティを変えることでLEDの明るさが変わります．手軽にデューティを変える方法として，ピンの出力を操作しているプログラム記述を増やすと比率が変わります．例えば，“L”の比率を増やすことでLEDを暗くできます．以下のSET命令(set())においてピン出力を“L”に設定しており，下記行を複数行に増やすとデューティが変化し，LEDが少し暗くなります．

```
set(pins, 0)    # SET L
```

命令オプションに遅延サイクル(ディレイ)を設定することで命令の実行速度を遅らせてデューティを変えることもできます．ディレイの指定方法については，筆者がダウンロード・データとして提供する「PIOアセンブリ言語仕様」をご参照ください．また，**リスト6**はディレイによって実行を遅延させています．

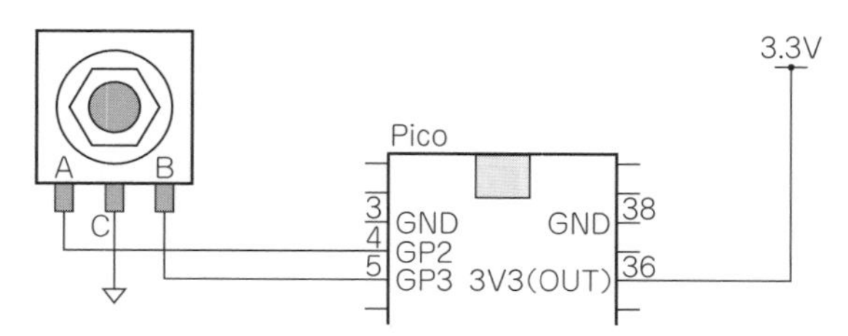

図2　Picoとロータリ・エンコーダの接続

プログラム③　MicroPythonからLED点灯を制御

MicroPython側からプログラマブルI/Oにデータを指定して，周辺機器にデータを出力する例を示します．MicroPythonからステート・マシンに値を渡すには，2つあるFIFOのうち，TX FIFOを用います．FIFOへの書き込みは，StateMachineオブジェクトのput()メソッドを用います．MicroPython側から指定されたデータがステート・マシンを経て周辺機器に出力される処理の流れを**図2**に示します．TX FIFOからのデータ取得はPULL命令，ピンへのデータ出力はOUT命令を用います．

● プログラム

リスト3にはMicroPythonを利用してLEDの点灯を制御するプログラムを示します．ピン利用のための指定方法は前回のサンプルと同じですので説明は省きます．ピンへのデータ出力には出力用レジスタOSRを利用します．OSRを利用する上で，シフト方向の設定が必要です．OSRのシフト方向は上位ビットに向かってシフトする左シフトと，下位ビットに向かっ

リスト3　MicroPythonを利用してLEDの点灯を制御するプログラム

```
import utime
import rp2
from machine import Pin

# ステート・マシン用コードの定義とアセンブル
#---------------------------
@rp2.asm_pio(out_init=rp2.PIO.OUT_LOW,
             out_shiftdir=rp2.PIO.SHIFT_RIGHT)
def control_LED():
    pull()          # FIFOからOSRへのデータ読み込み
    out(pins, 1)    # OSR から Pinへの1ビットデータ書き込み
                                         (シフト方向は右)
#---------------------------

# LED用Pinの生成
led_pin = Pin(25, Pin.OUT)

# ステート・マシンの設定とオブジェクト生成
# PIO[0]のStateMachine[0]を利用，命令はcontrol_LEDを指定
sm = rp2.StateMachine(0, control_LED,
                      out_base=led_pin)

# ステート・マシンの起動
sm.active(1)

# FIFOへの書き込み
while True:
   sm.put(1)   # LEDを点灯
   utime.sleep(1)
   sm.put(0)   # LEDを消灯
   utime.sleep(1)
```

てシフトする右シフトがあります．左シフトを指定(定数：rp2.PIO.SHIFT_LEFT)すると，ピン出力のためのデータはOSRの最上位ビット(MSB)から取り出してピンに出力されます．右シフトを指定(定数：rp2.PIO.SHIFT_RIGHT)すると，ピン出力のためのデータはOSRの最下位ビット(LSB)から取り出して，ピンに出力されます．

本サンプルでは，OSRのシフト方向を右シフトとしており，PIOアセンブラ起動時に，asm_pioの引数として，以下のように指定しています．

```
out_shiftdir=rp2.PIO.SHIFT_RIGHT
```

これによりOUT命令実行時，OSRの最下位ビット(LSB)からピンに出力されます．例えば，OSRの値が1の場合，最下位ビットが1でありピン25に1が出力されます．OSRのシフト方向を左シフト(rp2.PIO.SHIFT_LEFT)と指定すると，OSRの最上位ビット(MSB)からピンに出力されますので，LEDを点灯させる場合は，MicroPythonからのデータは，0x80000000と指定する必要があります．

上記プログラムが動作する際，ステート・マシンのプログラムは125MHzで動作するのに対して，MicroPythonの処理が遅く，ステート・マシンの動作速度には間に合いません．TX FIFOが空になるとPULL命令では実行待ちになりTX FIFOに値が書き込まれるまで待ちます．この機構によりMicroPythonとステート・マシンが同期して動作することが可能となります．

● 出力データのビット幅を広げる

上記の例ではLEDの信号を1ビットとしていますが，2ビットや8ビット・バスとして出力することも可能です．出力データのビット幅を広げるには，asm_pioの引数，out_initに対して複数のPIOの初期値をタプル形式で指定し，SET命令でバス幅を指定します．

例：Pioを2本用いて2ビット長のバスとしてSET命令で出力する例

```
@rp2.asm_pio(out_init=
(rp2.PIO.OUT_LOW, rp2.PIO.OUT_LOW),
  out_shiftdir=rp2.PIO.SHIFT_RIGHT)
def control_LED():
      pull()
      out(pins, 2)   # OSRからPins
            (バス幅2ビット)へ出力(右シフト)
```

プログラム④ スイッチON/OFF状態をPIOから取得する

● RX FIFOを介してデータをMicroPythonに渡す

プログラマブルI/Oに接続されたスイッチのON/OFF状態をプログラマブルI/Oから取得する例を示します．ステート・マシンからMicroPythonに値を渡すには，2つあるFIFOのうち，RX FIFOを用います．

ピンからデータを取得してISRに書き込むにはIN命令を用います．asm_pioでの表記はin()ではなく，in_()となっていますのでご注意ください．ISRからRX FIFOへの書き込みはPUSH命令を用います．MicroPythonからRX FIFOの値を取得するのは，StateMachineオブジェクトのget()メソッドを用います．

ピンからデータを入力するにはStateMachineコンストラクタで入力用の設定が必要です．

StateMachineコンストラクタでベースとなるピンの指定を行います．ピン番号ではなく，ピン・オブジェクトを指定します．本サンプルではスイッチがGP0に接続されることとします．ピンから入力する際の初期値はありませんので必要な設定はStateMachineコンストラクタでのピン指定のみです．IN命令を用いますので，in_baseを使って指定します(**表2**)．IN命令の2番目の引数がシフトのビット数を表します．2以上の値を設定することで，複数ビットの取得が可能です．

IN命令以外に，WAIT命令，JMP命令では，ピンから得た値に応じて処理を決定できます．WAIT命令，JMP命令で扱えるのは1ビット幅となります．WAIT命令では，指定のピンの値が1または0になるまで処理を待ちます．JMP命令では，ピンの値に基づく分岐判断が可能です．JMP命令でピンを比較対象とする場合は，jmp_pinで対象のピンを指定します．この場合もピン番号ではなくピン・オブジェクトを指定します(リスト7でWAIT命令，JMP命令を使っているので参照してください)．

● プログラム

リスト4にスイッチのON/OFF状態をプログラマブルI/Oから取得するプログラムを示します．ピンからのデータ入力は入力用レジスタISRを利用します．ISRを利用する際にシフト方向の設定が必要です．OSRと同じようにISRのシフト方向も左シフトと右シフトがあります．左シフトを指定(定数：rp2.PIO.SHIFT_LEFT)すると，まずISRを上位ビット方向に指定ビット数分シフトした後，ピンから取得したデータが最下位ビット(LSB)から書き込まれます．右シフトを指定(定数：rp2.PIO.SHIFT_RIGHT)すると，

表2 ピンから入力を行う際の設定項目

制御方法	ピンの指定
IN命令	in_base
WAIT命令	in_base
JMP命令の比較対象	jmp_pin

リスト4　SWのON/OFF状態をPIOから取得するプログラム

```
import rp2
from machine import Pin

# ステート・マシン用コードの定義とアセンブル
#------------------------------
@rp2.asm_pio(in_shiftdir=rp2.PIO.SHIFT_LEFT)
def sw_status():
    in_(pins, 1)      # PinからデータをISRに格納
                                    (左シフト指定)
    push()            # ISRの値をRX FIFOに書き込み
#------------------------------

# SW入力用Pinオブジェクトの生成
sw_pin = Pin(0, Pin.IN, Pin.PULL_UP)

# ステート・マシンの設定とオブジェクト生成
sm = rp2.StateMachine(0, sw_status, in_base=sw_pin)
                                # 入力Pinのベースを指定

# ステート・マシンの起動
sm.active(1)

# PIO(RX FIFO)からSW状態を取得，表示ループ
prev_val = None
while True:
    val = sm.get()          # SWの状態をRX FIFOから取得
    if val != prev_val:
        print(val, end="")
        prev_val = val
```

まずISRを下位ビット方向に指定ビット数分シフトした後，ピンから取得したデータが最上位ビット(MSB)から書き込まれます．本例では左シフト(rp2.PIO.SHIFT_LEFT)を指定していますので，ピンから取得された値は最下位ビット(LSB)に書き込まれ，ISRの値は0x0か0x1となります．IN命令で取得した後，PUSH命令でRX FIFOに値を書き込みます．

MicroPython側では，ポーリング方式でRX FIFOの値を取得します．FIFOが空の場合はget()メソッドで待ち状態になりますが，ステート・マシンの動作の方が速いのでget()メソッドでの待ちは発生しません．一方，ステート・マシンのPUSH命令ではRX FIFOが一杯になるため待ちが発生します．

本例では，スイッチの状態変化に着目せず，常に取得する方針で実装しました．状態変化をMicroPython側で処理すると，ポーリングによる状態の取得とチェックが必要になります．ポーリング方式で処理した場合，簡単に実装できる反面，処理性能がMicroPythonのループ周期に律速する問題が発生します．また，ループしている間はMicroPython側で他の処理が実行できない問題があります．このような問題を解消するため，状態変化の判断はプログラマブルI/O側で行い，変化が発生したときだけMicroPythonプログラムに通知することで，MicorPython側の処理を軽減させます．ハードウェアからユーザ・プログラムへの通知手段として，割り込み要求(IRQ)の機構があります．プログラマブルI/Oによる割り込み要求(IRQ)を行うことで，割り込み駆動型のプログラミングが可能となります．

プログラム⑤　IRQを利用しステート・マシン間で処理を同期化する

プログラマブルI/Oには割り込み要求を上げる機能が搭載されており，IRQフラグを指定して割り込み要求(IRQ)を上げることができます．IRQを用いることで次の(1)(2)の機能が実現できます．

リスト5　スイッチが押された際にIRQを発行してコールバック関数を呼び出すサンプル

```
import utime
import rp2
from machine import Pin

#コールバック用関数の定義(PIOオブジェクトに登録前提)
def intr(pio):
    print("InterruptHandler")
    flags = pio.irq().flags()          # IRQ フラグを取得
    print("{:04x}: ".format(flags), end="")
    if flags & rp2.PIO.IRQ_SM0:
                        # IRQフラグの特定(bitフィールドでの比較)
        print("catch irq(0)")
    else:
        print("not irq(0)")
# ステート・マシン用コードの定義とアセンブル
#------------------------------
@rp2.asm_pio(in_shiftdir=rp2.PIO.SHIFT_LEFT)
def sw_status():
    label("top")
    in_(pins, 1)      # PinからSWの状態を取得してISRに格納
                                        (SHIFT _LEFT)
    mov(x,isr)        # ISRの値を汎用レジスタx にコピー
    jmp(not_x,"trigger")
                        # if x == 0  then goto "trigger"
    jmp("top")        #  else goto "top"
    label("trigger")
    irq(0)            # IRQフラグ：0を指定してIRQを発生
    jmp("top")        # topのラベルにJMP
                            (この行が無くても先頭行に戻ります)
#------------------------------

# SW入力用Pinの生成
sw_pin = Pin(0, Pin.IN, Pin.PULL_UP)
                        # 入力としてPin0を選択，PULL_UPを設定

# ステート・マシンの設定とオブジェクト生成
# PIO[0]のStateMachine[0]
sm = rp2.StateMachine(0, sw_status, in_base=sw_pin,
                                            freq=2000)

# PIO_0にコールバック関数(intr)を登録
rp2.PIO(0).irq(intr)

# ステート・マシンの起動
sm.active(1)

# MicroPythonメインループ
while True:
    utime.sleep(1)
    print("zzz...")
```

● (1) IRQによるステート・マシンとMicroPythonとの連携

ステート・マシンでIRQを発行し，MicroPython側の割り込み用関数（コールバック関数）を実行する例を示します．IRQ発生時，コールバック関数が呼び出されるには，割り込みハンドラとして呼び出してほしい関数を登録する必要があります．MicroPythonの場合，PIOオブジェクト，StateMachineオブジェクトのいずれかにコールバック関数を登録できます．

リスト5はPIOオブジェクトにコールバック関数を登録する例を示します．スイッチがON（レベル“L”）の状態のときに，コールバック関数が呼び出されます．コールバック関数呼び出し時，引数には登録したPIOオブジェクトが設定されます．PIOオブジェクトの`irq()`メソッドと，`flags()`メソッドを使うことで，発生したIRQのIRQフラグを取得できます．IRQ フラグの値に応じた処理を実装することで，複数のステート・マシンからIRQが発生した場合であっても，IRQフラグの値により処理を分岐させることで，条件に応じた処理が実装可能になります．なお，割り込みフラグはビット・フィールドで表現されており，比較用の定数（`IRO_SM0`，`IRO_SM1`，`IRO_SM2`，`IRO_SM3`）を用いてIRQフラグの値が特定できます．

このようにIRQを用いて割り込み駆動方式で実装することで，MicroPythonからプログラマブルI/Oに対してポーリング処理が不要になり，周辺機器の状態変化のタイミングで割り込みハンドラが呼び出されます．MicroPythonのメイン・ループでは他の処理を行うことが可能です．上記の例ではzzz…をプリントします．

なお，上記サンプルは動作状況が分かりやすいように，コールバック関数でデバッグ用に表示を行っています．コールバック関数（割り込みハンドラ）は極力短い実行時間が望ましいので，普段の実行時はプリント文をコメント・アウトしてください．また，分かりやすさを優先して，スイッチが押されている間は連続してIRQが発行される仕様です．このためコールバック関数が連続して呼び出され，MicoPython側ではメイン処理ができなくなり，あまり実用的ではありません．実用に向けてさらに改良するには，スイッチの状態が“H”→“L”に変化したときだけIRQを発行する必要があります．PIO命令を駆使することで“H”→“L”に変化したときだけIRQを発行させることも可能です．

● (2) IRQによるステート・マシン間の同期

1つのプログラマブルI/Oにはステート・マシンが4つ搭載されています．各ステート・マシンは独立して自律的に動作しますが，制御対象の周辺機器によっては，ステート・マシン間を同期させたい場合があります．`WAIT`命令とIRQを使うことでステート・マシン間の同期が可能になります．`WAIT`命令は，指定したIRQフラグが1または0になるまで待つ機能があります．同期したいステート・マシン間でIRQフラグの発行，受信を行うことで同期化できます．**リスト6**にサンプルを示します．

リスト6　IRQによりステート・マシンの実行を同期させるサンプル

```
import rp2
import utime

# コールバック関数の定義
def hdlr0(arg):
    print("called Hander0")

def hdlr1(arg):
    print("called Hander1")

def hdlr2(arg):
    print("called Hander2")

# ステート・マシン用コードの定義とアセンブル
#----------------------------
@rp2.asm_pio()
def timer1sec():
    #  (1 + 7) + ((30 + 1) + (30 + 1)) * 32 + (1 + 7)
                                          (= 2000)
    set(x, 31)                  [7]    #  x <- 1f
    label("wait_loop")
    nop()                       [30]
    jmp(x_dec, "wait_loop")     [30]
    irq(4)                      [7]
                                # IRQフラグ4のIRQを発行(*)

@rp2.asm_pio()
def consumer():
    wait(1, irq, 4)   # IRQフラグ4が1になるまで待つ(*)
    irq(2)            # IRGフラグ2のIRQを発行

@rp2.asm_pio()
def asm_nop():
    nop
#----------------------------
# ステート・マシンの設定とオブジェクト生成
# PIO[0]のStateMachine[0]
sm0 = rp2.StateMachine(0, timer1sec, freq = 2000)
sm0.irq(hdlr0)

# PIO[0]のStateMachine[1]
sm1 = rp2.StateMachine(1, consumer, freq = 2000)
sm1.irq(hdlr1)

# PIO[0]のStateMachine[2]
sm2 = rp2.StateMachine(2,asm_nop, freq = 2000)
sm2.irq(hdlr2)

sm0.active(1)
sm1.active(1)
sm2.active(1)
utime.sleep(5)
sm0.active(0)
sm1.active(0)
sm2.active(0)
```

リスト6の例ではステート・マシンを3台使っています．StateMachie[0]は1秒周期でIRQフラグ4のIRQを発行します．StateMachine[1]はWAIT命令を使って，IRQフラグ4が1になるまで待ちます．IRQフラグの条件が成立すると実行を再開します．このようにIRQを用いてステート・マシン間を同期させることができます．

StateMachine[1]の実行が再開されても直接確認する方法がありません．そこでStateMachine[2]をデバッグ用として使っています．StateMachine[1]の実行が再開されるとIRQフラグ2のIRQを発行します．StateMachine[2]にIRQのコールバックが登録されていますので，IRQフラグ2のIRQが発行されるたびに，StateMachine：2のコールバック関数hdrl2()が実行されます．1秒単位で，“called Hander2”がプリントされます．

以上のようにIRQを用いることで，複数のステート・マシン間で処理を同期化することが可能になります．

プログラム⑥ ロータリ・エンコーダ用ドライバの作成

● PIOを持たないESP32では正確に取得できなかった

プログラマブルI/Oによるロータリ・エンコーダ用ドライバを試作します．筆者は本誌連載「逆引きMicroPython」(7)において，ESP32用のロータリ・エンコーダ用ドライバを作成しましたが，MicroPythonによるポーリング方式であったため，ドライバの呼び出し周期が低下するとロータリ・エンコーダの値を読み落とす問題がありました．プログラマブルI/Oによるドライバを実装することにより，ロータリ・エンコーダの値の変化を読み落とすことを防げます．また，ロータリ・エンコーダが操作されたタイミングでMicroPythonのコールバック関数が呼び出されるように実装しており，MicroPython側の処理も大幅に軽減しています．

ロータリ・エンコーダ用ドライバを使って，Picoに搭載されたLEDの明るさが変化するサンプル・プログラムを作成します．ロータリ・エンコーダとPicoとの接続を**図2**に示します．外観を**写真1**に示します．

● ロータリ・エンコーダの仕組み

簡単にロータリ・エンコーダの仕組みと実装方針を説明します．ロータリ・エンコーダからは2本の信号が出力されており，ロータリ・エンコーダの軸の回転方向に応じて，2つのクロックの位相が変化します．ロータリ・エンコーダから出力される波形と回転方向の関係を**図3**に示します．

今回のドライバ開発では，信号Aをクロック，信号Bをデータ信号と解釈し，クロック変化時点でのデータの値に応じて，回転方向を判断する実装としました．クロック立ち下がり時とクロック立ち上がり時のデータ信号のレベルに基づき回転方向を決定しています．

Picoに搭載されているマイコンRP2040のピンのプルアップ機能を有効にすることでクロックは通常は“H”であり，回転が始まると“L”に変化します．データ信号も同じようにプルアップによって通常“H”となっていますが，時計回りに回転する場合，クロックに遅れて信号が“H”→“L”に変化します．反時計回りの場合，データ信号がまず“L”に変化した後，クロックが“L”に変化します．

● プログラム（リスト7）

プログラマブルI/OではWAIT命令が用意されており，ピンの値が‘1’または‘0’になるまで実行を待つことが可能です．今回はロータリ・エンコーダのクロックが“L”になるまで待ちます．WAIT命令の引数にピンを指定し，レベル“L”と指定します［**リスト7**の(1)］．クロックが“H”→“L”に変化するまで待ちます．

クロックが“L”に変化した際のデータ信号の値に応じて，時計方向の回転か，反時計方向の回転かを判断します．データ信号が“H”の場合は時計方向の開始，“L”の場合は反時計方向の開始となります．

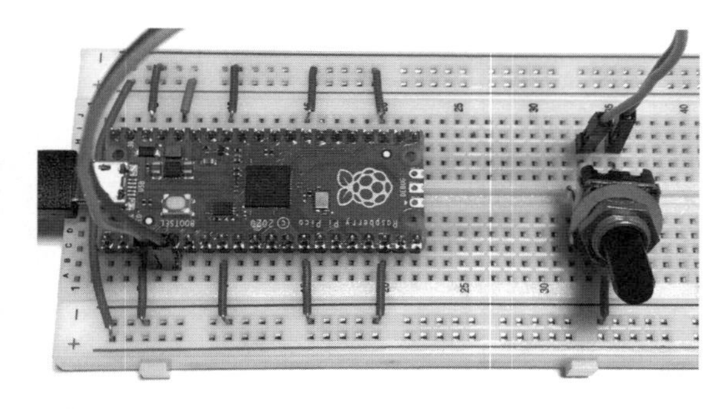

写真1　ロータリ・エンコーダ用ドライバを作ったので動作を確認している

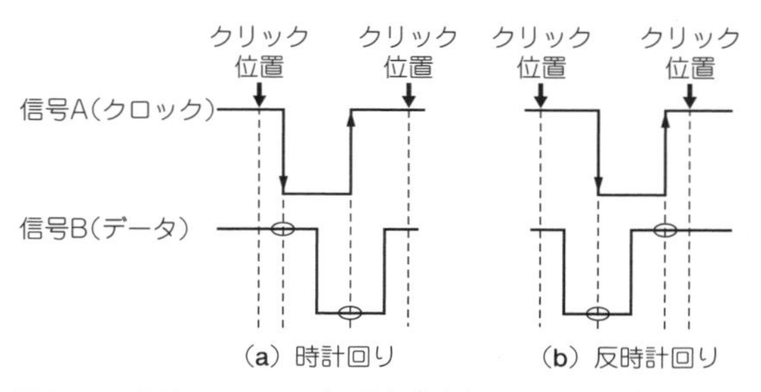

図3　ロータリ・エンコーダの回転方向とクロックの位相
A端子とB端子をプルアップ，C端子をグラウンドに接続した場合

リスト7　PIOを用いたロータリ・エンコーダ用ドライバ(encoder_pio.py)

```
from rp2 import PIO
from rp2 import StateMachine
from rp2 import asm_pio

@asm_pio(in_shiftdir=PIO.SHIFT_LEFT)
def encoder():

    CLOCK_WISE = 1
    COUNTER_CLOCK_WISE = 2

    set(x, CLOCK_WISE)  # Xに右回転(CLOCK_SIZE)の定数を設定
    set(y, COUNTER_CLOCK_WISE)
                # Yに左回転(COUNTER_CLOCK_SIZE)の定数を設定

    label("start")
    wait(0, pin, 0)     # クロックがLになるまで待つ…………(1)
    jmp(pin, "on_cw")   # データ信号がHの場合,
                          on_cw(右回転中)に分岐…………(2)

    # Counter CW        # そうでないなら, CCW(左回転中)
    wait(1, pin, 0)     # クロックがHになるまで待つ…………(3)
    jmp(pin, "ccw_ok")  # データ信号がHの場合,
                              CCW OK(左回転OK)に分岐…(4)
    jmp("start")        # そうでないなら, 左回転NGと判断して
                                                先頭に戻る
    label("ccw_ok")     # --- 左回転OKのフロー  ---- …(5)
    mov(isr, y)         # ISRにY(COUNTER_CLOCK_WISE)
                                                  を設定
    push()              # ISRの値をRX FIFO に設定
    irq(0)              # IRQフラグ:0でIRQを発生,
                            コールバック関数呼び出し……(6)
    jmp("start")

    # CW                # --- 右回転中のフロー ---
    label("on_cw")      #  …………………………………………(7)
    wait(1, pin, 0)     # クロックがHになるまで待つ…………(8)
    jmp(pin, "start")   # データ信号がHの場合, 右回転はNGと
                                 判断して先頭に戻る……(9)
                        # そうでないなら右回転はOK
    mov(isr, x)         # ISR にX(CLOCK_WISE)を設定
    push()              # ISRの値をRX FIFO に設定
    irq(0)              # IRQフラグ:0でIRQを発生,
                            コールバック関数呼び出し……(10)

    jmp("start")


CLOCK_WISE = 1
COUNTER_CLOCK_WISE = 2

class RotaryEncoder:

    def __init__(self, clock, signal):
        self.counter = 0
        self.sm = StateMachine(0, encoder, freq =
             2000, in_base = clock, jmp_pin = signal)
        self.sm.irq(self._handler)
         # コールバック関数の登録

    def set_active(self):
        self.sm.active(1)

    def set_inactive(self):
        self.sm.active(0)

    def get_value(self):
        return self.counter

    # コールバック関数の定義(軸が回転した時にIRQにより呼び出される)
    def _handler(self, ev):
        val = self.sm.get()
        if val == CLOCK_WISE:
            #print("->")
            self.counter += 1
        elif val == COUNTER_CLOCK_WISE:
            #print("<-")
            self.counter -= 1
```

JMP命令には，ピンの値に応じた分岐が可能です．JMPの分岐条件として引数にピンを指定することでデータ信号の“L”/“H”に応じて分岐します[**リスト7**の(2)]．データ信号が“H”の場合は軸が時計回りに回転を開始したと判断してラベルon_cwに分岐します[**リスト7**の(7)]．データ信号が“L”の場合は反時計回りと判断して次の行に実行を移します．回転操作を続けると，クロック信号が“L”から“H”に変化します．WAIT命令により“H”になるまでステート・マシンの実行を待ちます[**リスト7**の(3)と(8)]．時計回りと判断したラベルon_cwのフローにおいて，クロックが“H”でデータ信号が“H”の場合，回転が中断されたと判断して開始行(ラベルstart)に戻ります[**リスト7**の(9)]．データ信号が“L”の場合は回転が終了したと判断して，RX FIFOに回転方向を書き込み，IRQフラグ:0でIRQを発行します[**リスト7**の(10)]．

一方，反時計回りと判断したフロー(コメント#Counter CWのフロー)において，クロックが“H”でデータ信号が“H”の場合，回転が終了したと判断してラベル“ccw_ok”に分岐します[**リスト7**の(4)，(5)]．RX FIFOに回転方向を書き込み，IRQフラグ:0でIRQを発行します[**リスト7**の(6)]．データ信号が“L”の場合は回転が中断されたと判断して開始行(ラベルstart)に戻ります．

IRQフラグ0のIRQが発行されることにより，MicroPythonのコールバック関数(RotaryEncoder._hander())が呼び出されます．コールバック関数では回転方向に応じて，ロータリ・エンコーダの値を加算または減算します．このようにドライバ内では，値の更新のみMicroPythonで行っており，回転の判断は全てプログラマブルI/Oのステート・マシンに任せており，MicroPythonの負荷が大幅に軽減されています．

誌面の都合上，**リスト7**のencoder_pio.py.を用いたLED明るさ調整プログラムについては省略します．ダウンロード・データとして提供します．

すみ・ふみお

ESP32向けに書いたMicroPythonプログラムをPico向けに
CircuitPythonで書いてみた

第6章 CircuitPythonの特徴と互換性

角 史生

写真1　ESP32向けに制作したMicroPythonプログラムをPicoにCircuitPythonで移植した

ラズベリー・パイPico（以降，Pico）上で動作するPython互換のプログラミング言語として，MicroPythonとCircuitPythonが挙げられます．

MicroPythonはハードウェア・リソースが少ないマイコン上でも，Pythonと同等のプログラミング環境を実現することを目的として，Damien George氏によって開発されました(1)．

CircuitPythonはAdafruit社によって開発が進められ，より使いやすくなるように作り込まれている点が特徴です．

これら2つの言語の特徴を整理し，2つの言語の互換性について，実際にプログラミングを行って調べました．また，MicroPythonで記述したESP32用のソースコードがPico版CircuitPythonでも利用可能であるか，どのような修正が発生するか，連載「逆引きMicro Pythonプログラム集」(17)に掲載したソースコードをPicoに移植して確認しました（**写真1**）．

2つの言語の使いやすさ

CircuitPythonはMicroPythonをベースに開発されており，コアとなる言語仕様はほぼ同じです．一方，

表1　各言語の特徴

比較項目	MicroPython	CircuitPython
[1] ドキュメント類の充実	○	○
[2] プログラミングの始めやすさ	△注1	○
[3] ライブラリの充実度	○	◎
[4] PIOプログラミング	○	△注2
[5] USBプログラミング	×注3	○
[6] 割り込みプログラミング	○	×

注1：ソース・プログラムをPicoに転送するにはadafruit-ampyなどのツールが必要
注2：割り込みプログラミングがサポートされないためプログラマブルI/OからのIRQを受け取れない（コールバック関数が利用できない）
注3：USBデバイス・サポートについて議論されている状況

提供されるライブラリや開発環境が異なります．Micro Python，CircuitPythonの特徴を以下の項目で比較しました．**表1**は筆者の主観です．

● 1，ドキュメント類の充実

MicroPython，CircuitPythonとも，公式のドキュメント・サイトが存在します(3)(4)．言語仕様や使いたいモジュールを探し出してモジュールの利用方法を調べるのに役立ちます．GitHubには各言語のソースコードが登録されており参照できます(5)(6)．サンプル・コードも掲載されています．

● 2，プログラミングの始めやすさ

MicroPython，CircuitPythonは，インタープリタ型言語でコンパイル作業が不要なため，簡単にプログラミングを始められることが特徴です．CircuitPythonはPicoに内蔵されたUSBコントローラをサポートしており，Picoのフラッシュ・メモリを，USBストレージとしてPCに接続できます．これによってREPL（Read-Eval-Print Loop）でプログラムをテストしながら，ソース・ファイルをPCからドラッグ＆ドロップでPicoのフラッシュ・メモリに書き込むことが可能です．

このようにCircuitPythonでは，ファイル転送機能を持つ開発用ツールが不要となり，最低限エディタと

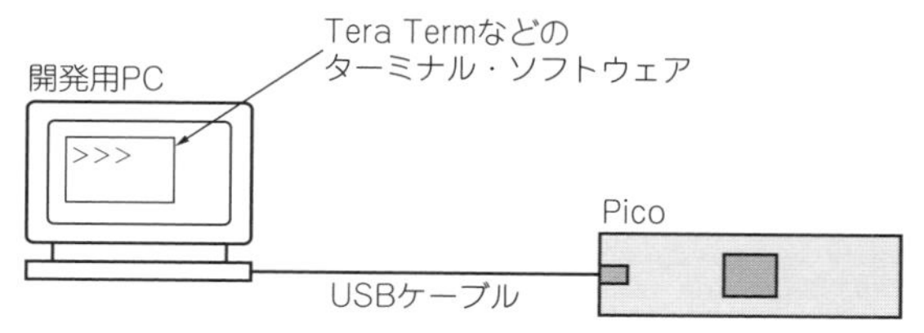

図1　CircuitPythonはターミナル・ソフトウェアとテキスト・エディタだけで開発を進められる

ターミナル・ソフトウェアさえあれば，プログラミングが可能です(図1)．また，日本語版のCircuitPythonを使うとエラー・メッセージが日本語になります．

MicroPythonの場合，フラッシュ・メモリへのソース・ファイルの転送にはadafruit-ampyなどといったツールを使う必要があります(7)．

● 3，ライブラリの充実度

MicroPython，CircuitPythonいずれもPythonのサブセットとして開発されており，Pythonの標準ライブラリの中からマイコン用プログラミングで必要と判断されたライブラリが実装されています．マイコンのプログラミング開発では，液晶モニタやセンサ類を制御する場合が多いと思います．これらの周辺機器を制御するためには，機器に対応したドライバが必要になります．

MicroPythonでは，液晶モニタ用ドライバやNeo Pixel用ドライバなど，最低限の周辺機器用ドライバがサポートされています(ただし，Picoに組み込まれている周辺機器用ドライバはセンサ用のみのもよう)．

接続したい機器のドライバがサポートされていない場合，Pythonパッケージ管理サイトPyPI(Python Package Index)(8)か，GitHubから動きそうなドライバを自分で探す必要があります．

一方，CircuitPythonでは，Adafruit社により管理されている周辺機器用ドライバのライブラリ(Adafruit CircuitPython Library Bundle)(9)が存在します．このAdafruit CircuitPython Library BundleはAdafruit社が販売するセンサや液晶モニタを制御できるドライバが充実しており，液晶モニタなどを接続したい場合にドライバを活用することで，最低限のプログラミングだけで周辺機器の利用が可能になります．

● 4，PIOを使ったプログラム開発

Picoの特徴としてプログラマブルI/O(PIO)が挙げられます．MicroPython，CircuitPythonのいずれの言語でもプログラマブルI/Oの制御が可能です．プログラマブルI/Oのプログラミングを行う上で，どのような違いがあるかを整理します．

▶アセンブラの表記ルールが異なる

MicroPythonもCircuitPythonもPicoのマイコン(RP2040)に搭載されているプログラマブルI/Oのプログラミングが可能です．プログラマブルI/Oのための機械語を生成するアセンブラも実装されています．どちらの言語を使ってもプログラマブルI/Oのプログラミングが可能ですが，プログラマブルI/Oのアセンブリの言語仕様(アセンブラの表記ルール)が異なります．詳しくは2つの言語の相違点の章をご参照ください．

▶IRQを使ってPIOを制御したい場合はMicroPython

CircuitPythonは割り込みプログラミングをサポートしていないため，プログラマブルI/Oが発行する割り込み要求(IRQ)に対応したアプリケーションを作成することができません．例として，センサなどの周辺機器からプログラマブルI/Oに不定期にデータが送信される場合を考えます．MicroPythonは割り込み処理に対応しているため，メイン・ループにおいて処理中であっても，プログラマブルI/Oが発行した割り込み要求に応じて，ループ処理を中断して，割り込み処理プログラム内でプログラマブルI/Oからデータを取得できます．一方，CircuitPythonはプログラマブルI/Oの割り込み要求を受け取ることができないため，メイン・ループから定期的にプログラマブルI/Oにデータが受信されたかを問い合わせに行く必要があります．上記に示したIRQを使ってプログラマブルI/Oを制御したい場合はMicroPythonを選択する必要があります．

● 5，USBを使ったプログラム開発

Picoのハードウェアの特徴として内蔵USBコントローラが挙げられます．CircuitPythonにはUSBを制御するためのモジュール(usb_hid, usb_midi)が組み込まれており，USBキーボードやUSBマウスなどの開発が可能です．一方，MicroPythonにはUSBのサポートがありません．USBデバイス・サポートについて議論されている状況のようです(2)．

● 6，割り込みを使ったプログラム開発

CircuitPythonは割り込みプログラミングをサポートしていません(10)．MicroPythonでは，割り込み処理を使ったプログラミングに加え，非同期I/Oを使ったプログラミングも可能です．このように割り込み処理を利用したい場合はMicroPythonを選択する必要があります．

入手可能なバージョン

2022年11月時点で，Pico対応版ファームウエアは，

リスト1　LED点滅プログラムによるソースコードの違い

```
from machine import Pin
import utime

# LEDはGP25に接続
led = Pin(25, Pin.OUT)


while True:
    led.value(True)
    utime.sleep(1)
    led.value(False)
    utime.sleep(1)
```

(a) MicroPython

```
import board
import digitalio
import time

# ボードのLEDはGP25に接続
led = digitalio.DigitalInOut(board.GP25)
# GP25を出力に設定
led.direction = digitalio.Direction.OUTPUT

while True:
    led.value = True
    time.sleep(1)
    led.value = False
    time.sleep(1)
```

①モジュール体系，モジュール名が異なる
②I/O（GPIO）の指定方法が異なる
③モジュールにより提供される機能の使い方が異なる

(b) CircuitPython

MicoPython（v1.19.1）(rp2-pico-20220618-v1.19.1.uf2)，CircuitPython（7.3.3）(adafruit-circuitpython-raspberry_pi_pico-ja-7.3.3.uf2)（日本語対応版）です．

各言語のダウンロード・サイト(11)(12)から入手可能です．

プログラミングの観点で2つの言語の相違点，ソースコードの相互利用について

アプリケーションを開発している途中で，MicroPython/CircuitPythonいずれかの言語に変更したい場合や，片方の言語で書かれたサンプル・ソースをもう1つの言語で利用したい場合があるかもしれません．

プログラミングの観点で2つの言語の相違点について，サンプル・プログラムを作成して比較しました．サンプルとして，ソフトウェアでLEDを点滅させるプログラム（通称Lチカ）と，Picoに搭載されているRP2040内蔵のプログラマブルI/OによるLED点滅プログラムの2種類を作成しました．

シンプルなLED点滅のプログラムを**リスト1**に示します．各ソースを比較すると，モジュール名の違い，モジュールの使い方の違いがありました．また，ピンの指定方法が異なっていました．

プログラマブルI/Oを使ったLED点滅プログラムを**リスト2**に示します．LED点滅だけですと点滅の周期が短すぎて分からないので，“H”と“L”の比率（デューティ）を変えてLEDの明るさを下げています．“H”と“L”の比率を1：19にしています．

プログラマブルI/Oを使うためにはPIO命令セットを用いてソースコードを作成し，PIOアセンブラで機械語に変換する必要があります．2つの言語を比較した結果，さらに，PIOアセンブラの利用方法や，アセンブラ用の表記方法（アセンブリ言語仕様）も異なっていました．

2種類のLED点滅プログラムを試作しただけの知見ですが，プログラミングの観点でMicroPython，CircuitPythonの相違点は以下となりました．インタプリタを変更する場合，以下の項目において修正が発生します．

● モジュール名，クラス名が異なる

周辺I/Oを制御するため該当のモジュールやクラスをimport文で呼び出しますが，モジュール体系がMicroPythonとCircuitPythonで異なっています．周辺I/O用の主要モジュールを**表2**に示します．Micro

リスト2　PIOを使ったLED点滅プログラムによるソースの違い

```
import rp2
from machine import Pin

#ステート・マシン用コードの定義とアセンブル
@rp2.asm_pio(set_init = rp2.PIO.OUT_LOW)
def blink_LED():
    set(pins, 1)
    set(pins, 0) [18]

# LED用のPinの生成
led_pin = Pin(25, Pin.OUT)

# ステート・マシンの設定とオブジェクト生成
sm = rp2.StateMachine(0,
    blink_LED, set_base = led_pin,
    freq = 2000)

# ステート・マシンの起動
sm.active(1)
```

(a) MicroPython

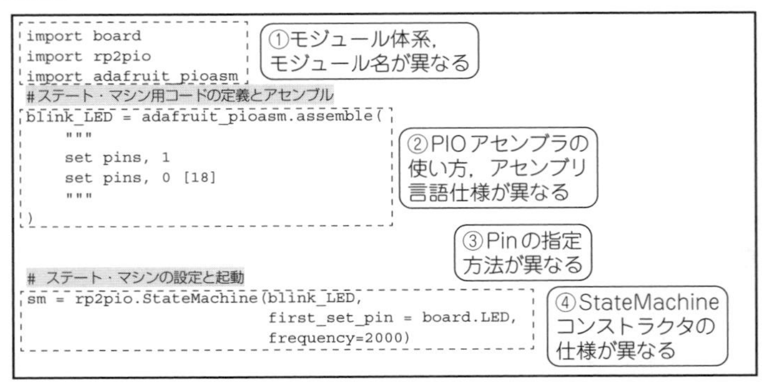

```
import board
import rp2pio
import adafruit_pioasm
#ステート・マシン用コードの定義とアセンブル
blink_LED = adafruit_pioasm.assemble(
    """
    set pins, 1
    set pins, 0 [18]
    """
)

# ステート・マシンの設定と起動
sm = rp2pio.StateMachine(blink_LED,
                         first_set_pin = board.LED,
                         frequency=2000)
```


(b) CircuitPython

表2　MicroPython，CircuitPythonのモジュール体系

周辺I/O	MicroPythonの モジュール名，クラス名	CircuitPythonの モジュール名，クラス名
ディジタルI/O	machine.Pin	digitalio. DigitalInOut
A-D コンバータ	machine.ADC	analogio. AnalogIn
SPI	machine.SPI	busio.SPI
I²C	machine.I2C	busio.I2C
PWM	machine.PWM	pwmio. PWMOut
UART	machine.UART	busio.UART

PythonではGPIO/A-Dコンバータ/SPI/I²C/PWM/UARTはいずれもmachineモジュールにまとめられていますが，CircuitPythonでは，digitalio, analogio, busio, pwmioモジュールに分かれています．プログラミング変更の際，利用したい周辺I/O用のモジュールやクラスがどのように変わっているのか確認の上，修正が必要です．

● コンストラクタやメソッドの仕様が異なる

実際の周辺I/Oを制御するには，クラスに属するコンストラクタでオブジェクトを生成して，オブジェクトのメソッドを実行します．

2つの言語のコンストラクタの引数やクラスが提供する機能の使い方が異なります．LED点滅のサンプル・ソースでは以下を修正しました．

▶コンストラクタの引数の違い

オブジェクトを生成するコンストラクタの仕様が変わっている場合があります．例えば，StateMachineオブジェクトを生成するコンストラクタでは，引数の数やキーワード引数の名称が異なっており，修正が必要です．

▶周辺I/Oの出力設定方法の違い

MicroPythonではPinオブジェクトのメソッドvalue()を使ってI/Oの値を設定しますが，CircuitPythonではDigitalInOutの属性，valueに値を設定することでI/Oの値を設定します．I/Oの値を設定するという機能は同じですが，設定方法が異なっており修正が必要です．CircuitPythonのライブラリにおいて，周辺I/Oの出力値を変更する場合や，値を取得する場合，メソッドを使うのではなく，オブジェクトの属性に対して値を設定，参照することで実現するポリシのようです(例：led.value = Trueなど)．

● I/Oピンの指定方法が異なる

MicroPythonでは，ピン番号を指定する際，25などの数値を用います．CircutPythonでは，シルク印刷されたピン名称に対応したboard.GP25などといった属性名で指定します．CircuitPythonによるピン指定は基板のシルク印刷と属性名が一致しており，分かりやすいと思います．

● PIOアセンブラの呼び出し方，アセンブリ言語仕様が異なる

MicroPythonではPIOアセンブラはデコレータを指定することで利用可能でした．一方，CircuitPythonではPIOアセンブラ関数を呼び出すことでソースコードの変換を行います．また，アセンブリ言語仕様が異なっており，ソースコードの書き換えが必要です．

＊　＊　＊

以上示したように，条件分岐，実行制御，データ型など，Pythonに準拠した言語仕様以外は仕様が異なっており，修正が発生しました．

MicroPythonかCircuitPythonのいずれかにインタープリタを変更した場合，モジュールを扱っている記述に対して修正が必要になることが分かります．また，MicroPythonにおいて，割り込み駆動で実装されているソースコードをCircuitPythonに移植する場合，実装手段をポーリング方式に変更する必要があり，大幅な変更が必要になります．

ESP32版MicroPythonで作成したサンプルからの移植

プログラミングの観点でMicroPython，CircuitPythonのソースコードの違いを整理しました．

かつてInterface誌に連載した「逆引きMicroPythonプログラム集」ではセンサやRCサーボモータなどの周辺機器の制御方法について，ESP32マイコン向けにMicroPythonを用いて説明しています．このサンプル・ソースがPico版CircuitPythonで利用可能であるかどうかを，移植して確認しました．

ESP32用のソースコードをPico用に移植する上で，ハードウェアの違いによるソースコードの修正が発生します．ESP32ではGPIOマトリクスによりI²CやPWMなどの使いたい機能を各ピンに割り当てましたが，PicoではGPIOマトリクスが搭載されていないので，目的に合った機能が割り当てられたピンの中から選択する必要があります．移植の説明では，周辺I/Oに合ったピン選択についても説明します．

● 温湿度/気圧センサ BME280の制御用サンプルを移植

Interface誌(2021年6月号)では，EPS32と温湿度/気圧センサ BME280(ボッシュ)を組み合わせたシステムを試作しました．

本章では，ESP32のサンプルと同じように，センサをI²Cによって制御します．回路を図2に示します．

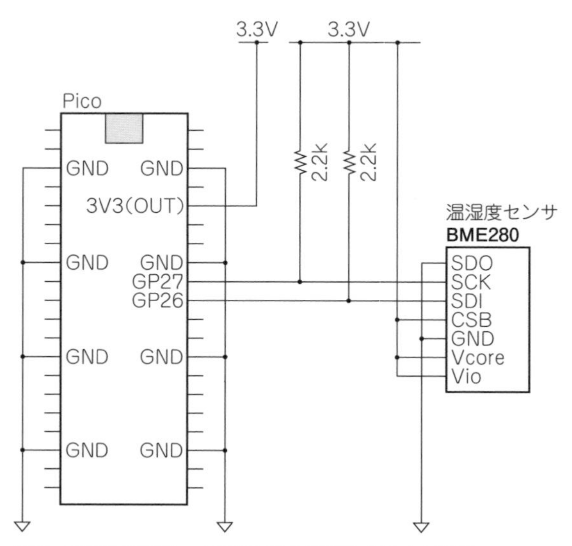

図2　BME280を使った温湿度気圧計測システムの回路

BME280のSDOをGNDに接続しており，BME280のI^{2}Cアドレスは0x76となります．

MicroPythonを用いて作成したESP32用のサンプル［**リスト3**(**a**)］をPico版CircuitPythonに移植する場合，以下の修正を行いました．

● 1，使用するPinの変更

Pico（RP2040）にはGPIOマトリクスが搭載されていないため，A-D変換やI^{2}C，SPIなどの周辺I/Oはあらかじめ決められたピンから選択する必要があります．I^{2}C用として，GPIO27，GPIO26が利用可能です．GPIO27はI2C1のSCL，GPIO26はI2C1のSDAが利用可能であり，これらをSCL，SDAとして利用します．

● 2，モジュールの変更

▶モジュール体系の相違によるモジュール名変更

センサ制御のため周辺I/OとしてI^{2}Cを用います．MicroPythonでは`machine`モジュールにI^{2}Cクラスが入っていましたが，CircuitPythonでは`busio`モジュールに入っています．この修正を行います．

▶BME280用ドライバの変更

Adafruit社提供のAdafruit CircuitPython Library Bundle[9]にBME280用ドライバ（adafruit_bme280）[13]が含まれていますので，これを用います．

このモジュールはCircuitPythonファームウェアには組み込まれていないので，ダウンロード・サイトよりAdafruit CircuitPython Library Bundleをダウンロードして，ZIPファイルを展開し，`adafruit_bme280.mpy`をPicoのフラッシュ・メモリにコピーします．

▶ドライバ利用方法の変更

MicroPythonのBME280用ドライバは，センサ値の取得はオブジェクトの属性（values）を参照することにより，温度/気圧/湿度がタプル型で返却されました．

Adafruit社提供のBME280用ドライバ（正確には`adafruit_bme280`モジュール内のAdafruit_BME280_I2Cクラス）では，オブジェクトが有する3つの属性（`temperature`，`pressure`，`elative_humidity`）を参照することでセンサ値を取得します（例：`bme280.temperature`）．

上記によってPico版CircuitPythonに移植したソースコードを**リスト3**(**b**)に示します．

リスト3　BME280を利用した測定プログラム

```
import utime
from machine import Pin
from machine import I2C
from bme280_int import BME280
BME280_ADDR = 0x76                          # BME280のアドレス:0x76

i2c = I2C(scl=Pin(21), sda=Pin(22), freq=9600)

device_list = i2c.scan()                    # I2Cバスをスキャンする
if not (BME280_ADDR in device_list):        # BME280が接続されている
                                                     ことを確認
    print("I2C Scan Error!")
    sys.exit()
else:
    print("connected BME280(0x{:02x})".format(BME280_ADDR))

bme280 = BME280(i2c = i2c)

while True:
    print(bme280.values)                    # BME280の計測値取得
    utime.sleep(10)
```

(**a**) ESP32向けMicroPython

```
import time
import board                        #CircuitPythonのライブラリを追加
from busio import I2C               # CircuitPythonのライブラリに変更
from adafruit_bme280 import Adafruit_BME280_I2C
                                    # Adafruitから提供されている
                                    #周辺機器用ライブラリに変更

SCL = board.GP27                    # I2C SCL用にGP27を指定
SDA = board.GP26                    # I2C SDA用にGP26を指定
BME280_ADDR = 0x76                  # BME280のI2Cアドレスを指定

i2c = I2C(SCL, SDA)                 # I2Cオブジェクト生成
bme280 = Adafruit_BME280_I2C(i2c, address=BME280_ADDR)
                                    # BLE280用
                                    #オブジェクト生成
bme280.sea_level_pressure = 1013.25 # 海面気圧を設定

while True:
    print("{:.2f}C, ".format(bme280.temperature), end="")
                                    # BME280オブジェクトの
    print("{:.2f}hPa, ".format(bme280.pressure), end="")
                                    #属性を参照して，温度，
    print("{:.2f}%".format(bme280.relative_humidity))
                                    #気圧，湿度を取得，表示
    time.sleep(10)
```

(**b**) Pico向けCircuitPython

● Adafruit社BME280ドライバを利用する上での注意点

Adafruit社から提供されるAdafruit CircuitPython Library BundleにBME280用ドライバが含まれており，これを用いることで，容易にセンサの制御が行えます．細かな点ですが，Adafruit社提供のBME280用ドライバを利用する上での注意点は以下です．

1. I²Cのサンプル・ソースでは，I²C利用前にlock関数を呼び出していますが，BME280用ドライバ(Adafruit_BME280_I2C)利用時はI²Cのロックは不要です．この理由として，BME280用ドライバの初期化メソッド実行時，lock関数を呼び出しています．ドライバの初期化メソッドを実行する前にlock関数を実行すると，2重にデバイスをロックすることになり，BME280用ドライバの初期化メソッドが終わらない問題が発生します．
2. BME280用ドライバは，BME280のI²Cアドレスが0x77であることを前提に実装されています．I²Cのアドレスが0x77以外の場合はコンストラクタの引数でI²Cアドレスを指定する必要があります．

＊　＊　＊

移植先のマイコンに同等の周辺I/Oが実装されていれば，ESP32版MicroPythonで実装されたソースコードは比較的容易にCircuitPytonに移植可能です．

◆参考文献◆

(1) Wikipedia MicroPython.
https://ja.wikipedia.org/wiki/MicroPython
(2) MicroPython Issues [Raspberry Pi Pico：Exposing USB device support #6811].
https://github.com/micropython/micropython/issues/6811
(3) MicroPython Documentation.
https://micropython-docs-ja.readthedocs.io/ja/latest/
(4) CircuitPython Documentation.
https://circuitpython.readthedocs.io/en/latest/README.html
(5) The MicroPython project.
https://github.com/micropython/micropython
(6) CircuitPython.
https://github.com/adafruit/circuitpython
(7) ampy,curiouswala.
https://github.com/scientifichackers/ampy
(8) Python Package Index .
https://pypi.org/
(9) Adafruit CircuitPython Library Bundle.
https://circuitpython.readthedocs.io/projects/bundle/en/latest/index.html
(10) Welcome to CircuitPython!/Frequently Asked Questions.
https://learn.adafruit.com/welcome-to-circuitpython/frequently-asked-questions
(11) Firmware for Raspberry Pi Pico.
https://micropython.org/download/rp2-pico/
(12) Pico by Raspberry Pi (CircuitPython 7.3.3).
https://circuitpython.org/board/raspberry_pi_pico/
(13) Adafruit BME280 Library.
https://circuitpython.readthedocs.io/projects/bme280/en/latest/
(14) Adafruit motor Library.
https://circuitpython.readthedocs.io/projects/motor/en/latest/index.html
(15) RP2040 Datasheet.
https://datasheets.raspberrypi.org/rp2040/rp2040-datasheet.pdf
(16) ESP32 Series Datasheet.
https://www.espressif.com/sites/default/files/documentation/esp32_datasheet_en.pdf
(16) ESP32 Series Datasheet.
https://www.espressif.com/sites/default/files/documentation/esp32_datasheet_en.pdf
(17) 角 史生；逆引きMicroPythonプログラム集，第3回 静電容量，磁気，赤外線(人感)，温湿度/気圧の検出，Interface，2021年6月号，CQ出版社．

すみ・ふみお

STM32向けを流用して，
ラズベリー・パイPicoとRZマイコンで試す

開発の準備…環境構築とビルド&拡張の手順

関本 健太郎

写真1　ラズベリー・パイPicoを使ってMicroPythonの拡張にトライ
第1章ではデバッグできるようになるところまで

● 速度や使い勝手が完璧ではないMicroPython

MicroPythonを使うと，素早くプログラムを作成し実行できる反面，特定のハードウェア・リソースにアクセスできなかったり，MicroPythonの中間言語によるオーバヘッドで実行速度が期待に及ばなかったりすることがあります．

このような場合に，MicroPythonのモジュールの一部を，アセンブラやC，C++で記述することで，アクセスできるハードウェア・リソースを追加したり，処理速度を改善したりできます．

そこで本稿では，ラズベリー・パイPico（以降，Pico）を例に，MicroPythonの拡張モジュールの仕組みを解説し，拡張モジュールの作成方法について，実装例を示しながら説明します（**写真1**）．

さらに，第5章ではRZマイコン（ルネサス エレクトロニクス）を搭載したマイコン・ボードGR-MANGO向けのMicroPythonに，CPUレジスタ・アクセス・モジュール，LCDおよびカメラ処理クラスの実装方法を紹介します．実装したソースコードは本書ウェブ・ページから提供します．

MicroPythonの内部アーキテクチャ

MicroPythonの作者のYouTube[(1)]によると，STM32向けのMicroPythonの内部アーキテクチャは，**図1**のようになります．ちなみにこの動画にはアーキテクチャの説明だけでなく，MicroPythonを高速化するヒントがたくさん説明されています．

● 幾つかのブロックに分けて考える

MicroPythonの内部アーキテクチャは，大きく分けると次の通りです．

- マイコンのブート機能
- MicroPythonのコンパイラ機能
- バイト・コードを実行するMicroPythonの仮想マシン
- ネイティブ・コードを直接実行するJust-In-Time機能（一部のマイコンでのみサポートされている）
- MicroPythonのランタイム・ライブラリ機能
- 外部バインディング・モジュール

● 第9部でトライすること

本稿では，**図1**の右側に示すモジュール追加による機能拡張をどのように行うのかを，幾つかの例を示しながら説明していきます．ちなみに，本稿の範囲外ですが，マイコン依存部は

- マイコンのブート機能
- ランタイム・ライブラリ中のMCU周辺機能

です．従ってMicroPythonを特定のマイコンに移植する際は，大きく分けてこの2つの部分を実装する作業になります．

特定のマイコンでMicroPythonの仮想マシン機能を動作させるだけなら，マイコンのブート部分を実装するだけなので，半日もあれば実装できるでしょう．例えばRP2040マイコン向けのrp2ポート（特定のマイコン向けに移植されたMicroPythonをポートと呼ぶ）では，MicroPythonは，Pico用のSDKをベースに，ベアメタル，つまりOSのない環境で動作しています．

■ダウンロード・データについて■
データは当時のMicroPythonのビルド全体をzipファイルにしたので，ビルド，実行はそのまま動作するはずです．ただし，最新のMicroPythonとはファイル構成は一部変更されたり，APIが変更されたりしていますので，現状のものとは詳細部分で異なっています．

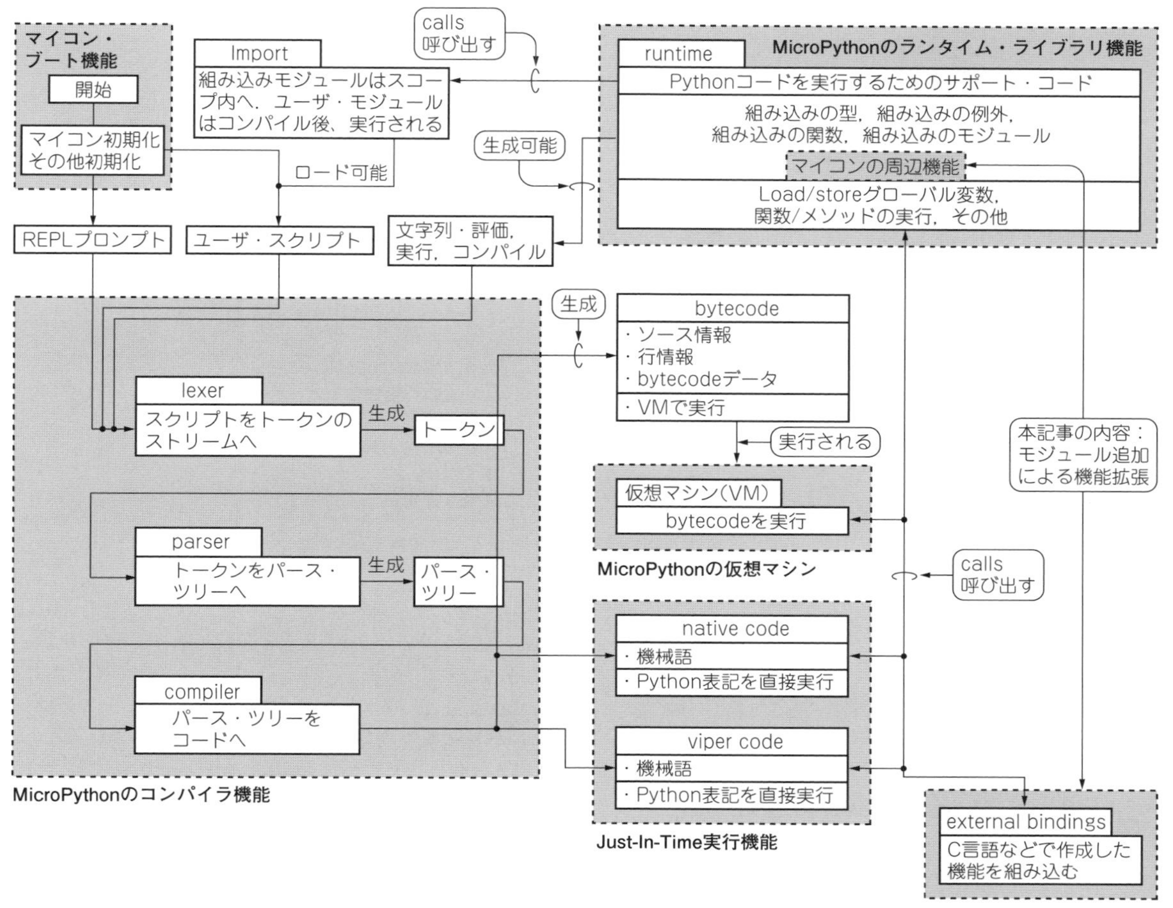

図1[1]　STM32向けのMicroPythonのアーキテクチャ
native code：pyboard（MicroPythonが最初に実装されたSTM32F405RGを搭載した開発ボード）では，バイト・コードだけではなく，機械語に直接出力，実行もできる．viper code：pyboardではnative codeよりも最適化された機械語に直接出力，実行できる

マイコンの初期化が行われた後，周辺機能の初期化が行われ，内部フラッシュ・メモリ上に構成されたファイル・システム，あるいはSDカード上に`boot.py`，`main.py`が存在すれば，それらのPythonのソース・ファイルがインタープリタで実行されます．次にREPLプロンプトが実行されます．

MicroPythonの開発ツール

筆者がMicroPythonの移植や拡張モジュールを作成する際に使っているツール類を紹介します（**図2**）．MicroPythonのファームウェアのソースの変更とデバッグには，Eclipse CDTとOpenOCDの環境を使っています．また，MicroPythonのPythonスクリプトのテスト環境にはVisual Studio CodeとPymakrプラグインを使っています．

● ファームウェアのソースの変更とデバッグにはEclipse CDT環境を使う

Eclipse CDTの環境を準備するには次の2つの方法があります．

- Eclipse CDTのサイト（`https://www.eclipse.org/cdt/`）からダウンロードしてホストPCにインストールする
- マイコン・ベンダが用意している独自のEclipse CDT環境（ルネサス エレクトロニクスならe² studio，STマイクロエレクトロニクスならSTM32 CubeIDEなど）をインストール

▶e² studioを選んだ理由

今回のターゲット・マイコンが，RP2040（Cortex-M0+）とRZ（Cortex-A9）なので，この2つをサポートできるe² studio（ルネサス エレクトロニクス）を使用しました．

Eclipse CDT環境の他にも，Visual Studio Codeも

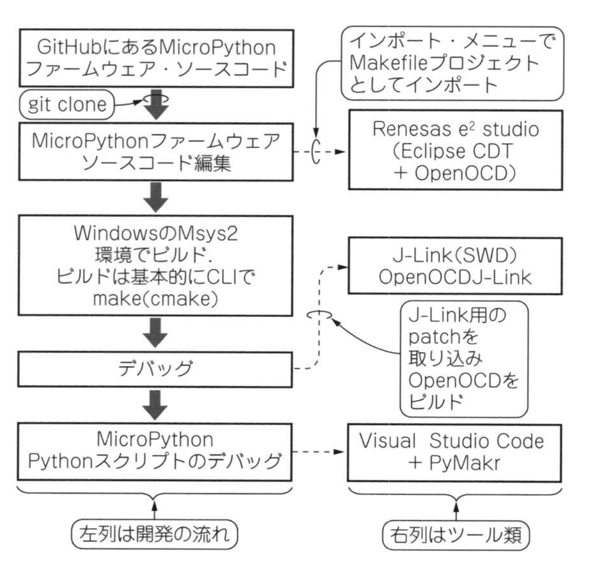

図2　筆者のMicroPythonの開発環境

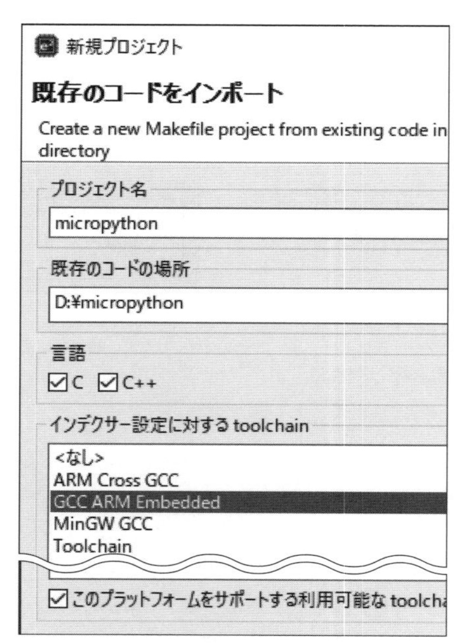

図3　e² studioでプロジェクトとしてインポート

選択肢として考えられましたが，インデックスを作成し，関数名などの参照が楽になる点や，RZマイコンの周辺機能レジスタの表示など，デバッグ環境が整っていることから，Eclipse CDT (e² studio) を選択しています．

▶プロジェクトに取り込む

MicroPythonのソースコードをe² studioのプロジェクトとして取り込む手順は簡単です．GitHubからMicroPythonのリポジトリをクローンし，［ファイル］-［インポート・メニュー］から，C/C++の「Existing Code as Makefile Project」を選択し，インデクサ設定に対するツール・チェーンとして「GNU ARM Embedded」を指定し，既存のコードの場所にクローンしたフォルダを指定するだけです(**図3**)．

図4は取り込んだMicroPythonのソース・ツリーです．

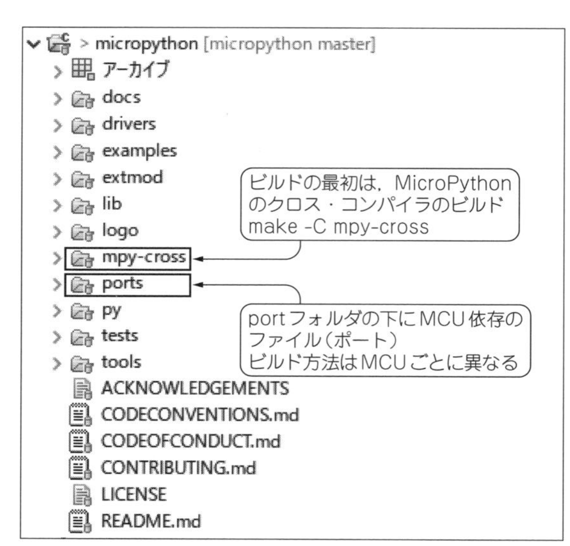

図4　e² studioで取り込んだMicroPythonのソース・ツリー

● PythonスクリプトのテストBE環境にはVisual Studio Code

▶選んだ理由

MicroPythonのPythonスクリプトの実行環境には，

1. Tera Termなどのシリアル・ターミナル
2. muエディタ
3. Thonny MicroPython (Python) IDE
4. uPyCraft
5. PyCharm

などの選択肢がありますが，Visual Studio Codeに加えてPymakrプラグインを利用する環境を選択しました．選択の理由は，ホストPC上のフォルダとMicroPythonファームウェアをインストールしたデバイスの内蔵フラッシュ・ファイル・システムとの同期が容易に行えるからです．

▶Pymakrプラグインと併せて使う

MicroPythonで複数のモジュールを利用したプログラムを作成する場合には，モジュール・スクリプトのあるPC上のフォルダをデバイス上にコピーする必要があります．Visual Studio Codeではこの同期作業をウィンドウ下部の「Upload」メニューのマウス・クリックだけで実行できます．また，MicroPythonのPythonスクリプトの実行は，「Run」メニューで実行できます．部分実行する場合には，REPLウィンドウ

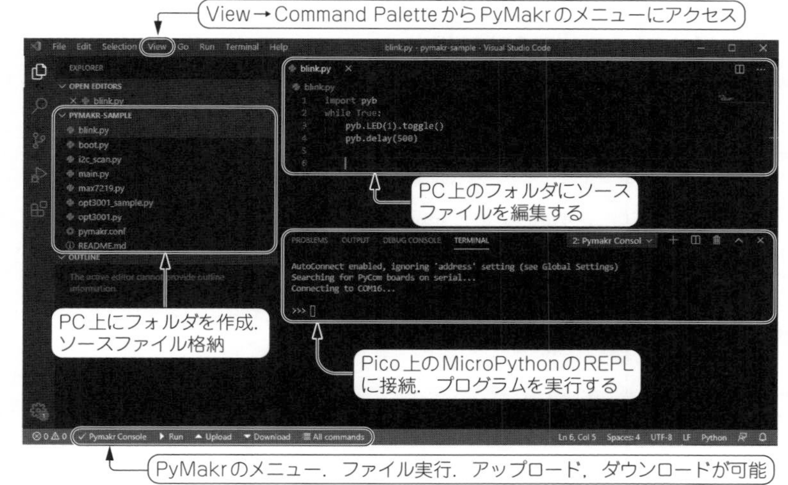
View→Command PaletteからPyMakrのメニューにアクセス
PC上のフォルダにソースファイルを編集する
PC上にフォルダを作成，ソースファイル格納
Pico上のMicroPythonのREPLに接続．プログラムを実行する
PyMakrのメニュー．ファイル実行．アップロード，ダウンロードが可能

図5　VS Code上でPyMakrプラグインを選択する
原稿執筆時(2021年8月)はPyMakr v1.1.18を使用しています．最新のPyMakr 2では画面構成が変更されています

リスト1　Mbed対応のボードを使うならPyMakrのソースコードにパッチを当てておく

```
sendPing(cb) {
    //if (process.platform == 'win32') {
    // avoid MCU waiting in bootloader on hardware
                              restart by setting both dtr and rts high
    //  this.stream.set({ rts: true });
    //}
```

で，Ctrl＋Eクリック後，スクリプトをペーストして，Ctrl＋Dで実行できます．

Pymakr[注1]プラグインの動作の前提は，最新のVisual Studio Codeと最新のnpmをインストールした環境です(**図5**)．通常通りのVisual Studio Codeの拡張モジュールをインストールする手順でPymakrプラグインを選択すれば，簡単にこの環境を構築できます．

▶Pymakrにはパッチを当てておく

Windows環境では，Pymakrはデフォルトで定期的にRTS信号を送ります．RTS信号を受けるとリブートするボード(多くのMbed対応のボード)があるので，Pymakrのソースにパッチを当てておきます．具体的には，C:¥Users¥ユーザ名¥.vscode¥extensions¥pycom.pymakr-x.x.x¥lib(and ¥src)¥connections¥pyserial.jsの，**リスト1**の部分をコメント・アウトします．

GitHubリポジトリのフォルダ構成

● フォルダ構成を理解しておく

MicroPythonソースコードのビルドを行うためには，フォルダ構成を理解する必要があります．MicroPythonのソース・ファイルのフォルダ構成は**表1**の通りです．特定のアーキテクチャ(マイコン)向けのMicroPythonをビルドするには，mpy-crossフォルダにある，ホスト向けのMicroPythonのコンパイラを作成後，portsフォルダ下の特定のアーキテクチャ向けのMicroPythonをビルドします．

詳しい手順は，ルート・フォルダのREADME.mdファイルに説明されています．また，GitHub上では，コードをpushした際にGit Actionsでビルドされるようになっているので，そのルール・ファイル(¥tools¥ci.sh)を参照できます．

表1　GitHubにあるMicroPythonのフォルダ構成

項　目	詳　細
docs	Sphinx reStructuredText形式のドキュメントのソースが含まれる．HTML形式，PDF形式のドキュメントが作成される
drivers	CおよびPythonで書かれたドライバのソースコードが含まれる
examples	MicroPythonのサンプル・プログラムが含まれる
extmod	CおよびPythonで書かれたMicroPythonの外部モジュールのソースコードが含まれる
lib	MicroPythonで使用されるライブラリ群．ほとんどがGitサブモジュールとして追加されている
logo	ロゴの画像ファイルが含まれる
mpy-cross	ホスト向けMicroPythonのクロス・コンパイラ
ports	各マイコンごとのフォルダに実装ファイルが含まれる．rp2ポート依存のファイルが含まれる
py	マイコン非依存のMicroPython共通の実装ファイルが含まれる
tests	Pythonの仕様テストやポートごとのテスト・ファイルが含まれる
tools	ビルド，テストに使用されるツールが含まれる

ソースコードのビルド

● rp2ポートのビルド手順

MicroPythonの各マイコンのポートのビルドには，ホストPCのgccおよびターゲット・マイコンのgcc

注1：Pymakr v2ではユーザ・インターフェースが変更されました．

リスト2　MicroPythonのモジュール登録
グローバル・モジュール・テーブルobjmodule.c中のmp_builtin_module_table[]に登録する．
注：2022年11月の時点ではmp_builtin_module_table[]配列の内容が変更されMICROPY_REGISTERED_MODULESというマクロ定義に置き換わっています

```
// Global module table and related functions

STATIC const mp_rom_map_elem_t mp_builtin_module_
                                         table[] = {
    { MP_ROM_QSTR(MP_QSTR___main__), MP_ROM_
                      PTR(&mp_module___main__) },
    { MP_ROM_QSTR(MP_QSTR_builtins), MP_ROM_
                      PTR(&mp_module_builtins) },
    { MP_ROM_QSTR(MP_QSTR_micropython), MP_ROM_
                   PTR(&mp_module_micropython) },
:
    // extra builtin modules as defined by a port
    MICROPY_PORT_BUILTIN_MODULES

    #ifdef MICROPY_REGISTERED_MODULES
    // builtin modules declared with MP_REGISTER_
                                        MODULE()
    MICROPY_REGISTERED_MODULES
    #endif
};
MP_DEFINE_CONST_MAP(mp_builtin_module_map, mp_
                         builtin_module_table);
```

が必要です．ホストPCがUbuntu 20.04で，ターゲットのマイコンがRP2040である場合は，トップ・フォルダにあるReadme.mdに記載されているように，build-essential，libffi-dev，pkg-configをインストールし，arm-none-eabi-gccパッケージなどをインストールしておきます．

```
$ sudo apt-get install build-essential, libffi-dev, pkg-config
$ sudo apt-get install gcc-arm-none-eabi libnewlib-arm-none-eabi
```

次にソースのリポジトリをクローンします．

```
$ git clone https://github.com/micropython/micropython.git
cd micropython
```

まず，クロス・コンパイラをビルドします．

```
$ make -C mpy-cross
```

RP2040をターゲットとしてビルドします．

```
$ make -C ports/rp2
```

ビルド後，MicroPythonのファームウェアのバイナリは，build-PICO/firmware.uf2ファイルとして作成されます．

なお，GitHubのサブモジュールは，makeファイルの中で自動的にアップデートされます．ただし，一部のマイコンのポートでは手動で行う必要がありました．

▶ Windowsの方へ

Windows環境でビルドする場合には，MSYS2 MinGW GCC環境を利用します．MSYS2システム(https://www.msys2.org/)をインストール後，gccツールチェーン類(pacman -S mingw-w64-x86_64-gcc)およびGNU Arm Embedded Toolchainをインストールし，GNU ARM gccのbinフォルダをパスに追加します．Windows環境では，デフォルトのままでは，mpy-crossのビルドでは失敗します．py/mkrule.mkファイル中の#ifndef DEBUG行から始まり，(Q)(STRIP)の行と(Q)(SIZE)の行を含む4行をコメント・アウトします．

```
#ifndef DEBUG
#        $(Q)$(STRIP) $(STRIPFLAGS_EXTRA) $(PROG)
#endif
#        $(Q)$(SIZE) $$(find $(BUILD) -path "$(BUILD)/build/frozen*.o") $(PROG)
```

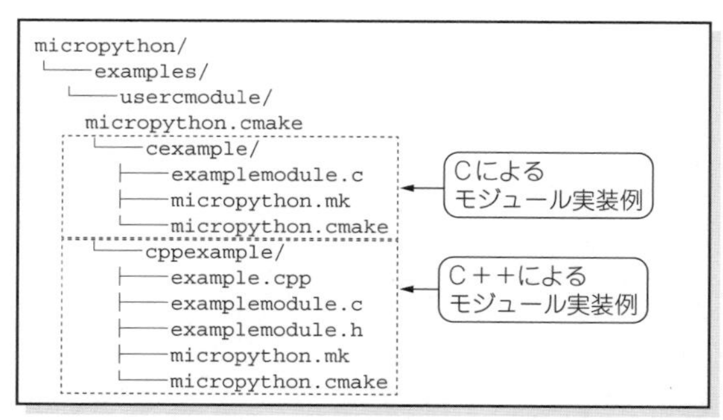

図6　ユーザ・モジュールのC/C++による拡張モジュールのフォルダ構成

拡張モジュールを作るには

MicroPythonの拡張モジュールの作成方法を解説します．

● グローバル・モジュール・テーブルへの登録

MicroPythonのモジュールは，グローバル・モジュール・テーブル(py/objmodule.c中のmp_builtin_module_table[])に登録することで使えるようになります．組み込みモジュールはあらかじめ，このテーブルに登録された状態でビルドされています．ポートごとの拡張モジュールの登録には2通りの方法があります．

1つは，各ポートのmpconfigport.h中のMICROPY_PORT_BUILTIN_MODULESというdefineで登録する方法，もう1つはMP_REGISTER_MODULE()というマクロで拡張モジュールを定義し，objmodule.c(**リスト2**)のmp_builtin_module_table[]に登録する方法です．この章の最初の例では，(MicroPythonのドキュメントで記載されている)後者の方法で，拡張モジュールを登録する方法を確認します．

リスト3[2] MicroPythonドキュメントから入手したCの実装例examplemodule.c

```
#include "py/runtime.h"
                              // MicroPythonのAPIのインクルードファイル

// 以下の関数は，Pythonのcexample.add_ints(a, b)として呼び出される
STATIC mp_obj_t example_add_ints(mp_obj_t a_obj, mp_obj_t
                                                    b_obj) {
    // mp_obj_get_int()は，MicroPythonのオブジェクトから整数値を
                                                       取り出す
    int a = mp_obj_get_int(a_obj);
    int b = mp_obj_get_int(b_obj);
    // a + bの結果をMicroPythonのオブジェクトに変換する
    return mp_obj_new_int(a + b);
}
// 上記の関数をPythonのリファレンスとして定義するマクロ
STATIC MP_DEFINE_CONST_FUN_OBJ_2(example_add_ints_obj,
                                        example_add_ints);

// モジュールのすべてのプロパティを定義する
// このテーブルのエントリは，属性名(文字列)とMicroPythonのオブジェクト
                  リファレンスというキー/値のペアとなっている
// すべての識別子と文字列は，MP_QSTR_xxxという形式で定義され，
// ビルド時に内部文字列を指すワードサイズの整数値として最適化される
STATIC const mp_rom_map_elem_t example_module_globals_
                                             table[] = {
    { MP_ROM_QSTR(MP_QSTR___name__), MP_ROM_QSTR(MP_QSTR_
                                             cexample) },
    { MP_ROM_QSTR(MP_QSTR_add_ints), MP_ROM_PTR(&example_
                                         add_ints_obj) },
};
STATIC MP_DEFINE_CONST_DICT(example_module_globals,
                            example_module_globals_table);

// モジュール・オブジェクトの定義
const mp_obj_module_t example_user_cmodule = {
    .base = { &mp_type_module },
    .globals = (mp_obj_dict_t *)&example_module_globals,
};

// Pythonで利用できるモジュールとして登録する
// Note: 3番目の引数は，常に有効なモジュールであることを意味する
// この"1"は，条件によって有効化できるMODULE_CEXAMPLE_ENABLEDの
                       マクロとして置き換え可能である
MP_REGISTER_MODULE(MP_QSTR_cexample, example_user_
                                          cmodule);
```

● フォルダ構成

拡張モジュールのフォルダ構成について，MicroPythonドキュメント[2]の「MicroPythonの内部」に記載されている例を説明します(**図6**)．

拡張モジュールの例としてCとC++の実装例が紹介されていますが，ここではCの実装例(cexample/examplemodule.c，**リスト3**)を取り上げます．拡張モジュールの定義は，mp_obj_module構造体として，example_user_cmodule変数を定義することによって行います．このモジュールに含まれる関数として，2つの整数オブジェクトを引数として受け取り，その2つの整数オブジェクトの和を計算し，結果を整数オブジェクトとして返すexample_add_intsという関数を定義しています．

example_add_ints関数では，2つのオブジェクトをmp_obj_get_intで整数値に変換し，その和を求め，結果をmp_obj_new_intで整数オブジェクトに変換しています．

この関数の定義は，このモジュールのグローバル・テーブル中に登録され，example_user_cmodule構造体のメンバとして保存されます．こうして登録することで，拡張モジュールは，MicroPythonの全体のグローバル・モジュール・テーブル(mp_builtin_module_table[])から，階層構造(**図7**)に従って参照できるようになります．

● rp2ポートの拡張モジュールのビルド

拡張モジュールを追加ビルドするには，MicroPythonのrp2ポート・ビルドの際のmake実行時のコマンドラインに，USER_C_MODULESパラメータで追加したい拡張モジュールのソース・フォルダを指定します．執筆時点ではRP2040がターゲットのときだけ，フォルダではなくcmakeファイルを指定します．

```
cd micropython/ports/rp2
make USER_C_MODULES=../../examples/
usercmodule/micropython.cmake
```

ビルドされたバイナリ・ファイルは，rp2/build-PICOフォルダ下に作成されます．firmware.

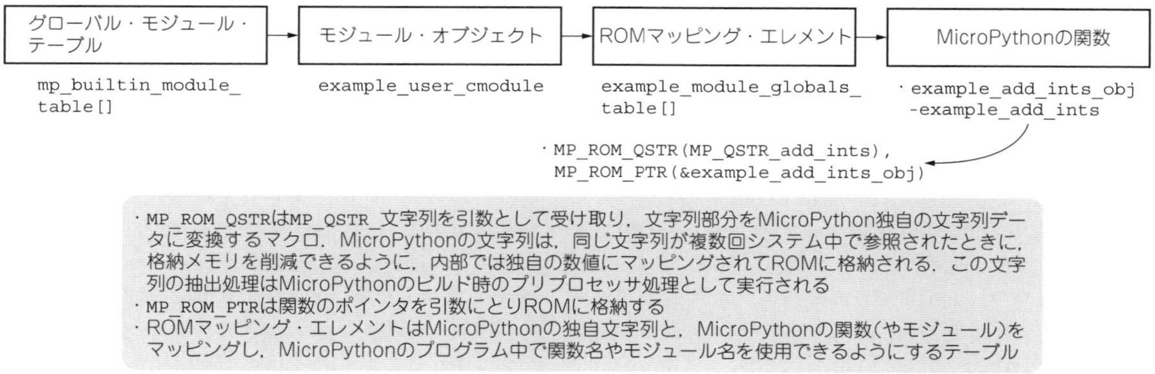

グローバル・モジュール・テーブル → モジュール・オブジェクト → ROMマッピング・エレメント → MicroPythonの関数

- グローバル・モジュール・テーブル: mp_builtin_module_table[]
- モジュール・オブジェクト: example_user_cmodule
- ROMマッピング・エレメント: example_module_globals_table[]
- MicroPythonの関数: ・example_add_ints_obj -example_add_ints

・MP_ROM_QSTR(MP_QSTR_add_ints), MP_ROM_PTR(&example_add_ints_obj)

・MP_ROM_QSTRはMP_QSTR_文字列を引数として受け取り，文字列部分をMicroPython独自の文字列データに変換するマクロ．MicroPythonの文字列は，同じ文字列が複数回システム中で参照されたときに，格納メモリを削減できるように，内部では独自の数値にマッピングされてROMに格納される．この文字列の抽出処理はMicroPythonのビルド時のプリプロセッサ処理として実行される
・MP_ROM_PTRは関数のポインタを引数にとりROMに格納する
・ROMマッピング・エレメントはMicroPythonの独自文字列と，MicroPythonの関数(やモジュール)をマッピングし，MicroPythonのプログラム中で関数名やモジュール名を使用できるようにするテーブル

図7 モジュールの階層構造

```
>>> help("modules")
__main__            ds18x20             uasyncio/core       uio
_boot               framebuf            uasyncio/event      ujson

cexample            rp2                 uctypes             usys
cmath               uarray              uerrno              utime
cppexample          uasyncio/__init__   uhashlib            uzlib
Plus any modules on the filesystem
>>> import cexample

>>> cexample.add_ints(1, 2)
3
```

図8　ビルドした拡張ジュールをhelpコマンドで確認した

リスト4　OpenOCDのパッケージに追加 **pico-jlink.cfg**

```
[pico-jlink.cfg]
source [find interface/jlink.cfg]
transport select swd

source [find target/rp2040.cfg]
adapter speed 4000
```

リスト5　OpenOCDのパッケージに追加 rp2040.cfg

```
[target/rp2040.cfg]
source [find target/swj-dp.tcl]
source [find mem_helper.tcl]

set _CHIPNAME rp2040
set _CPUTAPID 0x01002927
set _ENDIAN little

swj_newdap $_CHIPNAME.core0 cpu -dp-id $_CPUTAPID
                                              -instance-id 0
swj_newdap $_CHIPNAME.core1 cpu -dp-id $_CPUTAPID
                                              -instance-id 1

# NOTE target smp makes both targets act a single virtual
                               target on one port for gdb
#      (without it you should be able to debug separately
                                              on two ports)
# NOTE: "-rtos hwthread" creates a thread per core in smp
    mode (otherwise it is a single thread for the virtual
                                                   target)

# Give OpenOCD SRAM1 (64k) to use for e.g. flash
 programming bounce buffers (should avoid algo stack etc)
# Don't require save/restore, because this isn't
          something we'd do whilst a user app is running
set _WORKSIZE 0x10000
set _WORKBASE 0x20010000

#core 0
set _TARGETNAME_0 $_CHIPNAME.core0
dap create $_TARGETNAME_0.dap -chain-position $_CHIPNAME.
                                                core0.cpu
target create $_TARGETNAME_0 cortex_m -endian $_ENDIAN
         -coreid 0 -dap $_TARGETNAME_0.dap -rtos hwthread
$_TARGETNAME_0 configure -work-area-phys $_WORKBASE
           -work-area-size $_WORKSIZE -work-area-backup 0
cortex_m reset_config sysresetreq

#core 1
set _TARGETNAME_1 $_CHIPNAME.core1
dap create $_TARGETNAME_1.dap -chain-position $_CHIPNAME.
                                                core1.cpu
target create $_TARGETNAME_1 cortex_m -endian $_ENDIAN
         -coreid 1 -dap $_TARGETNAME_1.dap -rtos hwthread
$_TARGETNAME_1 configure -work-area-phys $_WORKBASE
           -work-area-size $_WORKSIZE -work-area-backup 0
cortex_m reset_config sysresetreq

target smp $_TARGETNAME_0 $_TARGETNAME_1

set _FLASHNAME $_CHIPNAME.flash
set _FLASHSIZE 0x200000
set _FLASHBASE 0x10000000
#          name          driver          base, size in bytes,
             chip_width, bus_width, target used to access
flash bank $_FLASHNAME rp2040_flash $_FLASHBASE $_
                         FLASHSIZE     1 32 $_TARGETNAME_0

# srst is not fitted so use SYSRESETREQ to perform a soft
                                                    reset
reset_config srst_nogate

gdb_flash_program enable
gdb_memory_map enable
```

uf2ファイルを書き込むと実行できます.

● ビルドした拡張モジュールの確認

追加ビルドした拡張ジュールは，firmware.uf2中に含まれ，コンソールでhelp("modules")コマンドで確認できます(**図8**).

OpenOCDによるデバッグ

● e² studioの設定

e² studioには，GDB OpenOCD Debugging機能が組み込まれており，J-Link用のrp2向けのOpenOCDを使用することにより，デバック機能を利用できるようになります[注1]. OpenOCDをビルド，ホストPCなどにインストール後，OpenOCDのパッケージに**リスト4**(interface/jlink.cfg)，**リスト5**(target/rp2040.cfg)のファイルを追加します.

e² studioを起動後，「実行」→「デバッグ構成メニュー」を開き，**図9**のように，configパラメータとして，-sでスクリプト・フォルダへのパス，-fでcfgファイルのパス名を指定します.

<例>
-s "OpenOCDのスクリプト・フォルダのパス"
このパスは例えばd:¥openocd¥scriptsなど.
-f "設定ファイルのパス"
このパスは例えばboard¥pico-jlink.cfgなど

また，GDB Client SetupのExecutable NameにGDBの実行ファイルのパス名(C:¥Program Files (x86)¥GNU Arm Embedded Toolchain¥10 2020-q4-major¥bin¥arm-none-eabi-gdb.exe)を指定します．ビルドしたELF形式のファームウェアは，ports/rp2/build-PICO/firmware.elfに作成されます．J-LinkとPicoボードは，**表2**のように接続します．ピンを接続後，デバッグ・ボタン

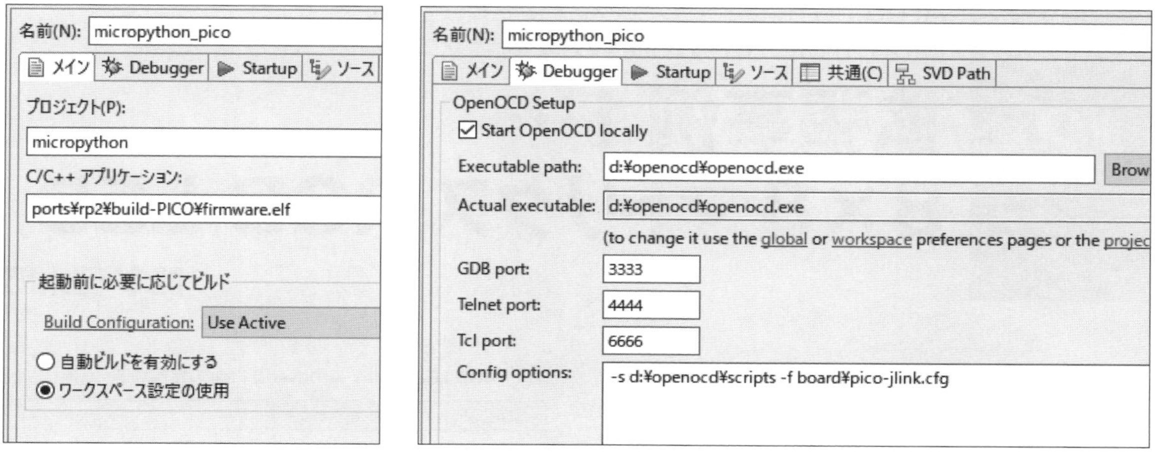

名前(N): micropython_pico
メイン　Debugger　Startup　ソース
プロジェクト(P):
micropython
C/C++ アプリケーション:
ports¥rp2¥build-PICO¥firmware.elf
起動前に必要に応じてビルド
Build Configuration: Use Active
○ 自動ビルドを有効にする
◉ ワークスペース設定の使用

(a) メイン

名前(N): micropython_pico
メイン　Debugger　Startup　ソース　共通(C)　SVD Path
OpenOCD Setup
☑ Start OpenOCD locally
Executable path: d:¥openocd¥openocd.exe　Brow
Actual executable: d:¥openocd¥openocd.exe
(to change it use the global or workspace preferences pages or the projec
GDB port: 3333
Telnet port: 4444
Tcl port: 6666
Config options: -s d:¥openocd¥scripts -f board¥pico-jlink.cfg

(b) Debugger

図9　e² studioデバッグ設定

workspace_rp2 - micropython/lib/pico-sdk/src/rp2_common/pico_standard_link/crt0.S - e² studio
ファイル(F)　編集(E)　ナビゲート(N)　検索(A)　プロジェクト(P)　Renesas Views　実行(R)　ウィンドウ(W)　ヘルプ(H)
デバッグ(B)　micropython_pico
デバッグ
micropython_pico [GDB OpenOCD Debugging]
Process
Thread #1 1 (Name: rp2040.core0, state: breakpoint) (Su
_reset_handler() at crt0.S:214 0x100001f6
0x20041f86
Thread #2 2 (Name: rp2040.core1, state: debug-request)
openocd.exe
arm-none-eabi-gdb.exe
main.c　0x1002e7f0　crt0.S　esp_driver.c

```
203         // - initialises .data
204         // - clears .bss
205         // - calls runtime_init
206         // - calls main
207         // - calls exit (which should eventually hang the proce
208
209     .type _reset_handler,%function
210     .thumb_func
211     _reset_handler:
212         // Only core 0 should run the C runtime startup cod
213         // sleeping in the bootrom at this point but check
214         ldr r0, =(SIO_BASE + SIO_CPUID_OFFSET)
215         ldr r0, [r0]
216         cmp r0, #0
217         bne hold_non_core0_in_bootrom
218
219         adr r4, data_cpy_table
220
221         // assume there is at least one entry
222     1:
223         ldmia r4!, {r1-r3}
224         cmp r1, #0
225         beq 2f
226         bl data_cpy
227         b 1b
228     2:
229
```

C/C++　デバッグ
_entry_point

```
         _reset_handler:
100001f6:  ldr     r0, [pc, #124]  ; (0x100002
215          ldr r0, [r0]
100001f8:  ldr     r0, [r0, #0]
216          cmp r0, #0
100001fa:  cmp     r0, #0
217          bne hold_non_core0_in_bootrom
100001fc:  bne.n   0x1000025e <hold_non_core0_
219          adr r4, data_cpy_table
100001fe:  add     r4, pc, #52     ; (adr r4, 
223          ldmia r4!, {r1-r3}
10000200:  ldmia   r4!, {r1, r2, r3}
224          cmp r1, #0
10000202:  cmp     r1, #0
225          beq 2f
10000204:  beq.n   0x1000020c <_reset_handler+
226          bl data_cpy
10000206:  bl      0x1000022e <data_cpy>
227          b 1b
1000020a:  b.n     0x10000200 <_reset_handler+
231          ldr r1, =__bss_start__
1000020c:  ldr     r1, [pc, #104]  ; (0x100002
232          ldr r2, =__bss_end__
1000020e:  ldr     r2, [pc, #108]  ; (0x100002
233          movs r0, #0
```

コンソール　レジスター　デバッグ・シェル　問題　Debugger Console　スマート・ブラウザー　メモリー
micropython_pico [GDB OpenOCD Debugging]

```
(12) r12 (/32): 0xffffffff
(13) sp (/32): 0x20041f00
(14) lr (/32): 0xffffffff
(15) pc (/32): 0x000000ee
(16) xPSR (/32): 0xf1000000
(17) msp (/32): 0x20041f00
(18) psp (/32): 0xfffffffc
(19) primask (/1): 0x00
(20) basepri (/8): 0x00
(21) faultmask (/1): 0x00
(22) control (/2): 0x00
===== Cortex-M DWT registers

target halted due to debug-request, current mode: Thread
```

書き込み可能　スマート挿入

図10　e² studioデバッグ画面

表2　J-LinkとPicoのピン接続

J-Link	Pico
7 (SWDIO)	SWDIO
9(SWDCLK)	SWDCLK
GND	GND
1 (V_{CC})	3.3V

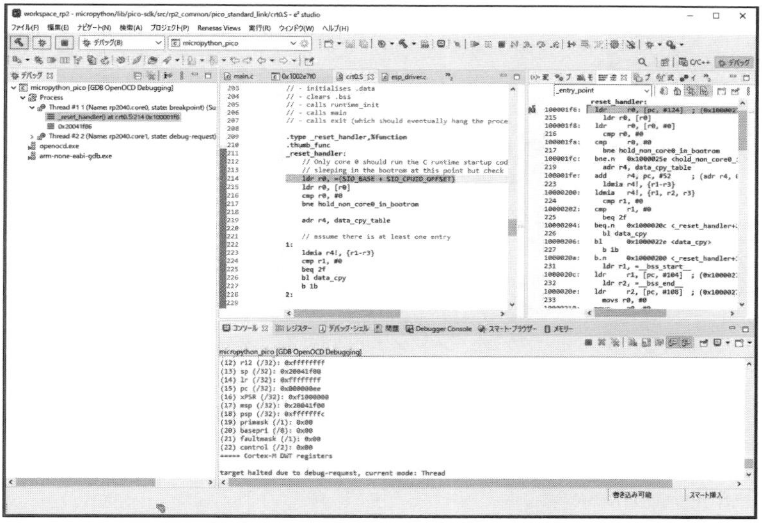

BULK interface (Interface 2)
Driver　libusb0 (v1.2.6.0)　➡　libusb-win32 (v1.2.6.0)
USB ID　1366　0105　02

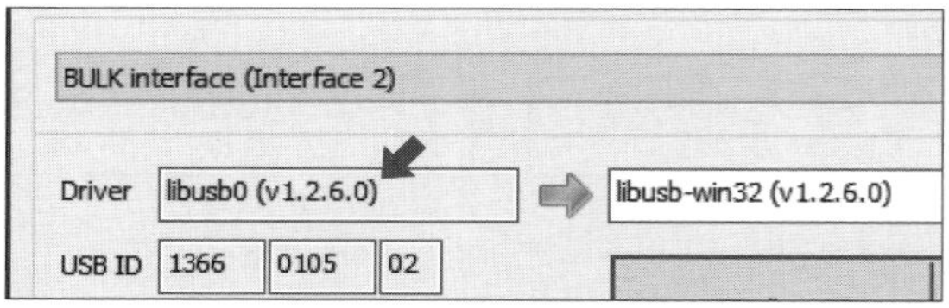

図11　ZadigでDriverをjlinkからlibusb-win32に変更

を押すと，図10のように，デバッグ画面が表示されます．なお，J-Link対応のOpenOCDは，https://github.com/raspberrypi/openocd/issues/9の記事を参照し，自分でビルドする必要がありました．OpenOCDのJ-linkでは，libusb 0.1のインターフェースを利用しており（OpenOCDのビルド・オプションとして指定し），Windows環境の場合にはZadigというツールで，J-linkのUSBインターフェースにlibusb-win32ドライバを設定する必要がありました（図11）．筆者がビルドしたWindows 10向けのOpenOCDのパッケージをダウンロード用に用意しました．

◆参考文献◆

(1) Writing fast and efficient MicroPython.
https://www.youtube.com/watch?v=hHec4qL00x0
(2) MicroPythonドキュメンテーション.
https://micropython-docs-ja.readthedocs.io/ja/latest/

せきもと・けんたろう

Arduino用C++ライブラリを改造して
Pico用MicroPythonの拡張モジュールに作り替える

拡張事例1…
8×8マトリクスRGB LED

関本 健太郎

写真1　Picoと接続したマトリクスRGB LED
ラズベリー・パイPicoボードのピンをArduino拡張基板に配置した自作の基板．I²Cピン（SDA-GP6，SCL-GP7）をGroveのコネクタに引き出している

表1　RGB LED Matrix w/DriverとPicoの接続端子

RGB LEDマトリクス・ピン	ラズベリー・パイPicoピン
3.3V	3.3V
GND	GND
SDA	ピン9（GP6）
SCL	ピン10（GP7）

8×8マトリクスRGB LED（**写真1**）を制御するMicroPythonの拡張モジュールを作成します．

● 8×8マトリクスRGB LEDを例に

利用するのはRGB LED Matrix w/Driver（Seeed Technology）です．RGB LEDを8×8のマトリクス形状に配置しており，個々のLEDで255色を指定できます．LEDの発色の制御のためにSTM32マイコンが内蔵されており，I²Cプロトコルによって独自に実装されたコマンドを実行できるようになっています．

このマトリクスRGB LEDをPicoに接続し，MicroPythonで制御します．**表1**に接続の端子を示します．

Arduino Wire（I²C）ライブラリ → マトリクスRGB LED CPPライブラリ → マトリクスRGB LED CPP→Cラッパ → マトリクスRGB LED MicroPython Cモジュール

（a）前章図6に示した拡張モジュールの実装方法の流れをくんだもの

RGB LED Matrix w/Driver用ライブラリをcppからcに書き換える

rp2ポートのMicroPython(I²C)ライブラリ → マトリクスRGB LED Cライブラリ → マトリクスRGB LED MicroPython Cモジュール

rgblm.c　　modrgblm.c

1.MicroPythonのI²Cライブラリを利用したRGB LED Matrix w/Driver用のCライブラリ（rgblm.c）を作成
2.マトリクスRGB LEDのMicroPython Cモジュール（modrgblm.c）を作成

（b）この章での実装

図1　拡張モジュールの実装方法

● マトリクスRGB LEDのArduino向けCPPライブラリをベースに拡張する

▶ケース1…新たにCPPベースのI²Cを用意する

今回使うマトリクスRGB LEDには，Arduino向けにCPP（C++）のライブラリ(1)が用意されています．このライブラリを利用してMicroPythonの拡張モジュールを実装します．ただし，マトリクスRGB LEDのCPPライブラリをそのまま使用するには，CPPベースのI²Cライブラリも用意する必要があります［**図1（a）**］．CPPライブラリを呼び出すのにCPP→Cのラッパ経由で，MicroPythonのCモジュールを実装します．ArduinoのWire（I²C）ライブラリをMicroPythonへ移植する難易度が高いです．

▶ケース2…マトリクスRGB LEDのCPPライブラリをC向けに書き換える

そこで，この章では，rp2ポートのMicroPythonのI²CのCによる実装（PicoのSDK）を利用できるように，Arduino向けのCPPのライブラリをC向けに書き換え，MicroPythonのCモジュールを作成することにします［**図1（b）**］．

図2にマトリクスRGB LEDのユーザ・モジュールのファイル構成を示します．

```
∨ user_modules
    ∨ modrgblm
        > modrgblm.c
        > modrgblm.h
        > rgblm.c
        > rgblm.h
          micropython.cmake
          micropython.mk
      micropython.cmake
```

図2　マトリクスRGB LEDの拡張モジュールのソース・ファイル構成

拡張機能の実装

● I²Cライブラリの呼び出し

Cで実装したマトリクスRGB LEDのライブラリでは，**リスト1**のようにPicoのSDKのI²C関数を直接呼び出しています．マトリクスRGB LEDのコマンドの一部では，I²Cデータを24バイトごとに受け付ける実装となっており，2番目以降の24バイト・パケットの先頭に0x81という特別なデータを配置する必要がありました．

● マトリクスRGB LEDの拡張モジュールで実装した関数

表2のように，MicroPythonから呼び出せる関数は，ベンダ提供のCPPライブラリ中の一部のCPPメソッドを対象としました．そのうち10個の関数を`exec_example`という関数から引数で番号を指定して呼び出せるようにしています．その他に，バージョン，DeviceIDおよびDevicePIDを取得する関数，ASCII文字列を表示する`display_string`関数および任

リスト1　PicoのSDKのI2C関数を直接呼び出す`rgblm.c`の抜粋

```c
#define PICO_DEFAULT_I2C_SDA_PIN 6
#define PICO_DEFAULT_I2C_SCL_PIN 7
:
static void i2cInit(void) {
    // This example will use i2c1 on the default SDA and
                                   SCL pins (4, 5 on a Pico)
    i2c_init(i2c1, DEFAULT_I2C_FREQ);  // I2Cの初期化
    gpio_set_function(PICO_DEFAULT_I2C_SDA_PIN, GPIO_
                           FUNC_I2C); // SDAピンをピン6に設定
    gpio_set_function(PICO_DEFAULT_I2C_SCL_PIN, GPIO_
                           FUNC_I2C); // SCLピンをピン7に設定
    gpio_pull_up(PICO_DEFAULT_I2C_SDA_PIN);
                                    // SDAピンをプルアップに設定
    gpio_pull_up(PICO_DEFAULT_I2C_SCL_PIN);
                                    // SCLピンをプルアップに設定
    // picoのI2CプロトコルにI2Cを設定
    bi_decl(bi_2pins_with_func(PICO_DEFAULT_I2C_SDA_PIN,
              PICO_DEFAULT_I2C_SCL_PIN, GPIO_FUNC_I2C));
}

static void i2cSendByte(uint8_t address, uint8_t data) {
    // 1バイトのデータをI2Cで書き込み
    i2c_write_blocking(i2c1, address, (const uint8_
                            t*)&data, (size_t)1, false);
}

static void i2cSendBytes(uint8_t address, uint8_t* data,
                                        uint8_t len) {
    // 指定したバイト数のデータをI2Cで書き込み
    i2c_write_blocking(i2c1, address, (const uint8_t*)
                              data, (size_t)len, false);
}

static void i2cSendContinueBytes(uint8_t address, uint8_
                                   t* data, uint8_t len) {
#define I2C_BUF_MAX 64
    uint8_t i2c_buf[I2C_BUF_MAX];
                                // 最大64バイトの内部バッファを定義
    uint8_t size = len + 1;
    uint8_t *p = (uint8_t *)&i2c_buf;
    // 内部バッファの先頭にデータの継続を示すバイトデータを格納
    *p++ = I2C_CMD_CONTINUE_DATA;
    if (len > I2C_BUF_MAX) {
        size = I2C_BUF_MAX;
    }
    // 外部バッファから内部バッファにデータをコピーする
    for (int i = 0; i < size - 1; i++) {
        *p++ = *data++;
    }
    // 指定したバイト数のデータをI2Cで書き込み
    i2c_write_blocking(i2c1, address, (const uint8_
                      t*)&i2c_buf, (size_t)size, false);
}

static void i2cReceiveBytes(uint8_t address, uint8_t*
                                   data, uint8_t len) {
    // 指定したバイト数のデータをI2Cで読み込み
    i2c_read_blocking(i2c1, address, (uint8_t *)data,
                                   (size_t)len, false);
}
```

表2　CPPライブラリと拡張モジュールのC実装の対応表

cppライブラリ中のGroveTwoRGBLedMatrixClassで定義されているメソッド	rgblm.cで実装した関数	modrgblm.cで実装したモジュール	modrgblm.cで定義されている定数
displayColorAnimation	rgblm_animation_test	exec_example	ANIMATION_TEST(1)
displayColorBlock	rgblm_block_test		BLOCK_TEST(2)
displayClockwise	rgblm_display_clockwise_test		DISPLAY_CLOCKWISE_TEST(3)
displayBar	rgblm_display_color_bar_test		DISPLAY_COLOR_BAR_TEST(4)
displayColorWave	rgblm_display_color_wave_test		DISPLAY_COLOR_WAVE_TEST(5)
displayEmoji	rgblm_display_emoji_test		DISPLAY_EMOJI_TEST(6)
displayColorBar	rgblm_display_ledbars_test		DISPLAY_LEDBARS_TEST(7)
displayNumber	rgblm_display_num_test		DISPLAY_NUM_TEST(8)
displayString	rgblm_display_string_test		DISPLAY_STRING_TEST(9)
displayFrames	rgblm_displayFrames rgblm_displayFrames_64		USER_CUSTOM_TEST(10)
displayString	rgblm_displayString	display_string	—
displayFrames	rgblm_displayFrames	display_frame	
getTestVersion	rgblm_getTestVersion	get_test_version	
getDeviceId	rgblm_getDeviceVID	get_device_vid	
getDevicePID	rgblm_getDevicePID	get_device_pid	

リスト2　マトリクスRGB LEDのMicroPython Cモジュール**modrgblm.c**の抜粋

```
:
// Define all properties of the module.
// Table entries are key/value pairs of the attribute
                                          name (a string)
// and the MicroPython object reference.
// All identifiers and strings are written as MP_QSTR_xxx
                                          and will be
// optimized to word-sized integers by the build system
                                    (interned strings).
STATIC const mp_rom_map_elem_t
                        example_module_globals_table[] = {
    { MP_ROM_QSTR(MP_QSTR___name__),
                            MP_ROM_QSTR(MP_QSTR_rgblm) },
    { MP_ROM_QSTR(MP_QSTR_display_string),
     MP_ROM_PTR(&display_string_obj) }, // ASCII文字列の表示
    { MP_ROM_QSTR(MP_QSTR_display_frame),
      MP_ROM_PTR(&display_frame_obj) }, // フレームデータの表示
    { MP_ROM_QSTR(MP_QSTR_exec_example),
   MP_ROM_PTR(&exec_example_obj) }, // 指定したexampleを実行
    { MP_ROM_QSTR(MP_QSTR_get_test_version),
      MP_ROM_PTR(&get_test_version_obj) }, // バージョンの取得
    { MP_ROM_QSTR(MP_QSTR_get_device_vid),
      MP_ROM_PTR(&get_device_vid_obj) }, // デバイスVIDの取得
    { MP_ROM_QSTR(MP_QSTR_get_device_pid),
      MP_ROM_PTR(&get_device_pid_obj) }, // デバイスPIDの取得
};
STATIC MP_DEFINE_CONST_DICT(example_module_globals,
                                    example_module_globals_
                                                    table);

// Define module object.
const mp_obj_module_t rgblm_user_cmodule = {
    .base = { &mp_type_module },
                    // オブジェクトがモジュールであることを示す
    .globals = (mp_obj_dict_t *)&example_module_globals,
};

// Register the module to make it available in Python.
// Note: the "1" in the third argument means this module
                                          is always enabled.
// This "1" can be optionally replaced with a macro like
                                  MODULE_CEXAMPLE_ENABLED
// which can then be used to conditionally enable this
                                                  module.
MP_REGISTER_MODULE(MP_QSTR_rgblm, rgblm_user_cmodule);
```

意のビットマップを表示するdisplay_frame関数も呼び出せるようになっています(**リスト2**).

これらの関数をexample_module_globals_table[]に登録し，最終的にグローバル・モジュール・テーブルにリンクし，MicroPythonの拡張モジュールとして呼び出せるようになっています(**図3**)．I²Cのピンの設定は，rgblm.cの中で，SDA:GP6，SCL:GP7を設定しています．

● Cの関数を呼び出す際の引数

Cの関数をMicroPythonのモジュールとして呼び出す場合の引数の渡し方について見ていきます(**リスト3**)．例として，指定した文字列を指定した色で，指定した間隔で表示するdisplay_stringという関数を示します．引数は，順番に文字列のポインタ，色，表示間隔です．MicroPythonのシステムからこの関数には，引数の数をn_argsで引数のmp_obj_tオブジェクトのポインタのリストを*args

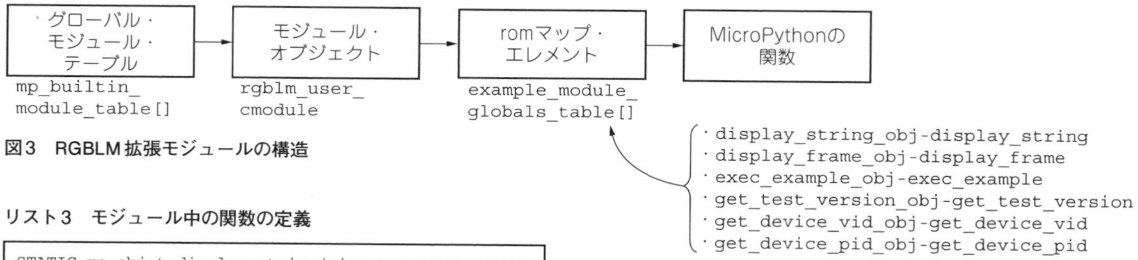

図3　RGBLM拡張モジュールの構造

リスト3　モジュール中の関数の定義

```
STATIC mp_obj_t display_string(size_t n_args, const
                                        mp_obj_t *args) {
    char *s = (char *)mp_obj_str_get_str(args[0]);
              // args[0]:MicroPythonの文字列のポインタを取得
    uint8_t color = (uint8_t)white;
    uint16_t duration = 5000;
    if (n_args >= 2) {
        color = (uint8_t)mp_obj_get_int(args[1]);
                      // args[1]:文字列の表示色の整数値の取得
    }
    if (n_args == 3) {
        duration = (uint16_t)mp_obj_get_int(args[2]
        );    // args[2]:文字列の表示間隔(ms)の整数値の取得
    }
    rgblm_init();
                      // RGB LEDマトリクスのライブラリの初期化
    rgblm_displayString(s, duration, true, color);
                          // 指定した色、時間間隔で文字列を表示
    return mp_const_none;
}
STATIC MP_DEFINE_CONST_FUN_OBJ_VAR_BETWEEN(
         display_string_obj, 1, 3, display_string);
```

で渡します．MicroPythonのオブジェクトはmp_obj_t型で定義され，オブジェクト情報を格納した構造体へのポインタとなっています．

● モジュール中の関数の定義

MicroPythonのスクリプトからCモジュールには，引数はオブジェクトで渡されるので，受け側のCプログラムでは，オブジェクトからCで理解できる型に変換する必要があります．**リスト3**の例では，args[0]の引数に対して，mp_obj_str_get_str()でオブジェクト→文字列のポインタに変換しています．args[1]，args[2]の引数に対しては，mp_obj_get_int()でオブジェクト→uint8_t，uint16_tに変換しています．

また，関数の宣言の終わりに，MP_DEFINE_CONST_FUN_OBJ_VAR_BETWEENというマクロで引数の制限をしています．例えば，この例では，この関数のオブジェクト変数をdisplay_string_obj，最小の引数の数を1，最大の引数の数を3，関数名をdisplay_stringと宣言しています．この宣言により，この関数がMicroPythonのコンテキストで呼び出されたときに，引数なしや，引数が4つ以上指定されたときにエラーを発生するようになります．この関数の内部では，引数の数をチェックし，色や表示間隔が指定されなかったときに，デフォルト値を設定しています．

リスト4　MicroPythonのREPLコンソールからマトリクスRGB LED拡張モジュール rgblmを呼び出す

```
>>> import rgblm
>>> rgblm.
__class__          __name__          display_frame
                                          display_string
exec_example       get_device_pid    get_device_vid
                                        get_test_version
>>> rgblm.display_string("Interface")
>>> rgblm.display_string("Interface", 0xaa)
```

実際に表示させる

マトリクスRGB LEDの拡張モジュールのビルドは，rp2のビルド・システムの中に組み込んでいます．詳細は筆者提供のソース・ファイルをダウンロードして確認してください．また，ビルドしたrp2用のMicroPythonのuf2形式のファイルもダウンロードできます．

実際に，MicroPythonのREPLコンソールから，マトリクスRGB LED拡張モジュールを呼び出してみましょう(**リスト4**)．Interfaceという文字列を表示する場合には，display_string("Interface")となります．青色で表示する場合には，rgblm.display_string("Interface", 0xaa)となります．

ちなみに色は，(red = 0x00，orange = 0x12，yellow = 0x18，green = 0x52，cyan = 0x7f，blue = 0xaa，purple = 0xc3，pink = 0xdc，white = 0xfe，black = 0xff)となっています．

◆参考文献◆

(1) Seeed_RGB_LED_Matrix Library.
https://github.com/Seeed-Studio/Seeed_RGB_LED_Matrix/archive/master.zip
(2) Grove - RGB LED Matrix w/Driver.
https://www.seeedstudio.com/Grove-RGB-LED-Matrix-w-Driver.html

せきもと・けんたろう

①フォント描画，②SPI通信，③ファイル・システム

拡張事例2…SPI接続のLCD

関本 健太郎

写真1　LCDSPIクラスのプログラムの実行例

表1　LCDとPicoの接続

Pico display	Pico
3.3V	3.3V
GND	GND
CS	ピン22(GP17)
MOSI	ピン25(GP19)
CLK	ピン24(GP18)
RESET	ピン29(GP22)
RS	ピン21(GP16)

リスト1　rp2モジュールmodrp2.cの抜粋

```
#include "py/runtime.h"
#include "modrp2.h"
extern const mp_obj_type_t rp2_font_type;
extern const mp_obj_type_t rp2_lcdspi_type;

STATIC const mp_rom_map_elem_t
                              rp2_module_globals_table[] = {
    { MP_ROM_QSTR(MP_QSTR___name__),
                                MP_ROM_QSTR(MP_QSTR_rp2) },
    { MP_ROM_QSTR(MP_QSTR_Flash),
                              MP_ROM_PTR(&rp2_flash_type) },
    { MP_ROM_QSTR(MP_QSTR_PIO),
                                MP_ROM_PTR(&rp2_pio_type) },
    { MP_ROM_QSTR(MP_QSTR_StateMachine),
                       MP_ROM_PTR(&rp2_state_machine_type) },
    { MP_ROM_QSTR(MP_QSTR_FONT),
     MP_ROM_PTR(&rp2_font_type) },      // FONTクラスの定義の追加
    { MP_ROM_QSTR(MP_QSTR_LCDSPI),
   MP_ROM_PTR(&rp2_lcdspi_type) },    // LCDSPIクラスの定義の追加
};
STATIC MP_DEFINE_CONST_DICT(rp2_module_globals,
                                  rp2_module_globals_table);

const mp_obj_module_t mp_module_rp2 = {
    .base = { &mp_type_module },
                         // オブジェクトがモジュールであることを示す
    .globals = (mp_obj_dict_t *)&rp2_module_globals,
};
```

シリアル接続の小型液晶ディスプレイ(以降，LCD)をMicroPythonで制御できるようにします．**写真1**はSPI通信でLCD(Pico Display Pack，Pimoroni)に描画したところです．**表1**にLCDとPicoの接続を示します．

● トライすること

この章では，rp2モジュールの下に，SPI接続のLCD描画のためのLCDSPIクラスと，FONTクラスを追加します．rp2モジュールとは，もともとのrp2ポート(移植されたもの)の実装で，既に実装されていたrp2(マイコン専用の)モジュールです．help("modules")コマンドでリストされるものの大部分が，rp2ポートのモジュール群となります．このうちの1つがrp2モジュールとなります．

● 流用元となるソースは筆者がルネサス・マイコン向けに作ったもの

LCDSPIの描画機能の元となるソースコードは，文献(1)で使用したライブラリです．今回は，線，円，BMP,およびJPEGファイルの描画機能と，(日本語Unicode)フォント描画機能を追加しています．

前章では，拡張機能をグローバル・モジュール・テーブルの直下に，拡張モジュールとして追加しました．ここではLCDSPIクラスとFONTクラスを，rp2モジュール下のクラスとして実装します．そのため，拡張機能を構成する構造体がこれまでとは異なっています．

もともと，modrp2.c(**リスト1**)で，rp2モジュールには，rp2_flash_type，rp2_pio_typeおよびrp2_state_machine_typeが実装されていましたが，そこに，FONTクラス(rp2_font_type)とLCDSPIクラス(rp2_lcdspi)を追加しました(**図1**)．

● LCDSPIクラスをrp2モジュール下のクラスとして定義した

慣例的にMicroPythonの各マイコンの実装では，マイコン依存のモジュールは，modxxx.c(xxxはマイコンを示す文字列)でモジュール定義され，マイコン依存のモジュールの実装ファイルは，xxx_(xxxはマイコンを示す文字列)のプリフィックスが付けられているようです．

LCDSPIクラスはGPIOやSPIの操作が一部，マイコン依存の実装となっていますが，FONTクラスはマイコン依存ではないので，rp2モジュール下にあえ

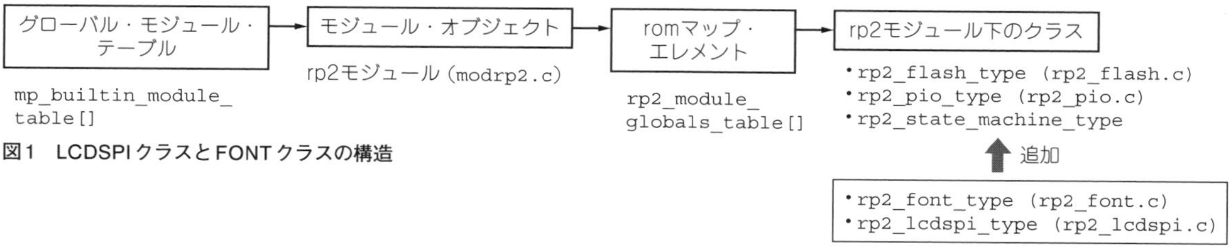

グローバル・モジュール・テーブル → モジュール・オブジェクト → romマップ・エレメント → rp2モジュール下のクラス

mp_builtin_module_table[]

rp2モジュール（modrp2.c）

rp2_module_globals_table[]

・rp2_flash_type (rp2_flash.c)
・rp2_pio_type (rp2_pio.c)
・rp2_state_machine_type

追加

・rp2_font_type (rp2_font.c)
・rp2_lcdspi_type (rp2_lcdspi.c)

図1　LCDSPIクラスとFONTクラスの構造

リスト2　MicroPythonから呼び出せる`rp2_font.c`の抜粋

```
const mp_obj_type_t rp2_font_type = {
                                        // FONTクラス オブジェクトの定義
    { &mp_type_type },  // オブジェクトがtype(クラス)であることを示す
    .name = MP_QSTR_FONT,
    .print = font_obj_print,
    .make_new = font_obj_make_new,
    .locals_dict = (mp_obj_dict_t*)&font_locals_dict,
};
STATIC const mp_rom_map_elem_t font_locals_dict_table[] = {
    { MP_ROM_QSTR(MP_QSTR_font_id),
        MP_ROM_PTR(&rp2_font_id_obj) },        // フォントidの取得
    { MP_ROM_QSTR(MP_QSTR_name),
      MP_ROM_PTR(&rp2_font_name_obj) },        // フォント名の取得
    { MP_ROM_QSTR(MP_QSTR_width),
                        MP_ROM_PTR(&rp2_font_width_obj) },
                        // フォントの幅（ドット数）の取得
    { MP_ROM_QSTR(MP_QSTR_height),
                        MP_ROM_PTR(&rp2_font_height_obj) },
                        // フォントの高さ（ドット数）の取得
    { MP_ROM_QSTR(MP_QSTR_MISAKIA_8),
                            MP_ROM_INT(MISAKIFONT4X8) },
                // 4x8のMISAKIフォントのフォントid値の定義
    { MP_ROM_QSTR(MP_QSTR_MISAKIA_12),
                            MP_ROM_INT(MISAKIFONT6X12) },
                // 6x12のMISAKIフォントのフォントis値の定義
#if MICROPY_PY_PYB_UNICODE_FONT
    { MP_ROM_QSTR(MP_QSTR_MISAKIU_8),
                            MP_ROM_INT(MISAKIFONT8X8) },
                // 8x8のMISAKIフォントのフォントid値の定義
    { MP_ROM_QSTR(MP_QSTR_MISAKIU_12),
                            MP_ROM_INT(MISAKIFONT12X12) },
                // 12x12のMISAKIフォントのフォントid値の定義
#endif
    { MP_ROM_QSTR(MP_QSTR_fontdata), MP_ROM_PTR(&rp2_font_
            data_obj) },  // フォントビットマップデータのポインタの取得
};
```

て実装する必要はありません．ですがLCDSPIクラスとの関連性があるため，rp2モジュール下のクラスとして定義しています．ちなみに，rp2モジュール下のクラスを実装するファイル名は，rp2_プリフィックスで始まるようになっています．FONTクラス，LCDSPIクラスを実装するファイル名も，その規則を踏襲しています．

拡張機能の実装

● 1…FONTクラス

FONTクラスの構造体と，クラスに登録されている関数は**リスト2**の通りです．MicroPythonから呼び出せるFONTクラスの役割は，登録されているフォントの確認，および指定したUnicode値のビットマップ情報の取得です．

内部的にはLCDSPIクラスから利用できるようになっており，LCDSPIクラスでutf8文字列の描画機能を追加しています．

● 2…LCDSPIクラス

LCDSPIクラスの構造体と，クラスに登録されている関数は**リスト3**の通りです．線，Box，円，BMP，JPEGファイルの描画関数，utf8文字列描画などを実装しました．

ここの関数のインターフェース部分，引数の実装については，前章のマトリクスRGB LEDのケースと理論的には違いはありませんので，ここでは説明を省略します．

● 3…ファイル・システム・アクセス

このクラスの実装で特筆すべき内容は，MicroPythonの（内蔵フラッシュ・メモリおよびSDカード）ファイル・システムのアクセス方法です．MicroPythonのSTM32ポートなどでは，フラッシュ・ファイル・システムとして，FAT，LittleFS（lfs1およびlfs2）が実装されています．LCDSPIクラスの`mod_lcdspi_disp_bmp_file`関数と，`mod_lcdspi_disp_jpeg_file`関数では，ファイル・システムにアクセスする必要があります．そこで，これらのファイル・システムにアクセスできるモジュールをMicroPythonのソースコード中で探してみたところ，`extmod/vfs.c`の中で`mp_vfp_open`関数がpublicで定義されていました．引数は`mp_obj_t`構造体で，ファイル名と読み出しバイナリモードのQSTR文字列（rb）を2つ指定すればよいことが分かりました．こうして，オープン，読み出し，クローズ操作のラッパ関数を実装しました（**リスト4**）．

● 4…REPLのuft8対応

前節でutf8文字列の描画機能を実装したところ，MicroPythonのREPLコンソールがutf8文字の対応をしていないことが分かりました．対応策を考えようとしたとき，MicroPythonから派生，拡張されているCircuitPythonでは，utf8文字の対応がされていることに気が付きました．どこで対応されているのかチェッ

リスト3　MicroPythonから呼び出せるrp2_lcdspi.cの抜粋

```
const mp_obj_type_t rp2_lcdspi_type = {
                                         // LCDSPIクラス オブジェクトの定義
    { &mp_type_type },  // オブジェクトがtype(クラス)であることを示す
    .name = MP_QSTR_LCDSPI,
    .print = lcdspi_obj_print,           // クラスの情報の表示
    .make_new = lcdspi_obj_make_new,     // クラスのインスタンス作成
    .locals_dict = (mp_obj_dict_t*)&lcdspi_locals_dict,
};
STATIC const mp_rom_map_elem_t lcdspi_locals_dict_table[] = {
:
// 描画関数定義
    { MP_ROM_QSTR(MP_QSTR_clear),
       MP_ROM_PTR(&mod_lcdspi_clear_obj) },          // 画面のクリア
:
    { MP_ROM_QSTR(MP_QSTR_pututf8),
     MP_ROM_PTR(&mod_lcdspi_pututf8_obj) },   // UTF8文字列の表示
    { MP_ROM_QSTR(MP_QSTR_bitblt),
    MP_ROM_PTR(&mod_lcdspi_bitblt_obj) },     // ビットデータの転送
    { MP_ROM_QSTR(MP_QSTR_disp_bmp_file),
                MP_ROM_PTR(&mod_lcdspi_disp_bmp_file_obj) },
                                          // ビットマップファイルの表示
    { MP_ROM_QSTR(MP_QSTR_disp_jpeg_file),
               MP_ROM_PTR(&mod_lcdspi_disp_jpeg_file_obj) },
                                          // jpegファイルの表示
// LCDコントローラの定義
    { MP_ROM_QSTR(MP_QSTR_C_PCF8833), MP_ROM_INT(PCF8833) },
                           // PCF8833 LCDコントローラのid値の定義
:
    { MP_ROM_QSTR(MP_QSTR_C_ST7789), MP_ROM_INT(ST7789) },
                           // ST7789 LCDコントローラのid値の定義
// LCDモジュールの定義
    { MP_ROM_QSTR(MP_QSTR_M_NOKIA6100_0),
                                  MP_ROM_INT(NOKIA6100_0) },
                         // NOKIA6100 LCDモジュールのid値の定義
:    { MP_ROM_QSTR(MP_QSTR_M_AIDEEPEN22SPI),
                               MP_ROM_INT(AIDEEPEN22SPI) },
                    // AIDEEPEN 2.2 LCDモジュールのid値の定義
// 色の定義
    { MP_ROM_QSTR(MP_QSTR_Black), MP_ROM_INT(Black) },
                                          // Blackの色の定義
:
    { MP_ROM_QSTR(MP_QSTR_Pink), MP_ROM_INT(Pink) },
                                           // Pinkの色の定義
};
STATIC MP_DEFINE_CONST_DICT(lcdspi_locals_dict,
                                 lcdspi_locals_dict_table);
```

リスト4　ファイル・アクセスのラッパ関数

```
// ファイルのオープン
mp_obj_t mf_open(const char *filename) {
    mp_obj_t args[2] = {
        mp_obj_new_str(filename, strlen(filename)),
        MP_OBJ_NEW_QSTR(MP_QSTR_rb),
    };
    return mp_vfs_open(MP_ARRAY_SIZE(args),
                &args[0], (mp_map_t *)&mp_const_empty_map);
}
// ファイルの読み込み
uint32_t mf_read(mp_obj_t file, void *buf, uint32_t size) {
    uint32_t readed;
    int errcode;
    readed = (uint32_t)mp_stream_rw(file, (void *)buf,
             (mp_uint_t)size, &errcode, MP_STREAM_RW_READ |
                                          MP_STREAM_RW_ONCE);
    if (errcode != 0) {
        mp_stream_close(file);
        mp_raise_OSError(errcode);
    }
    return readed;
}
:
// ファイルのクローズ
void mf_close(mp_obj_t file) {
    mp_stream_close(file);
}
```

リスト5　LCDSPIクラスを使用したLCD描画プログラム

```
from machine import Pin
from rp2 import LCDSPI, FONT

lcd_id=LCDSPI.M_PIM543
                      # PIM543 1.15 inch 液晶モジュールのidを指定
reset=Pin(22)              # リセットピンの指定 GP21ピン
rs=Pin(16)                 # RSピンの指定 GP20ピン
cs=Pin(17)                 # CSピンの指定 GP5ピン
dout=Pin(19)
              # MOSIピンの指定 GP3ピン (SDKのデフォルトのMOSIピン)
din=Pin(4)                      # MISOピンの指定 GP4ピン
      (SDKのデフォルトのMISOピン。この液晶モジュールでは使用されていない)
clk=Pin(18)     # CLKピンの指定 GP2ピン (SDKのデフォルトのCLKピン)
# LCDクラスの初期化
lcd=LCDSPI(lcd_id=lcd_id, font_id=4, spi_id=0,
baud=20000000, cs=cs, clk=clk, dout=dout, rs=rs,
reset=reset, din=din)
lcd.clear(lcd.Pink)                         # 画面のクリア
lcd.box(50, 50, 100, 100, lcd.Green)        # BOX描画
lcd.box_fill(30, 60, 90, 120, lcd.Cyan)     # BOX塗りつぶし描画
lcd.line(50, 50, 100, 100, lcd.Red)         # 線の描画
lcd.circle(100, 100, 40, lcd.Blue)          # 円の描画
lcd.circle_fill(80, 80, 15, lcd.Yellow)     # 円塗りつぶし描画
lcd.disp_jpeg_file(0, 0, "citrus24.jpg")    # jpegファイルの描画
lcd.fcol(lcd.Green)                         # 前景色
lcd.pututf8("インターフェース誌\r\n")          # 文字列表示
lcd.fcol(lcd.Blue)                          # 前景色
lcd.pututf8("掲載予定\r\n")                  # 文字列表示
```

クしたところ，/lib/mp-readline/readline.cで対応されていましたので，CircuitPythonのreadline.cに置き換え，ビルドすることで，めでたくMicroPythonもutf8対応となりました注1.

LCDへの画像ファイルの転送

Pymakrの紹介のところで記載したように，デバイスへのファイルの転送は，Pymakrのアップロード機能で実行できます．ただし，デフォルトでは拡張子bmpやjpgは同期対象となっておらず，オプション設定を変更する必要があります．View - Command PaletteからPymakr - Global settingsを選択し，"sync_file_types" : "py,txt,log,json,xml,html,js,css,mpy,bmp,jpg"とします．

リスト5(sample_lcdspi_pim543.py)は，citrus24.jpgファイルをアップロードした後，Pymakrの"Run"メニューで実行できます(**写真1**)．

注1：Visual Studio CodeのPyMakrでは，通常のREPLコンソールの入出力ではutf8文字列が扱えません．utf8文字列を扱うためには，Ctrl + Eを押してからコードをペーストし，Ctrl + Dで実行するか，「Run」メニューでスクリプト・ファイルを直接実行する必要があります．

◆参考文献◆

(1) 関本 健太郎；ルネサスRAマイコンによるSDカード/フォトフレームの製作，トランジスタ技術，2021年6月号，CQ出版社.

せきもと・けんたろう

ESP8266を利用しクラウドAWSに
MQTTでトピックをパブリッシュするまで

第4章 Wi-Fiネットワークの追加

関本 健太郎

写真1　Picoに付いていないWi-Fi機能を追加する

表1　ESP-WROOM-02D基板とPicoのピン接続情報

ESP-WROOM-02D	Pico
V_{CC}	3.3V
GND	GND
TXD	ピン12 (GP9)-UART1- RX
RXD	ピン11 (GP8)-UART1 TX

表2　ESP-WROOM-02Dのファームウェアのバージョン

ファイル名	書き込みアドレス
boot_v1.7.bin	0x000000
at¥512+512¥user1.1024.new.2.bin	0x01000
blank.bin	0xfe000
esp_init_data_default_v05.bin	0x3fc000
blank.bin	0x3fe000

● Wi-Fiの定番ESP8266を追加する

MicroPythonにWi-Fiネットワークのインターフェースを追加するモジュールを作成します．Wi-Fiネットワーク・モジュールとして，ESP-WROOM-02DのDIP化基板 BOARD_ESP02D (4MB) _SIMPLE（スイッチサイエンス）を使っています（**写真1**）．このDIP化基板には，ESP8266の動作に必要な（プルアップ/プルダウン）抵抗やバイパス・コンデンサが実装されています．そのため，PicoからESP-WROOM-02D基板には，シリアル・ポートと電源を接続するだけで使用できるようになります．

ESP-WROOM-02D基板とPicoの端子は**表1**のように接続します．

なお，DIP化基板のESP8266に搭載されているファームウェアによっては，**表2**のプログラムが動作しない可能性があります．従ってNONOS_SDK-2.2.1以上のファームウェアに更新してください．

MicroPythonのネットワーク・アーキテクチャ

MicroPythonのネットワークは，次のモジュールから構成されています．

● TCP/IPプロトコル・スタックにソケット・インターフェースを実装したsocket

socketモジュールは，オープンソースのTCP/IPのプロトコル・スタックであるlwipにソケット・インターフェースを実装し，モジュール化したものです．

● stream関連のI/O処理を担うselect

selectモジュールは，ストリーム関連のI/O処理のサポートをするモジュールです．

sslモジュールは，オープンソースのmbed_tlsにソケット・インターフェースを実装した，SSL処理をするモジュールです．

● NICを制御するnetwork

networkモジュールは，ネットワーク・インターフェース（NIC）を制御するモジュールです．無線，有線ネットワークを実装する場合には，networkモジュールの中にnic_typeのソケット・インターフェースを満たすドライバを実装します．

本章では，ESP8266を使って，無線ネットワークを実装します．socket，select，sslモジュールは，既にMicroPythonのソースコードに含まれていますので，

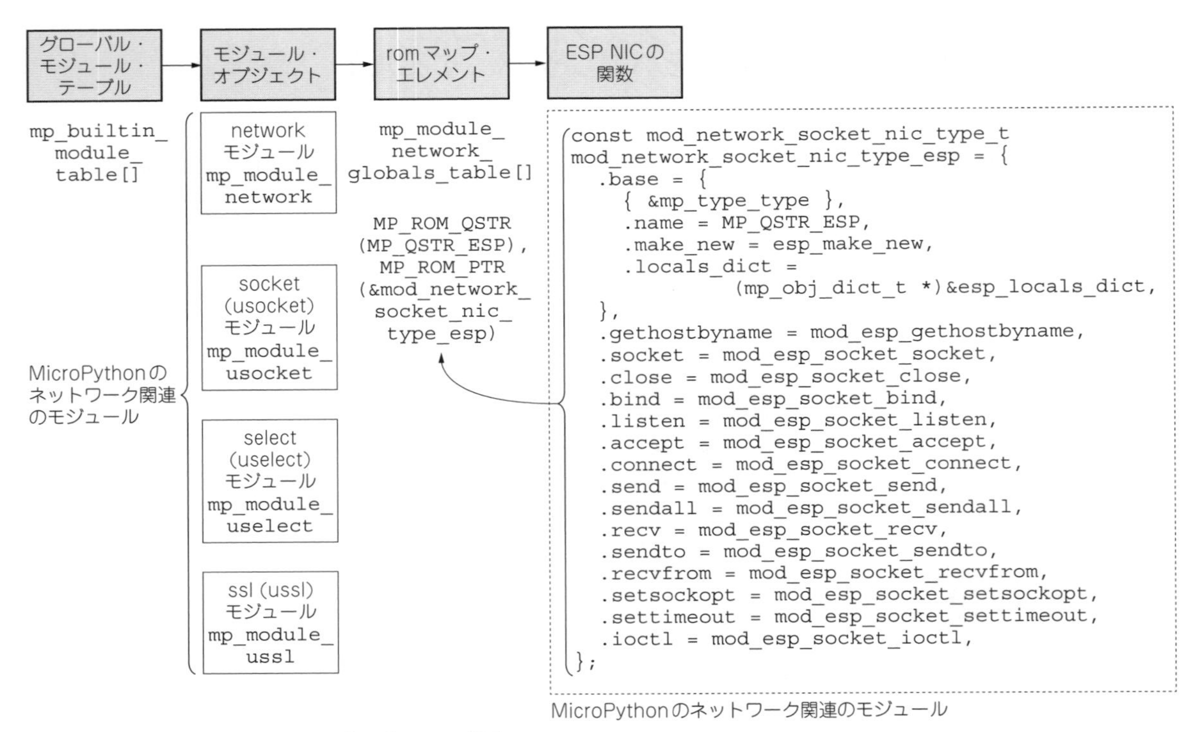

図1　MicroPythonのネットワーク関連モジュールの構造

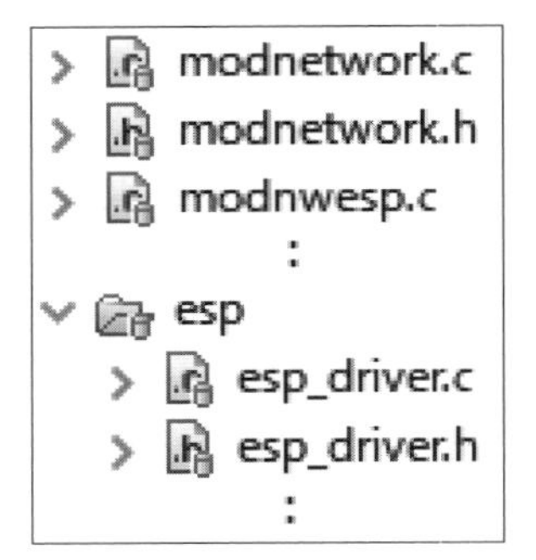

図2　networkモジュール関連ファイル

それらを活用します．networkモジュール部分について，図1にあるように，mod_network_socket_nic_type_esp構造体に定義された関数群を実装することになります．

Wi-Fiネットワーク・ドライバの実装

● ファイル構成

ネットワーク・モジュールは，図2のファイルから構成されています．modnetwork.cは，networkモジュールを実装しています．STM32のMicroPythonのソース・ファイルからコピーして，一部を変更して使っています．

esp_driver.cは，ESP8266向けのドライバで，TCP/IPのソケット操作に対応したESP8266のATコマンドを発行する機能を実装しています．

monwesp.cは，networkモジュールのインターフェースと，ドライバ間のラッパ関数を実装しています．

● machineモジュールUARTクラスのインスタンス作成

esp_driver.cでは，ESP8266のATコマンドを発行するために，シリアル・インターフェースにアクセスする必要があります．Picoのポートでは，シリアル・インターフェースはmachineモジュール（machine_uart.c）で実装されています．

MicroPythonの周辺機能を実装したモジュールでは，実装した関数は，基本的にSTATICで定義され，別のファイルから呼び出すことができません．従ってモジュールのインスタンスを作成し，MicroPythonのクラスのインターフェースの切り口で呼び出す必要があります．machineモジュールのUARTクラスの中身を確認すると，リスト1のように，machine_uart_make_newでインスタンスを作成できることが分かります．

なお，MicroPythonのモジュールでは，クラスとして実装する場合には，クラスのインスタンスごとに静的あるいは動的にメモリ領域が割り当てられます．こ

リスト1　machineモジュールのUARTクラスの定義（machine_uart.cの抜粋）

```
STATIC const mp_stream_p_t uart_stream_p = {
                                // UARTクラスのプロトコルの定義
    .read = machine_uart_read,     // UART読み込み
    .write = machine_uart_write,   // UART書き込み
    .ioctl = machine_uart_ioctl,   // UART ioコントロール
    .is_text = false,
};

const mp_obj_type_t machine_uart_type = {
    { &mp_type_type },
              // オブジェクトがtype(クラス)であることを示す
    .name = MP_QSTR_UART,
    .print = machine_uart_print,
                              // UARTクラスの情報表示関数
    .make_new = machine_uart_make_new,
                                // UARTクラスの作成関数
    .getiter = mp_identity_getiter,
    .iternext = mp_stream_unbuffered_iter,
    .protocol = &uart_stream_p,
                             // UARTクラスのプロトコル関数
    .locals_dict = (mp_obj_dict_t *)&machine_uart_
                                          locals_dict,
};
```

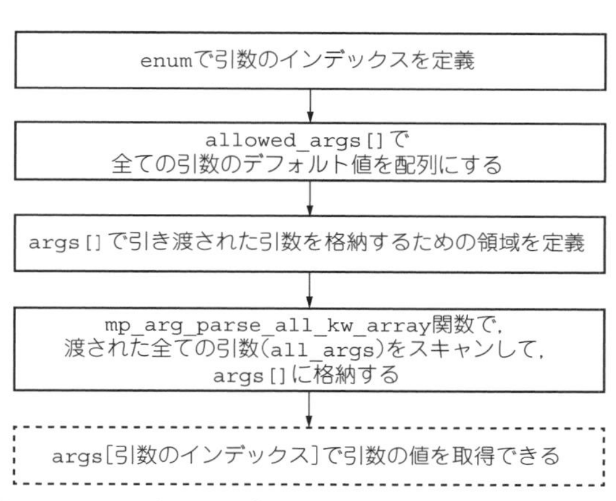
enumで引数のインデックスを定義
allowed_args[]で
全ての引数のデフォルト値を配列にする
args[]で引き渡された引数を格納するための領域を定義
mp_arg_parse_all_kw_array関数で,
渡された全ての引数(all_args)をスキャンして,
args[]に格納する
args[引数のインデックス]で引数の値を取得できる

図3　enumで引数のインデックスを定義

リスト2　machineモジュールUARTクラスのインスタンス作成関数

```
STATIC mp_obj_t machine_uart_make_new(const
    mp_obj_type_t *type, size_t n_args, size_t n_kw,
                        const mp_obj_t *all_args) {
    enum { ARG_id, ARG_baudrate, ARG_bits,
              ARG_parity, ARG_stop, ARG_tx, ARG_rx,
           ARG_timeout, ARG_timeout_char,
                 ARG_invert, ARG_txbuf, ARG_rxbuf};
    static const mp_arg_t allowed_args[] = {
        { MP_QSTR_id, MP_ARG_REQUIRED | MP_ARG_OBJ,
                 {.u_rom_obj = MP_ROM_NONE} },
        { MP_QSTR_baudrate, MP_ARG_INT, {.u_int =
                                             -1} },
:
    };
    // 引数の処理
    mp_arg_val_t args[MP_ARRAY_SIZE(allowed_args)];
    mp_arg_parse_all_kw_array(n_args, n_kw,
             all_args, MP_ARRAY_SIZE(allowed_args),
                              allowed_args, args);
    // UART idの設定
    int uart_id = mp_obj_get_int(args[ARG_id]
                                          .u_obj);
:
    // UARTオブジェクトの取得
    machine_uart_obj_t *self = (machine_uart_obj_t
                     *)&machine_uart_obj[uart_id];
    // ボーレートの設定
    if (args[ARG_baudrate].u_int > 0) {
        self->baudrate = args[ARG_baudrate].u_int;
    }
:
:
```

表3　make_new関数の引数情報

make_newの引数	内　容
const mp_obj_type_t *type	オブジェクトのタイプを示す構造体のポインタ
size_t n_args	キー名なしでの引数の数
size_t n_kw	キー名:値で渡される引数の数
const mp_obj_t *all_args	全引数(オブジェクト)のポインタ

の割り当ては，慣例的にmake_newという関数名で実装します．

なお，machine_uart_make_newは，**リスト2**，**図3**のように引数が処理されています．**表3**にmake_new関数の引数情報を示します．

● espドライバからUARTクラスの呼び出しプログラム

このUARTクラス（machine_uart）のインスタンスを外部から作成するためには，デフォルト値を変更したいオブジェクトのみを格納した（all_argsとして渡される）配列のポインタを作成し，make_newを呼び出します．ただし，MP_ARG_REQUIREDフラグが設定されているオブジェクト（ここではid）は，キー名なしで値の指定が必須です．複数ある場合には定義した順序通りに渡さなければいけません．それ以外の引数は，引数名（QSTR文字列）オブジェクトと引数値のオブジェクトのペアで指定します．

ESP8266のDIP化ボードのシリアル端子は，PicoボードのUART1に接続するので，args[]の最初の引数（id）は，MP_OBJ_NEW_SMALL_INT(1)（整数オブジェクトの1）を指定します（**リスト3**）．ボー・レートは115200なので，続く配列の要素（キー名：値ペア）として，MP_ROM_QSTR(MP_QSTR_baudrate)，MP_ROM_INT(115200)を指定します．UART1のTX，RXピンはGP8，GP9を使用するので，machine_pin_obj_t構造体を定義し，キー名：値ペアとして，MP_ROM_QSTR(MP_QSTR_tx)，MP_ROM_PTR(&tx_pin)，MP_ROM_QSTR(MP_QSTR_rx)，MP_ROM_PTR(&rx_pin)を指定します．

リスト3　espドライバからUARTクラスの呼び出しプログラム

```
// machine_pinオブジェクトの定義．ポートにより異なる
typedef struct _machine_pin_obj_t {
    mp_obj_base_t base;
    uint32_t id;
} machine_pin_obj_t;
static machine_pin_obj_t tx_pin = { { &machine_pin_
          type }, 8 };  // txピンオブジェクトの定義 GP8ピン
static machine_pin_obj_t rx_pin = { { &machine_pin_
          type }, 9 };  // rxピンオブジェクトの定義 GP9ピン

extern const mp_obj_type_t machine_uart_type;
                                     // ピンクラスの型定義
static mp_obj_t uart_obj;          // UARTクラスのインスタンス
static mp_stream_p_t *uart_stream_p;
                         // UARTクラスのプロトコルはストリームオブジェクト

static void esp_serial_begin() {
    mp_obj_t args[] = {
        MP_OBJ_NEW_SMALL_INT(1), // UART(1)
        MP_ROM_QSTR(MP_QSTR_baudrate),
                                    // baudrate QSTR文字列
        MP_ROM_INT(115200),    // 115200値の整数オブジェクト
        MP_ROM_QSTR(MP_QSTR_tx), // tx QSTR文字列
        MP_ROM_PTR(&tx_pin),     // tx ピンオブジェクト
        MP_ROM_QSTR(MP_QSTR_rx), // rx QSTR文字列
        MP_ROM_PTR(&rx_pin),     // rx ピンオブジェクト
    };
    // UARTクラスのインスタンス作成
    uart_obj = machine_uart_type.make_new(&machine_
            uart_type, 1, 3, (const mp_obj_t *)args);
    // UARTクラスのプロトコルであるストリームオブジェクトの取得
    uart_stream_p = (mp_stream_p_t *)machine_uart_
                                        type.protocol;
}
```

リスト4　UARTクラスのプロトコル呼び出しラッパ関数の定義

```
// シリアル入力があるかチェックする
static bool esp_serial_available(void) {
    int errcode;
    mp_uint_t ret = uart_stream_p->ioctl(uart_obj,
              (mp_uint_t)MP_STREAM_POLL, (mp_uint_t)
                MP_STREAM_POLL_RD, (int *)&errcode);
    (void)errcode;
    return ((ret & MP_STREAM_POLL_RD) != 0);
}
// 1バイト単位でシリアル入力
static uint8_t esp_serial_read_ch(void) {
    uint8_t c;
    int errcode;
    uart_stream_p->read(uart_obj, (void *)&c,
                        (mp_uint_t)1, (int *)&errcode);
    (void)errcode;
    return c;
}
// 指定したバイト数でシリアル入力
static uint32_t esp_serial_read_str(uint8_t *buf,
                                      size_t size) {
    int errcode;
    mp_uint_t readed;
    if (buf != 0) {
        readed = (int)uart_stream_p->read(uart_obj,
      (void *)buf, (mp_uint_t)size, (int *)&errcode);
    } else {
        for (int i = 0; i < size; i++) {
            esp_serial_read_ch();
        }
        readed = size;
    }
    (void)errcode;
    return (uint32_t)readed;
}
// 1バイト単位でシリアル出力
static void esp_serial_write_ch(uint8_t c) {
    int errcode;
    uart_stream_p->write(uart_obj, (const void *)&c,
                        (mp_uint_t)1, (int *)&errcode);
    (void)errcode;
    return;
}
// 指定したバイト数でシリアル出力
static uint32_t esp_serial_write_bytes(uint8_t *buf,
                                        size_t size) {
    int errcode;
    mp_uint_t written = (int)uart_stream_p->write
        (uart_obj, (const void *)buf, (mp_uint_t)size,
                                  (int *)&errcode);
    ;
    (void)errcode;
    return (uint32_t)written;
}
```

リスト5　Wi-Fiネットワーク接続の動作確認
https://www.yahoo.comへのアクセス・プログラム

```
import network                        # networkモジュールをインポート
esp = network.ESP()                   # ESPクラスを作成
esp.connect("xxxxxx", "xxxxxx")       # WiFi SIDとパスワードの入力
esp.ifconfig()                        # インターフェイス情報表示

import wsocket as socket              # wsocketモジュールをsocketとしてインポート
import ussl                           # SSLモジュールをインポート
s = socket.socket()                   # ソケットクラス作成
addr = socket.getaddrinfo("www.yahoo.com", 443)[0][-1]
s.connect(addr)                       # 接続
ss = ussl.wrap_socket(s)              # SSLソケットラッパ
ss.write(b"GET / HTTP/1.0¥r¥n¥r¥n")   # HTTP GET
data=ss.read(4096)                    # 4096バイト読み込む
s.close()                             # ソケットクローズ
print(data)                           # データの表示
```

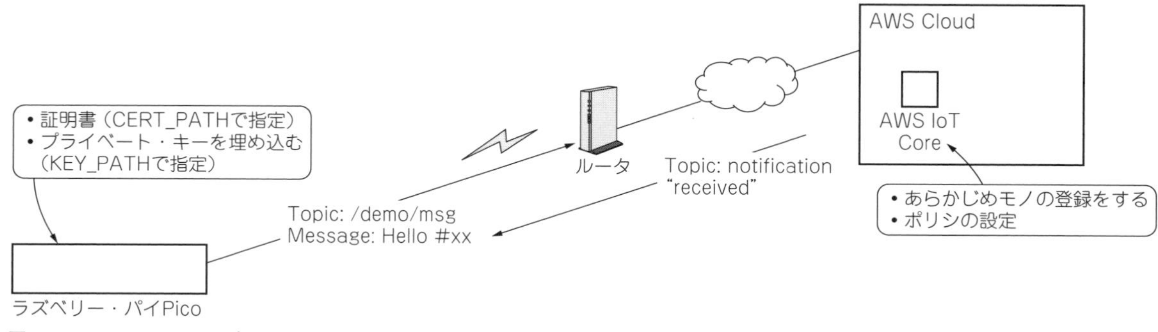

図4　AWS IoT Coreサービスへのアクセス

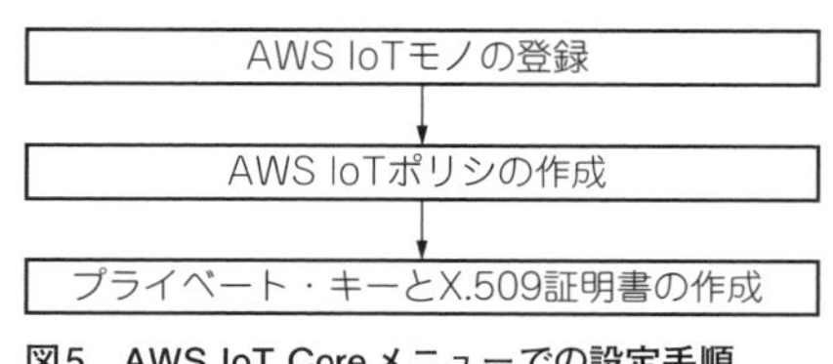

図5　AWS IoT Coreメニューでの設定手順

こうしてmachine_uart_type.make_newでUARTオブジェクトを作成した後は，**リスト4**のように，protocolで指定されているストリーム・オブジェクトを使用し，シリアルの送受信などを実行できるようになります．

● Wi-Fi接続の動作確認

ESP8266によるネットワーク・モジュールが作成できたので，MicroPythonがSSL経由でソケット・インターフェースを使用できるようになります．例えばhttpsでウェブ・ページにアクセスする場合には，**リスト5**のようになります．

ただし，今回実装したESP8266によるネットワーク・モジュールでは，サイズの大きなウェブ・ページを読み出す場合には，MicroPythonの内部ヒープを超えるデータは読み飛ばす処理となっています．そのため用途としては，データ量の少ないセキュアな通信が挙げられます．

クラウドへのアクセス

● AWS IoT Coreサービスへのアクセス

実装したWi-Fiネットワーク機能を利用して，クラウドにアクセスしてみます．クラウドの対象はAWSです．AWSでは，IoT Coreというサービスがあり，そのサービスでIoT Thing(モノ)を登録し，モノに証明書をアタッチし，登録したモノからの接続だけを許可できます．

AWS IoT環境と通信するには，**図4**のようにPicoをAWS IoT環境に登録し，アクセス・ポリシを作成し，プライベート・キーおよびX.509形式のモノの証明書を作成する必要があります(**図5**)．作成したプライベート・キーと証明書ファイルは，MicroPythonのMQTTモジュールで使用する際に，**リスト6**の手順でファイルの形式を変換する必要があります．出力ファイル名の拡張子は何でもよく，ここではTXTとしていますが，これはPymakrでPCとMicroPythonボード間でファイルの同期設定している拡張子だからです．

モノの登録，プライベート・キーと証明書作成の詳細な設定手順は，参考文献(1)のFreeRTOSの章を参照ください．

● AWS IoT CoreにMQTTでトピックをパブリッシュする

リスト7は，AWS IoT CoreサービスにMQTTクライアントとしてアクセスするプログラムです．このプログラムを実行するには，あらかじめファイル形式を変換したプライベート・キーと証明書ファイル，およびumqtt.simpleファイル(https://github.com/micropython/micropython-lib/tree/master/micropython)をMicroPythonのボードの内部ファイル・システムにコピーしておく必要があります．Visual Studio Code + PyMakrの

リスト6　プライベート・キーと証明書の形式の変換

```
openssl x509 -in xxxxxxxxx.cert.pem -out xxxxxxxx-certificate.txt -outform DER
openssl rsa -in xxxxxxxxx.private.key -out xxxxxxxx-private.txt -outform DER
```

リスト7　AWS IoT CoreにMQTTでトピックをパブリッシュする

```
import machine
import network
import time
from umqtt.simple import MQTTClient
import ussl
:
# AWS IoT Coreで登録したモノの名前
MQTT_CLIENT_ID = "thing"
# AWS MQTTエンドポイントホスト情報の設定
MQTT_HOST = "xxxxxxxxxx.iot.ap-northeast-1.amazonaws.
                                              com"
# パブリッシュしたいトピック名
TOPIC = "/demo/msg"     # MQTTのトピック
MQTT_PORT = 8883        # MQTT ポート
# AWS IoT Coreからダウンロードしたプライベートキーファイル
KEY_PATH = "/xxxxxxxxx-private.txt"
# AWS IoT Coreからダウンロードした証明書ファイル
CERT_PATH = "/xxxxxxxx-certificate.txt"
LOOP_COUNT = 10
:
:
print('WiFi Connecting...')
net = network.ESP()
net.connect("xxxxxxxxx", "xxxxxxxxxx")
net.ifconfig()
print('WiFi Connected')

key1 = fread(KEY_PATH)
cert1 = fread(CERT_PATH)

print('Connecting to AWS...')
client = MQTTClient(client_id=MQTT_CLIENT_ID,
    server=MQTT_HOST, port=MQTT_PORT, keepalive=10000,
       ssl=True, ssl_params={"key":key1, "cert":cert1,
                             "server_side":False})
client.set_callback(sub_cb)
client.connect()
client.subscribe(TOPIC)
print('Connected to AWS %s MQTT broker, subscribed to
              %s topic' % (MQTT_HOST , TOPIC))

# 5秒ごとに10回MQTTトピックをパブリッシュ
counter = 0
message_interval = 5
last_message = time.time()
while True:
    try:
        if (time.time() - last_message) >
                              message_interval:
            msg = b'Hello #%d' % counter
            print('sending...' + str(msg))
            client.publish(TOPIC, msg)
            last_message = time.time()
            counter += 1
            if counter > LOOP_COUNT:
                break
:
print('sending done')
```

```
WiFi Connecting...
WiFi Connected
Connecting to AWS...
Connected to AWS xxxxxxxxxx.iot.ap-northeast-1.
amazonaws.com MQTT broker, subscribed to /demo/msg
topic
sending...b'Hello #0'
sending...b'Hello #1'
sending...b'Hello #2'
:
sending...b'Hello #10'
sending done
```

図6　ホストPC上のメッセージ

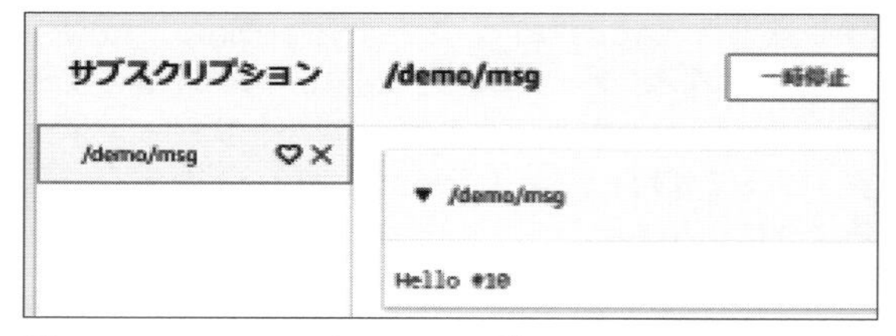

図7　AWSコンソール上のメッセージ

Uploadメニュー，またはampyなどのファイル転送ツールを利用してください．

図6はホストPC上のメッセージで，**図7**はAWSコンソール上のメッセージです．

◆参考文献◆

(1) GADGET RENESASプロジェクト；「GR-ROSE」ではじめる電子工作，工学社，2019年．

せきもと・けんたろう

LCDやカメラの拡張モジュールを作る

第5章 おまけ…ルネサス・マイコンでの事例

関本 健太郎

この章ではRZマイコン（ルネサス エレクトロニクス）を使用したGR-MANGOボードのMicroPythonに，次のモジュールを追加する例を示します．

- RZマイコンの周辺モジュールのレジスタ・アクセス
- LCDやカメラの操作
- 撮影した画像を保存，表示

GR-MANGOボードの仕様

GR-MANGO（コア社，**写真1**）は，Arm Cortex-A9コアのRZ/A2Mを搭載した，ラズベリー・パイ4の端子レイアウトと互換性があるボードで，Armが提供するMbed開発環境を使用できます．主な特徴は以下の通りです．

- 動的再構成プロセッサ「DRP」
- 528MHzの高速動作
- RAM：内蔵4Mバイト，外部16Mバイト
- MIPI-CSIカメラ・インターフェース
- Micro HDMI
- イーサネット
- オーディオ入出力
- USBホスト機能（Type-C）
- CAN
- microSDカード・スロット

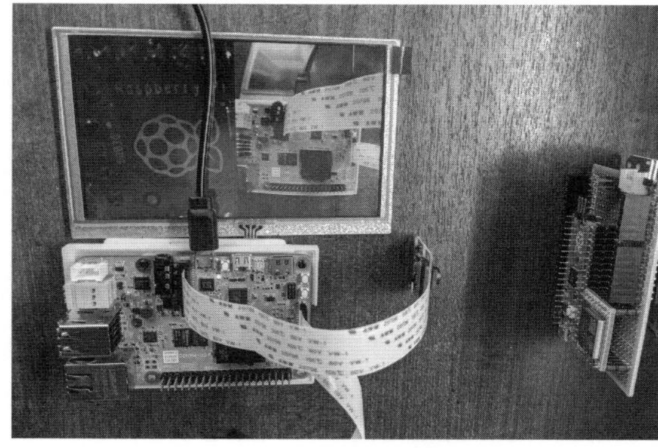

写真1　GR-MANGOはArm Cortex-A9「RZ/A2M」を搭載した，ラズベリー・パイ4の端子レイアウトと互換性があるボード

GR-MANGO向けのMicroPythonを作るには

● STM32向けのMicroPythonを利用する

筆者はGR-MANGO向けに，STM32向けのMicroPythonのポートをベースにしてMicroPythonを移植しました．移植に当たって，マイコンのブート部分，LCDおよびカメラ制御部分には，Mbed OSのブート関連ファイルおよびGR-MANGO向けのMbedのグラフィックス・ライブラリmbed-gr-libsを利用しています．

移植した機能は，STM32向けの実装（pyboard）にほぼ準拠しています．ただし，ハードウェア・タイマ，PWM，USB，CAN，ウォッチドッグ・タイマなど一部の機能は未実装です．一部のパラメータは異なりますが，基本的な使い方は，pyboardのドキュメントを参照してください．**表1**に移植した機能を示します．移植したファームウェアは本書Webページからダウンロードして実行できます．

```
https://interface.cqpub.co.jp/2023
pico/
```

● MicroPythonの実行にはBIN形式のプログラム・ファイルをドラッグ&ドロップ

GR-MANGOはMbedベースのボードですから，プログラムの書き込みはボードの電源投入時にUSBケーブルを介してホストPCから認識されるUSBストレージに，BIN形式のプログラム・ファイルをドラッグ&ドロップでコピーすることで行います．この手順でGR-MANGO向けMicroPythonファームウェアのBIN形式プログラムをコピーします．

マイコン・レジスタにアクセスするモジュールを作る

● STM32向けのMicroPythonの中身

▶マイコンのメモリをアクセスする関数

MicroPythonのmachineモジュールには，マイコンのメモリをアクセスするmem32（，mem16，mem8）

表1 GR-MANGOで実装した機能

STM32 Pyb モジュール	RZA2M Rab モジュール	概　要
Accel	未実装	加速度センサ
ADC	ADC	A-D変換
CAN	未実装	CAN
DAC	未実装	D-A変換
ExtInt	ExtInt	I/Oピンによる外部割り込み
I^2C	I^2C	I^2C
LCD	未実装	LCD制御
LED	LED	LEDオブジェクト
Pin	Pin	I/Oピン
PinAF	未実装	ピン周辺機能
RTC	RTC	リアル・タイム・クロック
Servo	未実装	サーボ(PWM)
SPI	SPI	SPI
Switch	Switch	スイッチ
Timer	Timer	タイマ
TimerChannel	同等機能なし	タイマ向けチャネル設定
UART	UART	シリアル通信
USB_HID	未実装	USB HID
USB_VCP	未実装	USB仮想COMポート

リスト1 STM32ポートのmodstm.cの抜粋

```
#include "genhdr/modstm_mpz.h"
                          // レジスタ名に対応するアドレス値の定義

STATIC const mp_rom_map_elem_t stm_module_globals_
                                              table[] = {
    { MP_ROM_QSTR(MP_QSTR___name__), MP_ROM_
                                   QSTR(MP_QSTR_stm) },
    { MP_ROM_QSTR(MP_QSTR_mem8), MP_ROM_
                              PTR(&machine_mem8_obj) },
                              // 8ビット幅でのメモリ読み書き
    { MP_ROM_QSTR(MP_QSTR_mem16), MP_ROM_
                             PTR(&machine_mem16_obj) },
                             // 16ビット幅でのメモリ読み書き
    { MP_ROM_QSTR(MP_QSTR_mem32), MP_ROM_
                             PTR(&machine_mem32_obj) },
                             // 32ビット幅でのメモリ読み書き
    #include "genhdr/modstm_const.h"
                             // STM32 MPUの一部のレジスタ名
:
};

STATIC MP_DEFINE_CONST_DICT(stm_module_globals,
                            stm_module_globals_table);
```

と呼ばれる関数が用意されています．これらの関数はまた，例えば，STM32のポートでは，マイコン依存のstmモジュール(modstm.c)のグローバル・テーブルstm_module_globals_tables[]中にも定義されています(**リスト1**)．

▶レジスタ

これらの関数の他に，このテーブルには，modstm_mpz.hとmodstm_const.hというヘッダがインクルードされています．modstm_const.hでは，STM32マイコンの一部のレジスタ名が定義

リスト2 modstm.cに相当するものとしてmodrz.cを作る

```
STATIC const mp_rom_map_elem_t rz_module_globals_
                                              table[] = {
    { MP_ROM_QSTR(MP_QSTR___name__), MP_ROM_
                                    QSTR(MP_QSTR_rz) },
    { MP_ROM_QSTR(MP_QSTR_mem8), MP_ROM_
                              PTR(&machine_mem8_obj) },
                              // 8ビット幅でのメモリ読み書き
    { MP_ROM_QSTR(MP_QSTR_mem16), MP_ROM_
                             PTR(&machine_mem16_obj) },
                             // 16ビット幅でのメモリ読み書き
    { MP_ROM_QSTR(MP_QSTR_mem32), MP_ROM_
                             PTR(&machine_mem32_obj) },
                             // 32ビット幅でのメモリ読み書き
:
};
STATIC MP_DEFINE_CONST_DICT(rz_module_globals,
                            rz_module_globals_table);
```

リスト3 RZREGモジュールmodrzreg.cの抜粋

```
#include "modrz_mpz.h" // RZ MCUのレジスタ定義で使用する
         アドレス値のオブジェクトの定義のヘッダのインクルード

STATIC const mp_rom_map_elem_t rzreg_module_
                                      globals_table[] = {
    { MP_ROM_QSTR(MP_QSTR___name__), MP_ROM_
                                 QSTR(MP_QSTR_rzreg) },
    #include "modrz_const.h"
                     // RZ MCUのレジスタ定義のヘッダのインクルード

};
```

されています．modstm_mpz.hでは，modstm_const.hで定義されたレジスタ名に対応するアドレス値が，MicroPythonのintオブジェクト(mp_obj_int_t)として定義されています．どちらも，ビルド時に，STM32 MPUのベンダ定義のヘッダ・ファイルからmake-pins.pyスクリプトから自動生成されるようになっています．

● RZマイコンで行うこと

▶メモリ・アクセス

この仕組みをRZポートに導入します．まず，modstm.cに相当するものとして，modrz.cを作成し(**リスト2**)，その中にrz_module_globals_table[]を定義し，mem32，mem16，mem8関数を登録します．mem32，mem16，mem8は，MicroPythonのmachineモジュール中に既にひな型がありますので，それらを参照するようにします．

▶レジスタ

レジスタ名とアドレス値は，RZモジュール中ではなく，RZREGモジュール(modrzreg.c)を新たに定義し(**リスト3**)，その中に定義することにしました．最初に登録しようとしたRZマイコンのレジスタ数がSTM32マイコンで登録されているレジスタ数と比較し，あまりに多かったため，RZモジュールに登録すると，MicroPythonのRZモジュール情報の表示操作

リスト4　RZマイコンのレジスタのアドレス定義の情報のヘッダ・ファイルmodz_const.hの抜粋

```
:
#define CONST_OFS_PORT  1
:
{ MP_ROM_QSTR(MP_QSTR_PORT0), MP_ROM_PTR(&mpz_
        fcffe000) },     // PORT0レジスタのアドレスの定義
:
#if CONST_OFS_PORT
{ MP_ROM_QSTR(MP_QSTR_PORT0_PDR), MP_ROM_INT(0x0)
        },              // PORT0 PDRレジスタのオフセットの定義
{ MP_ROM_QSTR(MP_QSTR_PORT0_PODR), MP_ROM_INT(0x40)
        },              // PORT0 PODRレジスタのオフセットの定義
{ MP_ROM_QSTR(MP_QSTR_PORT0_PIDR), MP_ROM_INT(0x60)
        },              // PORT0 PIDRレジスタのオフセットの定義
{ MP_ROM_QSTR(MP_QSTR_PORT0_PMR), MP_ROM_INT(0x80)
        },              // PORT0 PMRレジスタのオフセットの定義
{ MP_ROM_QSTR(MP_QSTR_PORT0_DSCR), MP_ROM_
                                   INT(0x140) }
                        // PORT0 DSCRレジスタのオフセットの定義
:
#endif
```

リスト5　リスト4で使用するアドレス値のオブジェクトの定義のヘッダ・ファイルmod_mpz.hの抜粋

```
:
// PORT0レジスタのアドレス0xfcffe000をMicroPythonの整数
                              オブジェクトとして定義
STATIC const mp_obj_int_t mpz_fcffe000 =
        {{&mp_type_int}, {.neg = 0, .fixed_dig = 1,
          .alloc = 2, .len = 2, .dig = (uint16_t *)
             (const uint16_t[]) {0xe000, 0xfcff}}};
:
```

表2　汎用入出力ポート関連レジスタ

カテゴリ	レジスタ	ビット幅	オフセット	機　能
PORTx	PDR	16	0x00	ピンの不使用/入力/出力を指定する
	PODR	8	0x40	ピンの出力データを格納する
	PIDR	8	0x60	ピンの(入力)状態を反映する
	PMR	8	0x80	ピンの機能を指定するポート・モード・レジスタ
GPIO	PFS	8	0x00	ピンに周辺機能を割り付ける

の際に，RZモジュールの他の関数が見つけにくくなってしまったからです．

リスト4のmodrz_const.hは，RZマイコンのレジスタのアドレス定義の情報のヘッダ・ファイルで，**リスト5**のmodrz_mpz.hは，その定義で使用するアドレス値のオブジェクトの定義のヘッダ・ファイルです．mod_mpz.hのように，MicroPythonの32ビットのintオブジェクトは，32ビットの整数値をそのまま使用するのでなく，16ビットの整数値の配列を用いて定義しています．

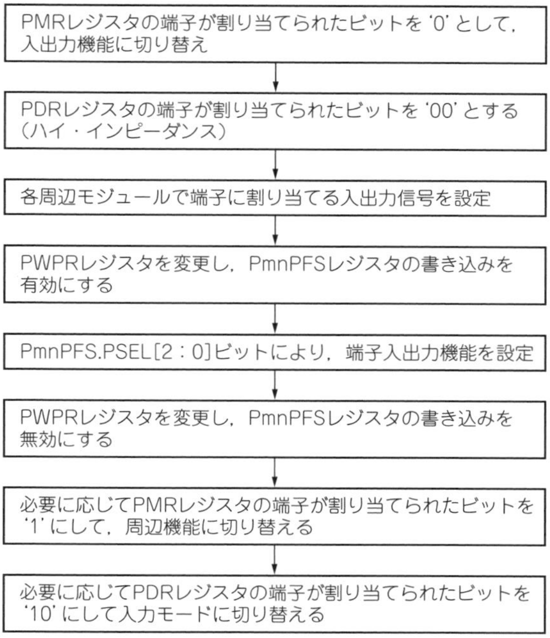

PMRレジスタの端子が割り当てられたビットを‘0’として，入出力機能に切り替え
↓
PDRレジスタの端子が割り当てられたビットを‘00’とする（ハイ・インピーダンス）
↓
各周辺モジュールで端子に割り当てる入出力信号を設定
↓
PWPRレジスタを変更し，PmnPFSレジスタの書き込みを有効にする
↓
PmnPFS.PSEL[2：0]ビットにより，端子入出力機能を設定
↓
PWPRレジスタを変更し，PmnPFSレジスタの書き込みを無効にする
↓
必要に応じてPMRレジスタの端子が割り当てられたビットを‘1’にして，周辺機能に切り替える
↓
必要に応じてPDRレジスタの端子が割り当てられたビットを‘10’にして入力モードに切り替える

図1　周辺機能の設定手順

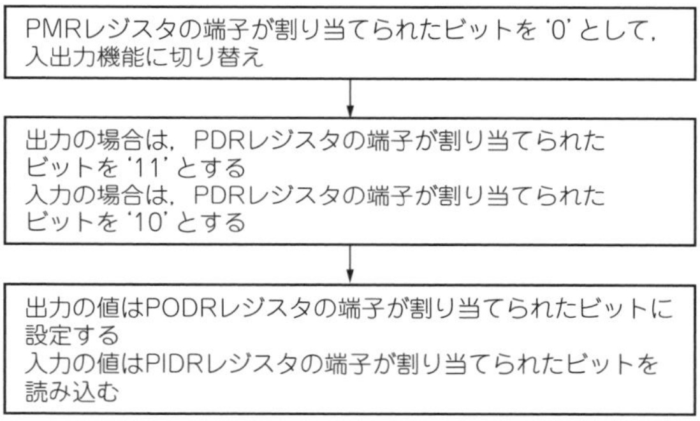

PMRレジスタの端子が割り当てられたビットを‘0’として，入出力機能に切り替え
↓
出力の場合は，PDRレジスタの端子が割り当てられたビットを‘11’とする
入力の場合は，PDRレジスタの端子が割り当てられたビットを‘10’とする
↓
出力の値はPODRレジスタの端子が割り当てられたビットに設定する
入力の値はPIDRレジスタの端子が割り当てられたビットを読み込む

図2　汎用入出力機能の設定手順

この2つのファイルはe^2 studioのデバッガで表示されるIO Registersウィンドウの値をxmlファイルとしてエクスポートして，手動で作成しました．

登録するレジスタは，CONST_OFS_レジスタ名の値により，ビルド時に登録するかどうかを設定しています．登録されているレジスタは，REPLコンソールから，import RZREGの後，RZREG. Tabと入力することで確認できます．あらかじめ，MicroPythonに登録されていないレジスタは，アドレス値を変数に定義して，実行するとよいでしょう．

MicroPythonでRZマイコンの汎用入出力ポートを操作する

RZマイコンの汎用入出力ポートの各ポートは周辺モジュール・ピンとマルチプレクスされており，レジ

リスト6　RZマイコン・レジスタ・アクセスによるLEDのON/OFF制御プログラム

```
import rz
import rzreg
import time
from machine import Pin

led1 = Pin.cpu.P01.pin()     # ピンのid値:1
led2 = Pin.cpu.P03.pin()     # ピンのid値:3
led3 = Pin.cpu.P05.pin()     # ピンのid値:5
led4 = Pin.cpu.P82.pin()     # ピンのid値:66 = 8*8 + 2

leds = [led1, led2, led3, led4]

def gpio_output(pin):
    port = pin >> 4
                  # pinのid値からポートレジスタのオフセットを計算
    mask1 = 1 << (pin & 7)
    maskd = 3 << ((pin & 7) << 1)
    masko = 3 << ((pin & 7) << 1)
    ppmr = rzreg.PORT0 + 128 + port
    ppdr = rzreg.PORT0 + 0 + port * 2
                          # 該当のPDDRレジスタのオフセットを計算
    rz.mem8[ppmr] &= ~mask1
                        # PMRレジスタの該当ビットをクリア(GPIO)
    rz.mem16[ppdr] &= ~maskd
                         # PDRレジスタに該当ビットをクリアしてから
    rz.mem16[ppdr] |= masko
                   # PDRレジスタに該当ビットに"11"を設定(出力)

def gpio_write(pin, v):
    port = pin >> 4
                  # pinのid値からポートレジスタのオフセットを計算
    mask1 = 1 << (pin & 7)
    ppodr = rzreg.PORT0 + 64 + port
                          # 該当のPODRレジスタのオフセットを計算
    # print("ppodr:" + hex(ppodr))
    if v != 0:
        rz.mem8[ppodr] |= mask1
                         # PODRの該当ビットをセット("1"を出力)
    else:
        rz.mem8[ppodr] &= ~mask1
                         # PODRの該当ビットをクリア("0"を出力)

def gpio_toggle(pin):
    port = pin >> 4
    mask1 = 1 << (pin & 7)
                          # 該当のPODRレジスタのオフセットを計算
    ppodr = rzreg.PORT0 + 64 + port
    rz.mem8[ppodr] ^= mask1        # PODRの該当ビットを反転

def led_on(pin):
    gpio_output(pin)
    gpio_write(pin, 1)

def led_off(pin):
    gpio_output(pin)
    gpio_write(pin, 0)

def led_toggle(pin):
    gpio_output(pin)
    gpio_toggle(pin)

n = 0
while True:
    n = (n + 1) % 4
    led_toggle(leds[n])
    time.sleep_ms(50)
```

スタの設定によってピンの機能を選択できます(**表2**). **図1**, **図2**に周辺機能と汎用入出力機能の設定手順を示します.

● LED ON/OFF制御のMicroPythonプログラム

GR-MANGOには, 4つのLEDがありますので, 実装した拡張モジュールを利用したLEDのON/OFFを制御するMicroPythonのプログラムを作成します. 4つのLEDはそれぞれ, RZマイコンのP01, P03, P05, P82ピンに接続されています(ピンを"H"で点灯). 前節の汎用入出力機能の設定手順に従い, LEDに割り当てられたピンを設定します. **リスト6**のサンプルでは, 4つのLEDを50msごとにON/OFFを切り替えています. レジスタ・アクセス・モジュールは, PORTレジスタ以外にも利用できるので, 今まではC言語で記述していたRZマイコンの, ちょっとした周辺機能の操作をMicroPythonで記述できます.

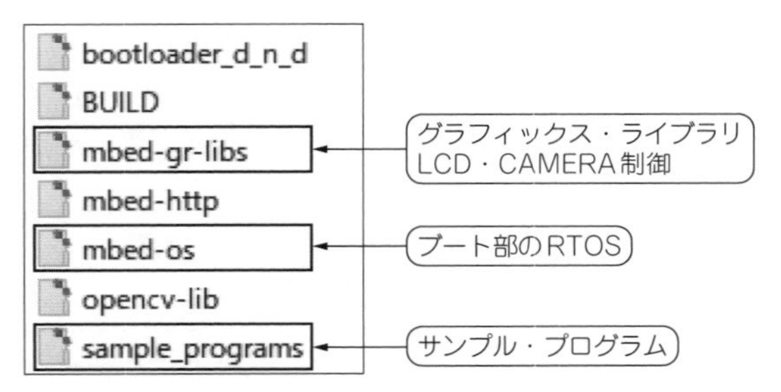

図3　RZ_A2M_Mbed_samplesのファイル構成

LCDおよびカメラ関連の周辺機能を用意する

● 流用元のサンプル

RZマイコンには, LCDインターフェースと2種類のカメラ・インターフェース[MIPIとDVP(Digital Video Port)]があります. MIPIインターフェースは, ラズベリー・パイ向けのカメラ・モジュールが接続できます.

ディスプレイ・コントローラの入力機能を利用したDVPでは, 24ピンDVPインターフェースを持つOVxxxxシリーズ(オムニビジョン)カメラ・モジュールなどが接続できます. 2つのカメラを同時に使用することもできます.

MicroPythonの拡張モジュールを作成するに当たり, これらのインターフェースを制御するのに, ルネサス エレクトロニクスがMbed用に提供しているサンプルRZ_A2M_Mbed_samples(1)を一部利用することにします.

このサンプルは**図3**のようなフォルダ構成となっています. 25個のサンプル・プログラムが`sample_programs`フォルダに含まれており, `sample_select.h`ヘッダ中の定義を変更することで, 特定

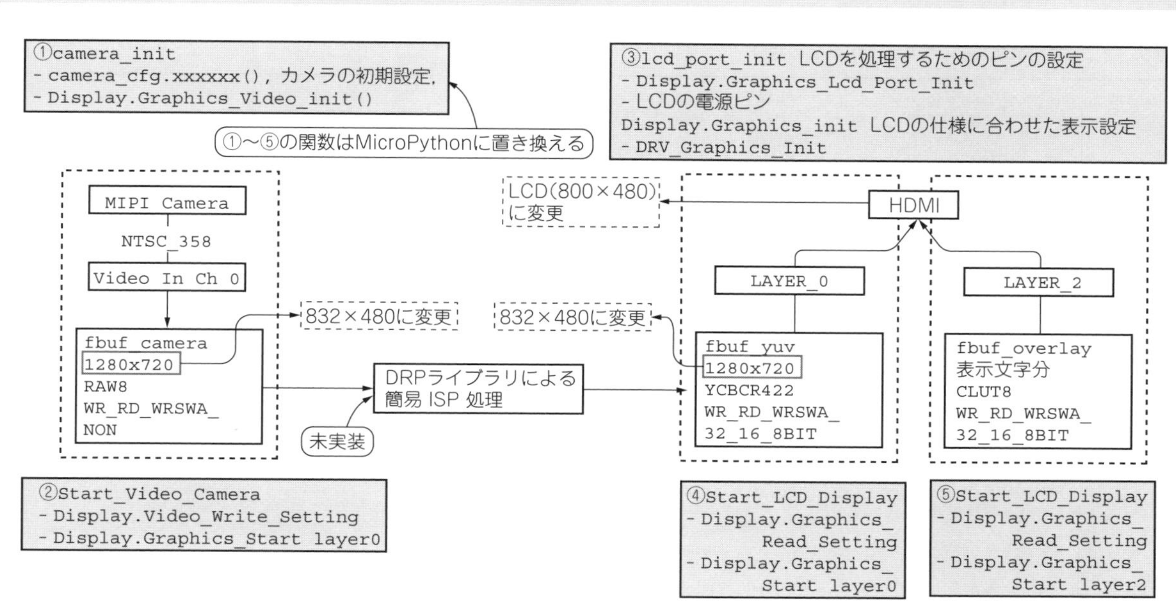

図4　sample18_mipi_drp_lcd.cppのアーキテクチャ

のサンプルを指定し，ビルドできるようになっています．ビルドは，Mbed Studio，Mbedのウェブ・コンパイル環境およびe² studioなどのDesktop IDE環境で行うことができます．本章では，ビルド手順は省略しています．

● MicroPythonで置き換えるサンプル・プログラム

このサンプルのうち，sample18_mipi_drp_lcd.cpp相当のMicroPythonプログラムを動作させることを目的に，RZマイコン向けのLCDモジュールとCAMERAモジュールを作成します．**図4**のようにsample18_mipi_drp_lcd.cppでは，ラズベリー・パイ向けのMIPIカメラのRAW 8ビット形式の映像信号をRZマイコンのMIPIモジュールで1280×720解像度でバッファ(fbuf_camera)に取り込みます．取り込んだ8ビット解像度のデータを動的再構成プロセッサであるDRPのライブラリによって映像出力用の1280×720解像度，YCBCR422形式に変換します．変換した画像データは，LCDインターフェースのLayer0として，HDMI信号として出力されています．DRPライブラリの簡易ISP処理では，露光制御，デモザイク，ノイズ除去，鮮鋭化，ガンマ補正を行っています．RZマイコン用のMicroPythonでは，DRPの呼び出しを省略し，カメラの解像度を832×480，HDMIを800×480のLCDに変更し，図の枠線で囲まれた関数をMicroPythonで実装しています．

sample18では，mbed-gr-libs(およびmbed-os)中のcppで書かれたクラスを呼び出しています．従って，RZマイコン用のMicroPythonの拡張モジュールとして，それらのクラスに相当する，mbed-gr-libs中のモジュールを実装する必要があります．mbed-gr-libs(2)を，RZマイコン用のMicroPythonに，git submoduleとして取り込みます．git submoduleとしてMicroPythonのビルド環境に取り込む具体的な手順は本章では省略しています．

Pico向けに作ったLCD拡張クラスとDISPLAY拡張クラスの実装

Pico向けに実装したSPI接続LCD拡張モジュールと同じ機能を，RZマイコン向けパラレル・バス接続LCDおよびDISPLAY拡張クラスとして実装します．

● LCD拡張クラス

LCD拡張クラスでは，GR-MANGOに接続するLCDモジュール・タイプあるいはHDMIインターフェースに応じて，RZマイコンの周辺機能(ディスプレイ・コントローラVDC6)の初期設定を行います．

DISPLAYクラスでは，描画機能に関するRZマイコンのVDC6で使用するフレーム・バッファの処理，描画データのフォーマットなどに合わせた設定処理を行います．

RZマイコンのLCD周辺機能の設定部分は，mbed-gr-libsライブラリ中のcppのクラスを呼び出すので，第9部第1章図6のcppによるモジュールの実装例のように，

- グローバル・テーブル(modrz.c，**リスト7**)
- クラス定義(rz_lcd.c)
- cppからcへのラッパ(mbed_lcd.cpp)
- cpp実装(mbed-gr-libs)

リスト7　グローバル・テーブルmodrz.cの抜粋

```
STATIC const mp_rom_map_elem_t rz_module_globals_table[] = {
    { MP_ROM_QSTR(MP_QSTR___name__), MP_ROM_QSTR(MP_QSTR_rz) },

    { MP_ROM_QSTR(MP_QSTR_mem8), MP_ROM_PTR(&machine_mem8_obj) },       // machineモジュールのmem8をRZモジュールでも利用
    { MP_ROM_QSTR(MP_QSTR_mem16), MP_ROM_PTR(&machine_mem16_obj) },     // machineモジュールのmem16をRZモジュールでも利用
    { MP_ROM_QSTR(MP_QSTR_mem32), MP_ROM_PTR(&machine_mem32_obj) },     // machineモジュールのmem32をRZモジュールでも利用

    { MP_ROM_QSTR(MP_QSTR_LCDSPI), MP_ROM_PTR(&rz_lcdspi_type) },       // rp2実装したLCDSPIクラスをGR-MANGOでも実装
    { MP_ROM_QSTR(MP_QSTR_DISPLAY), MP_ROM_PTR(&rz_display_type) },     // DISPLAYクラス定義
    { MP_ROM_QSTR(MP_QSTR_LCD), MP_ROM_PTR(&rz_lcd_type) },             // LCDクラス定義
    { MP_ROM_QSTR(MP_QSTR_CAMERA), MP_ROM_PTR(&rz_camera_type) },       // CAMERAクラス定義
};
STATIC MP_DEFINE_CONST_DICT(rz_module_globals, rz_module_globals_table);
```

リスト8　LCDクラス定義の実装rz_lcd.cの抜粋

```
STATIC const mp_rom_map_elem_t rz_lcd_locals_dict_table[] = {
    { MP_ROM_QSTR(MP_QSTR_width), MP_ROM_PTR(&rz_lcd_get_width_obj) },      // LCDモジュールの幅の解像度の取得
    { MP_ROM_QSTR(MP_QSTR_height), MP_ROM_PTR(&rz_lcd_get_height_obj) },    // LCDモジュールの高さの解像度の取得
                          // ここからは，使用できるLCDモジュールidの定義 (mbed-gr-libsで定義されているものをそのまま定義)
    { MP_ROM_QSTR(MP_QSTR_GR_PEACH_4_3INCH_SHIELD), MP_ROM_INT(GR_PEACH_4_3INCH_SHIELD) },
:
    { MP_ROM_QSTR(MP_QSTR_ATM0430D25), MP_ROM_INT(ATM0430D25) },             // 本記事でテストしたLCD
:
    { MP_ROM_QSTR(MP_QSTR_LCD_800x480), MP_ROM_INT(LCD_800x480) },           // 本記事でテストしたLCD
:
    { MP_ROM_QSTR(MP_QSTR_RGB_TO_HDMI), MP_ROM_INT(RGB_TO_HDMI) },           // HDMI出力
};
STATIC MP_DEFINE_CONST_DICT(rz_lcd_locals_dict, rz_lcd_locals_dict_table);
```

リスト9　DISPLAY拡張クラスrz_display.cの抜粋

```
STATIC const mp_rom_map_elem_t rz_display_locals_dict_table[] = {
:
    { MP_ROM_QSTR(MP_QSTR_start_display), MP_ROM_PTR(&rz_display_start_display_obj) },  // LCDの表示を開始
    { MP_ROM_QSTR(MP_QSTR_get_fb_array), MP_ROM_PTR(&rz_display_get_fb_array_obj) },
                                                        // LCDのフレームバッファをbytearrayとして取得
    { MP_ROM_QSTR(MP_QSTR_get_fb_ptr), MP_ROM_PTR(&rz_display_get_fb_ptr_obj) },
                                                        // LCDのフレームバッファの先頭アドレスを取得
    { MP_ROM_QSTR(MP_QSTR_get_fb_size), MP_ROM_PTR(&rz_display_get_fb_size_obj) },
                                                        // LCDのフレームバッファのサイズを取得
// ここからは基本的な描画関数の定義
    { MP_ROM_QSTR(MP_QSTR_clear), MP_ROM_PTR(&rz_display_clear_obj) },       // LCDの表示エリアを前景色でクリア
    { MP_ROM_QSTR(MP_QSTR_pset), MP_ROM_PTR(&rz_display_pset_obj) },         // 指定位置に点の描画
:
    { MP_ROM_QSTR(MP_QSTR_pututf8), MP_ROM_PTR(&rz_display_pututf8_obj) },   // 指定位置にutf8文字列表示
// グラフィックデータの形式の定義
    { MP_ROM_QSTR(MP_QSTR_G_YCBCR422), MP_ROM_INT(GFORMAT_YCBCR422) },
    { MP_ROM_QSTR(MP_QSTR_G_RGB565), MP_ROM_INT(GFORMAT_RGB565) },
:
};
STATIC MP_DEFINE_CONST_DICT(rz_display_locals_dict, rz_display_locals_dict_table);
```

というフローになります．

LCDクラスの定義は，第3章と同じように，modrz.c中のrz_module_globals_tables[]構造体に，クラス(rz_lcd_type)として追加します．**リスト8**に，lcd idとしては，mbed-gr-libsで定義されているものをそのまま定義しましたが，以下の節での動作確認は，480×272解像度と800×480解像度のLCDでのみ行っています．

LCDクラス定義の実装は，rz_lcd.cで行っています(**リスト8**)．LCDクラスでは，使用するLCDモジュールやHDMIディスプレイのlcd_idを指定して，RZマイコンのVDC6などの周辺機能の設定を行います．LCDの解像度の情報をDISPLAYクラスなどで利用するために，幅と高さの情報を取得する関数も定義しています．

● DISPLAY拡張クラス

DISPLAY拡張クラス(**リスト9**)では，font_id，format(グラフィック形式)，buf_ptr(フレーム・バッファのアドレス)，stride(フレーム・バッファの1列分のデータ・バイト数)，layer(表示レイヤ)などのパラメータを指定できるように処理を加えてお

リスト10　LCDクラスとDISPLAYクラスを利用したサンプル・プログラム

```
from rz import DISPLAY
from rz import LCD
from rz import CAMERA
from rz import FONT

lcd = LCD(lcd_id=LCD.LCD_800x480)
width = lcd.width()   // LCDの幅取得
height = lcd.height() // LCDの高さ取得
:
// hs, vs, hw, vwの値はLCDの左半分になるように設定
display0=DISPLAY(font_id=4, format=DISPLAY.G_RGB565, layer_id=0, width=width, height=height, hs=hs, vs=vs,
hw=int(hw/2), vw=vw)  // フレームバッファを持つDISPLAYクラスのオブジェクト作成
display0.start_display()          // DISPLAYオブジェクトをLCDに表示
display0.clear(DISPLAY.Cyan)      // Cyan色で画面を描画
display0.box_fill(50,60,220,300,DISPLAY.Yellow) // Yellow色でBOX塗りつぶし描画
display0.circle_fill(100,100,50,DISPLAY.Green)  // Green色で円塗りつぶし描画
display0.circle_fill(200,200,50,DISPLAY.Red)    // Red色で円塗りつぶし描画
display0.line(0,0,100,200,DISPLAY.Blue)         // Blue色で線描画
display0.circle(150,200,50,DISPLAY.Blue)        // Blue色で円描画
:
// hs, vs, hw, vwの値はLCDの右半分になるように設定
display2=DISPLAY(font_id=4, format=DISPLAY.G_RGB565, layer_id=2, width=int(width/4), height=int(height/4),
hs=hs2, vs=vs2, hw=hw2, vw=vw2)  // フレームバッファを持つDISPLAYクラスのオブジェクト作成
display2.start_display()          // DISPLAYオブジェクトをLCDに表示
display2.clear(DISPLAY.Green)     // Green色で画面を描画
display2.fcol(DISPLAY.Red)        // Red色にフォアグランド色を設定
display2.bcol(DISPLAY.White)      // White色にバックグラウンド色を設定
display2.pututf8("インターフェイス誌¥r¥n")  // utf8文字列の表示
display2.pututf8("掲載予定¥r¥n")           // utf8文字列の表示
```

り，display0=DISPLAY(font_id=4, format=DISPLAY.G_RGB565, layer_id=0, width=width, height=height, hs=hs, vs=vs, hw=int(hw/2), vw=vw)のようにクラスをインスタンス化できます．

buf_ptrパラメータを省略した場合には，widthとheightとformat（グラフィックス形式）に合わせて，内部でフレーム・バッファのメモリ領域をRAMから確保するようにしています．フレーム・バッファは，widthとheightの任意のサイズに指定できます．LCDモジュール上のフレーム・バッファの表示位置は，hs（開始のx座標），vs（開始のy座標），hw（表示幅），vw（表示の高さ）の矩形パラメータで設定します．表示位置を変更することでウインドウ窓（スプライト表示）を表示可能です．

get_fb_array()メソッドでは，DISPLAYクラスに割り当てたフレーム・バッファをMicroPythonのbinaryarrayとして返すので，Pythonで画像データを処理できます．

● LCDに表示する

リスト10に表示のサンプル・プログラムを示します．LCDの画面領域を左右に分割し，左の領域はレイヤ0に割り当て，右の領域はレイヤ2に分け，それぞれの領域に線，ボックス，円，文字列などを描画しています（**写真2**）．なお，DISPLAYクラスではLCDSPIクラスで実装した，基本的な描画関数と文字列表示関数が同じように利用できます．

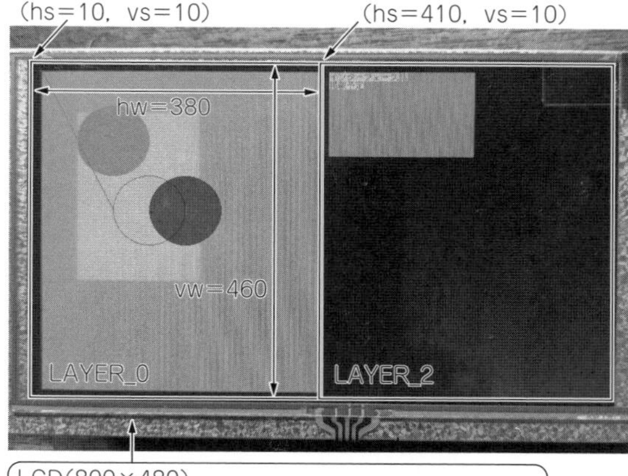

写真2　LCD拡張クラスのサンプル・プログラム実行例

CAMERA拡張クラスの実装

● 処理内容

CAMERA拡張クラスの定義は，rz_camara.cで行っています．CAMERA拡張クラスでは，

- camera_id, format（カメラの出力のビデオ形式）
- buf_ptr（フレーム・バッファのアドレス）
- stride（フレーム・バッファの1列分のデータ・バイト数）
- input_ch（インプット・チャネル）

リスト11　CAMERA拡張クラスの定義rz_camera.cの抜粋

```
STATIC const mp_rom_map_elem_t camera_locals_dict_table[] = {
    { MP_ROM_QSTR(MP_QSTR_get_fb_array), MP_ROM_PTR(&rz_camera_get_fb_array_obj) },
                                                        // カメラのフレームバッファをbytearrayオブジェクトで返す
    { MP_ROM_QSTR(MP_QSTR_get_fb_ptr), MP_ROM_PTR(&rz_camera_get_fb_ptr_obj) },     // カメラのフレームバッファのアドレス取得
    { MP_ROM_QSTR(MP_QSTR_get_fb_size), MP_ROM_PTR(&rz_camera_get_fb_size_obj) },   // カメラのフレームバッファのサイズ取得
    { MP_ROM_QSTR(MP_QSTR_StartCamera), MP_ROM_PTR(&rz_camera_start_obj) },         // カメラの表示開始
:
// カメラモジュールの定義
:
    { MP_ROM_QSTR(MP_QSTR_OV7725S), MP_ROM_INT(CAMERA_OV7725) },                      // 動作確認したカメラ
:
    { MP_ROM_QSTR(MP_QSTR_RASPBERRY_PI_832X480), MP_ROM_INT(CAMERA_RASPBERRY_PI_832X480) },   // 動作確認したカメラ
};
STATIC MP_DEFINE_CONST_DICT(camera_locals_dict, camera_locals_dict_table);
```

リスト12　CAMERAクラスを利用して表示するためのサンプル・プログラム

```
from rz import DISPLAY
from rz import LCD
from rz import CAMERA
from rz import FONT

lcd0=LCD(lcd_id=LCD.LCD_800x480)
width=lcd0.width()    // LCDの幅取得
height=lcd0.height()  // LCDの高さ取得
:
display3=DISPLAY(font_id=4, format=DISPLAY.G_YCBCR422, layer_id=0, stride=1280, width=640, height=480, hs=hs3,
                                    vs=vs3, hw=hw3, vw=vw3)  // フレームバッファを持つDISPLAYクラスのオブジェクト作成
display3.start_display()          // DISPLAYオブジェクトをLCDに表示
buf_ptr3=display3.get_fb_ptr()    // フレームバッファをアドレス取得
camera3=CAMERA(camera_id=CAMERA.OV7725, format=CAMERA.C_YCBCR422, input_ch=0, buf_ptr=buf_ptr3, stride=1280,
                               reset_level=0)   // DISPLAYオブジェクトのフレームバッファを指すCAMERAクラスのオブジェクト作成
camera3.start_camera()            // カメラの映像をフレームバッファに入力し，LCDに表示

display2=DISPLAY(font_id=4, format=DISPLAY.G_CLUT8, layer_id=2, width=832, height=480, hs=hs2, vs=vs2, hw=hw2,
                                                vw=vw2)  // フレームバッファを持つDISPLAYクラスのオブジェクト作成
display2.start_display()          // DISPLAYオブジェクトをLCDに表示
buf_ptr2=display2.get_fb_ptr()    // フレームバッファをアドレス取得
camera2=CAMERA(camera_id=CAMERA.RASPBERRY_PI_832X480, format=CAMERA.C_RAW8, input_ch=0, buf_ptr=buf_ptr2,
                   stride=832, reset_level=0)   // DISPLAYオブジェクトのフレームバッファを指すCAMERAクラスのオブジェクト作成
camera2.start_camera()            // カメラの映像をフレームバッファに入力し，LCDに表示
```

などのパラメータを指定できるように処理を加えています．

```
camera2=CAMERA(camera_id=CAMERA.RASPBERRY_PI_832X480, format=CAMERA.V_RAW8, input_ch=0, buf_ptr=buf_ptr2, stride=832, reset_level=0)
```

でインスタンスを作成できます．buf_ptrパラメータには，DISPLAYクラスで使っているフレーム・バッファのアドレスを，strideにそのフレーム・バッファのstride値を指定します．カメラとしては，mbed-gr-libsで定義されているものとそれ以外も幾つか追加定義しましたが，本章で動作確認したのは，PiCamera V2とOV7725のみです．現時点では，カメラ・モジュールの定義とビデオ形式の選択は，カメラidごとにプログラム中で固定データ（PiCamera V2はRAW8，OVシリーズはYCBCR422）として登録されています（**リスト11**）．

● カメラからの入力をLCDに表示する

CAMERAクラスとLCD/DISPLAYクラスを使用することで，カメラからの入力を直接LCDに表示できます．LCDの画面領域を左右に分割し，左の領域はレイヤ0に割り当て，右の領域はレイヤ2に分け，左側にはMIPIのPiCamera V2の画像，右側にはOV7725の画像を表示しています．PiCamera V2では，camera_idに解像度832×480のRaspberry Pi Camera，ビデオ形式に8ビットRAWデータ，入力チャネルに0を指定して，CAMERAクラスを作成します．このとき，DISPLAYクラスのフレーム・バッファの先頭アドレスをbuf_ptrに設定し，strideには8ビットRAWのカメラの幅解像度分の832バイトを設定します．次にstart_camera()でカメラの入力を開始すると，カメラからの入力をLCDに表示できるようになります（**リスト12**，**写真3**）．

＊　＊　＊

Picoでは，SDKを利用して，Arduino IDE開発環境を利用できるようなので，今回実装した機能以外

コラム　MicroPythonのプログラムの学び方

関本 健太郎

MicroPythonのプログラムはどこから学び始めたら良いでしょうか．ウェブにあるチュートリアル的な記事でも良いですが，筆者の経験では，まずは公式ページのチュートリアルやレファレンスから始めると良いと思います．

初心者は，MicroPythonのドキュメントを参照することから始めると良いでしょう．

```
https://micropython-docs-ja.readthedocs.io/ja/latest/
```

ラズパイPicoについては，RP2クイック・リファレンスが参考になります．

```
https://micropython-docs-ja.readthedocs.io/ja/latest/rp2/quickref.htm
```

GR-MANGOについては，pyboard用MicroPythonチュートリアルが参考になります．ただし，詳しいパラメータはソースコードを参照する必要があります．

```
https://micropython-docs-ja.readthedocs.io/ja/latest/pyboard/tutorial/index.html
```

中級者以上の方は，githubのリポジトリを参照すると，より高度な使い方を学べると思います．まずは，Micropythonのリポジトリのexamplesフォルダです．

ラズパイPicoについては，以下が参考になります．

```
https://github.com/micropython/micropython/tree/master/examples/rp2
```

次にtestsフォルダです．MicroPythonのテスト・フレームワークのプログラムが格納されており．MicroPythonでどんなPythonプログラムを実行できるかが，網羅的に確認できます．

```
https://github.com/micropython/micropython/tree/master/tests
```

便利なライブラリについては，micropython-libリポジトリを参照するとよいでしょう．

```
https://github.com/micropython/micropython-lib
```

MicroPythonの内部動作を知りたい方は，公式ドキュメントのMicroPythonの内部を読むと良いでしょう．

```
https://micropython-docs-ja.readthedocs.io/ja/latest/develop/index.html
```

第9部第1章は，この「C言語による MicroPythonの拡張」が元になっています．MicroPythonの移植についても記載されています．

特定のユースケースを検索する場合には，まず最初に，MicroPyhonのフォーラムの検索機能を使うと良いでしょう．先人の知恵を容易に利用できるようになると思います．

```
https://forum.micropython.org/
```

の，Arduinoで利用できる機能をMicroPythonの拡張モジュールとして取り込んでいきたいと思います．一方，RZA2Mを搭載したGR-MANGOには，今回は紹介できなかったDRP（動的再構成プロセッサ）機能をMicroPythonの拡張モジュールとして取り込み，Pythonで画像処理を行えるようにしていきたいと思います．

写真3　CAMERAクラスのサンプル・プログラム実行例

◆参考文献◆

(1) RZ_A2M_Mbed_samples，ルネサス エレクトロニクス．
https://github.com/renesas-rz/RZ_A2M_Mbed_samples

(2) mbed-gr-libs，ルネサス エレクトロニクス．
https://github.com/renesas-rz/mbed-gr-libs

(3) GADGET RENESASプロジェクト：「GR - ROSE」ではじめる電子工作，工学社，2019年．

(4) Pyboard クイックリファレンス．
https://micropython-docs-ja.readthedocs.io/ja/latest/pyboard/quickref.html

せきもと・けんたろう

せっかくだからPico Wを簡単なウェブ・サーバにしてみた

第1章 公式サンプルの活用法

小野寺 康幸

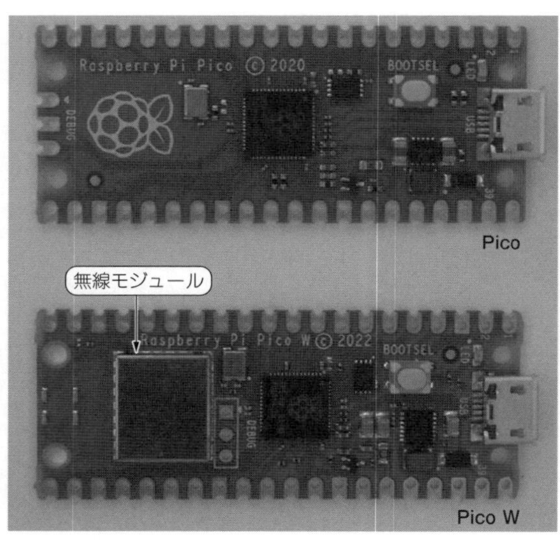

写真1　ラズベリー・パイPicoとPico W

ラズベリーパイ財団は，2022年6月30日Pico Wを発表しました．Pico Wは，2022年10月7日に技術基準適合証明(008-220422)を取得しました．既に最新の開発環境Pico C/C++SDKは，Pico Wに対応しています．

● Pico Wの特徴

Pico W(**写真1**)最大の特徴は2.4GHz帯を利用したWi-Fi(802.11n)機能です．無線モジュールCYW43439(インフィニオン・テクノロジーズ)注1とオンボード・アンテナで実現しました．Pico W搭載マイコンRP2040とCYW43439とは，SPIで通信します．PicoとPico Wとでは，ピン配置やサイズに違いはありません．

● Pico Wのアンテナ

アンテナ付近に金属を配置したり，金属で遮へいしないようにしましょう．電波伝搬に悪影響を及ぼします．4つのチップ・コンデンサを含む部分がアンテナです(**写真2**)．

注1：CYWの型名はサイプレスがインフィニオン・テクノロジーズに買収された名残です．

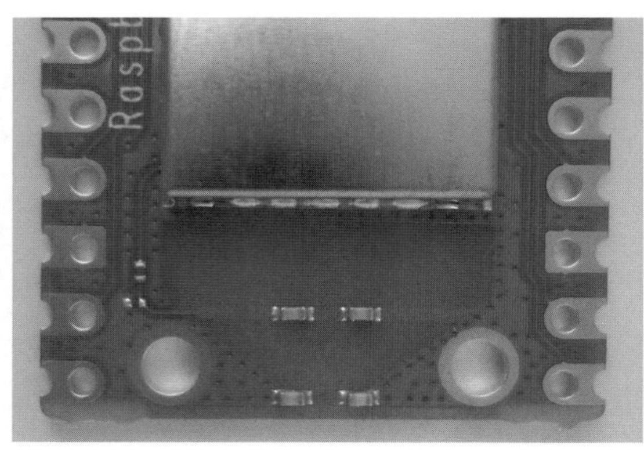

写真2　オンボード・アンテナ

Picoからのハードウェアの変更点

Picoから見てPico Wは，内部的に幾つかの変更点があります．PicoはRP2040のピンを全て使いきっており，無線モジュールCYW43439を制御する余分なピンはありません．そこで，Picoからどのように変更しているのか見ていきましょう．

PicoとPico Wの違いを**図1**と**図2**に示します．

● 違い1…GPIO29

PicoのGPIO29はアナログ入力ADC3として機能し，電源電圧V_{SYS}を取得するために使用します．

Pico WのGPIO29は，CYW43439のクロック信号WL_CLKとして使用します．さらにアナログ・スイッチを経由して，従来と同じADC3としても兼用します．なおV_{SYS}とは抵抗を介して接続しているため，信号の衝突はありません．

● 違い2…GPIO25

PicoのGPIO25はLED出力に使用します．Pico W

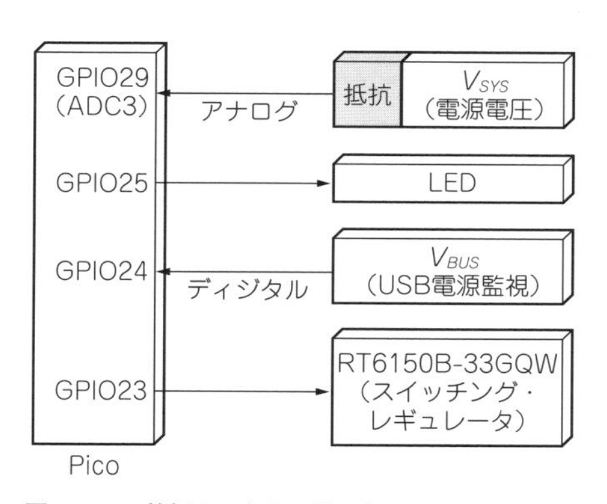

図1　Pico基板上の主たる電子部品

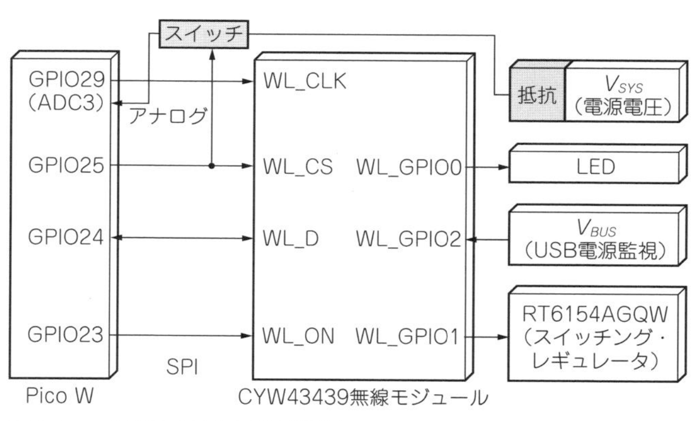

図2　Pico W基板上の主たる電子部品

のGPIO25はCYW43439のチップ・セレクト WL_CSに使用します．さらにアナログ・スイッチを制御します．“L”ならCYW43439を選択し，“H”ならアナログ・スイッチをONします．

● 違い3…GPIO24

PicoのGPIO24（入力）はUSB電源の監視をします．“L”ならUSB電源未検出，“H”ならUSB電源検出です．Pico WのGPIO24はデータ信号（双方向）WL_Dとして使用します．SPIは送受信に異なるピン（MOSIとMISO）を使用しますが，1本で行います．RP2040のSPI機能ではなく，PIO機能で実現します．

● 違い4…GPIO23

PicoのGPIO23はスイッチング・レギュレータの動作モードを制御します．“L”なら節電モード（デフォルト），“H”なら周波数固定モード（1MHz）で動作します．周波数を固定することでノイズも低減します．Pico WのGPIO23はCYW43439のオンWL_ONに使用します．

● 違い5…WL_GPIO0

LEDをCYW43439のWL_GPIO0で出力制御します．

● 違い6…WL_GPIO2

USB電源監視をCYW43439のWL_GPIO2で入力します．

● 違い7…WL_GPIO1

スイッチング・レギュレータをCYW43439のWL_GPIO1で出力制御します．意味はPicoと同じです．

このようにCYW43439を間にはさむ構造で足りないGPIOを補います．

● その他の違い

スイッチング・レギュレータもRT6150B-33GQWからRT6154AGQWに変更されています．その動作周波数は1MHzから2.4MHzに上がっています．

最大供給電流（3V3端子から供給できる電流）は0.8Aから4Aに上がっています．ただし，USBの制約から300mA以下を推奨しています．

Picoからのソフトウェアの変更点

次にソフトウェア的にネットワーク（Wi-Fi）をどのように実装しているのか見ていきましょう．Pico C/C++SDKにPico W用のネットワーク・ライブラリを実装しました．詳細はこちらを参考にしてください．

```
https://raspberrypi.github.io/pico-sdk-doxygen/group__networking.html
```

● ネットワーク層

ネットワークはスタック（層）構造をしています．理論としてOSIの7層モデルがあります．実際には幾つかの層が省略されていたり統合されていたりすることが多いです．

Pico Wでは下層部をcyw43ライブラリ，上層部をlwIPライブラリで構成しています（**図3**）．原則的に開発者はlwIPを呼び出して操作します．細かい操作が必要なときは下層のcyw43を直接呼び出すこともあります．

lwIP（lightweight IP）は，オープンソースのTCP/IPスタックであり，組み込みシステム向けに軽量化されています．インターネット層，トランスポート層，アプリケーション層，リンク層を統合していま

図3
Pico Wが利用することになるネットワーク層

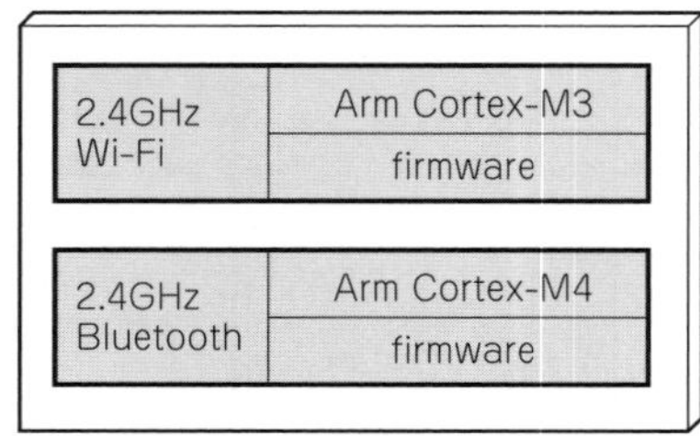

図4　CYW43439は2つのARMプロセッサを搭載している

す．詳細はこちらです．

```
http://savannah.nongnu.org/projects
/lwip/
```

▶1，インターネット層
IP (Internet Protocol)
ICMP (Internet Control Message Protocol)
IGMP (Internet Group Management Protcol)
▶2，トランスポート層
UDP (User Datagram Protocol)
TCP (Transmission Control Protocol)
▶3，アプリケーション層
DNS (Domain Name System)
SNMP (Simple Network Management Protocol)
DHCP (Dynamic Host Configuration Protcol)
▶4，リンク層
PPP (Point-toPoint Protocol)
ARP (Address Resolution Protocol)

● 無線モジュール CYW43439

cyw43ライブラリはハードウェアのCYW43439を操作します．実はCYW43439は2つのArmプロセッサを内蔵しています(**図4**)．M3がWi-Fiを制御し，M4がBluetoothを制御します．従って，制御するためのfirmware(バイナリのプログラム)が存在します．RP2040はM3と通信してWi-Fiを操作します．このためcyw43ライブラリはfirmwareを搭載したM3とやり取りします．

cyw43ライブラリはfirmware側のドライバとAPIで構成されています．

● GPIOの変更

GPIO23，GPIO24，GPIO25，GPIO29のハードウェア変更に伴いソフトウェアも変更されています．

具体的にはLED制御がGPIO25からCYW43439のWL_GPIO0に変更されています．Pico用のLED制御プログラムは動作しません．Pico WのLED制御はcyw43ライブラリを呼び出して制御します．

サンプル・プログラムのコンパイル

Pico Wに特化したコンパイルが必要です．ネットワークのプログラム開発方法はこちらを参考にしてください．

```
https://datasheets.raspberrypi.com/
picow/connecting-to-the-internet-
with-picow.pdf
```

● Wi-Fi接続

サンプルのディレクトリに移動します．

```
$ cd ~/pico/pico-examples/build/
```

コンパイル環境を整えます．

```
PICO_BOARD：pico_w
WIFI_SSID：Wi-FiルータのSSID
WIFI_PASSWORD：Wi-Fiルータのパスワード
```

を指定します．

```
$ cmake .. -DPICO_BOARD=pico_w
           -DWIFI_SSID=SSSS
           -DWIFI_PASSWORD=PPPP
```

サンプルをコンパイルします．

```
$ make -j4
```

● ポーリング方式とバックグラウンド方式

ネットワークは複雑な動きをします．OSを搭載していればネットワーク処理を任せられますが，Pico WはOSを搭載していません．そのため2つの方法が用意されています．

▶ポーリング方式

ネットワークを常時監視処理します．ネットワークを頻繁にポーリング処理します．

▶バックグラウンド方式

タイマ割り込みを使い，ネットワークをイベント処理します．

このため2つの方式のサンプル・プログラムを生成します．

```
• _poll.uf2
• _background.uf2
```

サンプル・プログラムを動かす

● 1，LED点灯

Pico WのLED点灯方法が変更されました．ピンがRP2040のGPIO25からCYW43439のWL_GPIO0に変わりました．サンプル・プログラムが違います．ソース・ファイルはblink.cです．

```
$ cd ~/pico/pico-examples/pico_w/
                                blink/
```

リスト1　LED点灯のサンプル・プログラム

```
int main() {
    stdio_init_all();
    if (cyw43_arch_init()) {
        printf("WiFi init failed");
        return -1;
    }
    while (true) {
        cyw43_arch_gpio_put(CYW43_WL_GPIO_LED_PIN, 1);
        sleep_ms(250);
        cyw43_arch_gpio_put(CYW43_WL_GPIO_LED_PIN, 0);
        sleep_ms(250);
    }
}
```

プログラム・ファイルはblink.uf2です.

```
$ cd ~/pico/pico-examples/build/
                              pico_w/blink/
```

プログラム・ファイルをコピーします.

```
$ cp blink.uf2 /media/pi/RPI-RP2/
```

リスト1はソース・ファイルの抜粋です.

● 2, SSID検出

Wi-Fiの電波を検出できなければ接続できません. そこでWi-FiルータのSSIDを検出して一覧を表示します. ここからはラズベリー・パイも利用します(**図5**). Pico Wのprintf出力先(stdout)をUSB CDCに切り替えます.

ソース・ファイルはpicow_wifi_scan.cです.

```
$ cd ~/pico/pico-examples/pico_w/
                              wifi_scan/
```

CMakeLists.txtに以下の記述を追加します.

```
pico_enable_stdio_usb(
        picow_wifi_scan_background 1)
pico_enable_stdio_uart(
        picow_wifi_scan_background 0)
pico_enable_stdio_usb(
              picow_wifi_scan_poll 1)
pico_enable_stdio_uart(
              picow_wifi_scan_poll 0)
```

設定を変更したので再コンパイルします.

```
$ cd ~/pico/pico-examples/build/
                     pico_w/wifi_scan/
$ make clean
$ make
```

プログラム・ファイルはpicow_wifi_scan_background.uf2です. これをPico Wにコピーします.

```
$ cp picow_wifi_scan_background.uf2
                     /media/pi/RPI-RP2/
```

検出結果を10秒ごとに表示するのでUSB CDCに接続してみましょう.

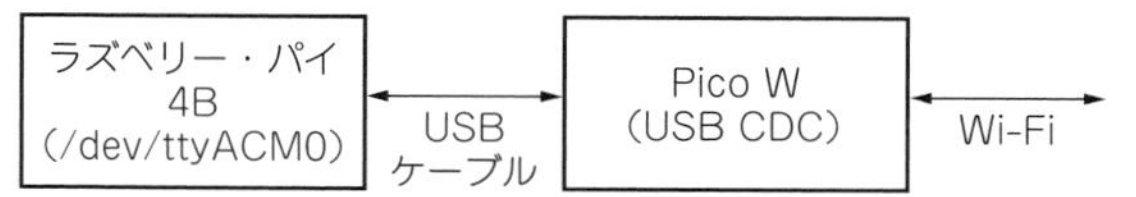

図5　ラズベリー・パイを利用してPico Wから情報を受け取り表示する

```
$ minicom -b 115200 -o -D /dev/
                              ttyACM0
Performing wifi scan
ssid: SSSSSSS               rssi:  -50
chan:    3 mac: 00:11:22:33:44:55
                                sec: 5
```

表示内容はSSID, 電波強度, 使用チャネル, MACアドレス, 認証方式です.

SSIDをステルス設定にしていると見つかりません. 近所のWi-Fiと使用チャネルを競合していないか確認できます.

minicomの終了はCTRL+A Zでコマンド一覧を開き, Xで終了します.

初期化関数を明示的に日本語対応するとよいでしょう.

```
cyw43_arch_init()
cyw43_arch_init_with_country(
                  CYW43_COUNTRY_JAPAN)
```

● 3, 時刻提供NTPサーバ

NTPサーバは, インターネット上で時刻を提供するサーバです. コンピュータ・システムはデータ処理のために正確な時刻を必要とする場合があります. そこで自分のコンピュータの時刻を同期する必要に迫られました. その仕組みがNTP(Network Time Protocol)です. 通信時間の遅延も考慮して時刻同期を行います. 数十msの誤差に抑え込みます.

NTPサーバは世界中に配置され, 現在はプールされて運用されています. このサンプルではpool.ntp.orgです. 日本の場合, jp.pool.ntp.orgに変更するとよいでしょう. 実験時の構成を**図6**に示します.

ソース・ファイルはpicow_ntp_client.cです.

```
$ cd ~/pico/pico-examples/pico_w/
                           ntp_client/
```

ソース・ファイルの抜粋です.

```
#define NTP_SERVER "pool.ntp.org"
```

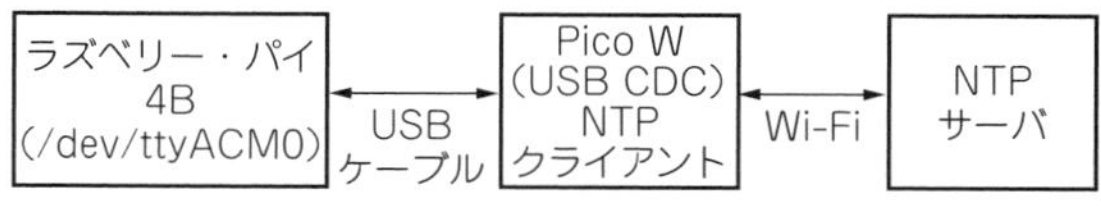

図6　NTPサーバからデータを取得する実験

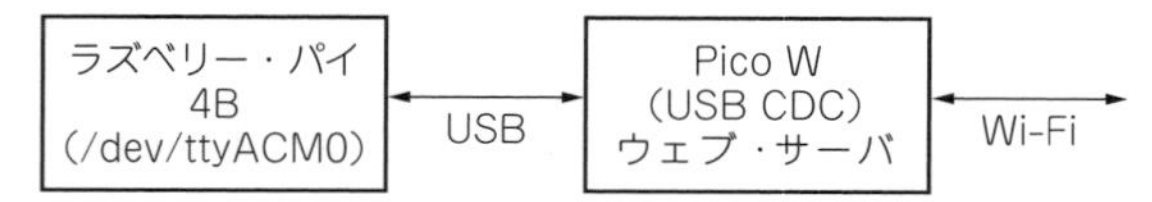

図7 ウェブ・サーバの構成

printfの出力先をUSB CDCに切り替えます.

CMakeLists.txtに以下の記述を追加します.

```
pico_enable_stdio_usb(
    picow_ntp_client_background 1)
pico_enable_stdio_uart(
    picow_ntp_client_background 0)
pico_enable_stdio_usb(
            picow_ntp_client_poll 1)
pico_enable_stdio_uart(
            picow_ntp_client_poll 0)
```

設定を変更したので再コンパイルします.

```
$ cd ~/pico/pico-examples/build/
                pico_w/ntp_client/
$ make clean
$ make
```

プログラム・ファイルはpicow_ntp_client_background.uf2です. Picoにコピーします.

```
$ cp picow_ntp_client_background.uf2
                 /media/pi/RPI-RP2/
```

ラズベリー・パイからUSB CDCでPico Wに接続します.

```
$ minicom -b 115200 -o -D /dev/
                          ttyACM0
```

30秒ごとに時刻(UTC)を表示します.

```
ntp address 162.159.200.1
got ntp response: 26/12/2023 10:42:30
got ntp response: 26/12/2023 10:43:01
got ntp response: 26/12/2023 10:43:32
```

日本標準時(JST)にする場合は, gmtime(result)をlocaltime(result)に変更します. さらにPico C/C++ SDKはtimezoneを実装していないようなので, 定数を補正します. JST = UTC+9なので32400秒を加えます.

```
#define NTP_DELTA 2208988800+32400
```

● 4, MicroPythonでウェブ・サーバ

Pico Wをウェブ・サーバにします. 実験時の構成を図7に示します.

▶Pico WにMicroPythonの動作環境を作る

その前にMicroPythonの環境を整えます. MicroPythonの最新のファームウェアをダウンロードし, Pico Wにコピーします. これでPico W上でMicroPythonが起動します.

```
$ cd ~/pico
$ wget https://micropython.org/
    download/rp2-pico-w/rp2-pico-w-
                        latest.uf2
$ cp rp2-pico-w-latest.uf2 /media/
                       pi/RPI-RP2/
```

ラズベリー・パイにmpremoteをインストールします. Pico W上のMicroPythonとリモート通信して制御します.

```
$ sudo pip install mpremote
```

MicroPython起動中のPico Wと接続してみましょう.

```
$ mpremote connect port:/dev/
                          ttyACM0
Connected to MicroPython at /dev/
                          ttyACM0
Use Ctrl-] to exit this shell
```

リターン・キーを押すとプロンプトを表示します. 試しにprint('hello')を実行します.

```
>>> print('hello')
hello
```

MicroPythonの動きがおかしくなったら, CTRL+DでMicroPython起動中のPico Wをリブートします.

```
MPY: soft reboot
```

[CTRL +]で終了します.

▶ウェブ・サーバのプログラム

Pico Wをウェブ・サーバとして動作させるためのプログラムを記述します. Connecting to the Internet with Raspberry Pi Pico Wの, 3.9.2 Controlling an LED via web serverのサンプルを基本に修正を加えました.

まずはサンプル・プログラムをダウンロードします.

```
$ wget http://einstlab.web.fc2.com/
                      Pico/main.py
```

2カ所, 自分の環境に合わせて変更してください.

```
ssid = 'A Network'
password = 'A Password'
```

リスト2はソース・ファイルの抜粋です. 受け取ったメッセージrequestの中に文字列/light/onか/light/OFFを探します. 位置ずれする可能性もあるのでブール型でもよいでしょう.

```
led_on = '/light/on' in request
led_OFF = '/light/OFF' in request
```

ウェブ・サーバのプログラムを走らせてみましょう.

```
$ mpremote run main.py
connected
```

リスト2　Pico Wをウェブ・サーバとして動作させる(main.pyの一部)

```
# Listen for connections
while True:
    try:
        cl, addr = s.accept()
        print('client connected from', addr)

        request = cl.recv(1024)
        print(request)

        request = str(request)
        led_on = request.find('/light/on')
        led_OFF = request.find('/light/OFF')
        print( 'led on = ' + str(led_on))
        print( 'led OFF = ' + str(led_OFF))

        if led_on == 6:
            print("led on")
            led.on()
            stateis = "LED is ON"

        if led_OFF == 6:
            print("led OFF")
            led.OFF()
            stateis = "LED is OFF"

        response = html + stateis

        cl.send('HTTP/1.0 200 OK\r\nContent-type:
                                        text/html\r\n\r\n')
        cl.send(response)
        cl.close()

    except OSError as e:
        cl.close()
        print('connection closed')
```

```
ip = 192.168.0.9
listening on ('0.0.0.0', 80)
```

このipアドレスがウェブ・サーバのアドレスです．ブラウザからアクセスしてみましょう(図8)．

「Turn Light On」を押せばPico W上のLEDが点灯し，「Turn Light OFF」を押せば消灯します．Pico Wの性能面から，大量データを扱うようなサーバではありません．温度データを開示するような，ちょっとしたサーバです．

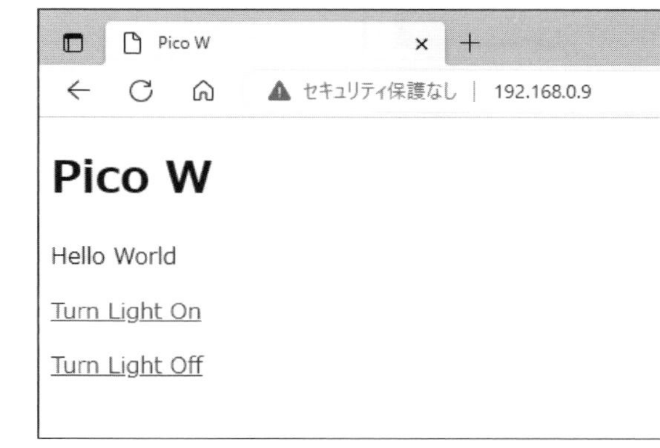

図8　Pico Wで作ったウェブ・サーバにラズベリー・パイ4Bのブラウザから接続した

main.pyの自動起動方法

MicroPythonのファイル・システム内にmain.pyをコピーします．cpコマンドのみPico側のファイルは先頭にコロン:を指定して区別します．

```
$ mpremote fs cp main.py :main.py
```

この意味はローカル(ラズベリー・パイ側)のmain.pyをリモート(Pico W側)のmain.pyにコピーします．逆もできます．ファイルがあるか確認します．

```
$ mpremote fs ls
```

ファイル内容を確認します．

```
$ mpremote fs cat main.py
```

MicroPythonをresetして自動起動します．

```
$ mpremote reset
```

不要になったらファイルを削除します．

```
$ mpremote fs rm main.py
```

自動起動ファイルmain.pyがあると，自動的にプログラムが走ってしまい，mpremoteコマンドを使って通信できなくなることがあります(/dev/ttyACM0を自動生成しない)．

一度，[BOOTSEL]ボタンを押しながら，USB接続して書き込みモードにします．次に[BOOTSEL]ボタンを押さずにUSB接続すれば，mpremoteコマンドを使って通信できます．mpremoteとは，MicroPython用remote(遠隔操作)コマンドです．コマンドで遠隔にあるPico W内のMicroPythonを制御します．

＊　＊　＊

CとMicroPythonで開発してみました．Arduino IDEでもPico Wを開発できます．

```
https://github.com/earlephilhower/
arduino-pico/
```

Pico Wも基本構造(ハードウェアとソフトウェア)を理解してしまえば，あとはなんとかなるでしょう．マイコンがインターネットにつながれば簡単にIoTを実現できます．そういう時代を予感させます．

おのでら・やすゆき

Pico W ファームウェア書き込み/
Wi-Fiルータ接続プログラムの入手/HTTP通信

Wi-Fiのアクセス・ポイントに接続して通信する

関本 健太郎

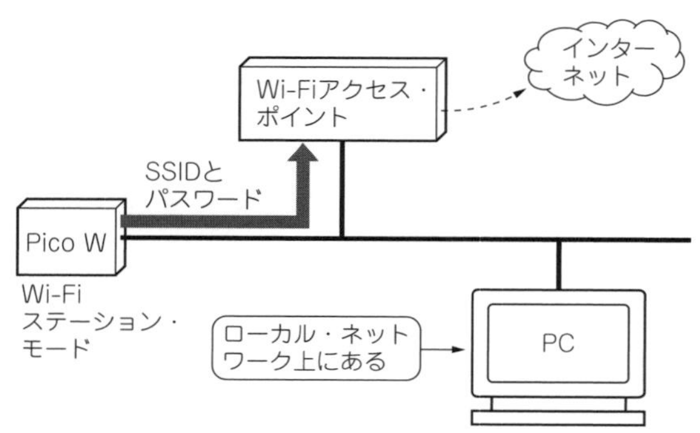

図1　PicoWをPCやWi-Fiアクセス・ポイント経由でインターネットに接続する

MicroPythonを利用して，Pico WをWi-Fiのアクセス・ポイントに接続するまでの手順について説明します．Wi-Fiのアクセス・ポイントを経由して，ローカル・ネットワークにあるPCや，インターネット上のウェブ・サイトとの通信を想定しています(**図1**)．

● ステップ1：MicroPythonファームウェアをPico Wに書き込む

Pico WでMicroPythonを使う場合，まずはPico W向けのMicroPythonファームウェアを書き込む必要があります．これは，ウェブ・サイトから最新のuf2形式のファイルをダウンロードして，Pico Wに書き込みます．

```
https://micropython.org/download/
rp2-pico-w/
```

● ステップ2：統合開発環境「Thonny」のインストール

MicroPythonのプログラム開発，実行環境として「Thonny」という統合開発環境を利用します．Thonnyは初心者向けに設計されたPythonの統合開発環境です．

インストールは，ウェブ・サイト(https://thonny.org/)より，Windows向けのインストーラをダウンロードし，パソコン環境にインストールします．

以前のバージョンと比較し，特に，MicroPython本体のフラッシュ・メモリ中のファイル・システムへのファイルの転送機能など，随分使いやすくなった印象があります．また，これまではVisual Studio CodeのPyMakrプラグインをよく利用していましたが，最近はThonnyに代わってきています．

本稿ではThonnyの使い方については割愛しますが，**図2**にはプログラムの編集画面を示します．

● ステップ3：Wi-Fiルータへの接続プログラムを入手する

Wi-Fiルータへの接続プログラム(**リスト1**)は，Raspberry Pi Foundationが提供しているプログラムを切り出したものです．このプログラムは，文献(1)のURLから入手してください．

これは，connect関数として実装されていますので，後から別のプログラムで再利用しやすくなっています．なお，Wi-Fi機能を利用するには，networkモジュールをインポートする必要があります．

▶プログラムの処理内容

前半部分では，MicroPythonのnetworkモジュールのWLAN関数を利用してWi-Fiステーショーン・モードで起動し，Wi-FiルータのSSIDとパスワードを設定します．

また，接続するconnect関数を定義して，後半部分でconnect関数を呼び出しています．Wi-Fiルータに接続するプログラムを作成する際には，このコード・スニペットを利用すると良いでしょう．

▶利用するプロトコル

IoTの活用でよく利用されるネットワーク・プロトコルは，HTTP(HTTPS)(**図3**)，あるいはMQTT(**図4**)ですが，本稿の通信はHTTP通信とします．なお，MQTT通信例は，次章で紹介します．

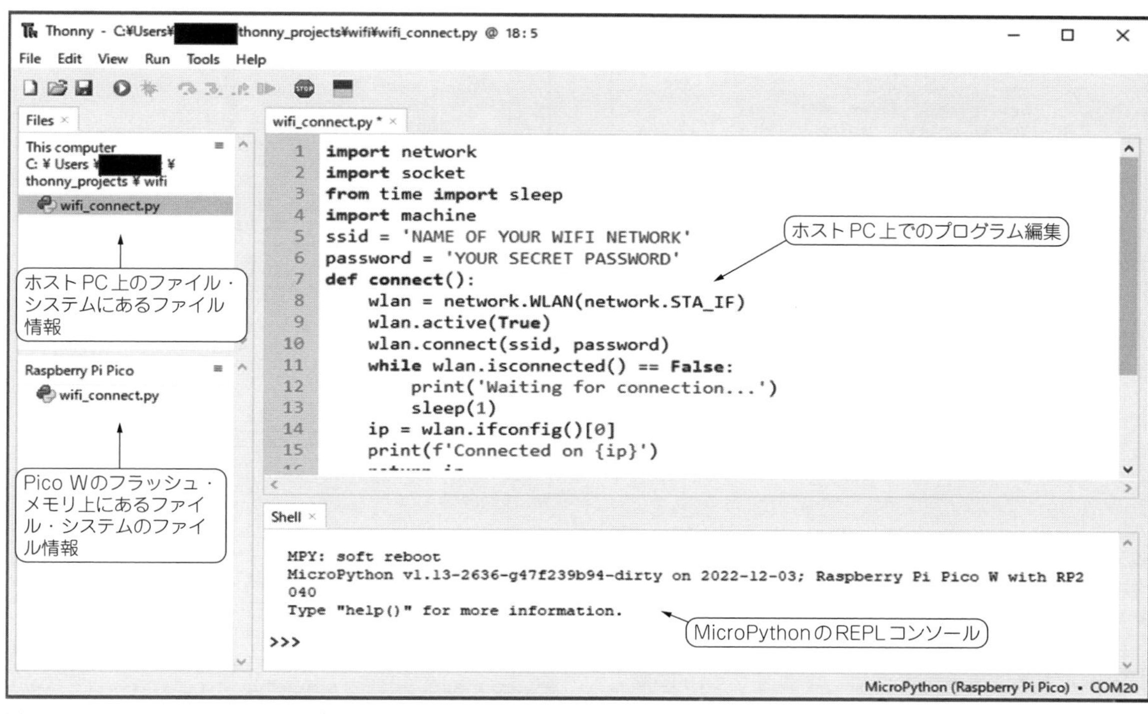

図2　ThonnyにおけるMicroPythonプログラムの編集画面

リスト1　Wi-Fiルータへ接続する

```
import network
import socket      # ここではsocketモジュールは利用していない
from time import sleep
import machine

ssid = 'NAME OF YOUR WIFI NETWORK'
password = 'YOUR SECRET PASSWORD'

def connect():
    wlan = network.WLAN(network.STA_IF)
    wlan.active(True)
    wlan.connect(ssid, password)
    while wlan.isconnected() == False:
        print('Waiting for connection...')
        sleep(1)
    ip = wlan.ifconfig()[0]
    print(f'Connected on {ip}')
    return ip

try:
    connect()
except KeyboardInterrupt:
    machine.reset()
```

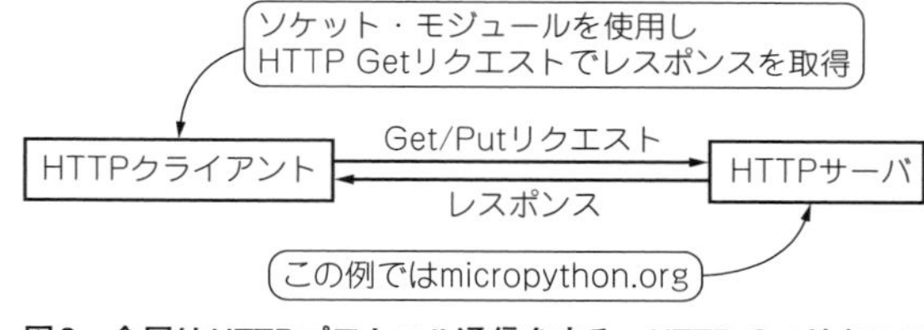

図3　今回はHTTPプロトコル通信をする…HTTP Getリクエストでウェブ・ページを取得する

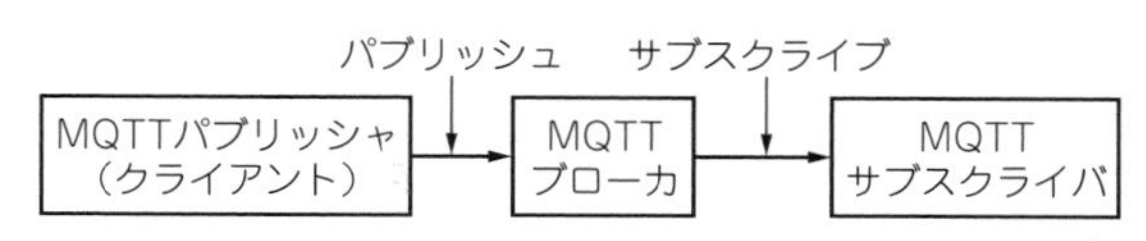

図4　他にもIoTの活用ではMQTTプロトコル通信も利用される

● ステップ4：ソケット・モジュールでHTTP通信する

以上のWi-Fiが設定できたら，通信を行います．MicroPythonでネットワークにアクセスする一般的な方法はソケットを使用することです(**図3**)．

ソケットは，ネットワーク・デバイス上のエンドポイントとなり，2つのソケットが接続されている場合は相互で通信でき，ソケットを介してWeb(HTTP/HTTPS)などの通信ができるようになります．

リスト2は，MicroPythonのドキュメント・サイトに掲載されているソケットの使用例で，これはmicropython.orgのウェブ・ページを取得します．

リスト1と**リスト2**を続けて実行した後，以下を実行します．

リスト2 ソケットの使用例(http_get関数)

```
def http_get(url):
    import socket
    _, _, host, path = url.split('/', 3)
    addr = socket.getaddrinfo(host, 80)[0][-1]
    s = socket.socket()
    s.connect(addr)
    s.send(bytes('GET /%s HTTP/1.0¥r¥nHost:
              %s¥r¥n¥r¥n' % (path, host), 'utf8'))
    while True:
        data = s.recv(100)
        if data:
            print(str(data, 'utf8'), end='')
        else:
            break
    s.close()
```

```
http_get('http://micropython.org/
ks/test.html')
```

▶ **HTTPS通信する場合のプログラム**

HTTPSプロトコルの場合には,さらにusslモジュールをインポートし,ポート番号を443に変更し,send/recv関数の代わりにwrite/read関数を利用します(**リスト3**).

その他のサンプル・プログラムとしては,文献(2)を参照すると良いでしょう.非同期のウェブ・サーバの例などが紹介されています.

リスト3 HTTPS通信用のプログラム

```
def https_get(url):
    import socket
    import ussl
    _, _, host, path = url.split('/', 3)
    addr = socket.getaddrinfo(host, 443)[0][-1]
    s = socket.socket()
    s.connect(addr)
    ss = ussl.wrap_socket(s)
    ss.write(bytes('GET /%s HTTP/1.0¥r¥nHost:
              %s¥r¥n¥r¥n' % (path, host), 'utf8'))
    while True:
        data = ss.read(100)
        if data:
            print(str(data, 'utf8'), end='')
        else:
            break
    s.close()

https_get('https://micropython.org/ks/test.html')
```

◆**第10部第2章~第6章の参考文献**◆

(1) Getting started with your Raspberry Pi Pico W.
https://projects.raspberrypi.org/en/projects/get-started-pico-w/2

(2) Connecting to the Internet with Raspberry Pi Pico W.
https://datasheets.raspberrypi.com/PicoW/connecting-to-the-internet-with-pico-w.pdf

(3) HTTP GET request.
https://docs.micropython.org/en/latest/esp8266/tutorial/network_tcp.html

(4) Connect your Raspberry Pi Pico W to AWS IoT Core.
https://www.hackster.io/sandeep-mistry/connect-your-raspberry-pi-pico-w-to-aws-iot-core-8868b7

(5) Eclipse Mosquitto.
https://mosquitto.org/

(6) Building and installing the MQTT plugin.
https://github.com/grafana/mqtt-datasource/issues/15

(7) Connect your Raspberry Pi Pico W to AWS IoT Core.
https://www.hackster.io/sandeep-mistry/connect-your-raspberry-pi-pico-w-to-aws-iot-core-8868b7

せきもと・けんたろう

Eclipse Mosquitto/MQTT Explorer/Grafanaの導入

Pico Wで得たセンサ・データをWi-Fi経由で取得する

関本 健太郎

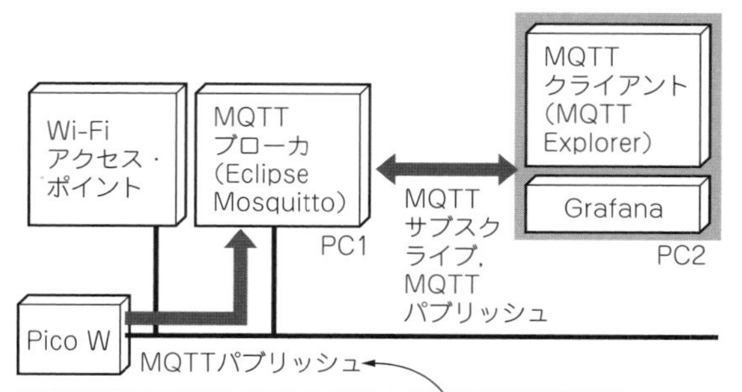

図1　Eclipse Mosquitto/MQTT Exploer/Grafanaを利用してセンサ・データの取得と確認ツールの作成を行う

● データの収集方法はその「量」で決まる

現在，エンタープライズの企業でオンプレミスの多量のセンサ・データを取得して解析し，知見を得る仕組みとして，最も手軽かつセキュアで，スケーラブルなアーキテクチャはパブリック・クラウドのマネージド・サービスを活用することです．

一方，ホーム・オートメーションなど，個人でセキュリティを度外視し，少量のセンサ・データを扱う場合には，パブリック・クラウドを利用する必要はありません．そのような場合はオープンソースのツールを用いることで，手軽にセンサ・データを取得，解析する仕組みをパソコン環境で実現することができます．

ここでは，MQTTブローカとしてEclipse Mosquitto，MQTTクライアントとしてMQTT ExploerおよびGrafanaの2つのツールを利用します．そして，センサのデータを取得し，確認できるツールを導入します（**図1**）．

ブローカ/クライアント・ツールのインストール

● MQTTブローカ（Eclipse Mosquitto）の導入

Eclipse Mosquitto（`https://mosquitto.org/download/`）は，Windows，Linux，およびMacで利用できる，MQTTプロトコル・バージョン5.0，3.1.1，および3.1を実装するオープンソース（EPL/EDLライセンス）のメッセージ・ブローカです．

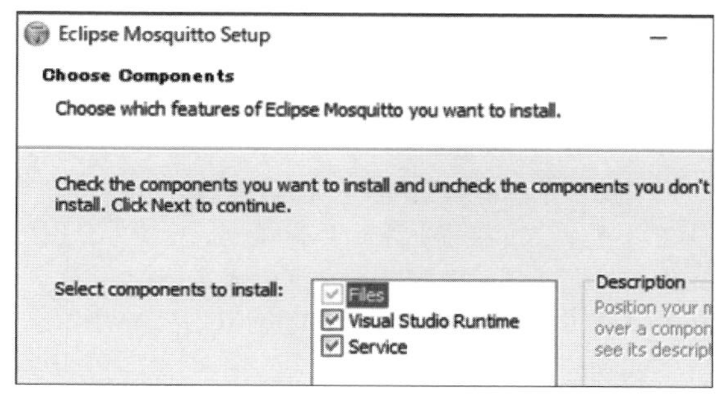

図2　Eclipse Mosquittoはインストーラ画面に従ってインストールする

▶インストール

Windows環境では，インストーラ（この例ではmosquitto-2.0.15-install-windows-x64.exe）を実行することで，簡単にMQTTブローカをWindowsのサービスとしてインストールできます．インストーラを起動すると，**図2**のようなダイアログが表示されますので，ウィザードに従ってインストールします．

▶Mosquittoの設定

まずは，mosquitto.confファイル（`C:¥Program Files¥mosquitto¥mosquitto.conf`）中の“`# listener port-number…`”行をコメント・アウトして，“`listener 1883`”に変更します．また，“`# allow_anonymous false`”行をコメント・アウトして，“`allow_anonymous true`”に変更します．

▶Windowsファイアウォールの設定

さらに，ホストPCのWindowsファイアウォールの設定にTCPの1883ポートの入力の許可する規則を作成します．手順を以下に示します．

- 1，「Windows Defender ファイアウォール」を起動します．
- 2，「受信の規則」-「新しい規則」と選択し，ウィ

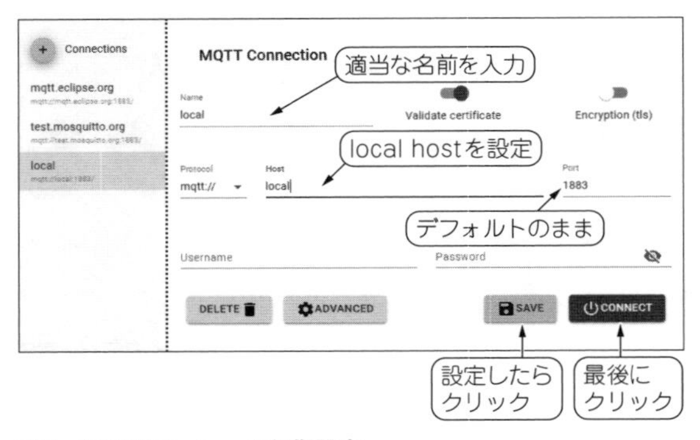

図3　MQTT Explorerの初期設定

ザードに従って「規則の種類」で「ポート」をチェックし「プロトコルおよびポート」で「特定のローカルポート」に1883を入力します．

- 3,「操作」で「接続を許可する」をチェックし，「プロファイル」ではデフォルトのまま「次へ」をクリックし，最後に「mosquitt broker」という名前で追加します．
- 4, mosquittoサービスを再起動します．これは，コマンドプロンプト，またはPowershellを管理者として実行し，「net start mosquitto」を実行します．

● MQTTクライアント(MQTT Explorer)の導入

MQTT Explorerは，MQTTトピックの構造化された概要を提供し，ブローカでのデバイス/サービスの操作を非常に簡単にする包括的なMQTTクライアントです．特徴を以下に示します．

- トピックとトピック・アクティビティを視覚化する
- 保持されたトピックを削除する
- トピックの検索/フィルタリング
- トピックを再帰的に削除する
- 現在および以前に受信したメッセージの差分を表示する
- トピックを公開する
- 数値トピックをグラフに表示する
- 各トピックの履歴を保持する

▶インストール

インストール・パッケージは，ウェブ・サイト(`http://mqtt-explorer.com/`)からダウンロードします．インストール・ファイルは，MQTT-Explorer-Setup-0.4.0-beta1.exeを使用しました．

▶MQTTブローカとの接続設定

インストール後，Windowsのスタート・メニューから「MQTT Explorer」を起動すると，MQTTブローカとの接続設定のためのメニューが表示されますので，「Name」に適当な名前を付け(例ではlocal)ます．多くの場合は「Host」にホストPCのIPアドレスを設定します．

以下の例では，ホストPC上でMQTTクライアントを実行し，MQTTブローカに接続する例を取り上げるので，Hostには「localhost」を設定しました．Portは，デフォルトの1883をそのまま利用し，[Save]と[Connect]をクリックします(**図3**)．

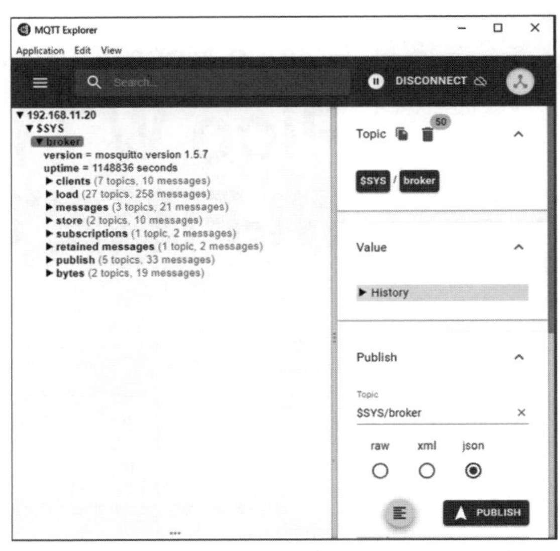

図4　MQTT Explorerにおける初期のトピック・メッセージ

設定後にできるようになること

これで，localホスト上のMQTTブローカに接続すると，初期状態では$SYSの下に「broker」自体のさまざまなトピックが参照できるようになります(**図4**)．

また，Pico WよりホストPCのMQTTブローカのトピックにメッセージをプッシュし，MQTT ExploreからMQTTブローカのトピックのメッセージをサブスクライブできるようになります．また，逆方向にMQTT ExplorerからMQTTブローカのトピックにメッセージをパブリッシュできるようになります．

● センサ・データの取得

▶Pico WからMQTTトピックにメッセージをパブリッシュ

まずは，Pico Wに取り付けられた温度センサで検出した値(ここでの例では実際には温度センサを使用せずに適当な温度を指定している)をホストPCのブローカにMQTTメッセージとして送信する例を取り上げます．

リスト1にMicroPythonでMQTTトピックにメッセージをパブリッシュするサンプル・プログラムを示

リスト1　MQTTトピックにメッセージをパブリッシュする

```
from mqtt.simple import MQTTClient
def MQTT_client(id, server_ip):
    client = MQTTClient(client_id=id,
        server=server_ip,     # MQTTブローカ(ホストPC)のIPアドレス
        port=1883,            # MQTTのTCPポート
        user=b"admin",        # MQTTブローカへアクセスするユーザー名 (この例では使用されていない)
        password=b"admin",    # MQTTブローカへアクセスするパスワード (この例では使用されていない)
        keepalive=6000,       # キープアライブ値(6000 sec)
        ssl=False             # 非SSL接続
    )
    client.connect()
    return client

MQTT_CLIENT_ID="picow1"             # MQTTクライアントのID
MQTT_BROKER_IP="192.168.11.20"      # MQTTブローカが動作するホストPCのIPアドレス
MQTT_TOPIC="test/sensor1"           # MQTTトピック
MQTT_MSG="21"                       # MQTTメッセージ

mqtt_client = MQTT_client(MQTT_CLIENT_ID, MQTT_BROKER_IP)
mqtt_client.publish(MQTT_TOPIC, MQTT_MSG)
```

リスト2　mosquitto_pubコマンドによる温度データのシミュレーション

```
C:¥Program Files¥mosquitto>mosquitto_pub  -d -h localhost -t test/sensor1 -m "20"
C:¥Program Files¥mosquitto>mosquitto_pub  -d -h localhost -t test/sensor1 -m "21"
C:¥Program Files¥mosquitto>mosquitto_pub  -d -h localhost -t test/sensor1 -m "20.5"
C:¥Program Files¥mosquitto>mosquitto_pub  -d -h localhost -t test/sensor1 -m "20"
```

します．MQTTクライアントIDを“Pico W”，温度センサに対応するMQTTトピックを仮に“test/sensor1”，MQTTメッセージを“21”としています．Wi-Fiの接続は，前章の**リスト1**を利用しています．

▶ホストPCからmosquitt_pubコマンドでMQTTトピックにメッセージをパブリッシュ

次に，Pico Wからではなく，PCのコマンドプロンプトからmosquitto_pubコマンドを使い，メッセージとして，温度値の文字列を(Json形式などではなく)そのままパブリッシュします．

▶メッセージをグラフ表示する

ホストPCでコマンドプロンプトを開き，mosquitto_pubコマンドを実行します(**リスト2**)．**図5**には，温度値として，20.0, 21.0, 20.0という3つのメッセージをパブリッシュしたときの，履歴情報(History)を時系列のグラフとして表示しています．

図5　test/sensor1トピックの履歴情報(History)をグラフで表示

データの可視化には「Grafana」を使う

Grafanaは，近年最も広く利用されているオープンソースのデータ可視化ツールです．Grafanaを使用すると，各種データのメトリクス，ログ，およびトレース情報などを，保存されている場所に関係なく，検索したり，視覚化したり，アラートを送信したりできるようになります．特に，時系列データベース(TSDB)データをグラフ化および視覚化することで，意味のある事柄を導き出すツールとして利用されます．

Grafanaには，プラグインという機能拡張の仕組みがあり，MQTTのデータを扱うプラグインとして，“MQTT Client Datasource Plugin”が公開されています．本節では，「Grafana + MQTT Client Datasource」プラグインを利用して，Pico Wで取得したデータを**図6**のように可視化する方法を紹介します．

● 本体のインストール

インストール・パッケージは，ウェブ・サイト

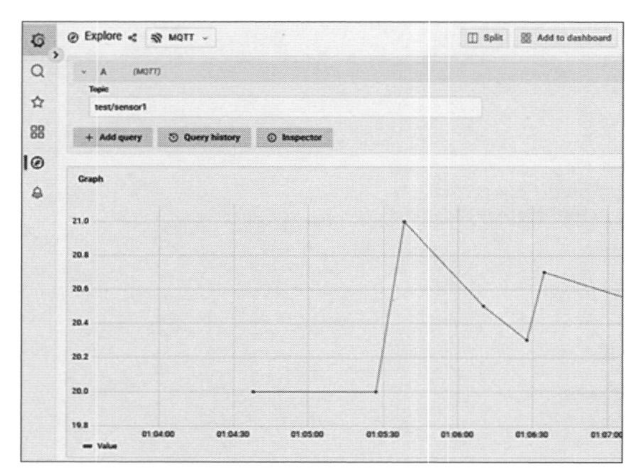

図6　PicoWで取得したデータをGrafanaで可視化した例

(https://grafana.com/grafana/download?platform=windows) からダウンロードします．その後，ダウンロードしたインストーラ (grafana-enterprise-9.2.6.windows-amd64.msi) を実行し，ウィザードに従ってデフォルトの設定でインストールします．

インストール後，ウェブ・ブラウザを起動して，http://localhost:3000にアクセスするとログイン画面が表示されます．初回ログインでは，管理ユーザとして「admin」，初期パスワード「admin」を入力し，その後パスワードを変更します (**図7**)．

図7　Grafanaの初回ログインではユーザ名/パスワード共に「admin」と入力
…その後パスワードは変更しておく

● MQTTデータソース・プラグインのインストール

MQTTデータソース・プラグインを使用すると，Grafana内からMQTTデータのストリーミングを視覚化できます．Windows環境では，インストールは少し複雑で，ソースファイルからビルドする必要があります．

インストールには，Go言語のインストールとnodejsのインストールが必要になります．詳細は，文献(6)の「How to Build the grafana MQTT plugin for windows 10」の内容を参考にしています．

▶ Nodejsのインストール

Windows環境へのインストールは，https://nodejs.org/ja/download/のページからインストーラをダウンロードして，インストールします．なお，原稿執筆時の最新版Node.js 19.2.0ではビルドが失敗したので，「バージョンの一覧」ページからダウンロードできるv16.13.1 (node-v16.13.1-x64.msi) を使用しました．

▶ Go言語のインストール

Windows環境へのGo言語のインストールは，https://go.dev/doc/installのページを参考にします．筆者は，go version go1.17.2 windows/amd64を使用しました．

▶ mageのインストール

ウェブ・ページ(https://github.com/magefile/mage/releases) より，Windows版のzipファイル (mage_1.12.1_Windows-64bit.zip) をダウンロードして解凍し，mage.exeファイルを後述のプラグインのフォルダ

```
C:¥Program Files¥GrafanaLabs¥grafana¥data¥plugins¥mqtt-datasource
```

にコピーします．

バージョンによっては，Windowsのzipファイルが用意されていない場合があるので，その場合には異なるバージョンの「Asset」リンクを探してみてください．

▶ 管理者権限でyarnをインストール

以下のコマンドでインストールします．

```
npm install --global yarn
```

▶ プラグインをGrafanaプラグイン・ディレクトリにクローン

プラグイン・ディレクトリは，

```
C:¥Program Files¥GrafanaLabs¥grafana¥data¥plugins
```

です．

ここで，Grafana confディレクトリ

```
default.ini(C:¥Program Files¥GrafanaLabs¥grafana¥conf¥default.ini)
```

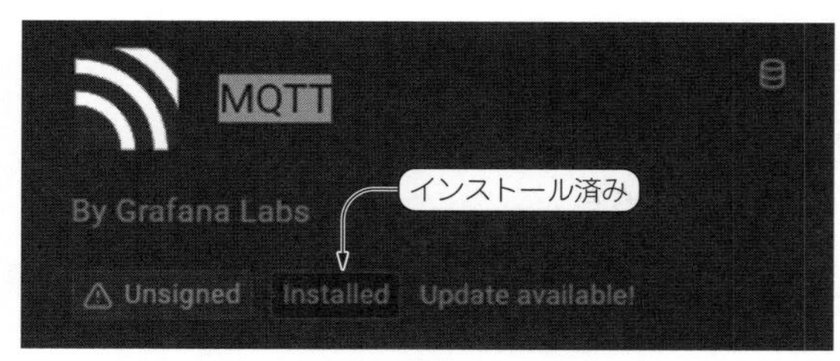

図8　ログイン後に「MQTT」プラグインを選択しインストールされているかを確認する

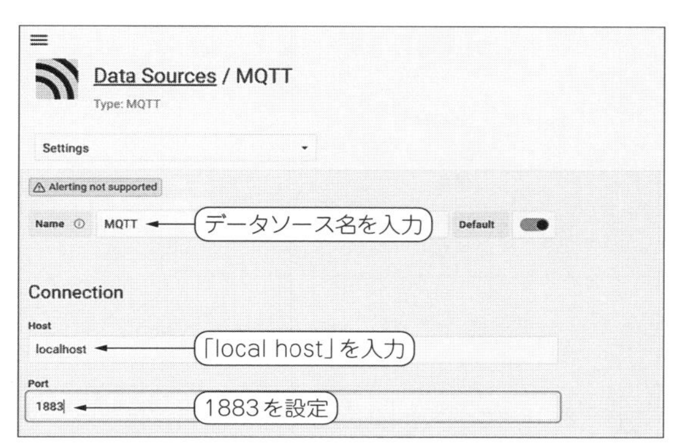

図9　MQTTプラグインの初期設定

は“plugins = data/plugins”と一致する必要があります.

```
cd C:¥Program Files¥GrafanaLabs¥
grafana¥data
```

pluginsディレクトリが存在しない場合には，管理者権限でpluginsディレクトリを作成します．以下，ユーザのコマンドプロンプトで作業をする場合には，ディレクトリのアクセス権を適切に設定してください.

```
mkdir plugins
cd plugins
git clone https://github.com/
grafana/mqtt-datasource.git

cd mqtt-datasource
git checkout 4cb6e5ea499a3163174f38
71795502945cf88497
```

(2022年1月6日時点)

▶ **yarn install→yarn buildと実行しプラグインをビルド**

コマンドは以下の通りです.

```
yarn install
yarn build
```

ここで，Windowsなどの非UNIXライクなシステムでrmコマンドがインストールされていない場合には，yarn buildコマンドが失敗する可能性があります．この場合，「./package.json」ファイルで“rm -rf”コマンドをrimraf(ディレクトリの削除)に置き換えて，機能させることができます.

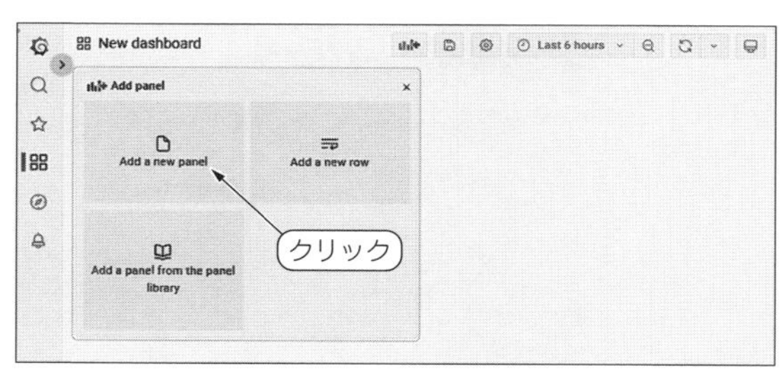

図10　ダッシュボード・メニューの「+ New Dashboard」を選択後に「Add a new panel」をクリック

▶ **default.iniの設定**

Grafana confディレクトリ

```
default.ini(C:¥Program Files¥
GrafanaLabs¥grafana¥conf¥default.
ini)
```

の「plugins」セクション中で“allow_loading_unsigned_plugins = grafana-mqtt-datasource”とします.

▶ **プラグインをロード**

これは,「コンピュータの管理」-「サービスとアプリケーション」-「サービス」メニューと進み，Grafanaサービスを再起動します.

● GrafanaのデータソースとしてMQTTデータソースを設定する

Grafanaにログインし，左下の「Configuration」-「Plugins」メニューを選択した後，「MQTT」プラグインを選択し，インストールされていることを確認します(**図8**).

次に，「Configuration」-「Data Source」を選択し，「Add Data Source」をクリックします．表示されたデータソースから「Industrial & IoT」のカテゴリで「MQTT」を選択します．すると，「Settings」メニュー(**図9**)が表示されますので，「Name」にデータソース名を入力し，「Host」にlocalhost，「Port」に1883を設定し，「Seve&test」をクリックします．これでデータソースの設定は完了です.

● ダッシュボードの設定

左側の「Dashboards」メニューの「+ New Dashboard」を選択し，「Add a new panel」をクリックします(**図10**).

まずは，右側の「Panel options」の「Title」に適当なパネル名(Sensor1)を入力し，その後「Query」タブの

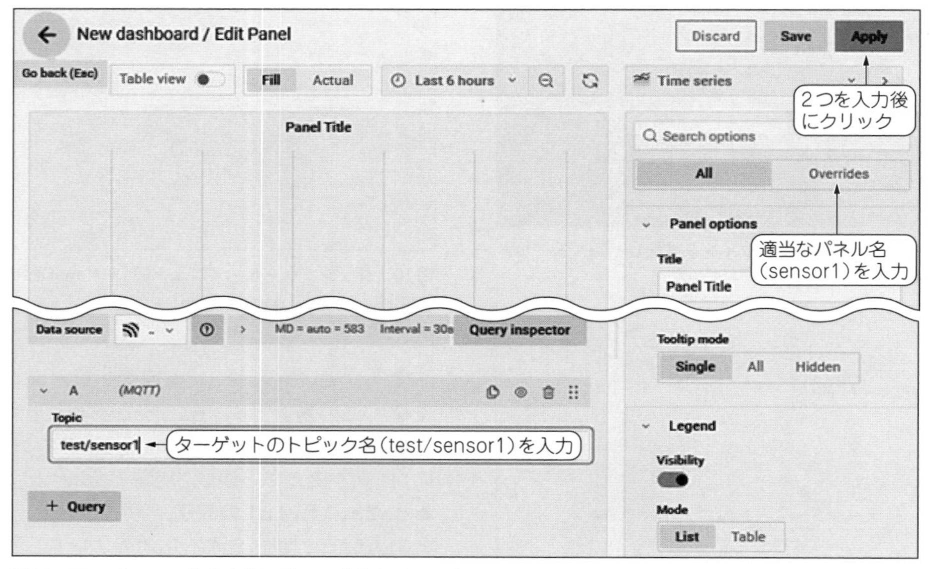

図11　TitleとTopicを入力後に「Apply」をクリックする

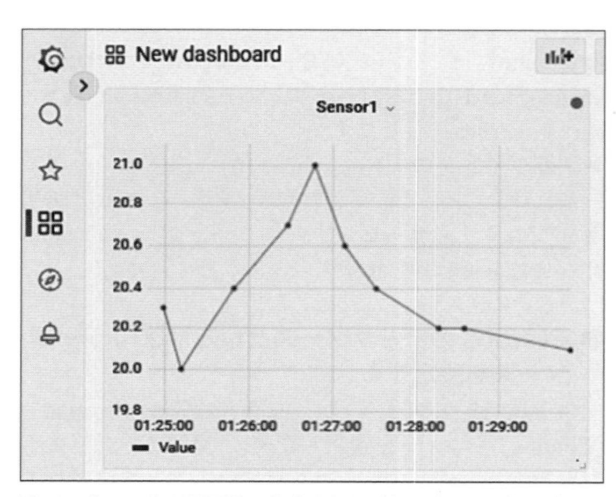

図12　「Apply」の押下後に作成されたパネル(Sensor1)にデータが時系列で表示される

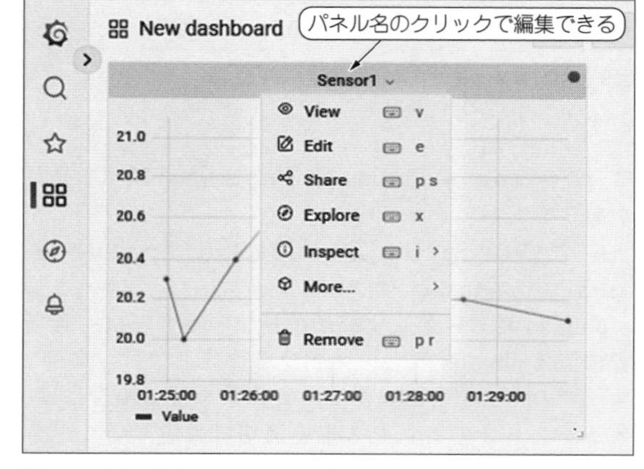

図13　パネル名をクリックした場合に表示される編集メニュー

「Topic」にターゲットのトピック名(test/sensor1)を入力して右上の[Apply]をクリックします(**図11**).

すると，作成されたパネル(Sensor1)にデータが時系列で表示されます(**図12**). もし，パネルを編集する場合には，パネル名(Sensor1)をクリックすれば編集メニューが表示されます(**図13**).

最後に「New dashboard」に名前を入力し[Save]をクリックします(**図14**).

図14　最後にダッシュボードに名前を付けて保存する

せきもと・けんたろう

デバイス証明書／キーファイル／署名ファイルを整える

第4章 AWS IoTへ接続しMQTTメッセージを送信する

関本 健太郎

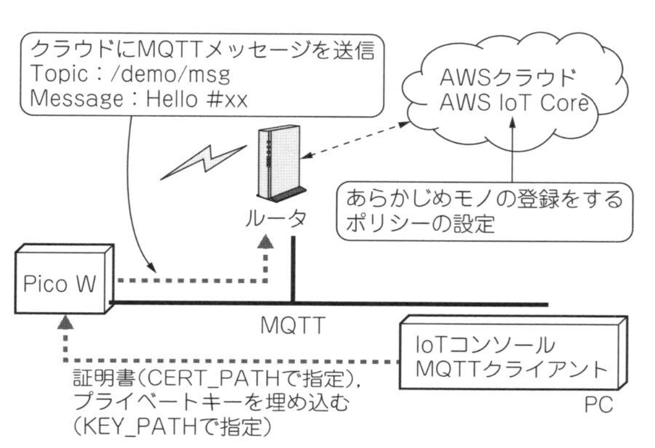

図1　PicoWからAWS IoT CoreにMQTTメッセージを送信する

Pico Wをパブリック・クラウドのIoTサービスに接続する例として，AWS IoTへ接続し，MQTTメッセージを送信するまでの手順を説明します(**図1**).

● デバイス保護の設定

パブリック・クラウドへIoTデバイスを接続する場合，そのIoTデバイスがパブリック・クラウドのサービスに接続する許可を持っていること，また，接続後にどんなサービスを利用できるかを確認できるように，AWS IoT Coreサービスでは，以下の手順で入手するデバイス証明書，キーファイル，認証機関(CA)の署名ファイルなどを用意します．IoTサービスの通信の際には，使用するデバイスの保護設定が必要になるからです．

なお，AWSコンソールで以下の設定を行うためには，AWSにログインするIAMユーザにあらかじめ適切な権限を設定しておく必要があります．

▶ステップ1：デバイスを認証する

AWS IoTでX.509証明書を作成して登録し，IoTデバイスを安全に認証します．

▶ステップ2：デバイスを認可する

AWS IoTリソースがアクセスできるリソースを定義するポリシーを作成および管理します．

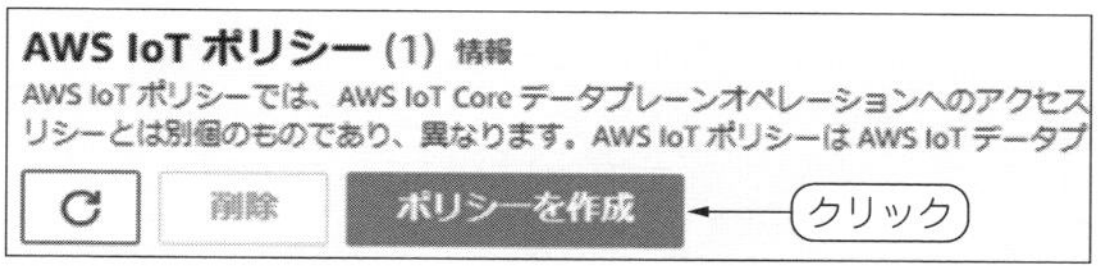

図2　AWS IoT Coreのメニューで「セキュリティ」-「ポリシー」と進み「ポリシーを作成」をクリック

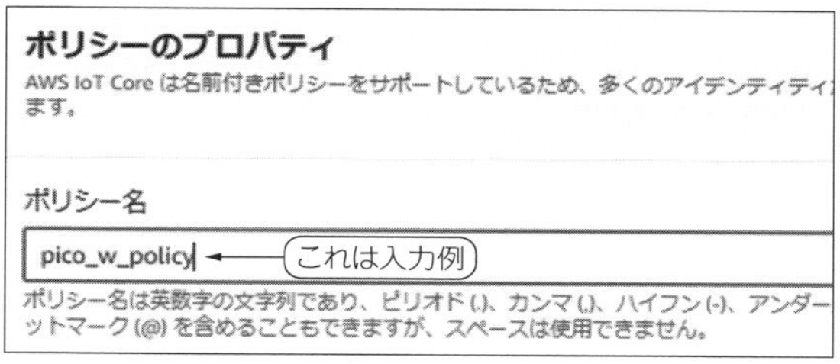

図3　ポリシーのプロパティでポリシー名(例 pico_w_policy)を入力

▶ステップ3：独自の証明書を使用する

独自のデバイス証明書の署名に使用する認証機関(CA)を登録します．まず，AWS IoT Coreのメニューで，「セキュリティ」-「ポリシー」-「ポリシーを作成」を選択します(**図2**)．そして，ポリシーのプロパティでポリシー名(例 pico_w_policy)を入力します(**図3**)．

次に，「ポリシードキュメント」の「ポリシーアクション」のドロップ・ダウン・リストからiot:Connnectを選択し，ポリシーリソースに“*”を設定します．同様に，

- iot:Publish
- iot:Receive
- iot:Subscribe

も設定します(**図4**)．このポリシーにより，Pico Wボードが AWS IoT Coreに接続し，任意のトピックに関するメッセージを発行およびサブスクライブできるようになります．

続いて，「管理」-「すべてのデバイス」-「モノの作成」とクリックします(**図5**)．「モノを作成」-「作成するモ

図4　IoTデバイスの権限設定

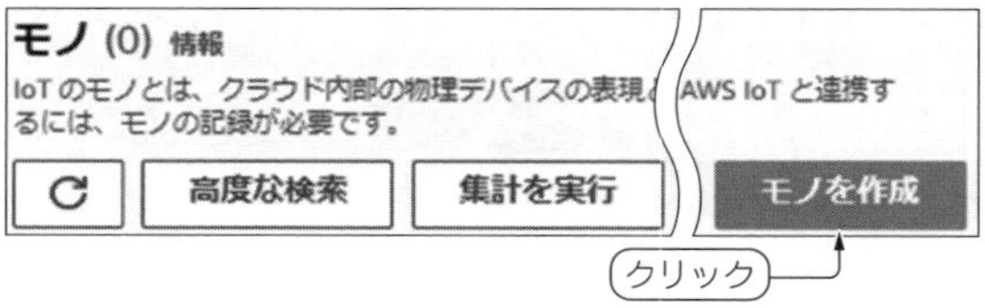

モノ (0) 情報
IoTのモノとは、クラウド内部の物理デバイスの表現 AWS IoTと連携するには、モノの記録が必要です。
高度な検索　集計を実行　モノを作成
クリック

図5　「管理」-「すべてのデバイス」と進み「モノを作成」をクリック

作成するモノの数
1つのモノを作成
モノのリソースを作成してデバイスを登録し、デバイスがAWS IoTに接続するの ます。

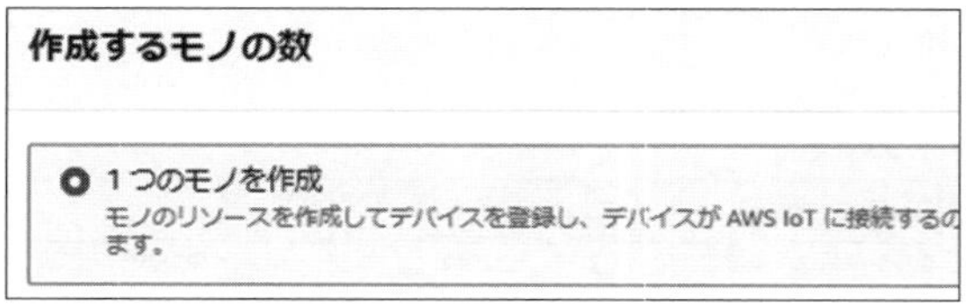

図6　作成するモノの数は1つとする

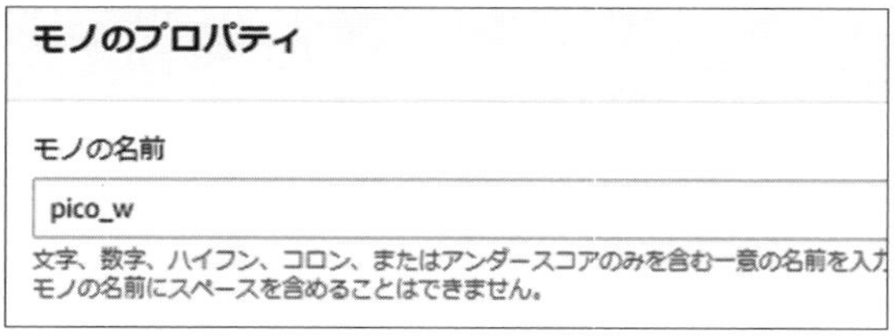

モノのプロパティ
モノの名前
pico_w
文字、数字、ハイフン、コロン、またはアンダースコアのみを含む一意の名前を入力 モノの名前にスペースを含めることはできません。

図7　モノのプロパティではモノの名前を入力する

ノの数」を選択し，「1つのモノを作成」をチェックし（**図6**），「次へ」をクリックします．以下，各種設定を示します．

- モノのプロパティを指定：モノの名前を（この例ではpico_w）入力し（**図7**），後はデフォルト値のまま「次へ」をクリックします．
- デバイス証明書を設定：デバイス証明書として，「新しい証明書を自動作成（推奨）」をチェックし（**図8**），「次へ」をクリックします．
- 証明書にポリシーをアタッチ：前に作成したポリシーを（この例ではpico_w_policy）チェックし（**図9**），「モノを作成」をクリックします．

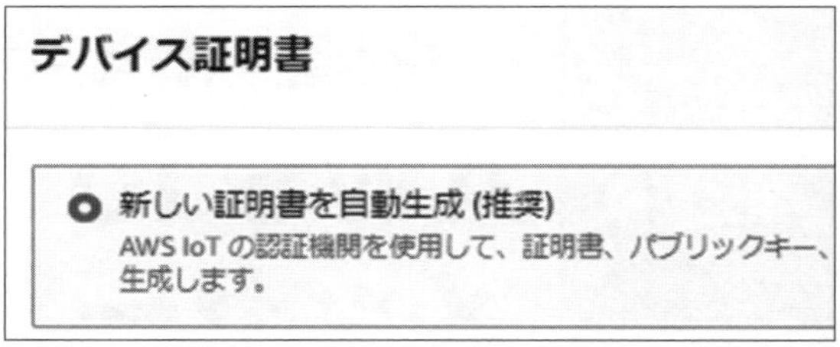

デバイス証明書
新しい証明書を自動生成 (推奨)
AWS IoTの認証機関を使用して、証明書、パブリックキー、 生成します。

図8　デバイス証明書は「新しい証明書を自動生成（推奨）」を選択する

図9　前に作成したポリシーを証明書にアタッチする

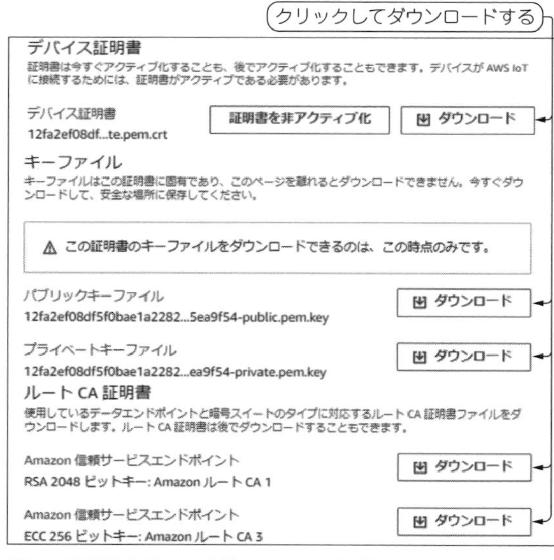

図10　証明書とキーの合計5ファイルをダウンロードする

- 「証明書とキーをダウンロード」メニュー：デバイス証明書，キーファイル，ルートCA証明書の合計5ファイルをダウンロードし（**図10**），「完了」をクリックします．

リスト1　AWS IoT CoreサービスへMQTTメッセージを送信するプログラム

```
import machine
import time
import network
import ssl
import ntptime
import ubinascii
from mqtt.simple import MQTTClient
import ujson

SSID="xxxxxx" # 適切なSSIDを設定する
PSWD="xxxxxx" # 適切なパスワードを設定する
MQTT_CLIENT_KEY="pico_w-private.pem.key"
MQTT_CLIENT_CERT="pico_w-certificate.pem.crt"
MQTT_CLIENT_ID = ubinascii.hexlify(machine.unique_
                                                   id())
MQTT_BROKER = "xxxxxx.iot.ap-northeast-1.amazonaws.
                            com" # 適切なエンドポイントを設定する
MQTT_BROKER_CA="AmazonRootCA1.pem"
MQTT_PORT = 8883
MQTT_TOPIC = "pico_w/msg"
MAX_COUNT = 10

last_message = 0
message_interval = 5
counter = 0

def connect():     # WiFiに接続する関数
    wlan = network.WLAN(network.STA_IF)
    wlan.active(True)
    wlan.connect(SSID, PSWD)
    while not wlan.isconnected():
        time.sleep(0.5)
    wlan.config('mac')
    wlan.ifconfig()

def read_pem(file):     # PEM形式のファイルを読み込む関数
    with open(file, "r") as input:
        text = input.read().strip()
        split_text = text.split("¥n")
        base64_text = "".join(split_text[1:-1])

        return ubinascii.a2b_base64(base64_text)

def pub_msg(topic, msg):
                        # トピックにメッセージをパブリッシュする関数
    client.publish(topic, msg)
    print(f"pub {topic}: {msg}")

def sub_cb(topic, msg):
                              # トピックをサブスクライブするコールバック関数
    print(f"sub {topic}: {msg}")

print(f"Connecting to Wi-Fi SSID: {SSID}")
connect()
print(f"Connected to Wi-Fi SSID: {SSID}")
ntptime.settime()

key = read_pem(MQTT_CLIENT_KEY)
cert = read_pem(MQTT_CLIENT_CERT)
ca = read_pem(MQTT_BROKER_CA)

client = MQTTClient(
    MQTT_CLIENT_ID,
    MQTT_BROKER,
    keepalive=60,
    ssl=True,
    ssl_params={
        "key": key,
        "cert": cert,
        "server_hostname": MQTT_BROKER,
        "cert_reqs": ssl.CERT_REQUIRED,
        "cadata": ca,
    },
)
client.set_callback(sub_cb)
               # トピックをサブスクライブするコールバック関数の設定
client.connect()                # クライアントに接続
print(f"MQTT connected: {MQTT_BROKER}")
client.subscribe(MQTT_TOPIC) # サブスクライブするトピックの設定

msg = [{"device_id": str(MQTT_CLIENT_ID),
                                    "data":"start"}]
pub_msg(MQTT_TOPIC, ujson.dumps(msg))
time.sleep(2.0)
while True:
    client.check_msg()
    if (time.time() - last_message) >
                                    message_interval:
        data = f'Hello #{counter}'
        msg = [{"device_id": str(MQTT_CLIENT_ID),
                  "data": data}]   # json形式のメッセージ
        pub_msg(MQTT_TOPIC, ujson.dumps(msg))
                                  # メッセージのパブリッシュ
        last_message = time.time()
        counter += 1
    if counter >= MAX_COUNT:
        break
```

最後に，「AWSIoT」-「設定」メニューを開き，「デバイスデータエンドポイント」のエンドポイントの文字列を記録しておきます（**図11**）.

これで，AWS IoT Coreサービスに接続するために必要なファイル，デバイスデータエンドポイントの情報が取得できました.

● MQTTメッセージを送信する

それでは，MicroPythonでAWS IoT CoreサービスにMQTTメッセージを送信します．本稿執筆時点では，比較的容易にPico Wを単独でパブリック・クラウドのIoTサービスに接続するために利用できるライブラリは，C言語では見つからず，hacker.ioで紹介されていたMicroPythonのプログラムを少し変更して，利用させていただくことにしました（**リスト1**）.

デバイスデータエンドポイント 情報
デバイスは、アカウントのデバイスデータエンドポイントを使用して AWS に接続できます。
各モノには、このエンドポイントで使用可能な REST API があります。MQTT ク
もこのエンドポイントを使用します。
エンドポイント
5u-ats.iot.ap-northeast-1.amazonaws.com ← これを記録

図11　「AWSIoT」-「設定」-「デバイスデータエンドポイント」と進みエンドポイントの文字列を記録しておく

▶MQTTライブラリやデバイス証明書などはあらかじめPico Wにコピーしておく

MicroPythonのMQTTライブラリやAWS IoT Coreに接続するために必要なデバイス証明書などの

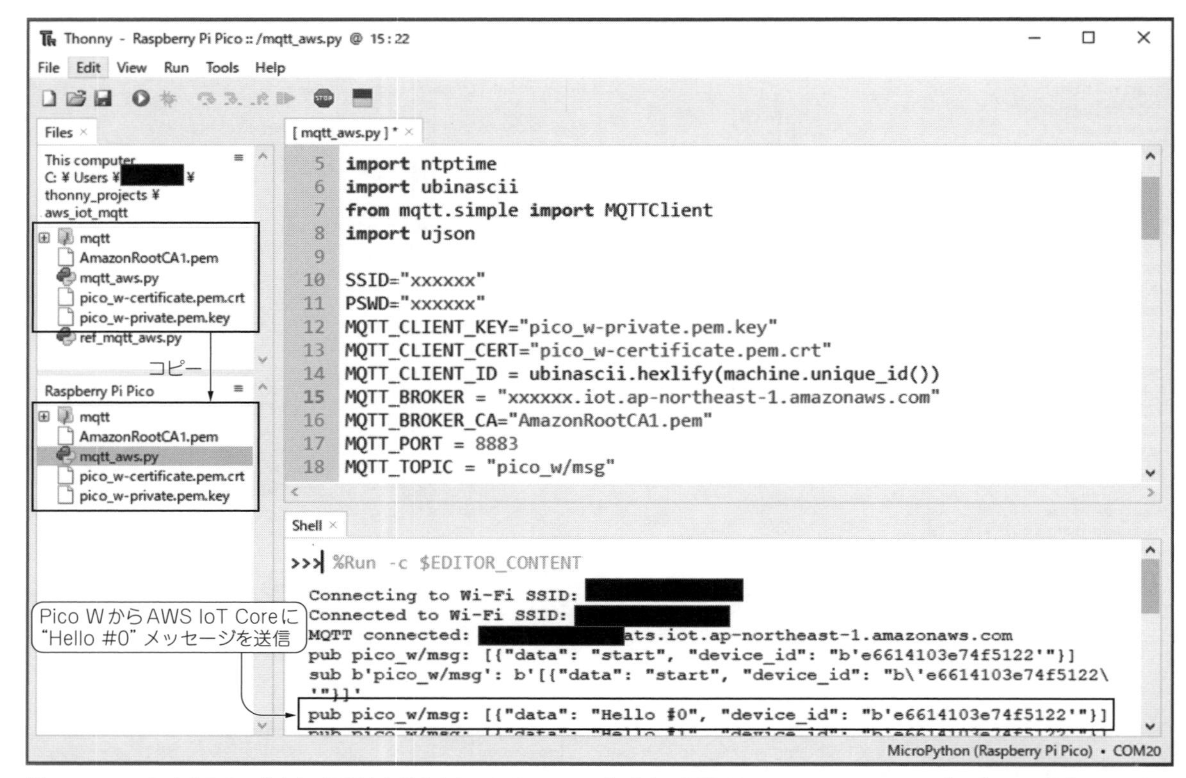

図12　MQTTライブラリ/デバイス証明書などをあらかじめPicoWに転送する必要があるためThonny IDEでプログラムを編集しておく

リスト2　AWS IoT Coreサービス接続時のコンソール情報

```
>>> %Run -c $EDITOR_CONTENT
Connecting to Wi-Fi SSID: xxxxxx
Connected to Wi-Fi SSID: xxxxxx
MQTT connected: xxxxxx.iot.ap-northeast-1.amazonaws.com
pub pico_w/msg: [{"data": "start", "device_id": "b'e6614103e74f5122'"}]
sub b'pico_w/msg': b'[{"data": "start", "device_id": "b¥'e6614103e74f5122¥'"}]'
:
sub b'pico_w/msg': b'[{"data": "Hello #8", "device_id": "b¥'e6614103e74f5122¥'"}]'
pub pico_w/msg: [{"data": "Hello #9", "device_id": "b'e6614103e74f5122'"}]
```

ファイルをあらかじめPico Wのフラッシュ・メモリ上のファイル・システムに転送しておく必要があるため，Thonny IDEでプログラムの編集を行いました(**図12**)．

▶送信結果

リスト2にAWS IoTのデバイス・データ・エンドポイントに接続時のコンソール表示を示します．pico_w/msgトピックに“Hello #N”，デバイスIDをjson形式のメッセージをパブリッシュし，パブリッシュされたメッセージをサブスクライブできていることが分かります．

せきもと・けんたろう

プログラムをネットワーク経由で編集/実行できる

第5章 MicroPythonのWebrepl機能を使うための設定と実行方法

関本 健太郎

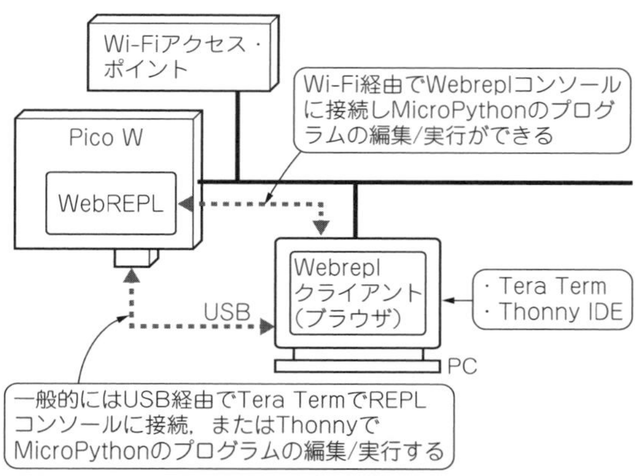

図1　WebreplはホストPCのブラウザ上で動作するWebreplクライアントからMicroPythonのプログラムの編集/実行ができる

MicroPythonプログラムの編集/実行は，一般的にはUSB経由でTera TermでREPL[注1]コンソールに接続，またはThonnyなどのIDEで行います．一方で，MicroPythonの一部のポート（ESP32ポートおよびRP2040ポート）では，Webreplコンソール（Web Sockets経由のREPL，ウェブ・ブラウザ経由でアクセス可能）という機能が提供されており，ホストPCのブラウザ上で動作するWebreplクライアントからLAN経由あるいはWi-Fi経由で接続し，MicroPythonのプログラムの編集/実行ができます（**図1**）．

本稿執筆時点（2022年12月）では，Pico W向けには正式サポートされておらず，デフォルトのファームウェアではそのままは動作しません．次期ファームウェア以降で対応される予定です．

● 初期設定

▶ Wi-Fi

まずは，Thonny IDEで適当なプロジェクト・フォルダ（例：webrepl）を作成します．その後，boot.pyを新規に作成し，**リスト1**のように編集します．

リスト1　webrepl設定前のboot.pyの内容

```
import network
wlan = network.WLAN(network.STA_IF)
wlan.active(True)
wlan.connect('xxxxxx', 'xxxxxx')
wlan.config('mac')
wlan.ifconfig()
```

次に，Thonny IDEでboot.pyファイルをプロジェクト・フォルダからPico Wのフラッシュ・メモリのファイル・システムにコピーします．

▶ webreplのモジュールをインポート

Webreplを利用するには，webreplのモジュールをインポートする必要があります．本稿執筆時点では，MicroPythonのソース・フォルダから，Pico Wのフラッシュメモリのファイル・システムにコピーする必要があります．

まずは，GitHubよりMicroPythonのリポジトリをクローンし，micropython-libサブ・モジュールを更新します（**リスト2**）．

リスト2　micropyhton-libサブ・モジュールを更新する

```
git clone https://github.com/micropython/
                                    micropython.git
cd micropython
git submodule update --init micropython-lib
```

```
lib/micropython-lib/micropython/
net/webrepl
```

フォルダ中のwebrepl.pyとwebrepl_setup.pyファイルをThonny IDEのプロジェクト・フォルダにコピーします．

その後，Thonny IDEでその2つのファイルをプロジェクト・フォルダからPico Wのフラッシュ・メモリのファイル・システムにコピーします．

▶ リブートする

以上で，Pico Wでwebreplモジュールがインポートできるようになります．次に，Thonny IDEの

注1：REPLはRead Evaluate Print Loopの略で，対話的なMicroPythonプロンプトのことです．REPLを使うことで，Micropythonのコードを対話的に実行できるようになります．

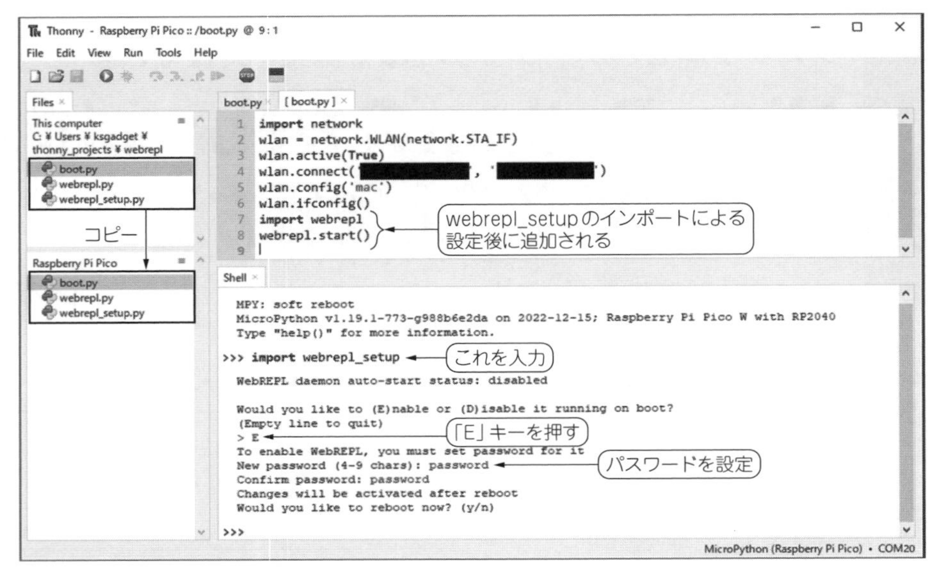

図2 Thonny IDEでのwebrepl設定

リスト3 webrepl設定後の`boot.py`の内容

```
import network
wlan = network.WLAN(network.STA_IF)
wlan.active(True)
wlan.connect('xxxxxx', 'xxxxxx')
wlan.config('mac')
wlan.ifconfig()

import webrepl
webrepl.start()
```

リスト4 Webrepl実行時のREPLコンソール

```
MPY: soft reboot
Webrepl server started on
                              http://192.168.11.21:8266/
Started Webrepl in normal mode
MicroPython v1.13-2636-g47f239b94-dirty on
        2022-12-03; Raspberry Pi Pico W with RP2040
Type "help()" for more information.
>>>
Webrepl connection from: ('192.168.11.20', 51684)
```

REPLコンソールで，「Ctrl + D」キーを押してリブートします．ここで，`boot.py`にWi-Fi接続のためのプログラムを追加したので，リブート時にWi-Fiのアクセス・ポイントに接続します．

▶初期化

リブート後，Thonny IDEのREPLコンソールで，“`import webrepl_setup`”と入力し，webreplの初期化作業を行います．途中「E」キーを押し，webrepl機能を有効化したらwebreplへアクセスする際のパスワードを指定します(**図2**)．

これで，`boot.py`の最後に，

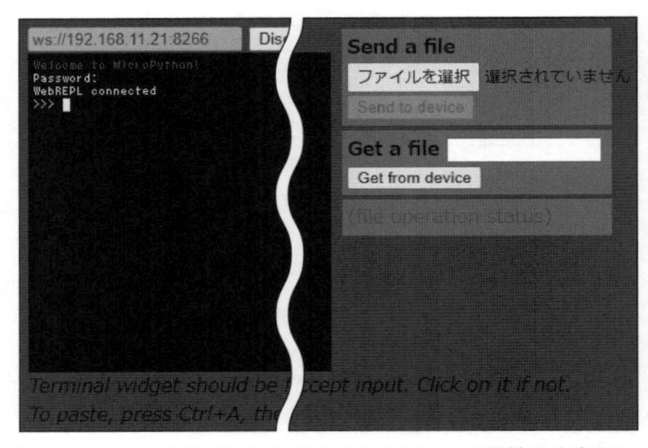

図3 Webreplクライアントがホストされている環境でも実行できる

- `import webrepl`
- `webrepl.start()`

の行が追加され，さらに`webrepl_cfy.py`が作成され，パスワードが記録されます(**リスト3**)．

● 実行方法

Webreplを有効化したMicroPythonを起動後(**リスト4**)，Webreplクライアントをウェブ・サイト(`https://github.com/micropython/Webrepl`)よりダウンロードして，実行します．または，Webreplクライアントがホストされている環境(`http://micropython.org/Webrepl`)を利用します(**図3**)．

せきもと・けんたろう

pico sdk関連のライブラリやpico_wフォルダ中にあるサンプルの紹介

第6章 Pico W用のサンプル・プログラムをビルドする

関本 健太郎

表1　pico sdk関連のライブラリ

ライブラリ	概　要
pico-sdk	rp2040向けのアプリケーション作成のためのヘッダ・ファイルやライブラリ，cmakeを利用したビルド・システムのフレームワークを提供している．TinyUSBライブラリがgit submoduleとして含まれている
pico-examples	pico-sdkを利用したrp2040の各種周辺機能に関連するサンプル・プログラムが多数含まれている
pico-extras	pico-sdkに含まれる前の追加ライブラリ．オーディオ(I^2S)サンプル，VGA/DPIなどのサンプルが含まれる
pico-playground	pico-examplesと同様のサンプル・プログラム集だが追加ライブラリとしてpico-extrasを利用するプログラムを含んでいる

表2　pico_wフォルダ中にあるサンプル・プログラム

フォルダ	説　明
access_point	ホストIPアドレスを192.168.4.1に．Wi-Fiアクセス・ポイントとしてDHCPサーバを起動する
blink	250msごとにLEDの点滅をする
freertos	freertosのサンプル．Wi-Fiのステーション・モードとして起動し，IPアドレス142.251.35.196にpingする
iperf	Wi-Fiのステーション・モードとして起動し，TCPサーバを実行し，IPパケットの入出力パケット数，Mbit/sを計測する
ntpclient	Wi-Fiのステーション・モードとして起動し，NTPサーバ(pool.ntp.org)からutc時刻を取得し表示する
python_test_tcp	•python_test_tcp_server.py：MicroPythonで書かれたTCPサーバ． Wi-Fiのステーション・モードとして起動し，TCPサーバを実行，指定したポート(4242)にクライアントが接続したら，指定したバイト数(2048)のランダム・データを送信する •python_test_tcp_client.py：MicroPythonで書かれたTCPクライアント． Wi-Fiのステーション・モードとして起動し，TCPクライアントを実行，指定したポート(4242)にサーバからデータを読み取り，読み取ったデータをサーバに送信する
tcp_client	Wi-Fiのステーション・モードとして起動し，TCPクライアントを実行，指定したポート(4242)にサーバから，データを読み取り，読み取ったデータをサーバに送信する
tcp_server	Wi-Fiのステーション・モードとして起動し，TCPサーバを実行，指定したポート(4242)にクライアントが接続したら，指定したバイト数(2048)のデータを送信する
wifi_scan	Wi-Fiのアクセス・ポイントをスキャンする

● Pico関連のライブラリ

Raspberry Pi財団が提供するラズベリー・パイPico(以降，Pico)関連のライブラリは，主なところで**表1**などがあります．

C言語でPico Wを使用する場合には，pico-examplesのpico_wフォルダ中のサンプル・プログラムを参考にします．pico_wフォルダ中のサンプルを**表2**に示します．

● ステップ1：フォルダ作成とリポジトリのクローン

pico-examplesのビルドには，pico-sdkとpico-examplesを利用するので，適当なフォルダ(例では`c:¥pico`)を作成し，pico-sdkとpico-examplesのリポジトリをクローンしておきます(**リスト1**)．

● ステップ2：Mingw64のインストール

Windows 10環境でのPico WのC言語サンプル・プログラムをビルドするツールとして，「Mingw64」を利用します．

リスト1　pico-sdkとpico-examplesのリポジトリをクローン

```
mkdir c:¥pico
cd pico
git clone https://github.com/raspberrypi/pico-sdk.git
git clone https://github.com/raspberrypi/pico-examples.git
git submodule update -init
```

リスト2　Mingw64用パッケージのインストール

```
pacman -Syu
pacman -S base-devel mingw-w64-x86_64-toolchain mingw-w64-x86_64-arm-none-eabi-toolchain autoconf automake gcc
                        libtool zlib git mingw-w64-x86_64-cmake mingw-w64-x86_64-doxygen mingw-w64-x86_64-ninja
```

リスト3　PicoW用のCMakeList.txt…pico_w以外のフォルダ指定をコメントアウトする

```
# Initialize the SDK
pico_sdk_init()
:
:
# add_subdirectory(picoboard)
add_subdirectory(pico_w)
                                  # pico_w用のサンプルだけ有効にする
# add_subdirectory(pio)
:
```

まずは，ウェブ・サイト(https://www.msys2.org/)にアクセスし，インストーラ(例：msys2-x86_64-20221216.exe)をダウンロードして実行します．その後，「MSYS2 MINGW64 shell」を起動し，パッケージをインストールします(**リスト2**)．

● ステップ3：CMakeList.txtの編集

pico_wのサンプル・プログラムのみをビルドするために，pico-exampleフォルダ下のCMakeList.txtを編集し，pico_w以外のフォルダ指定をコメントアウトします(**リスト3**)．

● ステップ4：ビルド用のshファイルを作成

cmakeのパラメータを指定して実行するために，build_picow.shファイルを作成します(**リスト4**)．

設定は，以下のようにします．

- ボード名の環境変数(PICO_BOARD)：pico_wを設定
- 環境変数(WIFI_SSID/WIFI_PASSWORD)：利用するWi-FiアクセスポイントのSSID/パスワードを設定

これを設定しないと，Pico W用のサンプル・プログラムがビルドされません．

● ステップ5：ファイル変換の際に生じるエラーを回避

Mingw64環境では，ビルド中に作成されるelf2uf2.exeやpioasm.exeで，elfファイルからuf2ファイルに変換する際，エラーが発生することがありました．

そこで，pico-sdk/tools/elf2uf2(およびpioasm)/CMakeLists.txtファイルに，

```
set (CMAKE_EXE_LINKER_FLAGS "-static")
```

を追加します(**リスト5**)．

● ステップ6：ビルドする

ビルドは，Mingw64のコンソール上で，"./build_picow.sh"を実行します(**リスト6**)．ビルドしたuf2形式の実行ファイルは，pico-exampes/

リスト4　PicoW用サンプル・プログラムをビルドするために必要なbuild_picow.sh

```
# export CMAKE_BUILD_TYPE=Debug
export PICO_SDK_PATH="./../../pico-sdk"
export BUILD="build"
DT=`date +%Y%m%d%H%M`
mkdir -p ${BUILD}
:
export WIFI_SSID=xxxxxx          # SSIDを指定する
export WIFI_PASSWORD=xxxxxx      # パスワードを指定する
export PICO_BOARD=pico_w         # pico_wを指定する
cmake -S . -B ${BUILD} -DWIFI_SSID=${WIFI_SSID} -DWIFI_PASSWORD=${WIFI_PASSWORD} -DPICO_BUILD_DOCS=0
                                                           -G "MSYS Makefiles" -DCMAKE_BUILD_TYPE=Debug
make clean V=1 DEBUG=1 -C ${BUILD} 2>&1 | tee -a build_clean_${DT}.log
make V=1 DEBUG=1 -C ${BUILD} 2>&1 | tee -a build_${DT}.log
```

リスト5　elf2uf2用の**CMakeLists.txt**の内容…**set**（CMAKE_EXE_LINKER_FLAGS "-static"）を追加する

```
cmake_minimum_required(VERSION 3.12)
project(elf2uf2)
set(CMAKE_CXX_STANDARD 14)
set(CMAKE_EXE_LINKER_FLAGS "-static")    # 追加行
add_subdirectory(../../src/common/boot_uf2 boot_uf2_headers)
add_executable(elf2uf2 main.cpp)
target_link_libraries(elf2uf2 boot_uf2_headers)
```

リスト6　ビルド時のコンソール表示内容

```
xxxxxx@xxxxxx MINGW64 /c/pico/pico-examples
$ ./build_picow.sh
PICO_SDK_PATH is D:/dev/pico/pico-sdk
PICO platform is rp2040.
Build type is Debug
Using regular optimized debug build (set PICO_DEOPTIMIZED_DEBUG=1 to de-optimize)
Using PICO_BOARD from environment ('pico_w')
Using CMake board configuration from D:/dev/pico/pico-sdk/src/boards/pico_w.cmake
Using board configuration from D:/dev/pico/pico-sdk/src/boards/include/boards/pico_w.h
TinyUSB available at D:/dev/pico/pico-sdk/lib/tinyusb/src/portable/raspberrypi/rp2040; enabling build support for
USB.
Compiling TinyUSB with CFG_TUSB_DEBUG=1
:
[100%] Linking CXX executable picow_tcpip_server_poll.elf
[100%] Built target picow_tcpip_server_poll
make: Leaving directory '/d/dev/pico/pico-examples/build'
```

build/pico_wフォルダ下にフォルダ別に作成されます．本稿では，サンプル・プログラム利用の詳細については割愛します．

一からC言語のプログラムを作成する手順については，右記URLを参照すると良いでしょう．Pico WをWi-Fiステーション・モードで起動する例と，Pico WのLEDを表示する例が紹介されています．

https://datasheets.raspberrypi.com/picow/connecting-to-the-internet-with-pico-w.pdf

せきもと・けんたろう

Pico Wを使う際には技適特例申請が必要です(2023年1月時点)

宮田 賢一

● 技適が取れたPico Wはまだ流通していない

本書での実験に先立ち，「技適未取得機器を用いた実験等の特例制度」(以下技適特例制度)に基づいて，筆者が所有しているPico Wを短期間の実験を目的とした無線設備として届出を行った上で，関連する法令を遵守して運用しています．

読者がPico Wを入手して日本国内で使用する場合には，2023年1月時点では，読者自身による特例制度への届出が必要となります．

● 技術基準適合証明

Wi-FiやBluetoothなどの電波を発信する機器を日本国内で使用する場合，本来はその機器が法令で定める基準を満たしていることの認証(技術基準適合証明，以下技適と呼ぶ)を受け，そのことを示す表示(技適マーク)が，機器または適切な場所になされたものでなければなりません．また，その機器を量産する場合は，製造段階における品質管理が適切になされていることの認証(工事設計認証)も必要です．

● 技適の特例制度

しかし，情報通信市場のグローバル化に伴い，技術やサービスの開発スピードがますます求められます．そのため，日本の国際競争力を高めるためには，海外の無線機器に対して調査，研究，試験などを迅速に実施できるようにすることが重要であるという提案が，総務省内の懇談会によってなされました[A]．

これを背景に，一定の要件を満たしていれば技適を取得せずに利用可能とする電波法改正が行われ，2019年11月から届出のみで無線機器を使用できる「技適未取得機器を用いた実験等の特例制度」の運用が開始されました．

● 技適特例制度のポイント

技適特例制度の詳細と届出方法，実際の届出については以下のウェブ・ページを参照してください．

```
https://www.tele.soumu.go.jp/j/sys/others/exp-sp/
```

主なポイントを以下に挙げます．

- 実験，試験，調査の目的であること
- 180日以内の使用とし，180日経過するまでに廃止届をすること
- 同じ機器を同じ目的で再申請することはできない．別の実験目的での届出とすること
- 届出する機器が電波に関する外国の認証(FCC ID，CEマークなど)を取得済みであること
- 無線の規格，周波数帯Wi-Fi(2.4GHz，5.2GHz)やBluetooth(2.4GHz)などであること

届出の前に，最初にアカウントの登録が必要です．それにはマイナンバーカードを用いたオンライン登録と，申請書類の郵送による方法があります．アカウント登録後は，使用目的や使用場所(住所)，取得済みの海外認証など必要な届出事項をウェブで入力して，[届出]ボタンを押すだけで，すぐに使用できます．ただし，意図せずとも虚偽の情報で届出すると罰則の対象になり得ますので注意しましょう．

● 届出が必要なボードの見分け方

使用したいボードの表面，包装または取り扱い説明書に技適マークの表示があれば届出不要で使えます．注意が必要なのはボードや装置の単位で技適マークの表示が必要なことです．無線機能を提供するモジュール自体に技適マークの表示があっても，それを搭載したボードや装置に表記がない場合は届出せずには使えません．

具体的な例としてArduino Nano RP2040 Connectがあります．このボードは無線モジュールとしてU-blox社のNina W102を使用しています．Nina W102はデータシート[B]に技適マークの表示がありますが，ボード全体で見ると，ボード上にも包装パッケージにも取り扱い説明書にも技適マークの表示はありません．従ってこのボードを使う場合には届出が必要です．

逆の例としてはESP32-DevKitC-32Eがあります．このボードも，無線モジュールのESP32-WROOM-32Eにはモジュール自体に技適マークの表示はありますが，ボード自体には表示がありません．しかし秋月電子通商で販売している包装パッケージには技適マークの表示があるので届出不要で使用できます．

◆参考文献◆

(A) 電波有効利用成長戦略懇談会，電波有効利用成長戦略懇談会報告書別紙2，平成30年8月，総務省．
https://www.soumu.go.jp/main_content/000572077.pdf

(B) NINA-W10 series Stand-alone multiradio modules Data sheet, U-blox.
https://content.u-blox.com/sites/default/files/NINA-W10_DataSheet_UBX-17065507.pdf

初出一覧

第1章　これがラズベリー・パイPicoだ　中森 章
Interface2021年8月号 特集「ラズパイのマイコンPico攻略本」第1章 これがラズベリー・パイPicoだ

第2章　RP2040搭載ボード＆Pico用拡張ボード図鑑　宮田 賢一
Interface2021年8月号 特集「ラズパイのマイコンPico攻略本」第2章 RP2040搭載ボード＆Pico用拡張ボード図鑑

第3章　PicoのWi-Fi版「Pico W」　宮田 賢一
Interface2022年10月号 特設「もっと! ラズパイPico」第1章 ラズパイPicoのWi-Fi版「Pico W」試用レポート

Appendix1　今マイコンをはじめるならコレ! Picoがお勧めな理由　足立 英治
Interface2021年8月号 特集「ラズパイのマイコンPico攻略本」Appendix1 今マイコンを始めるならコレ! Picoがお勧めな理由

Appendix2　Picoマイコンの立ち位置　森岡 澄夫
Interface2021年8月号 特集「ラズパイのマイコンPico攻略本」Appendix2 Picoマイコンの立ち位置

Appendix3　公式の開発環境はC/C++とマイコン用Python　宮田 賢一
Interface2021年8月号 特集「ラズパイのマイコンPico攻略本」Appendix3 公式の開発環境はC/C++とマイコン用Python

第1部　開発のための基礎知識

第2章　開発環境1…PCだけでPicoをプログラミング　井田 健太
Interface2021年8月号 特集「ラズパイのマイコンPico攻略本」第1部第1章 開発環境1…PCだけでPicoをプログラミング

第3章　開発環境2…PCからラズパイ経由でPicoをプログラミング　丸石 康
Interface2021年8月号 特集「ラズパイのマイコンPico攻略本」第1部第2章 開発環境2…PCからラズパイ経由でPicoをプログラミング

第4章　汎用デバッガ×VS Codeで構築するデバッグ環境　丸石 康
Interface2021年8月号 特集「ラズパイのマイコンPico攻略本」第1部第3章 汎用デバッガ×VS Codeで構築するデバッグ環境

第5章　公式C/C++ SDKの構造とRP2040ハード機能の使い方　井田 健太
Interface2021年8月号　特集「ラズパイのマイコンPico攻略本」第1部第4章 公式C/C++ SDKの構造とRP2040ハード機能の使い方

第6章　実験でチェック! I/O端子の実力　漆谷 正義
Interface2021年8月号 特集「ラズパイのマイコンPico攻略本」第1部第5章 実験でチェック！ I/O端子の実力

第7章　Arduino互換ボード利用のススメ　関本 健太郎
Interface2022年2月号 Arduino互換ボード作りのススメ

Appendix1　700円マイコンESP32とPicoを比べてみた 角 史生
Interface2021年8月号特集「ラズパイのマイコンPico攻略本」第1部Appendix1 700円マイコンESP32とPicoを比べてみた

初出一覧

第2部　変幻自在プログラマブルI/O

第1章　使い方完全マニュアル　竹本 義孝
Interface2021年8月号 特集「ラズパイのマイコンPico攻略本」第2部第1章 使い方完全マニュアル

第2章　プログラマブルI/Oの機能と簡易ライブラリ　森岡 澄夫
Interface2021年8月号 特集「ラズパイのマイコンPico攻略本」第2部第2章 プログラマブルI/Oの機能と簡易ライブラリ

第3章　簡易ライブラリで複数のRCサーボや測距センサを動かす　森岡 澄夫
Interface2021年8月号 特集「ラズパイのマイコンPico攻略本」第2部第3章 簡易ライブラリで複数のRCサーボや測距センサを動かす

第4章　実機がなくてもデバッグできる簡易PIOエミュレータ　森岡 澄夫
Interface2022年10月号 特設「もっと！ラズパイPico」実機がなくてもデバッグできる簡易PIOエミュレータ

第3部　ホストにもデバイスにもなれるUSB機能

第1章　USB周りのハードウェア概要とライブラリ TinyUSBの使い方　水上 久雄
Interface2021年8月号 特集「ラズパイのマイコンPico攻略本」第3部第1章 USB周りのハードウェア概要とライブラリ TinyUSBの使い方

第2章　USBキーボードをCircuitPythonでサッと作る　編集部
Interface2021年8月号 特集「ラズパイのマイコンPico攻略本」第3部第2章 USBキーボードをCircuitPythonでサッと作る

第4部　リアルタイムOSを載せる

第1章　FreeRTOSを載せる方法　石岡 之也
Interface2021年8月号 特集「ラズパイのマイコンPico攻略本」第4部第1章 FreeRTOSを載せる方法

第2章　ITRON仕様OS TOPPERS/ASPの載せ方　石岡 之也
Interface2021年8月号 特集「ラズパイのマイコンPico攻略本」第4部第2章 ITRON仕様OS TOPPERS/ASPの載せ方

第5部　人工知能を載せる

第1章　フレームワークTensorFlowの準備　大沢 健太郎，谷本 和俊
Interface2021年8月号 特集「ラズパイのマイコンPico攻略本」第5部第1章 フレームワークTensorFlowの準備

第2章　オリジナルの学習済みモデルを動かす　大沢 健太郎，谷本 和俊
Interface2021年8月号 特集「ラズパイのマイコンPico攻略本」第5部第2章 オリジナルの学習済みモデルを動かす

第6部　活用事例

第2章　リアルタイム処理のために軽量化！シンセサイザの製作 石垣 良
Interface2021年8月号 特集「ラズパイのマイコンPico攻略本」第6部第2章 リアルタイム処理のために軽量化! シンセサイザの製作

第7部　Windowsでマイコン直たたき! RP2040の本質に迫る

第1章　自前のプログラムをビルドする　中森 章
Interface2021年8月号 特集「ラズパイのマイコンPico攻略本」第7部第1章 自前のプログラムをビルドする

第2章　公式SDKを使わずにLチカとUART通信　中森 章
Interface2021年8月号 特集「ラズパイのマイコンPico攻略本」第7部第2章 公式SDKを使わずにLチカとUART通信

第3章　LチカとHello World!を2コアで並列動作させてみた　中森 章
Interface2021年8月号 特集「ラズパイのマイコンPico攻略本」第7部第3章 LチカとHello World!を2コアで並列動作させてみた

第4章　噂のプログラマブルI/Oはこう使う　中森 章
Interface2021年8月号 特集「ラズパイのマイコンPico攻略本」第7部第4章 噂のプログラマブルI/Oはこう使う

第8部　Picoのプロトタイプに! MicroPython

第1章　開発環境を構築する　宮田 賢一
Interface2021年8月号 特集「ラズパイのマイコンPico攻略本」特設 第1章 開発環境を構築する

第2章　GPIO活用リファレンス　宮田 賢一
Interface2021年8月号 特集「ラズパイのマイコンPico攻略本」特設 第2章 GPIO活用リファレンス

第3章　MicroPython × Picoの実力検証　宮田 賢一
Interface2021年8月号 特集「ラズパイのマイコンPico攻略本」特設 第3章 MicroPython × Picoの実力検証

第4章　PIOプログラミング[導入編]　宮田 賢一
Interface2021年8月号 特集「ラズパイのマイコンPico攻略本」特設 第4章 PIOプログラミング[導入編]

第5章　PIOプログラミング[事例集]　角 史生
Interface2021年8月号 特集「ラズパイのマイコンPico攻略本」特設 第5章 PIOプログラミング[事例集]

第6章　CircuitPythonの特徴と互換性　角 史生
Interface2021年8月号 特集「ラズパイのマイコンPico攻略本」特設 第6章 CircuitPythonの特徴と互換性

第9部　C++を利用してPico用のMicroPython拡張モジュールを作る

第1章　開発の準備…環境構築とビルド&拡張の手順　関本 健太郎
Interface2021年10月号 特集2「C/C++でMicroPython拡張」第1章 開発の準備…環境構築とビルド&拡張の手順

第2章　拡張事例1…8×8マトリクスRGB LED　関本 健太郎
Interface2021年10月号 特集2「C/C++でMicroPython拡張」第2章 拡張事例1…8×8マトリクスRGB LED

第3章　拡張事例2…SPI接続のLCD　関本 健太郎
Interface2021年10月号 特集2「C/C++でMicroPython拡張」第3章 拡張事例2…SPI接続のLCD

第4章　Wi-Fiネットワークの追加　関本 健太郎
Interface2021年10月号 特集2「C/C++でMicroPython拡張」第4章 Wi-Fiネットワークの追加

第5章　おまけ…ルネサス・マイコンでの事例　関本 健太郎
Interface2021年10月号 特集2「C/C++でMicroPython拡張」第5章 もっとMicroPython拡張…RZマイコン編

著者略歴

足立 英治　あだち・えいじ

1971年　千葉生まれ，10代のころにプログラミングを独学
1992年　グラフィックス・エンジンの開発に従事
1996年　コンピュータ・グラフィックス科の教員に従事
2001年　組み込み向けJavaVMの開発に従事
2009年　3G，Wi-Fi，Bluetooth，通信系ソフトウェア開発に従事
現在　クラウド・サービスの開発，ロボット制御の開発に従事

石岡 之也　いしおか・ゆきや

製図機器メーカとプリンタ関連メーカで大判プリンタの制御ソフトウェア開発に従事し，組み込みソフトウェアとハードウェアの知識をたたき込まれる．大手電機メーカへ転職後は小型機器向けのRTOSや組み込みミドルウェアの開発から組み込みLinuxの開発，ボード・ポーティング，サポート業務に従事する．仕事のかたわら趣味の電子工作でマイコンを使ったソフトウェア，ハードウェアの開発，製作を行っている．

石垣 良　いしがき・りょう

1978年生まれ，東京都出身．2005年に技術者派遣会社に入社し，プロジェクタ，放送機器，切削加工機，プリンタ，音響機器などの組み込みソフトウェア開発に携わる．2014年に電子楽器制作サークル「ISGK Instruments」を設立し，主にマイコンで動作するシンセサイザをリリースし続けている．

井田 健太　いだ・けんた

CQ出版社Interface誌の特集記事や，「RISC-VとChiselで学ぶはじめての電子工作」(共著)，「基礎から学ぶ 組込みRust」(共著) を執筆．業務では主にFPGAの論理設計，Linuxカーネル・モジュールの開発や，組み込みマイコンのソフトウェア開発を行っている．趣味はプログラミングと電子工作で，主にM5StackやWioTerminalといった通信機能を持つマイコン・モジュール向けの電子回路やソフトウェア開発，FPGAの論理設計を行っている．

漆谷 正義　うるしだに・まさよし

1971年　三洋電機(株)入社，レーザ応用機器，ビデオ関連機器の開発に携わる
2009年　大分県立工科短大，西日本工大，大分大学で講師を勤める
2015年　害獣撃退機製造販売
主な著書：作る自然エレクトロニクス，ディジタル・オシロスコープ活用ノート，ラズベリー・パイで作るAIスピーカ(いずれもCQ出版社)

大沢 健太郎　おおさわ・けんたろう

2008年　富士通エレクトロニクス(株)[現 加賀FEI(株)]入社．組み込みソフトウェア開発などを経て，現在は組み込みAI，クラウドなどを含めたソリューション提案業務に従事．

小野寺 康幸　おのでら・やすゆき

東京電機大学 電子工学科卒．
サン・マイクロシステムズのSE(System Engineer)として長年勤務し，Unixやプログラムに精通する．Unixの資格であるSCSA(Sun Certified System Administrator)を所有する．
ハードウェア・エンジニアでもある．第一級アマチュア無線技士，第三種電気主任技術者．電子工作記事を多数執筆している．

角 史生　すみ・ふみお

1963年奈良生まれ．大学卒業後，家電メーカに就職する．ここ数年はホームIoTシステムの開発，運用を担当する．休日もプログラミング(マイコン，スマホ・アプリ用)．

関本 健太郎　せきもと・けんたろう

学生時代にソフトウェア・ハウスにてMSX，PC9800，X68000のソフトウェアなどの開発を担当．
1988年から外資系コンピュータ企業数社にて，PC，サーバ，ストレージの開発に従事．
2013年からクラウドのソリューション・アーキテクトとして，OpenStack，Azure，AWS，GCPなどを担当，現在に至る．

谷本 和俊　たにもと・かずとし

1992年　富士通デバイス（株）［現 加賀FEI（株）］入社．USBプロトコル・アナライザ開発，組み込みソフトウェア開発などを経て，IoTデバイスの開発，IoTシステムの設計・開発に従事．現在は組み込みAI，クラウドなどを含めたソリューション提案，ビジネス開発などマーケティング業務に従事．

中森 章　なかもり・あきら

岡山生まれ．1年の予備校生活を経て，1979年東京の大学に入学．大学の化学実験で使用したプログラミング電卓が初めてのプログラミング経験．1985年某電気メーカに就職してマイクロプロセッサの開発に従事．初めてハードウェアの設計を学ぶ．その後約30年，CPUの設計や車載用SoCを設計した後に早期退職．現在はマイコン関連会社の契約社員としてマイコン返却品の故障解析を行う．

丸石 康　まるいし・やすし

本業は組み込みソフトウェア・エンジニア．RP2040はPIOを用いたインターフェース構築が容易にできることと，CircuitPythonで簡単に組み込みシステムを構築できることに魅力を感じている．趣味は電子工作と海外旅行と英語学習．これからも数々の国を訪れたいと思っている．

水上 久雄　みずかみ・ひさお

1979年　東京生まれ
2003年　東京電機大学 工学部 第二部電子工学科卒業．卒業後，スイッチング電源，ネットワーク機器，高周波機器などの電子機器の回路/ファームウェア/FPGAの設計に従事
2017年　アニモテック（株）を起業し，IoT機器や微小信号センシング機器などの請負開発を行い，現在に至る．

宮田 賢一　みやた・けんいち

電機メーカの研究所に入社し，スーパーコンピュータのOSやコンパイラの研究に従事．その後，ネットワーク接続型ストレージOSの研究・開発を経て，現在はクラウドやストレージの運用管理に関する戦略検討を担当している．趣味のプログラミングではLisp，Java，Python，MicroPythonをネイティブ言語とし，プログラミング技術の向上に努める．新しいマイコンはとりあえず触る，が座右の銘．

森岡 澄夫　もりおか・すみお

1968年名古屋生まれ，博士（工学）．NTT，日本IBM，ソニー，NECの各研究所でLSIの研究やプレイステーションなどの開発に従事した後，2016年からインターステラテクノロジズにて民間宇宙ロケットの研究開発を行う．1996年からCQ出版社の各雑誌に140本以上を寄稿する．著書「LSI/FPGAの回路アーキテクチャ設計法」「宇宙ロケット開発入門」など．Sony MVP 2004や，第9回ものづくり日本大賞の経済産業大臣賞などを受賞．
Facebook：Sumio Morioka

本書のプログラムはサポート・ページから入手できます.
誤記訂正や更新情報もこちらにあります.

https://interface.cqpub.co.jp/2023pico/

ラズベリー・パイPico/Pico W攻略本

2023年4月1日　初版発行
2023年6月1日　第2版発行

編　集　Interface編集部
発行人　櫻　田　洋　一
発行所　ＣＱ出版株式会社
（〒112-8619）東京都文京区千石4-29-14
電話　販売　03-5395-2141
広告　03-5395-2132

ISBN978-4-7898-4477-2

定価は表四に表示してあります
乱丁，落丁本はお取り替えします

編集担当　野村 英樹
DTP　クニメディア株式会社
表紙デザイン　株式会社コイグラフィー
イラスト　神崎 真理子
印刷・製本　三共グラフィック株式会社
Printed in Japan